凝煉知識品味閱讀

資料探勘與顧客分析

Modeler應用

陳耀茂　編著

五南圖書出版公司 印行

序 言

所謂「資料探勘」（Data Mining）是利用模型認知技術與統計的手法處理大數據，發現有意義的新模型及傾向的過程。「大數據」（Big Data）的特徵有：

・Volume（大量）：以過去的技術無法管理的資料量，資料量的單位可從 TB（Terabyte，一兆位元組）到 PB（Petabyte，千兆位元組）。

・Variety（多樣性）：企業的銷售、庫存資料、網站的使用者動態、客服中心的通話紀錄、社交媒體上的文字影像等，企業資料庫難以儲存的「非結構化資料」。

・Velocity（速度）：資料每分每秒都在更新，技術也能做到即時儲存、處理。

IBM SPSS Modeler 軟體能處理大量的數據，而且這些數據可能包含多種語言或非結構化等等的特性。

使用 IBM SPSS Modeler 軟體可以找出人們最頻繁討論的話題，或是企業可以了解消費者實際關心的問題。

根據美國一項調查超過 7 萬名購物者的行銷研究，發現消費者在他們店中購物的行爲有其一定的慣性，如果門市經營者或是行銷人員能夠善用「消費者行爲」模式，將可有效改善經營品質。

消費者行爲主要探討的就是消費者對於產品的反應，其中包括了當產品上市時，消費者從什麼管道得知該產品？產品的廣告或產品的功能，對於消費者的影響爲何？消費者的消費考量以及消費模式爲何？針對不同的消費者、不同的產業或產品，加以探討消費者的行爲。例如：「超市推出情人節商品相關優惠活動，對消費者的行爲有什麼樣的影響？」由以上可以得知，了解消費者行爲，就是了解客戶的想法，能針對客戶的想法作改善，就能增加客戶的青睞。

資料探勘正是透過各種資料分析技術，挖掘出顧客的消費行爲模式與各項營運作業之管理決策等，是知識管理之一大利器。例如，7-11 超商就是充分運用資料探勘技術，不斷推出各種抓住顧客心房的行銷活動，以贏得更多顧客的心，並將店鋪之經營做更完善的規劃管理，使其獲利並使績效能夠長期位居國內零售業之領先地位。

書中舉出百貨業的資料案例，分析顧客的消費行為，利用 Modeler 從 RFM 的角度探討消費者的特徵，以及如何向未購買者推銷商品，此外，也一併列舉 Modeler 常用的分析方法供讀者參考，期盼能激起讀者對資料探勘的興趣。

陳耀茂謹誌於
東海大學企管系

CONTENTS 目　錄

第 2 篇　應用篇

第 1 篇　基礎篇

第 1 篇　簡介

第 1 篇包括 5 章，除第 1 章的何謂資料探勘作爲簡介之外，其餘的 4 章是以時下最流行的資料探勘工具 Modeler 來說明資料探勘的活用。所介紹的內容分別包括：

- 判別分析
- 類神經網路
- 購物籃
- 關聯分析
- 集群分析
- 主成分分析
- 決策樹（C5.0、CART）
- 羅吉斯迴歸
- Cox 迴歸
- 廣義線性模型

等等。

以上各分析手法皆以步驟式說明各模型的用法，藉以玩味、體會利用 Modeler 分析問題的有趣之處。

第1章 何謂資料探勘

1.1 資料探勘的意義與過程

■ 資料探勘的緣由

1992年起，英國ISL軟體公司（Integral Solutions Limited）與英國薩塞克斯大學（University of Sussex）的人工智慧研究者合作，進行資料探勘工具的開發。開發者將該軟體命名爲Clementine，並於1994年6月9日發布了Clementine的第一個正式版本。該軟體的最初版本執行在Unix平台上，大部分代碼是以Poplog環境中的POP-11語言寫成，一些對速度要求較高的組件（例如神經網路引擎）則由C語言寫成。爲了贏得更廣闊的市場空間，ISL隨後通過NutCracker（MKS Toolkit）軟體套裝將Poplog環境移植到了微軟Windows平台，使得該軟體能在Windows上執行。

Clementine是世界上首款採用「圖形化使用者介面」（GUI）的資料探勘工具。在此之前，用戶必須透過編輯程式的方式來進行資料探勘。因此，該軟體一經推出便得到了尚處在發展早期的資料探勘領域的關注。同時，該軟體支援「表達式操作控制語言」（CLEM），專業用戶可以繼續選擇編輯程式的方式來對資料進行建模和分析。

1998年底，SPSS公司看到了該軟體作爲商業資料探勘工具的擴充潛力，收購了ISL公司並繼續對其進行開發，收購後的軟體被稱爲SPSS Clementine。在2000年初，軟體被重新組織爲客戶端-伺服器（C/S）架構，隨後客戶端的前端介面用Java完全重寫，以期能與SPSS旗下的其他資料分析工具，更緊密的結合運用。

2008年，SPSS將該套裝軟體重新命名爲SPSS PASW Modeler。翌年，IBM收購了SPSS公司，將該產品命名爲IBM SPSS Modeler，這一名稱延續至今。

IBM SPSS Modeler提供擷取自機器學習、人工智慧以及統計資料的各種建模方法。「建模」選用區上提供的方法，可讓你根據資料衍生新資訊，以及開發預測模型。每種方法都具有特定的強度且最適合因應特定類型的問題。

建模方法分爲以下幾種：

- 監督式
- 關聯
- 分區段

「監督式模型」可協助組織預測已知結果，例如顧客是購買還是離開，或某交易是否符合某種已知詐欺型樣。其建模技術包含機器學習、規則歸納、子群組識別、統計技術和多模型產生。

「關聯模型」在預測多個結果時非常有用，例如購買了產品 X 的顧客也購買了產品 Y 和 Z。關聯規則演算法相對於更標準的決策樹狀結構演算法（C5.0 和 C&RT）的優勢，在於關聯可以存在於任何屬性之間。決策樹狀結構演算法建置只有一個結果的規則，而關聯演算法會嘗試尋找許多規則，每個規則可能具有不同的結果。

「分區段模型」將資料劃分為具有類似輸入欄位型樣的記錄區段或集群。分區段模型只對輸入欄位感興趣，沒有輸出或目標欄位的概念。分區段模型的範例為 Kohonen 網路、K-Means 集群、二階集群和異常偵測等。

SPSS Modeler 是圖形式的資料科學與預測分析平台，讓使用者可以加強探勘能力。在 SPSS 軟體系列產品內，SPSS Statistics 能支援在資料上進行由上而下的假設檢測方法，而 SPSS Modeler 則會透過由下而上的假設產生方法，揭露隱藏在資料中的模型。

SPSS Modeler 是領先的視覺化資料科學和機器學習解決方案。它可以加快資料科學家的操作作業，有助於企業加速實現價值並達成所需結果。全球領先的企業，都仰賴 IBM 進行資料準備、探索、預測分析、模型管理和部署以及機器學習，以便從資料資產創造收入。SPSS Modeler 讓組織能夠透過現成可用的完整演算法和模型，使能充分利用資料資產和現代應用程式。

SPSS Modeler 可協助你：

- 充分利用開放程式碼型的創新，包括 R 或 Python。
- 讓所有技能——程式化和視覺化——的資料科學家加強能力。
- 探索混合式方法——內部部署、公有雲或私有雲。
- 小規模起步然後擴充到全企業接受控管方法。

■超出過去手法範圍的資料探勘

所謂資料探勘是利用模型認知技術與統計的手法處理大數據，發現有意義的新模型及傾向的過程。大數據的特徵有：

• Volume（大量）：以過去的技術無法管理的資料量，資料量的單位可從 TB（Terabyte，一兆位元組）到 PB（Petabyte，千兆位元組）。

• Variety（多樣性）：企業的銷售、庫存資料、網站的使用者動態、客服中心的通話紀錄、社交媒體上的文字影像等，企業資料庫難以儲存的「非結構化資料」。

• Velocity（速度）：資料每分每秒都在更新，技術也能做到即時儲存、處理。

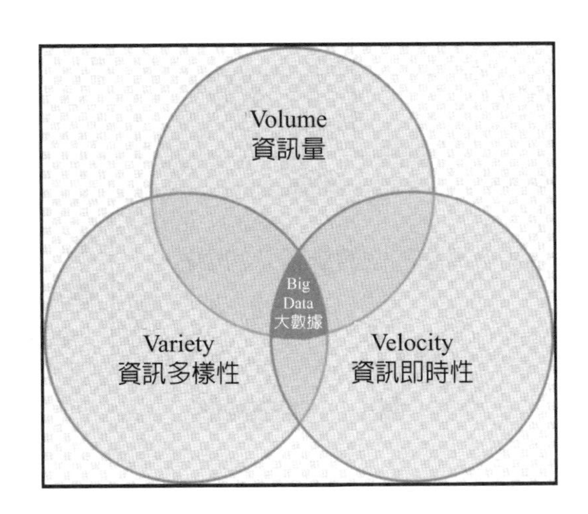

本書使用的此定義是重視「發現」此點，不限定於只是假說的檢定。以資料的條件來說，即為資料倉儲或是資料市場等所儲存的大容量資料。又在方法上，除統計的方法外，另加上類神經網路等的模型認知。基於此定義所記錄的大容量資料與技巧，資料探勘超出過去統計分析的範圍。

更大規模的資料量，甚至記錄、欄位數也很多，對能適應困難的條件的分析手法寄予關心。並且，在統計的顯著性檢定方面，雖然對資料分配設定強烈的假設，但資料探勘並不受限於此種假定。對資料探勘的關心在於實用上的結果與改善法。

■資料探勘的意義

資料探勘的目的是爲了獲得經營策略以達成經營上的目標，或者爲了獲得對問題點的解決對策。因此，對顧客資料或商業資料而言，只加深抽象式、理論式的理解可以說是不夠的。請一面觀察圖 1. 1 的收益圖形一面說明。

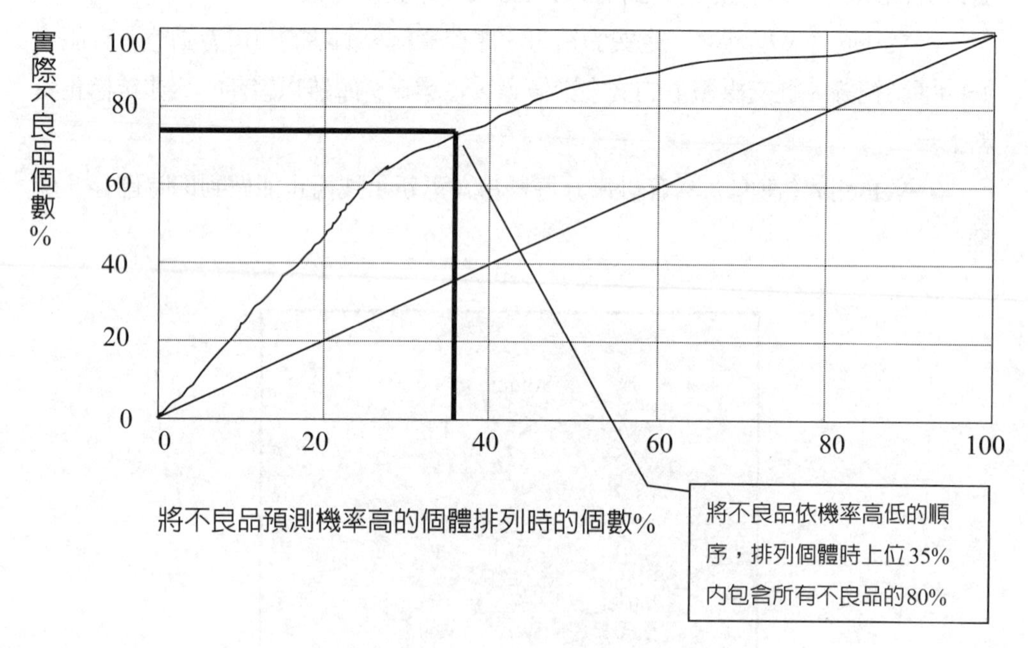

圖 1.1　收益圖形

圖 1.1 是針對所製造的物體是否爲不良品的預測模式評估它的收益圖形。圖形的橫軸是顯示利用資料探勘所得到的不良品，按機率的高低順序重排後觀察值的比例（%），縱軸是將所有不良品的數目當作分母，以實際不良品的個數當作分子所表示的比例（%），參照用的對角線是表示基礎的比例，圖形中的垂線是表示利用資料探勘，將不良品的機率按高低順序排列時，上位 35% 內包含所有不良品的 80%。

在資料探勘中，像這樣製作出從比較小的樣本群，可以檢出高比例的不良品的模式時，透過調查它的模式，可以獲得利用什麼即可判別良、不良的資訊。強烈影響模式之要因如可確認時，控制這些要因，進而降低不良品發生率等，因此可以達成經營的目的。

■處理的問題與運用技術

對企業而言，資料探勘的目標，是使一個公司更了解顧客以增進它在行銷、銷售、顧客服務營運上的表現，察覺無法直接從資料上看出來的潛在規則或行為模式。從資料庫中發現知識，將隱含的、先前並不知道的、潛在有用的資訊從資料庫中粹取出來的過程。可以在大量資料中，發掘潛藏有用的資訊，以提供決策人員參考。資料探勘的整個過程包括資料選取、前置處理、轉換、資料分析及解釋與評估。

學者 Han 與 Kamber[註]又將資料探勘所處理的問題分為以下幾大類：

1. 判別分析（Characterization and Discrimination）
2. 關聯規則（Association Rule）
3. 資料分類（Classification and Prediction）
4. 集群分析（Cluster Analysis）
5. 離群值分析（Outlier Analysis）
6. 系統演化分析（Evolution Analysis）

【註】：Jiawei Han and Micheline Kamber, Data Mining: Concepts and Techniques, SimonFraser University, Morgan Kaufmann Publishers, 2001）

在資料探勘發展的早期，要如何有效率且正確的從龐大資料庫中汲取有用的資訊是一個很大的挑戰，但發展至今，備受質疑同時也更需要投入研究的是，如何提高獲取資訊的有用性。妥善的運用資料探勘技術，才能產生企業的競爭優勢。

■資料探勘定義與內涵

Frawley 等人認為資料探勘是從資料庫中挖掘出不明確、前所未知以及潛在有用資訊的過程。因此，資料探勘是找出隱藏在資料中的趨勢、特徵及相關性的過程。透過資料探勘技術，從巨量的資料庫中，找出不同且有用的資訊與知識，支援企業決策分析，將能提升企業的競爭優勢。

資料探勘是為了要發現出有意義的樣型或規則，必須從大量資料之中以自動或是半自動的方式來探索和分析資料（Berry & Linoff, 1997）。故從兩位學者的描述中可以看出，資料探勘是處在知識創造過程中最核心的位置。

如前所述，有些人則將資料探勘視為知識發掘過程中一個必要的步驟，但也有許多人將資料探勘與資料庫知識探索（KDD, Knowledge Discovery in Databases）交換使用。資料庫知識探索是指在大量資料中，發現知識的整個程序與步驟。資料探勘則是資料庫知識探索中，一個能有效率的將資料模式、法則，自資料中找出來的一個程序。

對企業而言，資料探勘的目標是使一個公司更了解顧客，以增進它在行銷、銷售、顧客服務營運上的表現，察覺無法直接從資料上看得出來的潛在規則或行為模式。從資料庫中發現知識，將隱含的、先前並不知道的、潛在有用的資訊從資料庫中粹取出來。可以在大量資料中，發掘潛藏有用的資訊，以提供決策人員參考。資料探勘的整個過程包括資料選取、前置處理、轉換、資料分析及解釋與評估。

資料探勘（Data Mining），又譯為資料採礦、資料挖掘。資料探勘一般是指從大量的資料中，通過演算法搜尋隱藏於其中資訊的過程。資料探勘通常與電腦科學有關，並透過統計、線上分析處理、資訊檢索、機器學習、專家系統（依靠過去的經驗法則）和模式識別等諸多方法來實現上述目標。

資料探勘利用了來自如下一些領域的思想：(1) 來自統計學的抽樣、估計和假設檢定，(2) 人工智慧、模式識別和機器學習的搜尋演算法、建模技術和學習理論。資料探勘也迅速地接納了來自其他領域的思想，這些領域包括最優化、進化計算、資訊理論、訊號處理、視覺化和資訊檢索。其他一些領域也發揮了重要的支撐作用。

■利用 CRISP-DM 的過程標準化

CRISP-DM 代表跨行業資料探勘標準流程，是一種經過行業驗證的方法來指導你的資料探勘工作。作為一種方法，它包括專案的典型階段的描述，每個階段所涉及的任務，並解釋這些任務之間的關係。作為過程模型，CRISP-DM 提供了資料探勘生命週期的概述，由六個階段組成。

圖 1.2 是描畫出資料探勘的過程中所包含的主要階段。這些是由商業理解、資料理解、資料準備、建模、評估以及部署所構成。外側的圖是表示這整個過程得以反覆。這些工作通常以順時針進行。雖然有從某個工作回到前面工作的連結，但這表示在這些的工作之間來回情形也有。

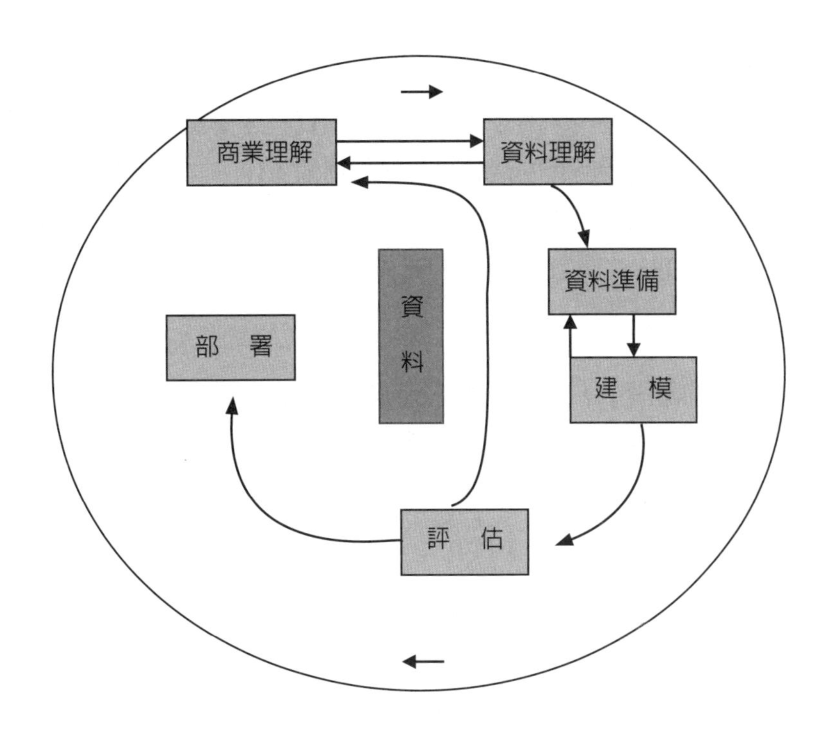

圖 1.2　CRISP-DM 的反覆過程

階段 1：商業理解

在「商業理解」的階段中，從經營上的觀點理解專案的目的與要件，以該知識爲基礎，爲了資料探勘的問題定義與目的達成，將重點放在製作所設計的初期計畫。

譬如，在前節所介紹的專案例中，將控制不良品的發生率作爲目的，識別不良品發生要因，成爲資料探勘的目標。

階段 2：資料理解

在「資料理解」的階段中，包括進一步查看可用於採礦的資料。此步驟對於避免在下一個階段（資料準備）期間發生非預期的問題很重要，通常這是專案中最長的一部分。

資料理解涉及存取資料以及探索資料，探索資料的方式是透過可在 IBM SPSS Modeler 中使用 CRISP-DM 專案工具的表格和圖形進行。這可讓你確定資料的品質並說明專案文件中的這些步驟的結果。

階段 3：資料預備

在「資料準備」階段中，爲了從初期的原始資料建構最終的資料組（輸入到模式工具的資料）而進行所有的活動。資料的準備工作，許多時候可以利用未固定的順序數次執行。此工作包含表格（Table）、資料列（Record）、屬性的選擇以及建模（Modelling）、工具所用的資料變換與清除（Cleaning）。

階段 4：建模

在「建模」的階段中，選擇並應用各種模型手法，調整使用的變數再設定最適之值。通常，對於相同資料探勘的問題類型可以使用複數的手法。一部分的手法，是需要特定形式的資料，經常發生有需要回到「資料準備」的階段。

階段 5：評估

專案在此階段，從資料分析的觀點來看，認爲品質高的模式應該是已經製作出 1 個以上。因此，此處徹底地評估模式，爲了建構模式，審查已執行的步驟，確認可以正確達成經營目標變得很重要。經營上的重要問題有無充分考慮，調查此事即爲主要的目的。在此「評估」階段的最後，決定資料探勘之結果的用法。

階段 6：部署

通常，即使製作模式而專案也未結束。模式的目的即使增加有關資料的知識，爲了使用者可以使用所取得的知識，有需要整理及提示。依據要件之不同，「部署」階段有像報告的形成那樣單純的情形，也有像把可以重複執行的資料探勘過程提供給整個企業那樣更爲複雜的情形。

■資料探勘的綜合環境「Modeler」

由每日的經營業務所產生的膨大資料，由於此資料的活用，組織發現決策所不可缺的「知識」，將來可以實現更有效率的良好經營。

如前述，資料探勘是發現如此大量資料所隱藏的模型或傾向使之成爲可能。Modeler 是資料探勘的綜合工具，資料的讀取、資料的操作、視覺化的技術，以及模型建立的技術，利用先進的機器運行（Machine Running）與設計演算提供給使用者。

以經營使用者爲對象的最初資料探勘平台 Modeler，被評價爲從使用者或業界分析師的立場，快速提供視覺上建立模式之環境，是一種最高級的資料探勘工具。

1.2　Modeler 的介面

Modeler 的特徵，在於即使使用者毫無有關程式或資料探勘的充分知識，利用滑鼠以簡單的操作可以進行高度的分析過程。

Modeler 是利用容易熟悉高度機能的 GUI（Graphical User Interface）的簡單操作，模式即可使用，變成更親切的資料探勘工具。

Modeler 是利用視覺的程式（Visual Programming）手法，可以發覺自己的資料。這可以在串流（Stream）領域中進行。串流領域是 Modeler 中主要的工作區，將串流可以想成要設計的場所。串流領域上的圖像是表示要對資料進行的處理，稱爲節點（Node）。

節點板（Node Pallet）包含有資料串流中可以追加的所有關聯「節點」。譬如，其中「輸入」選片（Tab）包含有讀取資料所使用的節點。「我的最愛」選片是表示使用者頻繁使用的節點，爲使用者客製化的選片。

將複雜的節點配置在串流領域，結合節點形成串流。串流是表示通過數個操作節點的資料流向。

節點板上的圖像，依據執行操作的種類，可以分成「來源」、「資料列處理」、「資料欄位作業」、「統計圖」、「建模」、「輸出」、「匯出」等 7 組選片。

■ 在「我的最愛」的選片上，常用的有以下幾種：

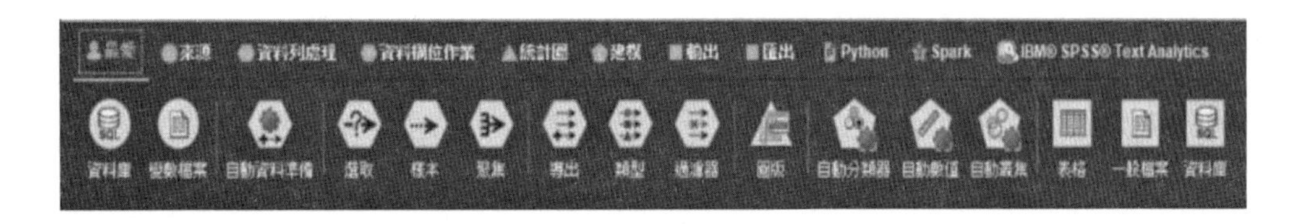

■ 在「來源」的選片上（以圓形表示），有以下幾種：

■ 在「資料列處理」的選片上（以六邊形表示），有以下幾種：

■ 在「資料欄位作業」的選片上（以六邊形表示），有以下幾種：

■ 在「統計圖」的選片上（以三角形表示），有以下幾種：

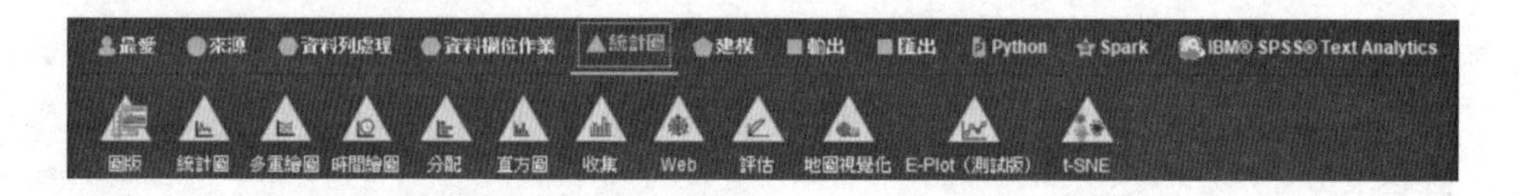

■ 在「建模」的選片上（以五邊形表示），有以下幾種：

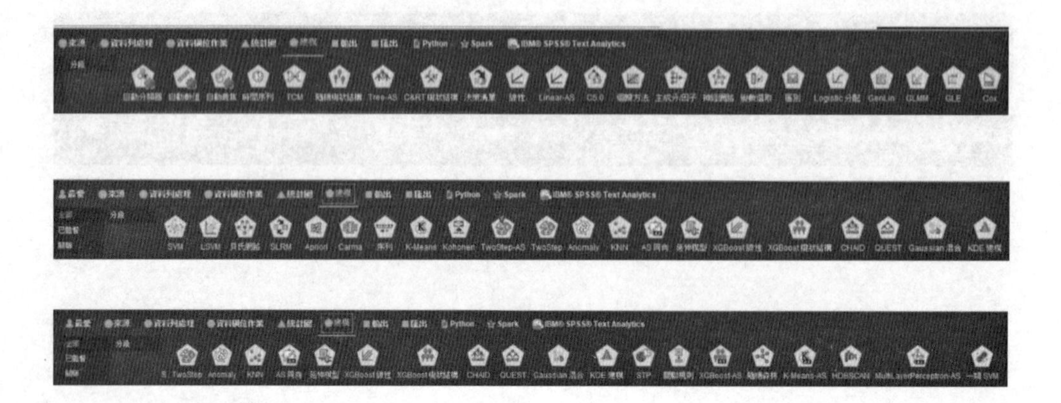

■ 在「輸出」的選片上（以正方形表示），有以下幾種：

■ 在「匯出」的選片上（以正方形表示），有以下幾種：

■ 在 SPSS Text Analytics 的選片上，有有以下幾種：

工具列提供各種機能，使用者點選圖像，進行串流的執行、執行的中斷、節點的剪下、複製、貼上等。

串流領域（或稱畫布）的右上，準備有串流、輸出、模型的 3 種管理員，可以表示管理分割對應的物件。

專案（project）是爲了整理出利用 Modeler 所進行的探勘作業而加以使用。專案是一組與資料探勘作業相關的檔案。專案包含資料串流、圖形、已產生的模型、報告以及在 IBM SPSS Modeler 中建立的任何其他內容。

附註：如果 IBM SPSS Modeler 視窗中未顯示專案窗格，請在「檢視」功能表中按一下專案。

IBM SPSS Modeler 是一種使用資料的三步驟程序：

1. 首先，將資料讀入 IBM SPSS Modeler。
2. 接著，透過一系列操作來執行資料。
3. 最後，將資料傳送至目的地。

這一作業序列稱爲資料串流，因爲資料以逐筆記錄形式流動，從來源開始流經每個操作，最終到達目的地（模型或某種資料輸出）。

譬如，下圖的串流通常是以如下的方式：

1. 讀取 SPSS 的資料檔
2. 自動地判別所讀取之變數的資料類型
3. 以表格形式輸出

來表示一連串的分析流程。

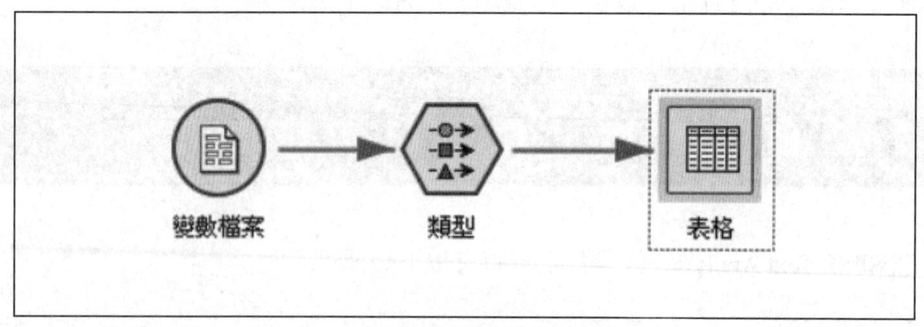

圖 1.3　串流例

1.3 Modeler 的利用例與主要應用領域

■具體的利用例

具體的利用例有很多，像是：

- 爲了提高產出，指定出失誤要因，預測失誤的發生
- 認知違法行爲的發生
- 預測銷貨或服務的利用率
- 識別屬於類似群的顧客或住民
- 利用市場籃（Market Basket）分析，發現可以同時購買的產品或服務

■主要應用領域

商業應用是一般人常見到的一種資料探勘應用，其中的一種被稱爲「購物籃分析」（Market Basket Analysis）。購物籃分析透過分析顧客所購買商品之間的關聯，找出其中的規則或習慣，商家就可以透過這些資料掌握消費者的心思及行

爲，來制定不同的銷售策略，以獲取更大的利益。

對於提供借貸的銀行來說，借由顧客的背景來判斷其是否有能力償還債務是非常重要的，如果銀行發出了貸款卻收不回來，就會造成銀行相當大的損失。資料探勘的技術也可以應用在顧客行爲的預測上，透過大量的顧客背景資料，以及先前的借貸記錄等，就能夠依據使用者提供的資料判斷，該不該提供借貸給某個人，不止減少人工審查上的負擔，也能夠更客觀的做出判斷。

資料探勘表面上看來跟醫療護理沒什麼關係，但事實上透過資料探勘的技術來分析醫療上面的資料，例如病人的病理資料、醫生的診斷結果、藥物的使用方針等，從中找出某些特定的關係或模式，來提供站在一線的醫師或護理人員一個客觀的診斷依據，更可以讓繁忙的護理人員有效率的使用時間。

科學領域算是應用資料探勘最廣的一個領域了，遺傳學（Genetics）、生物資訊（Bioinformatics），甚至教育（Education）上都有用。在遺傳學上，資料探勘可以幫助科學家執行 DNA 的分析，找出 DNA 中的一些變化和某些疾病或癌症是否有關聯。

至於在教育上，我們可以分析學習者的資料及學習某件事物的進程或手段，來找出學習方式及學習成果中的關聯，結果可以應用在改進學生的學習方式或提供學生的學習指標等。

1.4 IBM SPSS Modeler 試用版的下載

安裝 SPSS Modeler，使用樣本數據說明顧客數據分析的程序。首先，從網站下載 IBM SPSS Modeler 的免費試用版，安裝在 PC 中（有利用期間的限制需要留意）。下載時要尋找 IBM 網站選擇「主要的 SPSS 產品」，再選擇「SPSS Modeler 試用版」。或者直接鍵入 https://www.ibm.com/analytics/tw-zh/analytics/SPSS-trials。

圖 1.4　IBM 的 SPSS 試用版網頁

從開始清單啟動 SPSS Modeler。圖 1.5 是啟動不久後的畫面與各畫面內的名稱。

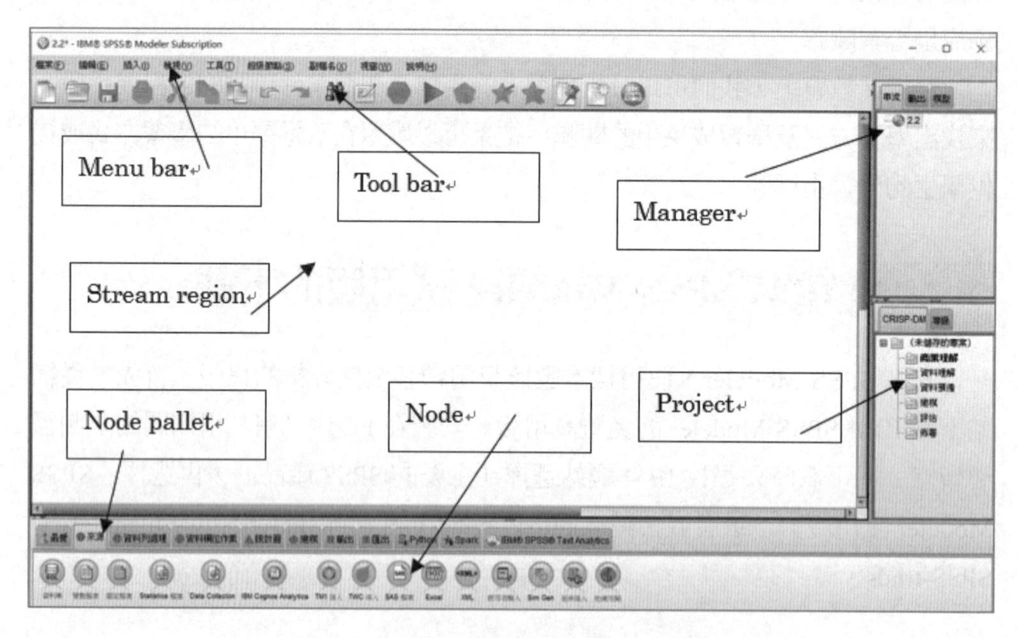

圖 1.5　Modeler 啟動後的畫面與名稱

1.5 Modeler 的基本操作

先確認收錄有稱爲節點（Node）圖像的節點板（Node Pallet）。

節點板像是「來源」、「資料列處理」、「資料欄位作業」、「輸出」等，以選片按目的加以區分。

首先，從「來源」（Sources）選片依序說明。

■ 操作練習 01

開啟「來源」選片（圖 1.6）。此選片依數據的種類別，準備有許多來源節點，而頻繁利用的有以下 3 種。

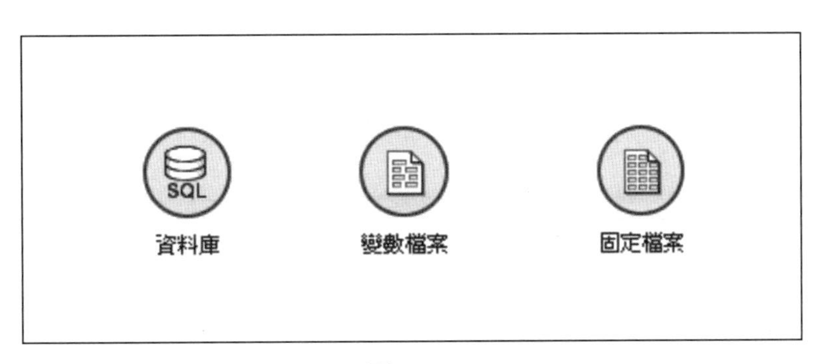

圖 1.6

「資料庫」（Data Base）節點，首先，透過作爲 ODBC（Open Database Connectivity 開放數據庫互連）的機制，可以參照各種資料庫的表格與查詢（Guery）。「變數檔案」節點是以逗號或是 tab 分隔符號之形式讀取時所利用，另外，以 Excel 作成的

數據是以「Excel」節點來讀取。

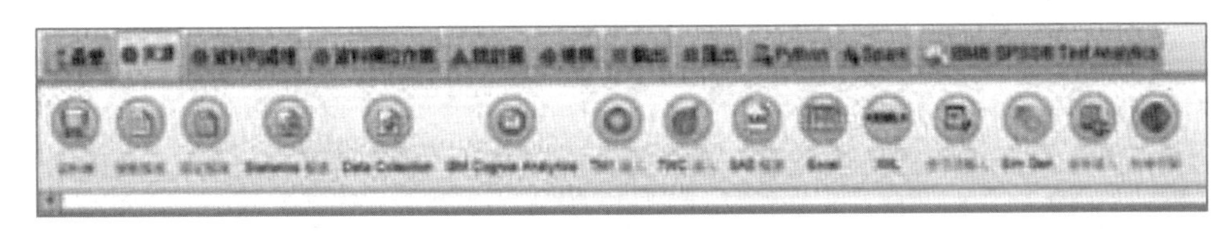

圖 1.7　節點板的來源選片

■操作練習 02

位於從「來源」選片左方第 3 個的「變數檔案」，使用滑鼠拖行到串流領域中，如圖 1.8 那樣配置著節點。雙擊節點時，可以自動的配置。

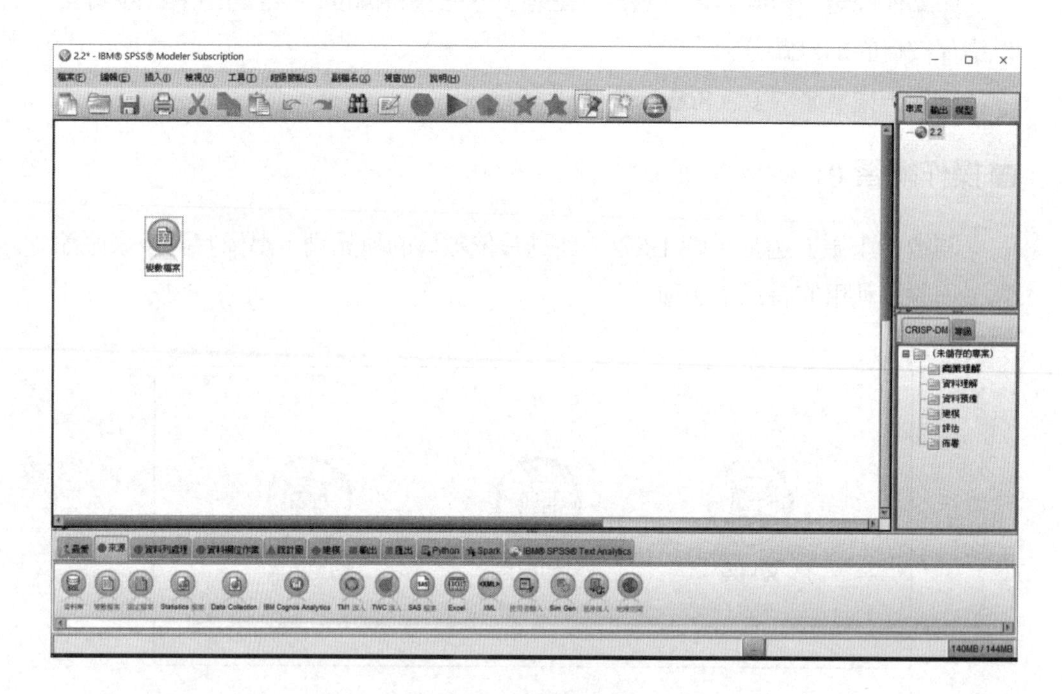

圖 1.8　配置節點例

其次，進行節點的連結。

■操作練習 03

「資料列處理」選片是陳列著加工列的機能，亦即數據的資料列（圖 1.9）。有「選取」、「抽樣」、「排序」等。

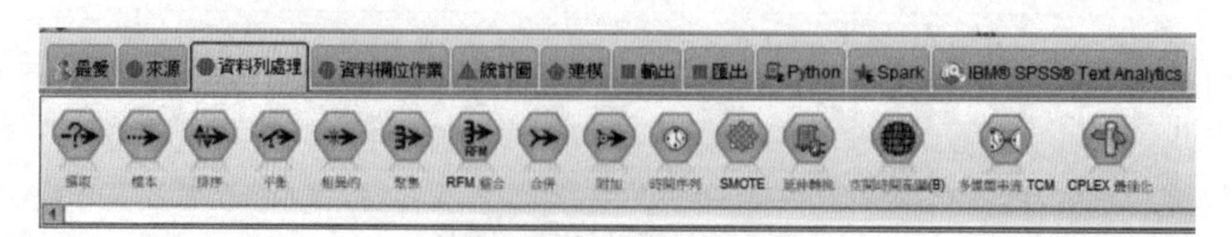

圖 1.9　資料列處理選片

試著將「條件抽出」連接到先前已配置的「數據檔案」節點。

■操作練習 04

首先將「資料列處理」選片左端的「選取」配置在「變數檔案」的右方（圖 1.10）。

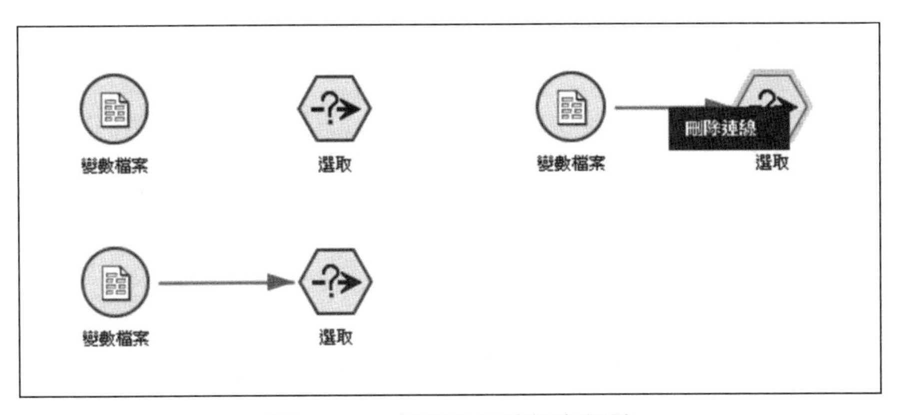

圖 1.10　2 個節點的連結與解除

其次，作用滑鼠的滑輪按鈕（中央按鈕）畫出箭線。從「變數檔案」節點的上方開始拖移，放在「選取」節點的上方，即畫出箭線，2 個節點即被連結。以不利用滑輪按鈕的連結方法來說，一面按著 Alt 鍵一面點一下左方，也可以同樣操作。或者在「變數檔案」節點的上方，按右鍵選擇連接的清單，再按一下「選取」節點的方法也有。

Mac 版是按著 Option 鍵，再單擊時即可進行同樣操作。不是列而是加工欄時，從「資料欄位作業」選片選擇節點。

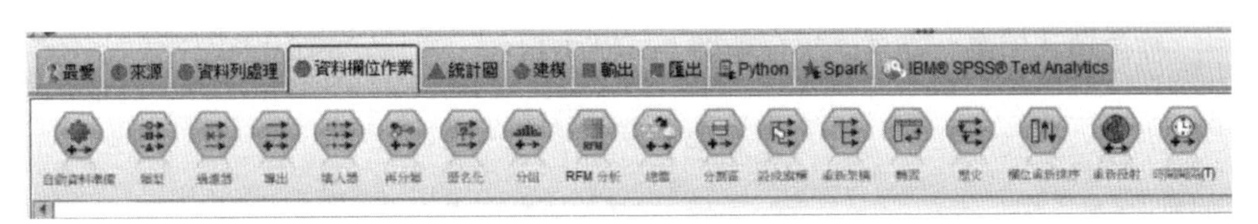

圖 1.11　資料欄位作業選片

輸入數據後，如要加工列或行時，爲了掌握數據的傾向，要進行數據的視覺化。「統計圖」選片包含各種視覺化的機能（圖 1.12）。

圖 1.12　製作統計圖選片

■操作練習 05

點選位於「統計圖」選片中央的「直方圖」如圖 1.13 那樣配置，從「選取」節點向它去連接。

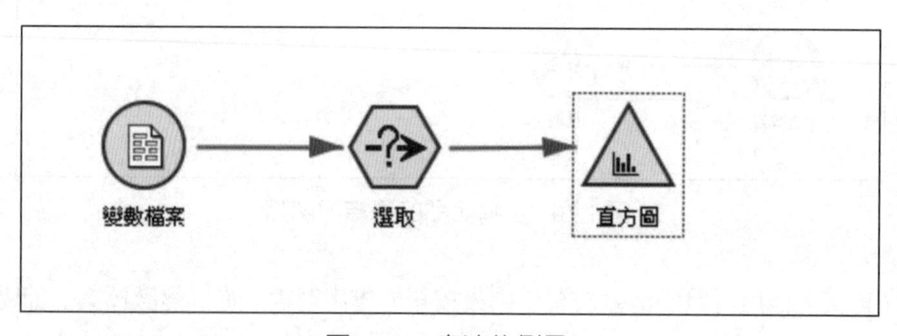

圖 1.13　串流的例子

像這樣，以節點與箭線製作的分析流程稱爲串流（Stream）。串流以副檔名「.str」即可儲存程檔案。

■操作練習 06

從選單「檔案」點選「另存新檔」（圖 1.14）。對特定的資料夾任意取名儲存。

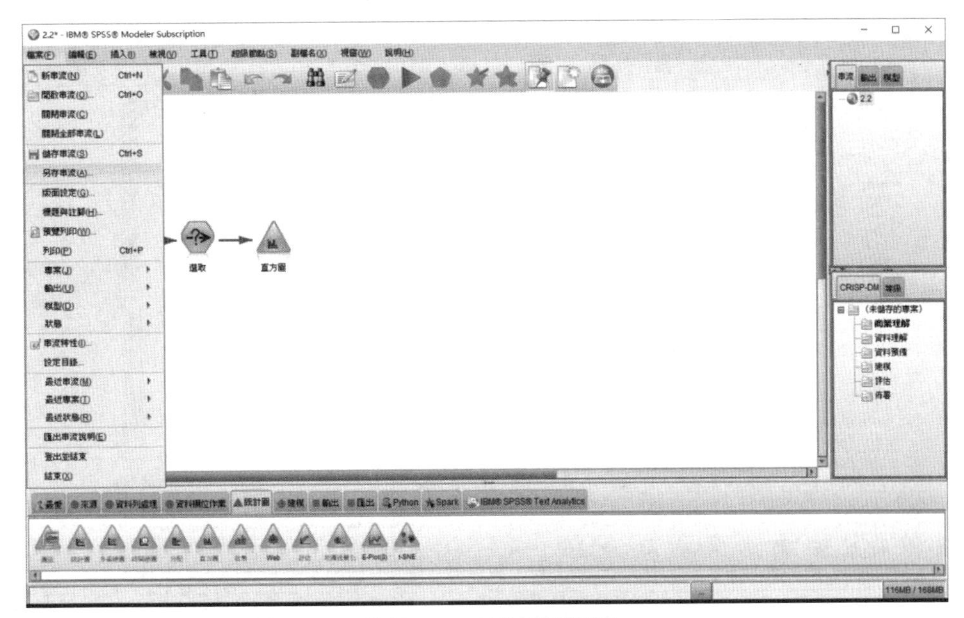

圖 1.14　串流的儲存

串流檔案只有流程的定義被儲存，並無儲存讀取的數據，因此檔案大小不大，容易共有爲其優點。

■操作練習 07

複製、貼上串流或刪除時，首先以滑鼠點選整個串流，再框選範圍（圖 1.15）。

接著，確認對象節點的顏色全部改變，再點一下右鍵顯示清單，即可進行複製、貼上與刪除。另外的方法是指定著節點或串流，以「ctrl 鍵 +c」進行複製，再以「ctrl 鍵 +v」進行貼上，或以 Delete 鍵進行刪除。

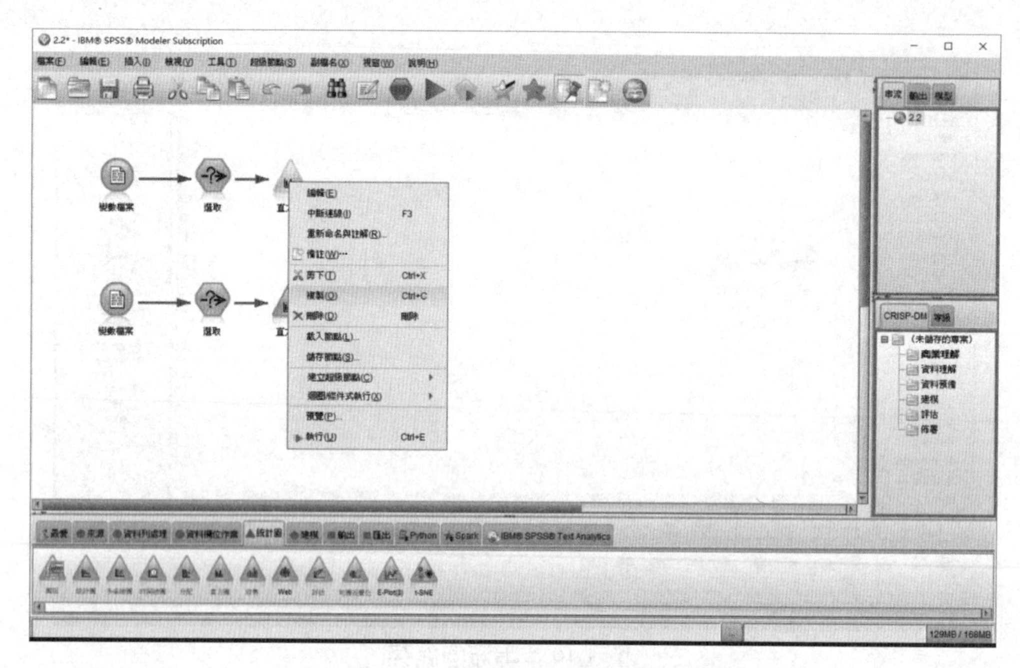

圖 1.15　串流的複製與刪除

■操作練習 08

對於已連接的節點要從串流中移除時，可使用滑輪按鈕（圖 1.16）。

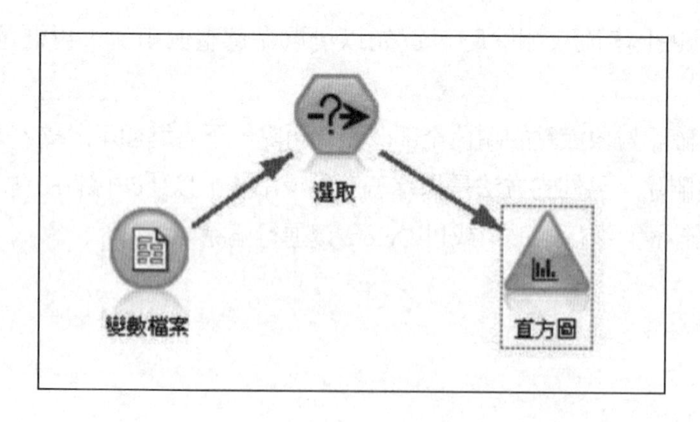

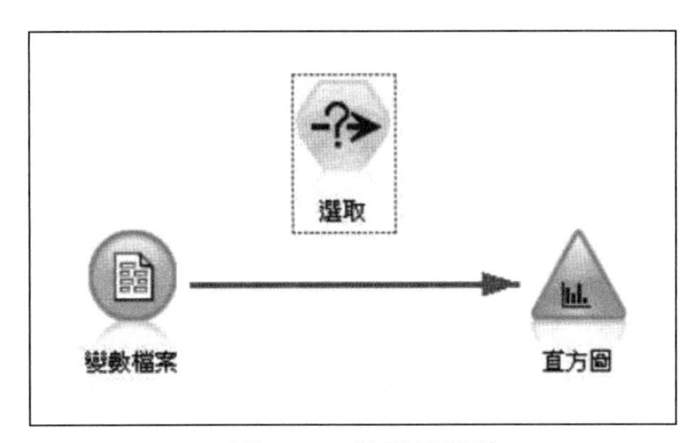

圖 1.16 節點的移除

■操作練習 09

在中間將節點要聯結（Bind）時，拖移箭線放在中間節點之上（圖 1.17）。

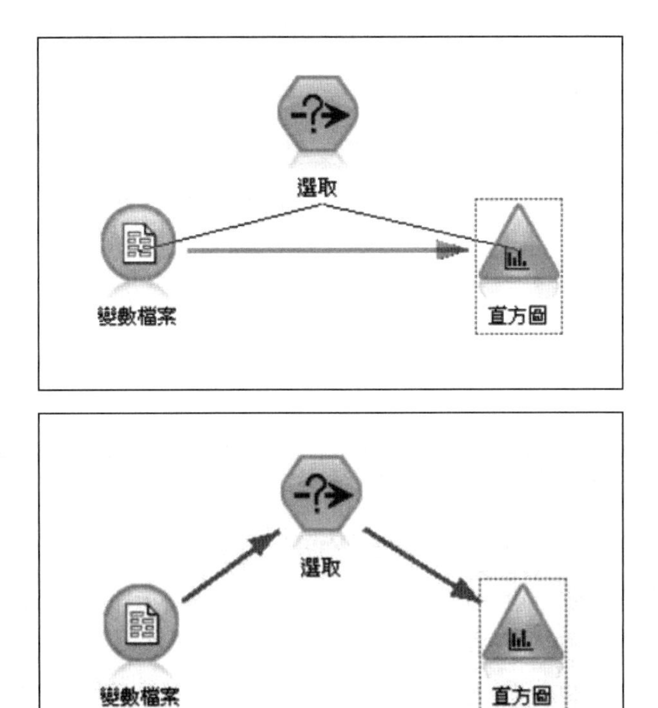

圖 1.17 節點的綁定

此處所說的節點的聯結（Bind）與解除，於重新評估所製作的串流，想加上條件再執行時，對於此種嘗試錯誤非常有幫助。

串流是設想以「輸出」與「匯出」來完成。

像圖 1.18「輸出」選片收錄有將累計與精度分析的結果，顯示於畫面上的機能。

圖 1.18　節點板的「輸出」選片

並且，爲了將結果的欄位在業務中利用，有需要以文字資料（Text Data）儲存，或更新到既存的資料庫。要執行這些功能是「匯出」選片的「匯出」節點。

圖 1.19　節點板的「匯出」選片

1.6 IBM SPSS Modeler 的節點形狀與功能

前面是以 3 種節點製作串流。節點的形狀有多種的意義，若能理解它，即可順利地製作串流。圓形的節點意謂輸入，一定是串流的起點，相反的，終點的節點形成三角形、四角形、五角形。並無從終點以箭線連結到其他的節點。六角形的流程節點與黃色菱形的模型鑽石（Model Nugget）節點，必然是接受箭線，形成被何處連接的通過點。

功能	起點	通過點			終點		
		過程節點			過程節點		
形狀	圓形	六角形		菱形（鑽石）	五角形	三角形	四角形
節點例	變數檔案	選取	導出	CHAID	CHAID	直方圖	表格
	Excel	聚集	填入器	Kohonen	Kohonen	分配	分析
	資料庫	合併	分組	Apriori	Apriori	Web	資料庫
索引名稱	來源	資料列處理	資料欄位處理	分數連結	建模	統計圖	輸出 匯出

圖 1.20　節點的形狀與功能

第2章 Modeler範例1—關聯規則、決策樹（C5.0）、主成分分析、集群分析

2.1 問題的發生狀況法則的探索

本章是爲了品質管理針對利用 Modeler 的各種資料探勘手法加以介紹。本節是先就「關聯規則」與「C5.0」的分析進行解說。接著，再以同一事例對主成分分析、集群分析進行解說。

在使用上「關聯規則」節點與「Apriori」節點類似，但是與 Apriori 不同，關聯規則節點能夠處理清單資料。另外，關聯規則節點可以與 IBM SPSS Analytic Server 配合使用，以處理大型資料以及利用更快的平行處理功能。

Apriori 分析是探索異常的發生機率的變化程度之分析手法。利用關聯（association）規則之分析，從各種事件的組合之中，即可發現問題的事件或事件的組合。

C5.0 是決策樹分析的一種，不僅是質變數，量變數也包含在內，爲了探索異常發生的規則，查明其基準、防止異常，即可發現要如何控制輸入變數。

2.2 有關品質管理諸工具的構成

■數據的內容

此處使用某樣本的數據，進行有關品質管理的資料探勘。使用的數據是由以下 12 個變數所構成。

・表示產品的品質是否爲正常或異常之旗標變數（變數的個數 1）。

・表示該事件在製造過程中是否發生，從事件 A 到事件 H 爲止的 8 種旗標變數（變數的個數 8）。

・量變數有溫度、彈性指標、溼度（變數的個數 3）。

在樣本資料方面，異常如以下是以 13.68% 的機率發生。

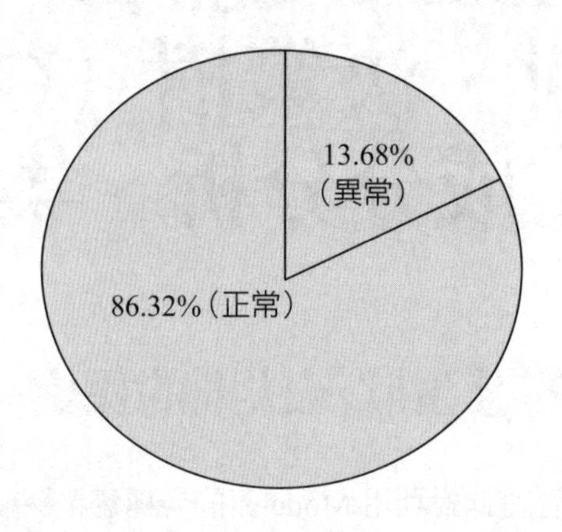

■本章的資料探勘的流程

探索異常的發生機率是否依據事件 A 到事件 H，或者溫度、彈性指標、溼度而發生變化呢？爲了找出盡可能減少異常的規則當作目的而進行分析。首先是針對 (1)、(2)，其次是針對 (3)、(4) 來觀察。

(1) 利用關聯規則，探索在事件 A 到事件 H 之中異常的發生機率，及其變化的程度如何。

(2) 其次，利用 C5.0 的分析，不只是事件，像溫度等的量變數也包含在內，探索異常發生的規則，找出異常在什麼時候最容易發生，爲了防止異常，要如何控制事件或溫度等。

(3) 利用 Kohnen 網路，進行樣本資料的集群。利用集群即可探討在整個數據之中有特徵的子組是否存在。

(4) 最後，介紹使用另一種數據的主成分分析。關於資料的概要，在主成分分析的地方敘述，利用主成分分析說明大量的變數存在時，有關變數的密集事例。

2.3 關聯規則

■關聯規則的發現與驗證

爲了設明 Modeler 如何能活用在品質管理，此處利用關聯規則（Association Rule）進行分析。藉由發現關聯規則，當發生何種的事件時，即可分析產品是否容易發生異常。

關聯分析的概念是由 Agrawal 等人（1993）所提出，隨後，Agrawal 與 Srikant（1994）進一步提出 Apriori 演算法，以做為關聯法則之工具。執行後產生關聯規則的模型，可以查看詳細的規則內容。排序的規則有支援度（Support）、信賴度（Confidence）、規則支援（Rule Support）%、提升（lift）以及可部署性（Deployability）等方式，使用者可依需求選擇。

以下說明各用詞的內容：

一信賴度：是規則支援度與條件支援度的比例。在具有列出的條件值的項目中，具有預測結果值的項目所占的百分比。

• 條件支援度：條件為眞值的項目所占的比例。

• 規則支援度：整個規則、條件和預測均為眞值的項目所占的比例。用條件支援度值乘以信賴度值計算得出。

• 提升：規則信賴度與具有預測的事前機率的比例。

可部署性：用於測量訓練資料中滿足條件，但不滿足預測的部分所占的百分比。

換言之，

• 支援度是指購買前項產品的客戶占全部客戶的比例。

• 信賴度是指購買前項產品的客戶中也買後項產品的比例。

• 規則支援 %（即支援度 × 信賴度）是指購買前項產品，也買後項產品的客戶占全部客戶的比例。

• 提升是指購買後項產品占購買前項產品的比例，除以購買後項產品占全部客戶的比例。

• 可部署性是指購買前項產品，但不買後項產品的人占全部客戶的比例。

在進行關聯分析時，我們通常會先設定最小支持度（Min Support）與最小信賴度（Min Confidence）。如果所設定的最小支持度與最小信賴度太低，則關聯出來的結果會產生太多規則，造成決策上的干擾。反之，太高的最小支持度與最小信賴度，則可能會面臨規則太少，難以判斷的窘境。建模時可以設定支援度、信賴度等建模的細節，當門檻值過高而無法生成模型時，使用者須適度調整門檻值。

【方法 1】利用 Modeler 的關聯規則

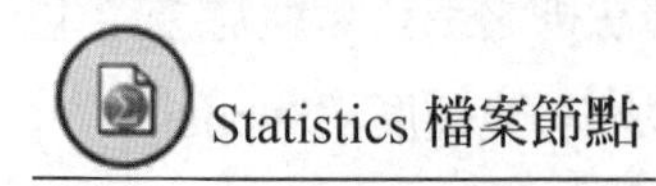

Statistics 檔案節點

Step1：將【來源】選項板中的【Statistics 檔案】節點移到串流領域中，右按一下所移動的【Statistics 檔案】節點後，選擇【編輯】。

Step2：按一下【Statistics 檔案】對話框的匯出檔案的 ⋯ 。

Step3：在檔案的選擇畫面上選擇【樣本資料 .sav】，按一下【開啟】。

開啟

目錄(I)：Modeler

BASKETS1n.sav
bilogit.sav
catalog_seasfac.sav
cell_samples.sav
discrim.sav
mlogit.sav
ships.sav
SPSS解析資料.sav
telco.sav
主成分分析.sav
集群分析.sav
樣本資料.sav
學習用資料.sav
驗證用資料.sav

檔案名稱(N)：

檔案類型(T)：IBM SPSS Statistics 儲存格式(*.sav;*.zsav)

開啟　取消

Step4：於以下畫面點選變數名稱的【讀取姓名與標籤】，點選值的【讀取資料與標籤】時，Modeler 即可使用【Statistics 資料】檔案上所設定的變數標籤、值標籤，按一下【確定】。

Statistics 檔案

預覽(P) 重新整理

C:\Users\User\Desktop\DL00663\樣本資料.sav

資料 過濾器 類型 註解

匯入檔案(I): C:\Users\User\Desktop\DL00663\樣本資料.sav

檔案以密碼加密(C)

密碼(W):

變數名稱: 讀取姓名與標籤(N) 把標籤讀作姓名(L)

值: 讀取資料與標籤(D) 把標籤讀作資料(B)

使用欄位格式資訊以判別儲存(F)

確定 取消 套用(A) 重設(R)

類型節點

Step5：接著，從【資料欄位作業】選項板選擇【類型】節點，放置在串流領域。此處，連接【樣本資料】節點與【類型】節點。

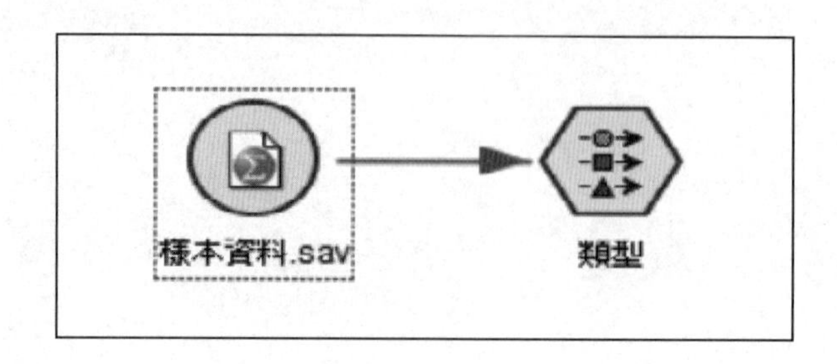

Step6：連接完成時，右按一下【類型】節點，選擇【編輯】，顯示出有關樣本資料內的變數的狀態。首先，按一下【讀取數值】鈕，從檔案讀入資料。選擇分析所使用的變數，對顯示分析中之功能的【角色】行，將品質設定成【目標】，測量改成旗標，事件 A～事件 H 設定成【輸入】，測量改成【旗標】，量變數未使用的溫度、彈性、溼度設定成【無】，按一下【確定】。

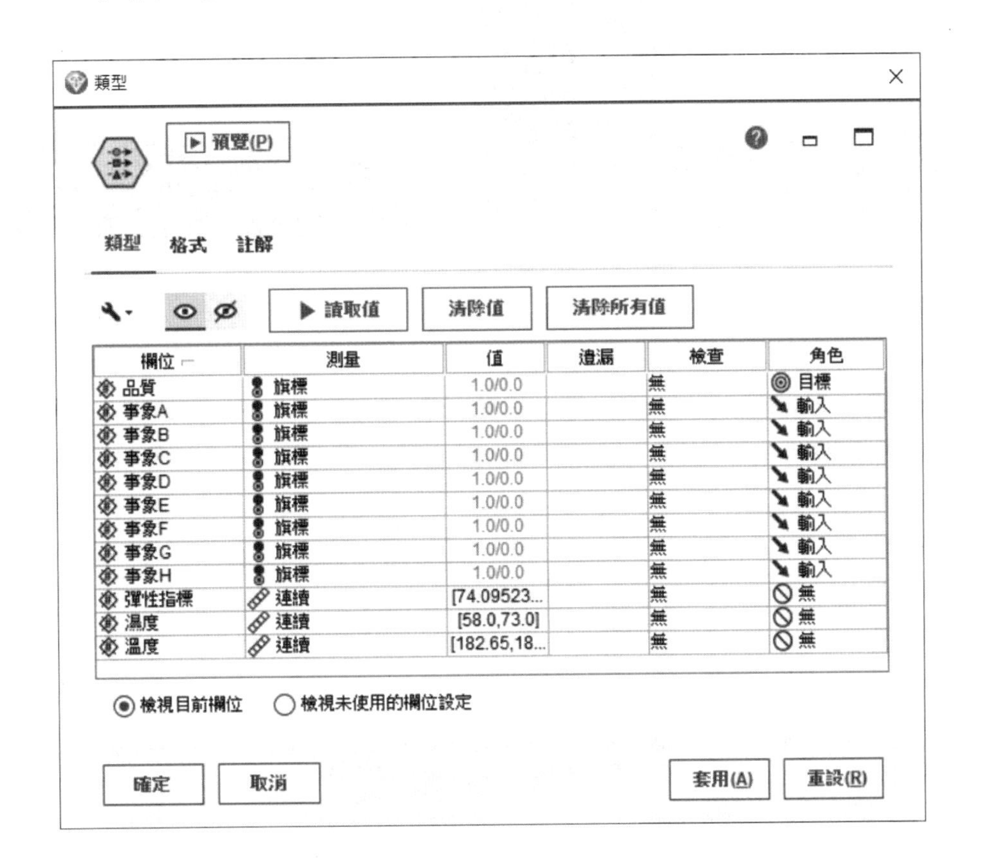

表格節點

Step8：接著將【輸出】選項板上的【表格】節點移到串流領域，與【類型】連接。右按一下【表格】節點，選擇【執行】。

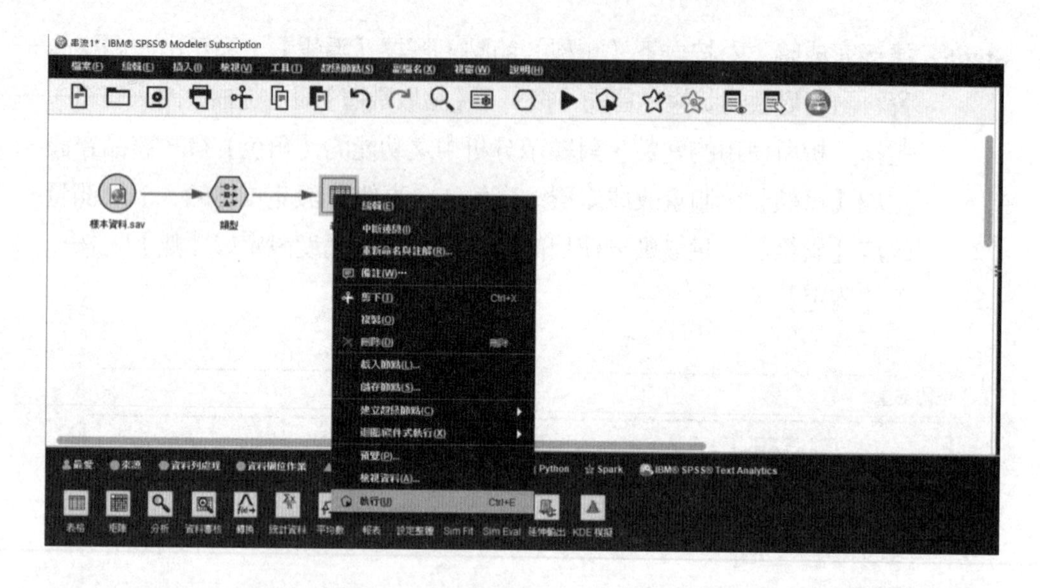

Step9：資料流入串流，於表中顯示有資料。

表格（12 個欄位、855 個記錄）

檔案(F)　編輯(E)　產生(G)

表格　註解

	...	事象A	事象B	事象C	事象D	事象E	事象F	事象G	事象H	彈性指標
1	0....	1.000	1.000	1.000	0.000	0.000	0.000	1.000	1.000	74.095
2	0....	1.000	1.000	1.000	1.000	1.000	0.000	1.000	1.000	77.048
3	0....	0.000	1.000	1.000	1.000	0.000	0.000	1.000	1.000	77.429
4	0....	1.000	1.000	1.000	1.000	0.000	0.000	1.000	1.000	82.762
5	0....	0.000	1.000	1.000	0.000	0.000	1.000	1.000	0.000	83.714
6	0....	0.000	1.000	1.000	0.000	0.000	0.000	1.000	0.000	83.810
7	0....	0.000	1.000	1.000	0.000	0.000	0.000	0.000	1.000	85.048
8	0....	0.000	1.000	0.000	1.000	0.000	0.000	1.000	1.000	85.238
9	0....	1.000	1.000	1.000	1.000	1.000	1.000	1.000	0.000	85.429
10	0....	0.000	1.000	1.000	0.000	0.000	0.000	0.000	0.000	86.000
11	0....	1.000	1.000	1.000	1.000	0.000	0.000	1.000	0.000	88.000
12	0....	1.000	1.000	1.000	0.000	0.000	0.000	1.000	0.000	88.381
13	0....	1.000	1.000	1.000	1.000	0.000	0.000	1.000	0.000	88.571
14	0....	1.000	1.000	1.000	1.000	0.000	0.000	1.000	0.000	88.571
15	0....	0.000	1.000	1.000	1.000	0.000	1.000	1.000	0.000	88.762
16	0....	0.000	1.000	1.000	0.000	0.000	0.000	0.000	0.000	88.952
17	0....	1.000	1.000	1.000	0.000	0.000	0.000	1.000	0.000	89.238
18	0....	1.000	1.000	1.000	0.000	1.000	0.000	1.000	1.000	89.333
19	0....	1.000	1.000	1.000	1.000	1.000	0.000	1.000	1.000	89.429
20	0....	1.000	1.000	1.000	0.000	0.000	1.000	1.000	0.000	89.714

確定

利用以上的步驟，使用所輸入、設定的數據，再利用關聯規則進行分析。此次只對符號值資料（旗標或組型所編碼化者）使用。

Step10：將【建模】選項板的【關聯規則】節點放置在串流領域中，與【類型】連結。

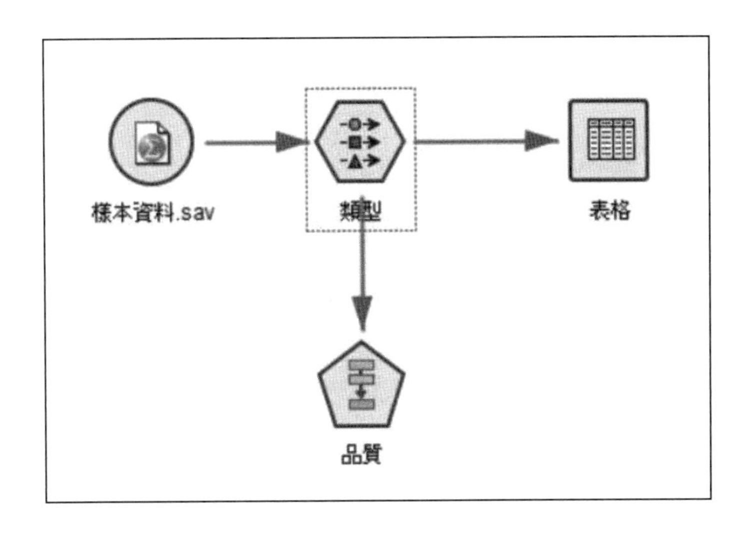

Step11：右按一下【關聯規則】節點，選擇【編輯】。點選【建置選項】，演算法選擇【Apriori】，【前 N 個的規則準則】選擇信賴度。勾選【啟用規則準則】，將【信賴度】設為 90、【條件支援】設為 60、【規則支援】設為 60、【提升】設為 1。

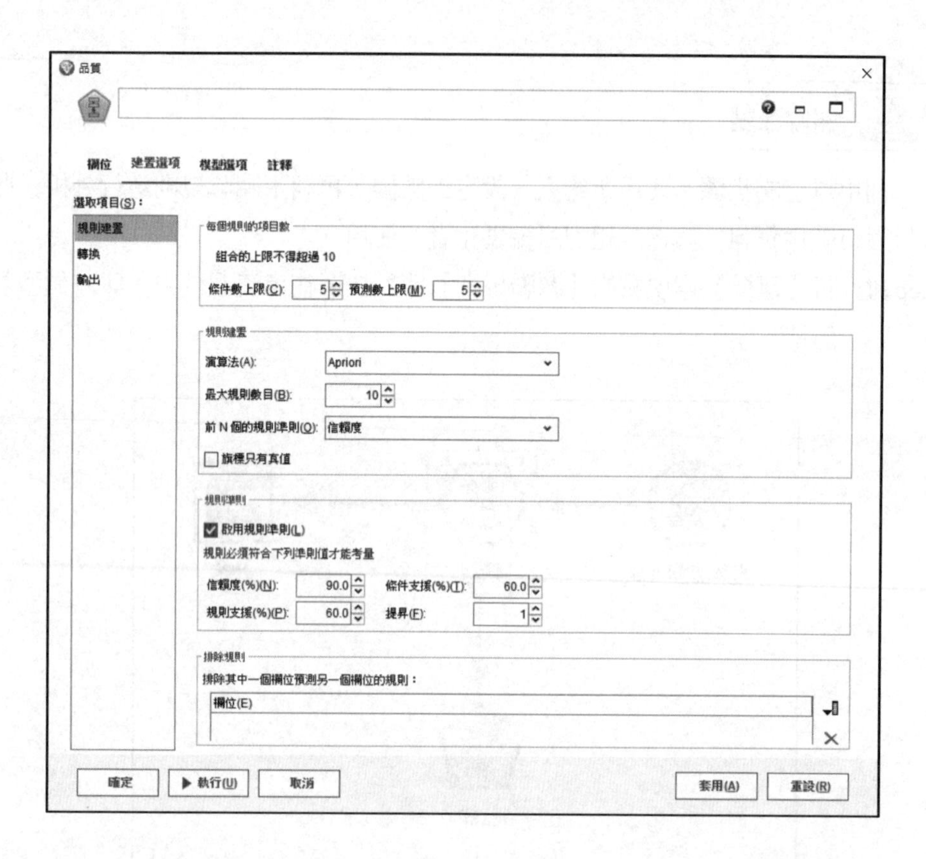

（註）規則建置的演算法有 2 種，一是 Apriori，另一是 FP-growth，因為從功能的角度上來說，FP-growth 和 Apriori 基本一樣，相當於 Apriori 的效能優化版本。其實 FP 這兩個字母是 frequent pattern 的縮寫，翻譯過來是頻繁模式，其實也可以理解成頻繁項，說明白些，FP-tree 這棵樹上只會儲存頻繁項的資料，我們每次挖掘頻繁項集和關聯規則都是基於 FP-tree，這也就過濾了不頻繁的資料。

FP-growth 的精髓是構建一棵 FP-tree，它只會掃描完整的資料集兩次，因此整體執行的速度顯然會比 Apriori 快得多。之所以能做到這麼快，是因為 FP-growth 演算法對於資料的挖掘並不是針對全量資料集的，而只針對 FP-tree 上的資料，因此這樣可以省略掉很大一部分資料，從而節省下許多計算資源。

Step11：點一下【輸出】，勾選【信賴度】、【規則支援】、【提升】。

Step12：點選【模型選項】，將預測的最大數量改為 3，按【執行】。

Step13：分析結束時，畫面右上出現顯示結果的節點。右按一下此節點，選擇【瀏覽】。

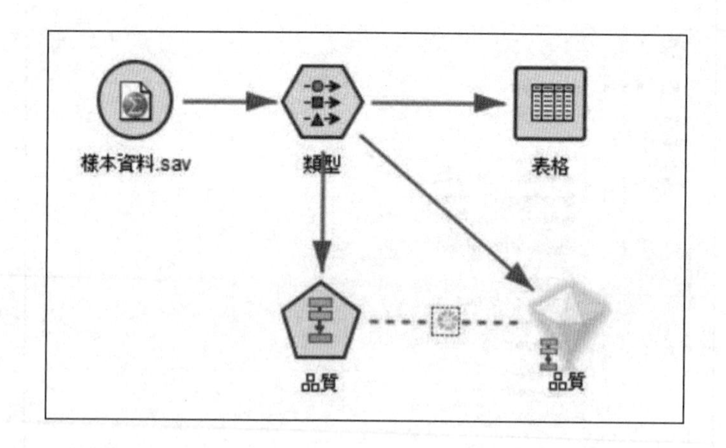

下圖是【信賴度】按高低順序分類。

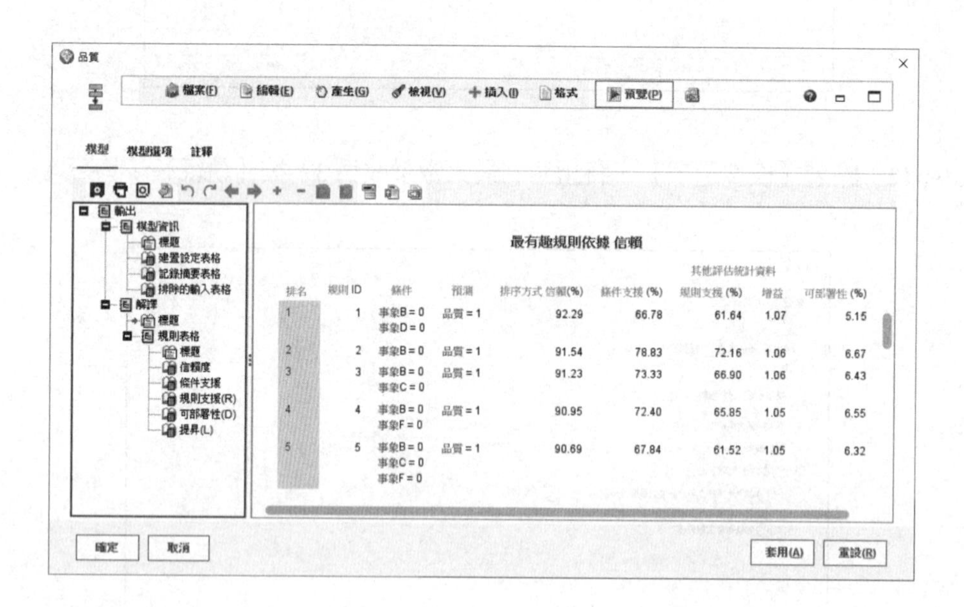

最有趣規則依據 信賴

排名	規則 ID	條件	預測	排序方式 信賴(%)	條件支援 (%)	其他評估統計資料 規則支援 (%)	增益	可部署性 (%)
1	1	事象B = 0 事象D = 0	品質 = 1	92.29	66.78	61.64	1.07	5.15
2	2	事象B = 0	品質 = 1	91.54	78.83	72.16	1.06	6.67
3	3	事象B = 0 事象C = 0	品質 = 1	91.23	73.33	66.90	1.06	6.43
4	4	事象B = 0 事象F = 0	品質 = 1	90.95	72.40	65.85	1.05	6.55
5	5	事象B = 0 事象C = 0 事象F = 0	品質 = 1	90.69	67.84	61.52	1.05	6.32

■分析結果的考察

透過關係規則之分析，可以看出最顯著之結果是：「如果事件 B 未發生而事件 D 也未發生時，產品正常的機率是 92.29%」。從中可知事件 B 未發生時，

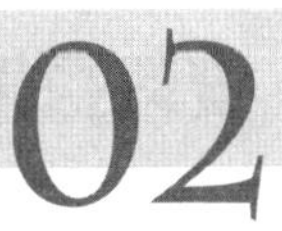

異常是不易發生的，因此控制事件 B 使之不發生。像這樣，利用關聯規則之分析，從各種事件之組合之中，可以發現問題的事件或事件的組合。

2.4 決策樹分析的一種 C5.0

接著，利用決策樹分析之中的一種 C5.0 來探討異常發生的原因。

C5.0 雖然目的變數只能取類別變數，但與只能分岐 2 個的 CART 不同，它是可以分岐成 3 個以上的。

【方法 2】利用 Modeler 探索異常發生規則（C5.0）

Step1：從【資料來源】選項板中的【SPSS 檔案】節點，到【輸出】選項板中的【表格】節點爲止，由於是與 Apriori 分析的作業相同，因此可以參照。但是在資料【類型】節點的地方，連續變數的溫度、彈性指標、溼度利用 C5.0 也能分析，因此將【角色】的行，從【無】變更爲【輸入】。另外，品質、事件 A 到事件 H 改爲旗標。

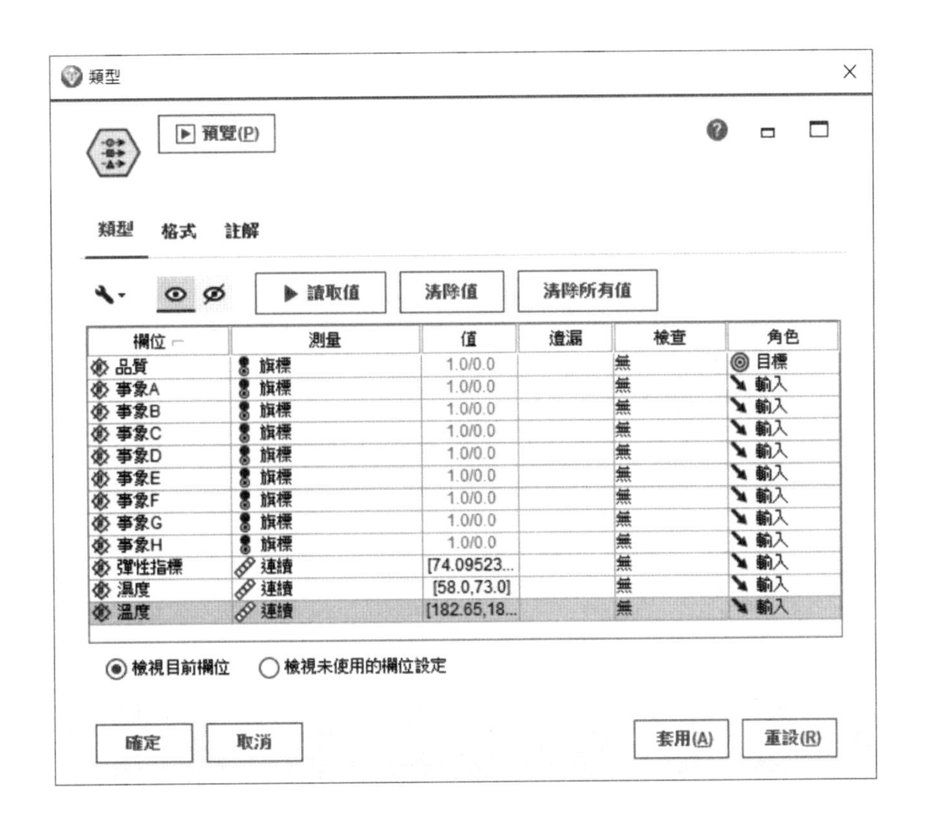

欄位	測量	值	遺漏	檢查	角色
品質	旗標	1.0/0.0		無	目標
事象A	旗標	1.0/0.0		無	輸入
事象B	旗標	1.0/0.0		無	輸入
事象C	旗標	1.0/0.0		無	輸入
事象D	旗標	1.0/0.0		無	輸入
事象E	旗標	1.0/0.0		無	輸入
事象F	旗標	1.0/0.0		無	輸入
事象G	旗標	1.0/0.0		無	輸入
事象H	旗標	1.0/0.0		無	輸入
彈性指標	連續	[74.09523...		無	輸入
濕度	連續	[58.0,73.0]		無	輸入
溫度	連續	[182.65,18...		無	輸入

Step2：使用所設定的數據，利用 C5.0 進行分析。將【模型製作】選項板的【C5.0】節點放置在串流領域，按一下資料【類型】節點，接著，右按一下【C5.0】，選擇【編輯】。

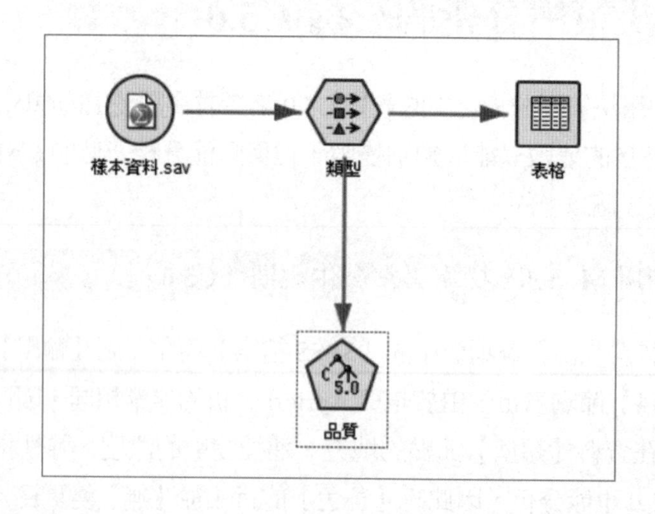

Step3：此處可以設定有關 C5.0 的詳細情形。爲了防止太細的枝葉分岐，規則不易了解，因此如下圖點選【專家】，將【每個子分支的最小記錄：】從預設的 2 變更爲 15，按一下【執行】後進行分析。

Step4：分析順利結束時，畫面右上顯示出 C5.0 所生成的模型。爲了表示結果，右按一下所產生的模型，選擇【瀏覽】，或快速點兩下所產生的模型區塊。

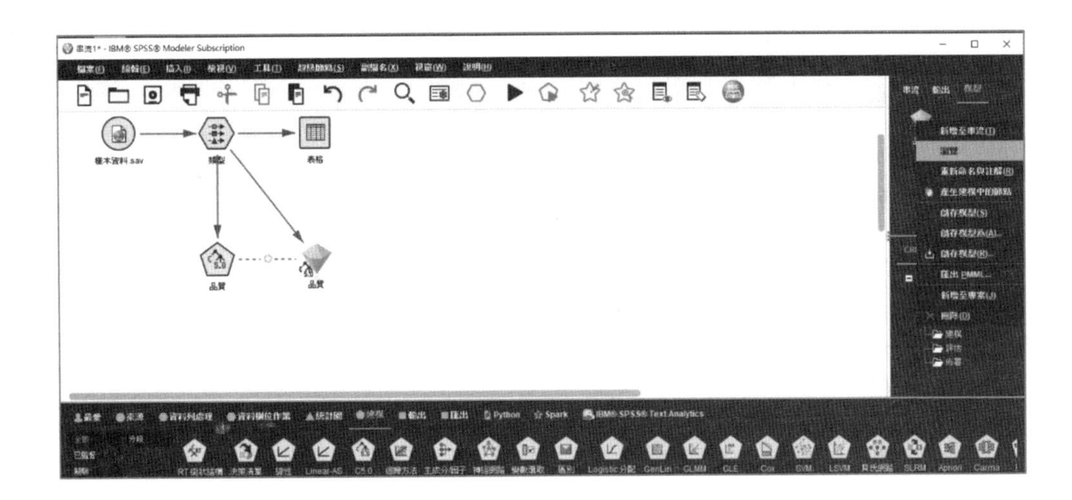

Step5：最初顯示出以下的畫面。可是 Modeler 利用樹形圖可以使結果變得容易理解，選擇【檢視器】標籤。

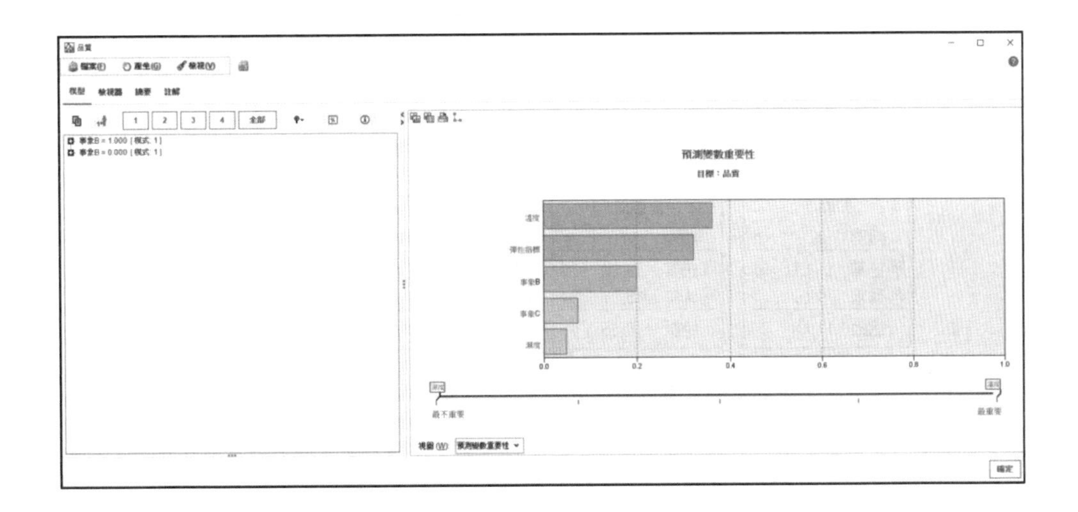

Step6：如以下利用 C5.0 顯示樹形圖，以視覺的方式可以確認分析的結果。

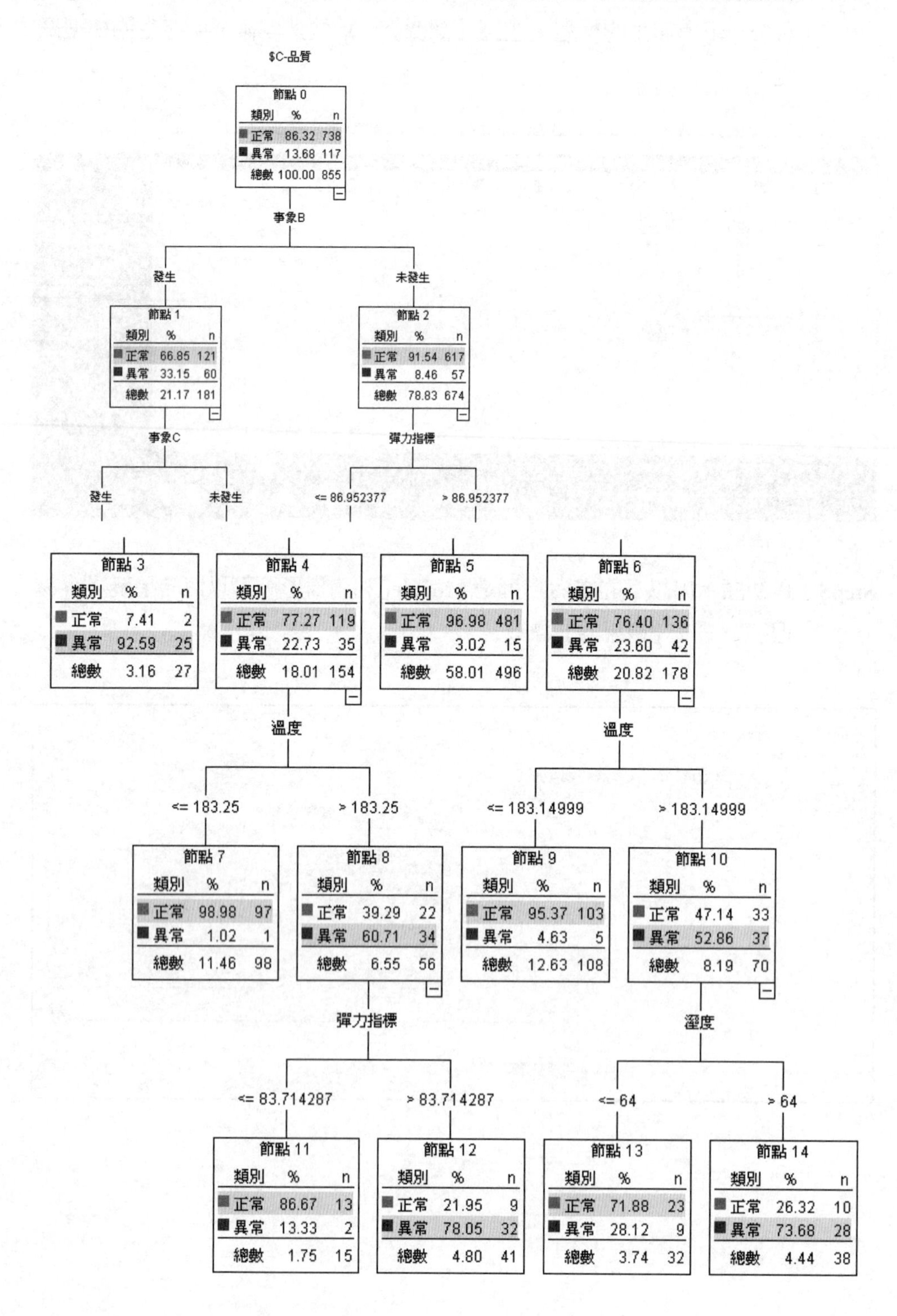

■ 分析結果的考察

樹木首先以事件 B 是否發生出現分歧。如果事件 B 發生時，異常的機率從全體的 13.68% 上升到 33.15%。另一方面，事件 B 如果未發生，異常的機率減少爲 8.46%。

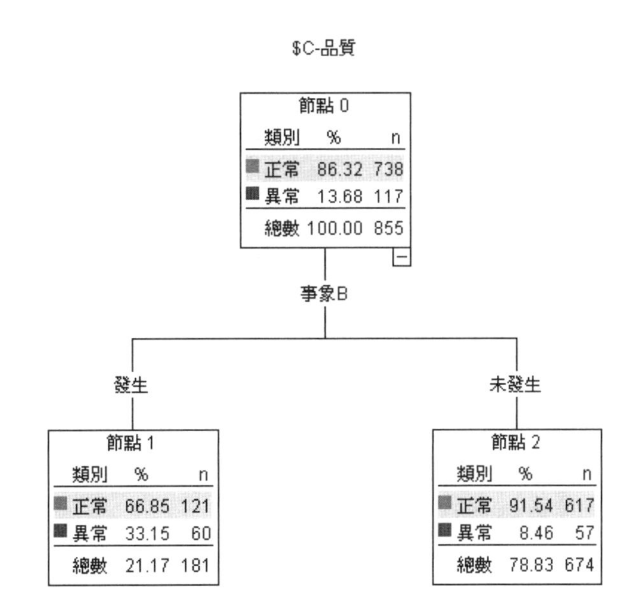

其次，事件 B 發生的話，事件 C 是否發生呢？如果事件 B 未發生時，量變數的彈性指標是多少百分比呢？進行第 2 次的分岐。如果事件 B 加上事件 C 發生時，知此種情況很少而以 92.59% 的機率發生異常。又如果事件 B 未發生，將彈性指標保持在 86.95% 以下時，異常的發生可以控制在 3% 左右。

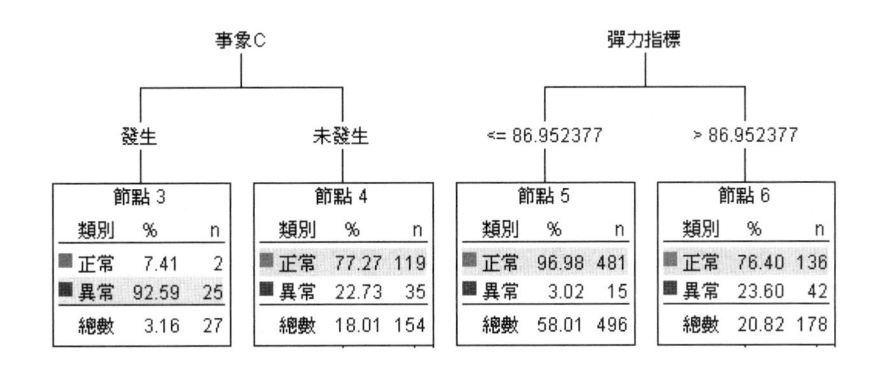

又第三分岐，首先如追溯至節點 7 時，即使事件 B 發生，溫度如在 183.3 度以下時，異常的發生變得極低，其次如追溯至節點 9 時，即使彈性指標超過 86.95% 時，如溫度在 183.1 度以下時，知可將異常控制在 4.63% 以下。

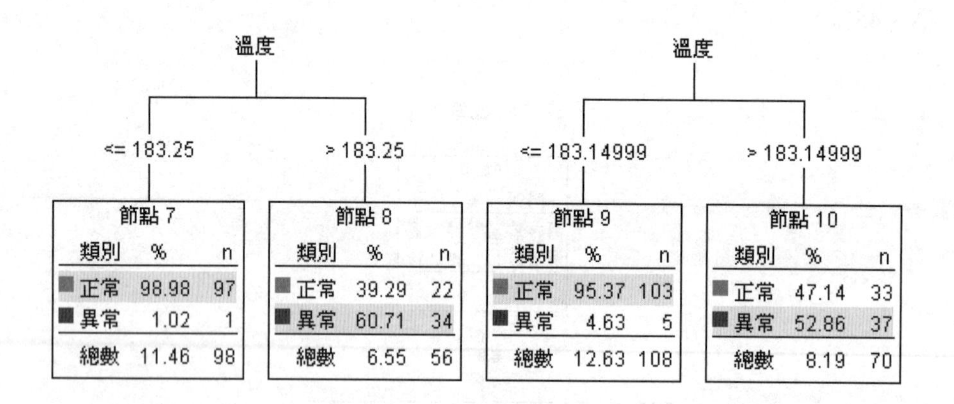

第四分岐，均從異常的機率比較高的節點（節點 8、10）分岐，再尋找異常的比率高的節點。至第 3 分岐爲止條件不佳時，彈性指標再超過 83.73 或溫度超過 64 度時，異常的機率變高。

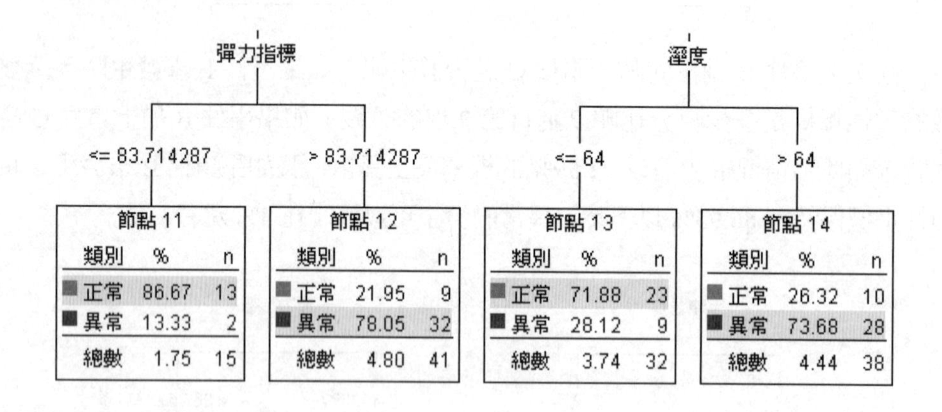

從此種見識來看，可以在 << 不發生事件 B，彈性指標保持在 86.95% 以下，溫度再變成 183 度以下時即爲萬全 >> 的製造過程中擬定目標，即有可能大量減少異常。

2.5 Kohonen 網路

■指引出視覺性分類模型的 Kohonen 網路

本節主要是利用「未有老師在旁」的學習演算方式，就類神經網路模型之一的 Kohonen 網路進行觀察。

Kohonen 網路與「有老師在旁」的類神經網路不同，是在於不使用輸出變數，採取被稱爲非監視學習的學習方法。因此，此手法並非預測結果，而是將一連串的輸入變數的模型使之明確。Kohonen 網路是從多數的單元（Unit）開始，隨著學習的進行，單元會去形成數據的自然集群。

最後，也利用主成分分析密集大量的變數。

■Kohonen 網路是什麼

Kohonen 網路，一般而言是由神經元的 2 次元的格子所構成。各神經元與各輸入相連接，與其他的類神經網路的情形相同，這些的連接每一個都加上比重。各神經元再與其周圍的神經元連接，這些之連接同樣也設定比重。

此網路是將資料列（Record）對照每一個格子進行學習。資料列的特徵是與格子內最初隨機被設定比重的所有神經元相比較。具有最接近輸入資料列特徵的模型神經元，即贏得列資料。利用此人工神經元的比重，可以調整使之較接近於目前贏得之資料列的比重。因此，具有相似特徵的其他資料列被提示給網路時，此相同的節點贏得此新的資料列的可能性即增大。網路由於對其周邊的神經元的比重也進行若干的調整，因此，這些週邊的神經元也吸引顯示有相似輸入的資料列。下圖 2.1 是就其關聯方式表示構造的概念圖。

此處，利用此種集群的一種手法即 Kohonen 網路，將資料集群，探索在數據之中是否存在有特徵的子群，或是否存在異常容易發生之子群。

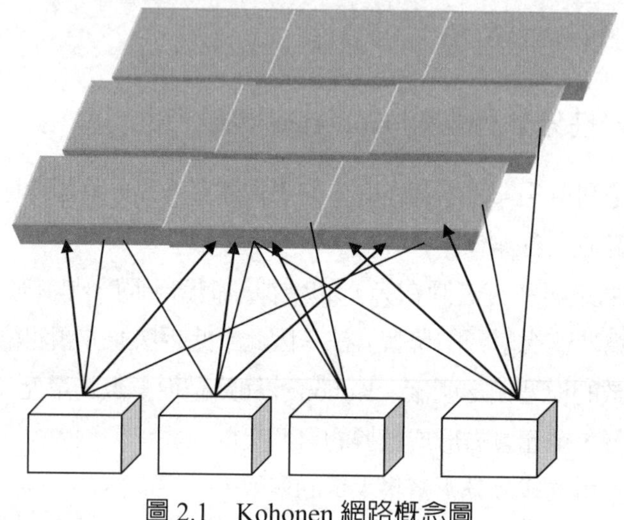

圖 2.1　Kohonen 網路概念圖

【方法 3】利用 Modeler 進行數據的集群（Kohonen 網路）

Step1：從【SPSS 檔案】節點到【表格】節點爲止的串流製作與前面相同。但是在【類型】節點的設定上，連續變數的溫度、彈性指標、溼度也能利用 Kohonen 網路來分析，因此，將【角色】的行，從【無】變更爲【輸入】。又，如先前所說明的那樣，Kohonen 網路並無成爲輸出的欄位。利用 Kohonen 網路所製作的集群（Cluster），爲了在日後確認異常的發生容易性有無差異，【品質】欄位的【角色】，設定成【無】。

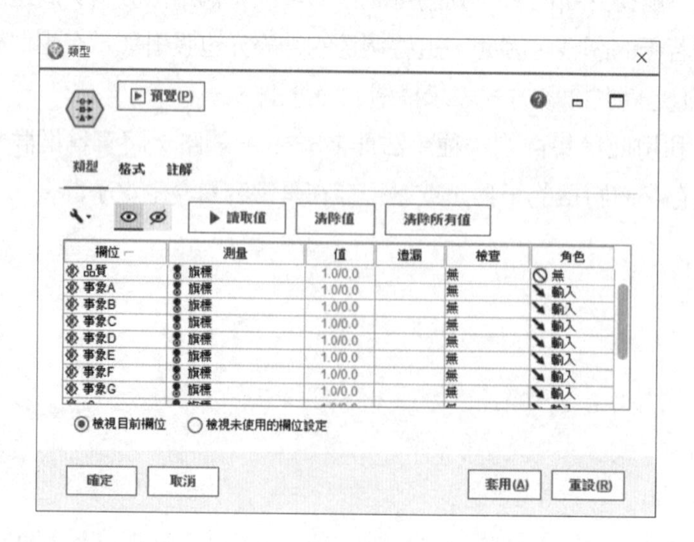

Step2：使用所設定的資料，利用 Kohonen 網路進行分析。將【建模】選項板的【Kohonen】節點放置在串流領域中，從【資料類型】連結。接著右按一下【Kohonen】節點，選擇【編輯】。

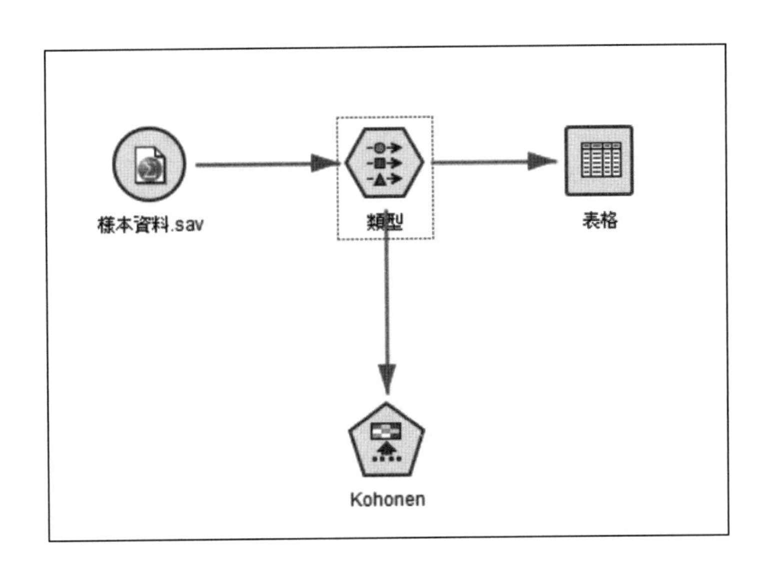

Step3：於預設中，點選【顯示反饋圖】，點選【可重複的分割區指派】種子的數值照著 123。反饋圖會在網路的學習中顯示，表示網路進行狀態之資訊。

Kohonen

欄位 模型 專家 註解

模型名稱: 自動(O) 自訂(M)

使用分割的資料

繼續訓練現有模型 顯示反饋圖

停止於: 預設值

時間（分鐘） 15.0

可重複的分割區指派 種子: 123

最佳化: 速度 記憶體

附加叢集標記

確定 執行(U) 取消 套用(A) 重設(R)

Step4：又 Kohonen 網路有需要事先設定集群的數目。選擇【專家】標籤，於模式中點選【專家】，將【寬度】設定成 3，【長度】設定成 3，對於其他的設定則依照預設。點選【執行】，即開始學習。

集群的數目，以【寬度 × 長度】。但利用【寬度 × 長度】所表現的集群數目，是表示進行分析之前所準備的格子數，所準備的所有集群不一定要使用。Kohonen網路為了發現最適集群，有需要以探索的方式變更【寬度】、【長度】。

學習結束時，畫面右上，顯示有所產生的【Kohonen 模型】節點。

■ Kohonen 網路的理解

為了加深理解 Kohonen 網路的結果，有需要使用 Modeler 的其他節點調查集群數、集群的輪廓（Profile）。

Step5：首先，使用【統計圖】節點調查集群的數目與各集群的資料列數目。將所生成的【Kohonen 模型】節點移到串流領域中，接著從【統計圖】選項板將【統計圖】節點移到串流領域，再從【Kohonen 模型】節點去連接。右按一下【統計圖】節點，選擇【編輯】。

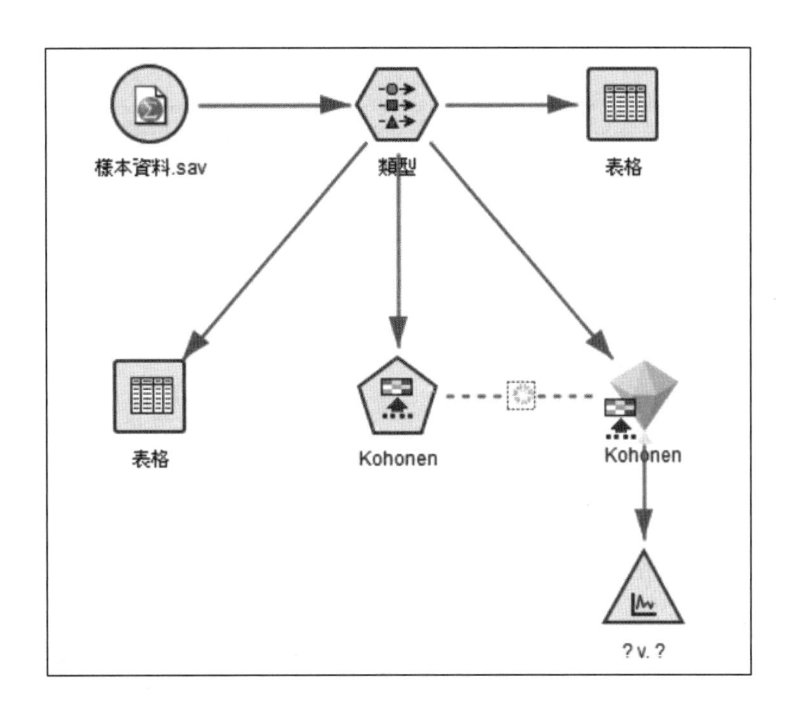

Step6：從一覽表中，於【X 欄位】選擇 $KX-Kohonen、【Y 欄位】選擇 $KY-Kohonen，$KX-Kohonen 對應事前所設定的【寬度】，$KY-Kohonen 對應【長度】。照這樣製作繪圖時，同一座標上即顯示出許多的資料列。此時，讓圖形擴散，資料列就會分散，可以確認集群的大小。

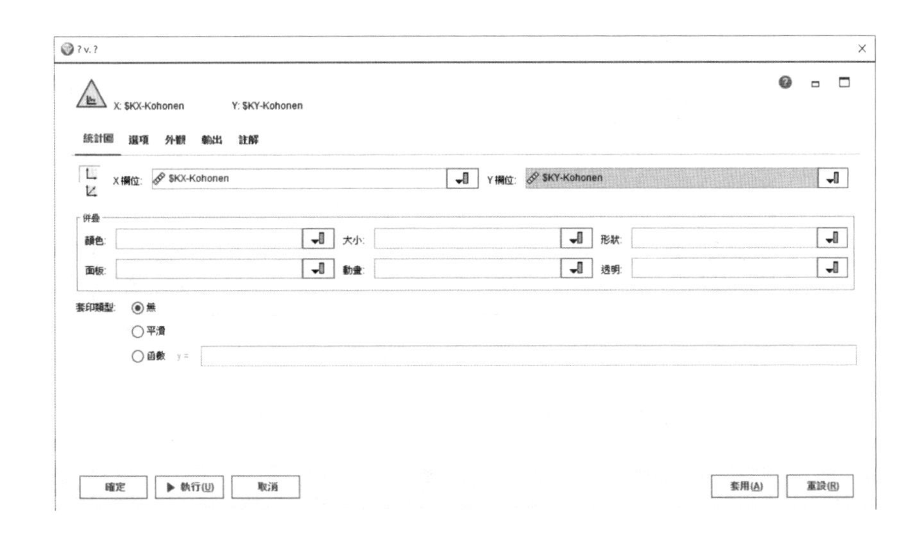

Step7：選擇【選項】標籤，X 與 Y 的【抖動】均設定成大於 2000。按一下【執行】。

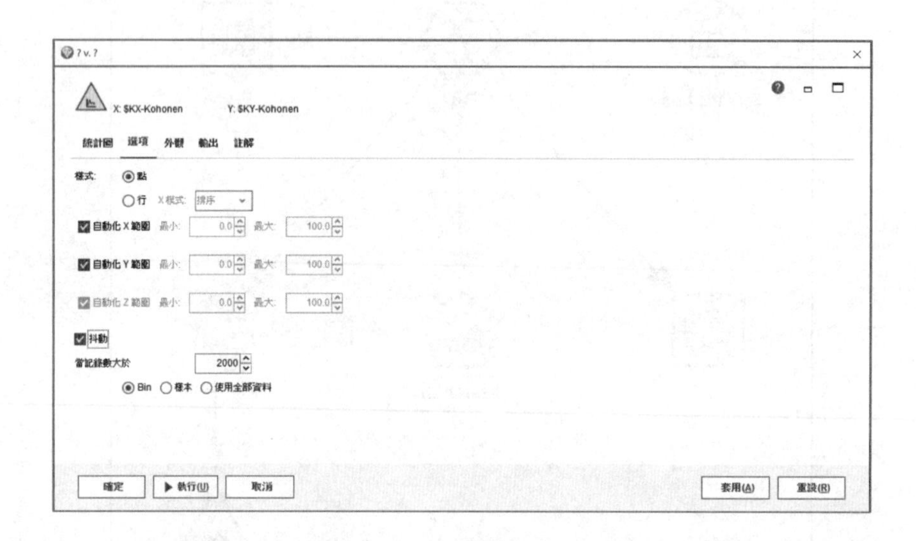

觀察所表示的散佈圖，即可了解實際的集群個數（8 個）與各集群所包含的大致列資料數。

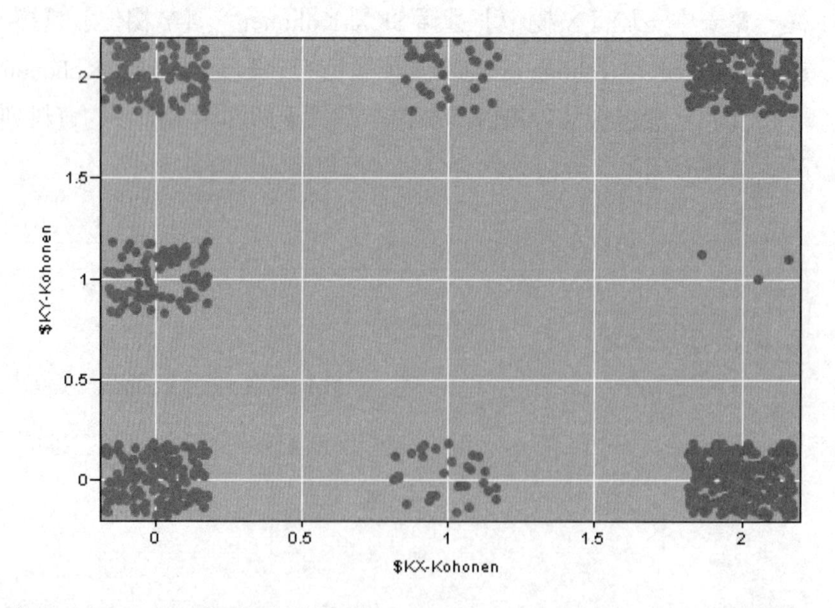

* 因為將同一座標上的許多列資料擴散表示，因此有時不會與上圖完全相同之圖形。

並且，想正確了解各集群的列資料數，使用【分佈圖】節點。最初，先組合座標，對各集群加上對照號碼。

為了把表示各列資料所包含的集群之新欄位在資料內製作，結合座標製作 2 位數的參照號碼。對於此在【資料欄位處理】節點使用 CLEM 式。

所謂 CLEM 式，是為了以邏輯的方式進行 Modeler 中的數據操作，使用 CLEM（Modeler Language For Expression Manipulation）語言之式子。

Step8：將【資料欄作業】選項板的【導出】節點，移到串流領域，從產生的【Kohonen 模型】節點連接，右按一下【導出】，選擇【編輯】。

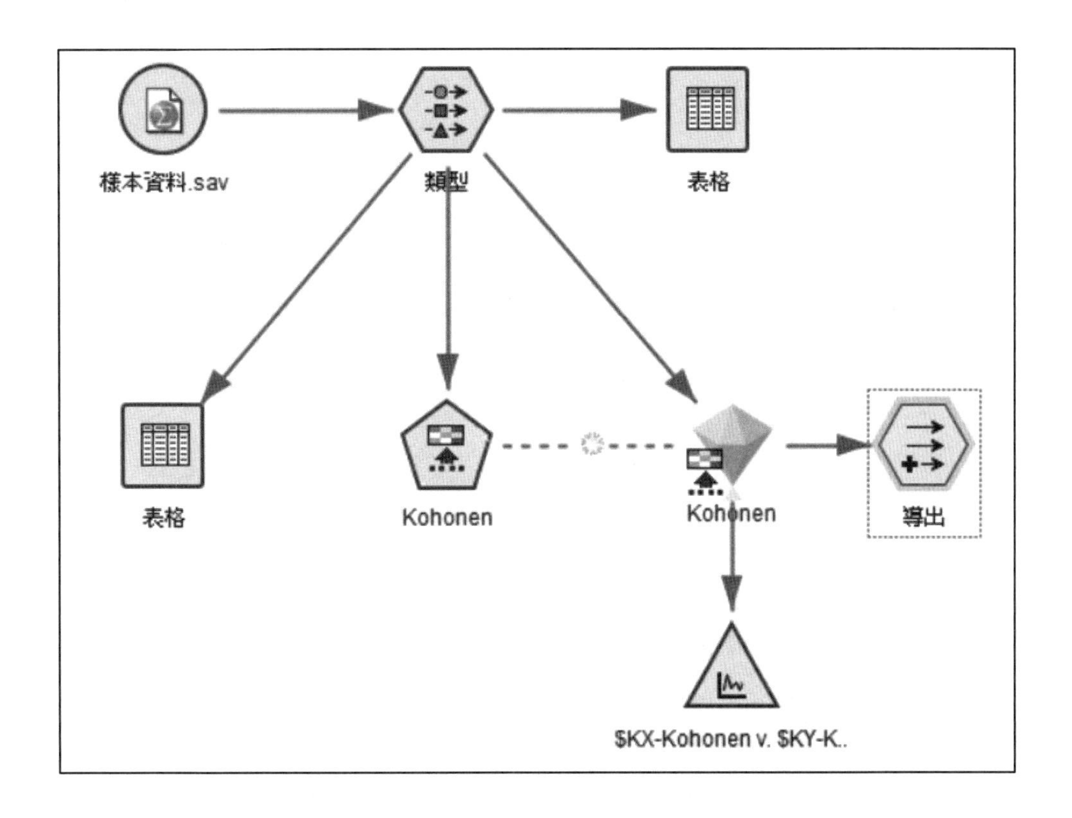

Step9：在下方的【導出】的對話框中按一下 。顯示出使式子的輸入容易的【運算式建構器】。

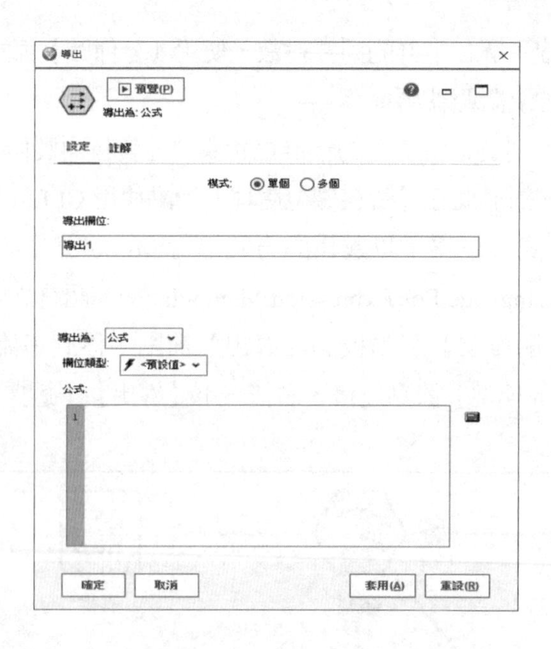

Step10：【運算式建構器】並未直接寫入所需要的欄位與函數，選擇後即可輸入。【><】記號是意謂前後的文字列的結合。如以下畫面將式子輸入，即可製作結合 $KX-Kohonen 的座標與 $KY-Kohonen 之座標的欄位。按一下【確定】。

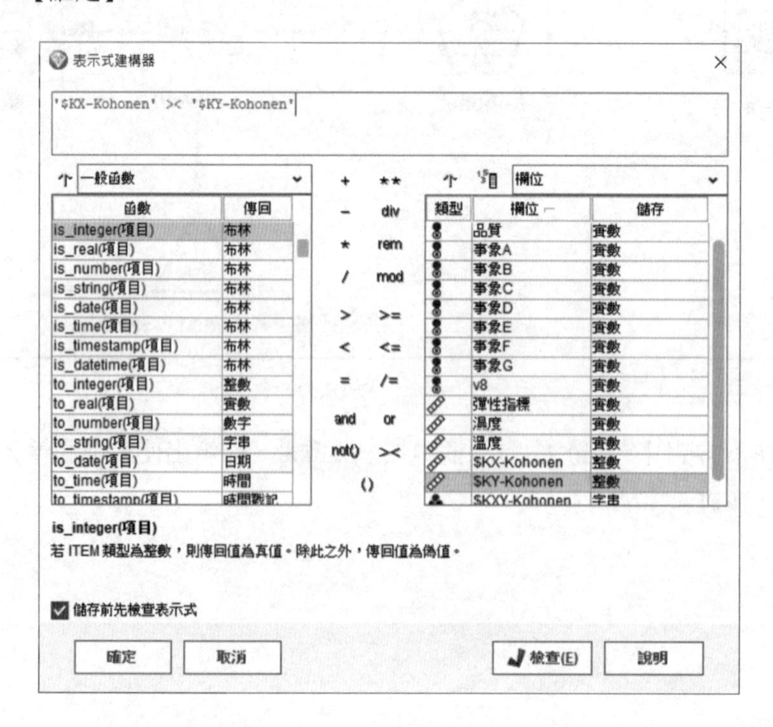

Step11：回到原來的畫面，對所製作的節點命名。此處命名爲集群。變更名稱後按一下【確定】。

Step12：其次將【表格】節點追加到串流領域，從【導出】節點連接。接著執行【表格】節點。

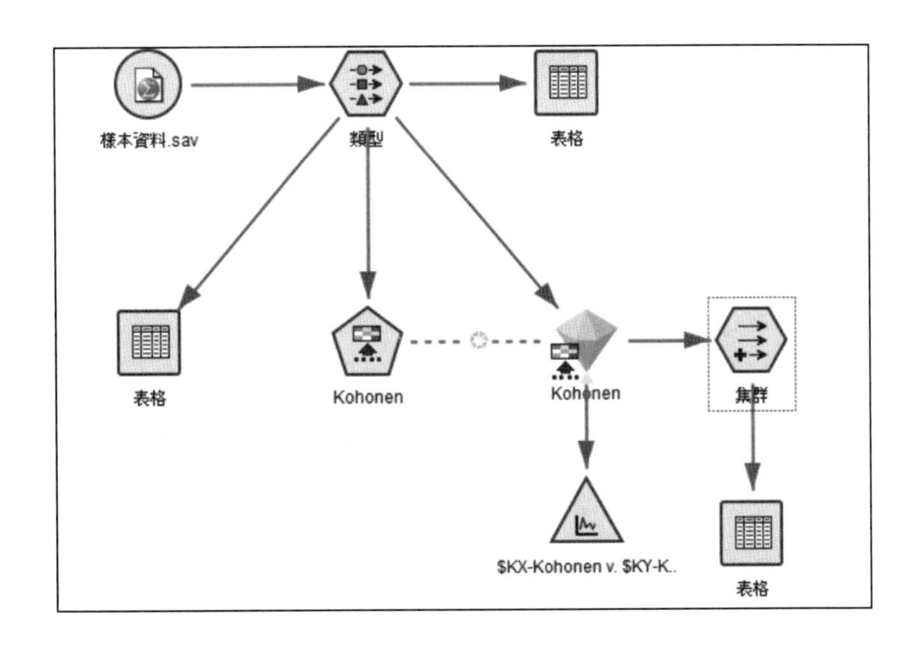

於是數據以表格形式輸出。最後可以確認作出 $KX-Kohonen 與 $KY-Kohonen 所連結之集群的欄位。

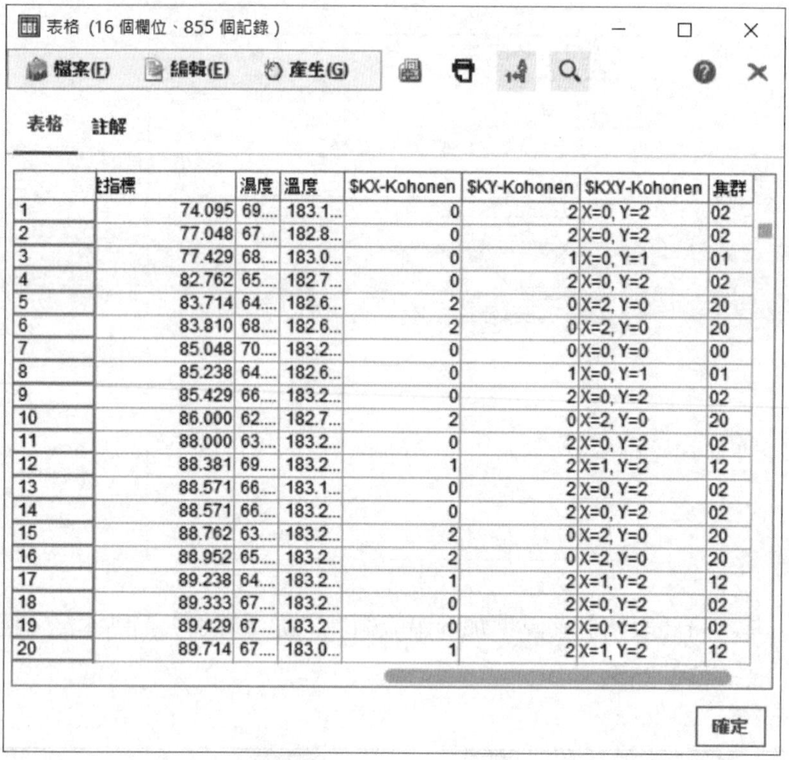

表格 (16 個欄位、855 個記錄)

檔案(F) 編輯(E) 產生(G)

表格 註解

	指標	濕度	溫度	$KX-Kohonen	$KY-Kohonen	$KXY-Kohonen	集群
1	74.095	69....	183.1...	0	2	X=0, Y=2	02
2	77.048	67....	182.8...	0	2	X=0, Y=2	02
3	77.429	68....	183.0...	0	1	X=0, Y=1	01
4	82.762	65....	182.7...	0	2	X=0, Y=2	02
5	83.714	64....	182.6...	2	0	X=2, Y=0	20
6	83.810	68....	182.6...	2	0	X=2, Y=0	20
7	85.048	70....	183.2...	0	0	X=0, Y=0	00
8	85.238	64....	182.6...	0	1	X=0, Y=1	01
9	85.429	66....	183.2...	0	2	X=0, Y=2	02
10	86.000	62....	182.7...	2	0	X=2, Y=0	20
11	88.000	63....	183.2...	0	2	X=0, Y=2	02
12	88.381	69....	183.2...	1	2	X=1, Y=2	12
13	88.571	66....	183.1...	0	2	X=0, Y=2	02
14	88.571	66....	183.2...	0	2	X=0, Y=2	02
15	88.762	63....	183.2...	2	0	X=2, Y=0	20
16	88.952	65....	183.2...	2	0	X=2, Y=0	20
17	89.238	64....	183.2...	1	2	X=1, Y=2	12
18	89.333	67....	183.2...	0	2	X=0, Y=2	02
19	89.429	67....	183.2...	0	2	X=0, Y=2	02
20	89.714	67....	183.0...	1	2	X=1, Y=2	12

確定

Step13：於是以【分配】節點調查集群的列資料數之準備已經就緒。將【分配】節點移到串流領域上，從【導出】節點連接。右按一下【分配】，選擇【編輯】。

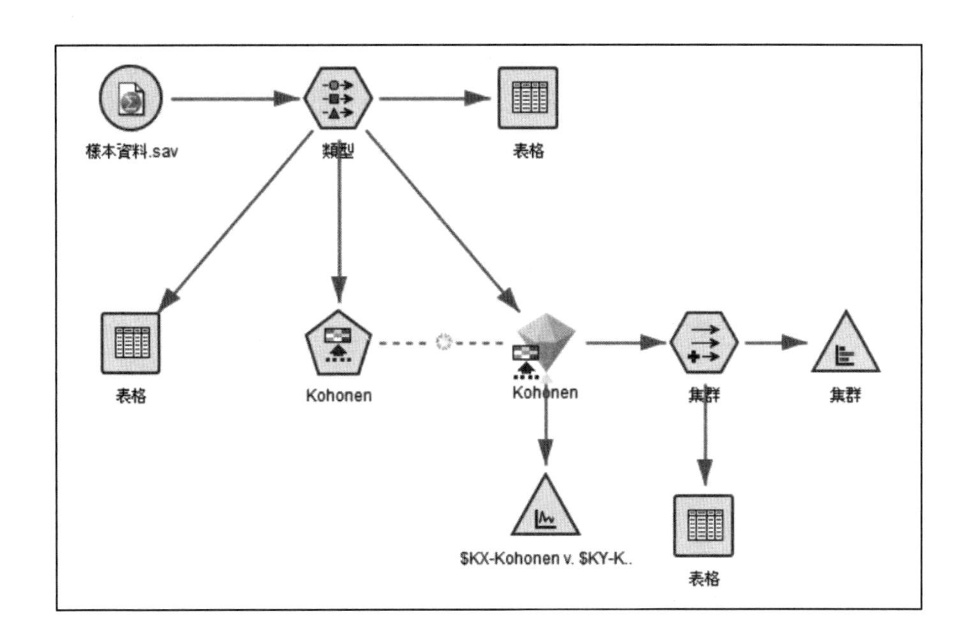

Step14：在設定的畫面的【欄位】中，從一覽表選擇集群欄位後按【執行】。
顯示出分佈圖的輸出。利用分佈圖可以確認各集群的正確列資料數與各集群占全體的比率。

集群 的分配 #1

檔案(F)　編輯(E)　產生(G)　檢視(V)

表格　圖表　註解

值	比例	%	計數
00		17.31	148
01		3.86	33
02		21.99	188
10		10.29	88
12		0.7	6
20		17.54	150
21		2.57	22
22		25.73	220

確定

【分配圖】節點中，準備有有用的選項。在【分配圖】節點的編輯畫面上，如設定【併疊】時，以該併疊所選擇的欄位之比率，即可觀察各集群有何不同。

Step15：此處在【併疊】選擇 V_1（品質），按【執行】。

執行時，顯示如下的輸出。可以確認各集群是如何包含有品質的正常與異常。

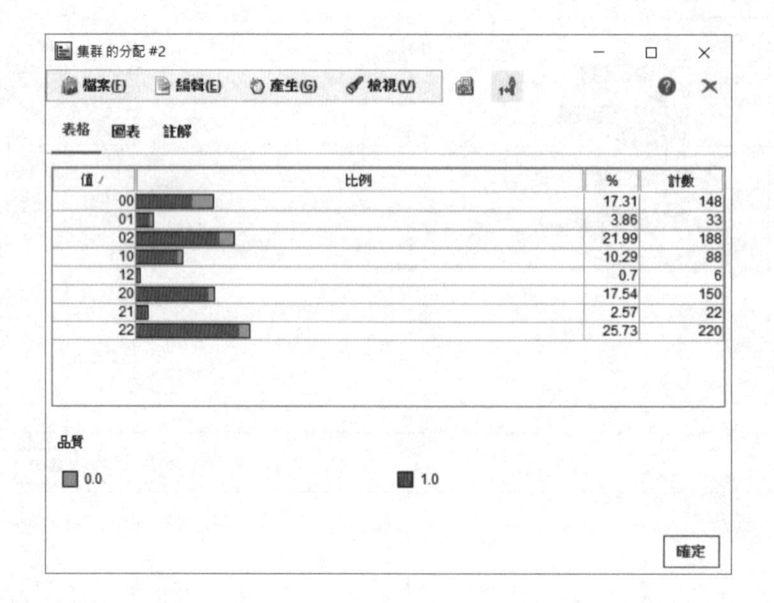

此外，【分配圖】節點準備有【依照顏色正規化】的選項。正規化可以觀察各集群所包含的列資料數當作 100 時，以併疊所選擇的欄位是以多少的比率被包含在內。

Step16：編輯畫面上點選【依照顏色正規化】。顯示出已正規化之輸出。

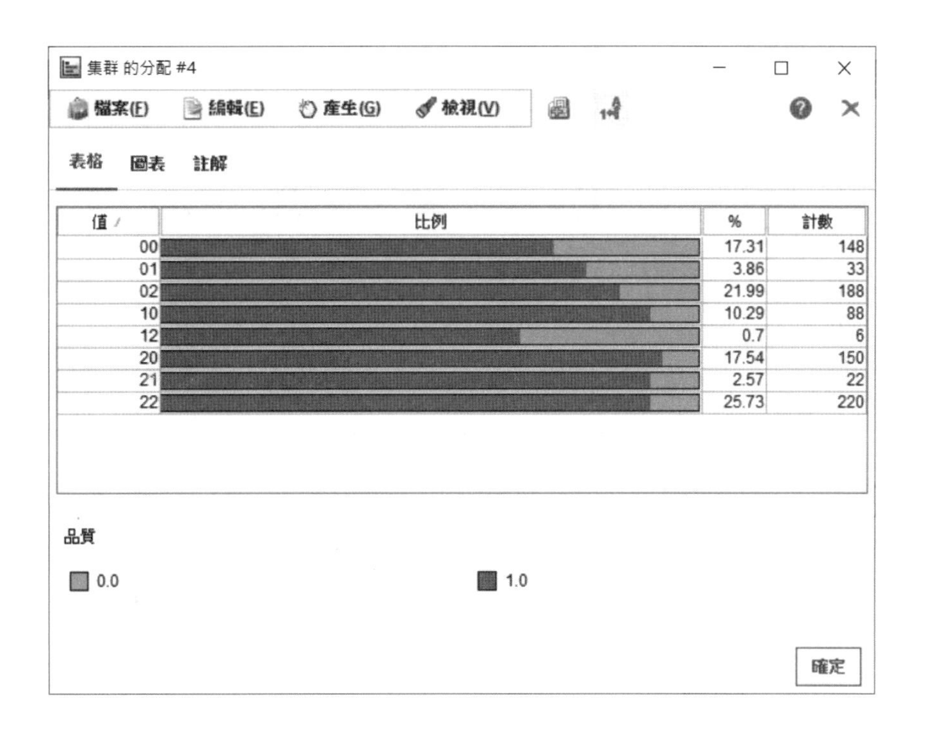

正規化可以更容易了解觀察各集群與併疊所設定之欄位的關係性。異常率在各集群中均不同，特別是集群 21 的異常率最高。另一方面，知集群 00 是異常率最少的集群。

從以上的分析，集群的大小與品質的關聯性變得明確。可是，各集群是由何種事件或溫度、彈性指標、溼度所構成還不明確。異常多的集群如果無法查明有何種特徵時，防止異常的方法也就無法明確。

查明此種事情，Modeler 的關係圖或 3 次元散佈圖是有用的。由此首先使用關聯網，尋找各集群與事件之關聯性，其次使用 3 次元散佈圖，探尋溫度等的量變數與各集群之關聯性。

Step17：從【統計圖】選項板將【Web】關聯網節點移到串流領域上，從集群與所命名之【導出】節點連接。右按一下【Web】選擇【編輯】。

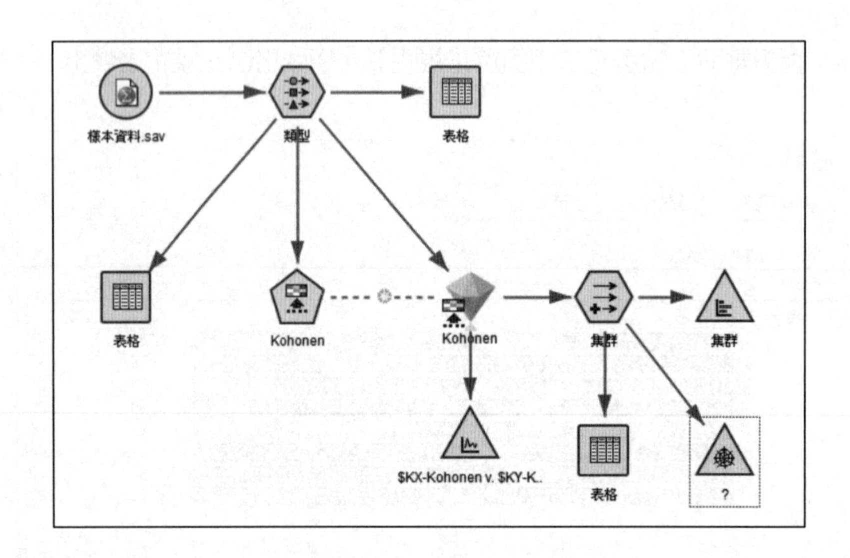

Step18：如下圖點選【導向 Web】與【僅顯示真旗標】，於【結束欄位】選擇【集群】，於【開始欄位】選擇 V_1（事件 A）～V_9（事件 H）。又【線的值為：】選擇【「至」欄位值的百分比】，然後點選【選項】標籤。

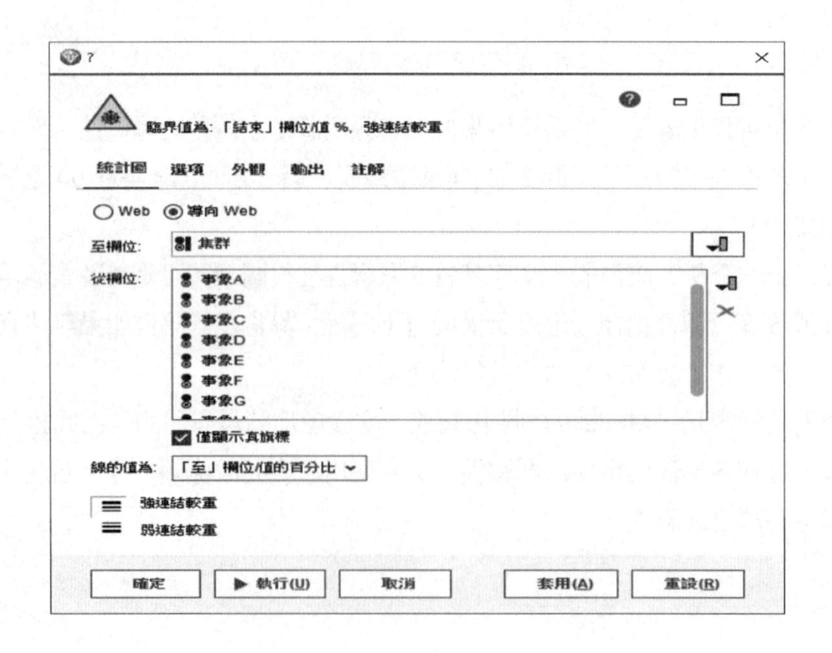

Step19：此處可以假定以多粗的線表示有多少關聯性的強度。將【弱連結低於：】設定成 50（%）、【強連結低於：】設定 70%。

設定結束後，按一下【執行】。

?

臨界值為:「結束」欄位/值 %，強連結較重

統計圖 選項 外觀 輸出 註解

連結數目

可顯示的最大連結數目 80

僅顯示以上連結 1

顯示全部連結

如果只有很少記錄，則加以捨棄 最小記錄/行: 0

如果有很多記錄，則加以捨棄 最大記錄/行: 0

弱連結低於: 50 強連結高於: 70

連結大小:

連結大小會持續變動

連結大小顯示強/正常/弱種類

Web 顯示:

圓圈配置 網路配置

方向配置 格線配置

確定 ▶ 執行(U) 取消 套用(A) 重設(R)

出現以下畫面。

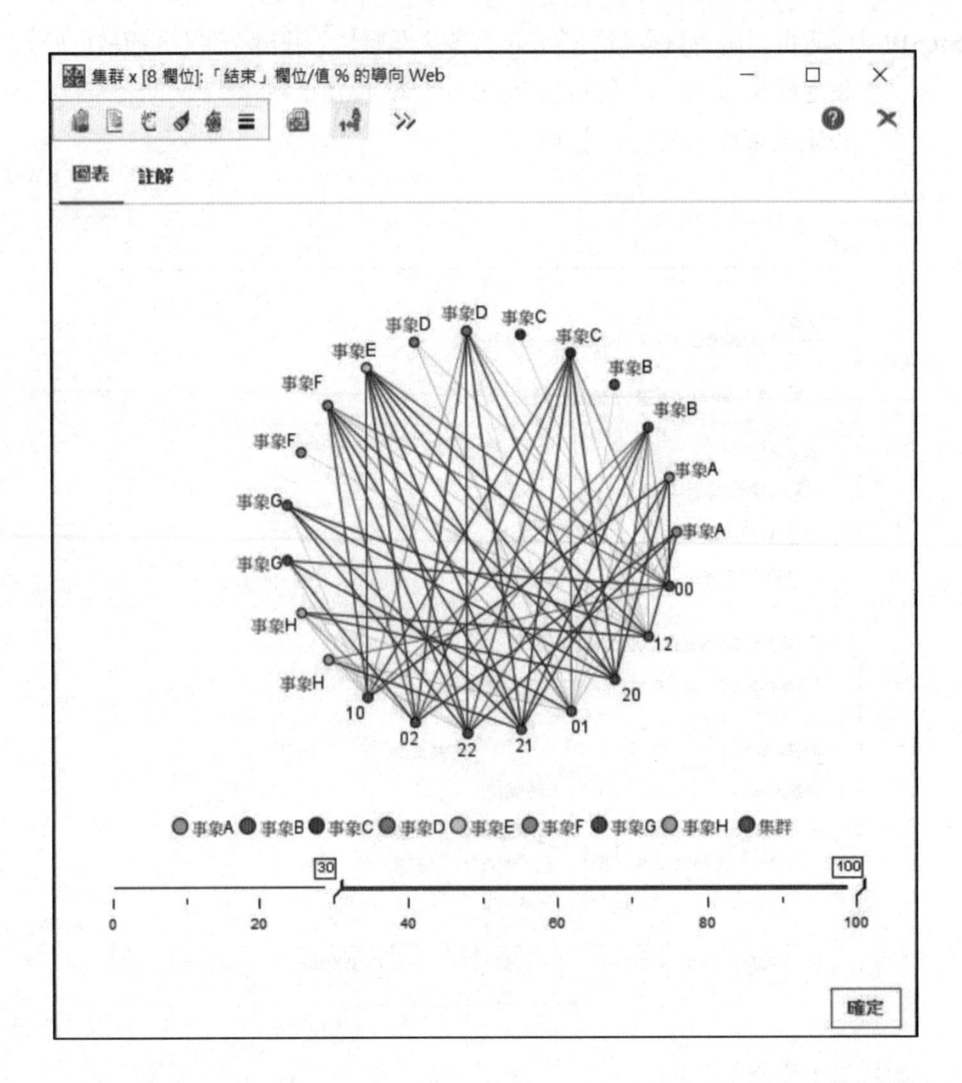

圖形上所表示的線如果過多時，就會變得不易看。原因是因爲畫面左上顯示線的最小值的【線的值（最小值）】成爲 0%，因此試著提高到 30%。並且此處因爲對人數多的集群有興趣，因此將集群 00、02、20、22 四個，以及加上異常多的集群 21 一併顯示，使圖形容易看。對於當作隱藏來說，右按一下選擇不需要的地方，從清單選擇【隱藏】。

整理時以下的圖形即完成。從此種圖形來看，異常的機率最多的集群 22，知與 A、G 二個事件有關。並且，繼之異常機率高，人數也多的集群 20 與 A、B 的事件也有關。異常的機率低的集群 01、02，從視覺上可以看出分別只與事件 G、H 有強烈關係。

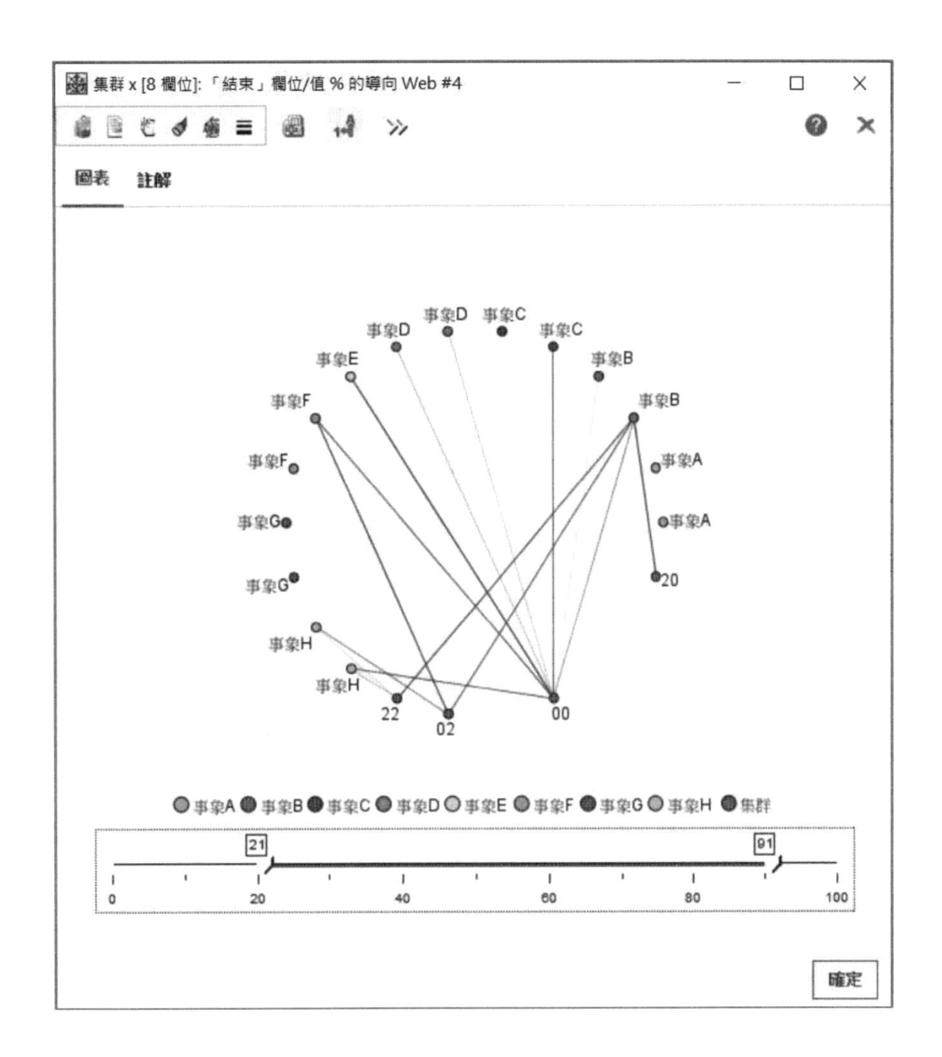

其次，試以 3 次元散佈圖觀察溫度等的量變數與各集群有何種關係。

Step20：將【統計圖】選項板上的【統計圖】節點移到串流領域中，從【導出】節點的集群連接。接著右按一下【統計圖】節點，選擇【編輯】。

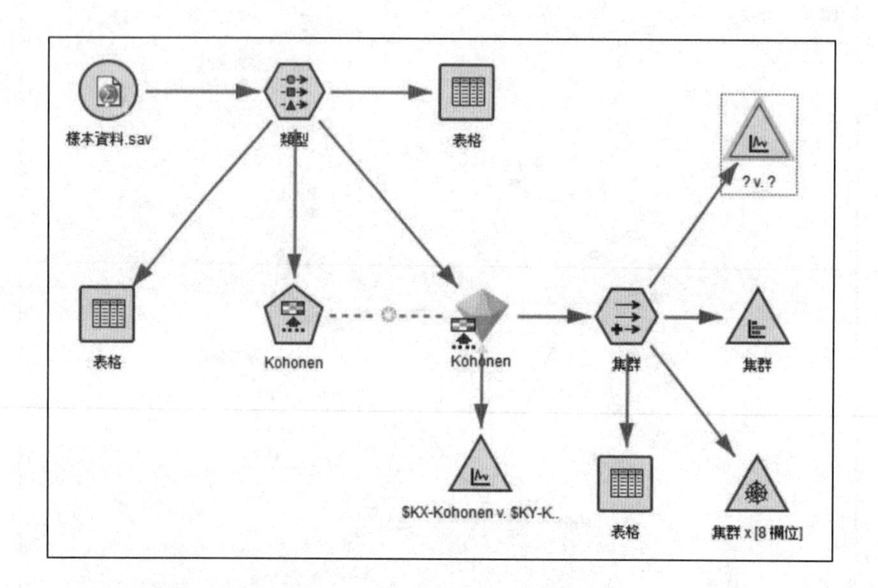

Step21：按一下 ，將圖形從 2 次元切換成 3 次元。

於【X 欄位】選擇彈性指標

【Y 欄位】選擇溫度

【Z 欄位】選擇溼度

並且以【併疊】的顏色：選擇集群，尋找 3 次元與集群之關係。設定結束時，按一下【執行】。

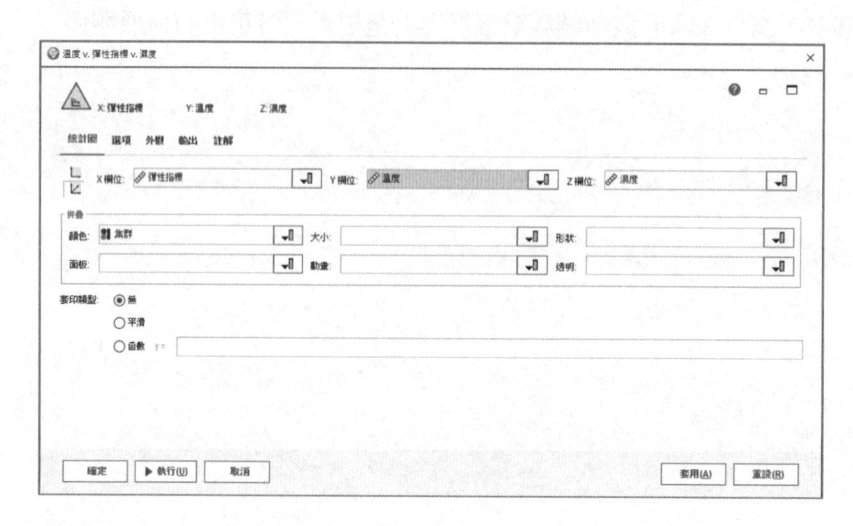

Step22：如此一來，顯示以下的畫面。讓左右或下方的控制棒移動，即可從各種角度觀察 3 次元散佈圖。

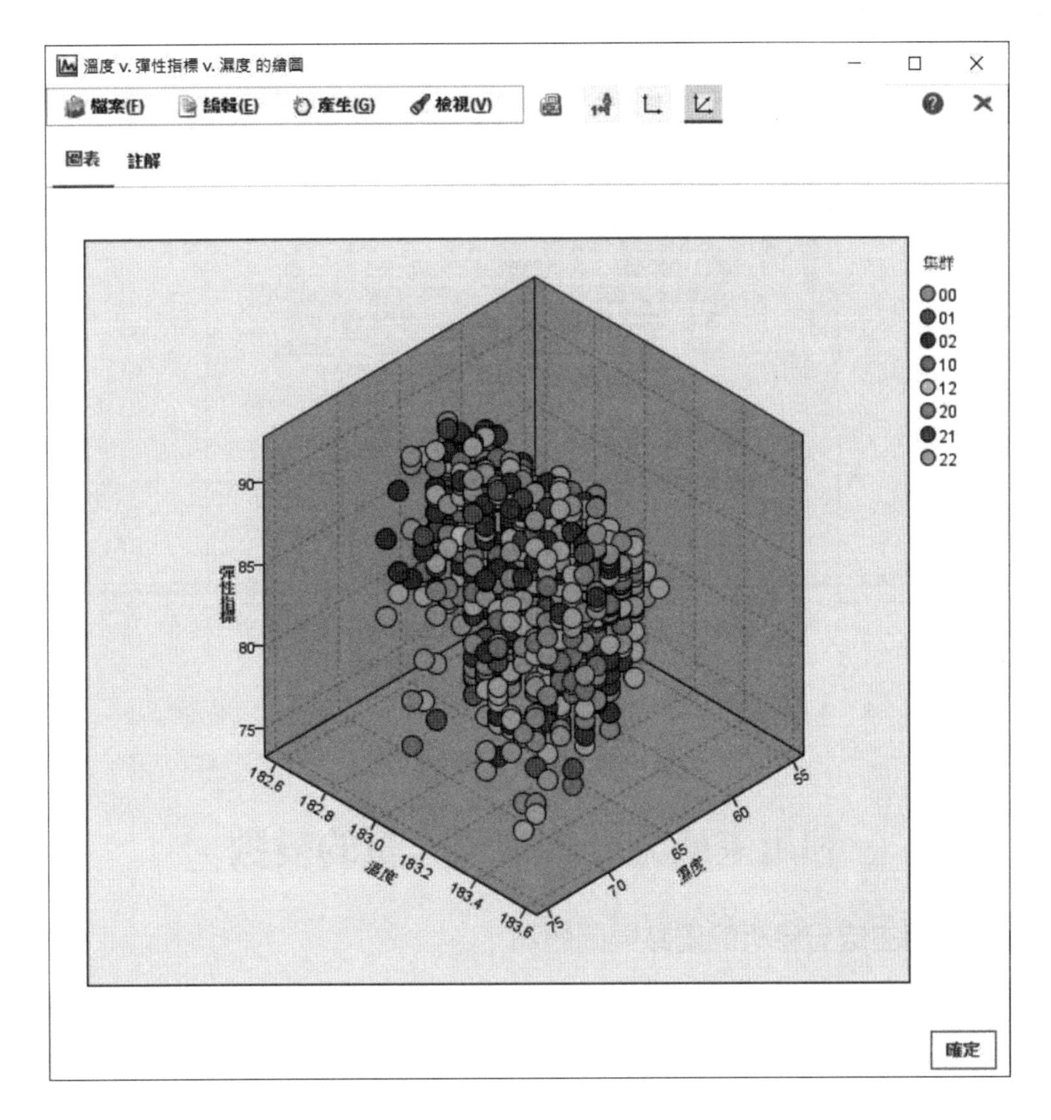

一面於區域內按住滑鼠改變角度，橫軸改成彈性指標，縱軸改成溼度時，異常的機率高的集群 21、22，不管在哪一個軸可以確認值大的部分分佈多。

利用 Kohonen 網路所製作的此次的集群，與受到來自事件 A～H 的情形相同，似乎也受到來自溫度、彈性指標、溼度等量變數的影響。

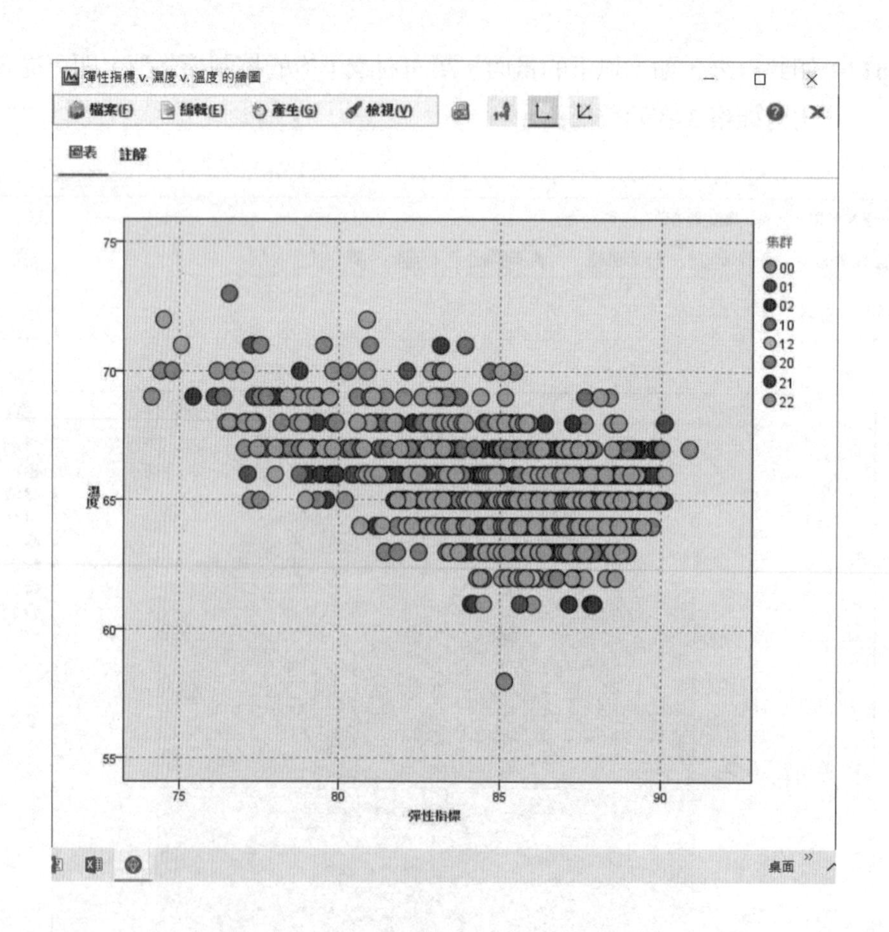

2.6 利用主成分分析密集大量的變數

■ 進行主成分分析的優點與問題點

雖然主成分分析它本身是獨立的分析手法，但此處是當作密集變數的手法來使用。經密集變數後，可以得到以下好處。

1. 統計性的預測模型如使用相互的相關甚高的輸入變數執行時，結果所得到的係數會有不安定的問題（多重共線性的問題）。譬如，某輸入變數可以利用其他輸入變數的線性組合完全加以預測時，這些的統計性預測模型其估計即會失敗。使用主成分分析，事先將數據整理好，可以降低發生此種問題的可能性。

2. 另一個好處是，使概念明確且單純，容易解釋結果。譬如，集群分析基於 40 個變數進行時，觀察或理解顯示各集群之平均的巨大表格或線形圖是極爲困難的。如能利用主成分分析好好將變數密集成 5、6 個時，集群分析的結果其解釋即變容易。

另一方面，進行主成分分析時有 2 個問題。一者是主成分要有幾個，另一者是這些主成分是表示什麼。為了解釋主成分，與原先的變數的主成分有關聯的負荷量此係數非常重要。這些可提供哪一個主成分與哪一個變數有強烈的關係？換言之，可提供主成分是表示什麼的資訊。

【主成分分析 .sav】是由彈性指標 1～彈性指標 100 的 100 個變數所形成。觀察值個數有 112 個，如能從此大量的變數去抽出適切的主成分時，有助於以後的分析。

【方法 4】利用 Modeler 的主成分分析

Step1：從【Statistics 檔案】節點到【表格】節點的串流製作是與以前相同。

Step2：右按一下【檔案類型】節點，選擇【編輯】。此處是利用主成分分析密集變數的個數作為目的，因此在【類型】的設定畫面上，將彈性指標 1（v1）～彈性指標 100（v100）的所有的【角色】變成【輸入】，按一下【確定】。

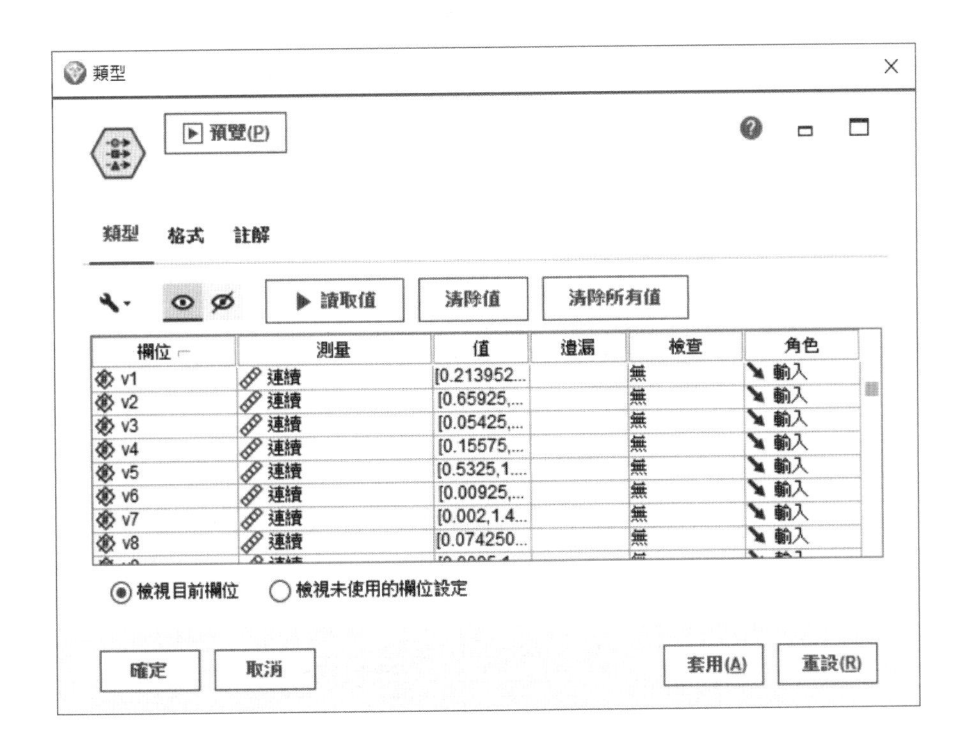

Step3：其將【塑模】選項板中的【主成分／因子分析】節點追加到串流中。連接【資料類型】節點，選擇【主成分／因子分析】節點，右按一下【主成分／因子分析】節點，選擇【編輯】。

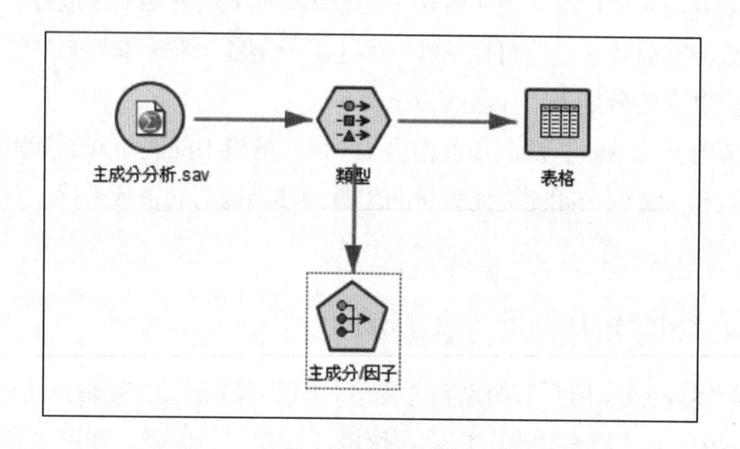

Step4：於【主成分／因子分析】節點的設定畫面，按一下【專家】標籤。【模式】是點選【專家】。【成分／因子矩陣格式】是爲了容易觀察輸出結果，點選【排序值】。成分矩陣是按值的大小順序分類顯示。

另外，將【隱藏值低於】先設定成 0.3。設定下限後，低於以下的值不被顯示，表格即變得容易看。按【執行】時，即開始分析。

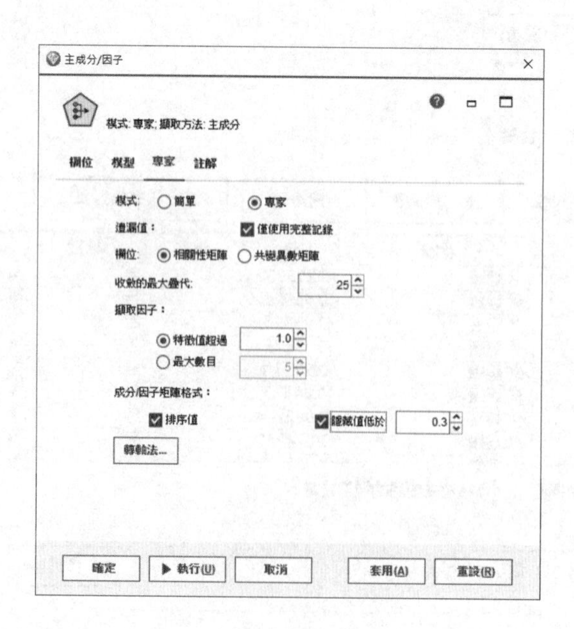

Step5：畫面右上所生成的【主成分／因子】節點有所顯示。爲了觀察結果，右按一下【主成分／因子】節點，選擇【瀏覽】。顯示出下方的畫面。選擇【進階】標籤時，即顯示較容易了解的結果。接著，選擇【進階】標籤。

■分析結果的考察

此詳細畫面中輸出有 3 個表。首先，最初的表是有關共通性，這表示的是被因子說明的輸入變數的變異數的比率。

Communalities

	Initial	Extraction
v1	1.000	.977
v2	1.000	.948
v3	1.000	.964
v4	1.000	.989
v5	1.000	.979
v6	1.000	.962
v7	1.000	.948
v8	1.000	.937
v9	1.000	.956

第 2 個表是有關所說明的變異數的合計。此處只有成分 1，可以說明整體的變異數大約 57%。又，觀察至成分 8 時，全體的變異數大約 90% 是可以說明的。

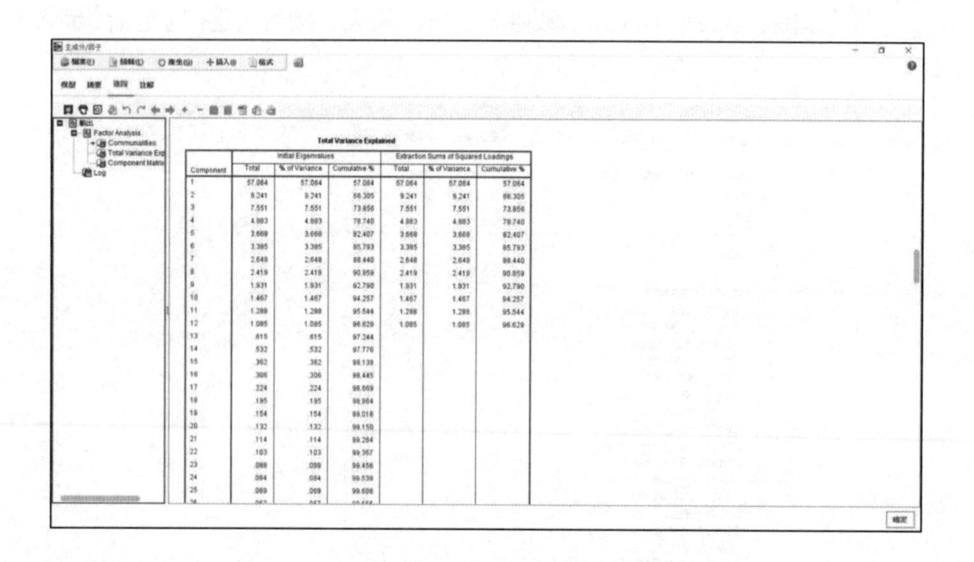

Total Variance Explained

Component	Initial Eigenvalues Total	% of Variance	Cumulative %	Extraction Sums of Squared Loadings Total	% of Variance	Cumulative %
1	57.064	57.064	57.064	57.064	57.064	57.064
2	9.241	9.241	66.305	9.241	9.241	66.305
3	7.551	7.551	73.856	7.551	7.551	73.856
4	4.883	4.883	78.740	4.883	4.883	78.740
5	3.668	3.668	82.407	3.668	3.668	82.407
6	3.385	3.385	85.793	3.385	3.385	85.793
7	2.648	2.648	88.440	2.648	2.648	88.440
8	2.419	2.419	90.859	2.419	2.419	90.859
9	1.931	1.931	92.790	1.931	1.931	92.790
10	1.467	1.467	94.257	1.467	1.467	94.257
11	1.288	1.288	95.544	1.288	1.288	95.544
12	1.085	1.085	96.629	1.085	1.085	96.629
13	.615	.615	97.244			
14	.532	.532	97.776			
15	.362	.362	98.138			
16	.306	.306	98.445			
17	.224	.224	98.669			
18	.195	.195	98.864			
19	.154	.154	99.018			
20	.132	.132	99.150			
21	.114	.114	99.264			
22	.103	.103	99.367			
23	.088	.088	99.456			
24	.084	.084	99.539			
25	.069	.069	99.608			

最後的表，是有關成分矩陣。可以知道各變數利用哪一個成分可說明多少的程度。由下表知，彈性指標 30 與彈性指標 56，主要是與成分 1 與成分 2 有關係，極為相似。

成分矩陣 (a)

	成分											
	1	2	3	4	5	6	7	8	9	10	11	12
彈力指標30	.947	.300										
彈力指標56	.946	.305										
彈力指標39	.946											
彈力指標65	.945											
彈力指標87	.944											
彈力指標61	.942											
彈力指標59	.942											
彈力指標85	.941											
彈力指標91	.939											
彈力指標82	.939	.302										
彈力指標13	.939											
彈力指標67	.939											
彈力指標33	.938											
彈性指標4	.937	.315										

再看下面的表時，彈性指標 21、彈性指標 47、彈性指標 73、彈性指標 99 主要是由成分 4 與成分 7 所構成，知極爲近似。

彈力指標21				-.638			.497		
彈力指標47				-.635			.500		
彈力指標73				-.632			.505		
彈力指標99				-.626			.512		

本節，嘗試使用主成分分析，從大量的變數所形成的資料來密集變數。結果，對於此資料來說，利用主成分有效果地密集變數所具有的變異是可能的，將原本的變數 100 個的變異以主成分 8 個可以說明 90% 以上。像這樣，密集變數之後，再利用迴歸分析等建立模型即可有效果地進行。

【方法 5】利用 Modeler 的集群分析

有所謂「物以類聚」之說，但是在資料處裡的世界裡，如果沒有人爲的處理，性質相同的資料還是不會類聚。我們總要把類似的資料儘量排在一起，才能找到共同的端倪，而「集群分析」正是一種精簡資料的方法，依據樣本之間的共同屬性，將比較相似的樣本聚集在一起形成集群（Cluster）。

集群分析能將 N 個樣本，集結成 M 個群體的統計方法，其中 M<=N。如果所有樣本最後被分爲一組，代表這一組裡的成員彼此相對不可區分。

目前，集群分析技術主要有兩大類：階層式分群（Hierarchical Clustering）和切割式分群（Partitional Clustering）。階層式分群（Hierarchical Clustering）不用指定分群數量，演算法會直接根據樣本之間的距離，將距離最近的集結在一群，直到所有樣本都併入到同一個集群之中。階層式分群的結果，可透過樹狀圖來呈現。切割式分群（Partitional Clustering）則會事先指定分群數量，並透過演算法（如 K-Means）讓組內同質性和組間異質性最大化。此處仍以原數據檔名稱改爲【集群分析】的數據檔，利用 Modeler 來說明 K-Means 集群的方法。

以下說明使用 Modeler 進行集群分析的步驟。

Step1：從【Statistics 檔案】節點到【類型】節點的串流製作是與以前相同。

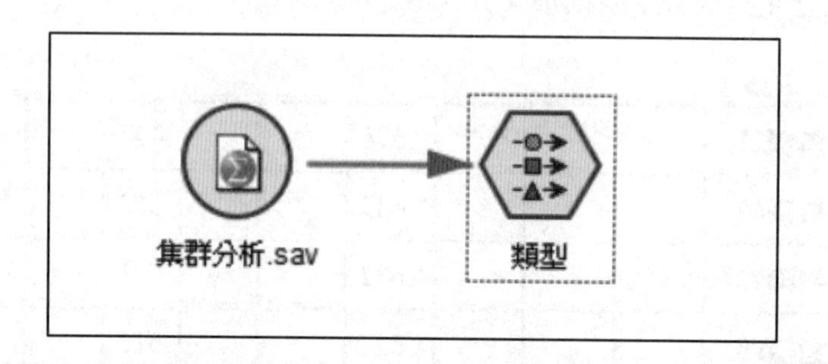

Step2：右按一下【類型】節點，選擇【編輯】。因此在【類型】的設定畫面上，將彈性指標 1（v1）～彈性指標 100（v100）的所有的【角色】變成【輸入】，按一下【確定】。

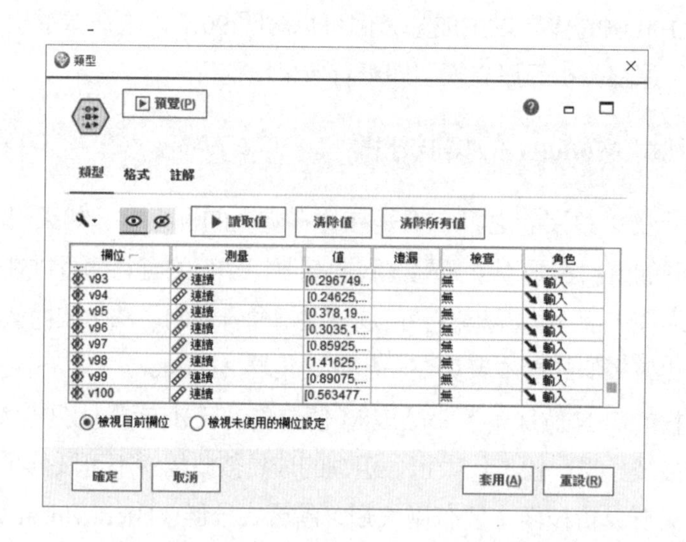

欄位	測量	值	遺漏	檢查	角色
v93	連續	[0.296749...		無	輸入
v94	連續	[0.24625,...		無	輸入
v95	連續	[0.378,19...		無	輸入
v96	連續	[0.3035,1...		無	輸入
v97	連續	[0.85925,...		無	輸入
v98	連續	[1.41625,...		無	輸入
v99	連續	[0.89075,...		無	輸入
v100	連續	[0.563477...		無	輸入

Step3：連結【建模】的【K-Means】節點，建立集群模型。點選【模型】，取消【使用分割的資料】的勾選，設定【叢集數目】為 5，以及勾選【產生距離欄位】。

K-Means

欄位 模型 專家 註解

模型名稱: ◉自動(O) ○自訂(M)

☐ 使用分割的資料

叢集數目: 5

☑ 產生距離欄位

叢集標籤: ◉字串 ○數字

標籤前置字元: 叢集

最佳化: ○速度 ◉記憶體

確定 ▶ 執行(U) 取消 套用(A) 重設(R)

Step4：點選執行後，即可產生如下的 K-Means 模型金塊。

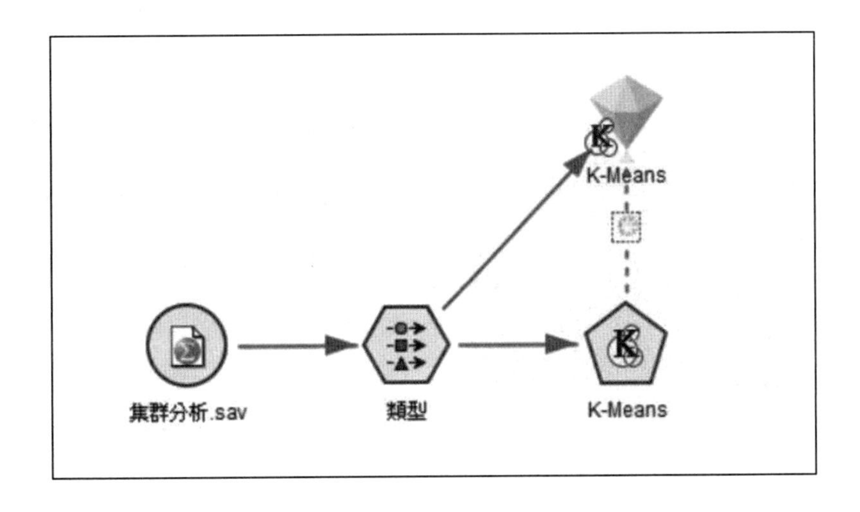

Step6：可以看出集群數目為 5 的叢集品質約為 0.3，此即為側影係數的數值。

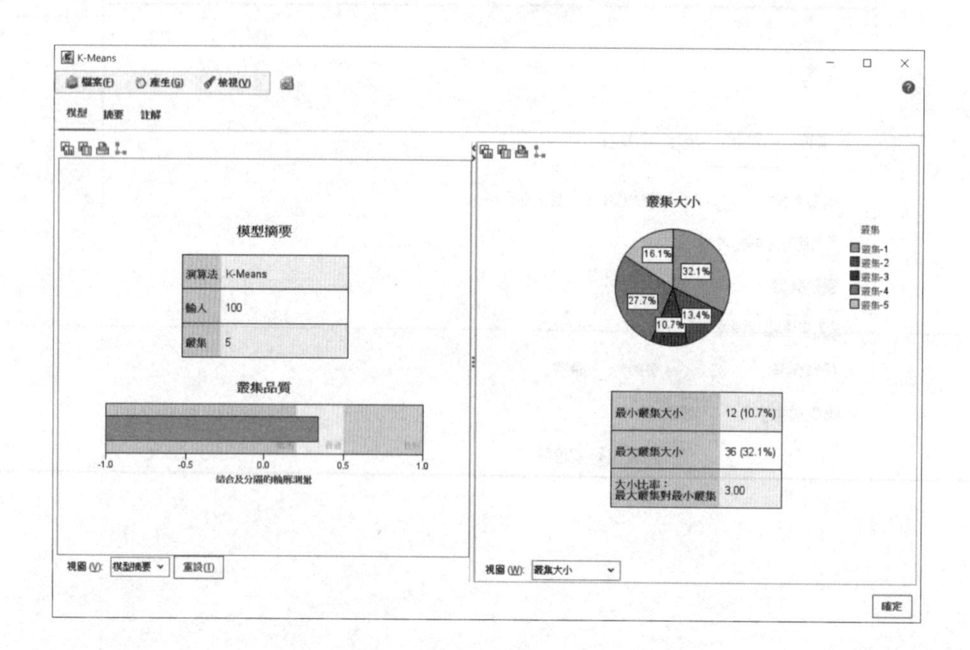

Step7：點選左下方【視圖】的【叢集】即可看見每一叢集的欄位資料，點選右下方【視圖】中的【預測變數重要性】。

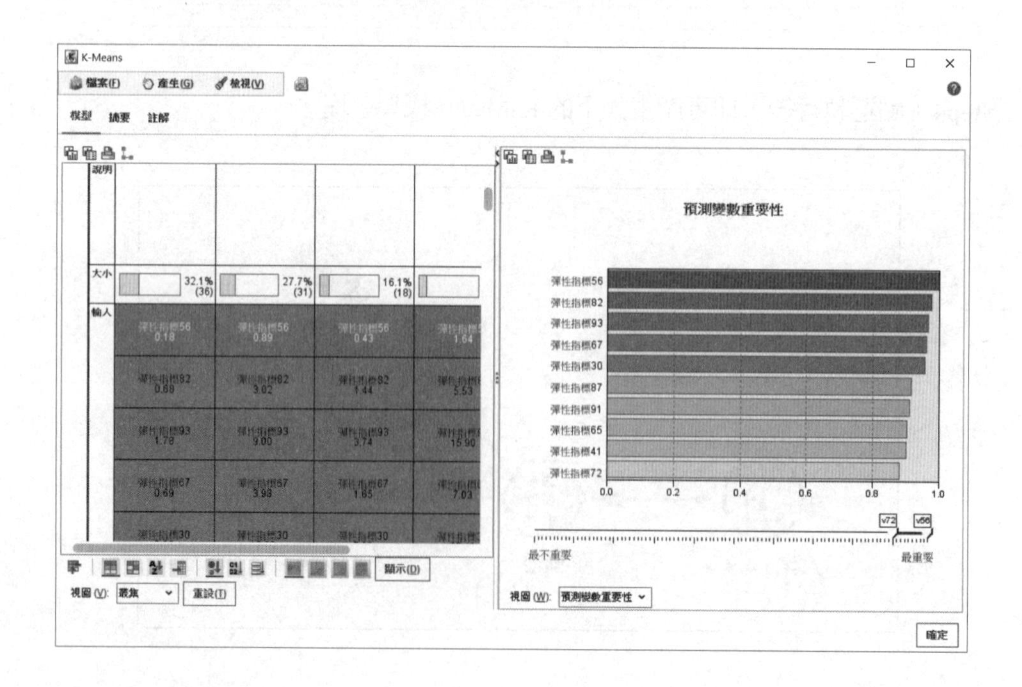

Step8：對於集群分析來說，群數的決定並非易事，Modeler 提供【自動叢集】節點。按一下【編輯】。

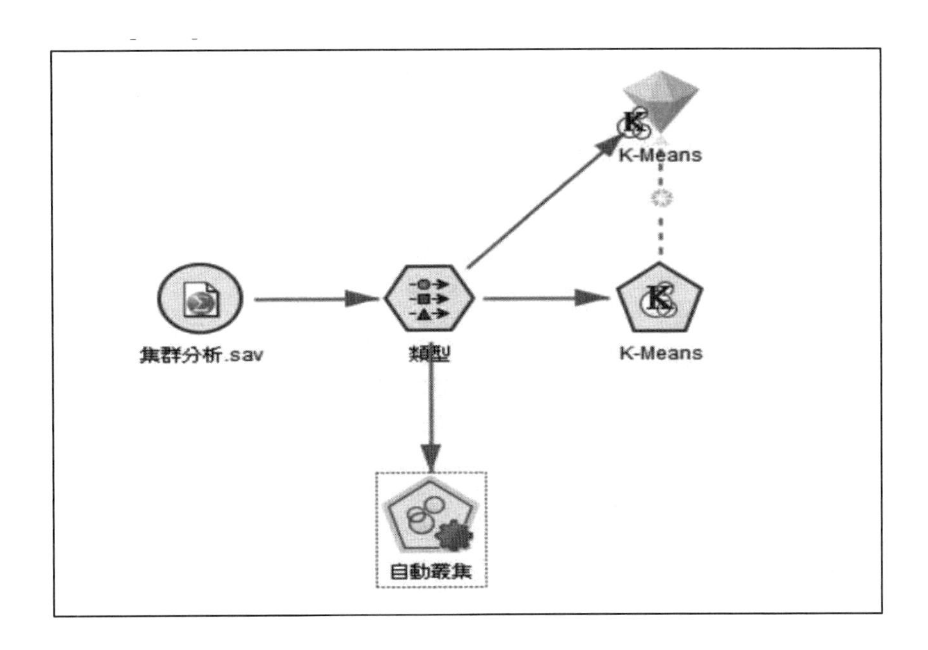

Step9：欄位及模型如預設。

Step10：在專家的選項中，可以設定模式的相關細節。於模型類型 K 平均值的【模式參數】中點選【指定】即進入【演算法設定 -K 平均值】。

Step11：叢集數目依序設為 2～10，並在事後比較集群的側影係數。

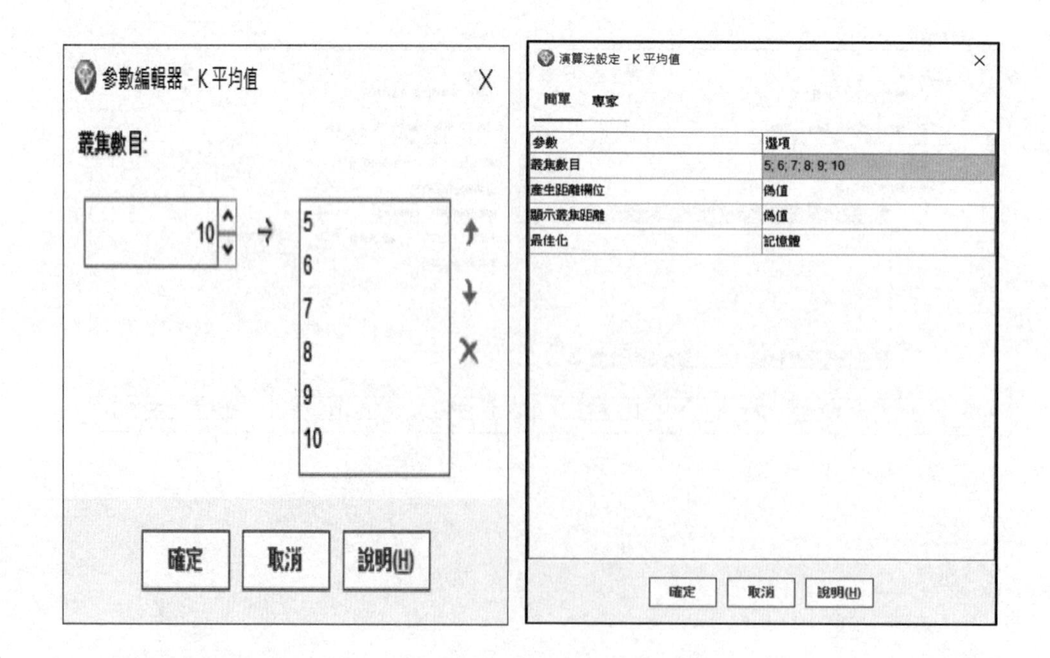

Step12：接著，設定【產生距離欄位】為【真值】，【顯示叢集距離】為【真值】。按【確定】後回到原畫面。

演算法設定 - K 平均值

簡單　專家

參數	選項
叢集數目	2; 3; 4; 5; 6; 7; 8; 9; 10
產生距離欄位	真值
顯示叢集距離	真值
最佳化	記憶體

確定　取消　說明(H)

Step13：點選【執行】，產生【自動叢集】模型。

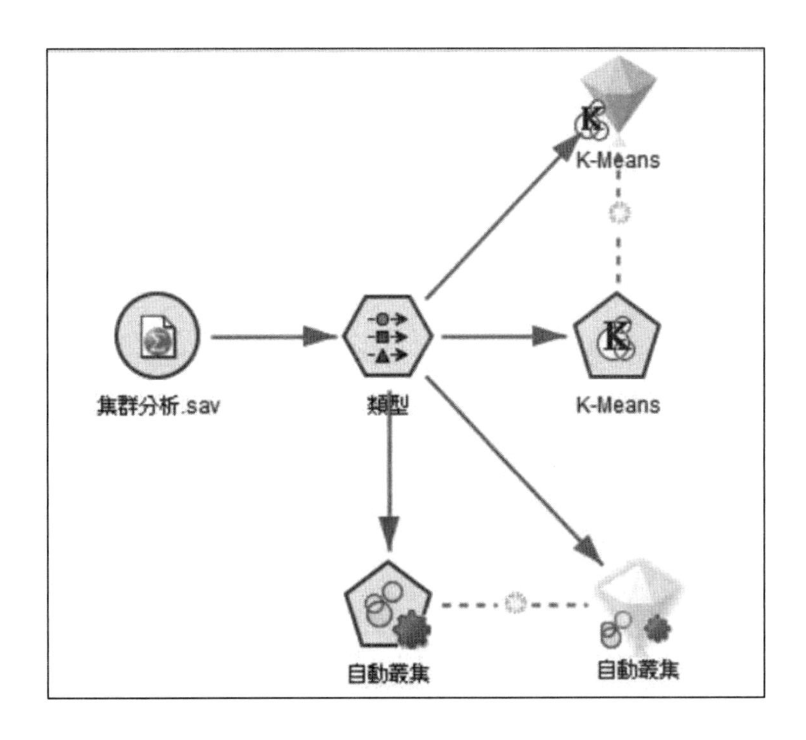

Step14：按一下【自動叢集】模型的【瀏覽】，即可檢視不同叢集數目的模型。從下圖中可看出叢集數目爲 2 的模型，側影係數爲 0.491，最爲理想。

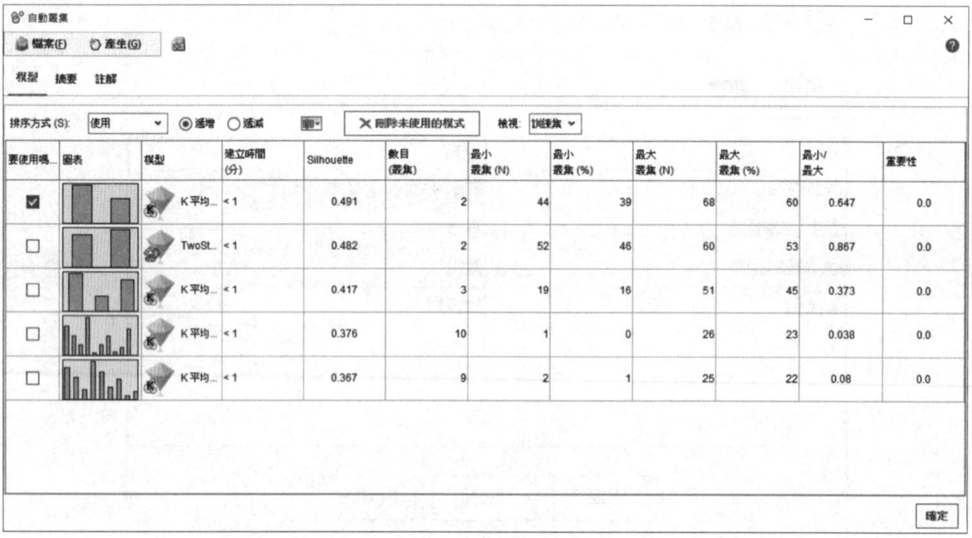

自動叢集

檔案(F)　產生(G)

模型　摘要　註解

排序方式 (S): 使用　◉遞增　○遞減　刪除未使用的模式　檢視: 訓練集

要使用嗎...	圖表	模型	建立時間 (分)	Silhouette	數目 (叢集)	最小叢集 (N)	最小叢集 (%)	最大叢集 (N)	最大叢集 (%)	最小/最大	重要性
☑		K平均...	< 1	0.491	2	44	39	68	60	0.647	0.0
☐		TwoSt...	< 1	0.482	2	52	46	60	53	0.867	0.0
☐		K平均...	< 1	0.417	3	19	16	51	45	0.373	0.0
☐		K平均...	< 1	0.376	10	1	0	26	23	0.038	0.0
☐		K平均...	< 1	0.367	9	2	1	25	22	0.08	0.0

確定

第 3 章 Modeler 範例 2—類神經網路、決策樹（CART）

3.1 類神經網路的基礎理論

■與人類相同的體系去學習的類神經網路

類神經網絡是一種模型，它應用了建構複雜環境時經常使用的神經系統機制，並透過類似於人類的機制進行學習。譬如，某新營業員當被告知要從某位新顧客去預測今年的銷貨收入時，此新營業員最初只能猜測推估。可是，隨著時間的逝去，可以了解自己的預測與實際的結果有多少的差異。如果預測完全猜中時，下次在同一條件時也可進行相同的預測；相反的，預測不準時，會反省大的誤差，進行大的變更吧。基於誤差之調整過程即爲「有如老師在旁」的類神經網路的基本所在。在程式方面，它雖已被定式化、最適化，但利用誤差的回饋進行調整預測的想法，卻是相同的。

3.1.1 類神經網路是什麼

■「有如老師在旁」的類神經網路

此處舉出被用在預測問題「有如老師在旁」的類神經網路（倒傳遞網路）。有如老師在旁之類神經網路，具有被測量的輸出變數，依據預測所包含的誤差，可以去估計網路的比重，以輸出變數（測量値）當作老師，當提出與老師不同的回答（預測値）時，其差異即被回饋到網路，因此稱爲「有如老師在旁」的學習方式。

利用以下的概念圖（圖 3.1）來觀察在計算的過程中進行了哪些事項。基本單位的神經元通常形成圖示的層。輸入資料是被放置在最初的層，其值是從各神經元傳達給下一層的所有神經元。值在傳達的過程中依據「比重設定」接受修正，最後，由輸出層輸出結果。比重設定是最初隨機被設定成小值，因此，最初的輸出結果也許無意義，但網路利用以下的學習方式在學習。將輸出已知的例子反覆輸入到網路，將其回答與已知的輸出比較，將由此所得到的資訊回饋到網路，慢慢地去改變比重設定。網路通常隨著學習的進行提高精確度，不久即再生已知的輸出，當學習完成時，輸出即使對未知的新觀察值也可適用。

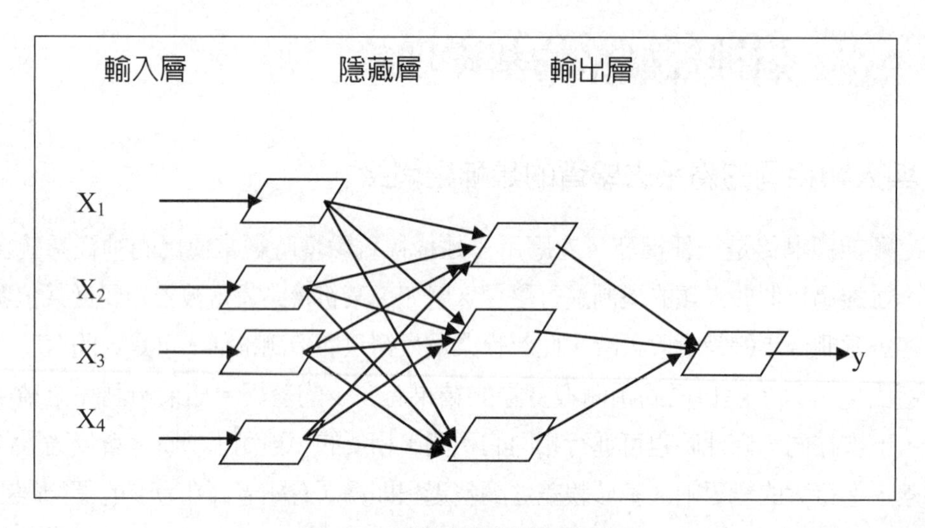

圖 3.1　類神經網路的概念圖

因爲類神經網路的輸出變數與輸入變數即使均爲非線性關係，或具有複雜的交互作用時也能使用，因此，也具有彌補迴歸分析或羅吉斯迴歸分析等的統計模型的任務。像是存在有非線性關係時，類神經網路比其他的模型更佳。另外，即使未存在此種的關係時，也可發揮與過去的統計模型相同程度的功用。

但是，類神經網路的解，無法以方便的圖形型式表示。輸入變數與輸出變數之關係，透過隱藏層作爲媒介，直到可以算出輸出變數爲止，考慮許多的關係（輸入變數與隱藏層、隱藏層與輸出變數）。可是，使用數値累計，可以觀察各輸出、入變數的相對重要度以及製作各種圖形，可以確認各個輸入變數與輸出變數的關係。

■數理模型

爲了說明類神經網路，首先請看線性迴歸分析的模型。迴歸模型具有以下的方程式。

$$Y = B_1 \times X_1 + B_2 \times X_2 + B_3 \times X_3 + \cdots + A$$

此處，將此式以如下的圖形來表現（截距省略）。

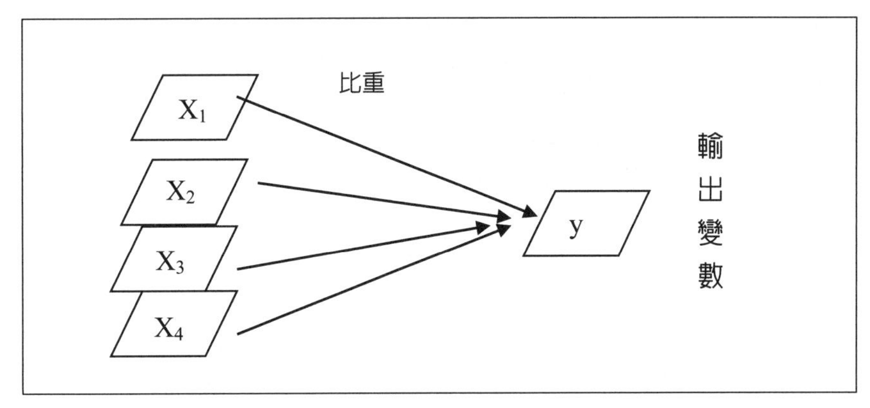

圖 3.2　線性迴歸模型

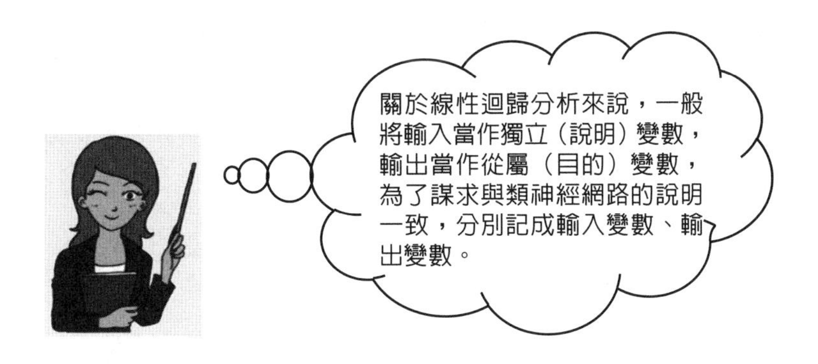

關於線性迴歸分析來說，一般將輸入當作獨立（說明）變數，輸出當作從屬（目的）變數，為了謀求與類神經網路的說明一致，分別記成輸入變數、輸出變數。

圖 3.2 是各個輸入變數利用比重的設定（或係數）與輸出變數建立關係。但是，輸入變數與輸出變數之關係是線性爲前提所在。比重的設定（或係數），首先先傳遞 1 次學習用資料加以估計。係數是選擇使誤差的平方和成爲最小（最小平方法）。比重或係數的個數，是輸入變數（質變數是替換成虛擬變數）的個數加上 1 個對應截距之係數的值。

此處，試考察類神經網路的形態，使用的是倒傳遞類神經網路（修正比重係數時，爲了將預測誤差傳達給後方，故稱爲倒傳）。

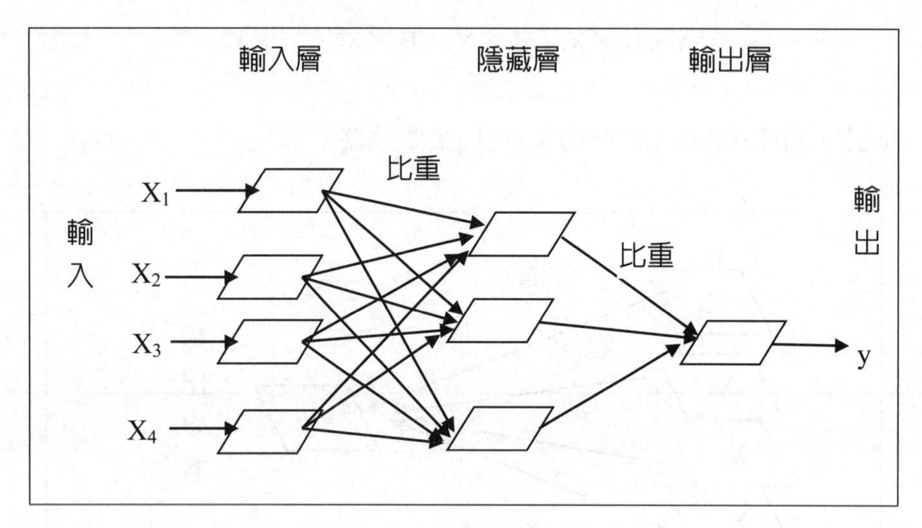

圖 3.3　類神經網路

圖 3.3 有 2 個顯著的特徵，一是中間層的神經元，這是介於輸入層（資料輸入之層，對應 1 個輸入變數有 1 個輸入層神經元）與輸出層神經元之間。此層的神經元因為對應被觀測的欄位（＝變數）不存在，故稱為隱藏層。另一個特徵是依隱藏層而異，比線性迴歸分析來說，在輸入與輸出之間有非常多的連結。因此，類神經網路比線性迴歸分析可以應用在更複雜的模型中。

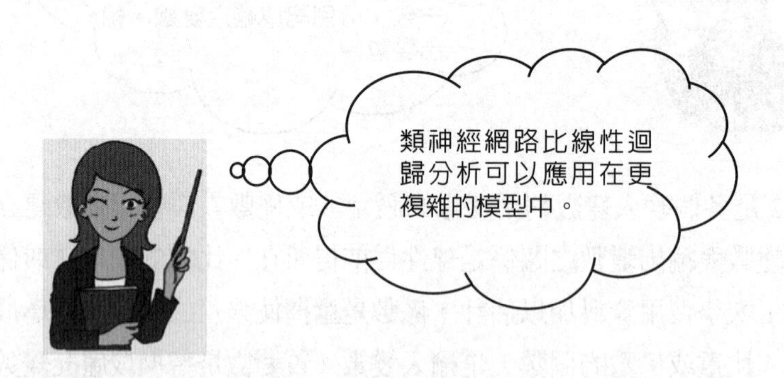

各輸入神經元與隱藏層的所有神經元連接，以及各隱藏層神經元與輸出神經元（本例輸出神經元只有 1 個）連接。像這樣，1 個輸入變數透過各種路徑可以影響輸出變數，因此可以處理複雜的模型。

倒傳遞網路所具有的神經元的隱藏層通常是 1 個，但也有 2 個隱藏層或 3 個隱藏層的情形。隱藏層所含的神經元的數目有各式各樣，可以處理為數甚多的複雜關係。實際上，在倒傳遞網路的隱藏層中不斷追加神經元時，不管是什麼連續函數也都能應用。可是，隱藏層有甚多的神經元時，對學習用資料來說，就會變得過度配適，且對其他的資料來說，就有無法完全一般化的危險。

因此，實際上隱藏層的數目要基於輸入變數與輸出變數的個數來調整。

其次，取決於決定資料列（Data Record）的輸入值與隱藏層神經元之關係的目前比重，當輸入值被結合時，去觀察在隱藏層中進行什麼。此處可以應用非線性函數。選擇方案雖有幾個，但 Modeler 的類神經網路是使用羅吉斯（Logistic）函數。

$$P = 1/(1 + \exp(-Z))$$

$$Z = B_1 \times \text{輸入變數 } 1 + B_2 \times \text{輸入變數 } 2 + B_3 \times \text{輸入變數 } 3 + \cdots + \text{常數}$$

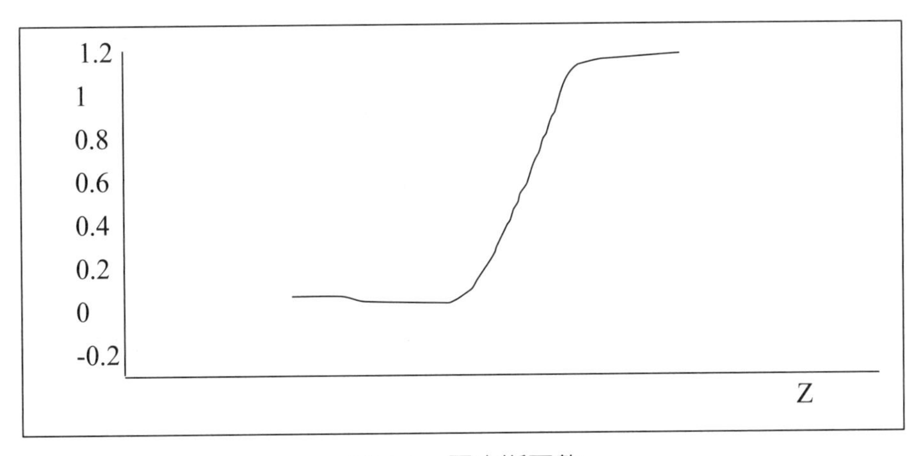

圖 3.4　羅吉斯函數

因此（隱藏層與輸出層的關係）在以下的比重組被適用之前，取決於資料列所應用的比重，某線性映射（Mapping）即被形成。因此，類神經網路即可處理輸入值與輸出值的非線性關係。

像這樣，類神經網路可以處理輸入值之間的複雜關係，以及輸入值與輸出值的非線性關係，這在標準式的線性迴歸分析中是作不到的，此即爲類神經網路的優點。

把對應線性迴歸分析的圖 3.2，增加 1 個隱藏層的神經元數進行擴張，使用羅吉斯函數當作它的活化（Activation）函數時，即可出現進行羅吉斯迴歸分析的類神經網路。

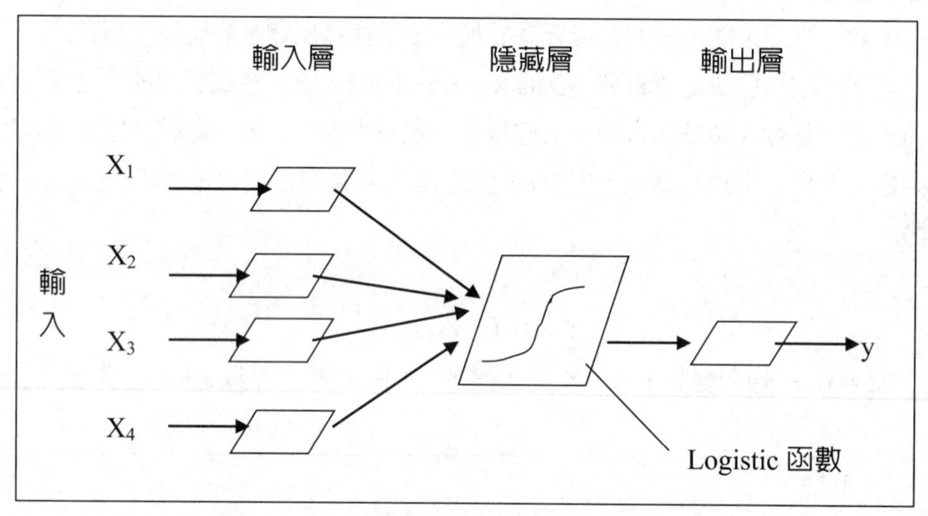

圖 3.5　進行羅吉斯迴歸分析的類神經網路

像許多的類神經網路分析那樣，如果於隱藏層追加神經元時，模型即可處理資料更爲複雜的關係。

再次觀察圖 3.3 時，對於有 4 個輸入神經元，3 個隱藏層神經元以及 1 個輸出神經元（5 個輸入變數與 1 個輸出變數）的類神經網路，知有 15 個比重要設定。而且，不管哪一個輸入變數均利用 3 條路徑與輸出變數連結。各個路徑與其他的輸入變數以及活化函數均有關係，因此建立輸入值與輸出值之關係並不簡單。因此類神經網路的模型在解釋上變得困難。雖有容易了解輸入變數與利用類神經網路所預測之輸出的關係的間接性方法。可是，像線性迴歸分析以及羅吉斯迴歸分析時的較單純的解釋，類神經網路並不存在。另外，類神經網路雖有顯示輸入變數的相對重要度的手段（重要度分析），卻無法得到函數形式的資訊。

■學習法則

此處，簡單地說明倒傳遞類神經網路的學習方式（比重的估計方法），基本的想法是將比重基於資料列的預測誤差進行調整。爲了實際地例示說明，考察利用 4 個輸入變數預測的情形。

首先，將比重隨機地設定成小值，其次，將最初的資料列的資料提供給網路（應用比重設定與活化函數），得出預測值。基於此預測中的誤差，調整目前結合隱藏層與輸出層之關係的比重設定。

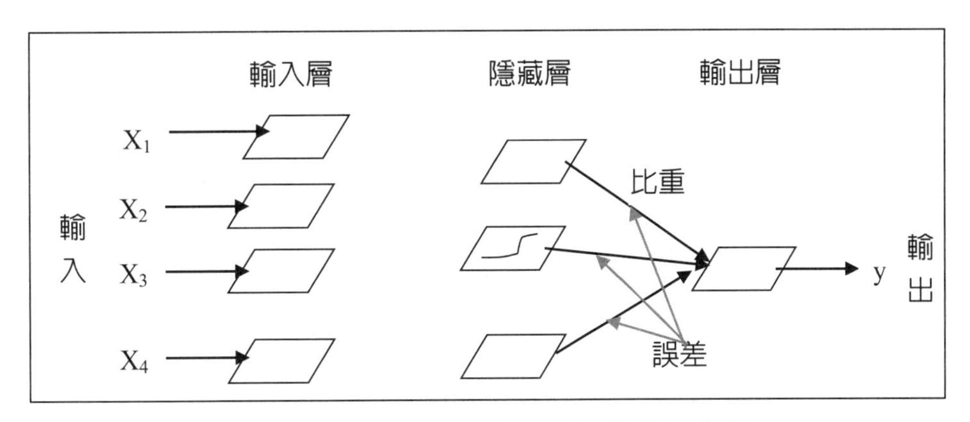

圖 3.6 調整使用預測誤差的隱藏層的比重設定

其次，以同樣的方法調整輸入變數與隱藏層之關連的比重。首先，將輸出值的誤差，利用結合隱藏層與輸出的比重傳遞給各隱藏層神經元。由於隱藏層神經元並無被觀測的輸出值，無法直接觀測誤差，因此進行此作業。接著，將結合輸入神經元與隱藏層神經元的比重，使用被分配到隱藏層的誤差，再同樣進行調整（參照圖 3.7）。

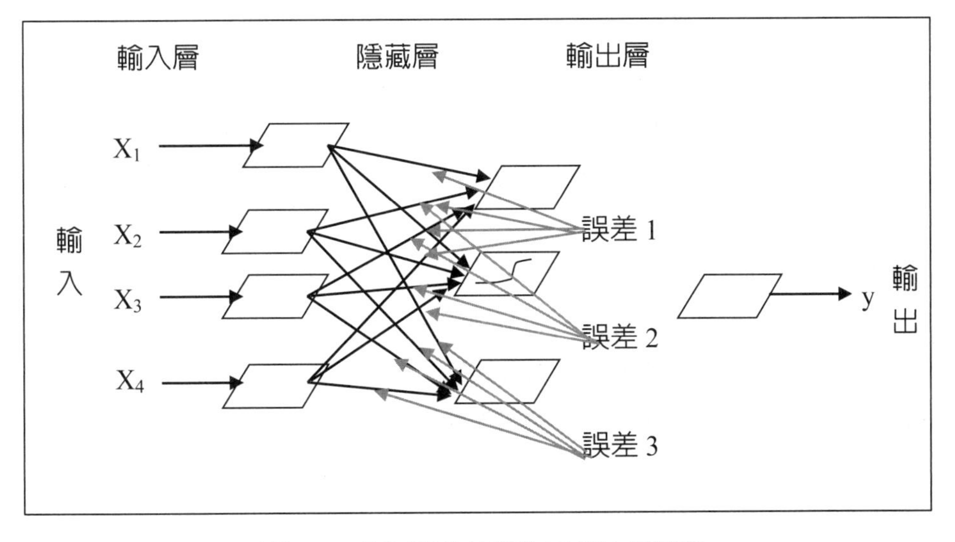

圖 3.7 使用誤差的輸入層的比重調整

將所輸出的預測誤差透過比重傳遞給隱藏層，所有的比重係數可利用預測誤差加以調整。

將新的比重應用在其次的資料列中，以同樣的方法進行調整。比重設定依序按各資料列加以調整。

■交叉驗證是什麼

在進行資料探勘時，具有兩種樣本。一者是利用模型學習的「學習用資料」，另一者是用於模型驗證的「驗證用資料」。在利用倒傳遞方式（Back Propagation）的類神經網路模型中，有學習模型係數的學習用資料，以及決定學習何時結束之「交叉驗證用」資料與驗證用資料。在類神經網路中，「交叉驗證用」資料（Modeler 會從原來的資料檔選取）決定何時結束學習，並以學習時完全未使用的資料，即「驗證用資料」來評價模型。

有關建構類神經網路的應注意事項是，所出現的模型在預測中是否完全地一般化。模型如過度學習時，模型最終會掌握學習用資料組所見到的類型，在此模型中的誤差會接近 0。一般而言，資料理應具有雜訊（Noise），如果學習到此階段時，類神經網路甚至會學習雜訊的特性，模型在未知的資料中整體的績效就會變低。爲了迴避過度的學習，使用交叉驗證用資料組，有需要監視學習過程。

如選擇類神經網路節點中的過度學習的防止選項時，資料會被分割成 2 個隨機的子組（學習組與交叉驗證組）。此等資料組的大小，以學習用資料的比率（%）的選項來設定。於學習時，學習用資料爲了建構網路會被使用，之後爲了驗證模型，可以使用與學習用資料不同的交叉驗證用資料。讓交叉驗證用資料透過以學習用資料所建構之模型，重複此循環數次，在交叉驗證用資料中，全體的誤差成爲最小的模型，即決定爲最優良的網路。學習結束後所形成的模型即爲所決定的最優良的網路。

又在資料探勘中，建議對所有的模型使用獨立的資料進行驗證。這是因爲模型過度學習時，由此種分析所得到的預測式或分類規則，對其他的樣本資料不太可能一般化。比其他的樣本來說，用於建立之樣本，模型更有可能適合。爲了解決此種問題，使用驗證用資料進行模型的評價。

3.2 類神經網路與 Modeler

■ 製作類神經網路模型的注意點

此處以 Modeler 實際去製作類神經網路模型。

取決於最初的設定方法如何，分析結果會有甚大的不同，是此手法的特徵，因此，對此會特別加以詳細地解說。在不花時間與成本之下，可以簡單地分析大量的資料是令人高興的，然而，因初期設定的些微失誤而造成判斷錯誤時，好不容易利用的新手法也會出現反效果。

另外，後半是利用 CART 把利用類神經網路模型的學習效果抽出規則進行整理。

3.2.1 類神經網路的實際情形

【方法 1】利用 Modeler 製作預測模型（類神經網路）

此處，首先從光學零件的 855 個資料之中，隨機抽出 100 個當作驗證用資料，剩下的 755 個資料當作學習用資料，分別將它們以 SPSS 檔案的形式準備好。首先使用「學習用資料」進行串流的製作。

 Statistics 檔案節點

Step1：將【輸入】選項板中的【Statistics 檔案】節點移到串流領域中，右按一下所移動的【Statistics 檔案】節點，選擇【編輯】。

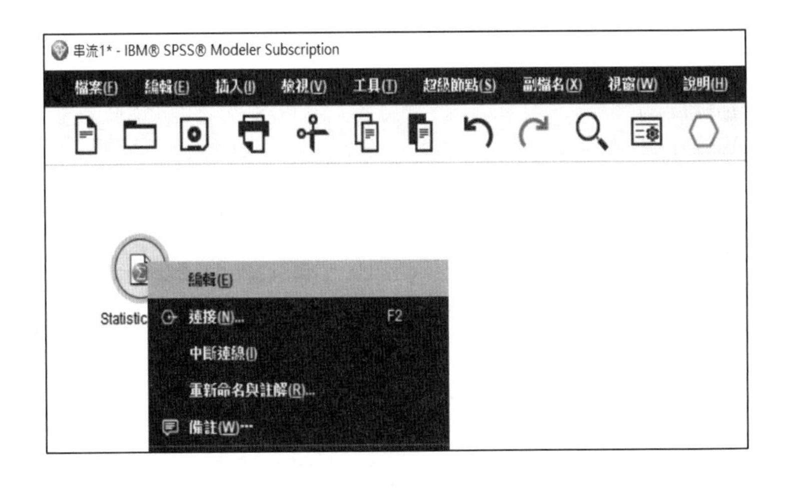

Step2：按一下【Statistics 檔案】對話框的匯入檔案的右端的 ...

學習用資料.sav

預覽(P) 重新整理

C:\Users\User\Desktop\DL00663\學習用資料.sav

資料 過濾器 類型 註解

匯入檔案(I): C:\Users\User\Desktop\DL00663\學習用資料.sav ...

檔案以密碼加密(C)

密碼(W):

變數名稱: 讀取姓名與標籤(N) 把標籤讀作姓名(L)

值: 讀取資料與標籤(D) 把標籤讀作資料(B)

使用欄位格式資訊以判別儲存(F)

確定 取消 套用(A) 重設(R)

Step3：於檔案選擇的畫面選擇【學習用資料 .sav】，按一下【開啟】。

開啟

目錄(I)： Modeler

SPSS解析資料.sav

主成分分析.sav

樣本資料.sav

學習用資料.sav

驗證用資料.sav

檔案名稱(N)：

檔案類型(T)： IBM SPSS Statistics 儲存格式(*.sav;*.zsav)

開啟 取消

Step4：在【匯入檔案】中確認【學習用資料.sav】已被選擇後，按一下【確定】。

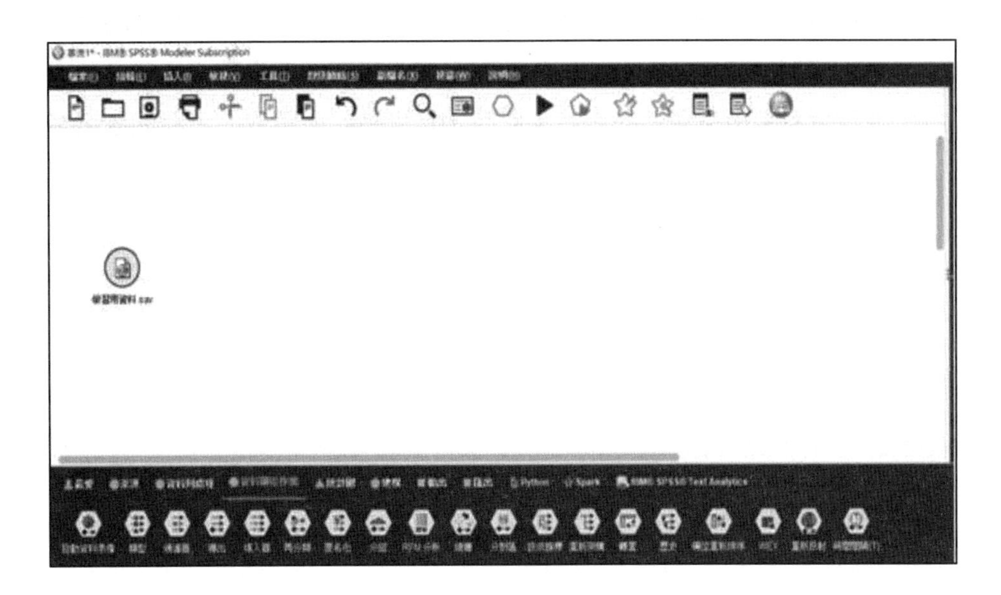

資料類型節點

Step5：其次從【資料欄位作業】選項板選擇【類型】節點，放置在串流領域中。於此處連結【學習用資料】節點與【類型】

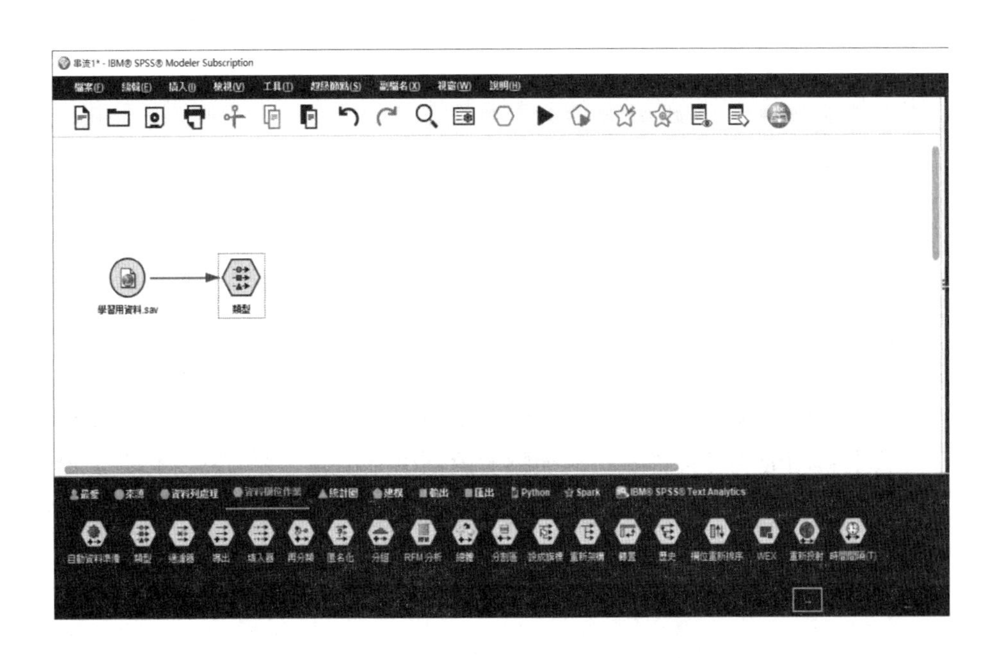

Step6：連結完成時，右按一下【類型】再選擇【編輯】。在【類型】對話框中設定各欄位（變數）的性質，如未正確進行此設定時，則模型的建立即無法適切進行。首先，按一下【讀取值】鈕，從檔案讀入資料。其次，進行資料類型與角色的設定。此時，首先確認所讀取的資料的各檔案的【類型】是否變成【連續】，如果有錯誤時，按一下【類型】方格，從拉下清單選擇適切的資料類型。

【角色】的設定，由於是利用 X_1～X_4 預測 Y 值，因此 X_1～X_4 是將【角色】當作【輸入】，Y 當作【目標】。變更如結束時，按一下【確定】，關閉編輯畫面。

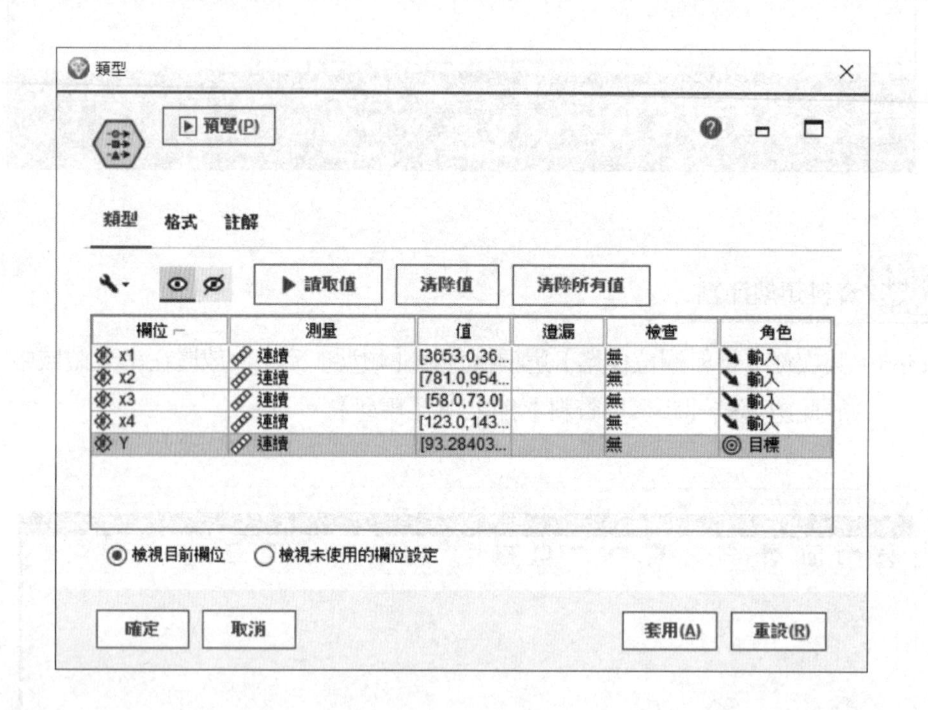

類神經網路節點

Step7：對於目前已輸入、已設定、已確認的資料利用類神經網路來分析。將【建模】選項板的【神經網路】節點放置到串流領域，與資料【類型】節點連結。此階段，類神經網路節點變成預測變數的 Y 名稱，可以確認此分析是將 Y 當作輸出變數。

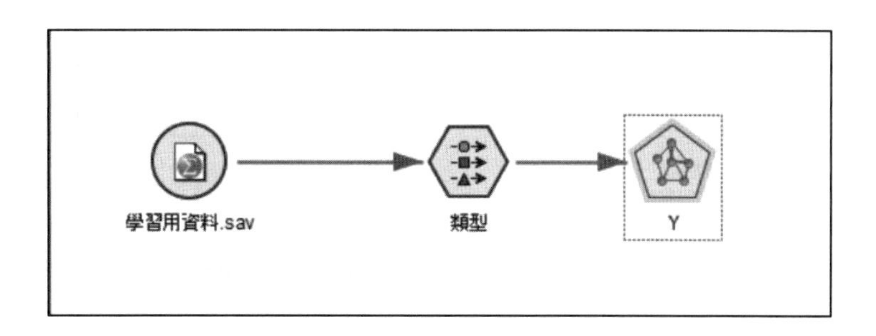

Step8：右按一下【神經網路】節點，選擇【編輯】，再點選【基本】。按一下【自訂單位數目】將隱藏層 (1) 設爲 5。

Step9：按一下【進階】標籤，將【隨機種子】設爲 7，【過濾預防集】設爲 50。按一下【執行】即學習開始。其他選項照預設。

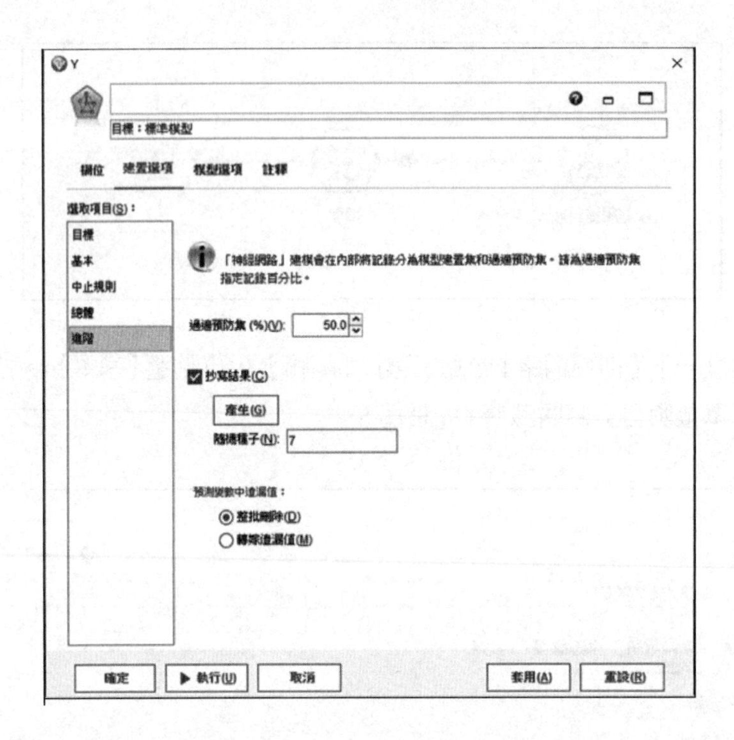

Step11：學習結束時，模型管理員中出現鑽石型的節點（已形成的模型節點）。此即爲學習結束的類神經網路節點。

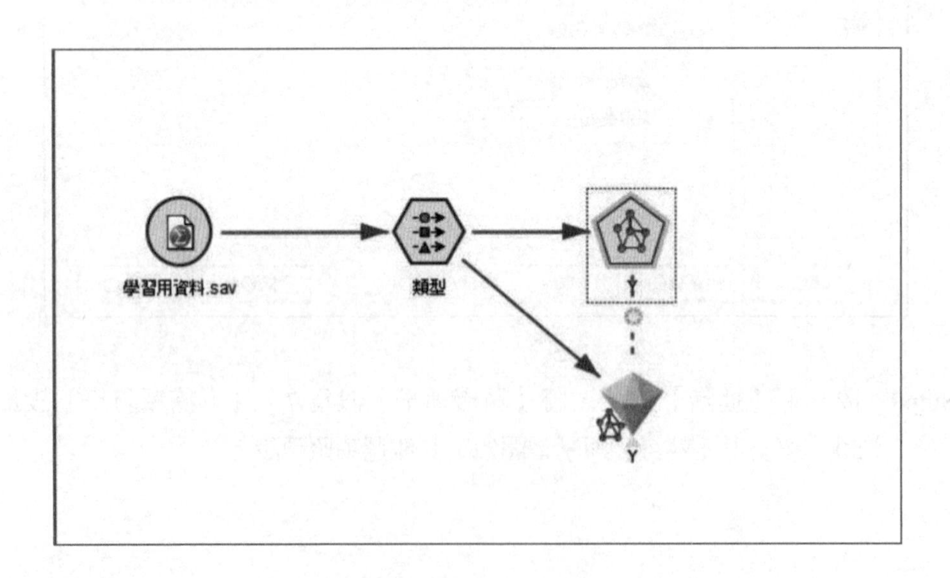

■類神經網路節點的設定選項

1. 防止過度學習

如資料重複通過網路時，網路學習樣本內僅有的模型，因此就會進行過度的學習。換言之，過度特殊化學習用的樣本資料，就會失去一般化的能力。如選擇防止過度學習時，學習用資料之中只有隨機所選擇的一部分被用在網路的學習。此部分的資料完全通過網路時，除此之外的部分資料被留到交叉驗證用，這被用來當作評價目前的網路的績效。依據模型對此測試組的精度，決定網路學習何時中止。建議使用此選項。

2. 隨機種子的設定

類神經網路最初進行隨機的比重設定，因此利用隨機種子（Random Seed）的設定，輸入相同的種子（Seed）值時，可以重現此網路的動向。此處，爲了使結果重現而使用此設定，但通常並未進行隨機種子的設定。取而代之，將 1 個類神經網路在不同的隨機開始時點數次執行，確認是否可以得出類似的結果。

3. 中止條件

停止條件是指定網路何時結束學習。預設（Default）的情形，是在 Modeler 判斷網路達到最高的學習狀態，換言之，有關交叉驗證資料組之精度未能再進一步改善時即結束學習。或者，可以設定所需要的精度或通過資料之次數、限制時間。

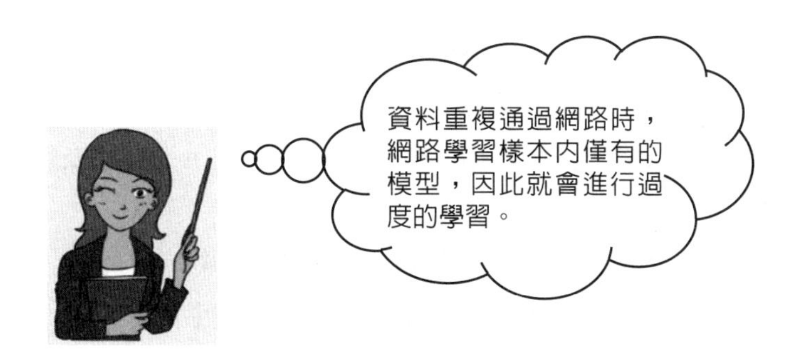
資料重複通過網路時，
網路學習樣本內僅有的
模型，因此就會進行過
度的學習。

【方法 2】利用 Modeler 模型的學習結果

類神經網路模型節點

Step1：確認有關學習之結果的資訊時，右按一下右上的【模型】選項板內所形成的【類神經網路模型】節點，選擇【瀏覽】，學習的結果如以下所表示，可以確認預測精度、各階層所包含的神經元數、輸入的相對重要度、其他類神經網路的詳細情形。

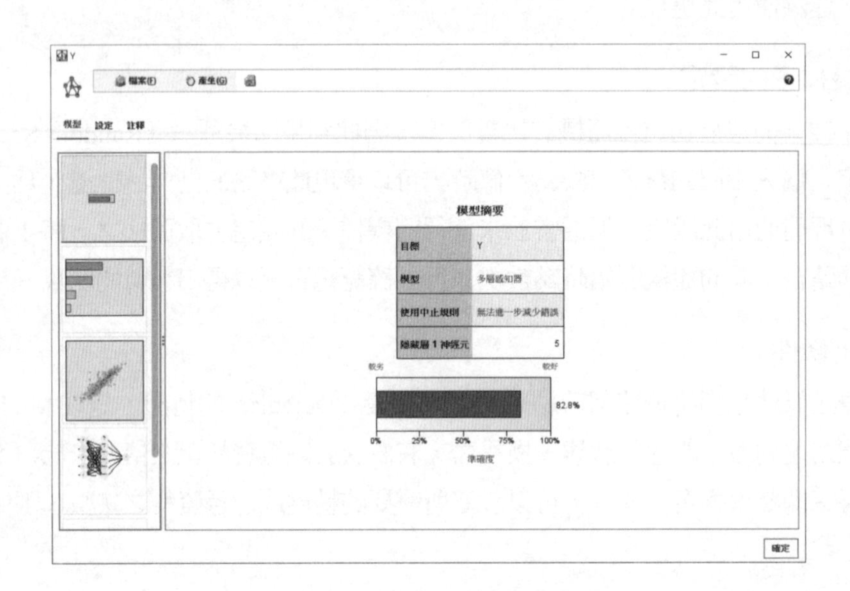

在精度分析的部分，顯示出有關此類神經網路的資訊。此類神經網路的預測（估計）精度大約是 82.8%。這是最佳的類神經網路通過交叉驗證化用資料時的精度（就各列資料計算誤差對預測值的絕對值的百分比，從 1 減去整個列資料的平均百分比）。

輸入層中 1 個數值型的欄位（= 變數）即爲 1 個神經元。本例，數值型的欄位有 3 個，輸入層的神經元即爲 3 個，此網路有 1 個隱藏層，神經元包含 3 個。又，輸出層的神經元只有 1 個。

輸入欄位是按相對重要度的大小順序加以表示。重要度之值是取 0.0～1.0 的範圍，0.1 是表示完全不重要，1.0 是表示重要。通常此值比 0.35 大的情形是很少的。此網路最重要的欄位是 X_2，其次是 X_1、X_4、X_3。

精度分析節點

Step2：從【輸出】選項板，將評價資料的適配好壞的【精度分析】節點，配置在串流領域內的【類神經網路模型】節點的下方，連接節點。

（註）：Modeler 將精度分析稱為「分析」，此處仍稱為精度分析，以免混淆。

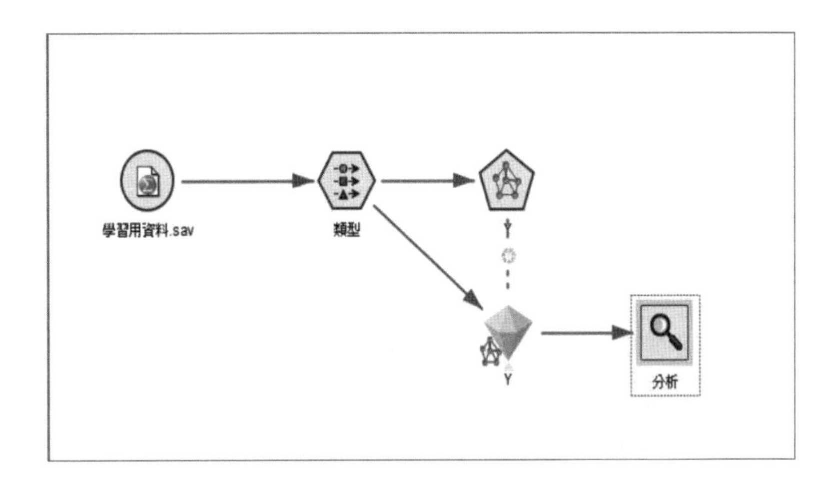

Step3：右按一下【精度分析】，從分析中點選【效能評估】。再選擇【執行】。

分析

分析 $N-Y

分析 輸出 註解

☐ 符合矩陣（用於符號目標）

☑ 效能評估

☐ 評估度量值（AUC 與 Gini，僅限二進位分類器）

☐ 信賴度指數（如果可用的話）

臨界值: 90 % 正確

改進準確度: 2.0 摺疊

尋找的已預測/預測值欄位，使用:

◉ 模式輸出欄位 meta 資料

○ 欄位名稱格式(如：'$<x>-<target field>')

☑ 以分割區區隔

☐ 使用者定義的分析 定義使用者測量...

依欄位分解分析:

確定 ▶ 執行(U) 取消 套用(A) 重設(R)

像實測值與預測值之最大誤差、平均誤差等，針對分析的資料可以利用各種指標確認適合度。此處，注意線性相關時，可以確認預測值與實際值之適配非常好（0.91）。

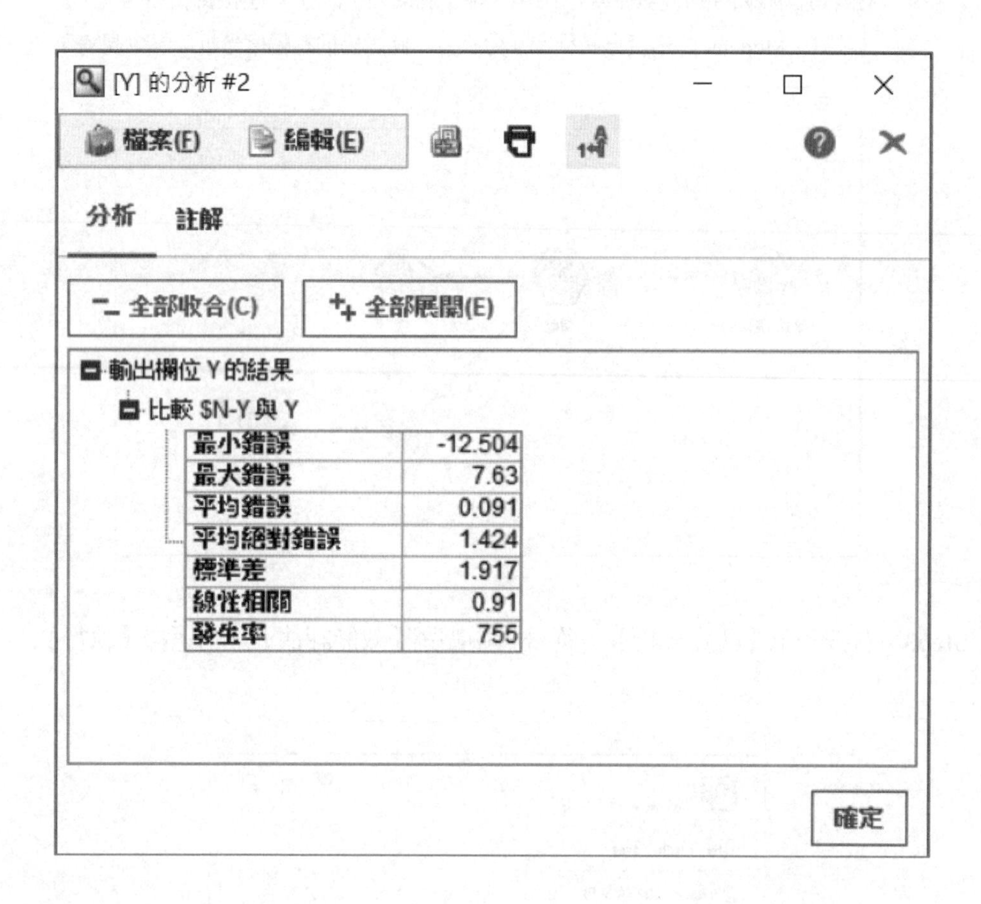

過濾器節點

Step4：想確認 Y 與 $N-Y 之間的關係，如下加上【過濾器】。

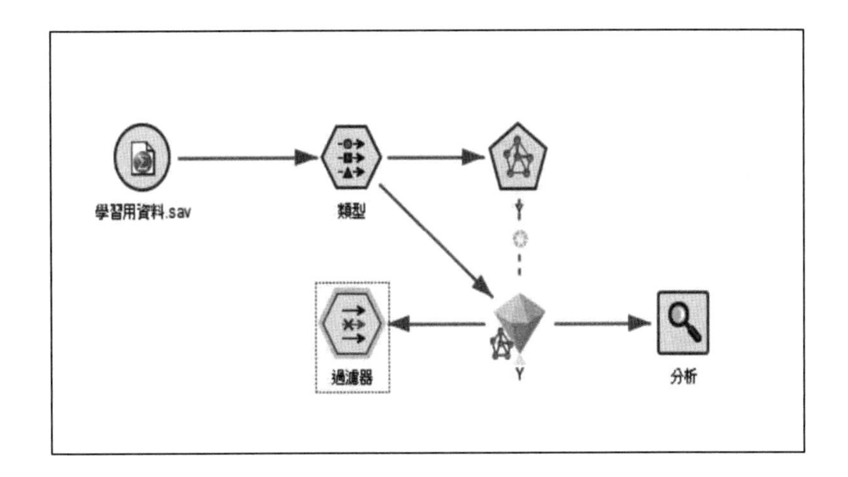

Step5：右鍵點一下【過濾器】，選擇【編輯】。如下選擇 Y 與 $N-Y，按確定。

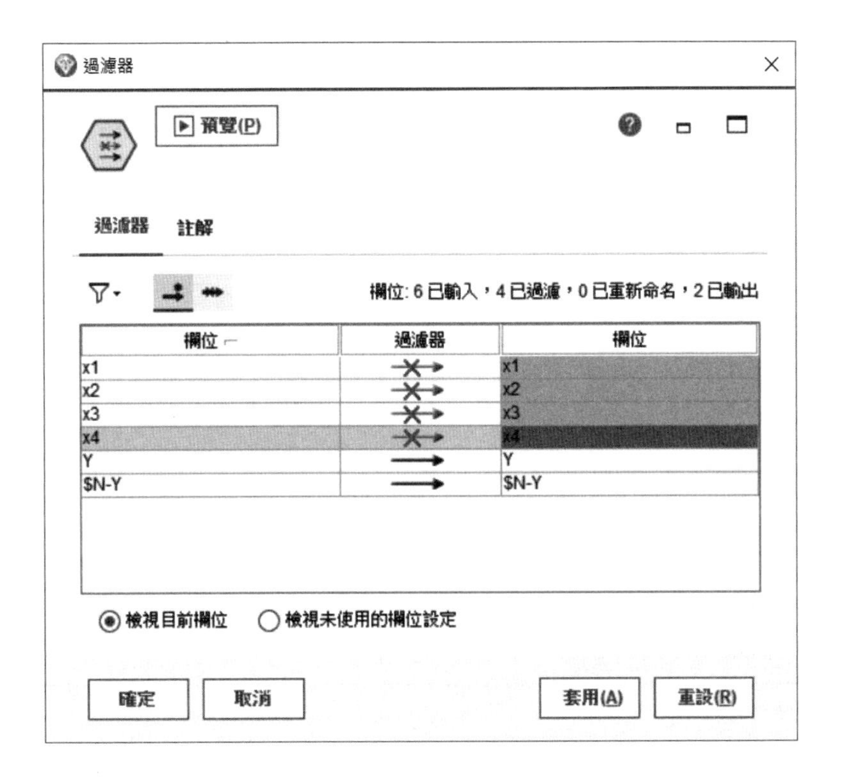

Step6：將【統計圖】選項板的【統計圖】節點加上如下連結。

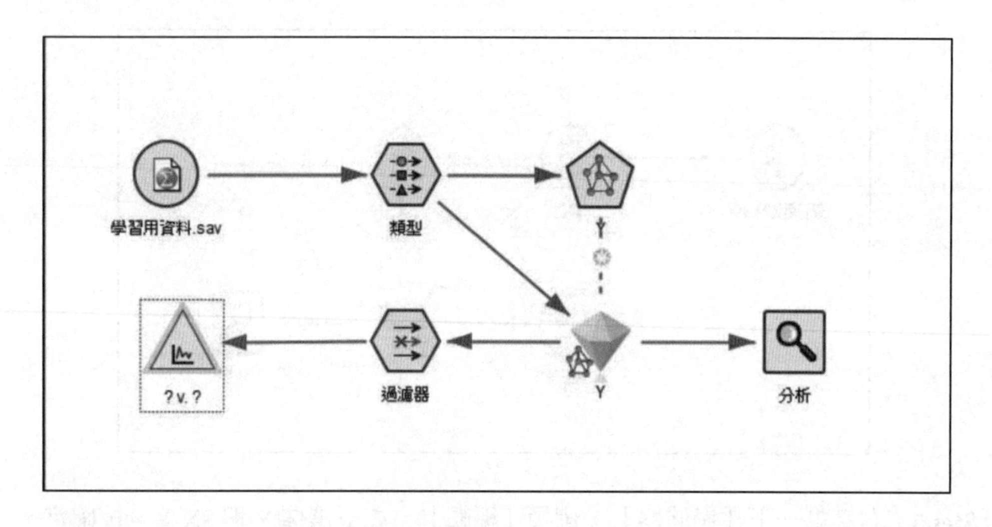

Step7：右鍵點【統計圖】，選擇【編輯】，將 X 欄位設為 Y，將 Y 欄位設為 $N-Y。

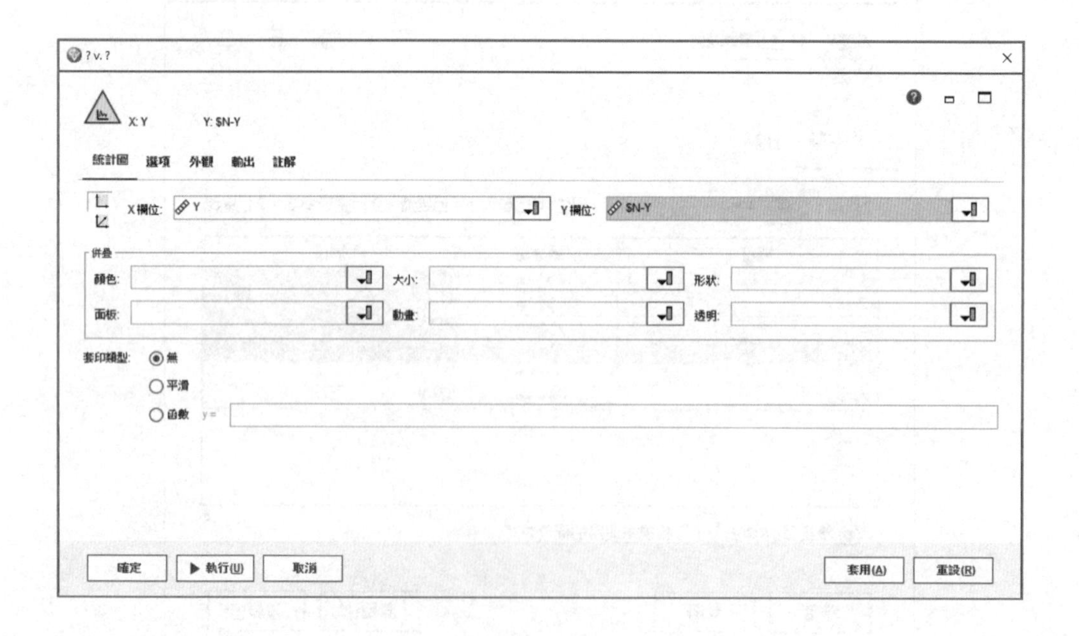

Step8：實測值【Y】與預測值【$N-Y】之關係，利用 SPSS 的散佈圖可以確認。

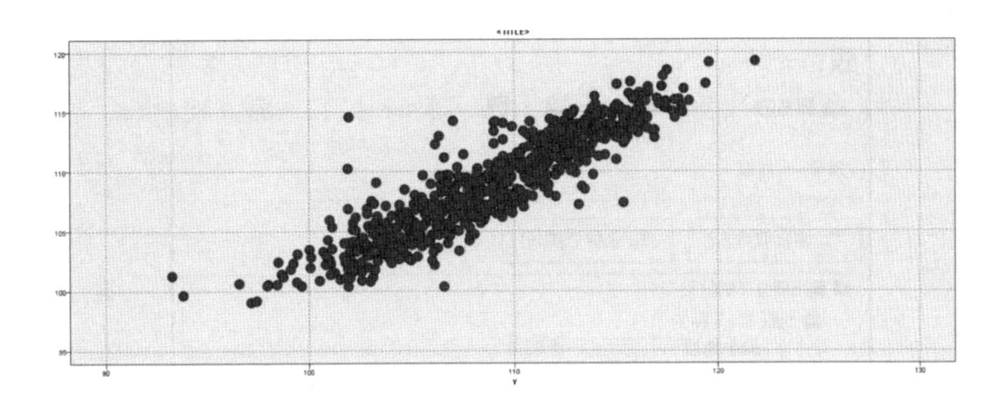

類神經網路模型對學習用資料的適配良好（$R^2 = 0.82$）。但對已學習的資料而言適配變好是理所當然的，其次，有需要利用驗證用資料進行精度分析。

【方法 3】利用 Modeler 驗證模型

爲了進行交叉驗證，與學習結果之評價中所利用之結果同樣的手續，來評價驗證用資料中的預測精度。

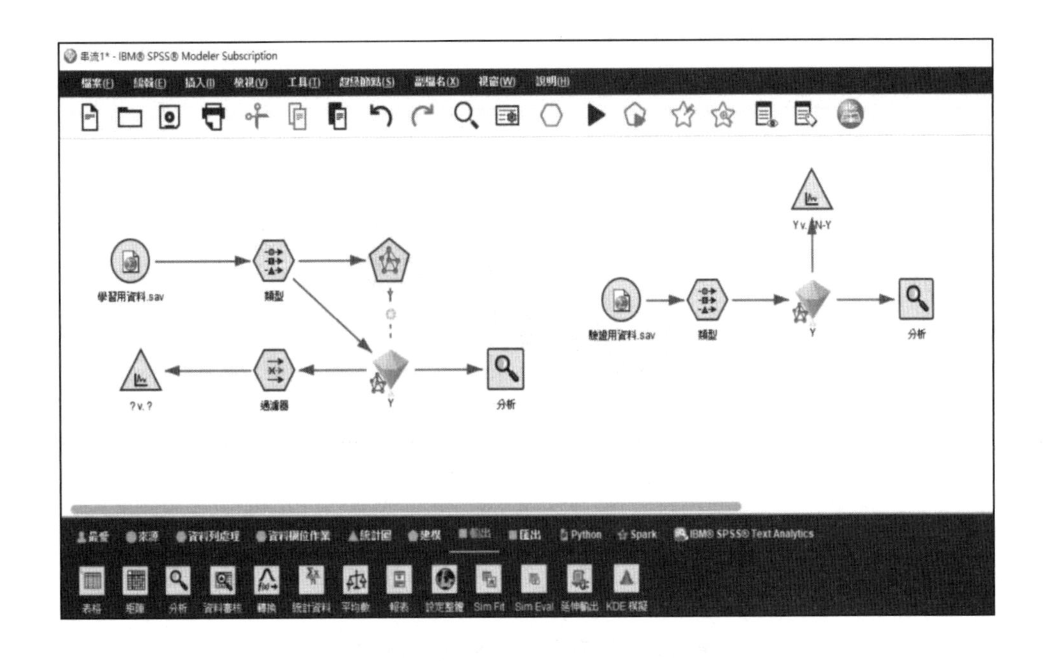

此處只表示出結果的精度分析與利用 SPSS 的散佈圖。

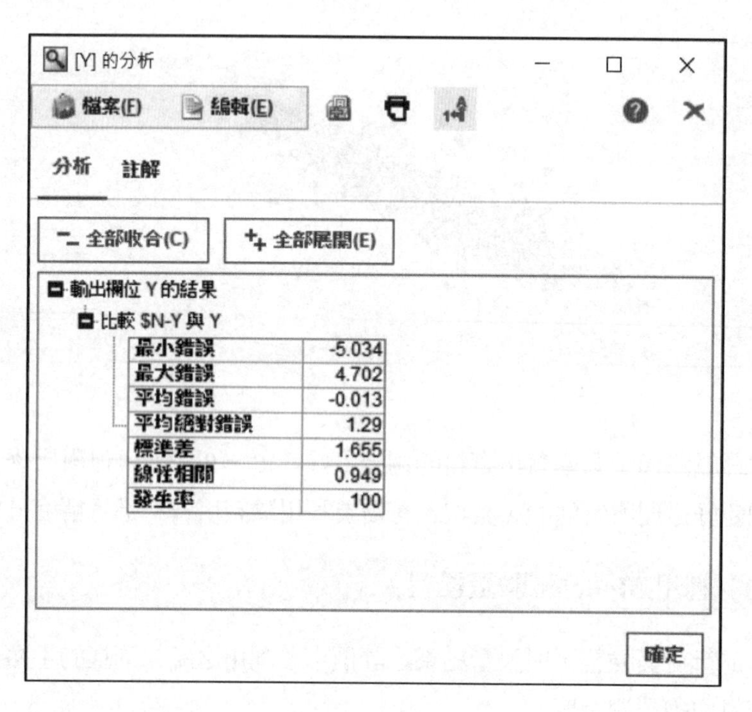

比較 $N-Y 與 Y	
最小錯誤	-5.034
最大錯誤	4.702
平均錯誤	-0.013
平均絕對錯誤	1.29
標準差	1.655
線性相關	0.949
發生率	100

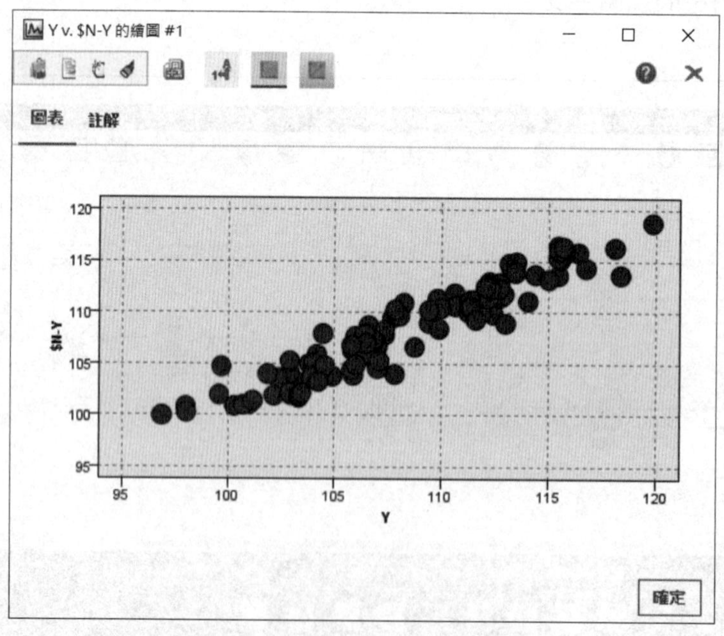

圖 3.8　精度分析的結果與散佈圖

線性相關是 0.949（$R^2 = 0.94$），比適配學習用資料時（0.907）還好。從精度分析的結果所形成的模型，在驗證資料中也顯示高的預測力，由此事可以判斷已建構具有一般性的模型。

3.3 利用 CART 從學習結果抽出規則

類神經網路像線性迴歸分析以及羅吉斯迴歸分析那樣，無法有較單純的解釋。又，類神經網路雖然有表示輸出變數的相對重要度的手段（重要度分析），卻無法得到函數形式的資訊。但將類神經網路的學習結果，有利用別的分析手法來解明的方法。那是以決策樹追蹤類神經網路的結果，進行規則抽出，換言之，將利用類神經網路的預測結果當作輸出變數，將 X_1～X_4 當作輸入變數，進行決策樹分析。

【方法 4】利用 Modeler 抽出規則（CART）

類型節點

Step1：首先為了設定輸出變數與輸入變數，將【類型】節點配置在類神經網路模型的右側，連接節點。右按一下【類型】的節點，選擇【編輯】。

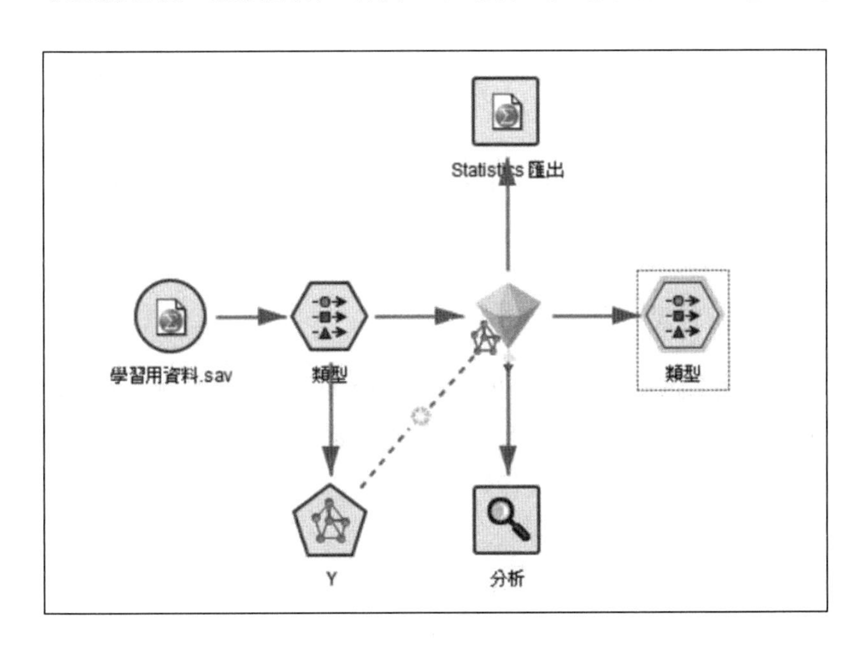

Step2：將各變數的【角色】X_1～X_4 全部變更爲【輸入】，Y 是【無】，\$N-Y 變更爲【目標】。

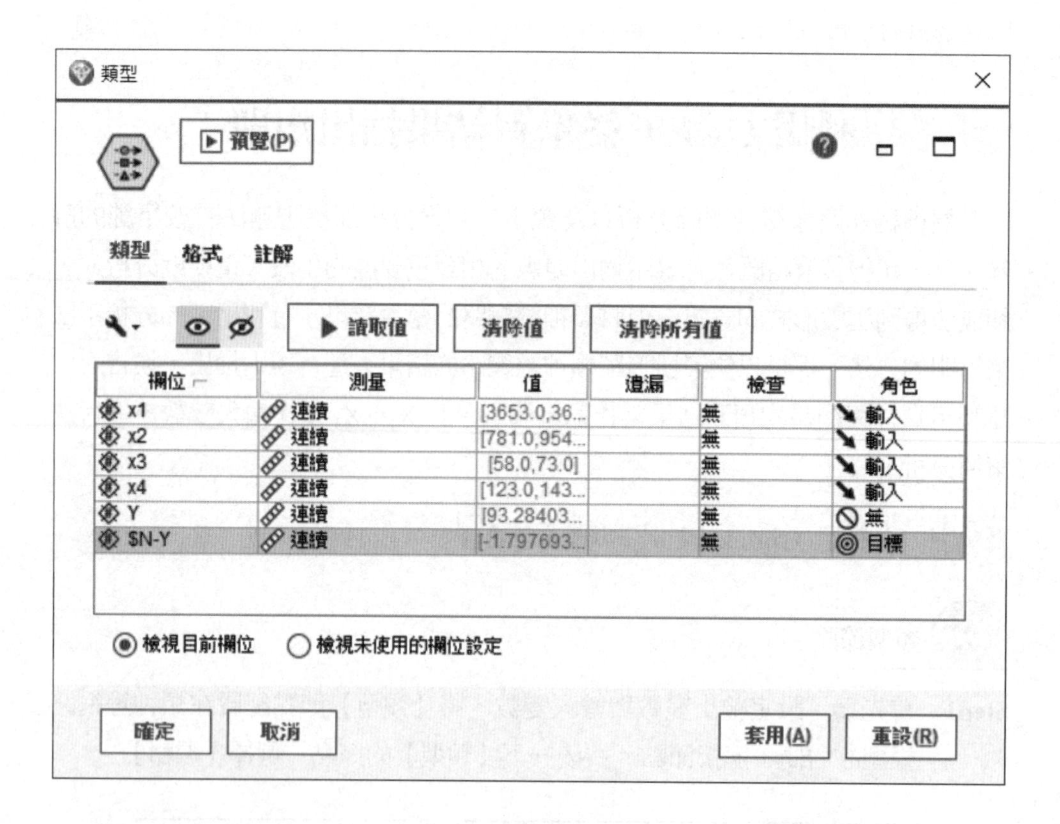

【註】依據剛才的類神經網路的模型，X_3 未被模型採用，因此不投入也可進行。

Modeler 可以利用的決策樹有 **CART** 與 **C5.0**，但是將量變數可以取成輸出（目標）變數的卻只有 CART，此處利用 CART。

C&R Tree 節點

Step3：將【建模】選項板的【C&R 樹形構造】節點（CART 節點），配置在先前已進行設定變更的【類型】節點的右側。右按一下【C&R 樹形構造】節點，從拉下清單選擇【編輯】。

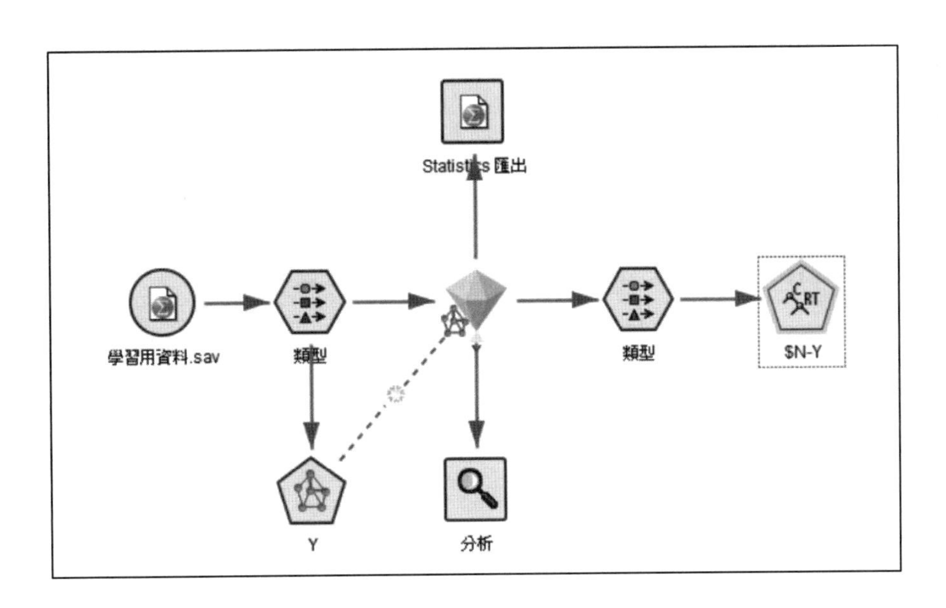

Step4：其次，在【樹狀結構深度上限】的【自訂：】將預設的 5 →變更爲 7。

Step5：選擇【執行】。於是畫布右上的模型選項板產生出 CART 模型。

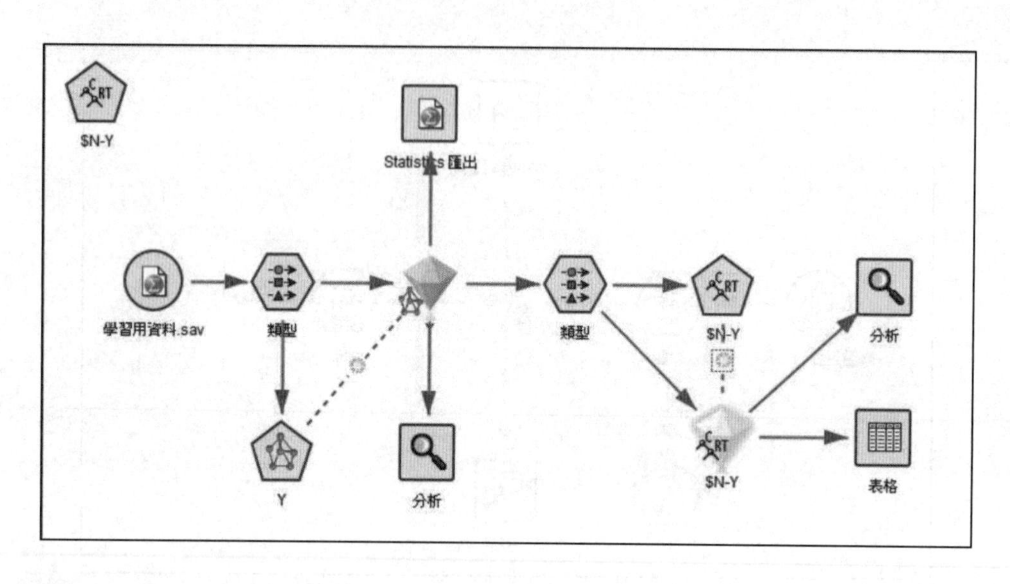

C&R 樹形模型節點（已獲得的製造目標值）

Step6：右按一下所生成的【C&R 樹形模型】節點→選擇【瀏覽】，在出現的畫面上按一下【全部】與【%】的按鈕，即可顯示利用 CART 的規則。

選擇【檢視器】標籤時，即顯示如下頁的樹形圖，即可查看簡明的分析結果。

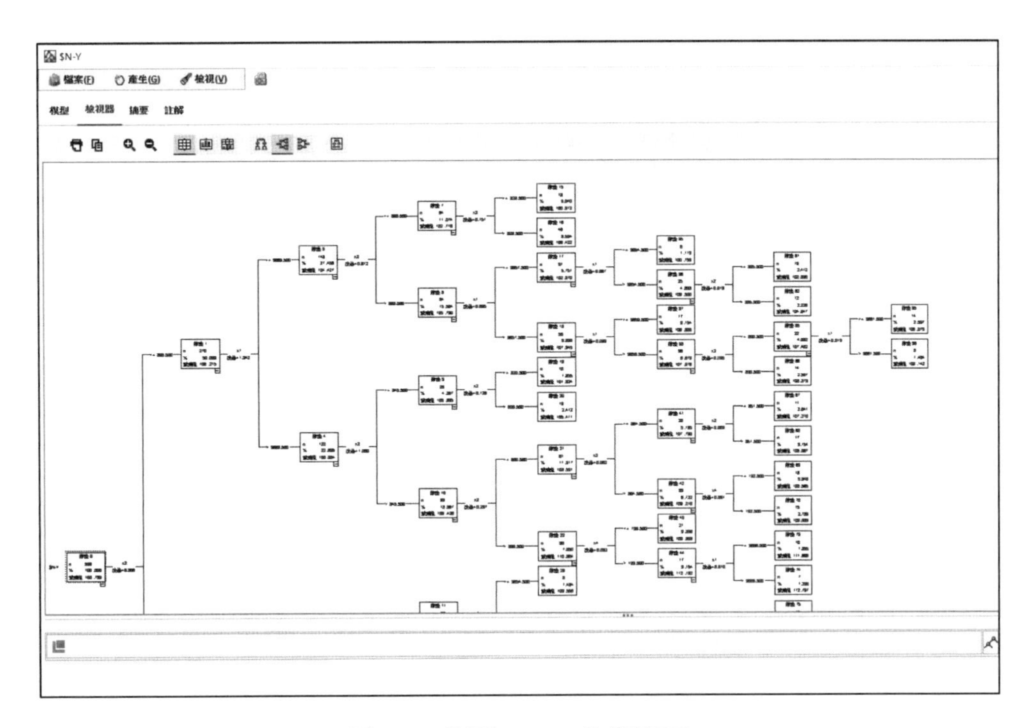

圖 3.9 利用 CART 的樹形圖

樹形圖可簡明地顯示，從表示整個資料內容的根節點，在何種的條件下資料分岐，結果可製作出何種的子組。

首先，確認決策樹上所出現的說明變數。最初的分岐中出現 X_2，在分岐之後的節點 1 中出現 X_2，在節點 2 中 X1 是以分岐變數出現。這是表示在類神經網路的預測中，判斷出 X_2 對 y 的預測是最有影響的變數，X_1 是繼 X_2 之後對模型有貢獻的變數。

其次，觀察決策樹的節點。樹木成長至第 7 層，末端節點全部有 43 個。如從這些之中，依預測值的高低順序著眼於 5 個節點時，以下的規則即變得明確。

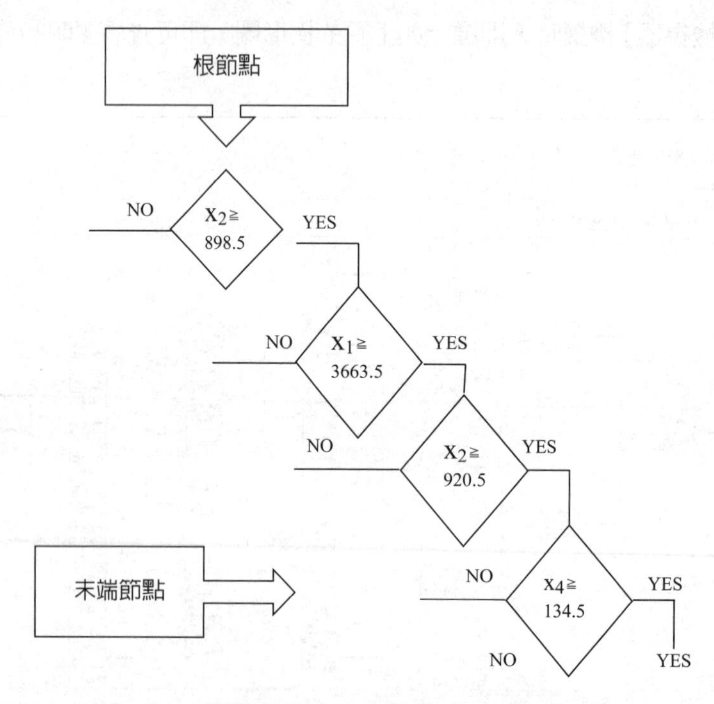

圖 3.10　預測值高的末端節點（最好的 5 個）

如果 y 的值較大，在產品製造上更有效率時，說明變數的目標值，在 X_2 方面是 898.5 以上，在 X_1 方面是 3663.5 以上，X_4 是 134.5 以上時，可以進行有效率的製造，可以得出最大的 y 的預測值 116.5。像這樣，儘管說明變數被集中成 3 個，仍可解明複雜的關係。

此次的分析，說明變數的個數極少，但在進行重要的變數鎖定以前的分析，設定變數的個數超過 100 也不足奇，有需要掌控相當複雜的關係。像這種情形，利用類神經網路掌控複雜的關係，從決策樹的輸出明示預測的邏輯是可能的。

最後，利用本章最後所進行的從 C&R 樹形結構所得到的末端節點的資訊，以 SPSS 製作盒形圖。

到 SPSS 資料檔的輸出方法是，首先 (1) 將所生成的模型移到串流領域內，連接【類型】節點→ (2) 將【Statistics 匯出】節點連接到【$N-Y 模型】。

盒形圖的橫軸是取 $N-Y，從 C&R 樹形結構所得到的節點按每一個節點加以分割，另一方面縱軸投入實際的 Y。圖 3.11 所顯示的末端節點的盒形圖是將橫軸利用觀察值個數的等級設定施與加工，而與未加工的盒形圖只是形成對照而已。

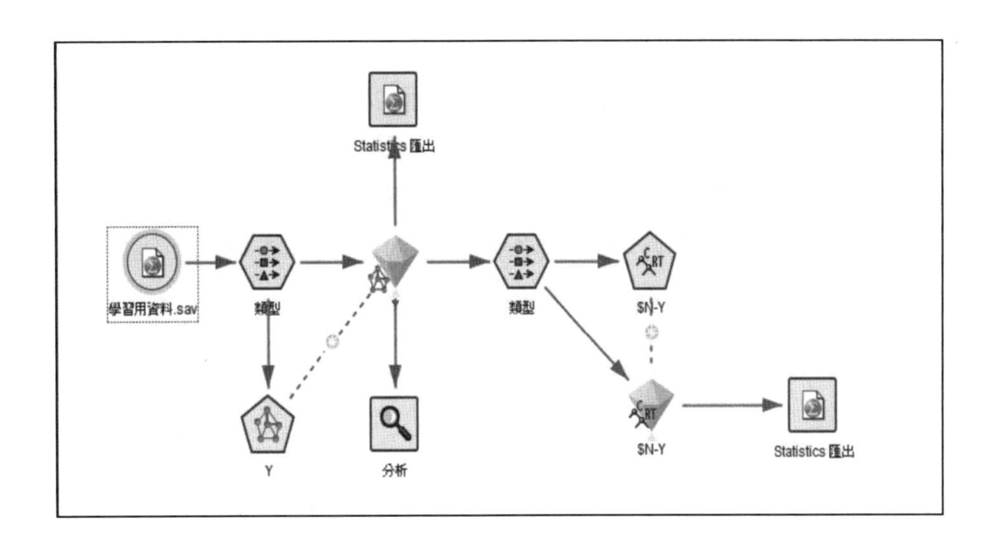

將取成橫軸的變數如先前所述進行加工，類神經網路的預測值可按高低順序排列節點。隨著節點號碼變大，實際的 y 的中央值也有下降的傾向。可是，取決於節點，比號碼小的（類神經的預測值應該大的）節點來說，y 的中央值也有大的。譬如，節點號碼 2 與 3，中央值的大小呈現逆轉。另外，此種逆轉在多處中可以見到。

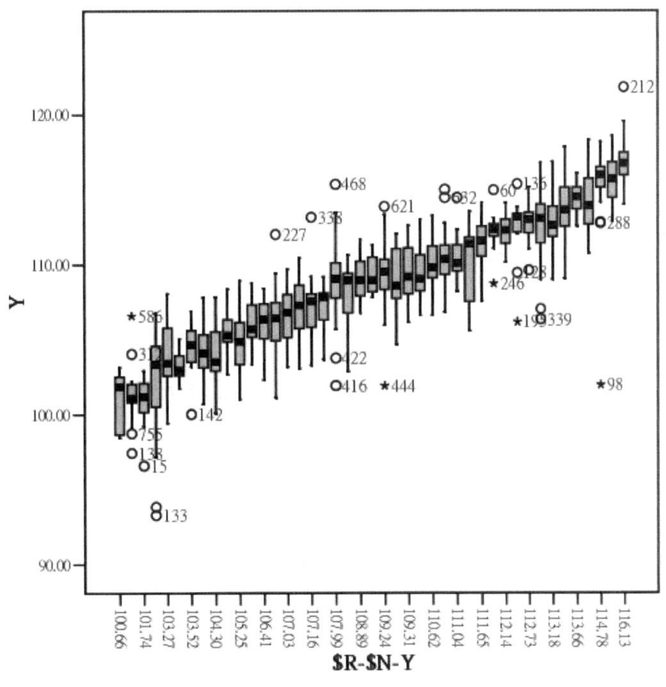

圖 3.11　末端節點（43 個）的盒形圖

末端節點的盒形圖顯示如上，試著變更設定，從根節點起的第 3 層間使樹木成長（於 Step5 可將層數設定成 3），再度進行 C&R 樹形結構分析，末端節點的數目變成 8 個。觀察這些盒形圖時，似乎看不出末端節點的號碼與中央值的大小有逆轉的情形。換言之，對於與 y 之值相關甚高的類神經網路的預測值，C&R 樹形結構可以清楚說明。利用盒形圖更容易比較末端節點之間的關係。

顯示末端節點（8 個）的盒形圖如下。

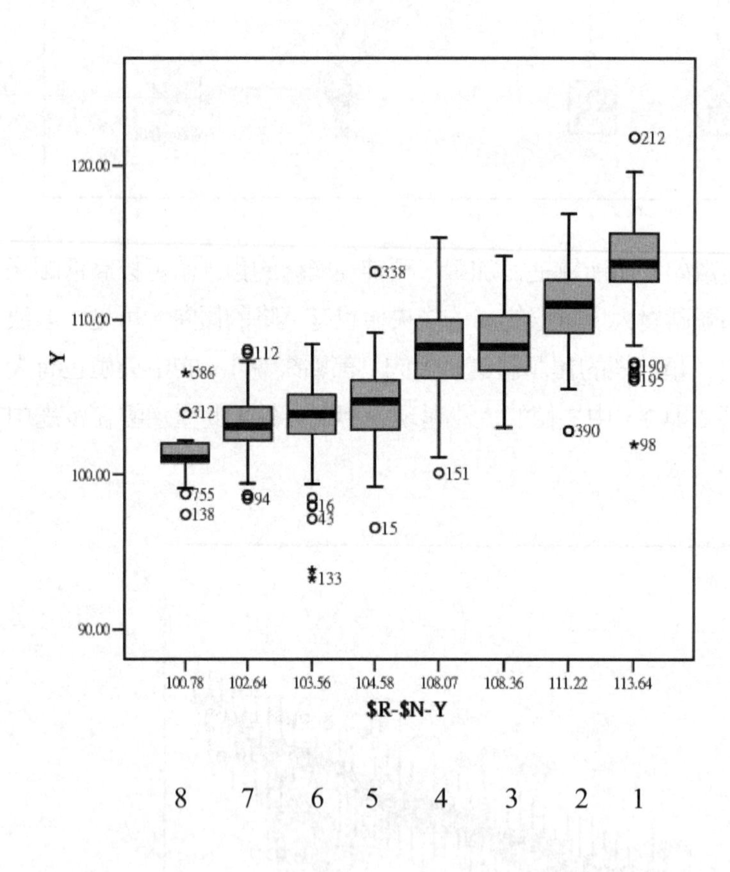

圖 3.12　末端節點（8 個）的盒形圖

第4章 Modeler 範例 3 —判別分析、時間序列、二項羅吉斯迴歸、多項羅吉斯迴歸

4.1 利用判別分析

判別分析是多元統計分析中用於判別樣本（受訪者）所屬類型（族群）的一種方法，與集群分析相同的是將相似的樣本（受訪者）歸爲一類（族群），不同處是在於集群分析預先不知道分類，而判別分析是在研究對象分類已知的情況下，根據樣本資料推導出一個或一組區別（判別）函數，同時指定一種判別規則，用於確定待判別樣本的所屬類別，使誤判率最小。

判別分析是一種統計技術，它可根據輸入欄位的值對記錄進行分類，這種技術與線性迴歸類似。此處就下的範例進行說明。

某一家大型國際航空的承辦人，搜集了三種不同工作類別的員工數據：(1) 客戶服務人員、(2) 機械師和 (3) 調度員。人力資源總監想知道這三種工作類別是否適合不同的性格類型，每位員工都接受了一系列心理測試，其中包括對戶外活動、社交能力和保守性的關注程度。

數據可以透過點擊 discrim.sav 獲得。數據集對四個變量具有 244 個觀測值，心理變量是戶外興趣、社交和保守，類別變量是具有三個級別的作業類型，分別爲 (1) 客戶服務人員、(2) 機械師和 (3) 調度員。

以下說明使用 Modeler 進行判別分析的步驟。

Step1：首先，設定串流內容以在輸出中顯示變數和值標籤。從功能表中選擇：

【檔案】>【串流內容⋯】>【選項】>【一般】

請確認選取了【於輸出中顯示欄位與值標籤】，然後按一下【確定】。

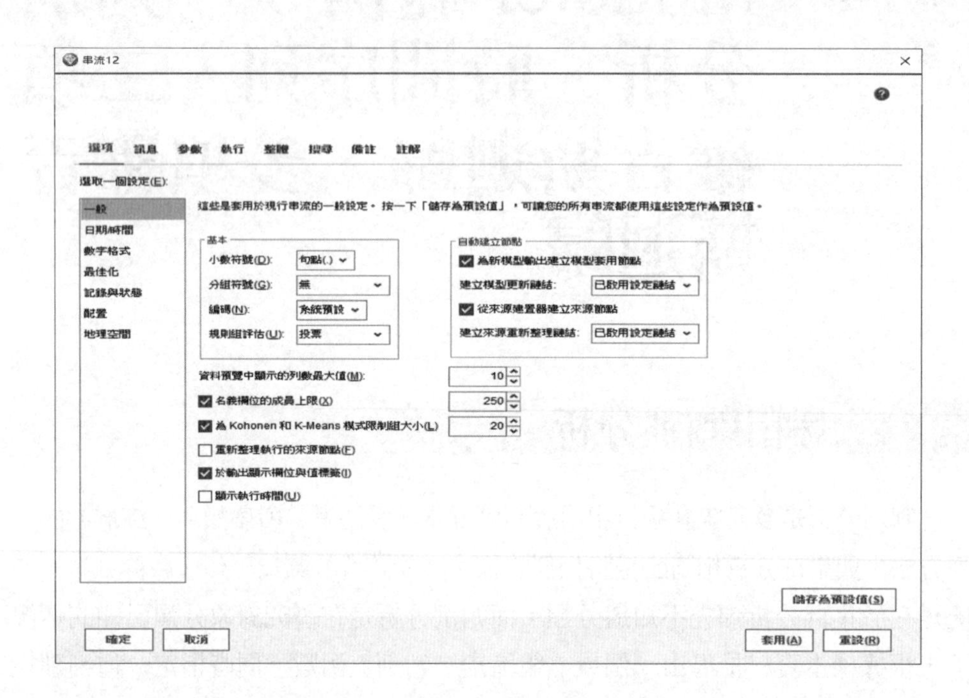

Step2：新增 discrim.sav 的「統計量檔案」來源節點於畫布中。

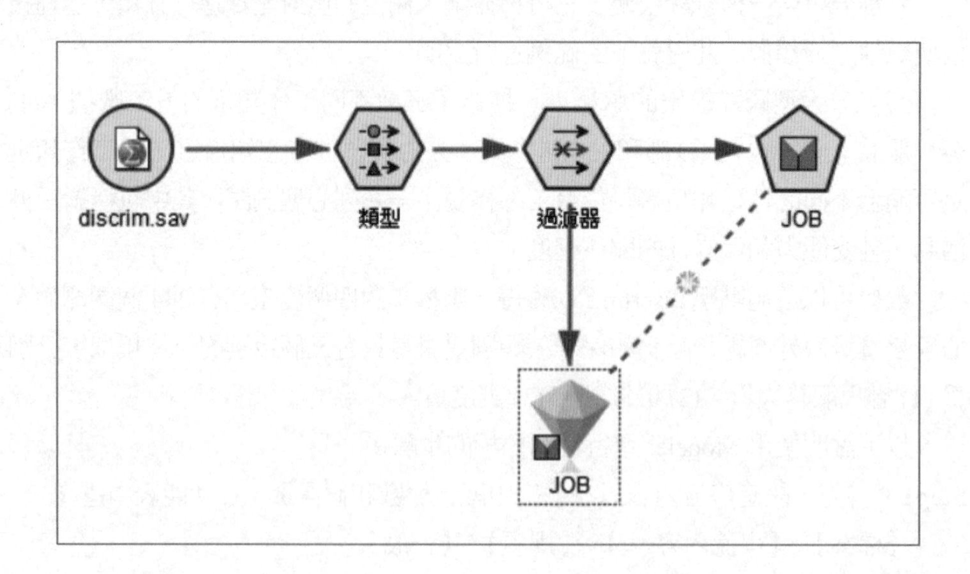

Step3：新增「類型」節點，並按一下讀取值，確保已正確設定所有測量層次。如果值為 0 和 1 的欄位可以視為旗標。將 JOB 欄位的角色設為目標，所有其他欄位將其角色設為輸入。

Step4：使用【過濾器】節點，取消 JID 欄位以便進行此分析。

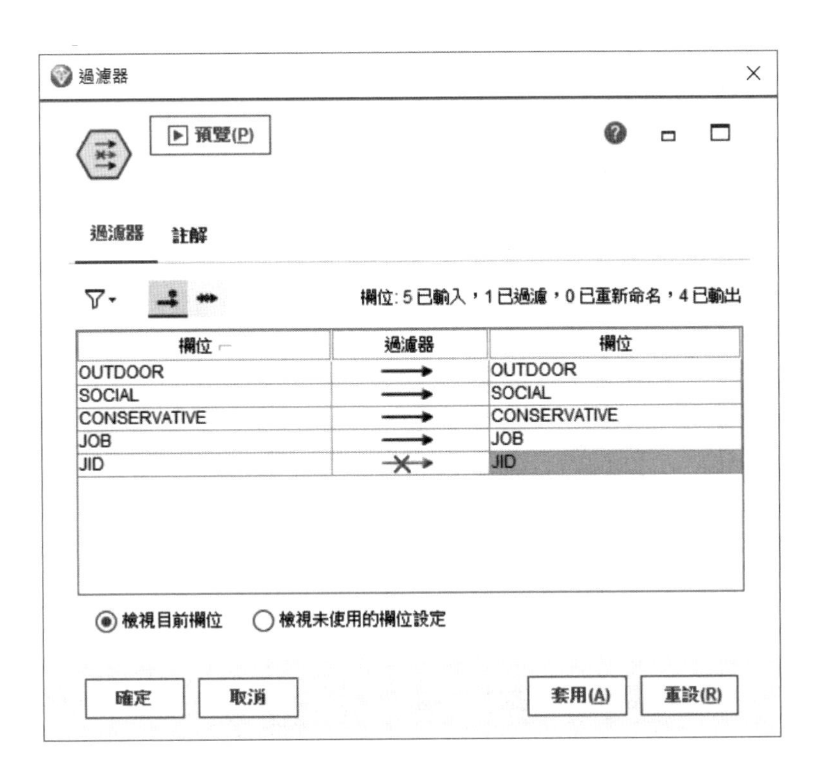

Step5：在【區別元件】節點中，按一下【模型】標籤並選取【逐步】法。

Step6：在【專家】標籤上，將模式設為【專家】，然後按一下【輸出】。

Step7：在【進階輸出】對話框中，選取【組內相關性矩陣】、【BOX's M 共變異數相等性檢定】、【Fisher's 線性區別函數係數】、【摘要表】、【地域圖】和【步驟摘要】，然後按一下【確定】。

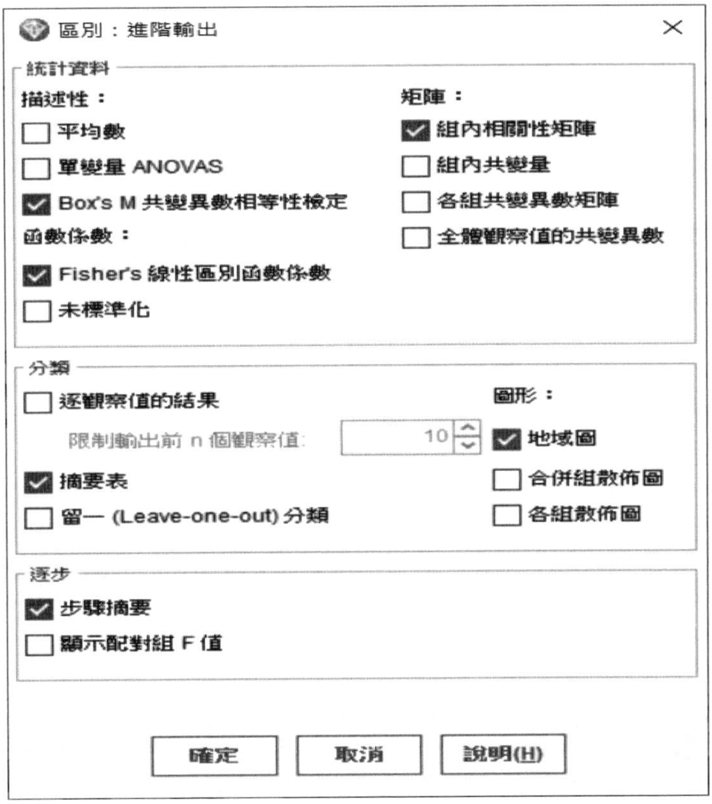

區別：進階輸出

統計資料

描述性：
平均數
單變量 ANOVAS
Box's M 共變異數相等性檢定

函數係數：
Fisher's 線性區別函數係數
未標準化

矩陣：
組內相關性矩陣
組內共變量
各組共變異數矩陣
全體觀察值的共變異數

分類

逐觀察值的結果
限制輸出前 n 個觀察值: 10
摘要表
留一 (Leave-one-out) 分類

圖形：
地域圖
合併組散佈圖
各組散佈圖

逐步

步驟摘要
顯示配對組 F 值

確定 取消 說明(H)

Step8：按一下【執行步驟】對話框中，方法使用【Wilks'Lambda 值】，【準則】點選【使用 F 值】。

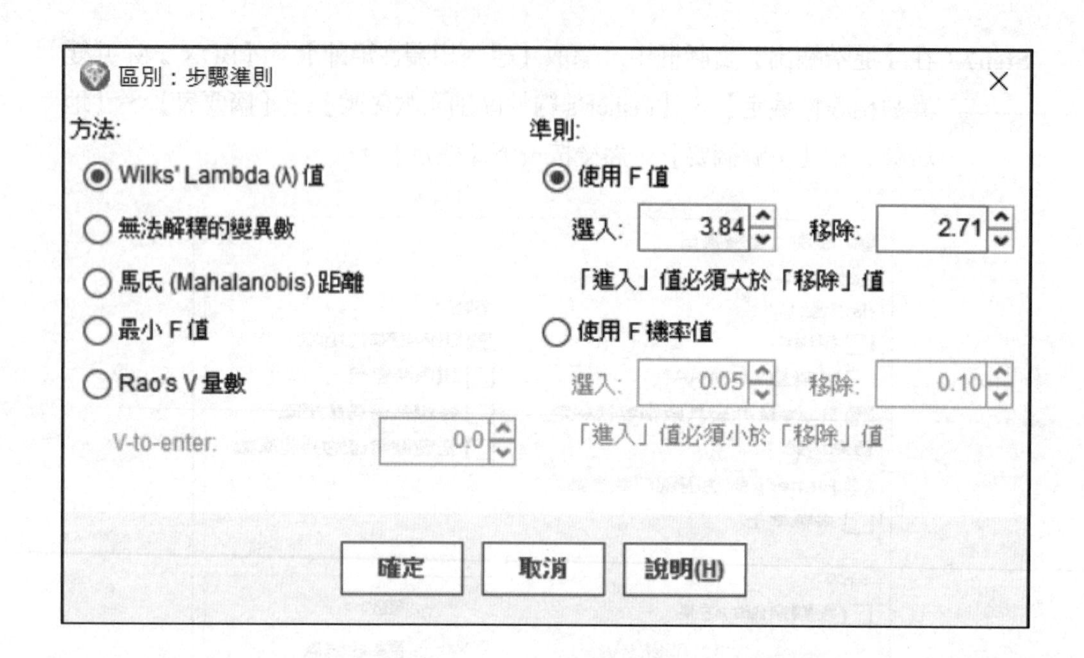

Step9：按一下【執行】以建立模型，該模型會新增至串流以及右上角的【模型】選用區中。若要檢視其詳細資料，請按兩下串流中的模型區塊。

【摘要】標籤顯示目標和輸入（預測工具欄位）的完整清單。

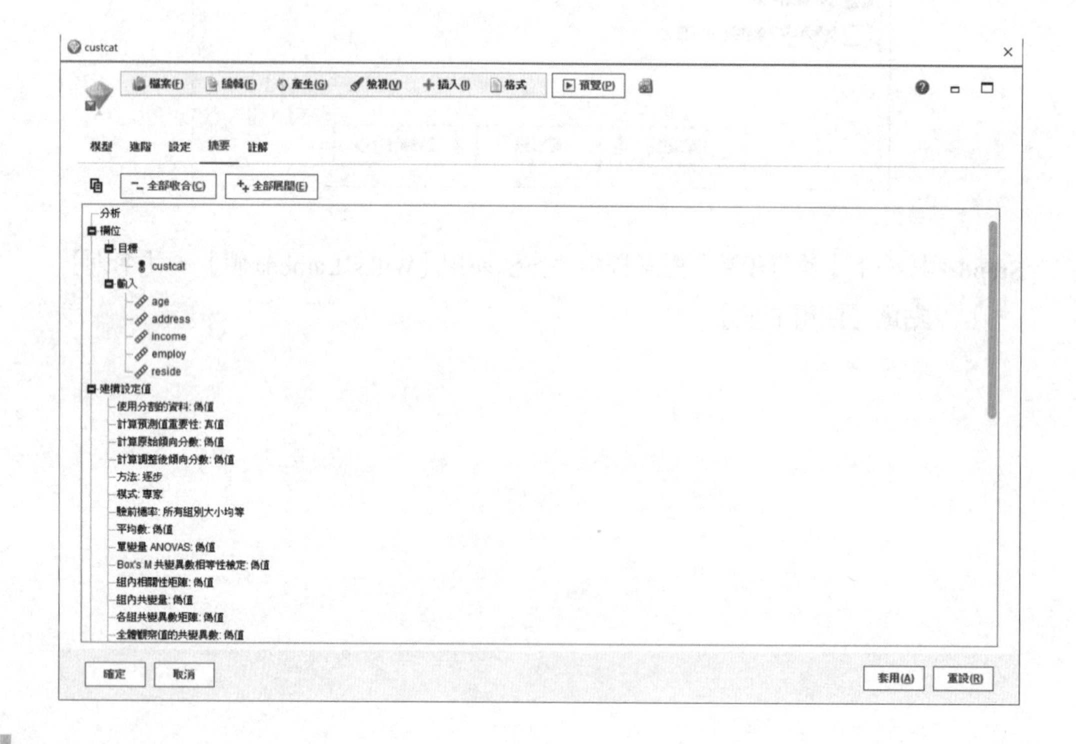

Step10：按一下【進階】標籤。

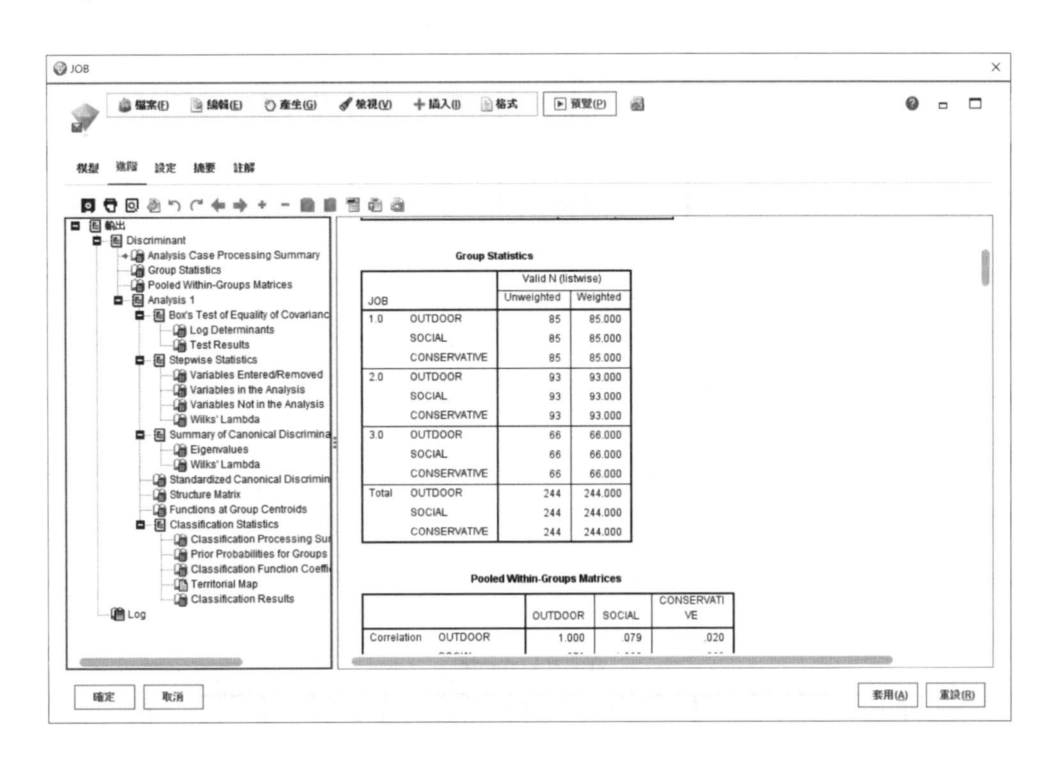

Step11：按一下【在外部瀏覽器中啟動】按鈕（位於【模型】標籤下）以在 Web 瀏覽器中檢視結果。模型的所有變異都由兩個區別函數解釋。其中第一個函數的解釋能力最強。

Eigenvalues

Function	Eigenvalue	% of Variance	Cumulative %	Canonical Correlation
1	1.081[a]	77.1	77.1	.721
2	.321[a]	22.9	100.0	.493

a. First 2 canonical discriminant functions were used in the analysis.

Step12：Box的共變異矩陣相等性檢定，可能會受到與多元常態性的偏差的影響。

Test Results

Box's M		26.123
F	Approx.	2.137
	df1	12
	df2	233001.647
	Sig.	.012

Tests null hypothesis of equal population covariance matrices.

Step13：在此示例中，存在兩個判別維度，這兩個維度在統計上都是顯著的。

第一維度和第二維度的典範相關性分別爲 0.72 和 0.49。

規範結構也稱爲規範載荷或判別載荷，表示觀察到的變量與未觀察到的判別函數（維）之間的相關性。

判別函數是一種潛在變量，其相關性是類似於因子負荷的負荷。

Wilks' Lambda

Test of Function(s)	Wilks' Lambda	Chi-square	df	Sig.
1 through 2	.364	242.552	6	.000
2	.757	66.723	2	.000

Step14：SOCIAL 與第一個函數的相關性最強，並且它是唯一與此函數相關性最強的一個變數。

Structure Matrix

	Function	
	1	2
SOCIAL	-.765*	.266
CONSERVATIVE	.468*	-.259
OUTDOOR	.323	.937*

Pooled within-groups correlations between discriminating variables and standardized canonical discriminant functions
Variables ordered by absolute size of correlation within function.

*. Largest absolute correlation between each variable and any discriminant function

Step15：得出典型判別函數如下：

Standardized Canonical Discriminant Function Coefficients

	Function	
	1	2
OUTDOOR	.379	.926
SOCIAL	-.831	.213
CONSERVATIVE	.517	-.291

判別函數爲：

discriminant_score_1 = 0.517 * 保守 + 0.379 * 室外 – 0.831 * 社交。

discriminant_score_2 = 0.926 * 室外 + 0.213 * 社交 – 0.291 * 保守。

如你所見，客戶服務員傾向於處於維度 1 的社會（負面）端；調度員往往處於另一端，機械師居中。在第 2 維度上，結果不清楚。但是，在戶外環境中，機械師往往更高，而客戶服務員和調度員則更低。

Step16：地域圖提供了區別函數的綜合性視圖，可協助你研究群組與區別函數之間的關係。與結構矩陣結果結合，它可對預測值與群組之間的關係進行圖形解譯。

```
                    Territorial Map
Canonical Discriminant
Function 2
        -6.0      -4.0      -2.0       .0       2.0       4.0       6.0
          +---------+---------+---------+---------+---------+---------+
     6.0 + 122                                                         +
         I  112                                                       2I
         I    12                                                    223I
         I     122                                                 233 I
         I       112                                             223   I
         I         122                                          233    I
     4.0 +           112      +         +         +         + 223      +
         I             12                                    233       I
         I              122                                223         I
         I                112                            2233          I
         I                  12                          233            I
         I                   122                      223              I
     2.0 +         +           112      +         +  233     +         +
         I                       122                223                I
         I                         112             233                 I
         I                           12          223                   I
         I                            122   *   233                    I
         I                              112    223                     I
      .0 +         +         +           122+ 233   +         +         +
         I                          *    112 223                       I
         I                               1233    *                     I
         I                                13                           I
```

```
     I                              13                         I
     I                              13                         I
-2.0 +         +         +          13        +         +      +
     I                              13                         I
     I                              13                         I
     I                              13                         I
     I                              13                         I
     I                              13                         I
-4.0 +         +         +          13        +         +      +
     I                              13                         I
     I                              13                         I
     I                              13                         I
     I                             13                          I
     I                             13                          I
-6.0 +                             13                          +
     +---------+---------+---------+---------+---------+---------+
   -6.0      -4.0      -2.0        .0       2.0       4.0       6.0
                       Canonical Discriminant Function 1

Symbols used in territorial map

Symbol  Group  Label
------  -----  --------------------

   1      1    1.0
   2      2    2.0
   3      3    3.0
   *           Indicates a group centroid
```

地域圖是以函數值為基礎，用於將觀察值分類至群組的邊界圖。將觀察值分類至對應之組別的數目，每個組別的平均數是用其邊界中的星號來表示。如果只有一個區別函數，不會顯示地圖。

由地域圖知，本例僅以 2 個判別函數即可將所有資料分成 3 組，各組的重心分別是以 * 顯示。

Step17：透過 Wilks' Lambda 知道模型比猜測效果好，但必須轉到分類結果才能判定有多好。從此表知，正確分類的比率是 75%。

Classification Results[a]

			Predicted Group Membership			
		JOB	1.0	2.0	3.0	Total
Original	Count	1.0	70	11	4	85
		2.0	16	62	15	93
		3.0	3	12	51	66
	%	1.0	82.4	12.9	4.7	100.0
		2.0	17.2	66.7	16.1	100.0
		3.0	4.5	18.2	77.3	100.0

a. 75.0% of original grouped cases correctly classified.

4.2 時間序列

時間序列也叫動態序列，是指把某種現象在不同時間上的各個變量值，按照時間的先後順序排列而形成的一種序列。

時間序列分析的任務就是要，正確地確定時間序列的性質，對影響時間序列的各種因素加以分解和測定，以便對未來的狀況作出判斷和預測。這些因素按照性質可以劃分爲：長期趨勢、季節變動、循環變動和不規則變動。

上述四種影響因素有時可能同時出現，共同影響某一現象的變化，有時也可能只有幾種因素其作用。一般情況下，長期趨勢是影響時間序列變動的基本因素。上述四種因素和現象總量之間的關係可以是：

・加法模型：現象總量 = 長期趨勢 + 季節變動 + 循環變動 + 不規則變動。適用於四種因素相互獨立的情況。

・乘法模型：現象總量 = 長期趨勢 * 季節變動 * 循環變動 * 不規則變動。

以下列舉一範例來說明。

服裝型錄公司對於根據其在過去 10 年的銷售資料，來預測其男士服裝線每月銷售量很感興趣。

此範例參照資料檔 catalog_seasfac.sav。串流顯示如下：

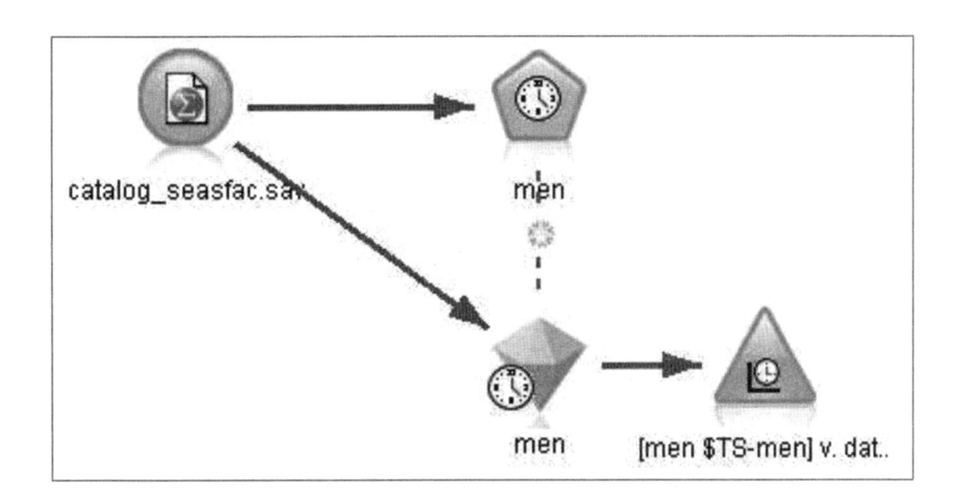

現在，想研究一下在你選擇模型時可用的兩種方法——指數平滑和ARIMA。

若要協助你決定適當的模型，最好是先繪製時間序列的圖形。時間序列的視覺化檢查，通常會是協助你進行選擇的強大指引。特別是，你需要詢問你自己：

- 序列有整體趨勢嗎？如果有，趨勢是顯示不變還是隨時間推移消失？
- 序列顯示週期性嗎？如果是，則週期性變動是隨著時間而增長還是在連續時段內保持不變？

以下說明利用 Modeler 進行序列分析的步驟。

Step1：建立新串流並新增 catalog_seasfac.sav 的【統計量檔案】來源節點。

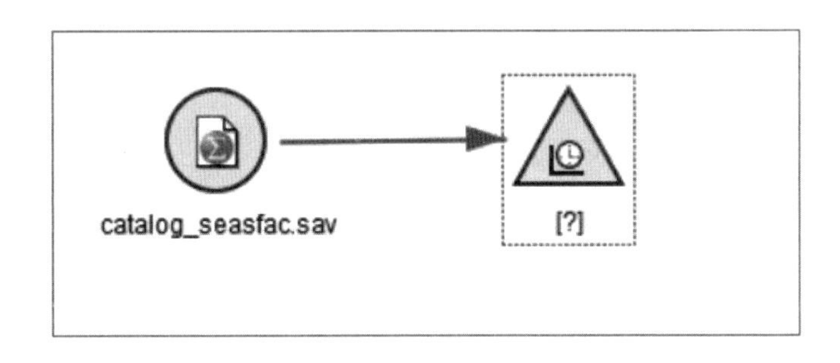

Step2：開啟 Statistics 的【檔案】來源節點並選取【類型】標籤。

- 按一下【讀取值】，然後按一下【確定】。
- 按一下 men 欄位的【角色】直欄，然後將角色設為【目標】。
- 將所有其他欄位的【角色】設為無，然後按一下【確定】。

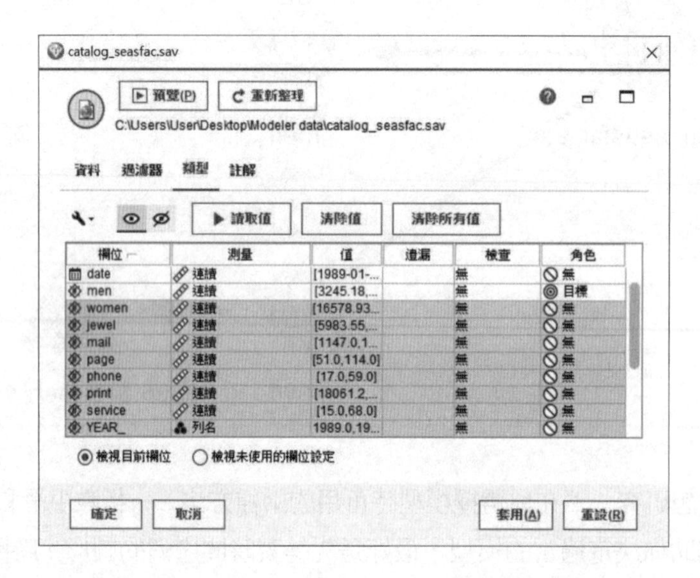

Step3：將【時間繪圖】節點連接至 Statistics 的【檔案】來源節點。

- 開啟【時間繪圖】節點，然後在「統計圖」標籤上，將 men 新增至【數列】清單。
- 將【X 軸標籤】設為自訂，然後選取 date。清除【正規化】勾選框。

• 按一下【執行】。出現如下序列圖形。

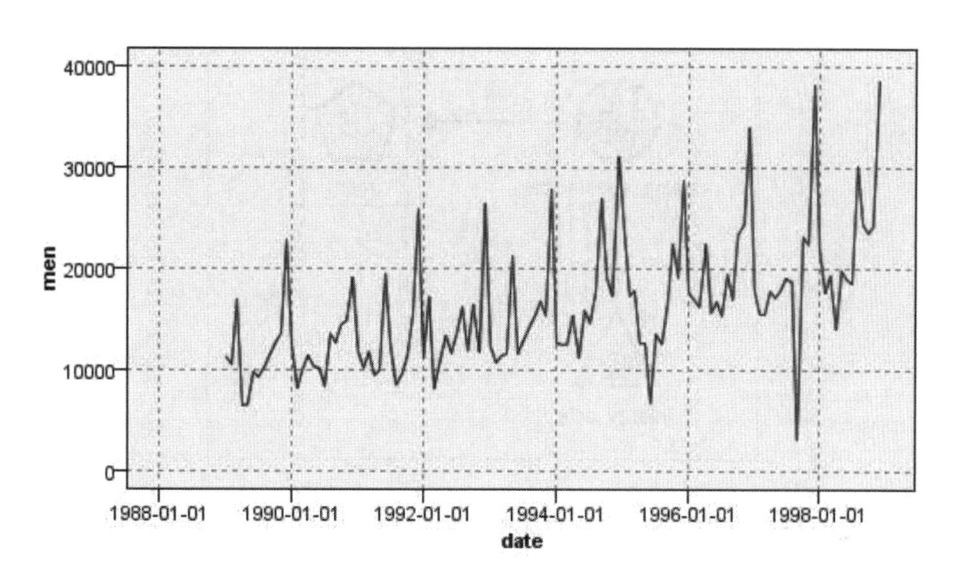

該序列顯示一般上升趨勢；亦即，序列值在一段時間內傾向增長。上升趨勢似乎是不變的，表示這是線性趨勢。

該序列還有一個不同的週期性型樣，其年度高銷售量在 12 月，如圖形上的垂直線所指示。週期性變化似乎隨著上升序列趨勢而增長，表示這是相乘週期性而非加法週期性。

按一下【確定】以關閉該圖形。

現在，你已識別序列的性質，並已準備好嘗試對其建模。指數平滑方法對於預測展示趨勢及週期性的序列很有用。如所見的，你的資料會展示兩個性質。

建置一個最適指數平滑模型及確定模型類型（模型是否需要包括趨勢及週期），然後取得所選模型的最適參數。

在一段時間內的男士服裝銷售量圖所建議的模型，包含一個線性趨勢成分和一個相乘性週期成分。這顯示 Winters 模型。但是，首先我們將探索簡式模型（沒有趨勢和週期），然後再探索 Holt 模型（納入了線性趨勢，但沒有週期）。這將爲你提供練習，用以識別模型不太適合資料的情況，並提供順利建模所需的技能。

Step4：將【時間序列】節點新增至串流，並將其連接至來源節點。

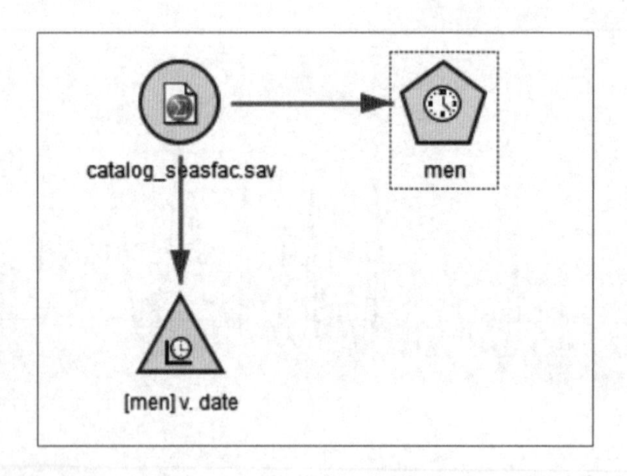

Step5：開啟【時間序列】節點，從【建置選項】的一般化中，【方法】指定【指數平滑化】。

Step6：我們將從簡式指數平滑模型開始。按一下【資料規格】選項。

- 在「資料規格」標籤的「觀察」窗格中，針對【日期時間欄位】選取 date。
- 針對【時間間隔】選取月數。

按一下【執行】以建立模型區塊。

Step7：繪製時間序列模型的圖形。

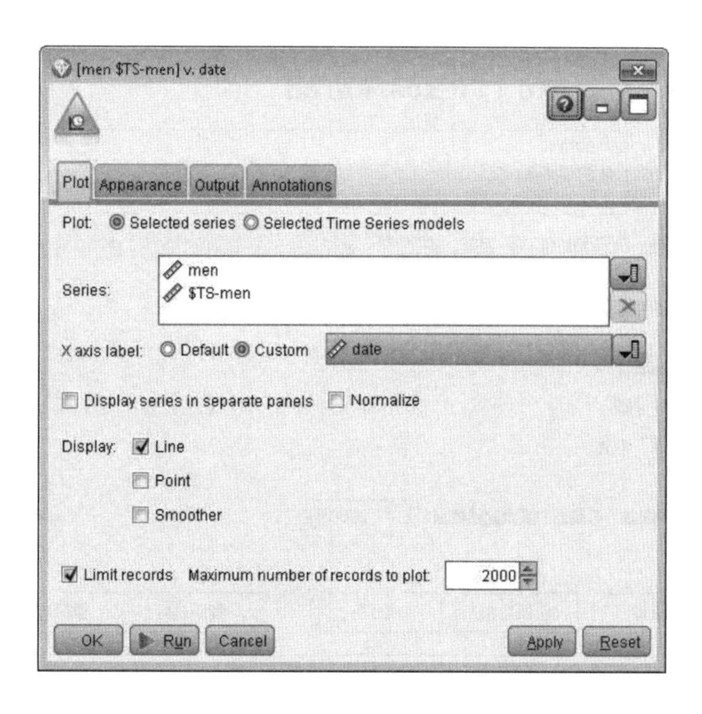

Step8：將【時間圖】節點連接至模型區塊。

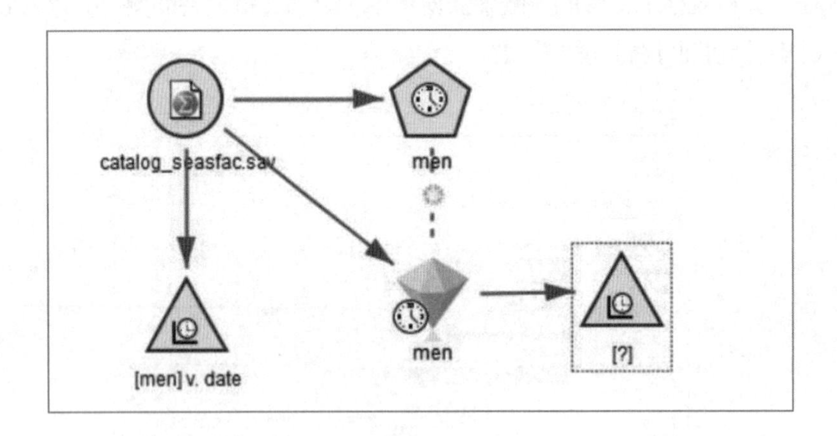

Step9：在【統計圖】選片中，將 men and $TS-men 新增至【數列】清單。

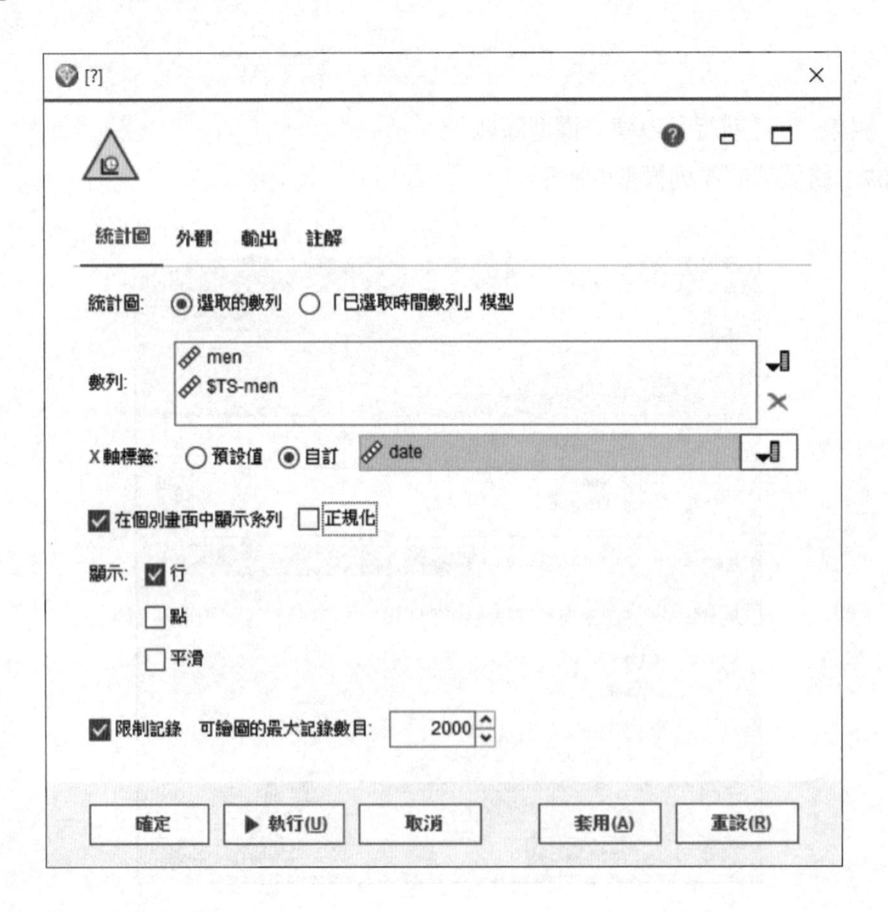

- 將【X 軸標籤】設為自訂，然後選取 date。
- 清除【在個別畫面中顯示序列】和【正規化】勾選框。

按一下「執行」。出現如下圖形。

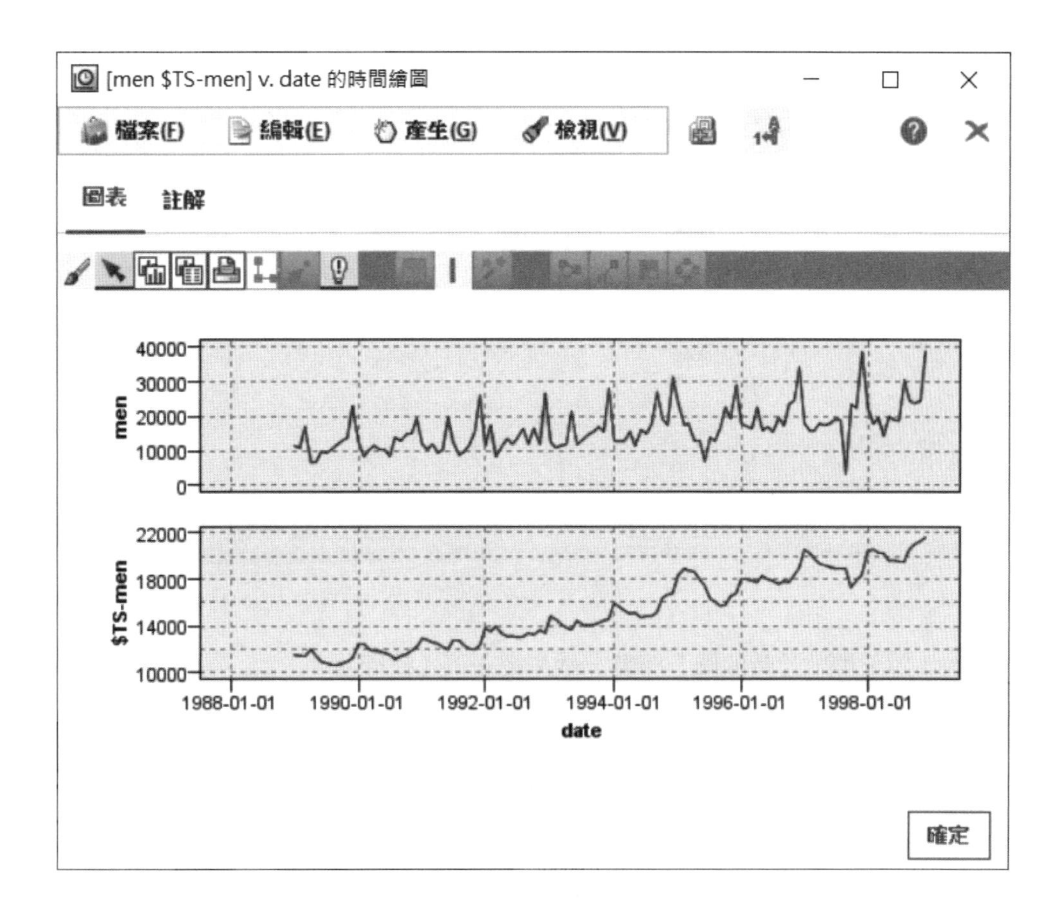

men 圖代表實際資料，而 $TS-men 表示時間序列模型。

雖然簡式模型實際上展示逐漸（而非遲緩）上升趨勢，但它未考量週期。你可以安全地拒絕此模型。按一下【確定】以關閉時間圖視窗。

Step10：接著，嘗試使用 Holt 線性模型。此模型在對趨勢建模方面，至少要好於簡式模型，雖然它也不太可能擷取週期。

- 重新開啟「時間序列」節點。
- 在「建置選項」標籤上的「一般」窗格中，【方法：】仍然選取【指數平滑】，選取【Holt 線性趨勢】作為【模型類型】。

按一下【執行】以重建模型區塊。

Step11：重新開啟【時間圖】節點，然後按一下【執行】。

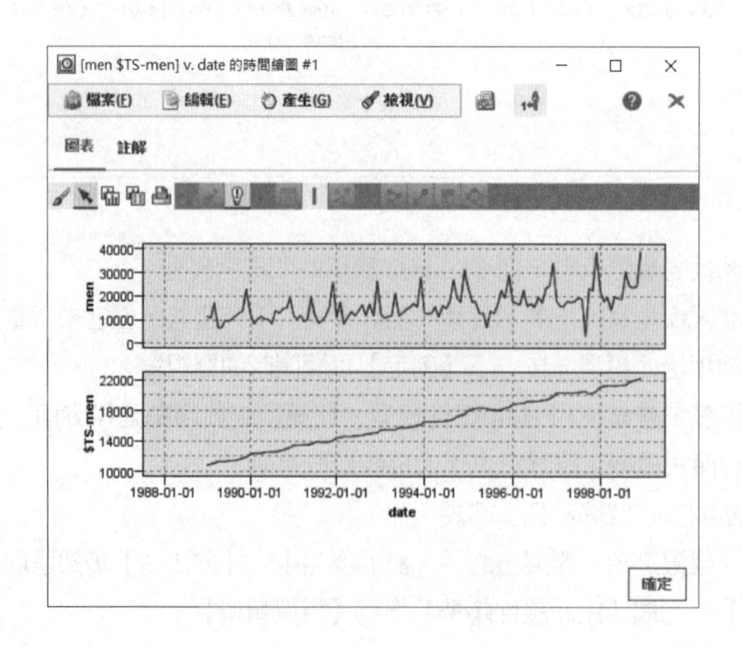

Holt 模型與簡式模型相比，顯示更平滑的上升趨勢，但它仍然不考量週期，因此也可以捨棄此模型。關閉時間圖視窗。

你可能記起在一段時間內的男士服裝銷售量起始圖，所建議的模型包含一個線性趨勢和一個相乘性週期。因此，更合適的候選模型可能爲 Winter 模型。

Step12：重新開啟【時間序列】節點。

- 在「建置選項」標籤上的「一般」窗格中，【方法：】仍然選取【指數平滑】，選取【Winter 相乘性】作爲【模型類型】。
- 按一下【執行】以重建模型區塊。
- 開啟「時間圖」節點，然後按一下【執行】。

出現如下圖形。

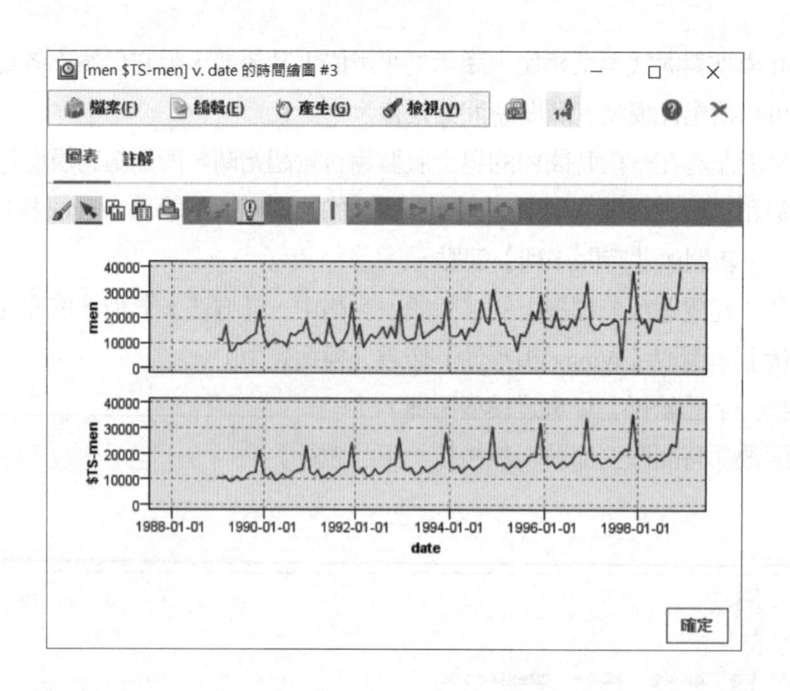

此模型看上去更佳，它同時反映了資料的趨勢和週期。資料集涵蓋了 10 年的資料，並且包括 10 個週期性尖峰（在每年的 12 月出現）。預測結果中的 10 個尖峰與實際資料的 10 個年度尖峰很相符。

但是，結果也強調了指數平滑程序的限制。同時查看上升與下降尖峰，存在重要的結構未考量。

如果你的主要興趣是對具有週期性變動的長期趨勢建模，則指數平滑可能是一個不錯的選擇。若要對更複雜的結構（例如這個結構）建模，我們必須考量使用 ARIMA 程序。

可以使用 ARIMA 程序來建立自動迴歸整合移動平均（ARIMA）模型，該模型適合對時間序列進行精細建模，與指數平滑化模型相比，ARIMA 模型在對趨勢和週期性成分建模方面，提供更準確的方法，並且增加了可在模型中包含預測工具變數的優勢。

利用 ARIMA 方法，你可以透過向這些成分指定自動迴歸、差異分析、移動平均值以及週期性，對應項目的順序來細部調整模型。手動確定這些成分的最佳值非常耗時，其中涉及很多試誤，因此對於此範例，我們將讓 Expert Modeler 選擇 ARIMA 模型。

我們將嘗試透過將資料集中的部分其他變數，視爲預測工具變數來建置更好的模型。看起來最有可能併入作爲預測工具的變數，包括郵寄的型錄數目（Mail）、型錄中的頁數（Page）、開放用於訂購的電話線路數目（Phone）、列印廣告花費的金額（Print）以及客戶服務代表數目（Service）。

Step13：開啟 Statistics 的【檔案】來源節點。在【類型】標籤上，將 mail、page、phone、print 和 service 的【角色】設爲輸入。確保 men 的角色設爲目標，且所有剩餘欄位設爲無。按一下【確定】。

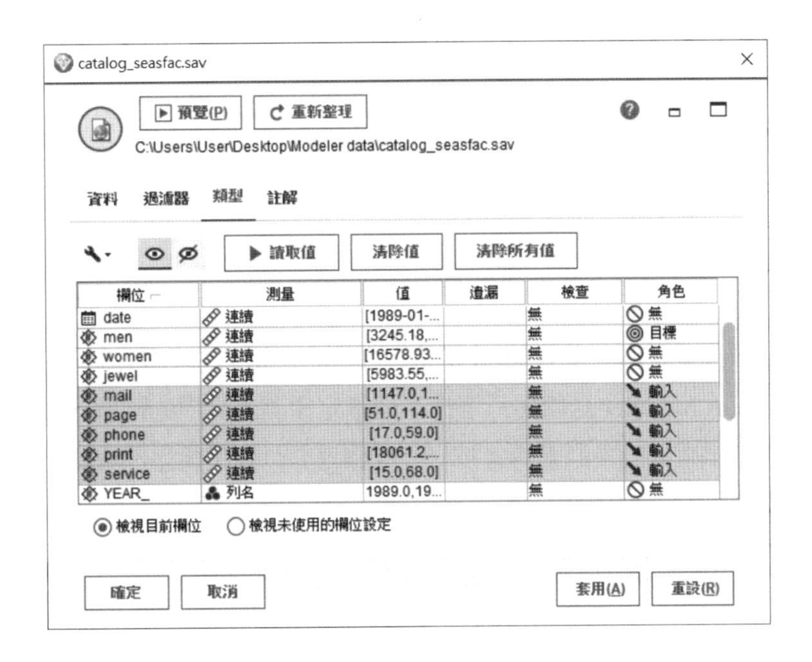

Step14：開啟【時間序列】節點。在【建置選項】標籤上的【一般】窗格中，將【方法】設爲【Expert Modeler】。

選取【僅 ARIMA 模型】選項並確保已勾選【Expert Modeler 會考量週期性模型】。按一下【執行】，重建模型區塊。

Step15：開啟模型區塊。在【輸出】標籤的左欄中，選取【模型資訊】。請注意，Expert Modeler 是如何只選擇五個指定預測工具中的兩個，作爲對模型而言很重要的預測工具。按一下【確定】以關閉模型區塊。

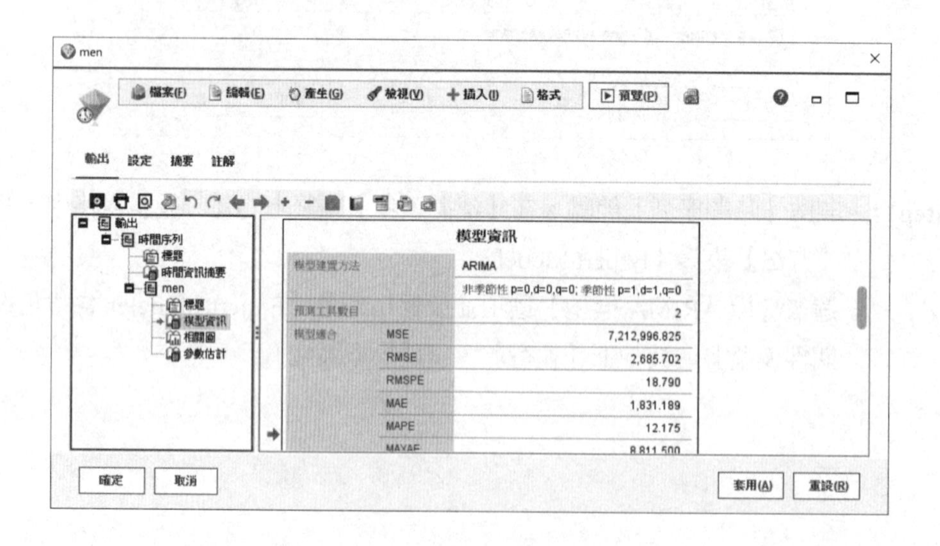

Step16：開啟【時間圖】節點，然後按一下【執行】。

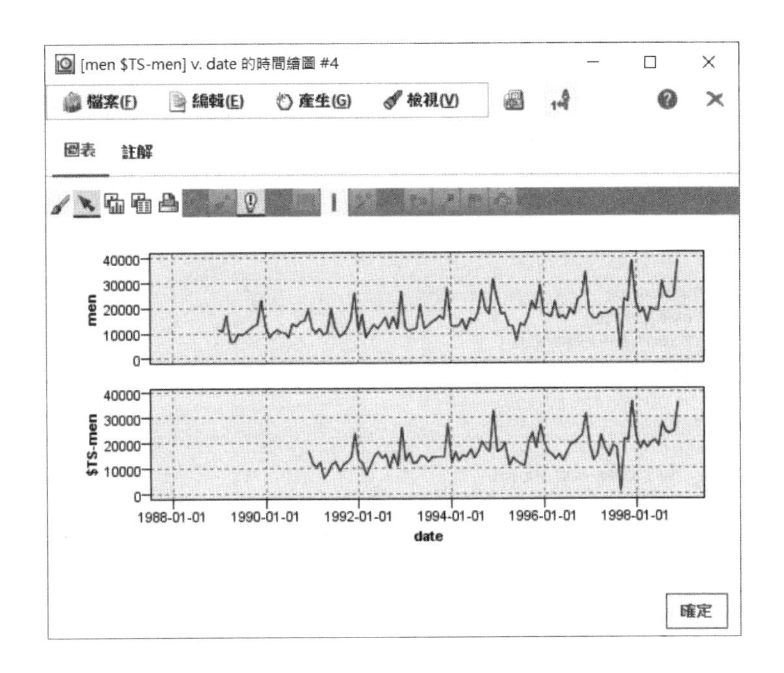

此模型在前一個模型上有所改進，方法是同時擷取大的下降峰值，使模型成爲目前爲止最適合的模型。

我們會嘗試進一步精簡模型，但從此時開始進行的任何改進可能都很小。我們已確定具有預測工具的 ARIMA 模型是較受偏好的模型，讓我們使用剛建置的模型。此範例的目的是爲了預測來年的銷售量。

Step17：按一下【確定】以關閉時間圖視窗。開啟【時間序列】節點並選取【模型選項】標籤。

- 選取【將記錄延伸到未來】勾選框並將其值設爲 12。
- 選取【計算輸入的未來值】勾選框。
- 按一下【執行】以重建模型區塊。
- 開啟「時間圖」節點，然後按一下【執行】。

針對 1999 年的預測看上去良好；如預期所示，在 12 月份的峰值過後，迴歸到正常的銷售層次，在下半年的上升趨勢穩定，銷售量總體上高於去年。

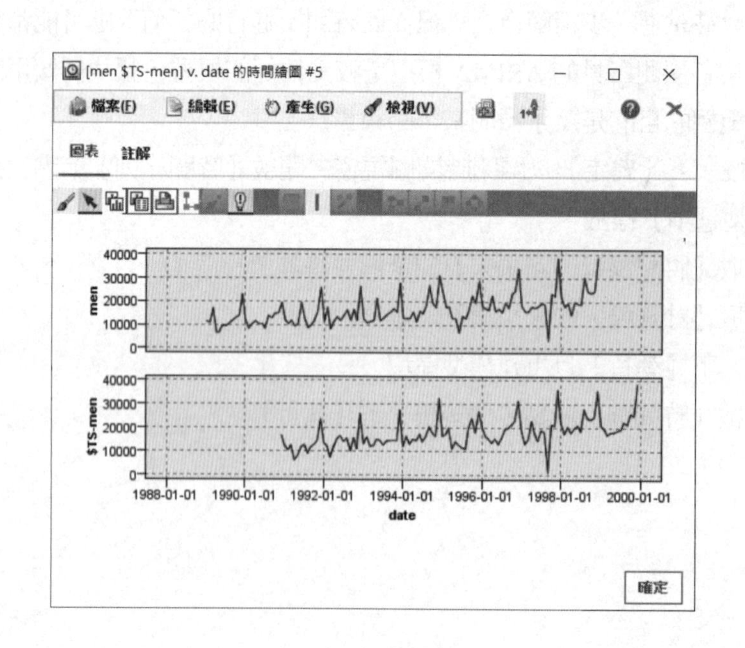

你已順利爲複雜的時間序列建模，其中不僅納入了上升趨勢，還包括週期性和其他變數，也已了解如何透過試誤後，越來越靠近正確的模型，然後用來預測未來的銷售量。

4.3 二項羅吉斯迴歸

羅吉斯（Logistic）迴歸類似先前介紹過的線性迴歸分析，主要在探討依變數與自變數之間的關係。線性迴歸中的依變數通常爲連續型變數，但羅吉斯迴歸所探討的依變數主要爲類別變數，特別是分成兩類的變數（例如：是或否、有或無、同意或不同意等）稱爲二項羅吉斯迴歸。

羅吉斯迴歸是一種統計技術，它可根據輸入欄位的值對記錄進行分類。這種技術與線性迴歸類似，但用種類目標欄位代替了數值型欄位。

以下數據搜集了 200 名高中生，並在包括科學、數學、閱讀和社會研究（**socst**）在內的各種測試中得分。女性變量是二分變量，如果學生是女性，則編碼爲 1；如果是男性，則編碼爲 0。

因爲沒有合適的二分變量用作爲因變量，所以我們將基於連續變量 **write** 創建一個因變量（將其稱爲 **honcomp**）。我們不主張從連續變量中產生二分變量。相反，我們僅在此出於說明目的進行此操作。

開啟 SPSS 語法後如下輸入，再按全部執行。

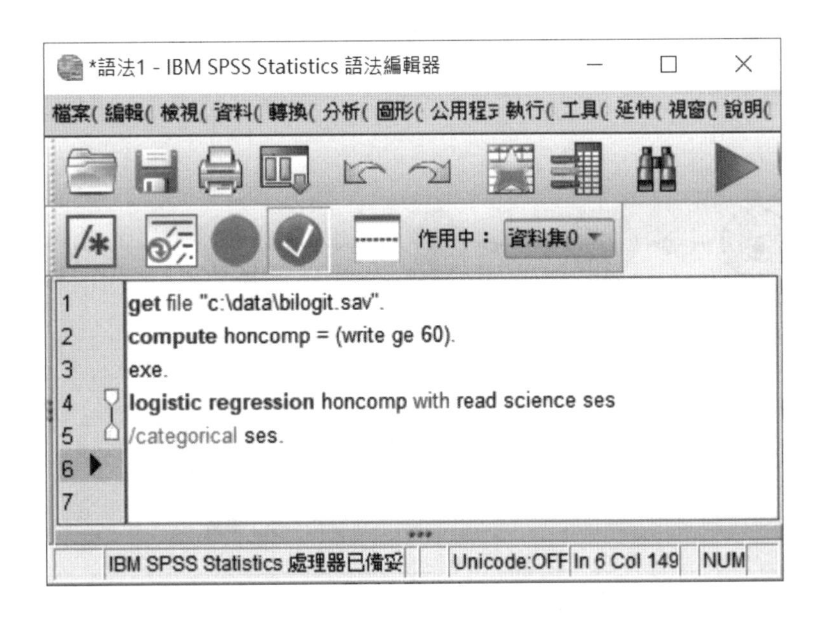

在因變量 honcomp 後使用關鍵字 **with** 來指示要包含在模型中的所有變量（連續變量和類別變量）。如果你的分類變量具有兩個以上級別，例如三級 ses 變量（低、中和高），則可以使用 **categorical** 子命令告訴 SPSS 創建將變量包含在變量中所需的虛擬變量。

執行結果如下所示。最後一行出現 honcomp 的二項變量。

*bilogit.sav [資料集1] - IBM SPSS Statistics 資料編輯器

	id	female	race	ses	schtyp	prog	read	write	math	science	socst	honcomp
1	70.00	.00	4.00	1.00	1.00	1.00	57.00	52.00	41.00	47.00	57.00	0
2	121.00	1.00	4.00	2.00	1.00	3.00	68.00	59.00	53.00	63.00	61.00	0
3	86.00	.00	4.00	3.00	1.00	1.00	44.00	33.00	54.00	58.00	31.00	0
4	141.00	.00	4.00	3.00	1.00	3.00	63.00	44.00	47.00	53.00	56.00	0
5	172.00	.00	4.00	2.00	1.00	2.00	47.00	52.00	57.00	53.00	61.00	0
6	113.00	.00	4.00	2.00	1.00	2.00	44.00	52.00	51.00	63.00	61.00	0
7	50.00	.00	3.00	2.00	1.00	1.00	50.00	59.00	42.00	53.00	61.00	0
8	11.00	.00	1.00	2.00	1.00	2.00	34.00	46.00	45.00	39.00	36.00	0
9	84.00	.00	4.00	2.00	1.00	1.00	63.00	57.00	54.00	58.00	51.00	0
10	48.00	.00	3.00	2.00	1.00	2.00	57.00	55.00	52.00	50.00	51.00	0
11	75.00	.00	4.00	2.00	1.00	3.00	60.00	46.00	51.00	53.00	61.00	0
12	60.00	.00	4.00	2.00	1.00	2.00	57.00	65.00	51.00	63.00	61.00	1
13	95.00	.00	4.00	3.00	1.00	2.00	73.00	60.00	71.00	61.00	71.00	1
14	104.00	.00	4.00	3.00	1.00	2.00	54.00	63.00	57.00	55.00	46.00	1
15	38.00	.00	3.00	1.00	1.00	2.00	45.00	57.00	50.00	31.00	56.00	0
16	115.00	.00	4.00	1.00	1.00	1.00	42.00	49.00	43.00	50.00	56.00	0
17	76.00	.00	4.00	3.00	1.00	2.00	47.00	52.00	51.00	50.00	56.00	0
18	195.00	.00	4.00	2.00	2.00	1.00	57.00	57.00	60.00	58.00	56.00	0
19	114.00	.00	4.00	3.00	1.00	2.00	68.00	65.00	62.00	55.00	61.00	1

以下利用 Modeler 說明執行二項羅吉斯迴歸分析的步驟。

Step1：新增 bilogit.sav 的【統計量檔案】來源節點。

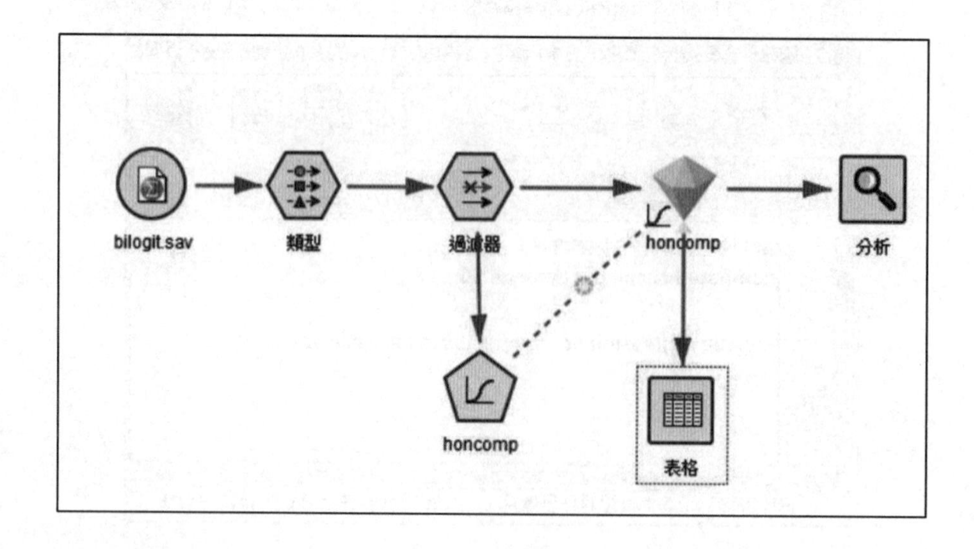

Step2：新增【類型】節點來定義欄位，從而確保所有測量層次都正確設定。例如，包含值 0 及 1 的大部分欄位都可視爲旗標，此處將 honcomp 欄位的測量改爲【旗標】。

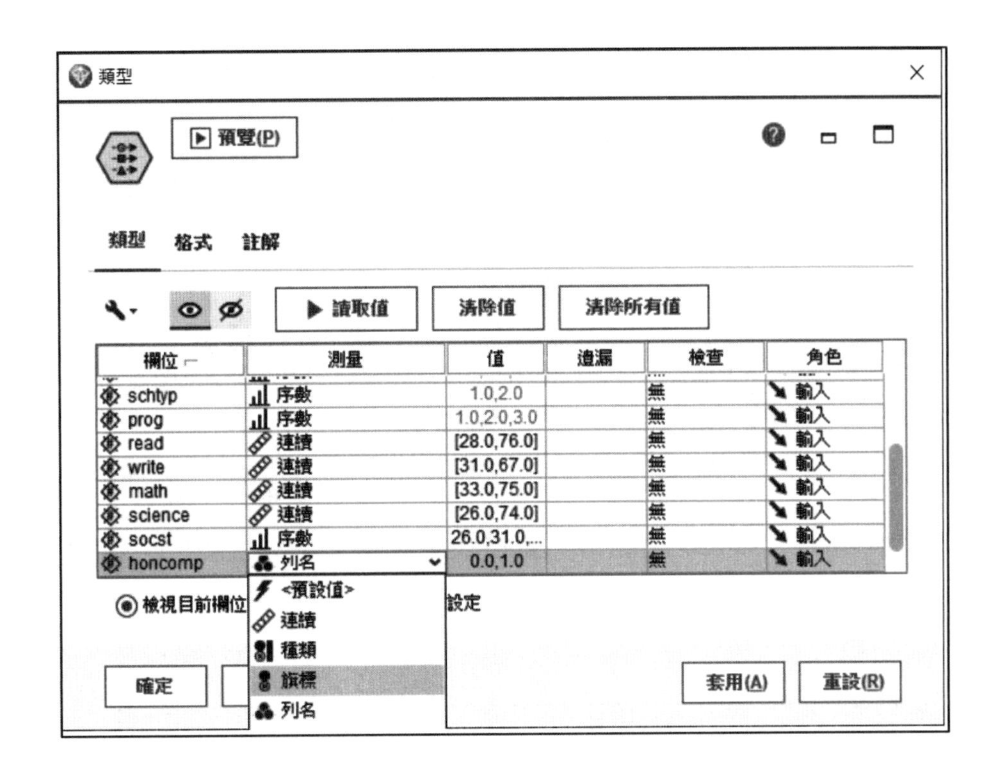

Step3：將 honcomp 欄位的測量層次設定爲【旗標】之後，並將角色設定爲【目標】。所有其他欄位都將其角色設定爲【輸入】。

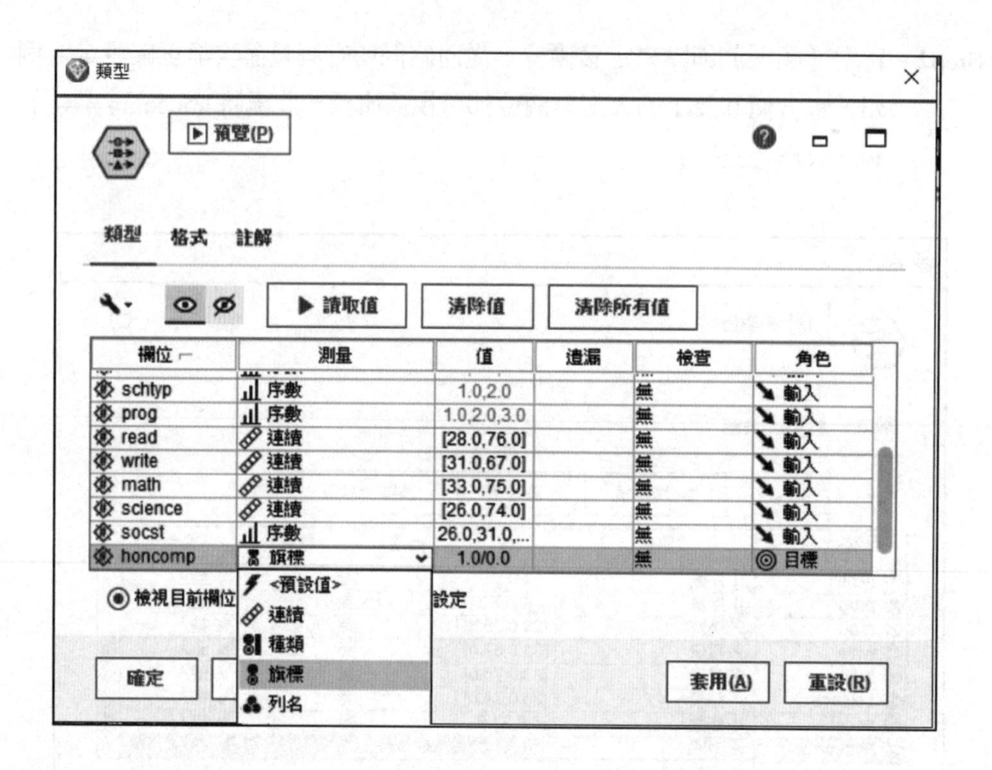

Step4：選擇過濾器來建立【過濾器】節點。

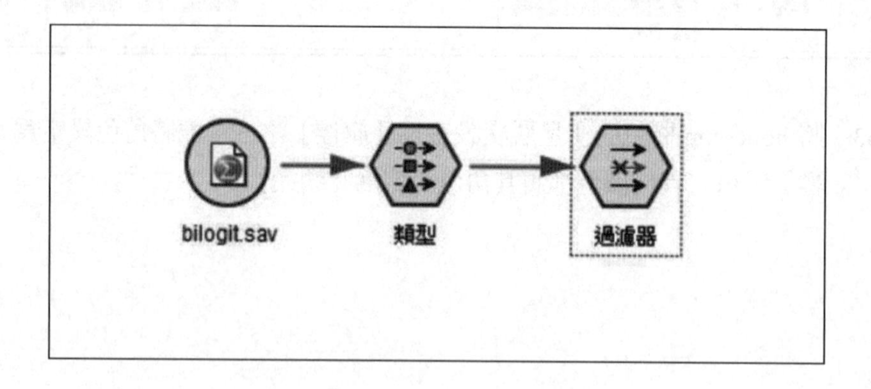

Step5：點選【編輯】。選擇 ses、read、science、honcomp 共 4 個欄位。

Step6：從【建模】選項板中選擇 Logistic 分配節點新增至【類型】節點。連線之後名稱改為 honcomp 節點。

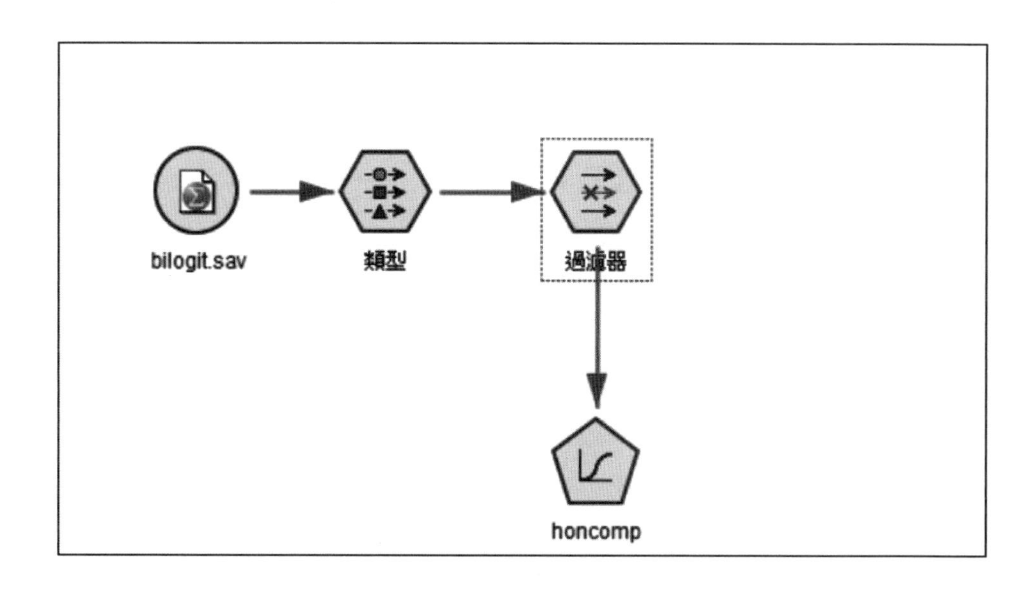

Step7：點選【編輯】，從【模型】選項中勾選【二項程序】，方法選擇【輸入】。

honcomp
欄位 模型 專家 分析 註解
模型名稱: 自動(O) 自訂(M)
使用分割的資料
為每個分割建立模式
程序: 多項式 二項式
二項程序
方法: 輸入
種類輸入:

欄位名稱	比對	基本種類

方程式中含有常數項
確定 執行(U) 取消 套用(A) 重設(R)

Step8：接著點選【專家】，按一下【輸出】。

Step9：勾選分類圖、參數估計值、Hosmer-Lemeshow 適合度。按【確定】。再按【執行】。

邏輯迴歸: 進階輸出

顯示: ◉ 在每一步驟 ○ 在最後步驟

☐ 疊代過程 ☑ 參數估計值

☑ 分類圖 ☑ Hosmer-Lemeshow 適合度

☐ exp(B) 的 CI(%) 95

☐ 殘差診斷

◉ (標準差) 之外的離群值： 2.0

○ 全部觀察值

分類分割值: 0.5

確定 取消 說明(H)

Step10：產生模型區塊，接著連續按兩次此區塊。

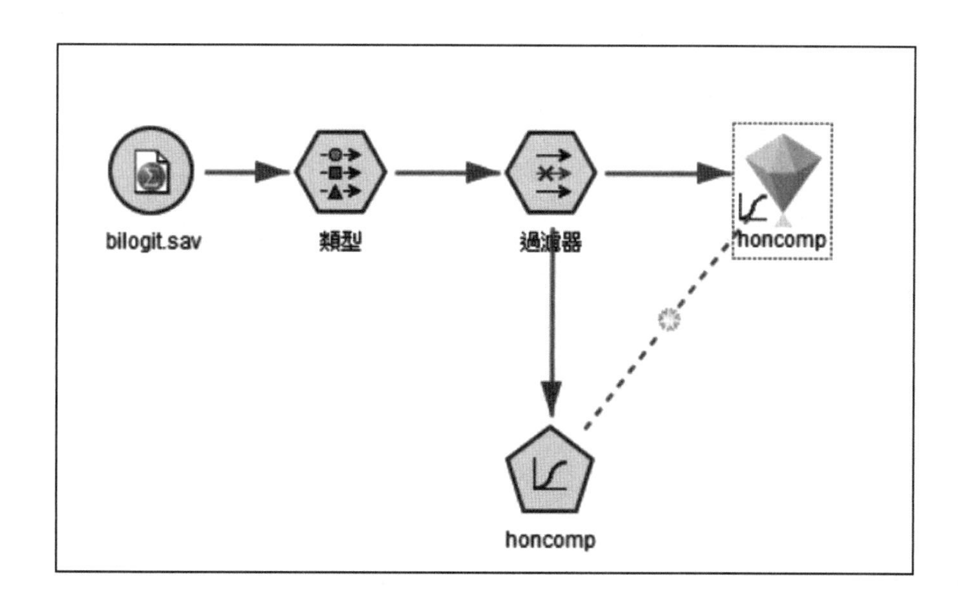

Step11：出現模型摘要，點選【進階】。

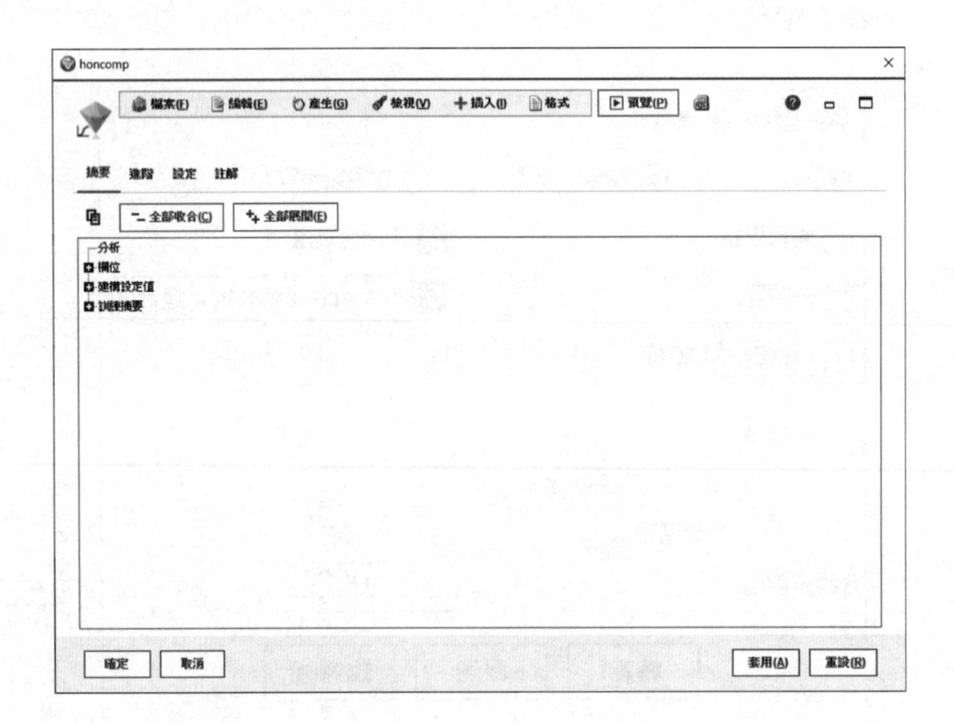

Step12：出現如下幾個常用的表。

Omnibus Tests of Model Coefficients

		Chi-square	df	Sig.
Step 1	Step	65.588	4	.000
	Block	65.588	4	.000
	Model	65.588	4	.000

在這種情況下，該模型在統計上是顯著的，因為 p 值小於 .000。

Variables in the Equation

		B	S.E.	Wald	df	Sig.	Exp(B)
Step 1[a]	ses			6.690	2	.035	
	ses(1)	.058	.532	.012	1	.913	1.060
	ses(2)	-1.013	.444	5.212	1	.022	.363
	read	.098	.025	15.199	1	.000	1.103
	science	.066	.027	5.867	1	.015	1.068
	Constant	-9.561	1.662	33.112	1	.000	.000

a. Variable(s) entered on step 1: ses, read, science.

其中 p 是獲得榮譽組成的機率。用本示例中使用的變量表示，邏輯迴歸方程爲：

$$\log(p/1-p) = -9.561 + 0.098 * read + 0.066 * science + 0.058 * ses(1) - 1.013 * ses(2)$$

Classification Table[a]

Observed			Predicted honcomp 0.0	Predicted honcomp 1.0	Percentage Correct
Step 1	honcomp	0.0	132	15	89.8
		1.0	26	27	50.9
	Overall Percentage				79.5

a. The cut value is .500

這些是基於完整邏輯迴歸模型的因變量的預測値。該表顯示正確預測了多少個案例（觀察到 132 個案例爲 0，正確預測爲 0；觀察到 27 個案例爲 1，正確預測爲 1），以及不正確預測了多少案例（觀察到 15 例爲 0，但預計爲 1；觀察到 26 例爲 1，但預計爲 0）。

```
                    Observed Groups and Predicted Probabilities

        20 +                                                                     +
           I                                                                     I
           I 0                                                                   I
F          I 0 1                                                                 I
R       15 + 0 1                                                                 +
E          I 0 0  1                                                              I
Q          I 000  0                                                              I
U          I 0000 0                                                              I
E       10 + 0000 0  1                                                           +
N          I00000 0  0                                                           I
C          I00000 01 0                                                           I
Y          I000000100 0                                                          I
         5 +00000000 0 11          1                                             +
           I0000000000 11      1  0 11        1 11          1 1                  I
           I0000000000 00 0 010 10 101 0 0 0 00 0   111 0 11    1                I
           I00000000000000000000100 000 000 0 00 0 011110110 111  01             I
Predicted ---------------+--------------+--------------+---------------
  Prob:   0            .25            .5            .75             1
  Group:  000000000000000000000000000000111111111111111111111111111111

          Predicted Probability is of Membership for 1.0
          The Cut Value is .50
          Symbols: 0 - 0.0
                   1 - 1.0
          Each Symbol Represents 1.25 Cases.
```

榮譽組合爲 1 的機率約爲 0.88。

Step13：將【資料審核】節點連接至產生的【二項 Logistic】節點。

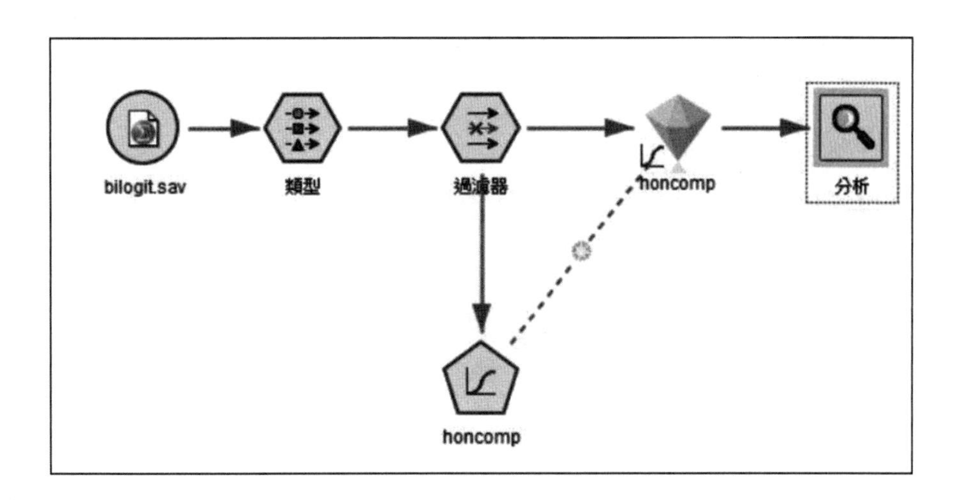

Step14：點選【編輯】後，勾選符合矩陣（用於符號目標）、效能評估。按【執行】。

分析

分析 $L-honcomp

分析　輸出　註解

☑ 符合矩陣（用於符號目標）

☑ 效能評估

☐ 評估度量值（AUC 與 Gini，僅限二進位分類器）

☐ 信賴度指數（如果可用的話）

臨界值: 90 % 正確

改進準確度: 2.0 摺疊

尋找的已預測/預測值欄位，使用:

◉ 模式輸出欄位 meta 資料

○ 欄位名稱格式(如：'$<x>-<target field>')

☑ 以分割區區隔

☐ 使用者定義的分析　定義使用者測量...

依欄位分解分析:

確定　▶ 執行(U)　取消　套用(A)　重設(R)

Step15：點選【全部收合】，正確預測的機率為 79.5%。

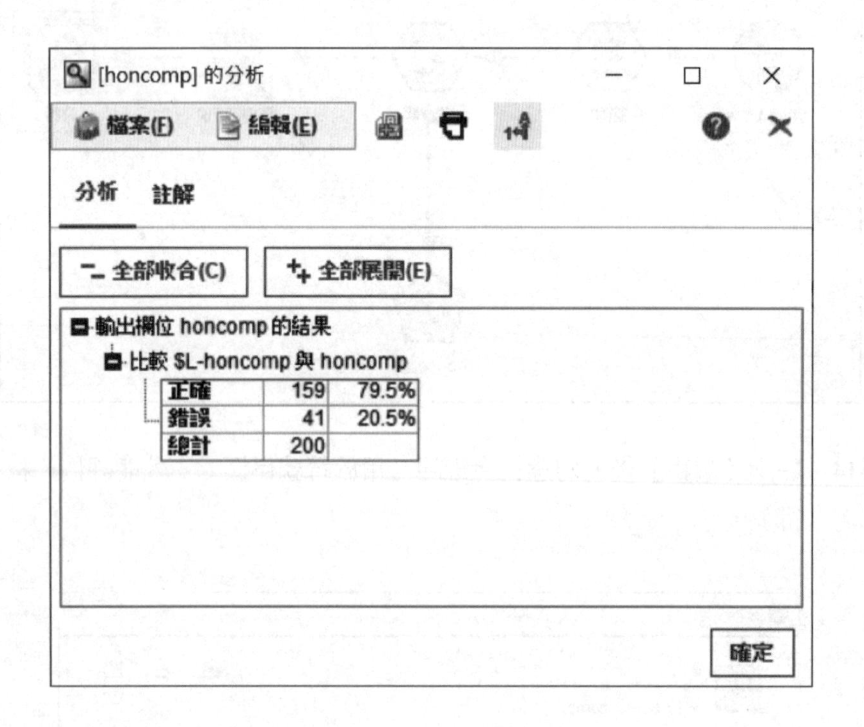

4.4 多項羅吉斯迴歸

當你想要依據預測變數集合值來分類觀察值時，多項羅吉斯（Logistic）迴歸就很有用。這種迴歸方法與羅吉斯迴歸相似，但因其因變數不限於兩種類別，所以用途更為廣泛。

數據檔 mlogit.sav 顯示了多項邏輯迴歸分析的範例。數據搜集了 200 名高中生，並在各種測試（包括視頻遊戲和拼圖）中得分。該分析的結果度量是學生最喜歡的冰淇淋口味——香草、巧克力或草莓——我們將從中查看與視頻遊戲成績（**video**）、智力競賽分數（**puzzle**）和性別（女性）有什麼關係。

因為目標有多個種類，所以會使用多項式模型。如果目標有兩個相異的種類，例如，是／否、true/false 或流失／不流失，則可以改為建立二項式模型。

在進行迴歸之前，獲得數據中冰淇淋口味的次數，可以告知參考組的選擇。開啟檔案後點選【次數分配表】。

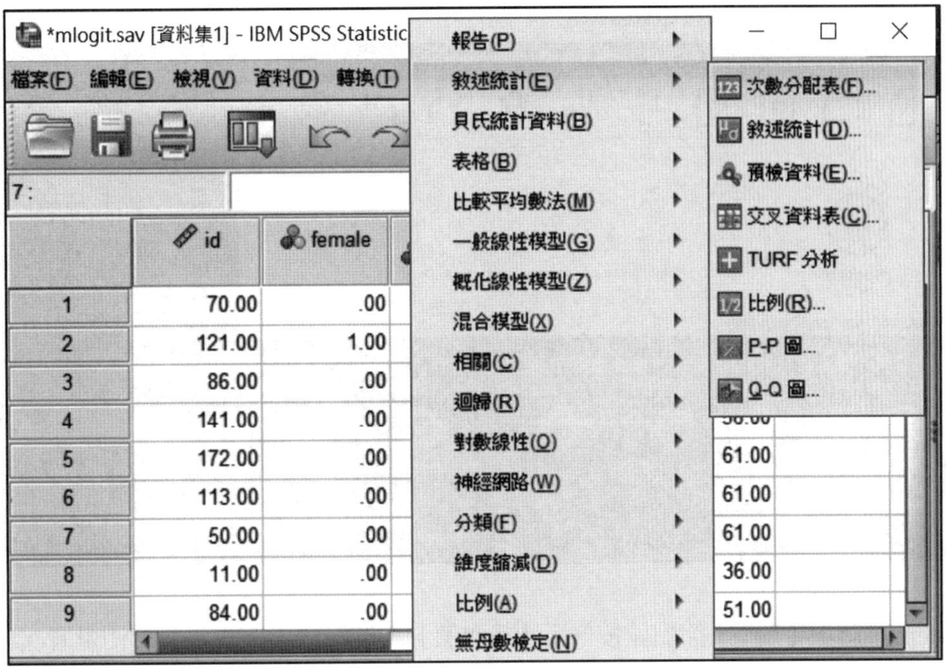

執行後得出如下。

favorite flavor of ice cream

		次數分配表	百分比	有效百分比	累積百分比
有效	chocolate	47	23.5	23.5	23.5
	vanilla	95	47.5	47.5	71.0
	strawberry	58	29.0	29.0	100.0
	總計	200	100.0	100.0	

使用編號最大的類別 2 作爲參考類別。

以下說明使用 Modeler 進行多項羅吉斯迴歸的步驟。

Step1：新增 mlogit.sav 的【統計量檔案】來源節點。

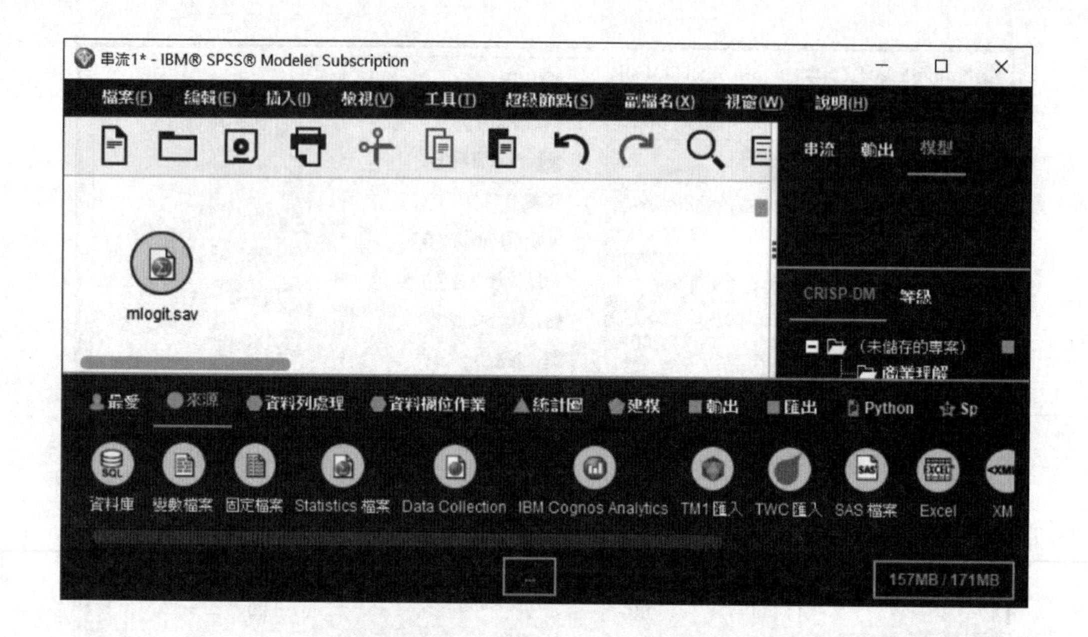

Step2：新增【類型】節點並按一下【讀取值】，確保已正確設定所有測量層次。例如，值為 0 和 1 的大部分欄位可以視為【旗標】。並將 ice_cream 欄位的測量改為列名，角色設為【目標】。所有其他欄位應該將其角色設為【輸入】。

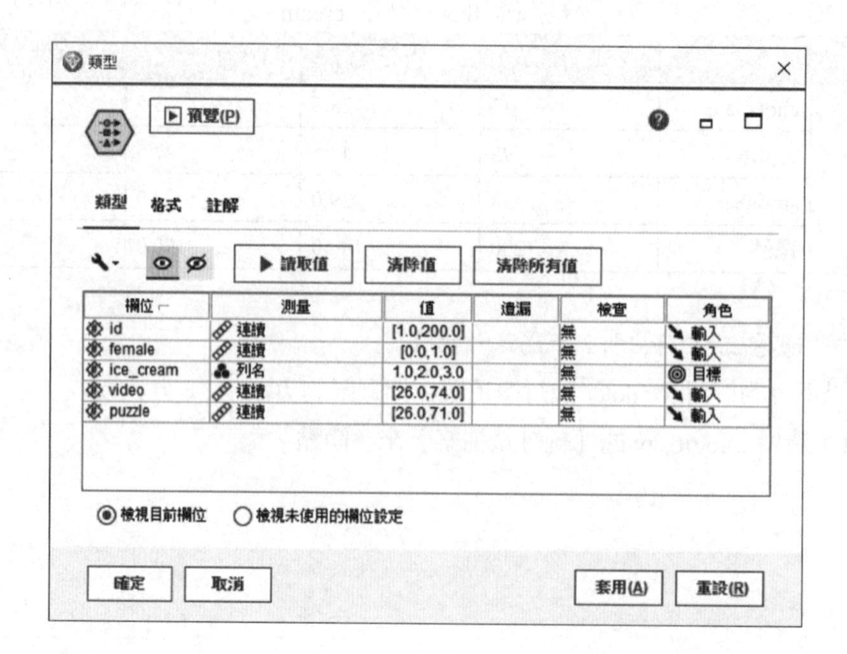

Step3：使用【過濾器】節點可以只包括相關欄位 female、ice_cream、video、puzzle。可以排除其他欄位以便進行此分析。

Step4：從選項板中選擇 Logistic 分配節點連接過濾器。

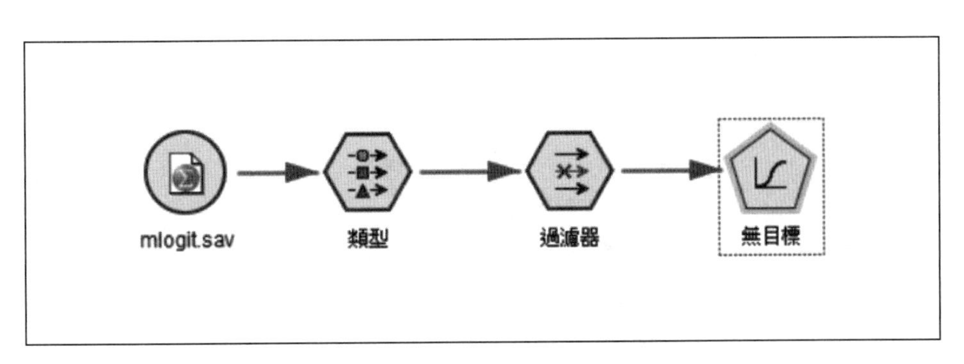

Step5：點選【編輯】，按一下【模型】標籤並選取【輸入】法。選取多項式、主效應及在方程式中含有常數項。

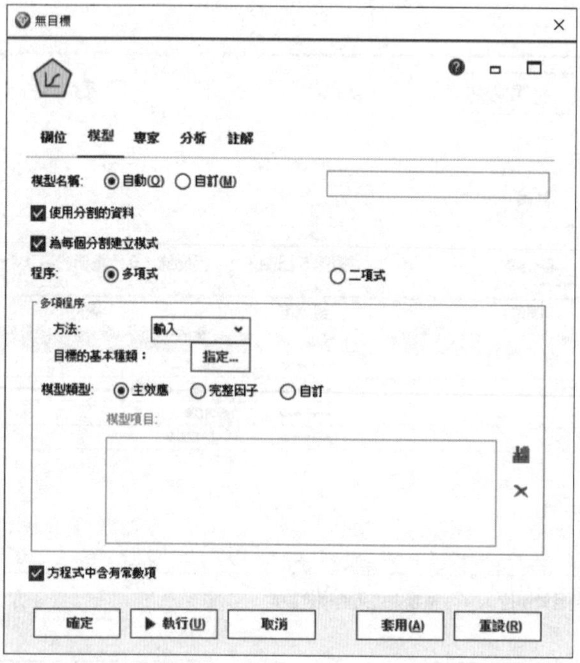

Step6：在【專家】標籤上，選取專家模式，選取【輸出】，並在【進階輸出】對話框中選取分類表、參數估計值、摘要統計量。

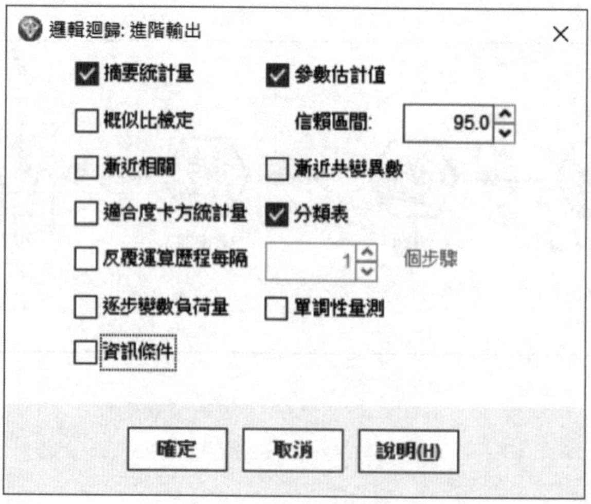

Step7：執行節點以產生模型，該模型會新增到右上角的【模型】選用區。

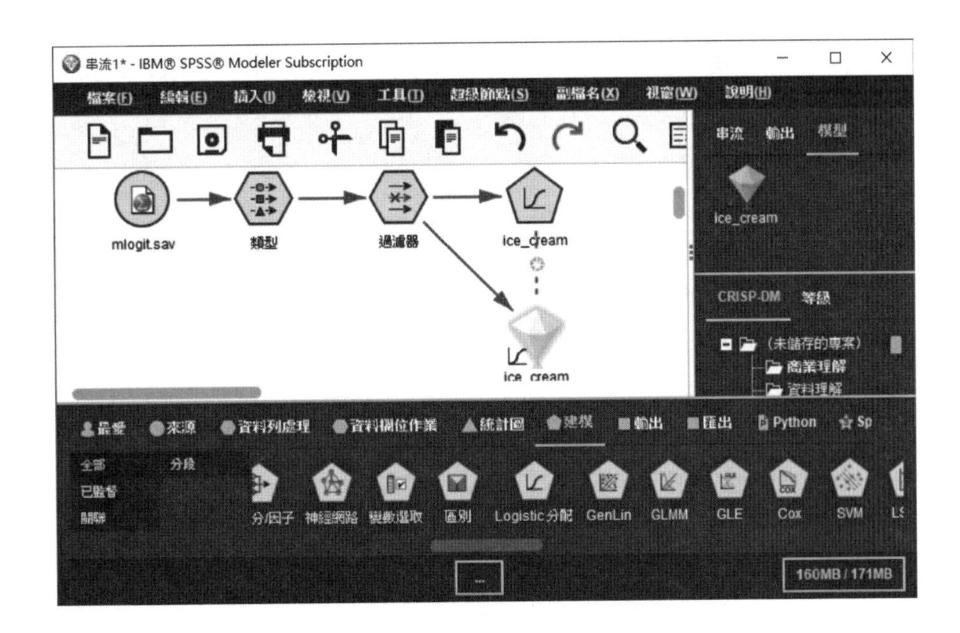

Step8：若要檢視其詳細資料，請用滑鼠右鍵按一下產生的模型節點，並且選擇【瀏覽】。【摘要】標籤會顯示模型使用的目標及輸入（預測值欄位）。

Step9：在【進階】標籤上顯示的項目，是在建模節點中【進階輸出】對話框上選取的選項而定。一律顯示的一個項目是【觀察值處理摘要】，其會顯示處於目標欄位每一個種類的記錄百分比。這會為你提供虛無模型以用作比較的基準。

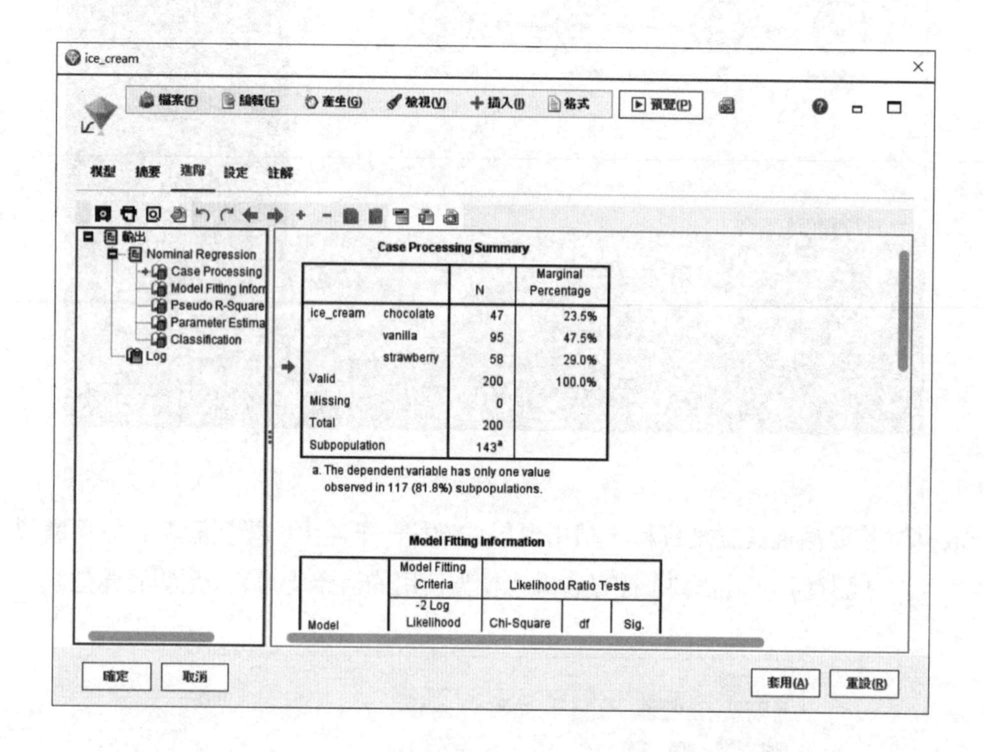

Step10：【進階】標籤包含進一步的資訊，你可以使用這些資訊檢查模型的預測。然後你可以將預測與虛無模型的結果進行比較，以查看模型與資料的適合度。

Model Fitting Information

Model	Model Fitting Criteria	Likelihood Ratio Tests		
	-2 Log Likelihood	Chi-Square	df	Sig.
Intercept Only	365.736			
Final	332.641	33.095	6	.000

LR 測試的小 p 值 <0.000，將使我們得出結論，模型中至少一個迴歸係數不等於零。

Pseudo R-Square

Cox and Snell	.153
Nagelkerke	.174
McFadden	.079

僞 R 平方統計的種類繁多，可以得出矛盾的結論。由於這些統計信息並不表示 R 平方在 OLS 迴歸中的含義（由預測變量解釋的響應變量的方差比例），我們建議在解釋它們時應格外謹慎。

Step11：得出估計參數，用以建立預測模型。

Parameter Estimates

ice_cream[a]		B	Std. Error	Wald	df	Sig.	Exp(B)	95% Confidence Interval for Exp (B)	
								Lower Bound	Upper Bound
vanilla	Intercept	-1.912	1.127	2.878	1	.090			
	female	-.817	.391	4.362	1	.037	.442	.205	.951
	video	.024	.021	1.262	1	.261	1.024	.983	1.067
	puzzle	.039	.020	3.978	1	.046	1.040	1.001	1.080
strawberry	Intercept	-5.970	1.438	17.244	1	.000			
	female	-.849	.448	3.592	1	.058	.428	.178	1.029
	video	.046	.025	3.430	1	.064	1.048	.997	1.100
	puzzle	.082	.024	11.816	1	.001	1.085	1.036	1.137

a. The reference category is: chocolate.

這些是模型的估計多項式邏輯迴歸係數。多項式對數模型的一個重要特徵是它估計了 *k-1* 個模型，其中 *k* 是結果變量的級別數。在這種情況下，SPSS 將香草作爲參考組，因此估算了相對於香草的巧克力模型和相對於香草的草莓模型。

Step12：在【進階】標籤底部，分類表會顯示模型的結果。

Classification

Observed	Predicted			
	chocolate	vanilla	strawberry	Percent Correct
chocolate	11	35	1	23.4%
vanilla	7	76	12	80.0%
strawberry	2	37	19	32.8%
Overall Percentage	10.0%	74.0%	16.0%	53.0%

使用此模型的正確率為 53.0%。

第5章 購物籃分析（關聯歸納／C5.0）、支援向量機器（SVM）、廣義線性模型、Cox迴歸

5.1 購物籃分析

此範例處理的虛構資料，說明了超市購物籃的內容（此即一起購買的物品集合）以及相關聯的購買者個人資料，可透過貴賓卡的規劃獲得。目標是爲了探索購買相似產品的客戶群組，並以人口統計方式描述特徵（例如，年齡、收入等）。

此範例說明了資料採礦的兩個階段：

- 關聯規則建模和顯示購買物品之間聯結的 Web 顯示。
- 剖析已識別產品群組購買者的 C5.0 / 規則歸納。

【註】：此應用程式並未直接利用預測建模，因此產生的模型沒有精確度測量，並且在資料採礦處理程序中也沒有相關聯的訓練 / 測試區別。

參照的資料檔名爲 BASKETS1n.sav。串流顯示如下。

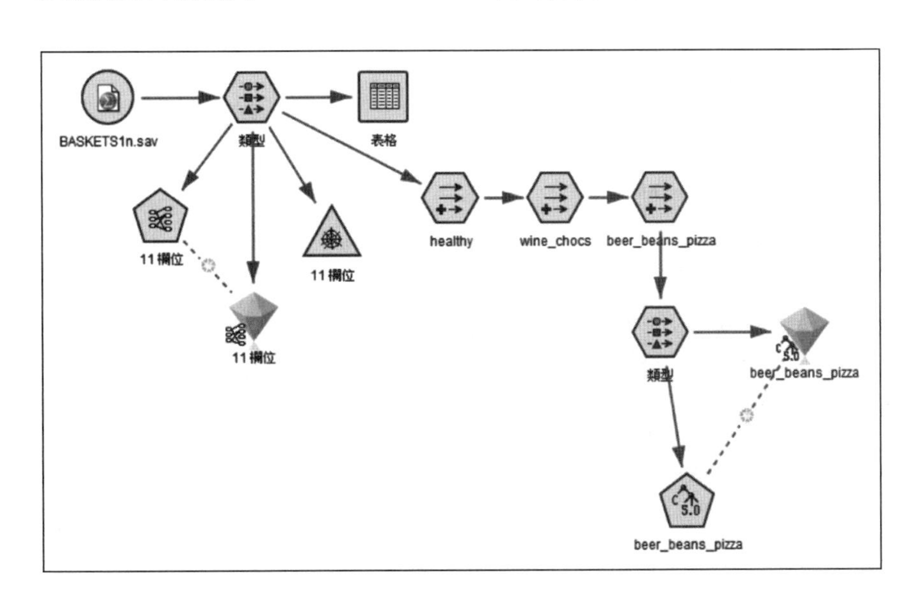

以下說明利用 Modeler 進行購物籃分析的步驟。

Step1：使用【變數檔案】節點，連接至資料集 BASKETS1n.sav，以從該檔案中讀取欄位名稱。

BASKETS1n.sav

預覽(P)　重新整理

C:\Users\User\Desktop\BASKETS1n.sav

資料　過濾器　類型　註解

匯入檔案(I): C:\Users\User\Desktop\BASKETS1n.sav

檔案以密碼加密(C)

密碼(W):

變數名稱: 讀取姓名與標籤(N)　把標籤讀作姓名(L)

值: 讀取資料與標籤(D)　把標籤讀作資料(B)

使用欄位格式資訊以判別儲存(F)

確定　取消　套用(A)　重設(R)

Step2：將【類型】節點連接至資料來源，然後將該節點連接至【表格】節點。將欄位 cardid 的測量層次設定為無類型（因為每一個貴賓卡 ID 僅在資料集中出現一次，因此可能對【建模】毫無用處）。選取名義作為 sex 欄位的測量尺度（這是為了確保 Apriori 建模演算法不會將 sex 視為旗標）。

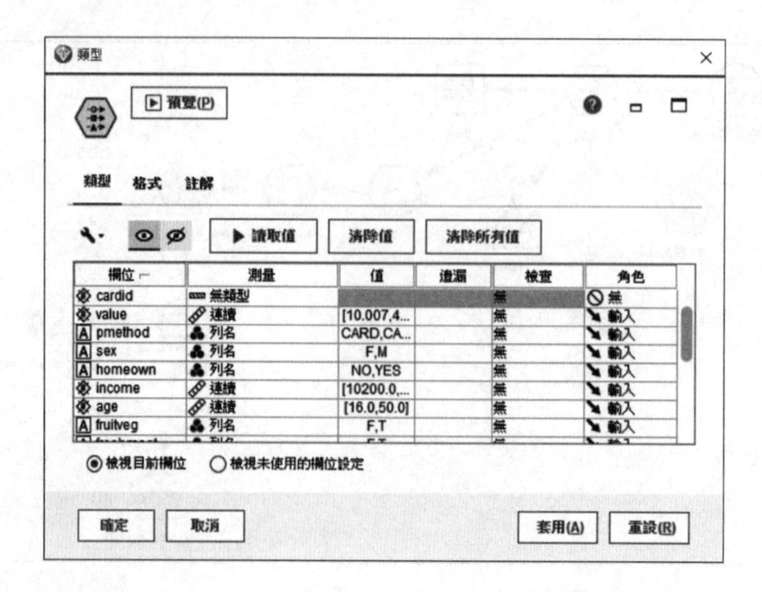

Step3：執行該串流來實例化【類型】節點並顯示表格。該資料集包含 18 個欄位，每一個記錄代表一個購物籃。

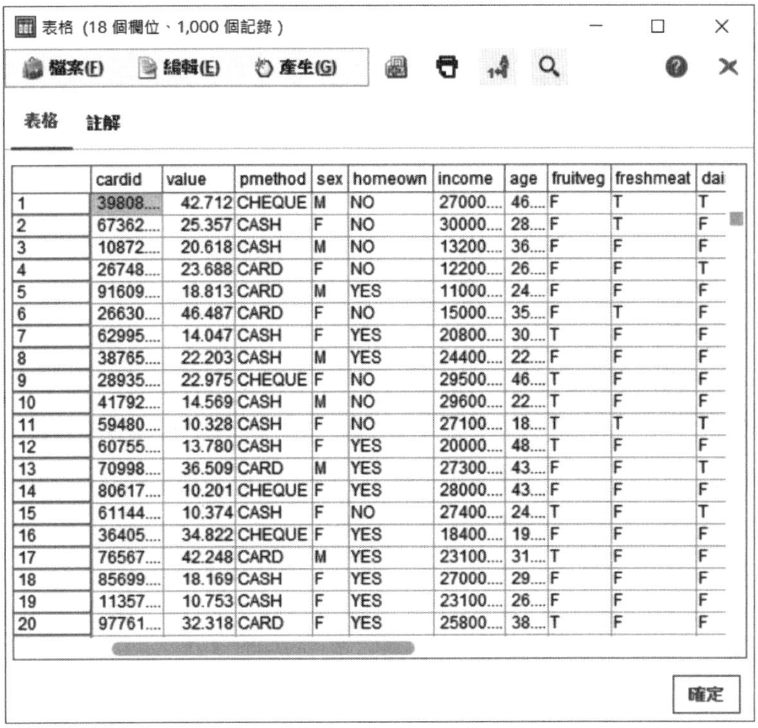

表格 (18 個欄位、1,000 個記錄)

檔案(F) 編輯(E) 產生(G)

表格 註解

	cardid	value	pmethod	sex	homeown	income	age	fruitveg	freshmeat	dai
1	39808....	42.712	CHEQUE	M	NO	27000....	46....	F	T	T
2	67362....	25.357	CASH	F	NO	30000....	28....	F	T	F
3	10872....	20.618	CASH	M	NO	13200....	36....	F	F	F
4	26748....	23.688	CARD	F	NO	12200....	26....	F	F	T
5	91609....	18.813	CARD	M	YES	11000....	24....	F	F	F
6	26630....	46.487	CARD	F	NO	15000....	35....	F	T	F
7	62995....	14.047	CASH	F	YES	20800....	30....	T	F	F
8	38765....	22.203	CASH	M	YES	24400....	22....	F	F	F
9	28935....	22.975	CHEQUE	F	NO	29500....	46....	T	F	F
10	41792....	14.569	CASH	M	NO	29600....	22....	T	F	F
11	59480....	10.328	CASH	F	NO	27100....	18....	T	T	T
12	60755....	13.780	CASH	F	YES	20000....	48....	T	F	F
13	70998....	36.509	CARD	M	YES	27300....	43....	F	F	T
14	80617....	10.201	CHEQUE	F	YES	28000....	43....	F	F	F
15	61144....	10.374	CASH	F	NO	27400....	24....	T	F	T
16	36405....	34.822	CHEQUE	F	YES	18400....	19....	F	F	F
17	76567....	42.248	CARD	M	YES	23100....	31....	T	F	F
18	85699....	18.169	CASH	F	YES	27000....	29....	F	F	F
19	11357....	10.753	CASH	F	YES	23100....	26....	F	F	F
20	97761....	32.318	CARD	F	YES	25800....	38....	T	F	F

確定

18 個欄位會在下列標題中呈現。

購物籃摘要：

- cardid：購買此購物籃的客戶的尊榮卡 ID
- value：購物籃的總採購價格
- pmethod：購物籃的付款方式

持卡人的個人詳細資料：

- sex：性別
- homeown：持卡人是否為屋主
- income：收入
- age：年齡

購物籃內容—用來顯示產品種類的旗標：

- fruitveg：水果蔬菜
- freshmeat：新鮮肉類
- dairy：乳製品
- cannedveg：罐頭蔬菜
- cannedmeat：罐頭肉
- frozenmeal：冷凍肉
- beer：啤酒
- wine：白酒
- softdrink：汽水飲料
- fish：魚類
- confectionery：糕點糖果

Step4：你需要使用 Apriori 來產生關聯規則，以對購物籃內容中的親緣性（關聯）有個全面的了解。透過編輯【類型】節點，並將所有產品種類（Fruitveg）的【角色】設定為兩者，將所有其他【角色】設定為無，選取要在此建模程序中使用的欄位（兩者表示該欄位可以是所產生模型的輸入或輸出）。

附註：你可以設定多個欄位的選項，具體方法為按住 Shift 鍵並按一下來選取欄位，然後再從直欄中指定選項。

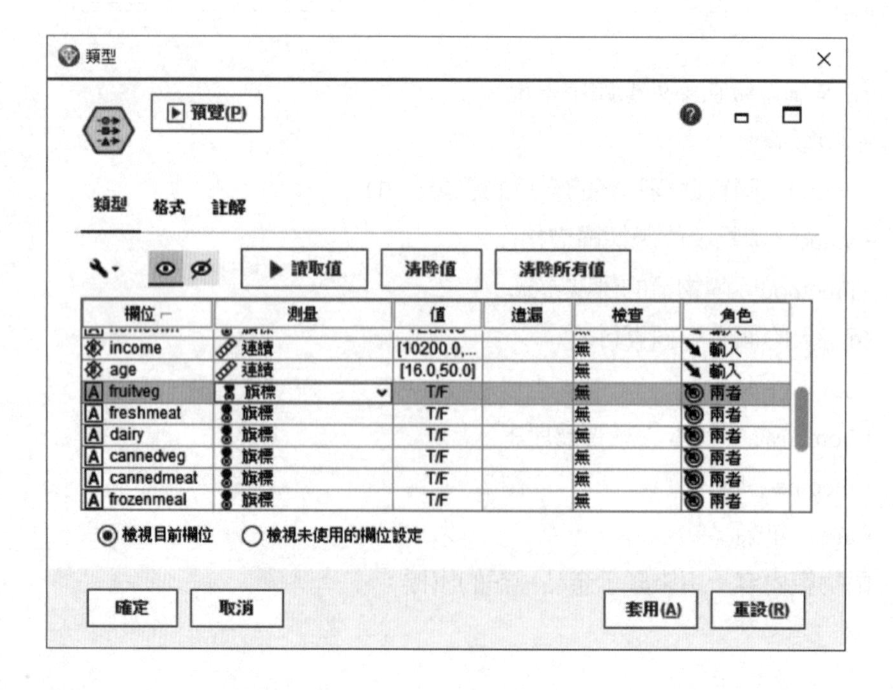

Step5：指定用於建模的欄位之後，將【Apriori】節點連接至【類型】節點，按一下 Apriori 節點選取【編輯】，於模型選項中選取【旗標只有真值】，然後按一下【執行】。

Step6：快速點兩下出現的模型區塊，從中點選【模型】標籤來檢視關聯規則。

後項	前項	支援度	信賴度
cannedveg	beer frozenmeal sex = M	14.8	95.27
frozenmeal	beer cannedveg sex = M	15.0	94.0
beer	frozenmeal cannedveg sex = M	15.2	92.763
frozenmeal	beer cannedveg	16.7	87.425
cannedveg	beer frozenmeal	17.0	85.882
beer	frozenmeal cannedveg	17.3	84.393

這些規則會顯示冷凍餐食、蔬菜罐頭及啤酒之間的各種關聯。出現雙向關聯規則，例如：

```
frozenmeal -> beer
beer -> frozenmeal
```

Step7：將【Web】節點連接至【類型】節點，編輯 Web 節點，選取所有購物籃內容欄位，點選【僅顯示真旗標】，然後在Web節點上按一下【執行】。

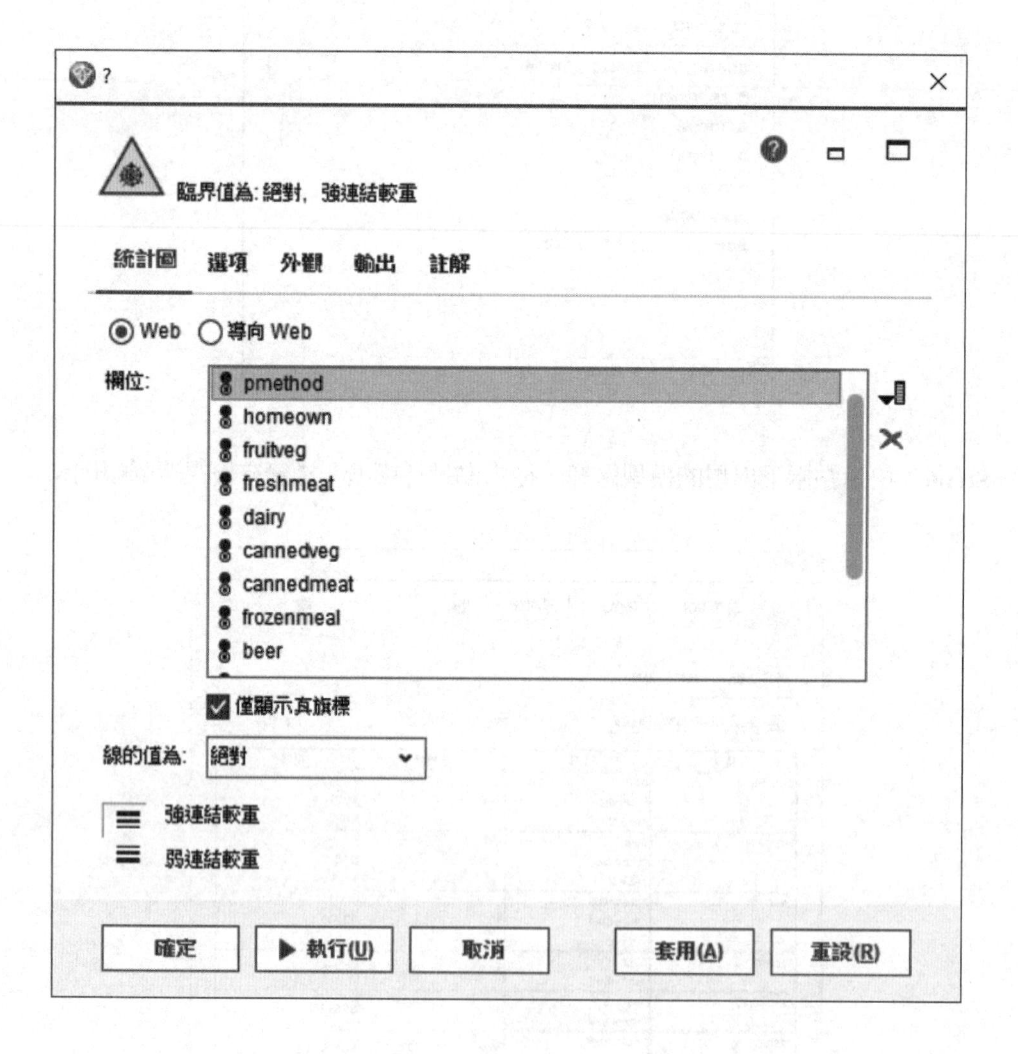

Step8：得出如下結果。因為大部分產品種類組合在數個購物籃中出現，此 Web 上的強聯結數太多，無法顯示模型建議的客戶群組。

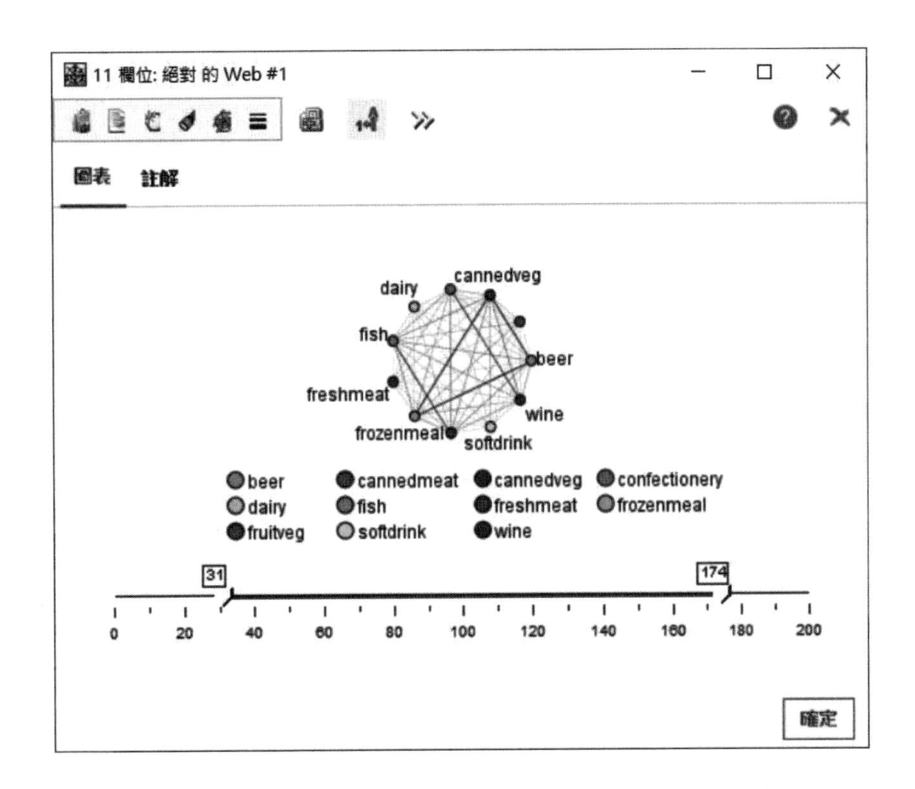

Step9：若要指定弱連線和強連線，請按一下工具列上的黃色雙箭頭按鈕。這會展開顯示 Web 輸出摘要和控制項的對話框。

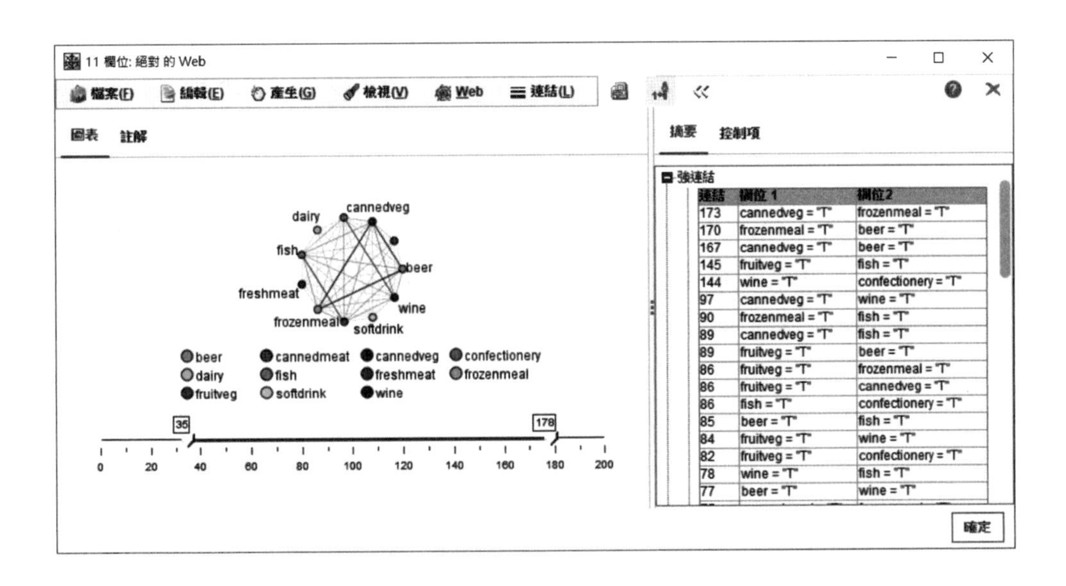

Step10：選取【大小顯示強／正常／弱】。將【弱聯結】設為低於 90。將【強聯結】設為高於 100。

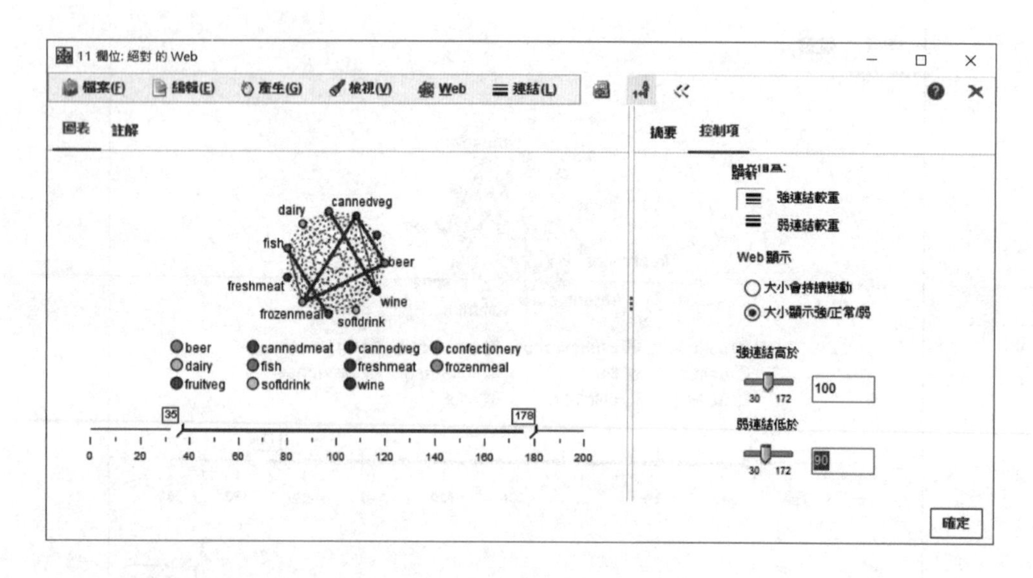

在產生的顯示中，三組客戶脫穎而出：

- 購買魚和水果和蔬菜（可能被稱為【健康飲食者】）的客戶。
- 購買葡萄酒和糕點的客戶。
- 購買啤酒、冷凍餐食和蔬菜罐頭（【啤酒、豆類和披薩】）的客戶。

Step11：你現在已根據客戶購買的產品類型識別出三組客戶，但你還想了解這些客戶是誰，亦即，他們的人口統計資訊。這可以透過針對每一組使用旗標標記每一個客戶，並使用規則歸納（C5.0）來建置這些旗標的規則型設定檔來實現。

首先，你必須針對每一組衍生一個旗標，這可以使用你剛剛建立的 Web 顯示自動產生，使用滑鼠右鍵，按一下 fruitveg 和 fish 之間的聯結來強調顯示它，然後按一下滑鼠右鍵並選取【為聯結產生推導節點】。

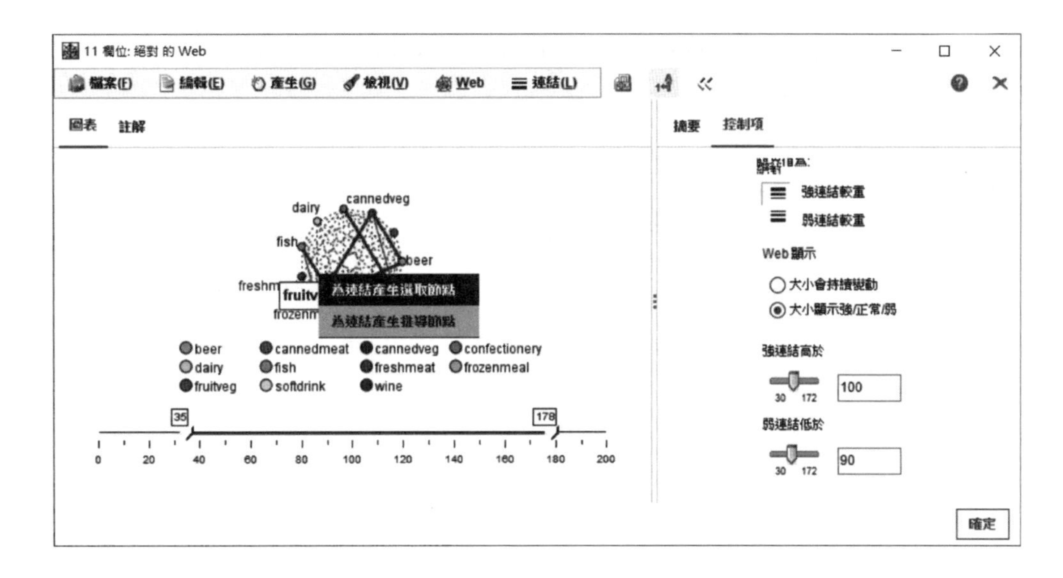

Step12：編輯產生的【推導】節點並將【推導】欄位名稱變更為 healthy。

healthy

預覽(P)

導出為: 旗標

設定　註解

模式: 單個　多個

導出欄位:

healthy

導出為: 旗標

欄位類型: 旗標

真值: T　偽值: F

以下狀況為真：:

```
fruitveg == "T" and fish == "T"
```

確定　取消　套用(A)　重設(R)

Srep13：使用從 wine 到 confectionery 的聯結重複練習，將產生的【導出】欄位命名爲 wine_chocs。

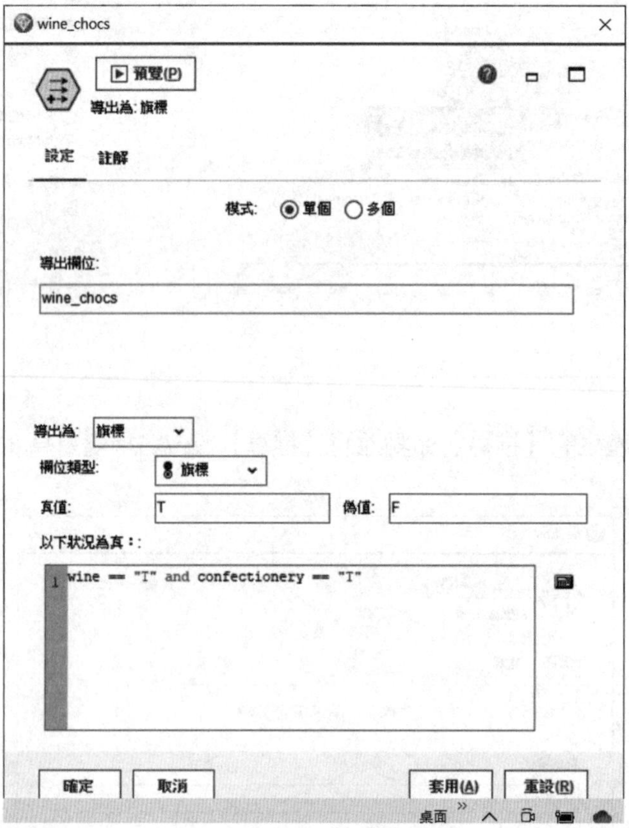

Step14：針對第三組（包含三個聯結），先確定未選取任何聯結。然後透過按住 shift 鍵時按一下滑鼠左鍵，選取 cannedveg、beer 及 frozenmeal 三角形中的全部三個聯結（從檢視中你務必處於【探索】模式而非【編輯】模式）。然後從 Web 顯示功能表選擇：

產生 > 衍生節點（**【And】**）

將產生的【導出】欄位的名稱變更爲 beer_beans_pizza。

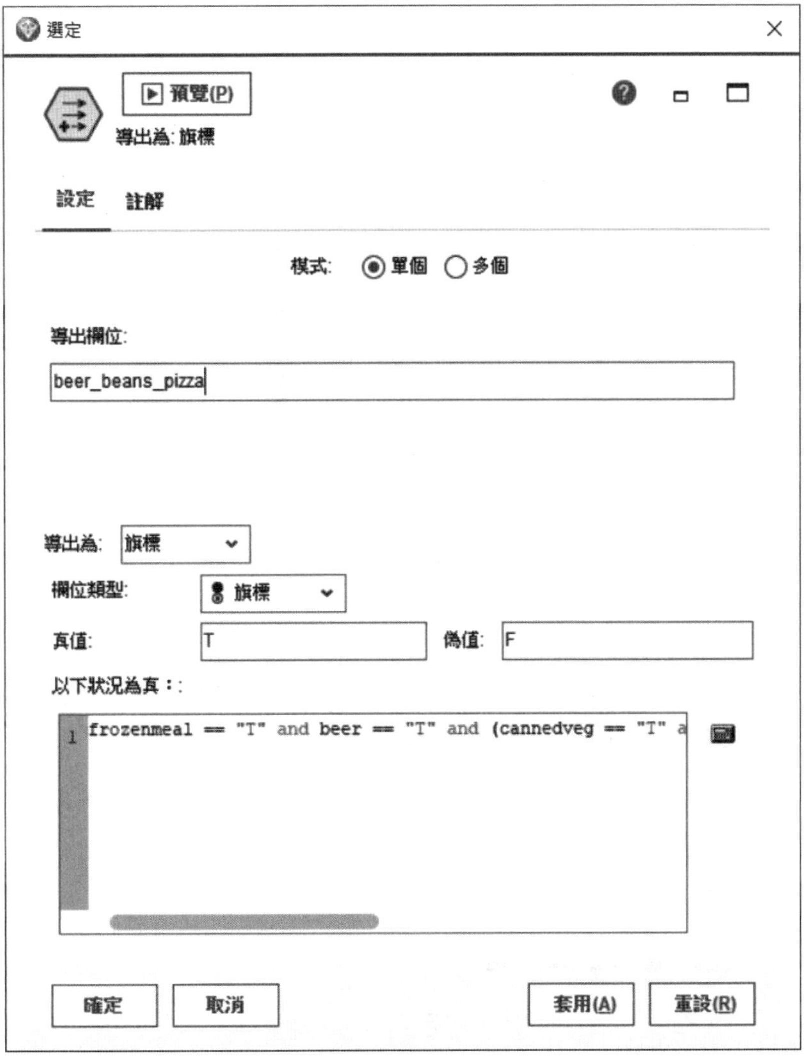

選定

預覽(P)

導出為: 旗標

設定　註解

模式: ◉單個 ○多個

導出欄位:

beer_beans_pizza

導出為: 旗標

欄位類型: 旗標

真值: T　偽值: F

以下狀況為真：:

```
1 frozenmeal == "T" and beer == "T" and (cannedveg == "T" a
```

確定　取消　套用(A)　重設(R)

Step15：若要側寫這些客戶群組，請將現有的【類型】節點連接至系列中的這三個【推導】節點，然後連接另一個【類型】節點。在新的【類型】節點中，將所有欄位的【角色】設定為無，但 value、pmethod、sex、homeown、income 及 age 除外，這些欄位應設定為輸入，而相關的客戶群組（例如，beer_beans_pizza）應設定為目標。

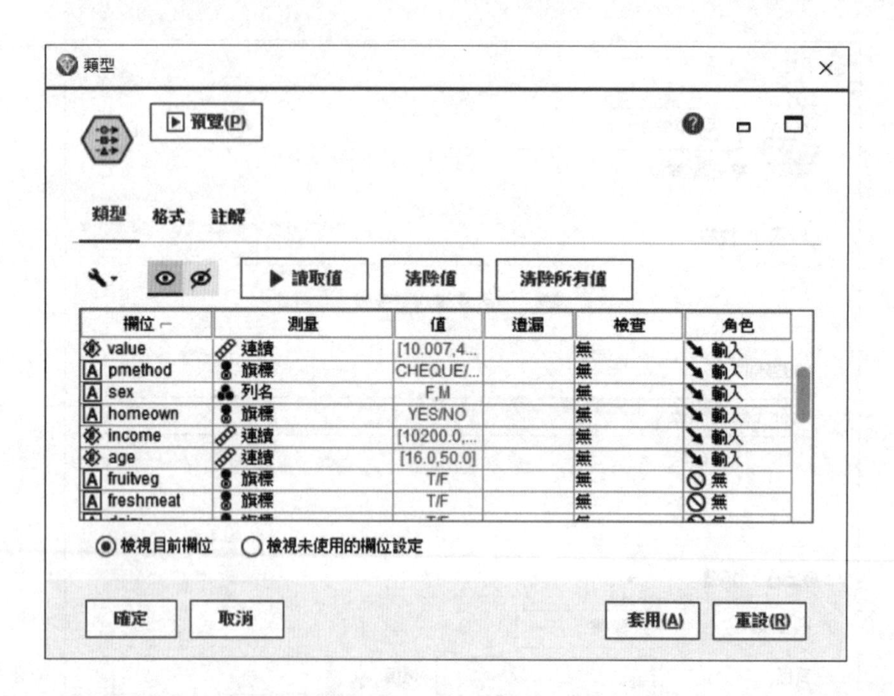

Step16：連接【C5.0】節點，將【輸出】類型設定為【規則組集】，然後在該節點上按一下【執行】。

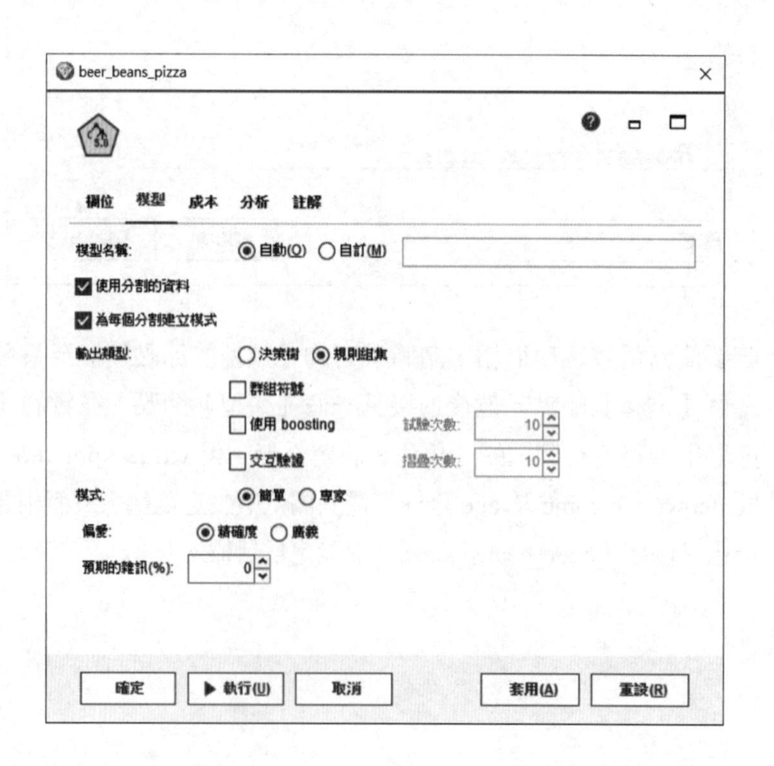

產生的模型（針對 beer_beans_pizza）包含此組客戶清晰易懂的人口統計資訊。

```
Rule 1 for T:
if sex = M
and income <= 16,900
then T
```

透過選取其他客戶群組旗標作爲第二個【類型】節點中的輸出，可以對其套用相同的方法。在此環境定義中透過使用 Apriori 而非 C5.0 可以產生更廣泛的替代設定檔，還可以使用 Apriori 來同步側寫所有客戶群組旗標，因爲它不會受限於單個輸出欄位。

在零售領域中，此類客戶的分組是可行的，例如，用來以特價優惠爲目標來改進直接郵寄的回應率，或自訂某個分支庫存的產品範圍，來符合人口基數的需求。

5.2 支援向量機器（SVM）

支援向量機器（SVM）是一個分類與迴歸技術，特別適合用於大量資料集。大量資料集指的是具有大量預測工具的資料集，例如，可能會在生物資訊學（對生物化學和生物學資料套用資訊技術）欄位中遇到的預測工具。

醫學研究人員蒐集了一組資料集，其中包含擷取自被認爲有患癌風險之病人的數個人類細胞樣本的性質。分析原始資料查明良性與惡性樣本之間的許多性質存在顯著差異。研究人員想要開發一個 SVM 模型，該模型可使用其他病患樣本中的這些細胞性質來提前指出其樣本是良性還是惡性。

資料檔案是 cell_samples.data。

資料集包含數百個人類細胞樣本記錄，每筆記錄包含一組細胞性質的數值。每筆記錄中的欄位如下：

欄位名稱	說明
ID	病患 ID
Clump	腫塊厚度
UnifSize	細胞大小的均勻性
UnifShape	細胞形狀的均勻性
MargAdh	邊緣粘黏
SingEpiSize	單一上皮細胞大小
BareNuc	裸核
BlandChrom	Bland 染色質
NormNucl	正常核仁
Mit	有絲分裂
Class	良性或惡性

SVM 建模的串流範例顯示如下。

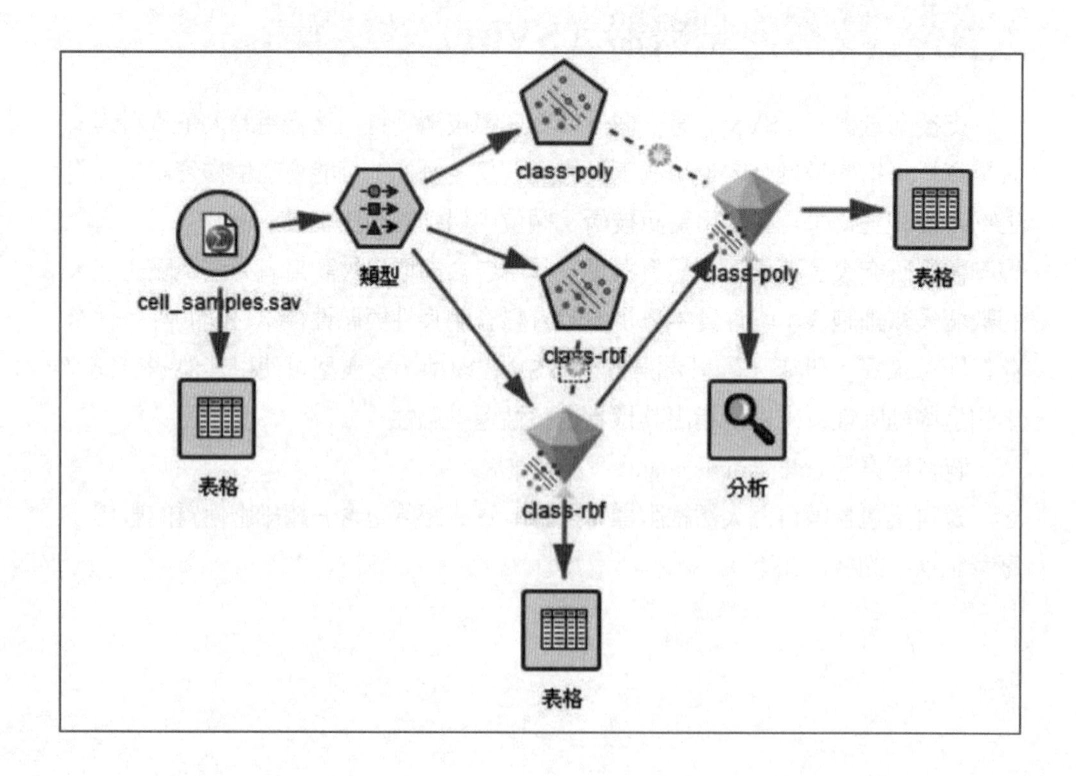

以下說明利用 Modeler 進行 SVM 分析的步驟。

Step1：將【表格】節點連接至【變數檔案】節點，然後執行串流。開啟【表格】節點。

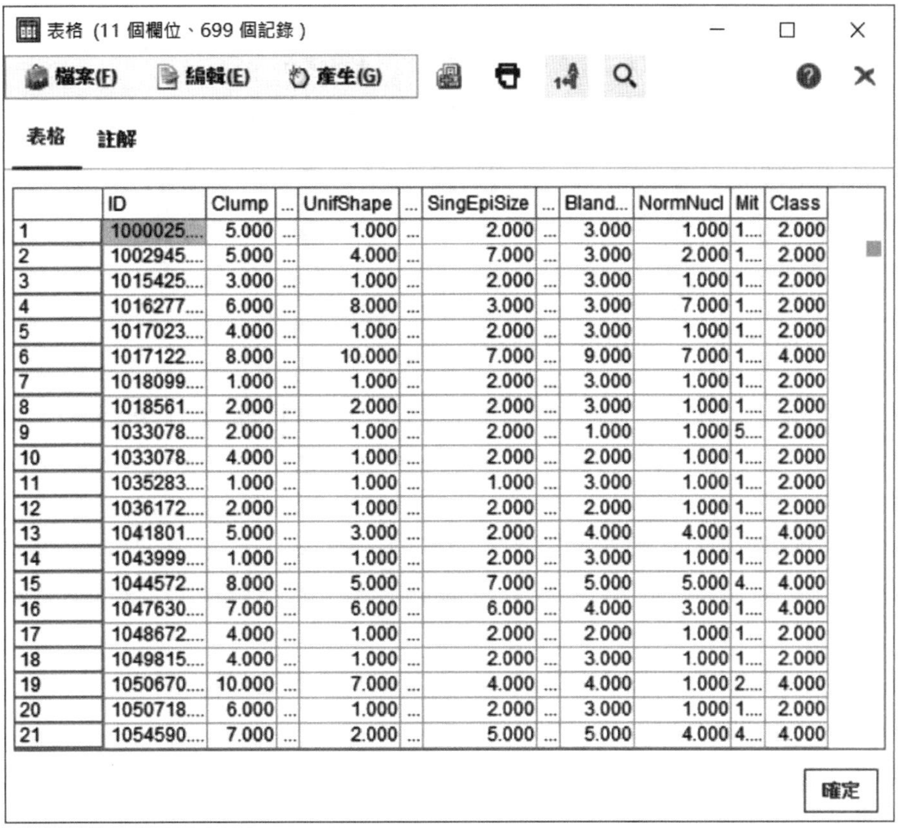

表格 (11 個欄位、699 個記錄)

檔案(F) 編輯(E) 產生(G)

表格 註解

	ID	Clump	...	UnifShape	...	SingEpiSize	...	Bland...	NormNucl	Mit	Class
1	1000025....	5.000	...	1.000	...	2.000	...	3.000	1.000	1....	2.000
2	1002945....	5.000	...	4.000	...	7.000	...	3.000	2.000	1....	2.000
3	1015425....	3.000	...	1.000	...	2.000	...	3.000	1.000	1....	2.000
4	1016277....	6.000	...	8.000	...	3.000	...	3.000	7.000	1....	2.000
5	1017023....	4.000	...	1.000	...	2.000	...	3.000	1.000	1....	2.000
6	1017122....	8.000	...	10.000	...	7.000	...	9.000	7.000	1....	4.000
7	1018099....	1.000	...	1.000	...	2.000	...	3.000	1.000	1....	2.000
8	1018561....	2.000	...	2.000	...	2.000	...	3.000	1.000	1....	2.000
9	1033078....	2.000	...	1.000	...	2.000	...	1.000	1.000	5....	2.000
10	1033078....	4.000	...	1.000	...	2.000	...	2.000	1.000	1....	2.000
11	1035283....	1.000	...	1.000	...	1.000	...	3.000	1.000	1....	2.000
12	1036172....	2.000	...	1.000	...	2.000	...	2.000	1.000	1....	2.000
13	1041801....	5.000	...	3.000	...	2.000	...	4.000	4.000	1....	4.000
14	1043999....	1.000	...	1.000	...	2.000	...	3.000	1.000	1....	2.000
15	1044572....	8.000	...	5.000	...	7.000	...	5.000	5.000	4....	4.000
16	1047630....	7.000	...	6.000	...	6.000	...	4.000	3.000	1....	4.000
17	1048672....	4.000	...	1.000	...	2.000	...	2.000	1.000	1....	2.000
18	1049815....	4.000	...	1.000	...	2.000	...	3.000	1.000	1....	2.000
19	1050670....	10.000	...	7.000	...	4.000	...	4.000	1.000	2....	4.000
20	1050718....	6.000	...	1.000	...	2.000	...	3.000	1.000	1....	2.000
21	1054590....	7.000	...	2.000	...	5.000	...	5.000	4.000	4....	4.000

確定

ID 欄位包含病患 ID。每個病患的細胞樣本性質包含在欄位 Clump 到 Mit 中。值的分級從 1 到 10，值爲 1 表示最先開始。

Class 欄位包含診斷，由個別醫療程序確認樣本是良性（值 = 2）還是惡性（值 = 4）。

Step2：新增【類型】節點並將它連接至【變數檔案】節點。開啟【類型】節點。

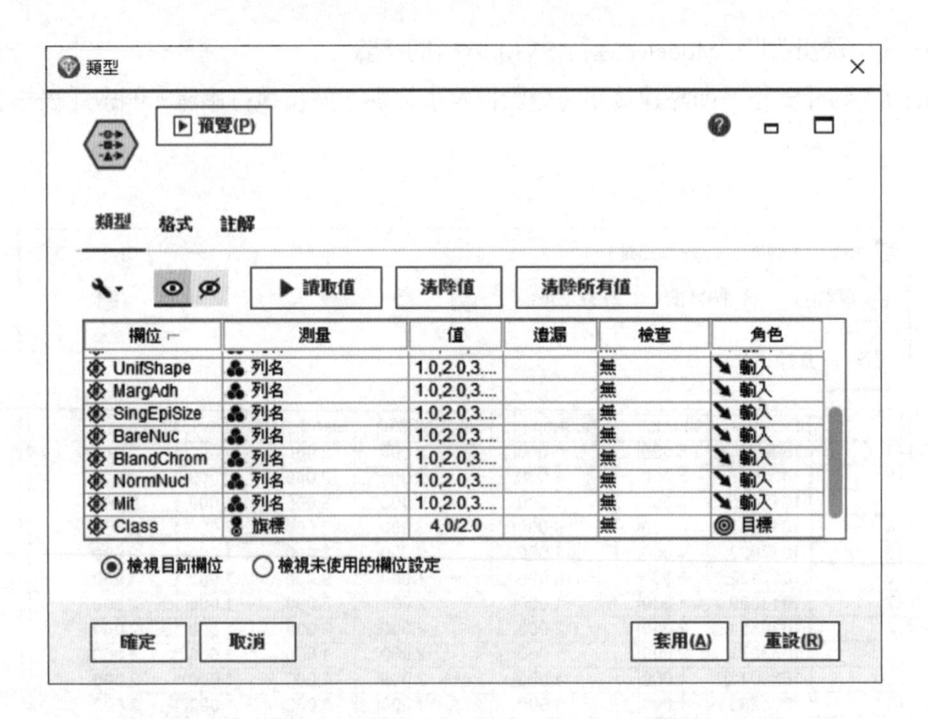

我們想要建模用以預測 Class 的值（即良性（=2）或惡性（=4））。由於此欄位只能有兩個可能值的其中一個，因此我們需要將其測量層級變更爲反映此結果。

在Class欄位（清單中的最後一個欄位）的測量直欄中，將它變更爲【旗標】。

按一下【讀取值】。

在【角色】直欄中，將 ID（病患 ID）的角色設爲無，因爲它將不會用來作爲模型的預測工具或目標。

將目標Class的【角色】設爲目標，並將所有其他欄位（預測工具）的【角色】保留爲輸入。

按一下【確定】。

SVM 節點可讓你選擇核心函數來執行其處理。由於無法輕鬆得知哪個函數對任何給定的資料集執行結果最佳，因此我們將依次選擇不同的函數並比較結果。我們從預設的 RBF（徑向基底函數）開始。

Step3：從【建模】選用區將 SVM 節點連接至【類型】節點。

開啟【SVM】節點。在【模型】標籤上，針對【模型名稱】按一下【自訂】選項，然後在相鄰的文字欄位中輸入 class-rbf。

Step4：在【專家】標籤上，將【模式】設為專家以方便讀取，但將所有預設選項保留原樣。請注意，依預設【核心類型】設為 RBF。在簡式模式下所有選項都變成灰色。

Step5：在【分析】標籤上，選取【計算變數重要性】勾選框。按一下【執行】。

Class

欄位 模型 專家 分析 註解

模型評估

☑ 計算預測值重要性

傾向分數(僅用於旗標目標才有效)

☐ 計算原始傾向分數

☐ 計算調整後傾向分數

根據 ◉ 測試分割區 ○ 驗證分割區

確定 ▶ 執行(U) 取消 套用(A) 重設(R)

Step6：模型區塊放置在串流和畫面右上方的【模型】選用區中。按兩下串流中的模型區塊。

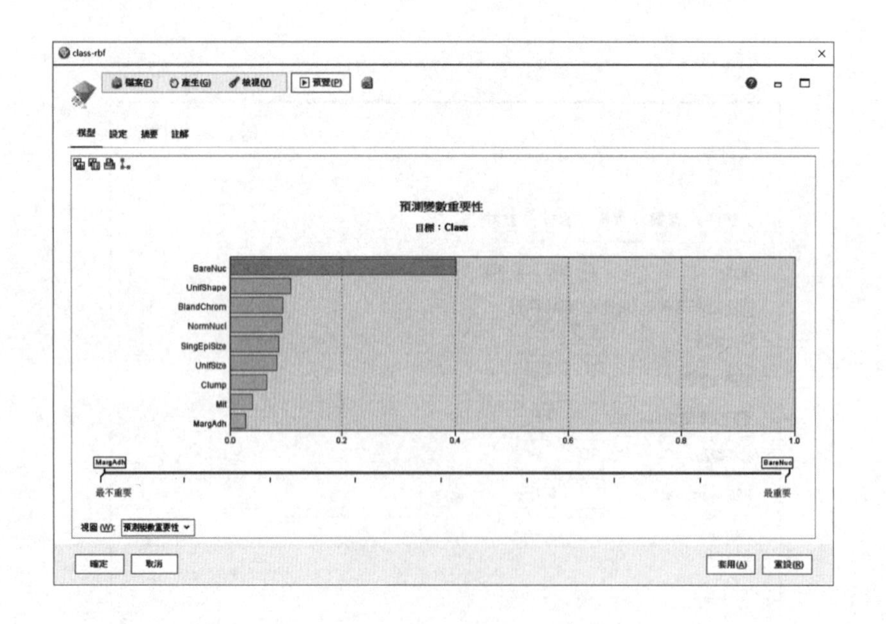

在【模型】標籤上，【預測變數重要性】圖形顯示在預測各種欄位時的相對效果。顯示出 BareNuc 很容易產生最大影響而 UnifShape 也相當重要。

Step7：按一下【確定】。將【表格】節點連接至 class-rbf 模型區塊。

開啟【表格】節點並按一下【執行】。

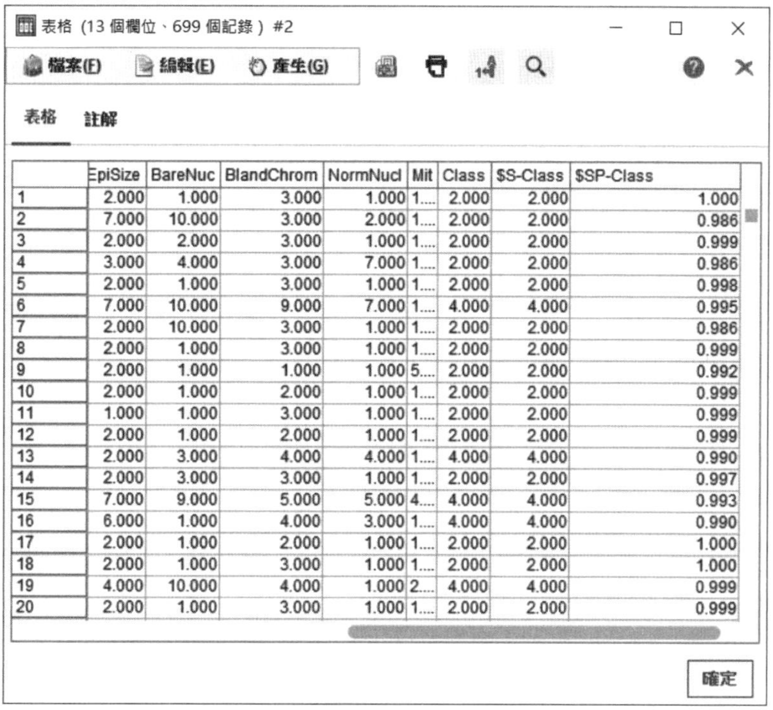

表格（13 個欄位、699 個記錄）#2

檔案(F) 編輯(E) 產生(G)

表格 註解

	EpiSize	BareNuc	BlandChrom	NormNucl	Mit	Class	$S-Class	$SP-Class
1	2.000	1.000	3.000	1.000	1....	2.000	2.000	1.000
2	7.000	10.000	3.000	2.000	1....	2.000	2.000	0.986
3	2.000	2.000	3.000	1.000	1....	2.000	2.000	0.999
4	3.000	4.000	3.000	7.000	1....	2.000	2.000	0.986
5	2.000	1.000	3.000	1.000	1....	2.000	2.000	0.998
6	7.000	10.000	9.000	7.000	1....	4.000	4.000	0.995
7	2.000	10.000	3.000	1.000	1....	2.000	2.000	0.986
8	2.000	1.000	3.000	1.000	1....	2.000	2.000	0.999
9	2.000	1.000	1.000	1.000	5....	2.000	2.000	0.992
10	2.000	1.000	2.000	1.000	1....	2.000	2.000	0.999
11	1.000	1.000	3.000	1.000	1....	2.000	2.000	0.999
12	2.000	1.000	2.000	1.000	1....	2.000	2.000	0.999
13	2.000	3.000	4.000	4.000	1....	4.000	4.000	0.990
14	2.000	3.000	3.000	1.000	1....	2.000	2.000	0.997
15	7.000	9.000	5.000	5.000	4....	4.000	4.000	0.993
16	6.000	1.000	4.000	3.000	1....	4.000	4.000	0.990
17	2.000	1.000	2.000	1.000	1....	2.000	2.000	1.000
18	2.000	1.000	3.000	1.000	1....	2.000	2.000	1.000
19	4.000	10.000	4.000	1.000	2....	4.000	4.000	0.999
20	2.000	1.000	3.000	1.000	1....	2.000	2.000	0.999

確定

模型已建立兩個額外的欄位。捲動至表格輸出的右側以查看它們：

新欄位名稱	說明
$S-Class	模型預測的類別的值。
$SP-Class	此預測的傾向評分（此預測為 true 的可能性值為 0.0 到 1.0）。

只需查看表格便能看到大部分記錄的傾向評分（在 $SP-Class 直欄中）相當的高。

我們來看看選擇不同的函數類型會不會取得更好的結果。

關閉【表格】輸出視窗。

Step8：將第二個 SVM 建模節點連接至【類型】節點。開啟新 SVM 節點。

在【模型】標籤上，選擇【自訂】並輸入 class-poly 作為模型名稱。

Step9：在【專家】標籤上，將【模式】設為專家。將【核心類型】設為多項式，並按一下【執行】。

Step10：class-poly 模型區塊即會新增到串流中以及畫面右上方的【模型】選用區中。將 class-rbf 模型區塊連接至 class-poly 模型區塊（在警告對話框中，選擇【置換】。將【表格】節點連接至class-poly區塊。開啟【表格】節點，並按一下【執行】。

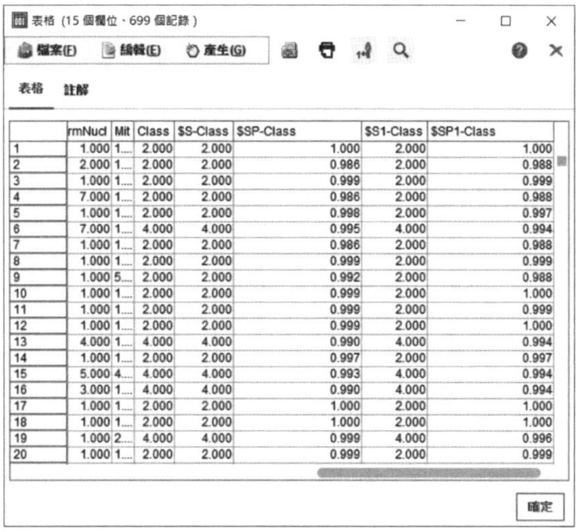

表格（15 個欄位，699 個記錄）

檔案(F) 編輯(E) 產生(G)

表格 註解

	rmNucl	Mit	Class	$S-Class	$SP-Class	$S1-Class	$SP1-Class
1	1.000	1....	2.000	2.000	1.000	2.000	1.000
2	2.000	1....	2.000	2.000	0.986	2.000	0.988
3	1.000	1....	2.000	2.000	0.999	2.000	0.999
4	7.000	1....	2.000	2.000	0.986	2.000	0.988
5	1.000	1....	2.000	2.000	0.998	2.000	0.997
6	7.000	1....	4.000	4.000	0.995	4.000	0.994
7	1.000	1....	2.000	2.000	0.986	2.000	0.988
8	1.000	1....	2.000	2.000	0.999	2.000	0.999
9	1.000	5....	2.000	2.000	0.992	2.000	0.988
10	1.000	1....	2.000	2.000	0.999	2.000	1.000
11	1.000	1....	2.000	2.000	0.999	2.000	0.999
12	1.000	1....	2.000	2.000	0.999	2.000	1.000
13	4.000	1....	4.000	4.000	0.990	4.000	0.994
14	1.000	1....	2.000	2.000	0.997	2.000	0.997
15	5.000	4....	4.000	4.000	0.993	4.000	0.994
16	3.000	1....	4.000	4.000	0.990	4.000	0.994
17	1.000	1....	2.000	2.000	1.000	2.000	1.000
18	1.000	1....	2.000	2.000	1.000	2.000	1.000
19	1.000	2....	4.000	4.000	0.999	4.000	0.996
20	1.000	1....	2.000	2.000	0.999	2.000	0.999

確定

Step11：捲動至表格輸出的右側以查看新增的欄位。

針對多項式函數類型產生的欄位名稱為 $S1-Class 和 $SP1-Class。

多項式的結果要好得多。許多傾向評分為 0.995 或更佳。

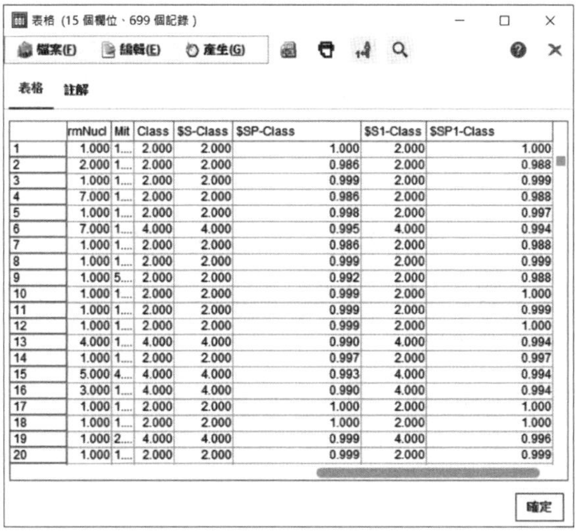

表格（15 個欄位，699 個記錄）

檔案(F) 編輯(E) 產生(G)

表格 註解

	rmNucl	Mit	Class	$S-Class	$SP-Class	$S1-Class	$SP1-Class
1	1.000	1....	2.000	2.000	1.000	2.000	1.000
2	2.000	1....	2.000	2.000	0.986	2.000	0.988
3	1.000	1....	2.000	2.000	0.999	2.000	0.999
4	7.000	1....	2.000	2.000	0.986	2.000	0.988
5	1.000	1....	2.000	2.000	0.998	2.000	0.997
6	7.000	1....	4.000	4.000	0.995	4.000	0.994
7	1.000	1....	2.000	2.000	0.986	2.000	0.988
8	1.000	1....	2.000	2.000	0.999	2.000	0.999
9	1.000	5....	2.000	2.000	0.992	2.000	0.988
10	1.000	1....	2.000	2.000	0.999	2.000	1.000
11	1.000	1....	2.000	2.000	0.999	2.000	0.999
12	1.000	1....	2.000	2.000	0.999	2.000	1.000
13	4.000	1....	4.000	4.000	0.990	4.000	0.994
14	1.000	1....	2.000	2.000	0.997	2.000	0.997
15	5.000	4....	4.000	4.000	0.993	4.000	0.994
16	3.000	1....	4.000	4.000	0.990	4.000	0.994
17	1.000	1....	2.000	2.000	1.000	2.000	1.000
18	1.000	1....	2.000	2.000	1.000	2.000	1.000
19	1.000	2....	4.000	4.000	0.999	4.000	0.996
20	1.000	1....	2.000	2.000	0.999	2.000	0.999

確定

Step12：若要確認對模型的改進，請將【分析】節點連接至 class-poly 模型區塊。開啟【分析】節點並按一下【執行】。

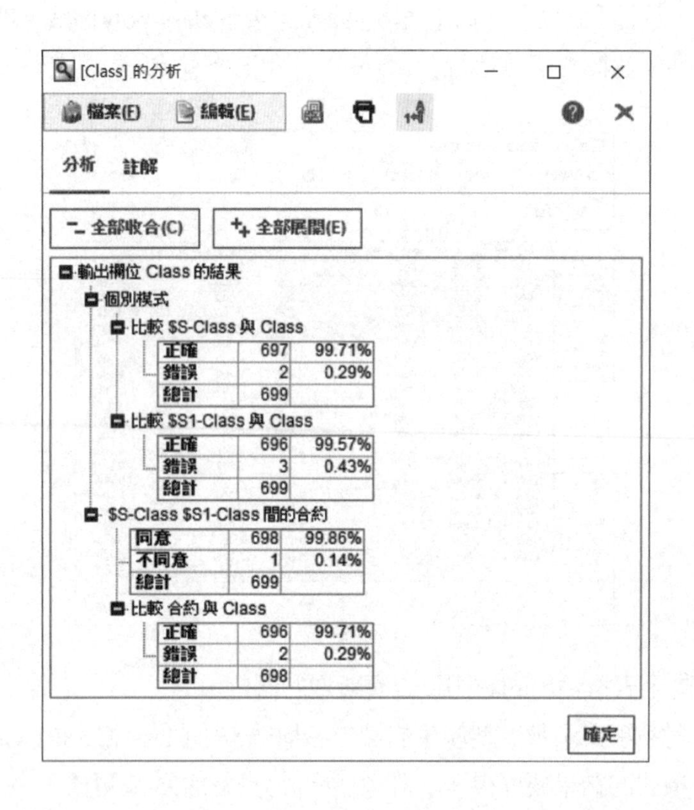

具有【分析】節點的這項技術，可讓你比較同一類型的兩個以上模型區塊。【分析】節點中的輸出顯示 RBF 函數正確預測 99.57% 的案例，這個結果相當不錯。但是，輸出顯示多項式函數已在每個單一案例中正確預測診斷。實際上，你不可能看到 100% 的正確性，但是可以使用【分析】節點來協助判定模型的正確性對於特定應用程式而言是否可以接受。

事實上，在這個特定的資料集上，其他函數類型（Sigmoid 和線性）的執行效能都比不上多項式函數。但是，對於不同的資料集，結果很可能是不同的，因此一律值得嘗試全範圍的選項。

使用不同類型的 SVM 核心函數來透過多個屬性預測分類，了解不同的核心如何針對相同的資料集提供不同的結果，以及如何測量一個模型對另一個模型的改進。

5.3 廣義線性模型

在統計學上，廣義線性模型（Generalized Linear Model, GLM）是一種應用靈活的線性迴歸模型。該模型允許應變數的偏誤分布有除了常態分布之外的其他分布。此模型假設實驗者所量測的隨機變數的分布函數與實驗中系統性效應（即非隨機的效應）可經由一聯結函數（Link Function）建立可解釋其相關性的函數。

約翰．內爾德（Nelder, John）與彼得．麥古拉（McCullagh, Peter）在 1989 年出版，被視爲廣義線性模式的代表性文獻中，提綱挈領地說明了廣義線性模式的原理、計算（如最大概似估計量）及其實務應用。

你可以使用廣義線性模型爲計數資料分析配適卜瓦松（Poisson）迴歸。例如，因波浪造成的船隻損壞。事件計數可以建模爲在給定預測值的情況下，以卜瓦松（Poisson）比率出現，產生的模型可協助你判斷哪些船隻類型最容易損壞。

此範例參照資料檔爲 ships.sav。

在這種狀況下，爲原始儲存格計數建模可能會產生誤導，因爲聚集服務月數會隨船隻類型而變。像這樣可測量風險【暴露】量的變數，會在廣義線性模型內作爲偏移變數處理。而且，卜瓦松（Poisson）迴歸還會假設應變數的對數在預測值中爲線性。因此，若要使用廣義線性模型針對事故率配適卜瓦松（Poisson）迴歸，則需要使用聚集服務月數的對數。

串流整理如下：

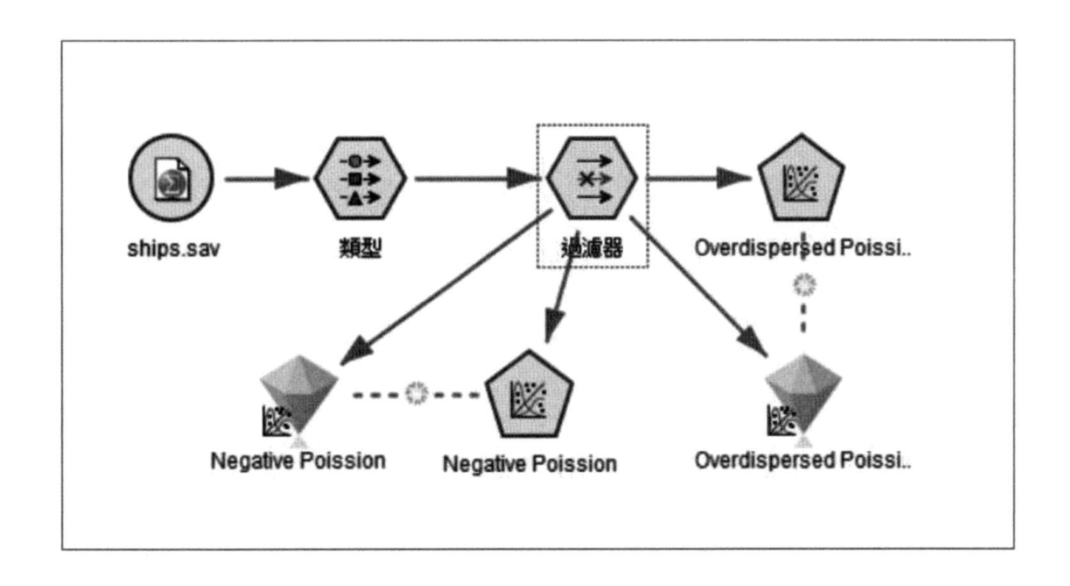

以下說明利用 Modeler 進行廣義線性模型分析的步驟。

Step1：新增 ships.sav 的【統計量檔案】來源節點，於右方新增【類型】標籤。在【類型】標籤上，將 damage_incidents 欄位的【角色】設定為目標。所有其他欄位都應該將其【角色】設定為輸入。按一下【讀取值】以將資料實例化。

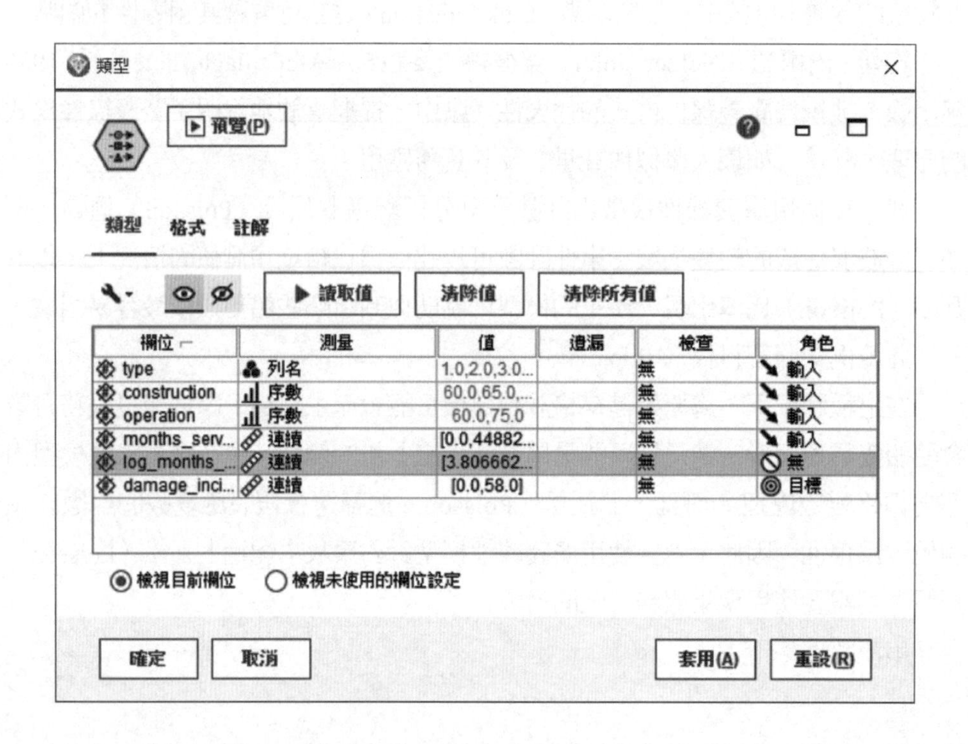

Step2：接著，連接【過濾器】標籤，排除欄位 months_service。此變數的對數轉換值包含在 log_months_service 中，並會在分析中使用。或者，你可以在【類型】標籤上，將此欄位的【角色】變更為無而不是排除它，或選取要在建模節點中使用的欄位。

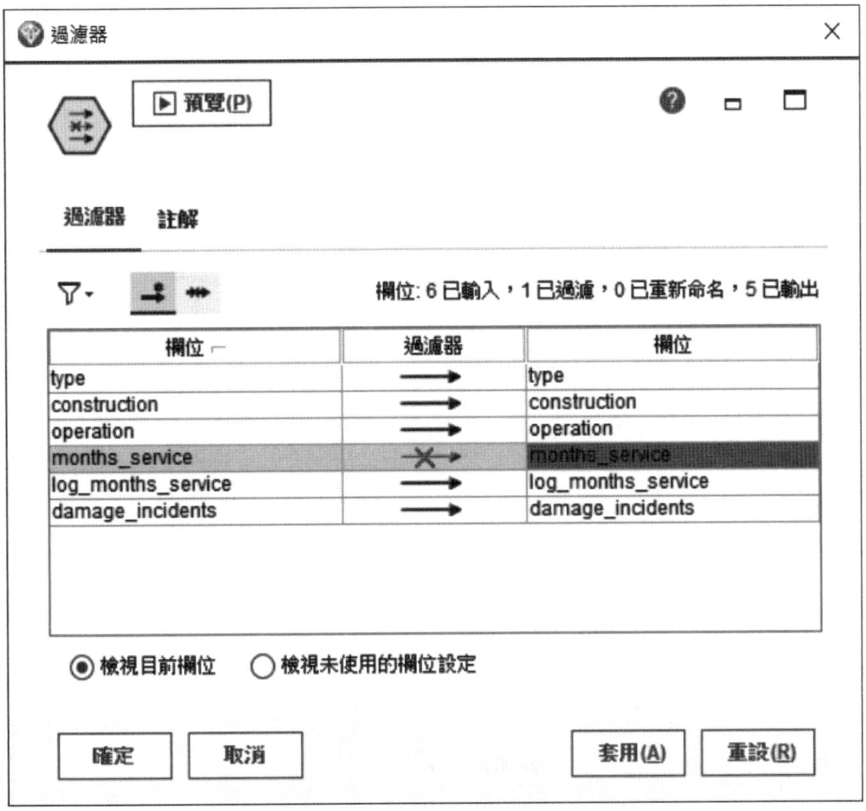

過濾器

預覽(P)

過濾器 註解

欄位: 6 已輸入，1 已過濾，0 已重新命名，5 已輸出

欄位	過濾器	欄位
type	→	type
construction	→	construction
operation	→	operation
months_service	✕→	months_service
log_months_service	→	log_months_service
damage_incidents	→	damage_incidents

檢視目前欄位　檢視未使用的欄位設定

確定　取消　套用(A)　重設(R)

Step3：將 Genlin 節點連接至來源節點；在 Genlin 節點上，按一下【模型】標籤。選取 log_months_service 作爲【偏移變數】。

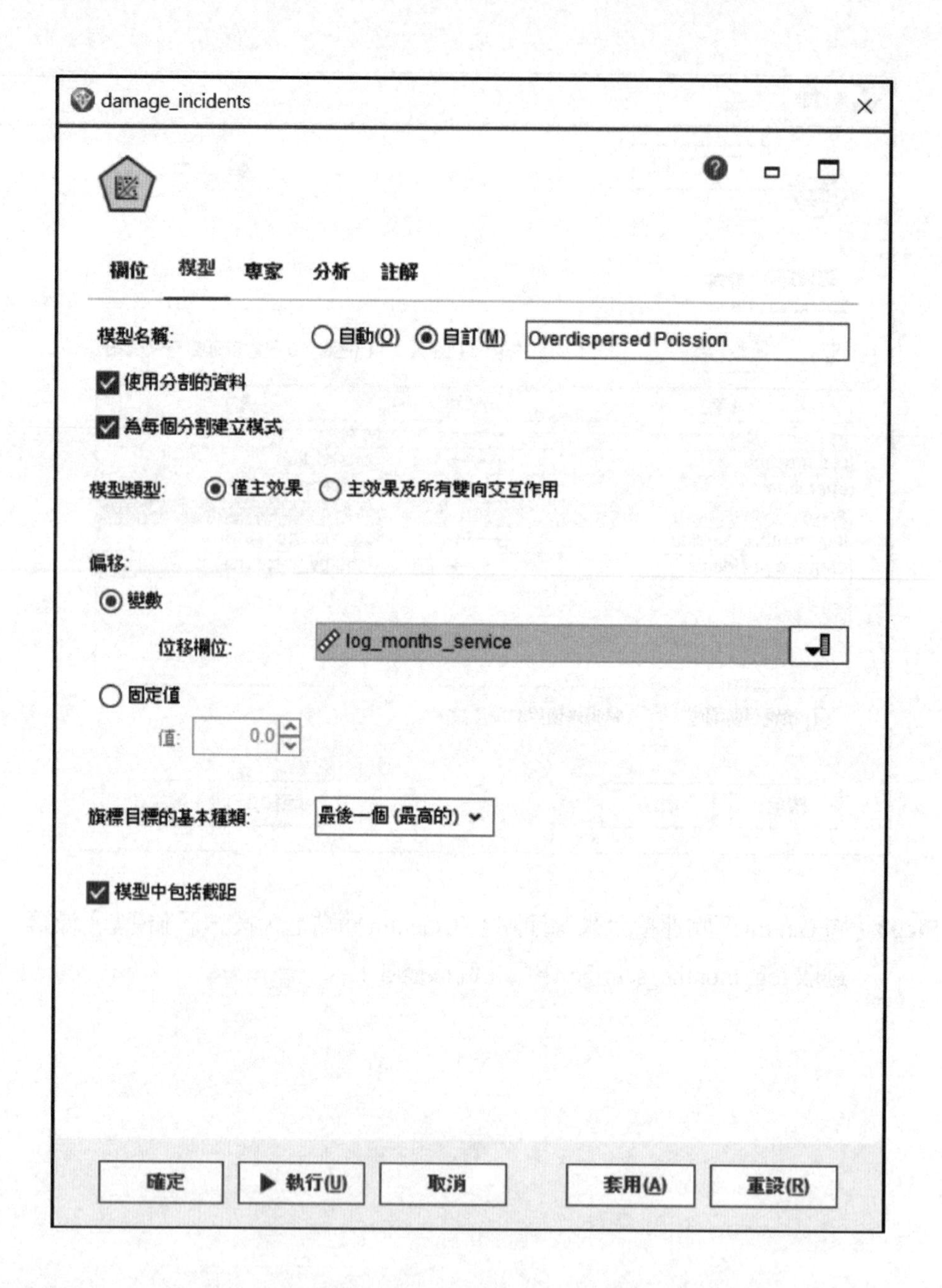

Step4：按一下【專家】標籤，並選取【專家】以啟動專家建模選項。

選取【Poisson 機率分配】作爲回應的分配，並選取【對數】作爲聯結函數。

選取【皮爾森（Pearson）卡方】作爲估計尺度參數的方法。在卜瓦松（Poisson）迴歸中尺度參數通常假設爲 1，但 McCullagh 和 Nelder 使用【皮爾森（Pearson）卡方】卡方估計可取得更保守的變異估計值及顯著性層次。

選取【遞減】作爲因素的種類順序。這表示每一個因素的第一個種類是其參照種類，此選項對模型的影響存在於對參數估計值的解譯中。

Step5：按一下【執行】用以建立模型區塊，該區塊會新增至串流畫布，還會新增至右上角的【模型】選用區。

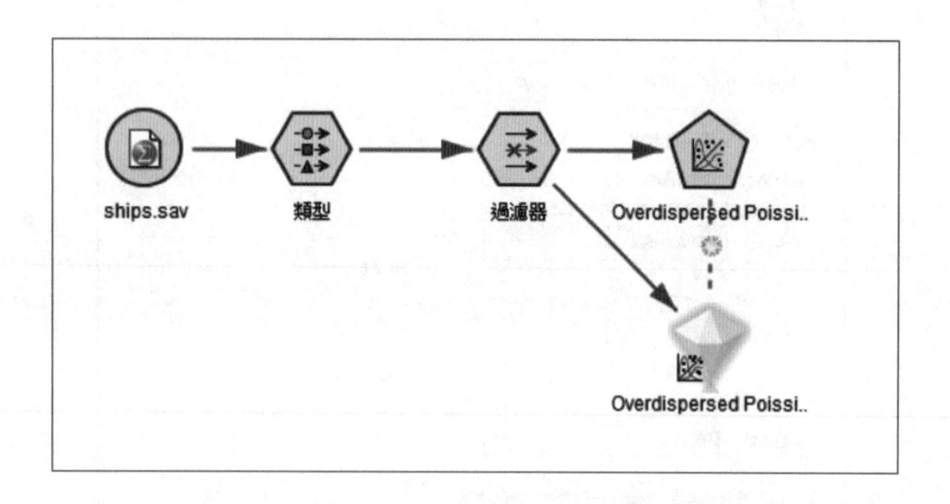

Step6：若要檢視模型詳細資料，請用滑鼠右鍵按一下區塊並選擇【編輯】或【瀏覽】，然後按一下【進階】標籤。

	Value	df	Value/df
Deviance	38.695	25	1.548
Scaled Deviance	22.883	25	
Pearson Chi-Square	42.275	25	1.691
Scaled Pearson Chi-Square	25.000	25	
Log Likelihood[a]	-68.281		
Akaike's Information Criterion (AIC)	154.562		
Finite Sample Corrected AIC (AICC)	162.062		
Bayesian Information Criterion (BIC)	168.299		
Consistent AIC (CAIC)	177.299		

Dependent Variable: Number of damage incidents
Model: (Intercept), type, construction, operation, offset = log_months_service

a. The full log likelihood function is displayed and used in computing information criteria.

b. Information criteria are in small-is-better form.

適合度統計量表會提供用來比較競爭模型的量數。此外，離差和 Pearson 卡方統計量的值 / df 會提供尺度參數的對應估計值。卜瓦松（Poisson）迴歸的這些值應接近 1.0，實際大於 1.0 則表示配適過度離散的模型可能是合理的。

Omnibus Test[a]

Likelihood Ratio Chi-Square	df	Sig.
63.650	8	.000

Dependent Variable: damage_incidents
Model: (Intercept), type, construction, operation, offset = log_months_service[a]

a. Compares the fitted model against the intercept-only model.

綜合測試是對現行模型與虛無（在此情況下為截距）模型概似比進行的卡方測試。顯著性值小於 0.05 表示現行模型優於虛無模型。

Tests of Model Effects

Source	Type III		
	Wald Chi-Square	df	Sig.
(Intercept)	2138.657	1	.000
type	15.415	4	.004
construction	17.242	3	.001
operation	6.249	1	.012

Dependent Variable: damage_incidents
Model: (Intercept), type, construction, operation, offset = log_months_service

檢定模型中的每一項是否具有任何效應。顯著性值小於 0.05 的項目具有一定明顯的效應，每一個主效應項都對模型有貢獻。

Parameter Estimates

Parameter	B	Std. Error	95% Wald Confidence Interval		Hypothesis Test		
			Lower	Upper	Wald Chi-Square	df	Sig.
(Intercept)	-6.406	.2828	-6.960	-5.852	513.238	1	.000
[type=5]	.326	.3067	-.276	.927	1.127	1	.288
[type=4]	-.076	.3779	-.817	.665	.040	1	.841
[type=3]	-.687	.4279	-1.526	.151	2.581	1	.108
[type=2]	-.543	.2309	-.996	-.091	5.536	1	.019
[type=1]	0[a]	.	.	.	.	.	.
[construction=75]	.453	.3032	-.141	1.048	2.236	1	.135
[construction=70]	.818	.2208	.386	1.251	13.743	1	.000
[construction=65]	.697	.1946	.316	1.079	12.835	1	.000
[construction=60]	0[a]	.	.	.	.	.	.
[operation=75]	.384	.1538	.083	.686	6.249	1	.012
[operation=60]	0[a]	.	.	.	.	.	.
(Scale)	1.691[b]						

Dependent Variable: damage_incidents
Model: (Intercept), type, construction, operation, offset = log_months_service

a. Set to zero because this parameter is redundant.

b. Computed based on the Pearson chi-square.

參數估計值的表格會將各個預測值的效果做成摘要。雖然此模型中的係數因為聯結函數的本質而很難解譯，但共變數的係數符號及因素層次的係數相對值，可能會對模型中的預測值效應提供重要的見解。

- 針對共變數，正（負）係數表示預測值與結果之間的關係為正向（反向）。係數為正的共變數的值增長會對應於損壞事件率的增長。

- 針對因素，因素層次的係數越大表示損壞發生率越大。因素層次的係數符號取決於因素層次相對於參照種類的影響。

你可以基於參數估計值進行下列解譯：

- 船隻類型 B [type=2] 的損壞率在統計上顯著（p 值為 0.019）低於（估計係數為 –0.543）參照種類類型 A [type=1]。類型 C [type=3] 的估計參數實際比 B 低，但 C 估計值中的變異性減弱了效果。

- 在 1965-69[construction=65] 之間與 1970-74[construction=70] 之間建造的船隻損壞率在統計上顯著（p 值 <0.001）高於（估計係數分別為 0.697 和 0.818）參照種類 1960-64[construction=60] 之間建造的船隻。請參閱因素層次之間所有關係的估計邊際平均數。

- 在 1975-79[operation=75] 之間作業的船隻損壞率在統計上顯著（*p* 值爲 0.012）高於（估計係數爲 0.384）在 1960-1974[operation=60] 之間作業的船隻。

【過度離散】的卜瓦松（Poisson）迴歸的一個問題，是沒有正式的方法對它與【標準】卜瓦松（Poisson）迴歸進行測試。但有一種建議的正式檢定可用來判定是否存在過度離散，即在【標準】卜瓦松（Poisson）迴歸與所有其他設定都相同的負二項式迴歸之間執行概似比檢定。如果卜瓦松（Poisson）迴歸中不存在過度離散，則統計量 – 2×（卜瓦松（Poisson）模型的對數概似值 – 負二項式模型的對數概似值）應具有混合分配，其中一半機率群位於 0，其餘機率則位於自由度爲 1 的卡方分配中。

Step7：若要配適負二項式迴歸，請複製並貼上【Genlin】節點，將其連接至來源節點，開啟新節點並按一下【專家】標籤。

選取【負值二項式】作爲分配。保留輔助參數的預設值 1 。選取【固定值】作爲估計尺度參數的方法。依預設，此值爲 1 。按【執行】。

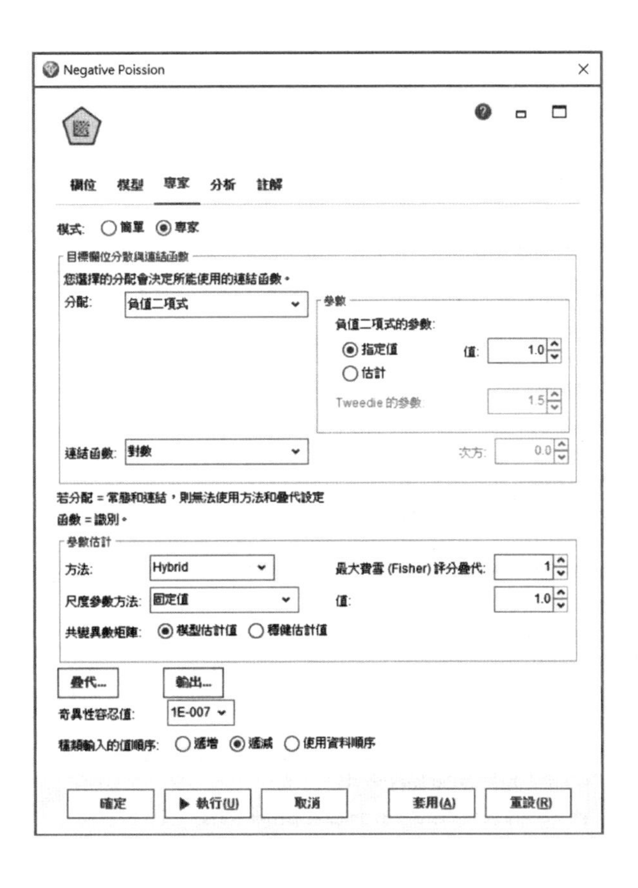

Step8：在新建立的模型區塊上執行串流，並瀏覽【進階】標籤。

	Value	df	Value/df
Deviance	38.695	25	1.548
Scaled Deviance	38.695	25	
Pearson Chi-Square	42.275	25	1.691
Scaled Pearson Chi-Square	42.275	25	
Log Likelihood[a]	-68.281		
Akaike's Information Criterion (AIC)	154.562		
Finite Sample Corrected AIC (AICC)	162.062		
Bayesian Information Criterion (BIC)	168.299		
Consistent AIC (CAIC)	177.299		

Dependent Variable: Number of damage incidents
Model: (Intercept), type, construction, operation, offset = log_months_service

a. The full log likelihood function is displayed and used in computing information criteria.

b. Information criteria are in small-is-better form.

針對標準卜瓦松（Poisson）迴歸報告的對數概似值爲 –68.281。將此值與負二項式模型進行比較。

	Value	df	Value/df
Deviance	11.145	25	.446
Scaled Deviance	11.145	25	
Pearson Chi-Square	8.815	25	.353
Scaled Pearson Chi-Square	8.815	25	
Log Likelihood[a]	-83.725		
Akaike's Information Criterion (AIC)	185.450		
Finite Sample Corrected AIC (AICC)	192.950		
Bayesian Information Criterion (BIC)	199.187		
Consistent AIC (CAIC)	208.187		

Dependent Variable: Number of damage incidents
Model: (Intercept), type, construction, operation, offset = log_months_service

a. The full log likelihood function is displayed and used in computing information criteria.

b. Information criteria are in small-is-better form.

針對負二項式迴歸報告的對數概似值為 –83.725。此值實際上小於卜瓦松（Poisson）迴歸的對數概似值，這指出（無需進行概似比測試）此負二項式迴歸對卜瓦松（Poisson）迴歸沒有任何改進。

但負二項式分配輔助參數的選用值 1 ，對於此資料集來說可能不是最理想的。檢定過度離散可以使用的另一種方法，是配適輔助參數等於 0 的負二項式模型，並在【專家】標籤的【輸出】對話框上要求進行 Lagrange 乘數檢定。如果檢定不顯著，則對於此資料集來說過度離散不應該是個問題。

使用【廣義線性模型】為計數資料配適了三個不同的模型。事實證明，負二項式迴歸對卜瓦松（Poisson）迴歸沒有任何改進。過度離散的卜瓦松（Poisson）迴歸似乎成為標準卜瓦松（Poisson）模型的合理替代方案，但並沒有正式的檢定，可用於在二者之間進行選擇。

5.4 Cox 迴歸

Cox 迴歸是時間對事件資料建置預測模型。模型會產生一個存活函數，該函數針對給定的預測變量值，預測在給定的時間 t 發生事件的機率。存活函數的形狀和預測變量的迴歸係數是從觀察對象中估算得出的。然後，可以將模型應用於對預測變量進行測量的新觀察值。

你的時間變數應該是數量的，但狀態變數可以是類別的，也可以是連續性的。自變數（共變數）可以是連續性，也可以是類別的。如果它是類別的，那麼就應該是虛擬的或者用指標編碼過。分層變數應該是類別的。

第一個假設是觀察值應該是獨立的，而且風險率在任何一段時間裡，應該都是常數，也就是說，不同觀察值之間的風險比例不應該隨時間而改變；第二個假設稱為**成比例風險假設**。

如果成比例風險假設不成立的話（如上述），可能就得使用【含時間相依性共變數的 Cox】程序。如果你沒有共變數，或者只有一個類別共變數的話，你可以使用【生命表】或【Kaplan-Meier】程序來檢驗樣本的存活、風險函數。如果樣本中沒有受限資料的話（也就是說，每個遇到的觀察值都是終端事件），你可以透過【線性迴歸】程序，建立起預測量與事件發生時間之間的關係模式。

所謂 Cox 迴歸分析是利用比例風險（Hazard）模式（或稱 Cox 模式）研究存活率的手法。此比例風險模式是設

$h_0(t)$……作爲基準的瞬間死亡率

$h(t)$…… 研究對象的瞬間死亡率

$h_0(t)$ 與 $h(t)$ 是使用共變量 $x_1, x_2, \cdots, x_p$ 表示成如下的模式，即

$$h(t) = h_0(t) \cdot \mathrm{Exp}(\beta_1 x_1 + \beta_2 x_2 + \cdots + \beta_p x_p)$$

研究對象的瞬間死亡率＝作爲基準之瞬間死亡率 * 比例常數

由於共變量的部份是像比例常數，所以也稱爲比例風險。

共變量 $x_1, x_2, \cdots, x_p$ 有兩種：

1. 不依存時間的共變量（像是男女之類的變數）
2. 時間依存性的共變量

Cox 迴歸分析是處理不依存時間的共變量的情形。

註：h(t) 也稱為風險（Hazard）函數。

以下的數據是有關腦中風死亡的觀察結果。數據檔參 cox.sav。串流顯示如下：

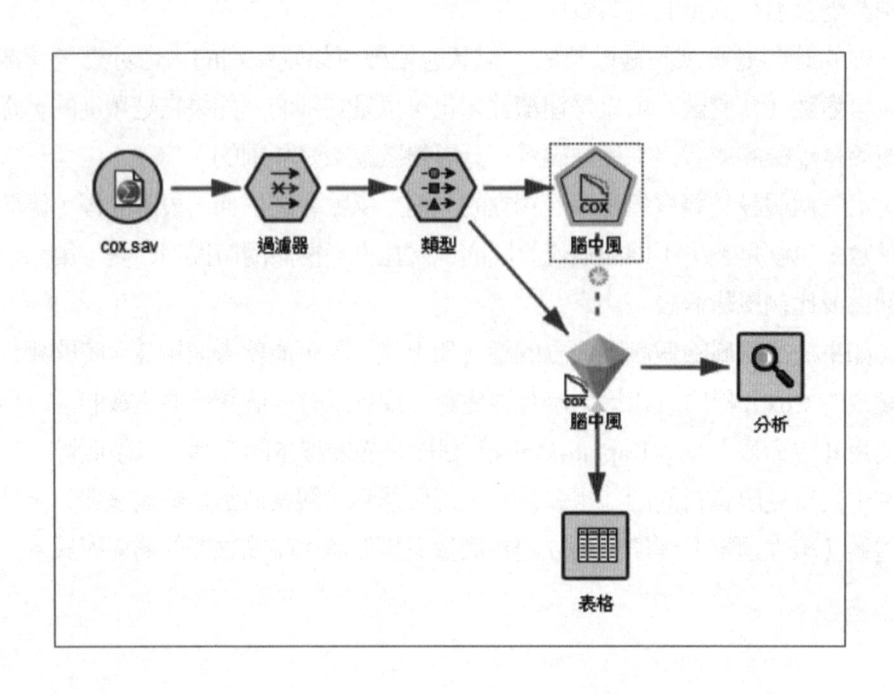

以腦中風的危險因子來說經常出現的是

飲酒、HDL（膽固醇）

因此，將人種、年齡、飲酒、HDL（膽固醇）當作共變量，進行 Cox 迴歸分析。

根據飲酒的情況，白人和黑人在發生腦中風方面是否有同樣的風險？藉由建立【Cox 迴歸】模式，輸入飲酒使用情形（每天所喝的酒）及年齡作爲共變數，你即可測試腦中風開始發生時年齡與飲酒使用情形之效應的假設。

■進行 Cox 迴歸分析可以知道什麼？

進行 Cox 迴歸分析時，可以知道以下事項：

1. 可以檢定以下的各個假設

   假設 H_0：$\beta_1 = 0$ —— 共變量 X_1 之係數

   H_0：$\beta_2 = 0$ —— 共變量 X_2 之係數

   |

   H_0：$\beta_p = 0$ —— 共變量 X_p 之係數

   如否定此假設 H_0 時，譬如否定假設 H_0：$\beta_1 = 0$ 時，

   亦即 $\beta_1 \neq 0$ 時，可知「共變量 X_1 影響死亡率」。

2. 可以繪製存活函數 S(t) 的圖形。
3. 可以求存活率。

以下說明使用 Modeler 進行 Cox 迴歸分析的步驟。

Step1：首先，設定串流內容以在輸出中顯示變數和值標籤。從功能表中選擇：

【檔案】>【串流內容 ...】>【選項】>【一般】

請確保選取了【於輸出顯示欄位和值標籤】，然後按一下【確定】。

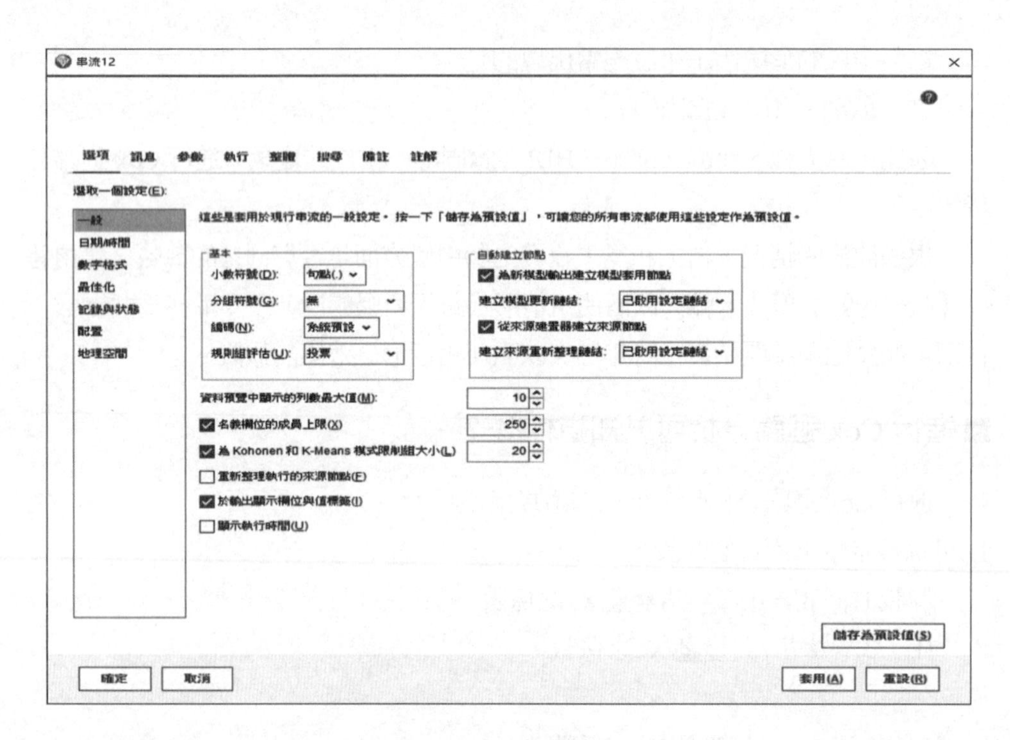

Step2：新增 cox.sav 的【統計量檔案】來源節點。

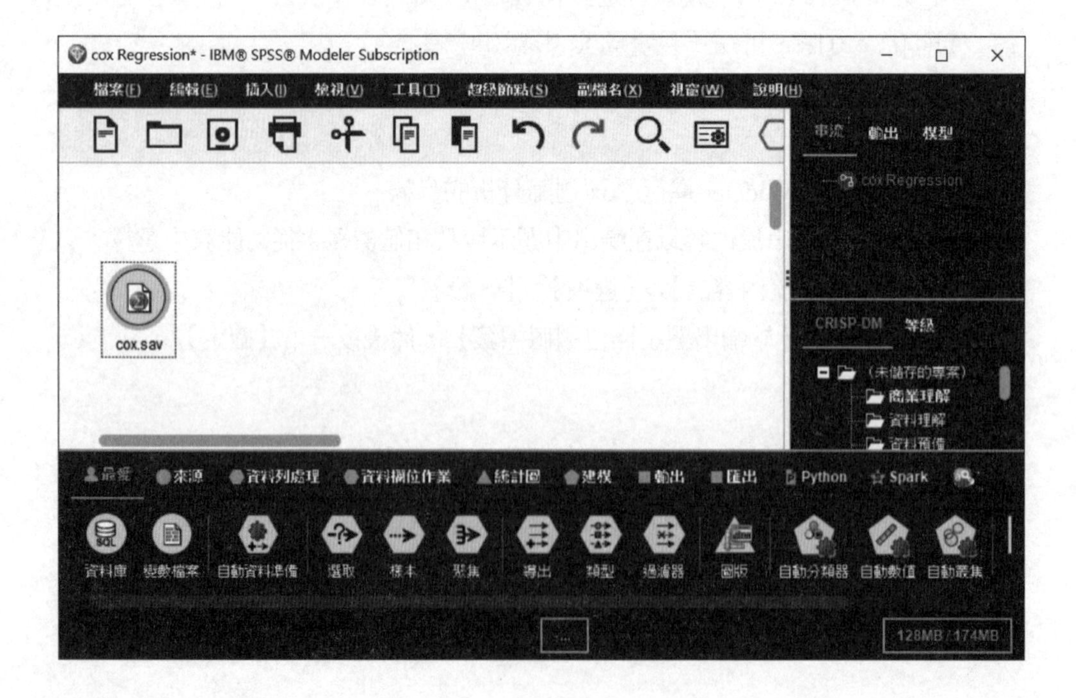

Step3：新增【過濾器】節點連接來源節點。開啟後因 ID 不列入分析，點選取消。按【確定】。

過濾器

預覽(P)

過濾器 註解

欄位: 7 已輸入，1 已過濾，0 已重新命名，6 已輸出

欄位	過濾器	欄位
ID	—✕→	ID
人種	——→	人種
年齡	——→	年齡
飲酒	——→	飲酒
hdl	——→	hdl
腦中風	——→	腦中風
觀測月數	——→	觀測月數

◉ 檢視目前欄位 ○ 檢視未使用的欄位設定

確定 取消 套用(A) 重設(R)

Step4：連接【類型】節點，開啟後並按一下【讀取值】，確保已正確設定所有測量層次。如果【值】為 0 和 1 的欄位可以視為旗標。將腦中風欄位的【角色】設為目標。所有其他欄位應該將其【角色】設為輸入。按【確定】。

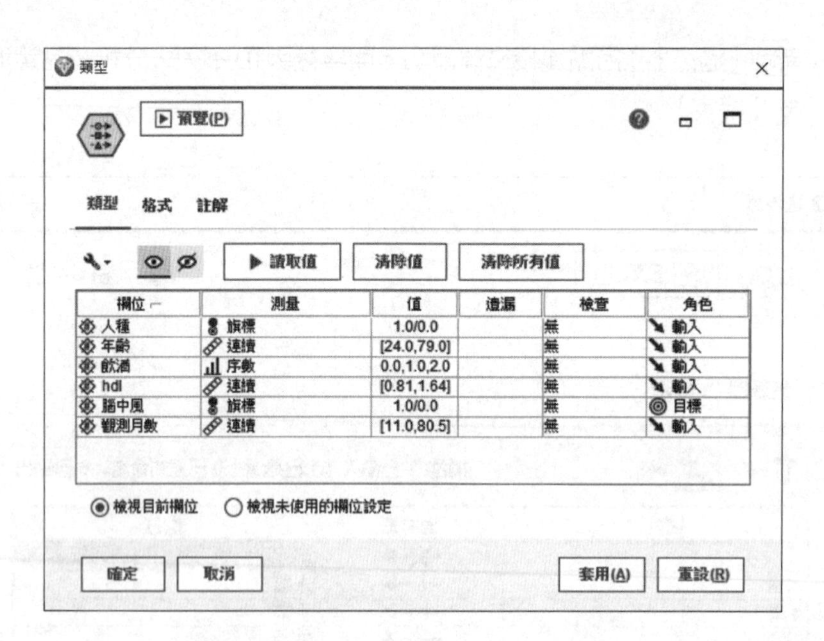

Step5：連接【cox】節點，開啟後，按一下【欄位】標籤，【存活時間】選取觀測月數，【目標】選取腦中風，年齡、飲酒、HDL 選入輸入框中。按【確定】。

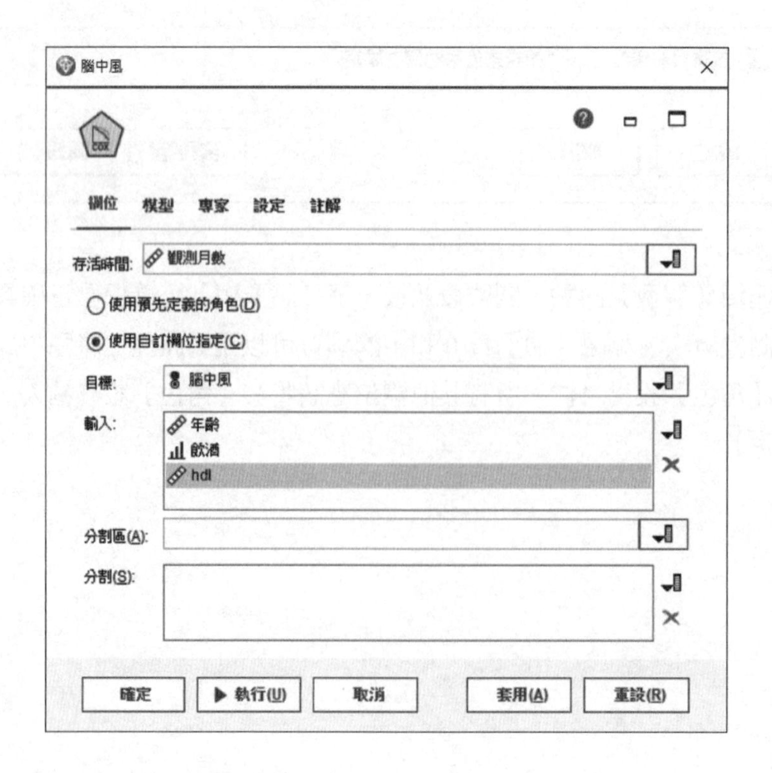

Step6：按一下【模型】標籤，【方法】選取輸入、【群組】選取人種、【模型類型】點選主作用。按【執行】。

Step7：在【專家】標籤上將模式設為【專家】，然後按一下【輸出】。

Step8：在【進階輸出】對話框中，【顯示】中點選【在每一步驟】、【exp(B) 的 CI】，【圖形】中勾選「存活分析」、「風險」、「負對數存活函數的對數」、「壹減存活機率」。然後按一下【確定】。

Cox 回歸：進階輸出

統計資料

顯示: 在每一步驟 在最後步驟

exp (B) 的 CI 95 %　估計值相關性

顯示基準線函數

圖形

存活分析 風險 負對數存活函數的對數 壹減存活機率

為每個值繪製分隔線:

用於圖形的值:

欄位	值
人種	平均數
年齡	平均數
飲酒	平均數
hdl	平均數
觀測月數	平均數

確定　取消　說明(H)

Step9：按一下【設定】對話框中，在【時間欄位】中選入觀測月數，勾選【附加所有可能性】、【計算累積風險函數】。

腦中風

編輯目前串流特性

欄位 模型 專家 設定 註解

預測未來存活時間，指定為:

定期 時間間隔: 1.0

要評分的時段數目: 1

時間欄位 觀測月數

過去存活時間:

附加所有可能性

計算累積風險函數

確定 ▶ 執行(U) 取消 套用(A) 重設(R)

Step10：按一下【執行】以建立模型，該模型會新增至串流以及右上角的【模型】選用區中。若要檢視其詳細資料，請按兩下串流中的模型區塊。

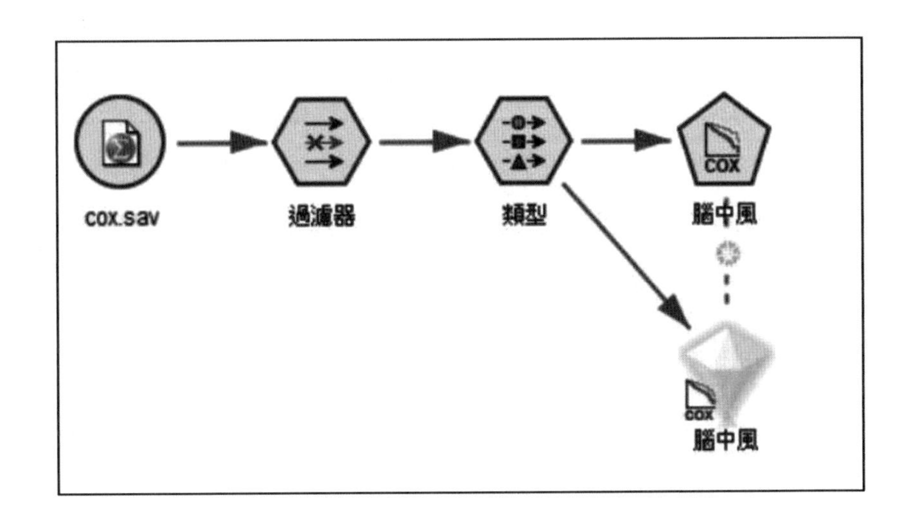

Step11：【進階】標籤顯示完整清單。

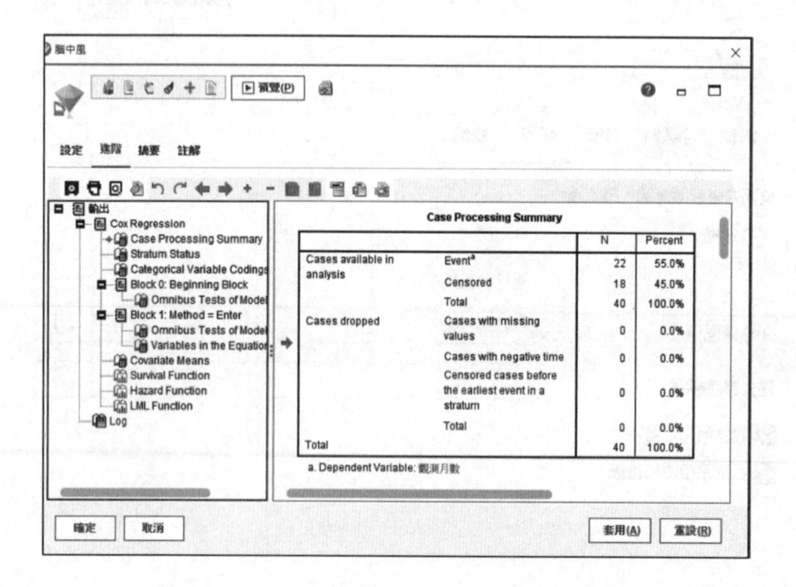

【SPSS 輸出 ·1】——Cox 迴歸分析

Omnibus Tests of Model Coefficients

-2 Log Likelihood
97.970

Omnibus Tests of Model Coefficients[a]

-2 Log Likelihood	Overall (score)			Change From Previous Step			Change From Previous	
	Chi-square	df	Sig.	Chi-square	df	Sig.	Chi-square	df
86.836	8.890	4	.064	11.134	4	.025	11.134	4

a. Beginning Block Number 1. Method = Enter

Variables in the Equation

	B	SE	Wald	df	Sig.	Exp(B)	95.0% CI for Exp(B)	
							Lower	Upper
年齡	.012	.023	.246	1	.620	1.012	.966	1.059
飲酒			1.971	2	.373			
飲酒(1)	-.857	.646	1.760	1	.185	.424	.120	1.505
飲酒(2)	-.636	.576	1.220	1	.269	.530	.171	1.636
hdl	-5.965	2.369	6.338	1	.012	.003	.000	.267

↑ ① (B)　↑ ② (Sig.)　↑ ③ (Exp(B))

【輸出結果的判讀法 ·1】

① 比例風險函數 h(t) 是：

$h(t) = h_0(t) \cdot EXP(0.012*$ 年齡 $- 0.857*$ 飲酒 $(1) - 0.636*$ 飲酒 $(2) - 5.965*HDL)$

② 如觀察顯著機率的地方時：

HDL 的顯著機率 0.012< 顯著水準 0.05

所以假設被否定。因此，知 HDL 對腦中風有影響。

在飲酒這一方面，

飲酒 (1) 的顯著機率 0.185> 顯著水準 0.05

飲酒 (2) 的顯著機率 0.269> 顯著水準 0.05

因此，不能說飲酒時對腦中風有影響。

③ 如看 EXP(B) 的地方時：

飲酒 (1) …0.424

飲酒 (2) …0.530

略微飲酒的人比不飲酒的人，變成腦中風的風險是 0.424 倍。

經常飲酒的人比不飲酒的人，變成腦中風的風險是 0.530 倍。

【SPSS 輸出 ‧ 2】Cox 迴歸分析

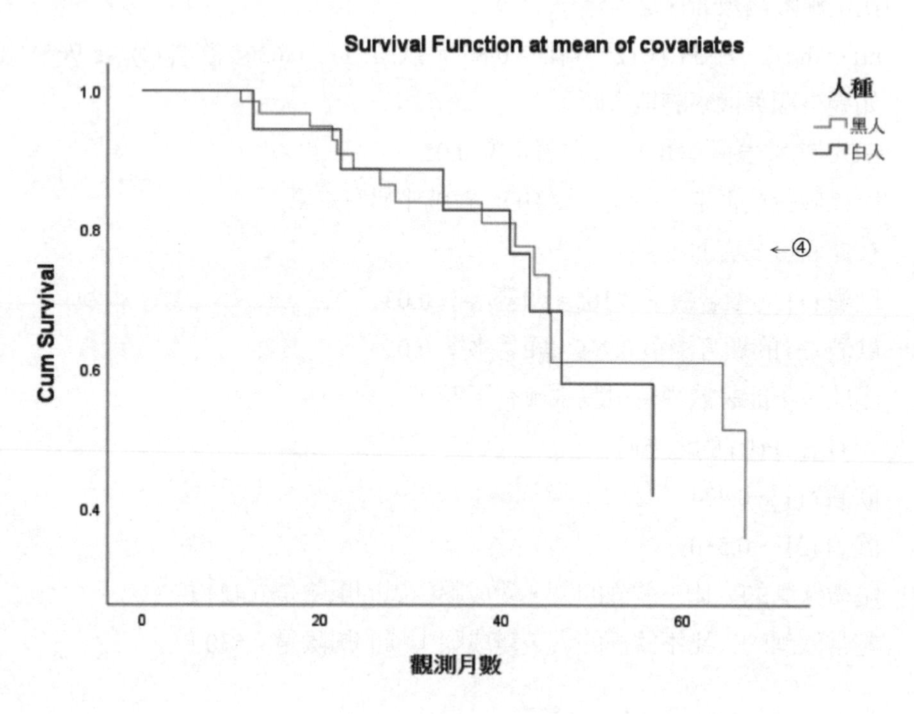

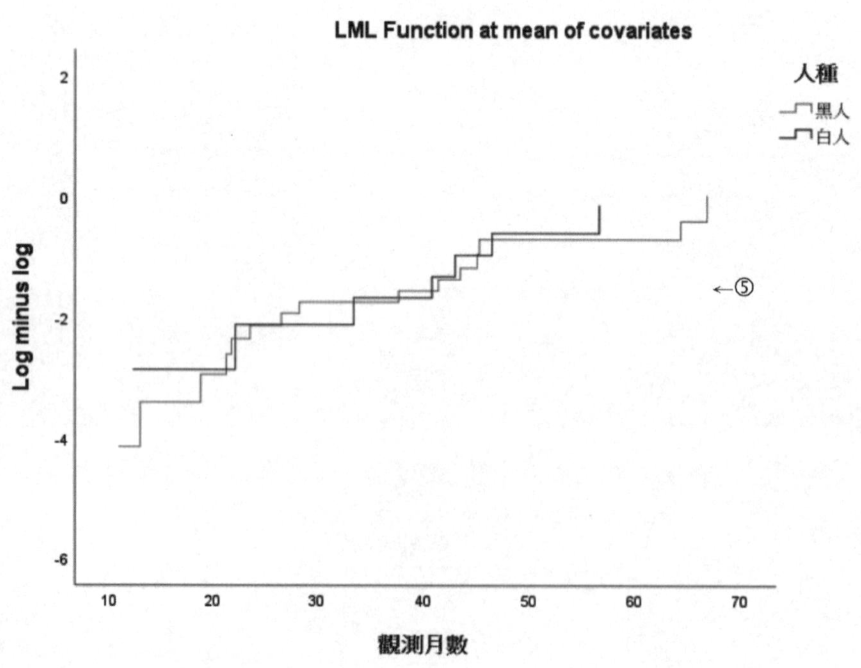

【輸出結果的判讀法 ・2】

④白人的存活率曲線與黑人的存活率曲線可分別畫出。

⑤LML 是 Log Minus Log 的簡稱。

分成白人與黑人兩層，製作 Log(–LogS(t)) 之後，兩條線幾乎平行。

因此可以認爲比例風險性是成立的。

Step12：於產生的模型區塊連接表格節點，按一下【表格】節點點選【執行】。

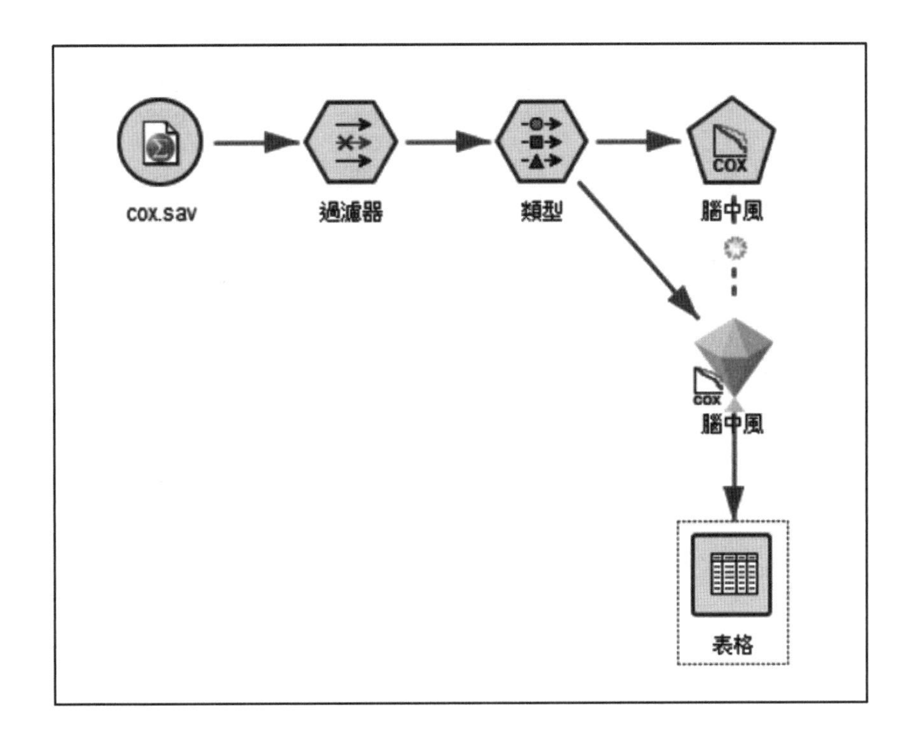

【Modeler 輸出 ·3】Cox 迴歸分析

表格 (11 個欄位、40 個記錄)

檔案(F) 編輯(E) 產生(G)

表格 註解

	...	年齡	...	hdl	腦中風	觀測月數	$C-腦中風-1	$CP-腦中風-1	$CP-0-1
1	0....	42....	1....	0.9...	1.000	11.000	0.000	0.940	
2	0....	71....	0....	1.6...	0.000	12.000	0.000	0.999	
3	1....	37....	2....	1.1...	1.000	12.400	0.000	0.874	
4	1....	60....	1....	1.5...	0.000	13.000	0.000	0.994	
5	0....	58....	2....	0.9...	1.000	13.100	0.000	0.794	
6	0....	74....	0....	1.3...	0.000	14.700	0.000	0.989	
7	0....	47....	2....	0.9...	1.000	18.800	0.000	0.764	
8	0....	38....	0....	1.5...	0.000	19.800	0.000	0.996	
9	0....	71....	1....	1.1...	1.000	21.300	0.000	0.872	
10	0....	32....	0....	1.0...	1.000	21.800	0.000	0.857	
11	1....	58....	0....	1.2...	1.000	22.200	0.000	0.919	
12	0....	24....	1....	0.8...	1.000	23.600	0.000	0.547	
13	0....	40....	0....	1.2...	0.000	24.300	0.000	0.954	
14	0....	31....	2....	1.3...	0.000	25.400	0.000	0.939	
15	0....	72....	1....	1.1...	1.000	26.600	0.000	0.762	
16	0....	40....	2....	0.9...	1.000	28.300	1.000	0.714	
17	1....	44....	1....	1.5...	0.000	29.500	0.000	0.989	
18	1....	46....	0....	1.4...	0.000	31.500	0.000	0.984	
19	1....	51....	1....	1.1...	1.000	33.500	0.000	0.804	
20	0....	49....	1....	0.9...	1.000	37.700	1.000	0.544	

確定

↑⑥ ↑⑦

【輸出結果的判讀法 ·3】

⑥腦中風是狀態變數。

⑦這是累積存活函數的存活率。

Step13：於產生的模型區塊連接【分析】節點，按一下【分析】節點點選【執行】。

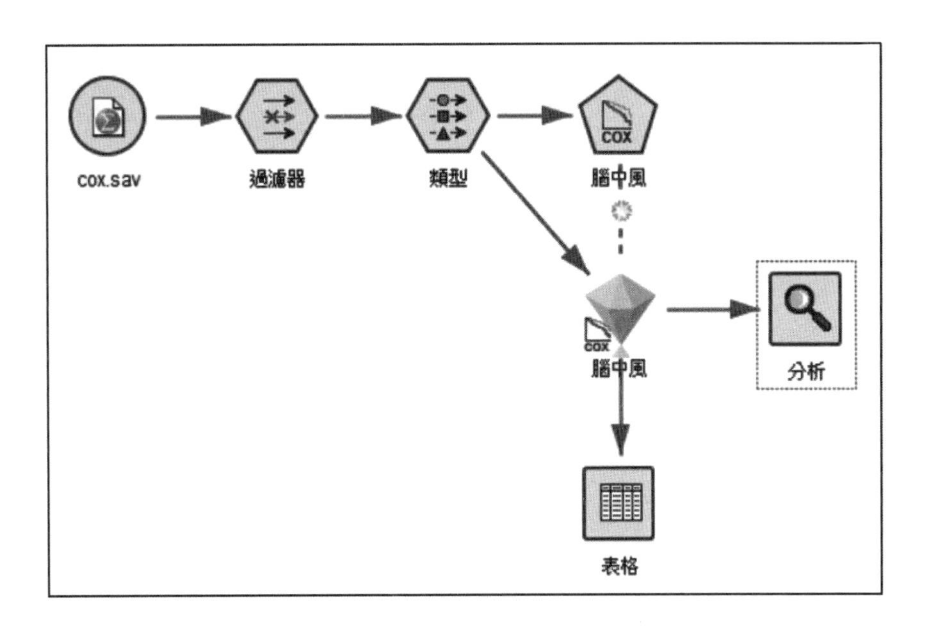

【Modeler 輸出 ‧3】

正確	26	65%
錯誤	14	35%
總計	40	

【輸出結果的判讀法 ‧3】

得出利用此模型預測的正確度是 65%。

第 2 篇　應用篇

第2篇　簡介

SPSS Modeler是領先的視覺數據科學和機器學習解決方案，它可以幫助企業縮短實現價值的時間並達到預期的結果。全球領先的組織利用Modeler進行數據準備、發現、預測分析、模型管理、部署以及機器學習，透過資料庫謀取獲利。資料庫是一個對結構化資訊或資料的組織性搜集，通常以電子方式儲存在電腦系統。資料庫通常由「資料庫管理系統」（DBMS）控制。資料、DBMS以及和它們相關的應用程式統稱為資料庫系統，通常又簡稱資料庫。

管理大師彼得・杜拉克曾說過：「企業的目的就是要創造顧客並保有顧客。」（The purpose of business is to creat and keep a customer），雖然看起來是一句簡單的話，但背後卻是有許多道理的。而要如何創造顧客？要如何保有顧客？都是一門深奧的學問，所涉及的領域包括企業管理、管理學、行銷學、商業心理學及顧客關係管理等等。

事實上，要創造顧客與保有顧客最基本的做法當然是要先對顧客的行為有深入的認識才行。因此，企業要生存就必須擁有豐富、完整的消費者行為相關知識，這些知識包括：消費者需求的了解、消費者行為的影響因素、消費者的購買動機，及顧客關係管理等相關知識。從管理大師彼得・杜拉克的觀點可以清楚的知道，沒有顧客就沒有企業，因此，認識消費者行為對於企業來說，絕對是一門不能忽視的大學問！

「消費者行為」顧名思義就是消費者在購買的過程中，所展現的一切行為。行為是需求的結果，理論上來說，只要研究這些行為背後的需求原因，就能知道如何適時提供當下需要的產品，自然能大大提高銷售率。

本篇是應用篇，係利用Modeler對顧客需求的行為進行分析，共分5章。分別為：

- 確立顧客行為的基礎
- 理解顧客行為
- 發現顧客行為模式
- 將顧客行為分類
- 預測顧客行為
- 建立顧客分析的基礎

第6章 在開始顧客分析之前

6.1 顧客分析的5個業務課題

6.1.1 顧客分析的目的與5個業務課題

在此數年以來，對持有的顧客數據進行分析的企業或組織逐年增加。利用大數據（Big Data）或人工智慧（Artificial Intelligence）著手業務革新，在各大媒體中被激烈地討論，它的曝光率一直在提高著，想從顧客資訊摸索新的商機（Business Chance）動向，今後會越發活躍。

可是，可惜的是將原先的利用目的置之於腦後，一味埋首於機械學習（Machine Learning）等要素技術的專案，卻隨處可見，也是目前的現狀，如此的情形幾乎因人的資源與研究預算的不足，在未能獲得明顯的成果下，流於以失敗收場。

原本顧客分析是手段，目的是要給企業與顧客帶來利益。本篇是基於以何種的步驟去進行業務分析結果，可能會出現何種的價值，分成較具代表的業務應用領域加以整理說明。

以企業的目的來說，分析顧客數據的主要業務課題，如圖6.1可以分成如下的5類。

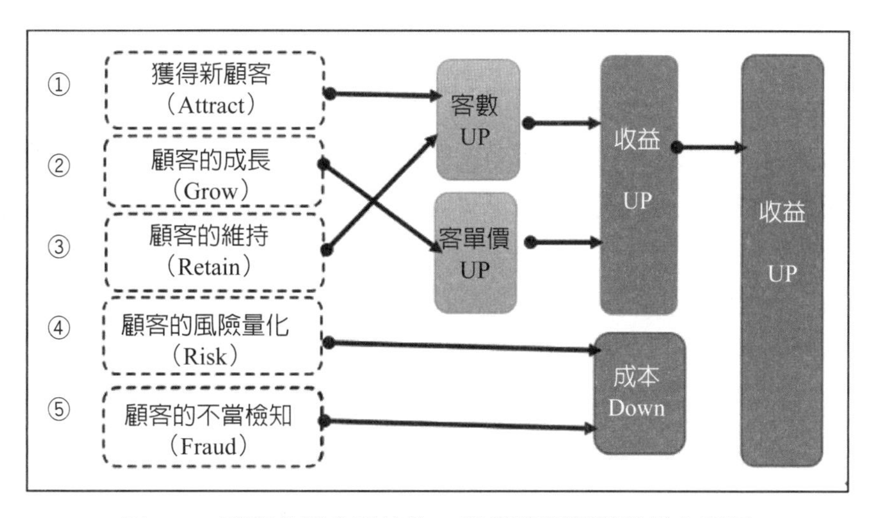

圖6.1　顧客分析的目的的5個業務課題與利益之關係

①、②、③的「獲得新顧客」、「顧客的成長」、「顧客的維持」，如從經營的財務面來考量時，是以提高收益爲取向，④、⑤是有關成本的刪減。

另外，企業如從每一位顧客獲得的價值，即所謂的生涯價值（Lifetime Value）的觀點來看時，如圖 6.2 X 軸表示時間的經過，Y 軸表示從顧客所產生的利益。

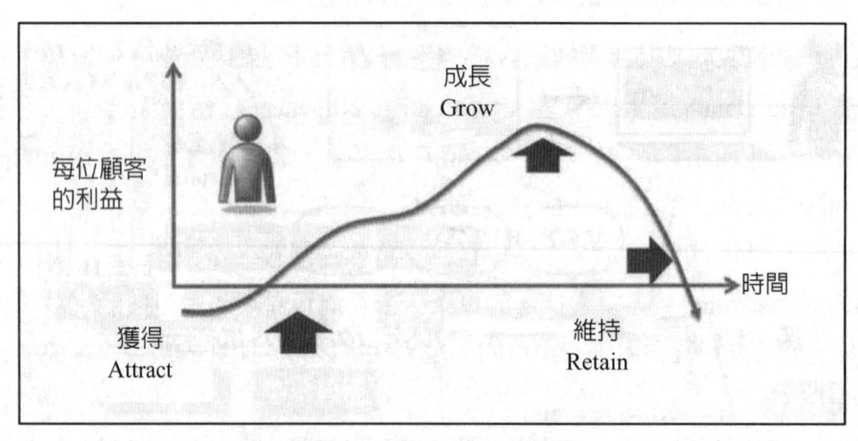

圖 6.2　顧客的生涯價值

6.1.2 獲得新顧客

企業與顧客的關係，最初是使用廣告宣傳等手段，招來預估的顧客，此即「獲得新顧客」。在成熟的市場中，顧客數的增加無法期待，有需要活用過去的數據，有效率地獲得新的顧客。

其中的一例是目前最受矚目的稱爲「網路廣告科技」（Ad Technology），不管是要會員登錄也好，或是不要登錄也好，在網頁中的廣告呈現出「好像很了解自己的樣子」，是否有過此種的感覺呢？這些的背後，如圖 6.3 存在著推估瀏覽者的技術。

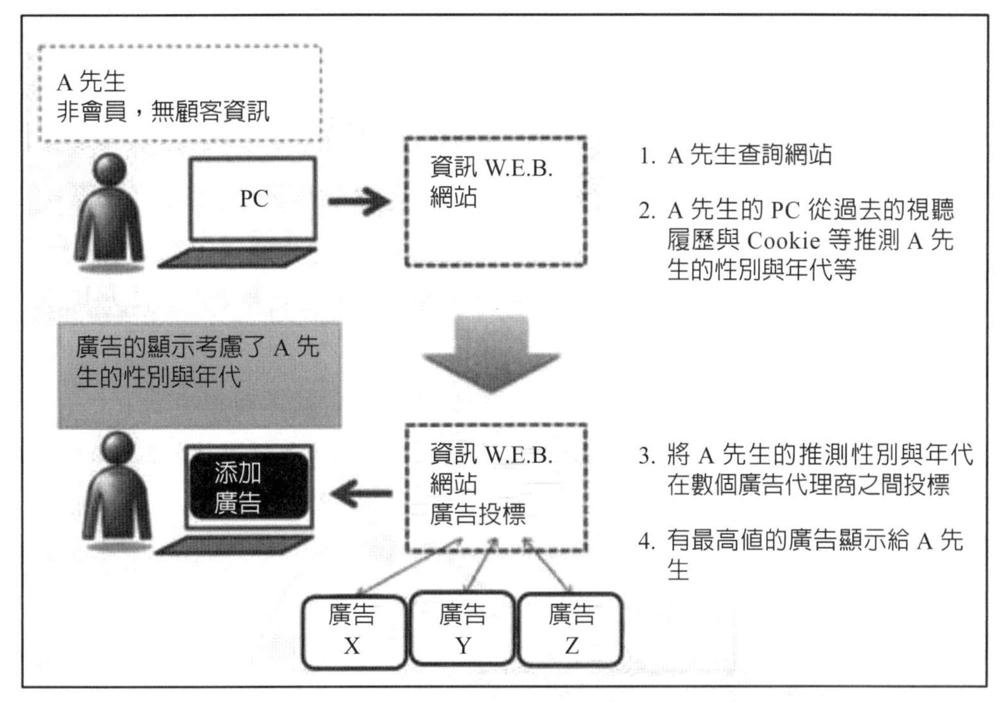

圖 6.3　網路廣告推估瀏覽者屬性的秒間交易

首先，資訊網頁是在本人許可作爲前提之下，參照瀏覽者的 PC 所訪問過的瀏覽履歷，事先準備著能判別何種人瀏覽何種網頁此種傾向的統計模式，因此能推測網頁訪問者的性別與年代，從中得到的資訊作爲線索，在廣告代理商之間每次進行投標，找出目標廣告。

此種廣告的秒間交易過程，在廣告技術之中，稱爲即時競標（Real Time Bidding, RTB），在短期間內急速普及著。RTB 是一個網路廣告的競價機制。相比於以前廣告主投放廣告，較常採用的廣告聯播網，無法確定眞正點擊廣告的是誰而浪費預算。即時競價機制是利用資料分析能力，得出使用者的習慣與興趣，再讓相關的廣告商互相競價廣告版面（Advertising Space），這個競價方式可以讓廣告商用合理的價錢購買到最適合的廣告。

而且，最近以推測瀏覽者的技術來說，也適用了智慧手機的位置資訊。以行動裝置所得到的地理空間數據，不僅詳細估計末端使用者的行爲模式，廣告能在適合的場所與時間傳出訊息，此種的期待也是與日俱增。

到目前爲止，由於可以用於分析的數據非常有限，因此，獲取新客戶是一個很難解決的業務課題。可是，最近可以從網路或行動電話的通路得到數據，因而有許多企業出現成功的事例。

6.1.3 顧客的成長

顧客分析的第 2 個業務課題，是讓已獲得的顧客單價（指每位顧客在單次消費中的平均消費金額）能有所提高，即「顧客成長」，如果不計急速成長的新事業，每一位顧客支付的金額，即所謂的顧客單價如不能提高時，企業的收益是無法期待擴大的。

因此，將與所購買商品有關聯的未購買商品向顧客建議併買（Cross-sale），以及促使購買更高金額的商品（Up-sale），已成爲有效率的手段。

以藥局連鎖店爲例來說明。在無法預估國內人口增加的狀況下，如圖 6.4 誘導顧客層級走向上位，即爲重要的對策。

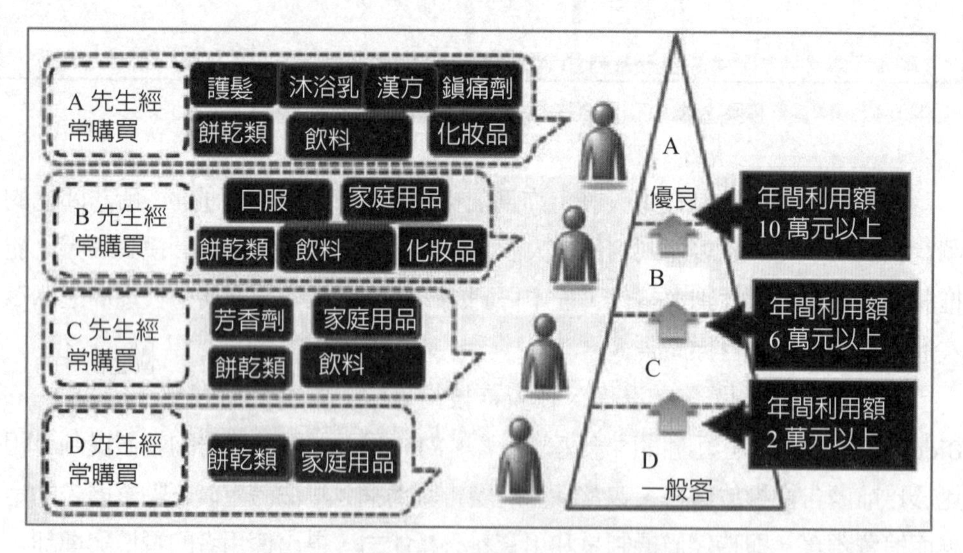

圖 6.4　觀察藥局連鎖店的優良顧客行為

以會員卡管理顧客的藥局連鎖店，如持有以往何種人在何時、購買何種商品、花了多少購買的數據，使用此資訊時，即可調整年間購買金額。假定超過 10 萬元的 A 級顧客與未滿 2 萬元的一般顧客之間購買行爲的差異。

如圖 6.4 如可找出各級的顧客特別喜歡的商品時，即可得知將顧客往上提升等級所需要的商品。

優良顧客及培育它的未來顧客也許不易。可是，可以掌握要如何才可變成優良顧客，它不僅是適切地誘導顧客，配合企業自己的強項與弱項，有意地建立粉絲（fans）此點上也具有意義。

6.1.4 顧客的維持

顧客分析的業務課題的第三個是「顧客的維持」，亦即防止發生與其他服務相背離的事態。在許多的行銷教科書中均說明，獲得一位顧客的成本是維持一位顧客的成本約有 7 倍之多，維持比增加容易。

並且，年間購買金額高的優良顧客，因某種理由解約或休眠時，金錢上的影響也不可忽略（解約是有明確的手續存在，休眠是顧客不來店鋪）。因口碑宣傳有可能會帶來其他顧客的離去，也會成爲非常大的傷害，因此優良顧客的維持對企業來說極爲重要。

以被顧客每月利用支付費所支撐的行動電話公司爲例來想想看。

圖 6.5　是顯示電信公司的防止解約所實施的問卷調查

畫面是當顧客來電時，顯示在接線員上的訊息。來電的瞬間以電話號碼識別顧客，姓名與住處等顯示在電話資訊欄中，接線員在開始通話前，先確認畫面中央的身分欄，如果是「雨天」的標記時，可以判斷是具有解約風險性高的顧客。

爲何可以如此的推測呢？該企業是將解約之前的行爲以演算法（Algorithm）加以模型化，接著，將所有顧客的解約危險度儲存在資料庫，滿足一定的條件時，就會有雨天的標記顯示。

如果是經驗豐富的接線員，對於有打算解約而來電的顧客，爲了要留住顧客需要有某種程度的技巧，可是，要求所有的接線員同樣的事情有些困難，因此此方法非常有幫助。

著眼於顧客通訊行爲的類似性，使用過去的挽留措施的有效性，進行顧客群的劃分是合理的（本章第 2.4 節以另一觀點來說明）。

持續地實施防止解約才證明有價值，如上面的事例，不只是預測，是否能設法列入系統或業務過程中是重要的成功要因。

6.1.5 顧客的風險定量化

前面三個的業務課題是有關收益，相對的，之後的兩個業務課題是以削減成本爲目的，其中一個是「顧客的風險定量化」。譬如，企業儘管想要促成顧客的成長，然而利益無法回收對社會變成損失。因此針對顧客，評定適切的風險就顯得需要。

信用卡公司考量風險再設定每位顧客的利用限額。依據往後的利用狀況重新評估，提高限額促使提高利用的情形也有，此稱爲「中途徵信審查」。

中途徵信審查一般是利用統計模式。圖 6.6 是具體的流程範例。

首先，學習顧客過去的利用狀況，以及事後的呆帳情形去製作統計模式，其次，針對每月徵信額度範圍的顧客，即使擴充限額 20 萬元是否毫無問題？以分數（Score）來判斷。

使用此分數，整體來說，對哪一個利用者許可貸款，哪一位利用者如能控制貸款，利益就會最大化，即可加以判斷。

另外，不僅是個人的信用卡風險，對於企業採行的交易法人的分級等也能利用，將倒閉風險定量化的結構，不僅是財務資訊，活用各種交易數據，近年來已走向高度化。

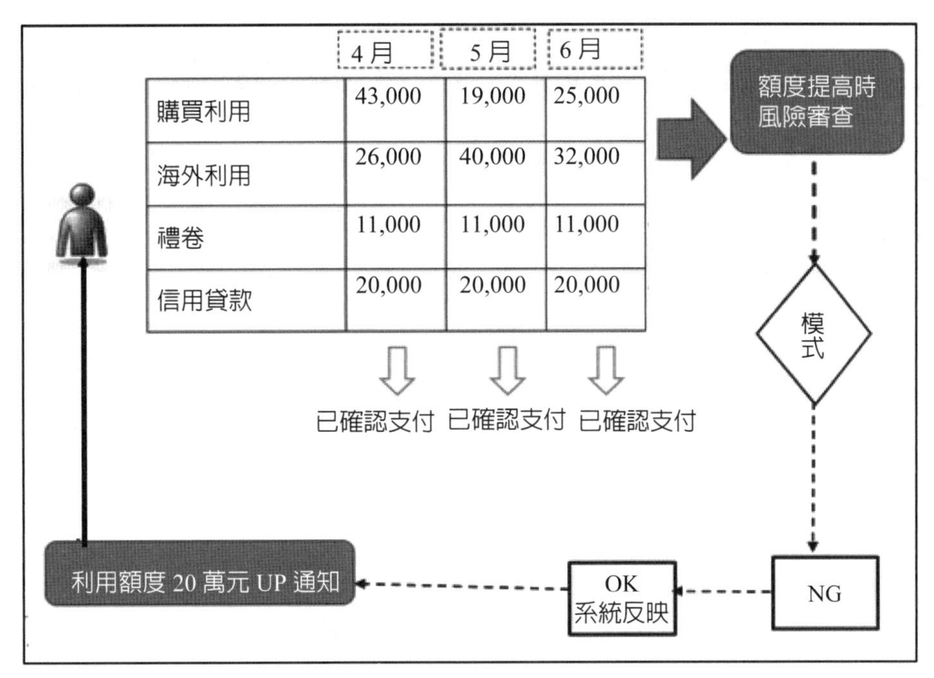

圖 6.6　國內信用卡中途徵信審查的流程例

6.1.6 顧客的詐欺檢知

在顧客之中，存在有對企業或組織有企圖不軌的人。以降低成本爲目的的第 2 個業務課題，即爲「顧客的詐欺檢知」。代表性的有以下幾種：

- 金錢貸款
- 網路的詐欺帳號
- 請求不當醫療報酬
- 信用卡的詐欺利用

將這些種種的詐欺，當作過去的模式來學習，以識別新的詐欺。以下的圖 6.7 是歐洲的汽車損壞保險公司的事例。

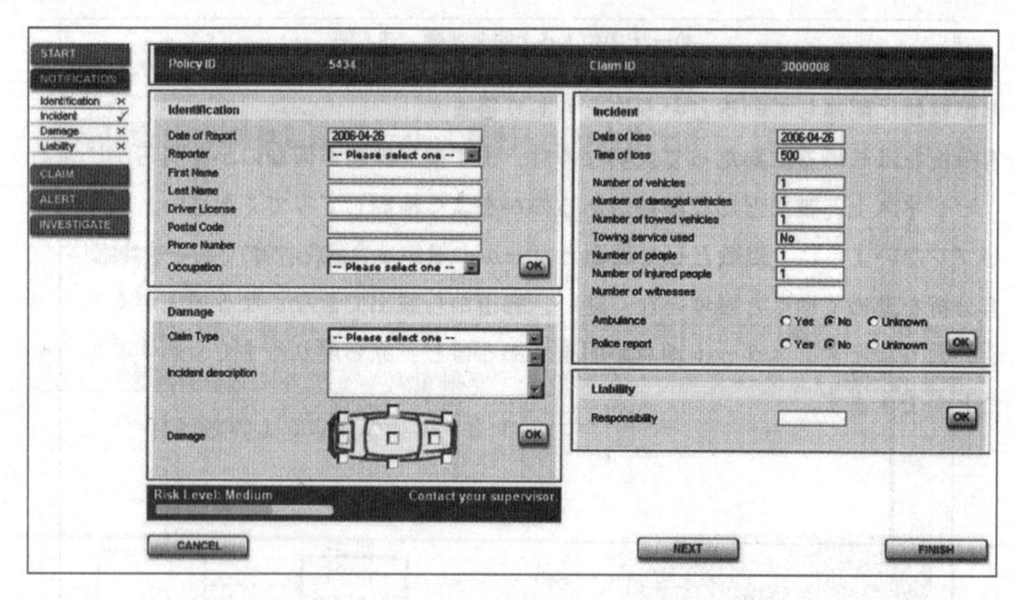

圖 6.7　歐洲損害保險公司的連絡中心的詐欺檢測例

6.2　掌握顧客的 4 個數據

6.2.1 掌握顧客的 4 個數據

顧客數據成為活用材料的數據，大略可分成以下四類。

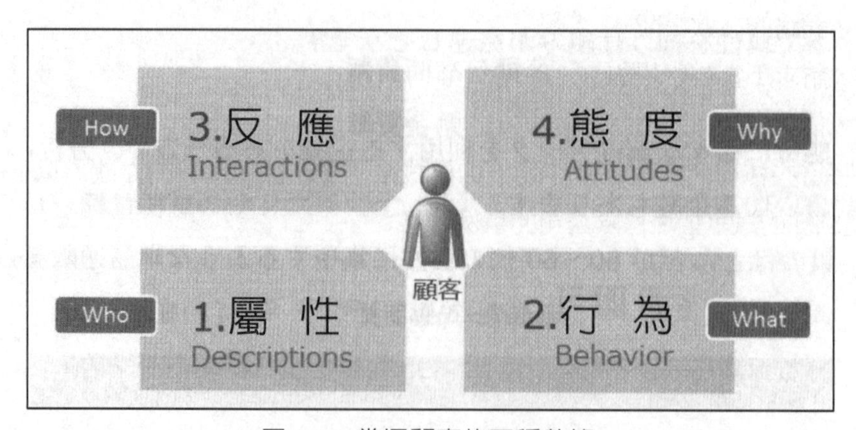

圖 6.8　掌握顧客的四種數據

以下就這些數據的特徵與功能依序說明。

6.2.2 屬性數據（Who）

聽到顧客數據，首先腦海中浮現的是性別或年代等的屬性數據，顧客屬性也稱爲「輪廓資訊」或「人口統計數據」（Demographic Data），代表的屬性數據有以下幾項：

- 性別
- 職業
- 住址
- 年齡（出生年月日）
- 年收入
- 家族成員

除上述以外，取決於經營型態具有特殊屬性的也有。譬如，化妝品公司把會員的肌膚診斷到肌膚的特性値當作屬性存取，藥局連鎖店將肩頸或偏頭痛等的健康狀態，作爲屬性存取的情形也有。任一者在進行商品提案時，均能成爲重要的材料。

6.2.3 行為數據（What）

顧客的行爲數據有以下幾種：

- 購買明細數據
- 網頁登錄數據
- ATM 利用數據
- 信用卡利用履歷數據

發行會員卡的便利商店記錄了誰、何時、何處、以多少購買。此稱爲購買明細數據，是行動數據最具代表者。

購買明細數據含有以下的數據項目（Field）。數據項目以資料庫用語則稱爲資料欄位（Column），以統計用語來說稱爲變數，本書則將稱爲「欄位」。

- 顧客號碼
- 購買時日
- 購買商品名

- 購買商品分類名
- 購買次數
- 購買金額

以下的表 6.1 即為購買明細的樣本。

表 6.1 購買明細數據的樣本

	A	B	C	D	E	F	G	H
1	CUSTID	DATE	PRODUC	大分類	中分類	數量	單價	小計
2	100001	2015/2/26	9900200	內衣	內衣06	2	700	1400
3	100001	2015/2/26	9902142	食品	食品12	2	840	1680
4	100001	2015/7/2	9937845	皮包	皮包04	5	348	1740
5	100001	2015/7/2	9902517	食品	食品12	5	550	2750
6	100001	2015/7/9	9903878	皮包	皮包04	7	444	3108
7	100001	2015/7/16	9905399	配件	配件05	1	1330	1330
8	100001	2015/7/16	9904157	配件	配件05	1	1960	1960
9	100001	2015/7/16	9900200	內衣	內衣06	2	700	1400
10	100001	2015/8/8	9922209	化粧品	化粧品03	1	2888	2888
11	100001	2015/8/11	9903713	化粧品	化粧品10	1	3240	3240
12	100001	2015/8/18	9901187	鞋	鞋02	1	2700	2700
13	100001	2015/8/18	9901973	婦人服	婦人服04	1	4980	4980
14	100001	2015/8/26	9910507	化粧品	化粧品03	1	3385	3385
15	100001	2015/9/12	9905746	食品	食品12	1	4093	4093
16	100001	2015/9/19	9905399	配件	配件05	1	1264	1264
17	100001	2015/9/19	9904500	婦人服	婦人服03	2	523	1046
18	100001	2015/9/19	9904157	配件	配件05	2	1862	3724
19	100001	2015/10/3	9903857	皮包	皮包04	5	479	2395
20	100001	2015/10/6	9905074	鞋	鞋02	2	686	1372

利用最終來店日（Recency）、購買次數（Frequency）、購買金額（Monetary）三者的均衡來評估顧客，取第一個字母稱為 RFM 分析（圖 6. 9）。此具體的製作流程，將於第 7 章第 1 節與第 3 節中詳細說明。

RFM 分析是美國的目錄銷售公司所想出來的，另外，最初購買的品項或最頻繁購買的品項（Item），在顧客的生涯價值中成為重要指標的業態也有，此情形稱謂 RFMI 分析。

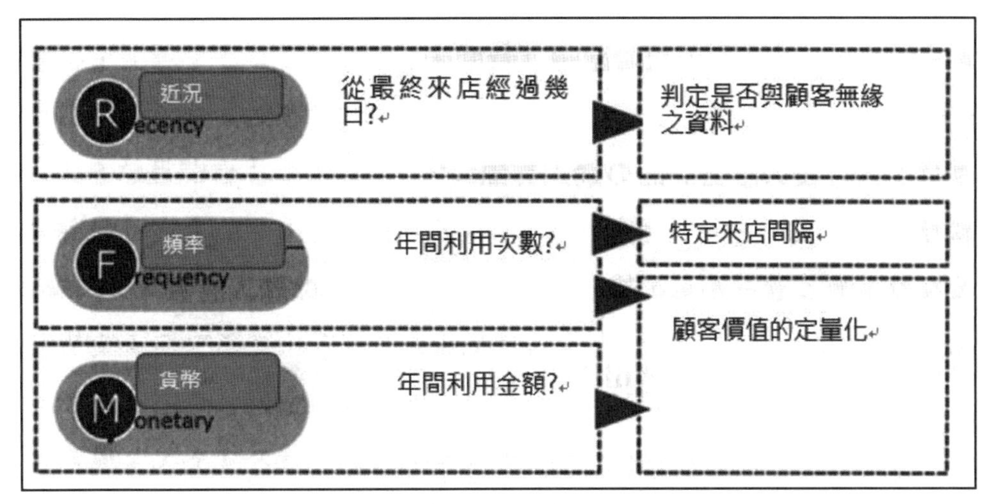

圖 6.9　利用 RFM 判定顧客價值

6.2.4 反應數據（How）

屬性數據與行動數據在顧客管理上會自動地被儲存，但反應數據是為分析而設計，也稱為交易（Interaction）的反應數據，是向顧客促銷的紀錄以及紀錄其反應的資訊。

舉例來說，像是：

- 電郵活動的開封紀錄（時間區）
- 電郵活動購買該商品的有無
- 目錄寄出後該商品購買的有無
- 免費樣本寄出後該商品購買的有無

反應數據可分為如下的 push 型與 pull 型兩種。

push 型是主動的，相對的 pull 型是被動的，push 型措施會在第 10 章第 1 節與第 7 章中說明。pull 型措施會在第 10 章第 3 節中介紹具體的步驟。

從企業來看時，顧客數是膨大的，但從顧客來看時企業是唯一的，因此顧客希望能經常依據過去相互來往的經驗採取因應，因應數據 push 型與 pull 型的各自特性，充實反應數據，在提高與顧客的緊密性上是極為重要的。

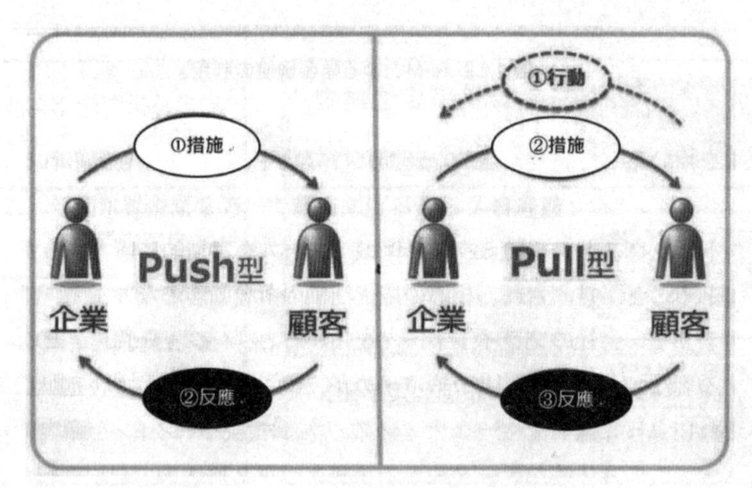

圖 6.10 push 型措施與 pull 型措施

6.2.5 態度數據（Why）

態度數據與前面說明的數據有甚大的不同，屬性、行為和反應數據是定量性的資訊，相對的，態度數據是表示顧客的情緒面與價值觀的定性數據，態度數據的例子舉例如下：

- 反映給聯絡中心的客訴內容
- 意見調查中所包含的自由回答
- 記錄營業負責人與顧客往來的紀錄表

活用態度數據有何種的好處呢？圖 6.11 是表示活用的圖像。

另外，文字探勘（Text Mining）技術也很發達，從與顧客的對話紀錄表、已購買的商品資訊，到顧客具有何種的價值觀與嗜好性，作為標籤來利用的專案有增無減。圖 6.12 是識別顧客索引的圖像，此標籤稱為 DNA，活用在推薦上的事例，近來在國內也開始有報導。

態度數據以往是利用顧客的意見調查收集數據，雖應用在希望或不滿的整理上，但許多的調查是匿名進行，無法與顧客 ID 連結，所以未能當作顧客取向的措施加以利用。可是，態度數據在直接措施上是有幫助的，現在許多的企業已經能夠判斷其用途。

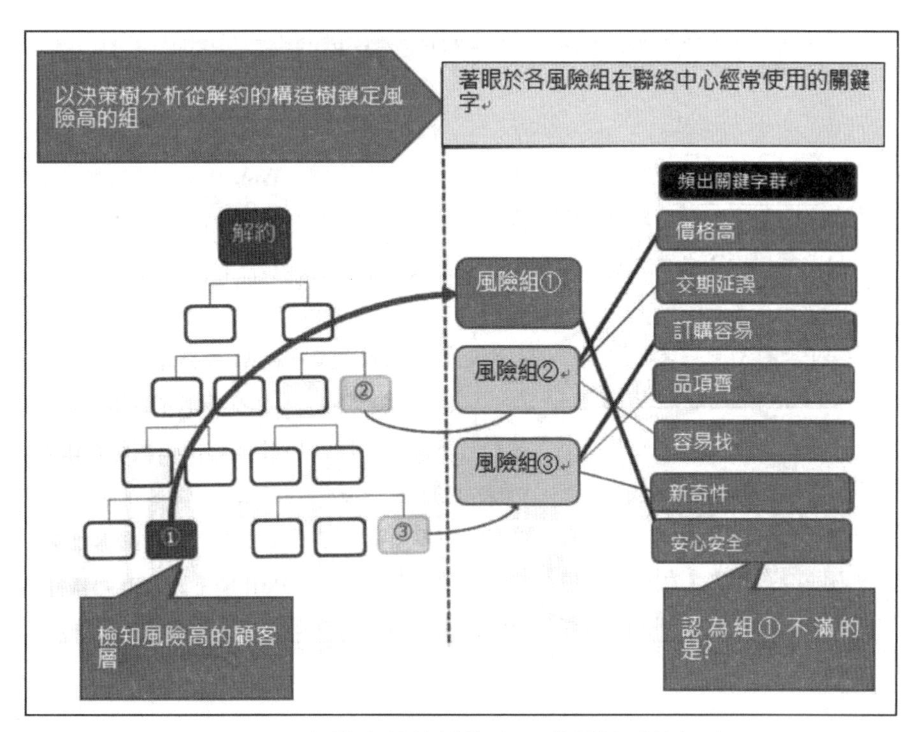

圖 6.11　在防止解約措施中訴求關鍵語的探索

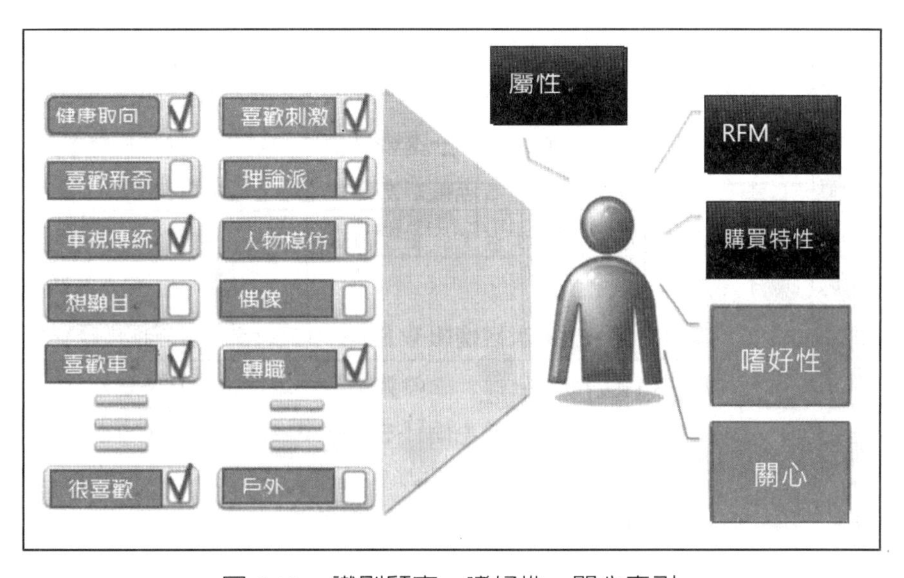

圖 6.12　識別顧客、嗜好性、關心索引

6.3 資料探勘手法是顧客分析的核心

6.3.1 3 種分析手法

像統計模式、機械學習演算、AI（人工智慧）等在分析學中所使用的分析手法有很多，依其目的可以大略分成 3 類，此即類型發現、分類、預測。就它們的概要與活用範圍說明如下。

		統計、多變量分析方法			
類型發現	規則	節點			
分類	集群、因子、主成分	K-Means			主成分/因子
預測	判別預測	Logistic 分配	區別	KNN	
	數值預測	迴歸方法	GenLin	Linear-AS	GLMM
		線性		KNN	Tree-AS

		機械學習、資料探勘方法					
類型發現	規則			關聯規則	Apriori	Carma	序列
分類	集群、因素、主成分				TwoStep	Kohonen	Anomaly
預測	判別預測	CHAID	C&RT 樹狀結構	QUEST	決策清單	SLRM	Bayes 網路
		C5.0	隨機樹狀結構	Tree-AS	類神經網路	SVM	LSVM
	數值預測	CHAID	C&RT 樹狀結構		類神經網路	SVM	LSVM
			隨機樹狀結構	Tree-AS		TCM	時間序列

圖 6.13　IBM SPSS Modeler 中所揭載的分析手法與分類

6.3.2 類型發現

執行類型發現的演算法，可以舉出以下幾種：

- Apriori
- Cama
- Sequence

「購買啤酒的人，他的購物籃有極高的機率會放入紙尿布」——作爲資料探勘，發現隱藏的購買傾向的例子來說，這是反覆被引用的軼事。此話的眞假雖不能確定，但在一個購物籃中，放入有特徵的商品組合卻是有用的，檢知它並得到洞察的是購物籃（Market Basket）分析。

譬如，在便利商店中，分析商品 A 會一起被購買的是什麼？對商品負責人來說是很重要的問題。同樣對店長來說，在平均顧客單價遠超過 1000 元以上的收據中，特別被包含的商品與其組合，即成爲有益的資訊。

以具體的例子來觀察。圖 6.14 是藥局連鎖店的購物籃的例子，商品之間的關係強弱以線的粗細來表現。

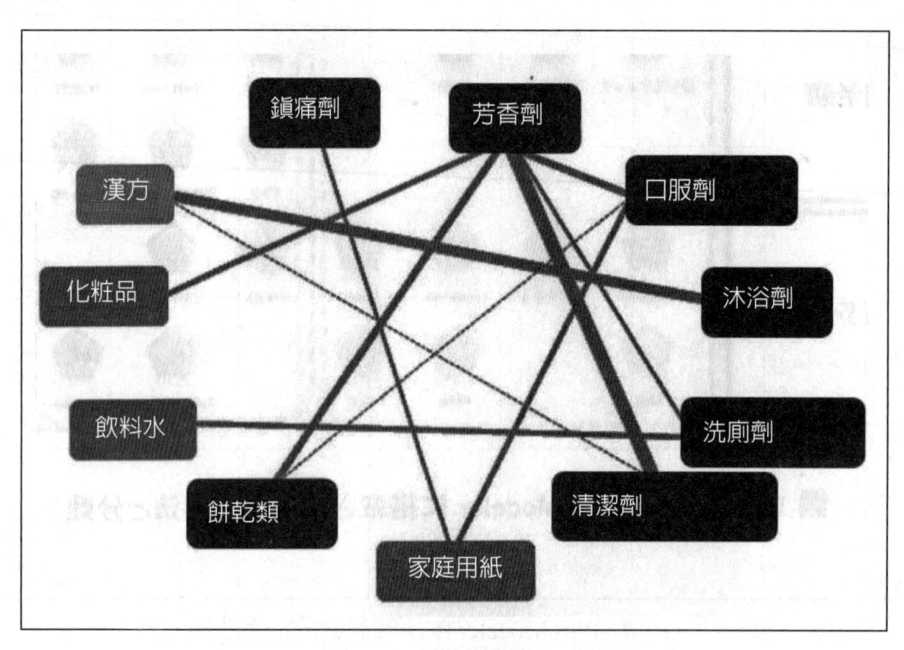

圖 6.14　利用 Web 圖形與關聯購買可視化

乍看，只是此圖表似乎可以了解很多的事情，光是組合多，在商場中的活用是不夠的。因此，連同數值的數據以及提示有效性的關聯規則即可發揮作用。「Association」翻譯成關聯，可自動檢測連動關係（有／無的組合）強弱的類型。換言之，與「關聯」類似的用法有「相關」，但相關是表示你身高與體重等 2 個數值之間強度的統計量。實際上，如使用類型發現的演算法時，即可自動地找出如圖 6.15 那樣的規則。

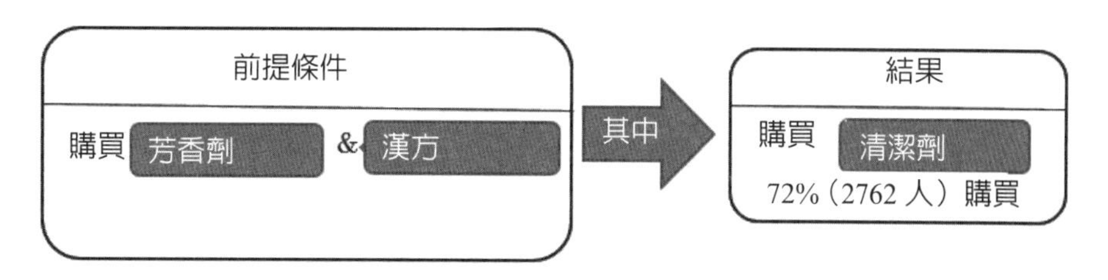

圖 6.15　利用關聯規則發現類型的例子

依據此規則，有 7 成購買芳香劑與漢方的人，會一併購買清潔劑的事實即可查明。從過去的數據即可求得此明確的特徵，是關聯規則的優點。

並且，考量時間類別，購買 A 的人下次來店有甚高的傾向會購買 B，檢出此種關係性也是可行的。此演算法作爲時間類別關聯，不僅是否購買，在掌握網頁的行爲模式上也可應用。

資料探勘開始普及約在 2000 年左右，許多的零售商找出了未知類型的關聯購買。結果，找到的規則幾乎是已知卻不可用，出現如此的話題。在購物籃中，只是店中所陳列的商品組合，卻無意外的發現是必然的結果。

尋寶的心態要及早斷念，應實際地把注意放在發現類型，找出經營商機的企業，之後從數據找出線索才能獲得成功。

譬如，某家量販店把注意力放在時間數列中的關聯購買，再以 DM 誘發購買而獲得成功。另外，某超市鎖定購買 A 商品的人會購買有特徵的商品，因而重新思考商品提案而獲得效果。

6.3.3 分類

將顧客或商品分成類似的群組即爲集群分析（Cluster Analysis）。

代表的演算法有以下 3 種：

• K-means（非階層集群分析）

• Kohonen

• TwoStep

集群分析是將資料列的類似度，從最接近的資料依序群組化的一種手法。從圖 6.16 的非階層集群是分析者事先選定集群個數，一面計算與中心值的距離，一面進行分類。應用範圍雖然各式各樣，特別在顧客數據活用上，是頻繁加以利用的手法。

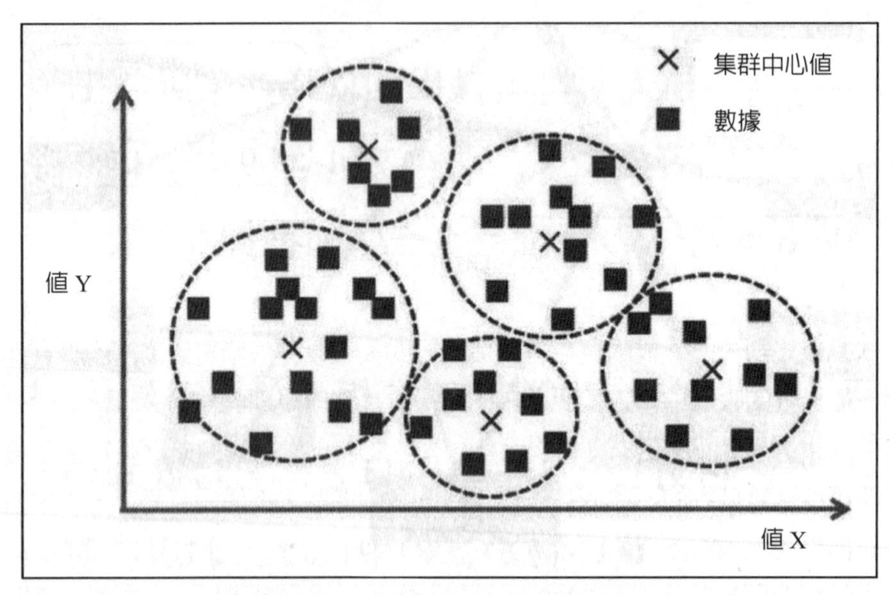

圖 6.16　非階層集群分析的概念

那麼，爲什麼需要將顧客分類呢？

假定以 100 萬人的顧客爲對象來探討。理想上是一對一，但 100 萬次的行動因爲成本過於膨大並不實際。雖然如此，100 萬人採取完全相同的應對也是不合理的。因此，將顧客以行爲的類別性先行分類，再針對各組提出對策可以認爲是較好的方法。

以電子商業網站爲例來說明。依網站上的行爲將顧客分成數類的群組，在各群組顧客瀏覽的網頁上加上「暱稱」。譬如，尋找在季節結束後變得便宜的衣料當作「減價獵人」（Bargain Hunter），尋找與特定的高級品牌皮鞋有關聯的商品當作「皮鞋狂（Shoes Mania）」。以識別暱稱爲基礎，讓旗幟廣告（Banner Advertisement）改變，可以期待購買完成率（Conversion）的提升，有助於擬定具體的措施。

（註）旗幟廣告是最常見的網路廣告形式，是互聯網界最為傳統的廣告表現形式，其形象特色早已深入人心。旗幟廣告通常置於頁面頂部，最先映入網路訪客眼簾，創意絕妙的旗幟廣告對於建立，並提升客戶品牌形象有著不可低估的作用。

6.3.4 預測

預測大略在分成兩種，一是預測如購買金額之類的數值數據，另一是以活動有無反應的質性數據作爲對象。而且，數值數據的預測有簡單的數值預測與時間數列預測，對這些也略加說明。

1. 數值預測

預測數值的分析手法有以下幾種。

- 線性迴歸模型
- 一般線性模型
- 類神經網路
- SVM（Support Vector Machine）*
- CHAID（迴歸樹）

（*）SVM 是一種監督式的學習方法，用統計風險最小化的原則來估計一個分類的超平面（Hyperplane），其基礎的概念非常簡單，就是找到一個決策邊界（Decision Boundary）讓兩類之間的邊界（Margins）最大化，使其可以完美區隔開來。

數值預測是在顧客分析時，使用購買行爲數據，推估年齡或年收的遺漏值，以及求出至解約爲止的估計期間時加以利用。

要如何預測數值數據，使用店鋪分析的例子來證明。譬如，連鎖餐廳計畫推出新店時，事前預測它的年收，預估合算與否是需要的。具體來說，是將注意放在現存店的年收與地域特性等的關係上開始的。

爲了使話題簡單，假定從新店鋪徒步 10 分鐘的商圈人口，與年收有強烈的相關，加之，各現存店鋪如圖 6.17 配置在 2 維座標上。

其次，各點與通過點的直線之距離，對 y 軸而言使之最小下確定直線的位置。此直線即爲迴歸式，因此以單迴歸式表示時即爲：

y（年收）= a（係數）×（徒步 10 分鐘內的商圈人口）+ b（截距）

雖然是有些眼熟的式子，但這是中學時代所記得的一次函數。

實際計畫新店時，除徒步圈人口之外，停車站到店鋪的距離、停車台數、之前的通行量、視認性（遠處看是否顯眼）等許多要因，也要列入建立多項式，使

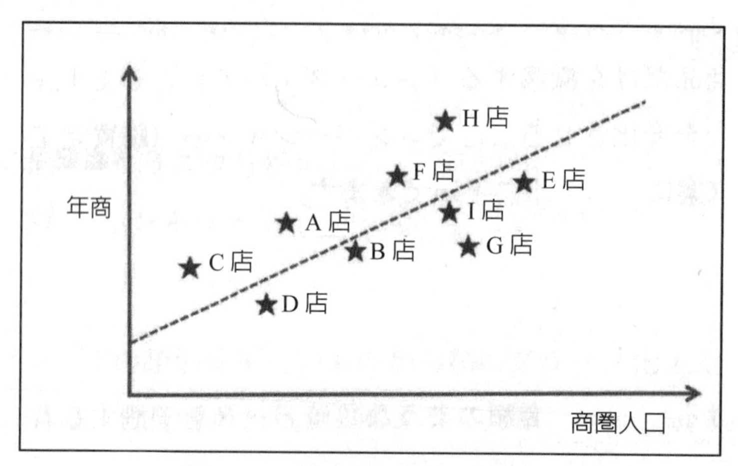

圖 6.17　利用單迴歸模型的預測

預測的精度提高的手法也不可忽略。如此形成的式子即爲複迴歸式，如以下那樣表示，即：

$$y（年收）= a_1x_1 + a_2x_2 + a_3x_3 + \cdots + b$$

因爲變成多維度無法利用圖來呈現的模式，備選要因（X）的取捨選擇與比重設定（a）也包含在內，在計算上工具會自動執行。

2. 時間數列預測

時間數列分析用在商品或市場的分析甚於顧客的分析。主要的手法有以下幾種。

- 指數平滑模式
- ARIMA 模式
- TCM 模式（Temporal Cause Modeling：時間數列因果模式）

商品的銷貨收入、庫存數、來客數等形成稱爲趨勢（Trend）的波形。學習該趨勢的季節性、週期性、事件有無，再預測將來之値，即爲時間數列預測。圖 6.18 是時間數列預測的樣本。

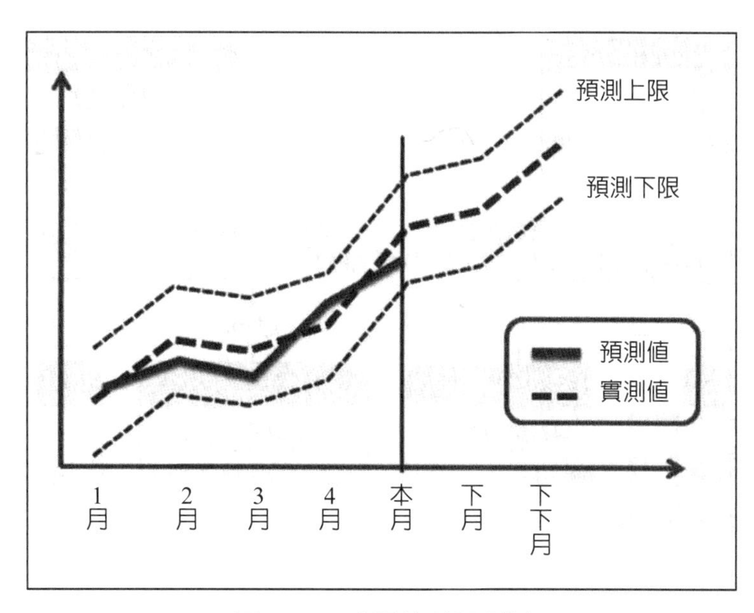

圖 6.18　時間數列預測例

資料探勘工具在發達之前，趨勢分析已付出甚多的努力。譬如，罐頭啤酒的銷售量，像天候等的要因或電視廣告等的效果是如何影響的，有需要個別地加以驗證。另外，即使採行電視廣告，不會是播放當日造成銷售量的增加，因此在效果出現之前的時差，仍須事前計算才行。

然而，最近工具會自動執行此種的處理，輸入過去的實際數值與要因，即可作出使預測誤差最小的模式。受惠此自動機能的飛躍性提高的影響，股票的演算交易或流通業的商品自動訂購、交通量的預測等，正在廣泛地普及著。

可是，方便的另一面也是需要注意的。無法達到期待的預測精度的聲音也不絕於耳。即使適切地學習過去的趨勢，要周全地命中將來的值是不可能的。重要的是一開始要認可預測誤差的範圍再設法加以控制。

認定「不命中也行，只要知道預測的上限值，庫存損失即可減少」再開始專案時，許多時候成果都能提高。對所有使用預測的專案雖能相提並論，但如何面對誤差也是成功的一個要因。

6.3.5 判別預測

進行判別預測的手法有以下幾種。

- 判別分析模型
- 類神經網絡
- 貝氏網絡
- C5.0（決策樹分析）

審查房貸申請者「能否還債」，或寄送 DM 給顧客預測「會有反應否」等之情形，可使用判別預測。

以網路郵購為例來說明。即使想找出對保養商品的 DM 有高反應率的顧客層，但數據量過多無法判斷的情形也有。此時所使用的演算法，即爲如圖 6.19 的決策樹分析（Decision Tree）。

決策樹演算法，可使預測對象欄位（此處是反應率）確定外，如列入輸入欄位（例中是中分類項目的購買有無）時，即可自動建立顧客層。而且，形成樹形結構也可直觀地發現反應率高的顧客層。

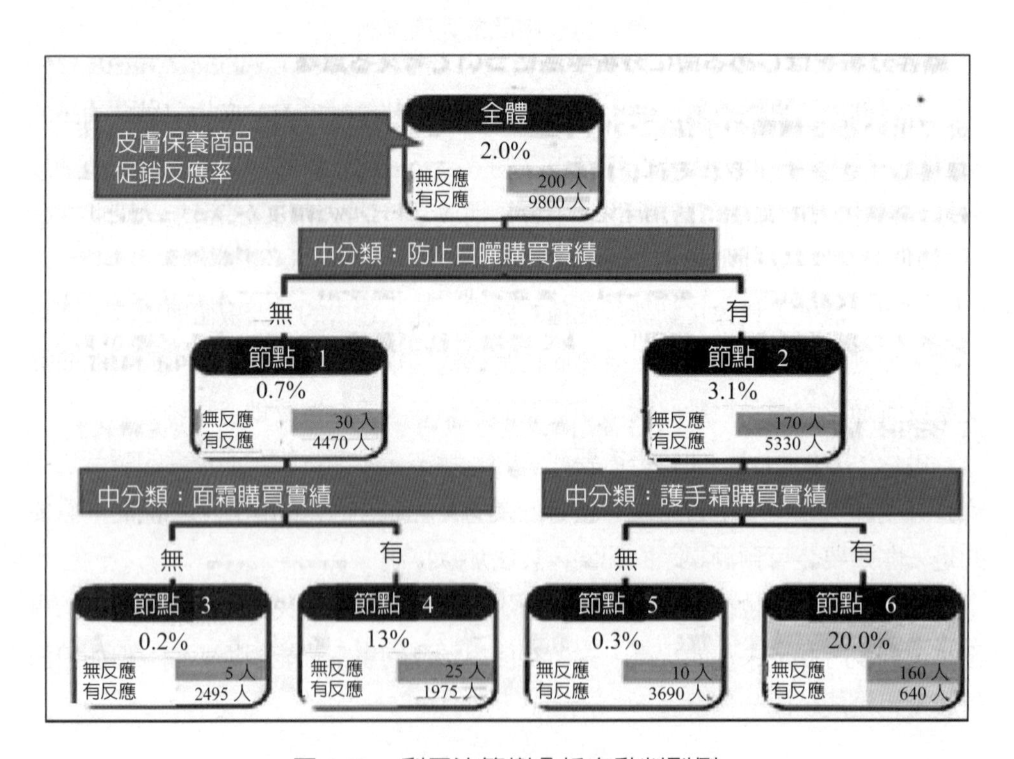

圖 6.19　利用決策樹分析自動判別例

圖 6.19 的情形是即使全體只有 2% 的反應率，但至節點 6 爲止密集顧客，反應率即成爲 20%，與其全體不如找出反應率有 10 倍高的顧客層。

決策樹分析是利用卡方等的統計量，從所有的組合按影響度高的順位重複分歧，要因構造變得明確，以及在分歧的過程中決定在顧客層的門檻值，有此等優點。另外，以年齡等的數值數據作爲分歧條件時，要以多少歲來分組，也能自動判定。

6.3.6 在顧客分析之前思考分析手法的意義

介紹了顧客分析所使用的 3 種手法。演算法日日進步，新的方法陸續出現。但這些有合適與不合適的，以及有強處也有弱處的。

重要的是在業務中要如何活用，即使模型的精度佳，如經營上毫無效果也是無意義的。另外，預測中必定帶來誤差，因此它的操作設計是極爲重要的。以業務觀點及顧客觀點評估演算法的特性，且能在經營現場中維持與運用，因此檢討何者最合適也是有需要的。

6.4 準備顧客分析工具

6.4.1 IBM SPSS 軟體

IBM SPSS 軟體群之中主要的產品如下。

1. IBM SPSS statistics（統計分析工具）
2. IBM SPSS Amos（結構方程模式工具）
3. IBM Modeler（資料探勘工具）
4. IBM SPSS collaboration and Deployment Services（業務展開工具）

本書是使用 3. IBM Modeler 介紹實踐性的分析例，因爲有很多人對於與統計分析工具之間有何影響抱持疑問，因此先就與 1. IBM SPSS statistics 差異先行說明。

6.4.2 IBM SPSS statistics

以商業的統計分析軟體來說，世界上最常使用的是 IBM SPSS statistics。

特別是大學以及研究機構或商業的研究開發部門等大多都有引進，廣泛地被使用者所利用。IBM SPSS statistics 是適合於像問卷調查那樣有計畫地收集、整理好的數據爲對象，以進行「假設認證型」的流程。

以下的圖 6.20 是 IBM SPSS statistics 的基本畫面。以表列形式顯示數據，從清單選擇統計分析工具與欄位，實現高度的統計處理，另外，可以與表列計算軟體以相同的間隔來操作。

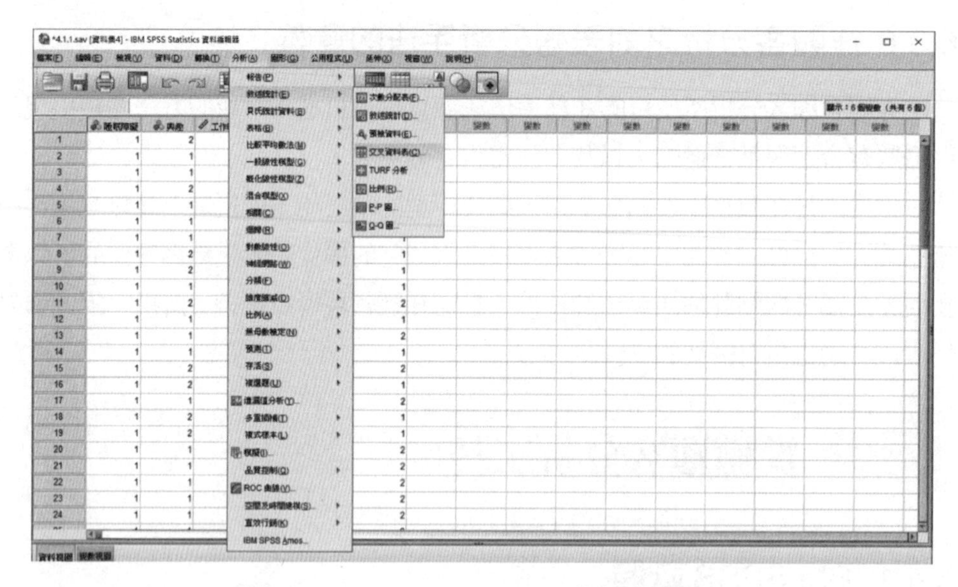

圖 6.20　IBM SPSS statistics 的基本畫面

選擇統計處理時，會顯示稱爲對話框的設定用視窗（圖 6.21）。在對話框中選擇要利用的欄位來執行。

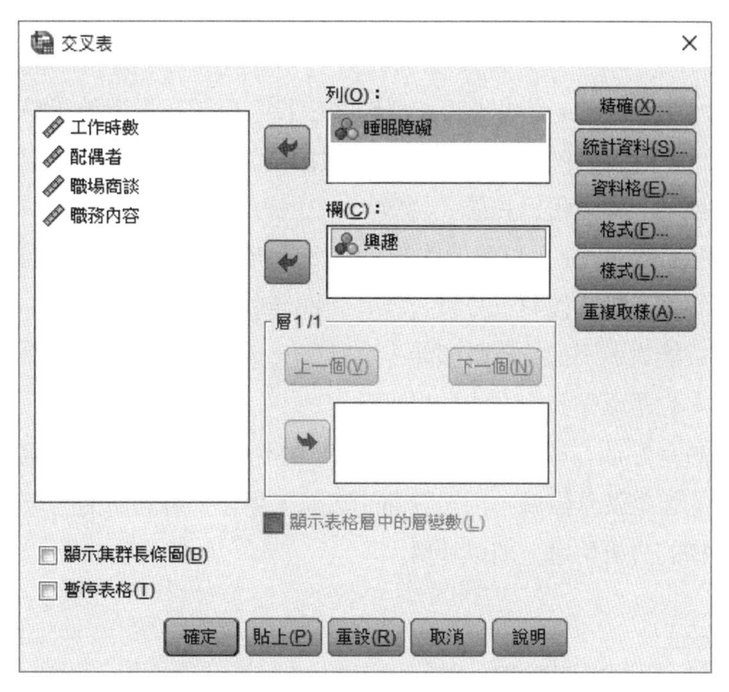

圖 6.21　IBM SPSS statistics 的對話框

接著，以分析結果來說，表或圖即可紀錄在報告中（圖 6.22）。

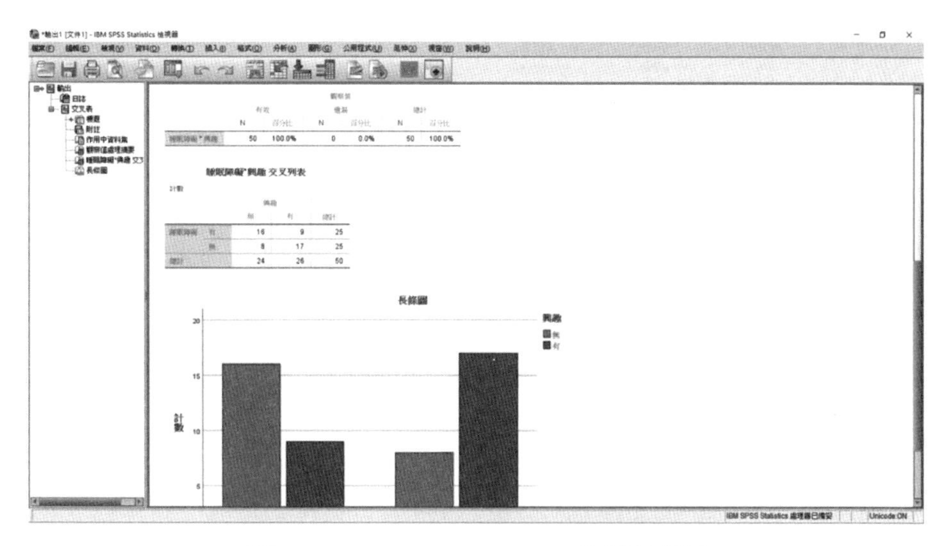

圖 6.22　IBM SPSS statistics 的輸出視圖

6.4.3 IBM SPSS Modeler

IBM SPSS Statistics 是事先將所準備的假設，以統計模型進行驗證再作成報告書，相對的，IBM SPSS Modeler 是從未加以整理的整份數據來探索假設，採取「假設發現型」之流程爲其最大特徵。

IBM SPSS Modeler 是以圖像與箭線建構分析流程（圖 6.23）。利用此容易進行嘗試錯誤，小組一面共有分析設計一面推進也是可行的。另外，與其具有統計知識或程式能力，不如持有數據能了解經營上意義的人時，任誰都能以直觀的方式來操作，它是以如此的方式加以設計。

本書是將焦點放在顧客數據的活用上，IBM SPSS Modeler 可從 IOT（物連網）所得到的監控螢幕數據，預知設備的故障，用在半導體產品的產出改善上，以及在人、物的分析用途上加以利用。

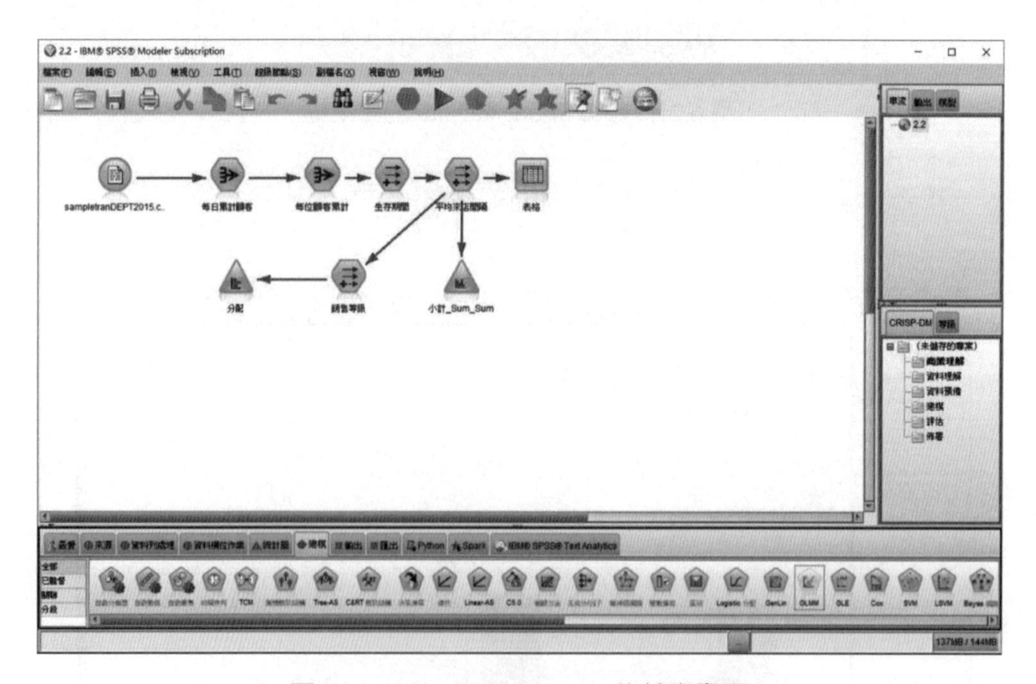

圖 6.23　IBM SPSS Modeler 的基本畫面

此外，IBM SPSS Modeler 所能處理的數據規模甚大，安裝在 PC 的 Client 版也能處理 100 萬筆資料列。處理超過它的數據時，就要組合 Serve 版與資料庫再進行處理，在用戶企業之中，以億爲單位的數據爲對象也比比皆是。有關此種大量數據的處理，會在第 11 章第 1 節中詳加解說。

此外，也準備有將分析結果向業務展開的幾種方法，譬如，IBM SPSS collaboration and Deployment Services 等的業務展開工具，以及與 IBM 的雲端服務（Cloud Service）合作都是可行的。但本書省略。

SPSS Modeler 的特徵可以整理如下。

- 操作畫面直觀且能以滑鼠操作，容易進行嘗試錯誤。
- 將大規模的業務數據一面加工一面綜合，使流程可視化。
- 小組共有分析流程，能進行管理、維持、業務展開。

並且，如擁有 IBM SPSS statistics 的授權時，合作分析也是可行的。若以 IBM SPSS Modeler 進行數據加工並整理顧客數據時，之後，即可叫出 IBM SPSS statistics 的統計機能再執行顯著差檢定。

第7章 理解顧客行爲將顧客價值定量化

7.1 使用購買明細數據之後的顧客行爲紀要

7.1.1 顧客的價值指標

如前章所提及的那樣，要理解與顧客有關的有效對策，有需要從購物明細數據整理出顧客行爲。

以下的表 7.1 是某位顧客 1 年間的購買明細數據。每次購買時資料列就會一直增加下去的交易數據，因爲依據顧客所購買的次數之不同，資料列的數目即有所不同，對分析者而言處理時是需要大費周章的。

表 7.1　購買明細數據的樣本

	A	B	C	D	E	F	G	H
1	CUSTID	DATE	PRODUC	大分類	中分類	數量	單價	小計
2	100001	2015/2/26	9900200	內衣	內衣06	2	700	1400
3	100001	2015/2/26	9902142	食品	食品12	2	840	1680
4	100001	2015/7/2	9937845	皮包	皮包04	5	348	1740
5	100001	2015/7/2	9902517	食品	食品12	5	550	2750
6	100001	2015/7/9	9903878	皮包	皮包04	7	444	3108
7	100001	2015/7/16	9905399	配件	配件05	1	1330	1330
8	100001	2015/7/16	9904157	配件	配件05	1	1960	1960
9	100001	2015/7/16	9900200	內衣	內衣06	2	700	1400
10	100001	2015/8/8	9922209	化粧品	化粧品03	1	2888	2888
11	100001	2015/8/11	9903713	化粧品	化粧品10	1	3240	3240
12	100001	2015/8/18	9901187	鞋	鞋02	1	2700	2700
13	100001	2015/8/18	9901973	婦人服	婦人服04	1	4980	4980
14	100001	2015/8/26	9910507	化粧品	化粧品03	1	3385	3385
15	100001	2015/9/12	9905746	食品	食品12	1	4093	4093
16	100001	2015/9/19	9905399	配件	配件05	1	1264	1264
17	100001	2015/9/19	9904500	婦人服	婦人服03	2	523	1046
18	100001	2015/9/19	9904157	配件	配件05	2	1862	3724
19	100001	2015/10/3	9903857	皮包	皮包04	5	479	2395
20	100001	2015/10/6	9905074	鞋	鞋02	2	686	1372

計算此表所得到的主要資訊，有以下幾種：

1. 顧客的最初來店日
2. 顧客的最後來店日（R）
3. 顧客的來店次數（F）
4. 顧客的存活期間
5. 顧客的平均來店間隔
6. 顧客的購買金額的合計（M）
7. 顧客每次來店的平均購買金額

其他，也可得到來店的星期與時區的集中度，以及有特徵地購買哪一個類別的商品。

如果也有進行折扣的業務類型時，各商品 ID 在最高價被交易的價格，假定是標準價格時，可以計算出顧客接受多少折扣的優惠。並且入會之後，達到目標金額需要花費多少日數，判定穩定度的情形也有。

整理購買明細數據算出指標，在識別各個顧客的健全性，能否適切維持顧客群（Customer Base）是非常重要的。以及取決於店鋪，觀察是受哪種忠誠顧客所支持，在確認店鋪經營的安定性上，也是非常有幫助的。

7.1.2 計算顧客的價值指標所需的加工

可以讓 SPSS Modeler 讀取 CSV 數據，具體地顯示出以 PI（關鍵績效指標）計算的過程。

■操作步驟 01

首先從【來源】選片將【變數檔案】節點配置在串流區域中，按右鍵選擇【編輯】。

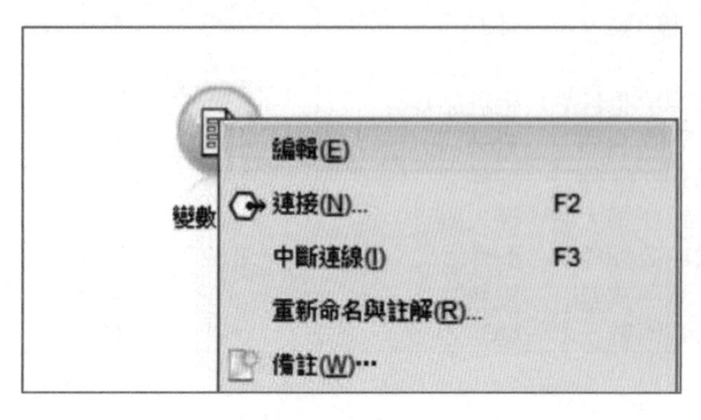

圖 7.1 CVS 形式的數據輸入

■操作步驟 02

如啟動了如圖 7.2 的節點的編輯畫面時，按一下[…]，即可從符合的資料夾指定讀取數據。

此處是利用所設想的百貨店購買數據（sampletranDEPT2015. CSV）。樣本資料設定完成後，按[確定]。

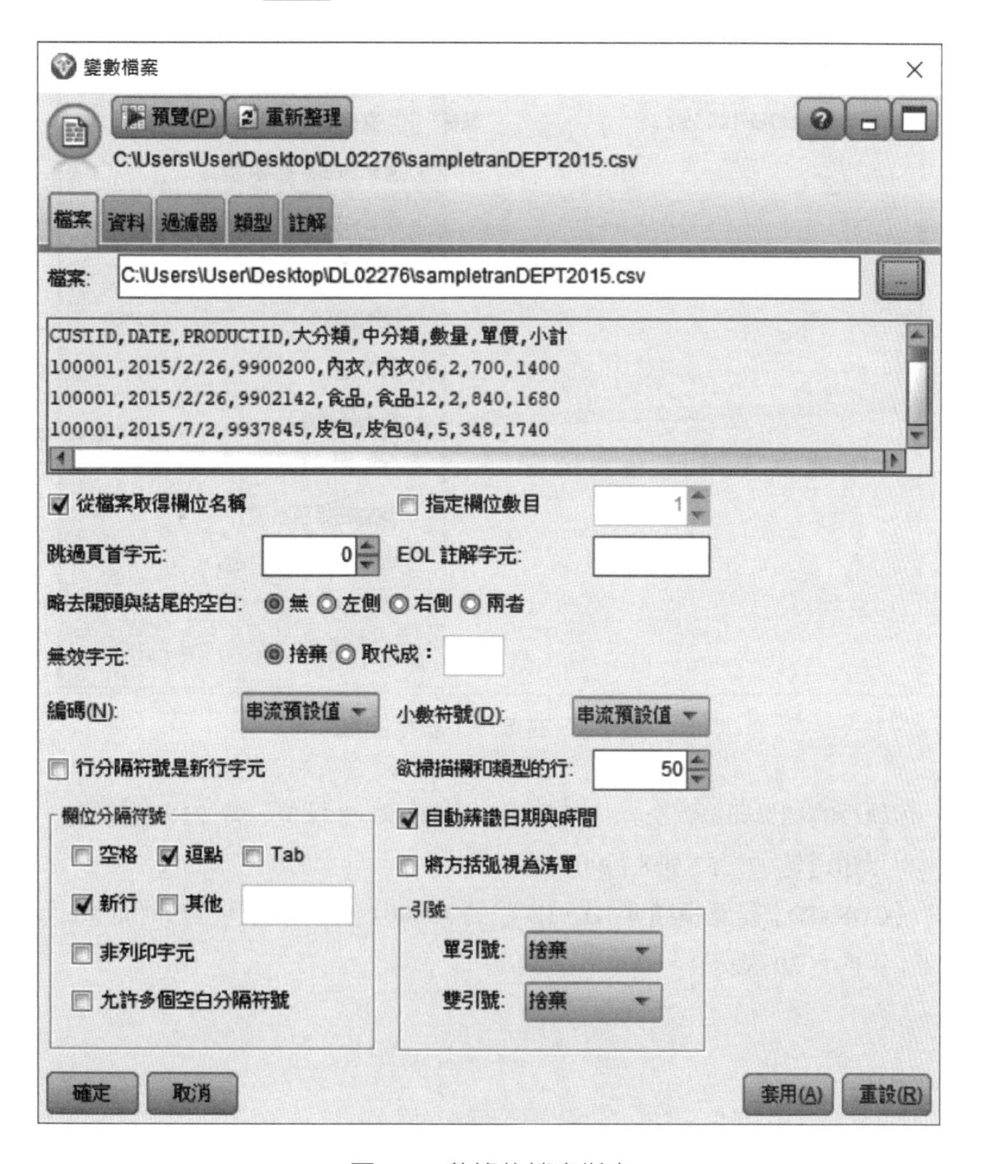

圖 7.2　數據的檔案指定

■操作步驟 03

從【來源】選片連接「輸出」選片中的「表格」節點再按右鍵。顯示如圖 7.3 的清單時，選擇【執行】。按畫面上方中央的 ▶ 也行。

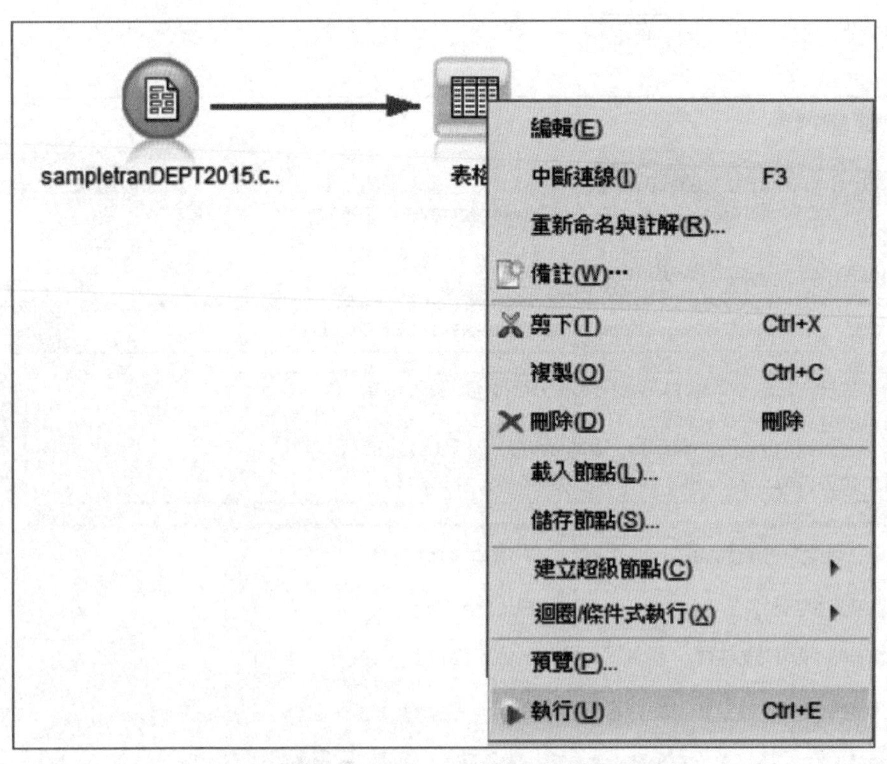

圖 7.3　右按一下表格節點

所執行的結果即為圖 7.4。視窗的左上方顯示「8 欄位、97, 257 個紀錄」。可以知道是 97, 257 列 8 行的數據。

【CUSTID】是意指顧客 ID。ID 號碼 100001 的顧客數列位於前面 30 列，得知 1 年內有 30 次交易。

表格 (8 個欄位、97,257 個記錄)

檔案(F) 編輯(E) 產生(G)

表格 註解

	CUSTID	DATE	PRODUCTID	大分類	中分類	數量	單價	小計
1	100001	2015-02-26	9900200	內衣	內衣06	2	700	1400
2	100001	2015-02-26	9902142	食品	食品12	2	840	1680
3	100001	2015-07-02	9937845	皮包	皮包04	5	348	1740
4	100001	2015-07-02	9902517	食品	食品12	5	550	2750
5	100001	2015-07-09	9903878	皮包	皮包04	7	444	3108
6	100001	2015-07-16	9905399	配件	配件05	1	1330	1330
7	100001	2015-07-16	9904157	配件	配件05	1	1960	1960
8	100001	2015-07-16	9900200	內衣	內衣06	2	700	1400
9	100001	2015-08-08	9922209	化粧品	化粧品03	1	2888	2888
10	100001	2015-08-11	9903713	化粧品	化粧品10	1	3240	3240
11	100001	2015-08-18	9901187	鞋	鞋02	1	2700	2700
12	100001	2015-08-18	9901973	婦人服	婦人服04	1	4980	4980
13	100001	2015-08-26	9910507	化粧品	化粧品03	1	3385	3385
14	100001	2015-09-12	9905746	食品	食品12	1	4093	4093
15	100001	2015-09-19	9905399	配件	配件05	1	1264	1264
16	100001	2015-09-19	9904500	婦人服	婦人服03	2	523	1046
17	100001	2015-09-19	9904157	配件	配件05	2	1862	3724
18	100001	2015-10-03	9903857	皮包	皮包04	5	479	2395
19	100001	2015-10-06	9905074	鞋	鞋02	2	686	1372
20	100001	2015-10-16	9937849	鞋	鞋01	1	5838	5838

確定

圖 7.4 表格所顯示的數據

確認了【表格】時，按一下畫面右上的 ✖ 再關閉。其次如圖 7.5 進行 2 階段的累計，製作顧客行爲的彙總數據。

■操作步驟 04

從節點板的【資料列處理】選擇 2 個【聚集】節點放在一起。

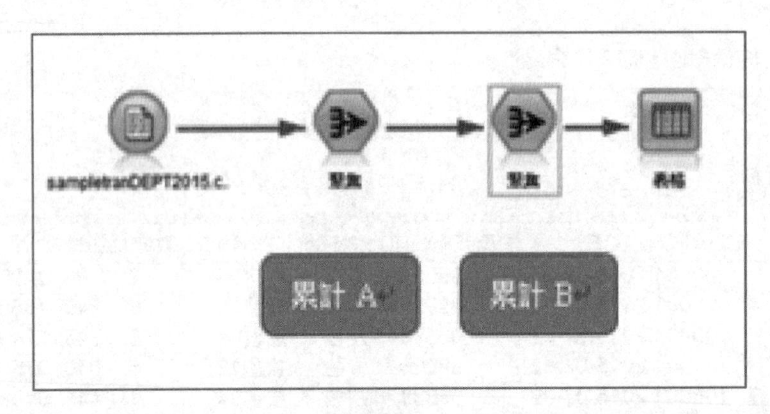

圖 7.5　顧客行為的累計

首先，第一個累計是將一位顧客在同一日有再利用的購買實績加以彙總，如不依循此程序累計時，無法計算顧客的來店日數。

■操作步驟 05

右鍵按一下第一個【累計】，選擇【編輯】。

如圖 7.6 在「索引鍵欄位」選擇【CUSTID】（顧客 ID）與【DATE】（日期），按一下右上的 ，即可選擇欄位。【聚集欄位】是選擇【小計】，按一下確定，然後在【總和】中勾選。將位於原先數據的最終行的小計相加，即可計算顧客每日的購買合計金額。

並且，勾選畫面下方的【包含欄位中的紀錄計數】，輸入【交易數】後指定名稱。因此，在所累計的情形中，顧客在該日具有多少列的資料列，像這樣的交易數即可計算。換言之，該日購買多少種的商品（每次來店是否購買多種多樣的商品）即可識別。

此設定全部結束時，按一下畫面左上的預覽，確定目前是否正確處理。預覽畫面如圖 7.7。此預覽畫面在初期設定階級只顯示到 10 個紀錄。

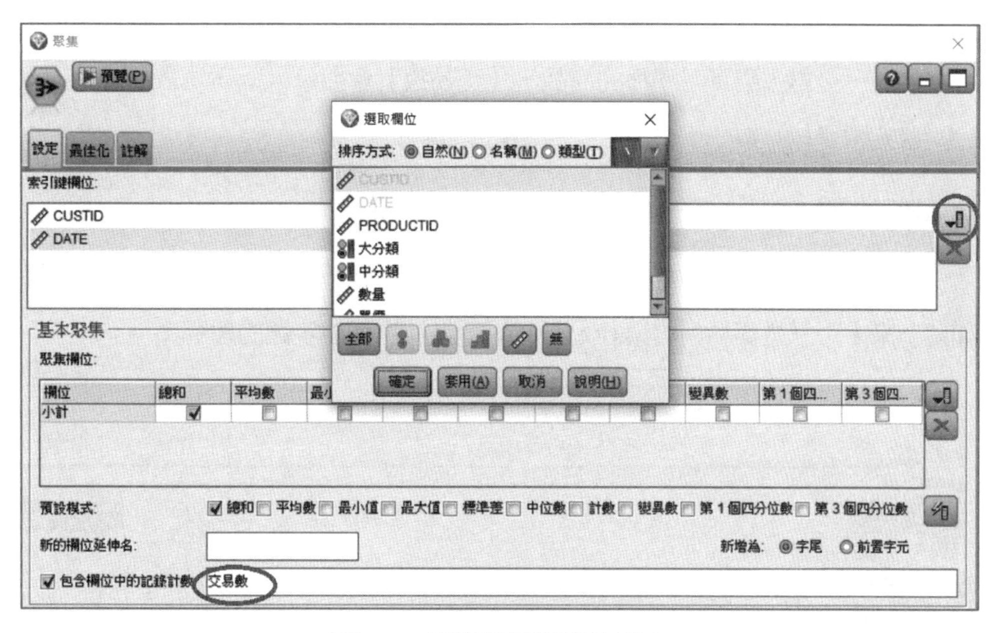

圖 7.6　顧客每日累計的設定

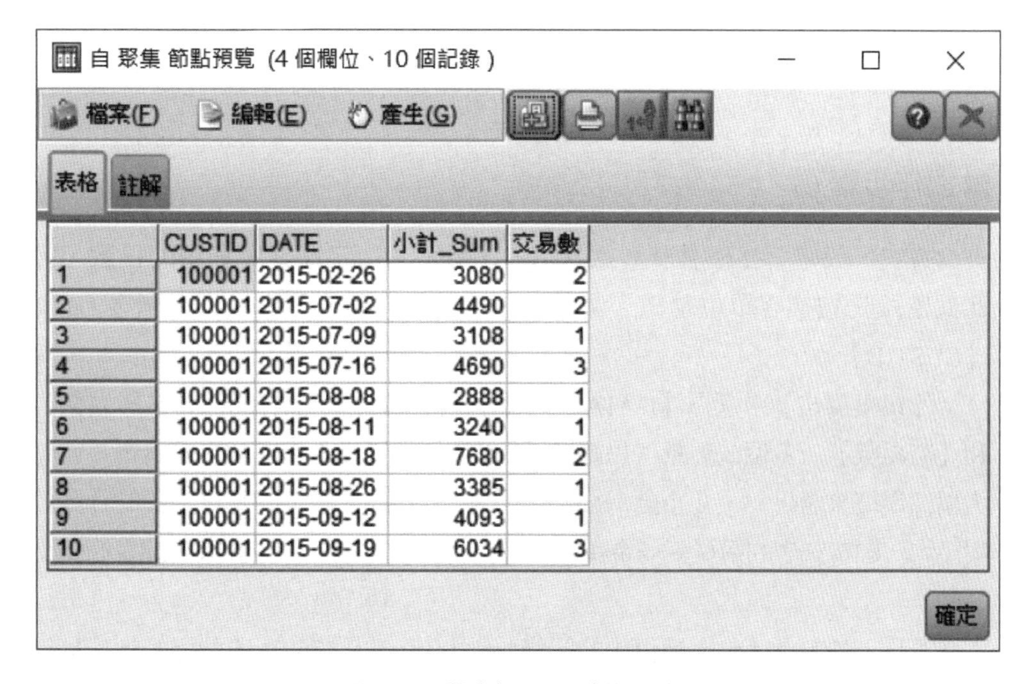
自 聚集 節點預覽 (4 個欄位、10 個記錄)

	CUSTID	DATE	小計_Sum	交易數
1	100001	2015-02-26	3080	2
2	100001	2015-07-02	4490	2
3	100001	2015-07-09	3108	1
4	100001	2015-07-16	4690	3
5	100001	2015-08-08	2888	1
6	100001	2015-08-11	3240	1
7	100001	2015-08-18	7680	2
8	100001	2015-08-26	3385	1
9	100001	2015-09-12	4093	1
10	100001	2015-09-19	6034	3

圖 7.7　顧客每日累計的預覽

如所指定的，在此累計 A 的時點，顧客每日購買支付多少，【小計_Sum】會去累計。另對，購買了哪種的商品，【交易數】會顯示。

確定預覽後，按一下畫面右上的 ✕ 即關閉。

■操作步驟 06

串流內所製作的節點具有何種意義，是以【註解】選片的【自訂】來定義。如此一來，不只是資料列的累計，如何進行累計也都能客觀的理解。

設定結束後，按一下 確定 。

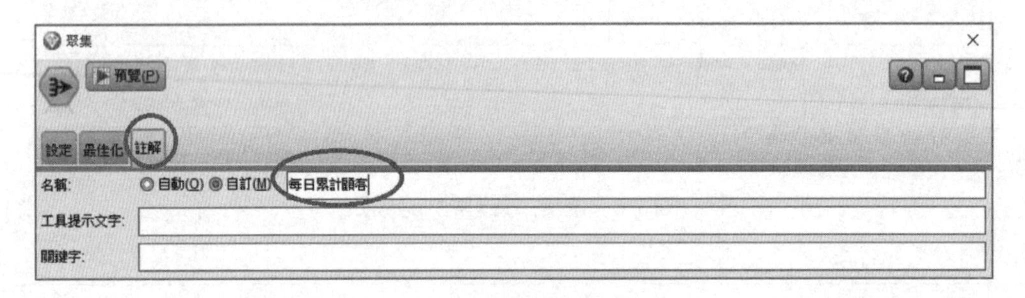

圖 7.8　利用選擇說明節點

■操作步驟 07

其次，設定第 2 個累計（累計 B），目前只顯示顧客所利用的日數，因此此階段是按顧客單位彙總。圖 7.9 在【索引鍵欄位】中只列入顧客 ID 即【CUSTID】。

【聚集欄位】中選擇【DATA】、【小計 _Sum】（顧客的每日合計金額）和【交易數】。各個統計量可以讓各【DATA】計算最小值（初次來店日）、最大值（最後來店日），【小計 _Sum】可以計算合計（顧客的購買金額的合計）與平均（顧客來店的購買平均金額），【交易數】可以計算合計數（顧客的總交易數）。

並且，如勾選【包含欄位中的紀錄計數】時，以顧客 ID 所彙總的數據具有多少列即可計算。將此值取名「來店日數」先行輸入。另外，於【註釋】選片的【自訂】中，輸入「每位顧客累計」。

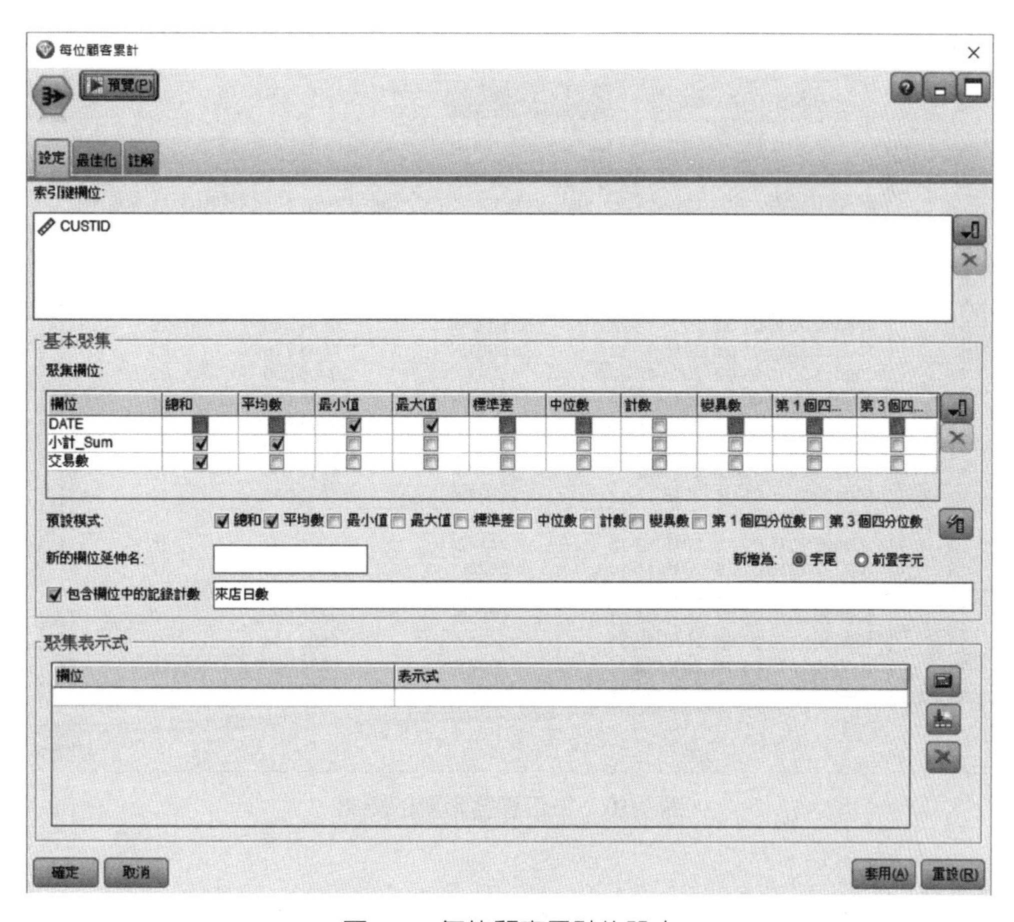

圖 7.9　每位顧客累計的設定

爲了在「表格」節點顯示目前的流程，右鍵按一下「表格」節點，從中選擇【執行】（圖 7.10）。

視窗左上方出現（7 個欄位、3000 個紀錄），因此可知作爲對象的數據的總顧客數是 3000 名。想再加工此欄位，追加新的指標。

確認「表格」後，按一下畫面右上方 ✕ 即關閉。

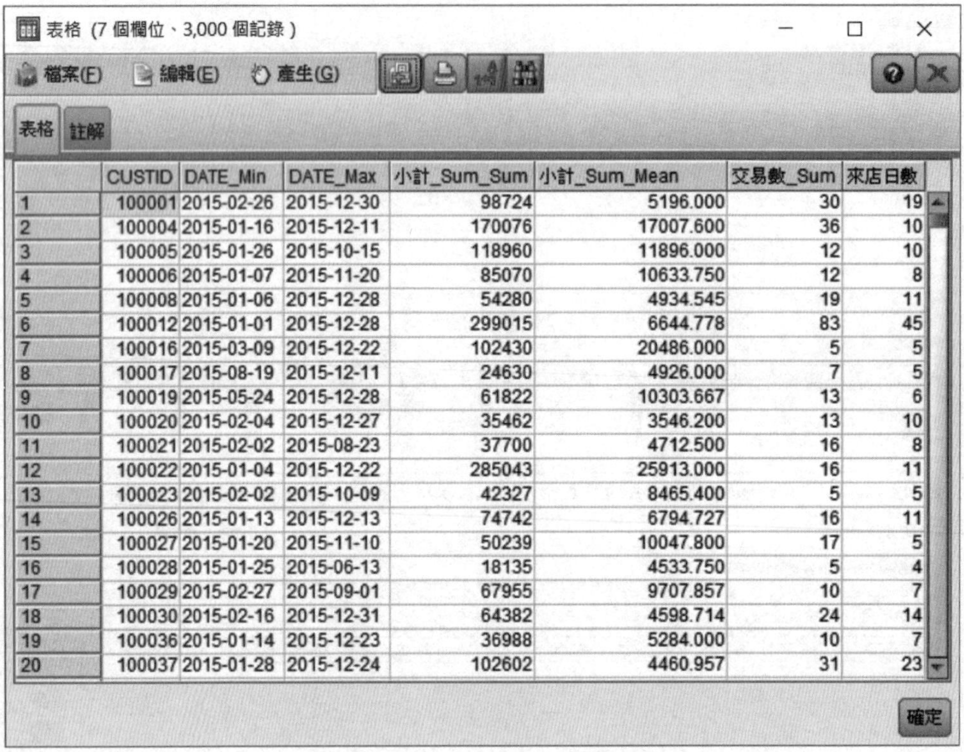

表格 (7 個欄位、3,000 個記錄)

檔案(F) 編輯(E) 產生(G)

表格 註解

	CUSTID	DATE_Min	DATE_Max	小計_Sum_Sum	小計_Sum_Mean	交易數_Sum	來店日數
1	100001	2015-02-26	2015-12-30	98724	5196.000	30	19
2	100004	2015-01-16	2015-12-11	170076	17007.600	36	10
3	100005	2015-01-26	2015-10-15	118960	11896.000	12	10
4	100006	2015-01-07	2015-11-20	85070	10633.750	12	8
5	100008	2015-01-06	2015-12-28	54280	4934.545	19	11
6	100012	2015-01-01	2015-12-28	299015	6644.778	83	45
7	100016	2015-03-09	2015-12-22	102430	20486.000	5	5
8	100017	2015-08-19	2015-12-11	24630	4926.000	7	5
9	100019	2015-05-24	2015-12-28	61822	10303.667	13	6
10	100020	2015-02-04	2015-12-27	35462	3546.200	13	10
11	100021	2015-02-02	2015-08-23	37700	4712.500	16	8
12	100022	2015-01-04	2015-12-22	285043	25913.000	16	11
13	100023	2015-02-02	2015-10-09	42327	8465.400	5	5
14	100026	2015-01-13	2015-12-13	74742	6794.727	16	11
15	100027	2015-01-20	2015-11-10	50239	10047.800	17	5
16	100028	2015-01-25	2015-06-13	18135	4533.750	5	4
17	100029	2015-02-27	2015-09-01	67955	9707.857	10	7
18	100030	2015-02-16	2015-12-31	64382	4598.714	24	14
19	100036	2015-01-14	2015-12-23	36988	5284.000	10	7
20	100037	2015-01-28	2015-12-24	102602	4460.957	31	23

確定

圖 7.10　每位顧客累計的結果

7.1.3 組合顧客的價值指標製作新的指標

本章的開頭曾列舉了主要的指標：

1. 顧客的初次來店日
2. 顧客的最後來店日（R）
3. 顧客的來店次數（F）
4. 顧客的存活期間
5. 顧客的平均來店間隔
6. 顧客的購買金額合計（M）
7. 顧客每次來店的平均購買金額

其中 4. 與 5. 以外的都可以計算，因此，試著使用兩個欄位作爲節點，製作 4. 與 5.。

首先，4. 的存活期間是單純的計算從初次來店日到最後來店日的日期。此處雖然是將此次經手交易的最初來店當作初次，但原本是將入會時點的基本數據（Master Data）做爲起點求正確的存活期間。

其次，將所得到的 4. 除以來店日數減去 1，得出 5. 的平均來店間隔（圖 7.11）。

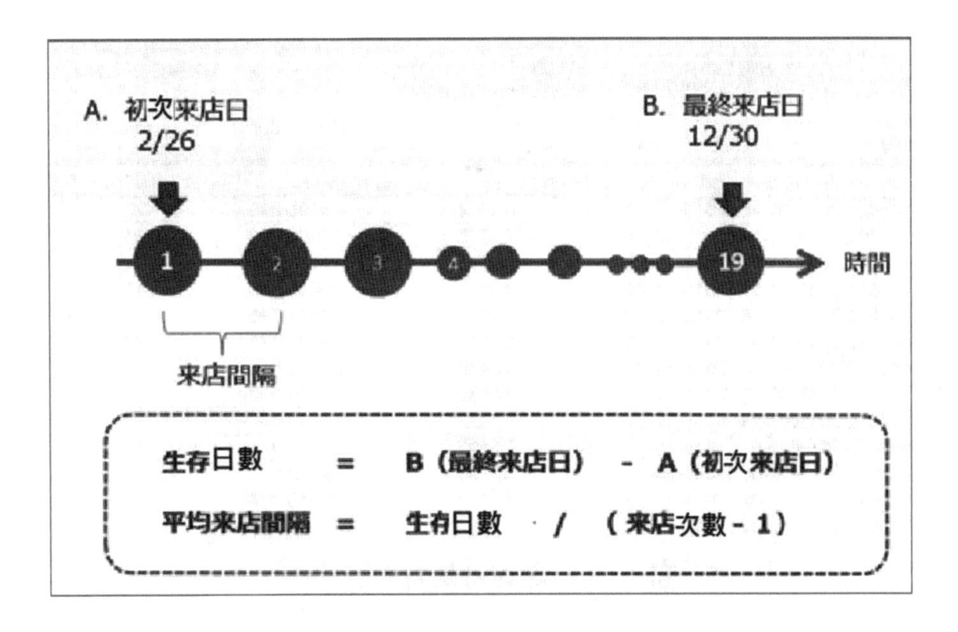

圖 7.11　存活日數與平均來店間隔

■操作步驟 08

爲了製作兩個新的欄位，如圖 7.12 加入兩個節點，從節點板的「資料欄位作業」選片，選擇「導出」節點，聯結在一起。

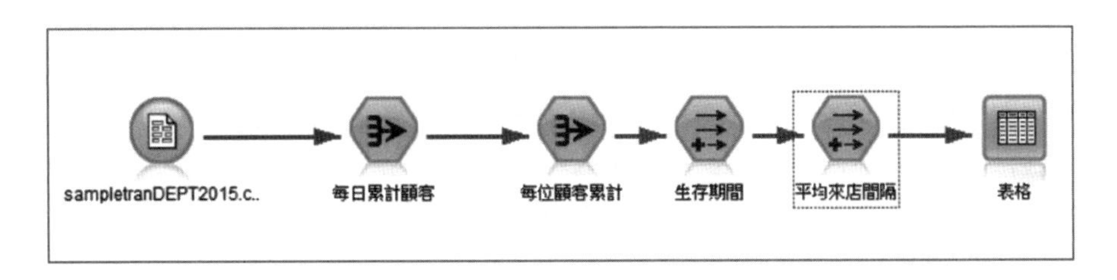

圖 7.12　新欄位被追加的串流

■操作步驟 09

要製作存活期間的欄位，如圖 7.13 將欄位名稱取名爲【存活期間】之後，定義被稱爲【公式】的Modeler函數。按一下畫面右下 ，叫出要建立的公式。

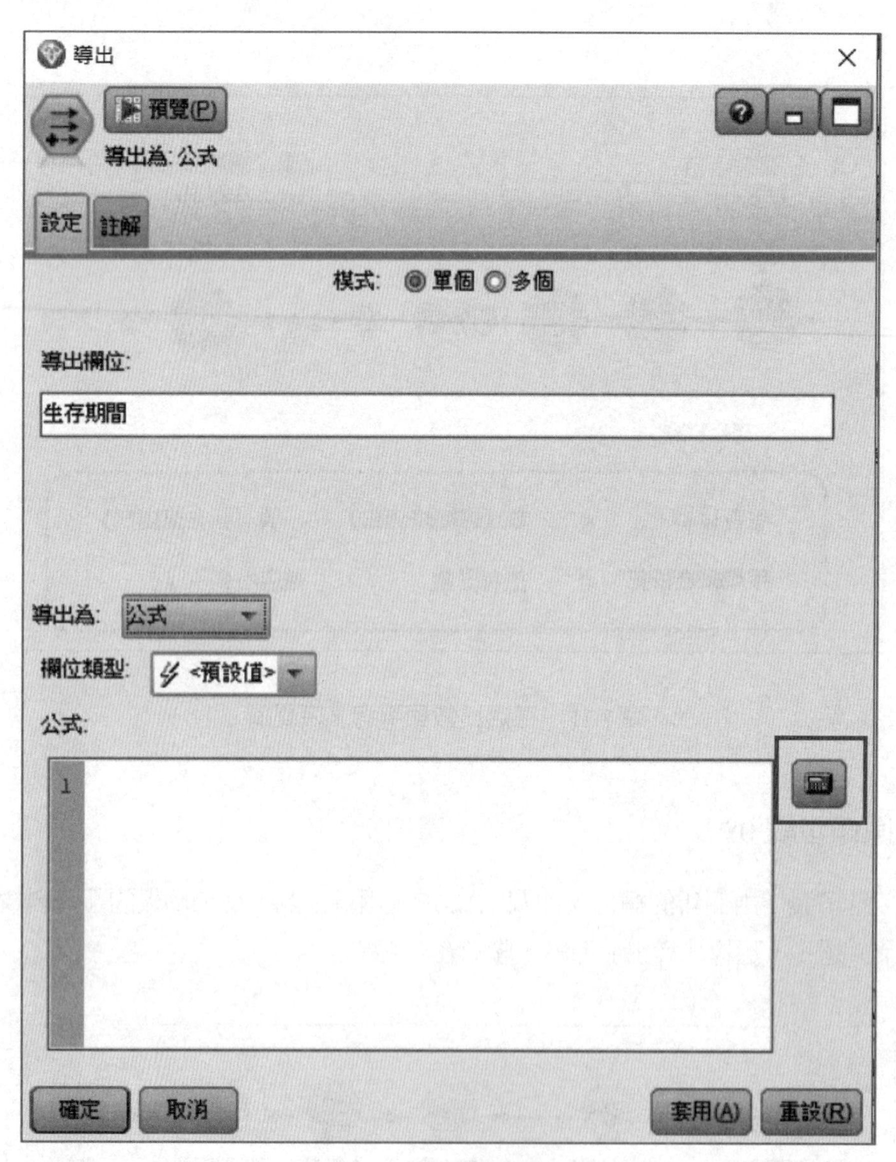

圖 7.13　導出節點的設定

建立式如圖 7.14 畫面右側，依目的別準備有能利用的函數，一面確認說明一面加以選擇。使用黃色的 [↑]，從【日期及時刻】的函數群中將【data_days_difference(1tem1,item2)】登入到公式的空白處。

其次，爲了計算從項目 1 到項目 2 的日數，欄位是從畫面左方的一覽中點選登入【data_min】（初次來店日）與【data_max】（最後來店日）。

按一下畫面下方的[檢查]，即著手邏輯查核，式子的文字及從紅變成黑。

文字正常轉成黑時，按一下[確定]。

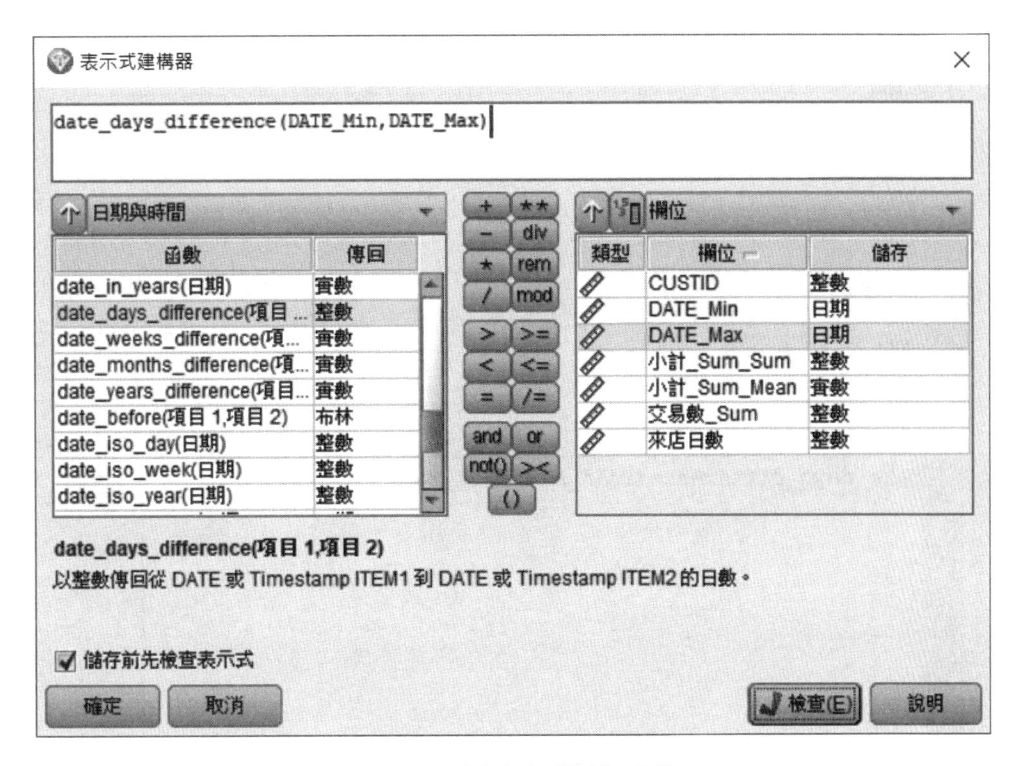

圖 7.14　以建立式製作函數

建立式的定義結束時，如圖 7.15 存活期間的欄位導出的設定即完成，如果像圖那樣時，即按[確定]。

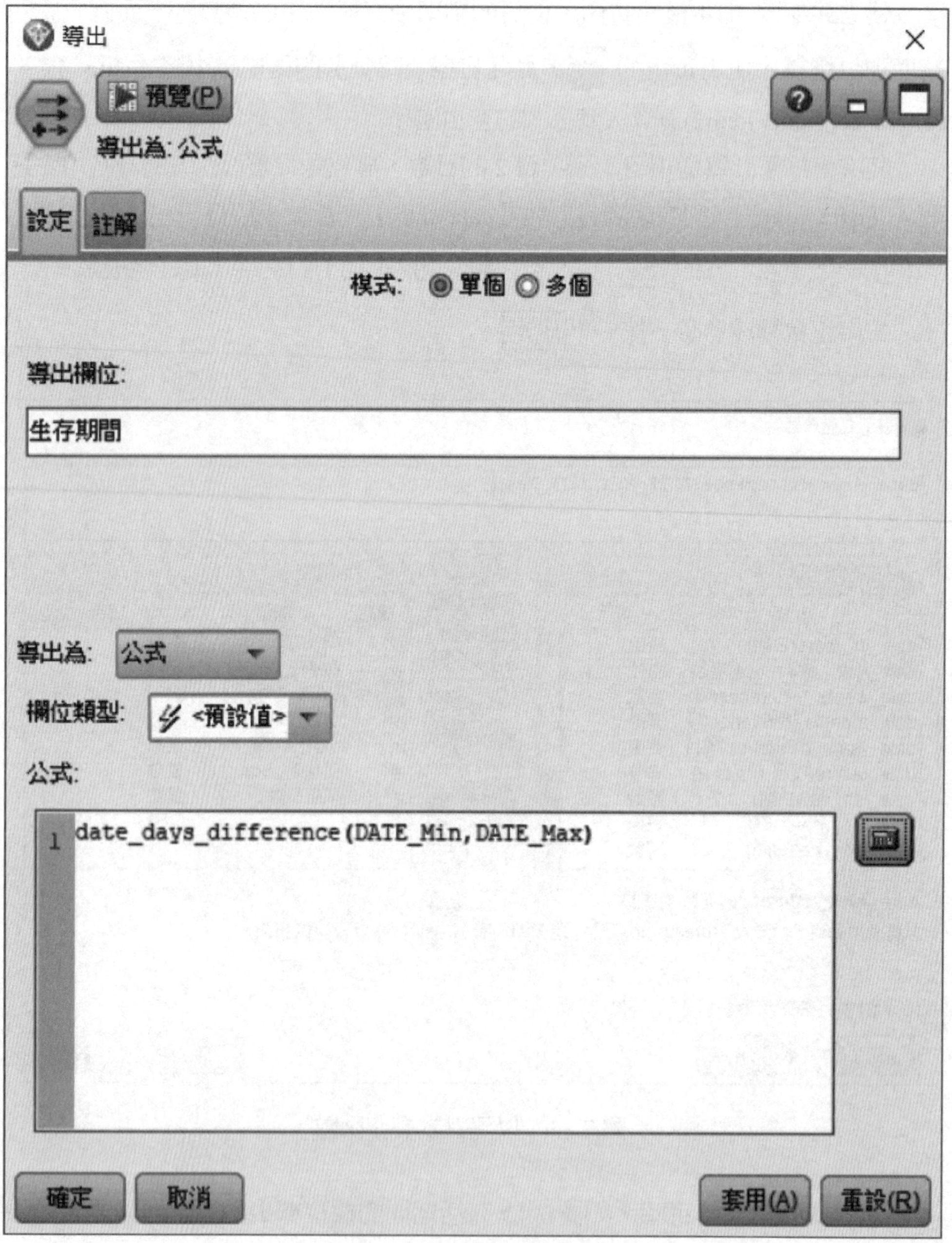

導出

預覽(P)

導出為: 公式

設定　註解

模式: 單個　多個

導出欄位:

生存期間

導出為: 公式

欄位類型: <預設值>

公式:

```
1 date_days_difference(DATE_Min,DATE_Max)
```

確定　取消　套用(A)　重設(R)

圖 7.15　導出的公式設定

■操作步驟 10

平均來店間隔的導出，是在【導出欄位】輸入【平均來店間隔】，如圖 7.16 所示【導出爲：】選擇「附有條件的」。

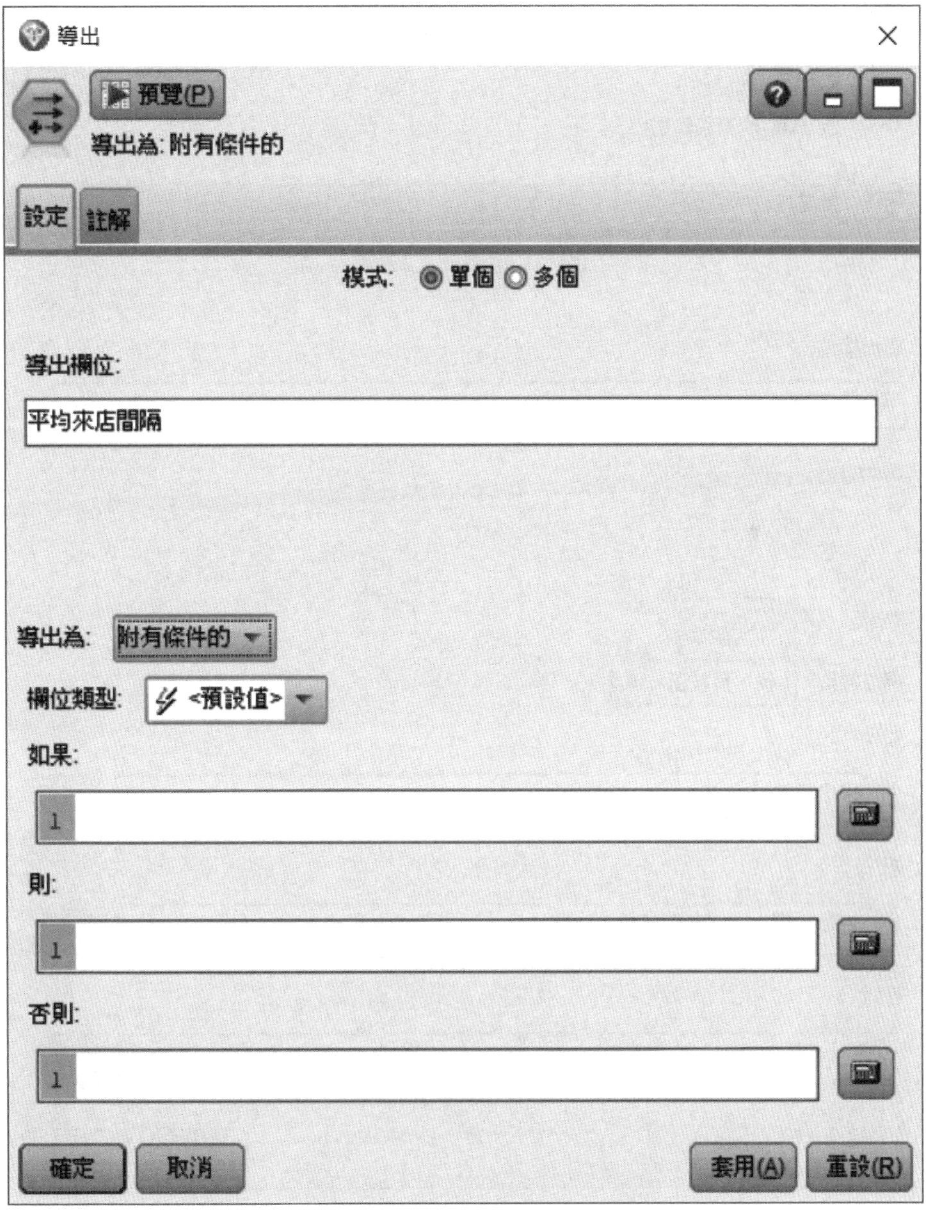

圖 7.16　導出附有條件的設定

所謂的平均來店間隔是最少有需要來店 3 次，來店未滿 3 次時，此欄位明示不符合（空白）。

接著，如圖 7.17 那樣定義式子。

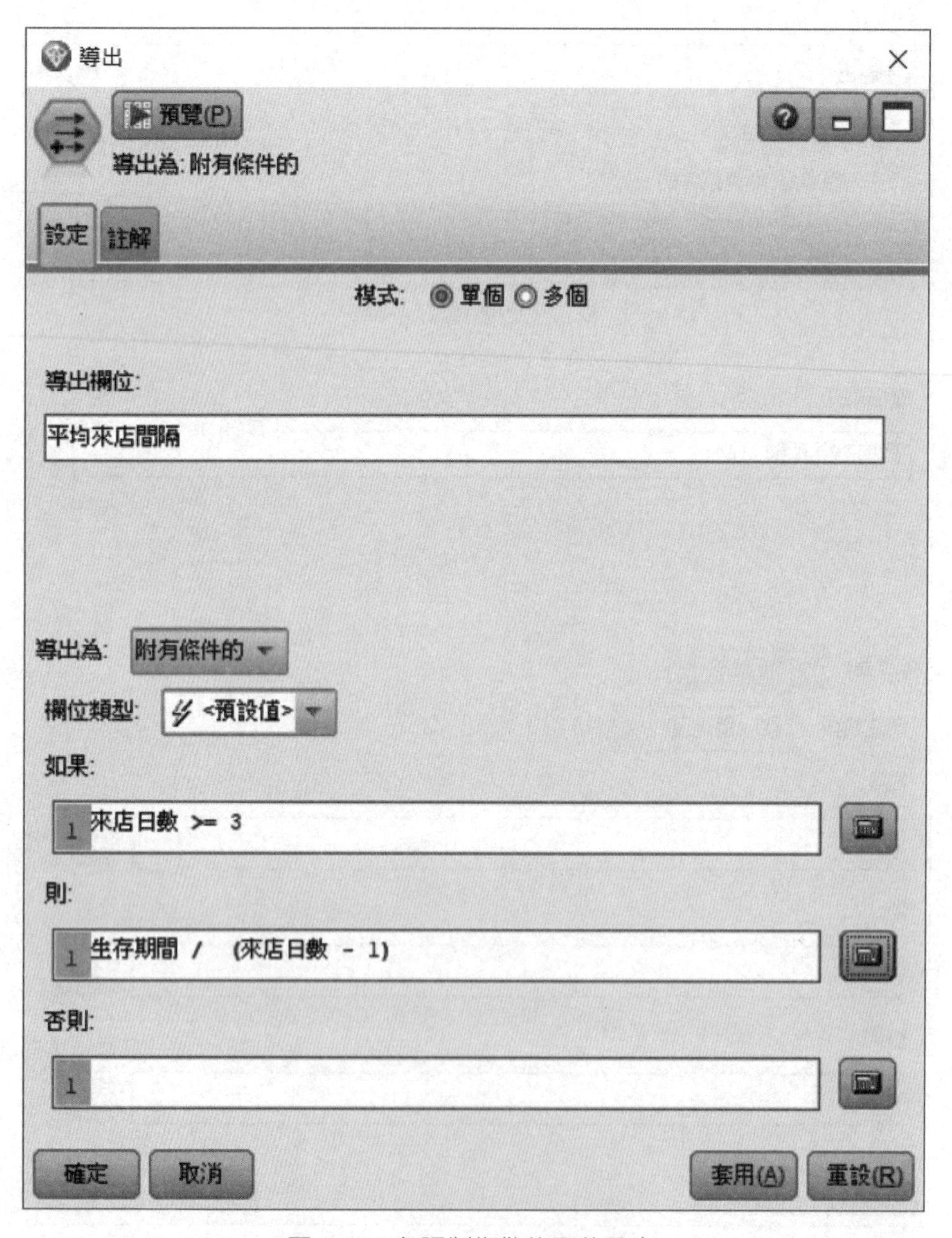

圖 7.17　有限制條件的函數設定

「if」是前提，當作3次以上來店日數，按一下 [icon] 啟動建立式後，記述「來店日數 >=3」。「then」是結果，從 [icon] 記入「生存期間 /（來店日數 – 1）」，此時分母未加（）時，計算結果會改變，所以要注意。

不符合前提的「ELSE」，即來店日爲 1 或 2 的情形，並未符合形成空值，即在 [icon] 的「空白與零值」的函數一覽中選擇【undef】。

如圖 7.17 設定結束後，按一下 確定 。

於是，想得到的指標全部利用串流來定義及計算。表格輸出即爲顧客行爲的各指標計算結果（圖 7.18）。

確認【表格】後，按一下畫面上方的 [icon] 再關閉。

表格 (9 個欄位、3,000 個記錄)

檔案(F)　編輯(E)　產生(G)

表格　註解

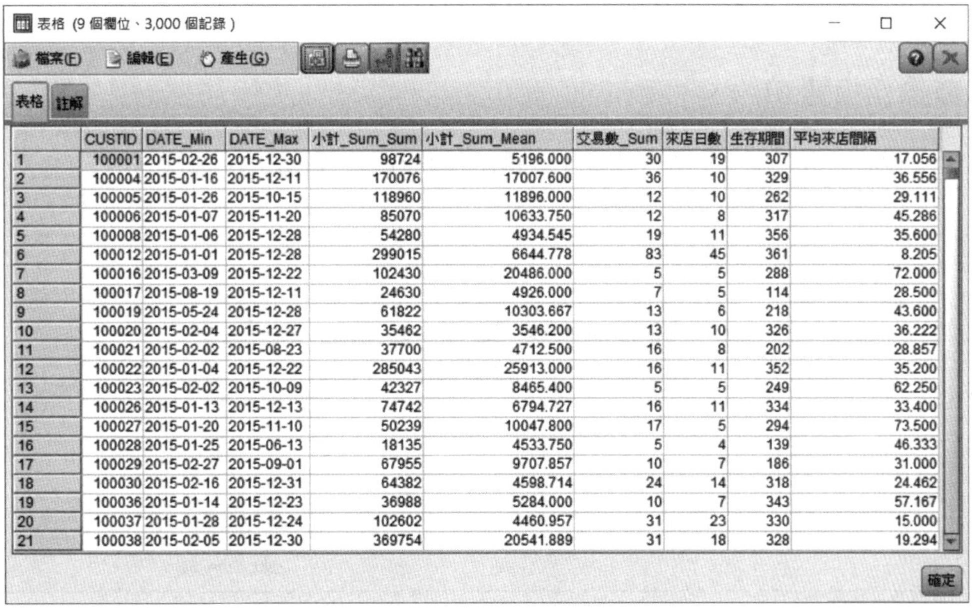

	CUSTID	DATE_Min	DATE_Max	小計_Sum_Sum	小計_Sum_Mean	交易數_Sum	來店日數	生存期間	平均來店間隔
1	100001	2015-02-26	2015-12-30	98724	5196.000	30	19	307	17.056
2	100004	2015-01-16	2015-12-11	170076	17007.600	36	10	329	36.556
3	100005	2015-01-26	2015-10-15	118960	11896.000	12	10	262	29.111
4	100006	2015-01-07	2015-11-20	85070	10633.750	12	8	317	45.286
5	100008	2015-01-06	2015-12-28	54280	4934.545	19	11	356	35.600
6	100012	2015-01-01	2015-12-28	299015	6644.778	83	45	361	8.205
7	100016	2015-03-09	2015-12-22	102430	20486.000	5	5	288	72.000
8	100017	2015-08-19	2015-12-11	24630	4926.000	7	5	114	28.500
9	100019	2015-05-24	2015-12-28	61822	10303.667	13	6	218	43.600
10	100020	2015-02-04	2015-12-27	35462	3546.200	13	10	326	36.222
11	100021	2015-02-02	2015-08-23	37700	4712.500	16	8	202	28.857
12	100022	2015-01-04	2015-12-22	285043	25913.000	16	11	352	35.200
13	100023	2015-02-02	2015-10-09	42327	8465.400	5	5	249	62.250
14	100026	2015-01-13	2015-12-13	74742	6794.727	16	11	334	33.400
15	100027	2015-01-20	2015-11-10	50239	10047.800	17	5	294	73.500
16	100028	2015-01-25	2015-06-13	18135	4533.750	5	4	139	46.333
17	100029	2015-02-27	2015-09-01	67955	9707.857	10	7	186	31.000
18	100030	2015-02-16	2015-12-31	64382	4598.714	24	14	318	24.462
19	100036	2015-01-14	2015-12-23	36988	5284.000	10	7	343	57.167
20	100037	2015-01-28	2015-12-24	102602	4460.957	31	23	330	15.000
21	100038	2015-02-05	2015-12-30	369754	20541.889	31	18	328	19.294

確定

圖 7.18　顧客行為的各指標的計算結果

7.2 購買金額等級與優良顧客定義

7.2.1 定義優良顧客的需要性

「顧客有差別是不行的，可是卻有需要加以區分」，這是國內某位著名的經營者說過的一句話。企業將可以期待更多利潤的顧客視爲主顧，再加強緊密性是理所當然得。

爲了提高顧客價值，使經營成果最大化，明確定義優良顧客，保有及培育顧客的對策就顯得需要，定義依企業而有不同，以下介紹以金額爲基礎識別顧客的具體步驟。

7.2.2 以直方圖確認購買金額分配

■操作步驟 01

從節點板「圖表」的選片之中，選出「直方圖」如圖 7.19 那樣連接。

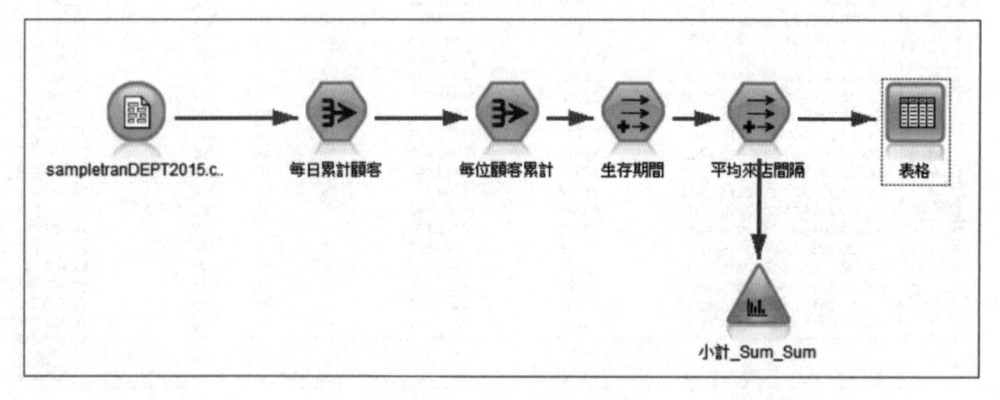

圖 7.19　直方圖的連接

未連接而編輯節點時，對象欄位不會列出在串流一覽中，所以要注意。

如圖 7.20，直方圖的設定是選擇「小計 _Sum_Sum」按一下[執行]。

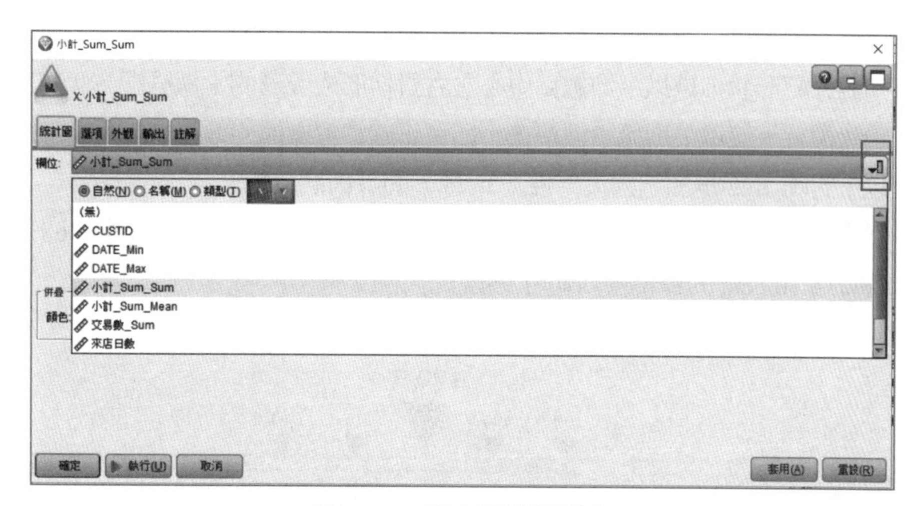

圖 7.20　直方圖欄位設定

顯示出直方圖（圖 7.21）。

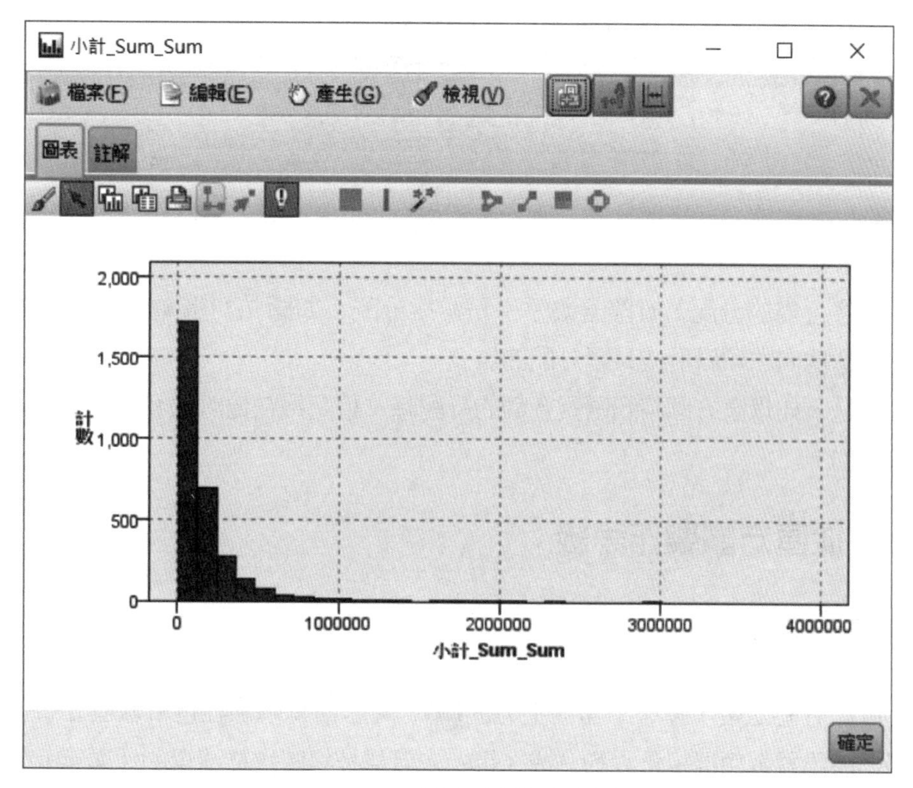

圖 7.21　購買金額的直方圖

就直方圖加以說明。直方圖是爲了確認數值資料分配的一種圖形。一般統計所熟知的分配形狀，是以平均值爲中心左右對稱形成鐘形的常態分配。了解常態分配的特徵時，使用平均值、標準差，即可正確掌握數據的變異。

以下的圖 7.22 是顯示國人男性（20 歲）的身高的分配。

從身高數據，可以得知在正負 1 標準爲 5.2cm 的範圍中，約包含有 68% 的人，正負爲 10.2cm 的標準差內約有 95% 的人。

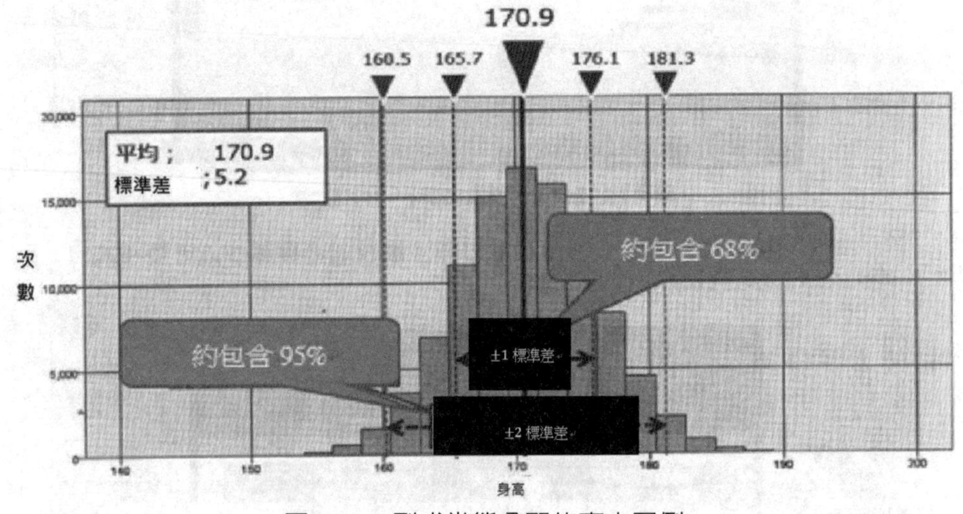

圖 7.22　型成常態分配的直方圖例

顧客行爲的分配，實際上幾乎不是常態分配。如圖 7.23 頂峰在接近 0 的地方，緩緩地向右傾斜形成長尾分配的居多。

可是，如以直方圖確認購買金額的分配時，請記得在檢討顧客區分上是非常有幫助的。

7.2.3 從直方圖製作等級

■操作步驟 02

確認分配之後，按一下畫面上方的■，圖形內有兩條紅色縱線直立著，可以看出將購買金額群組化大約分成 3 級。未看見按鈕時，從清單的「顯示」勾選「interactive」時就會出現。

此處在 25 萬與 60 萬之處定位。

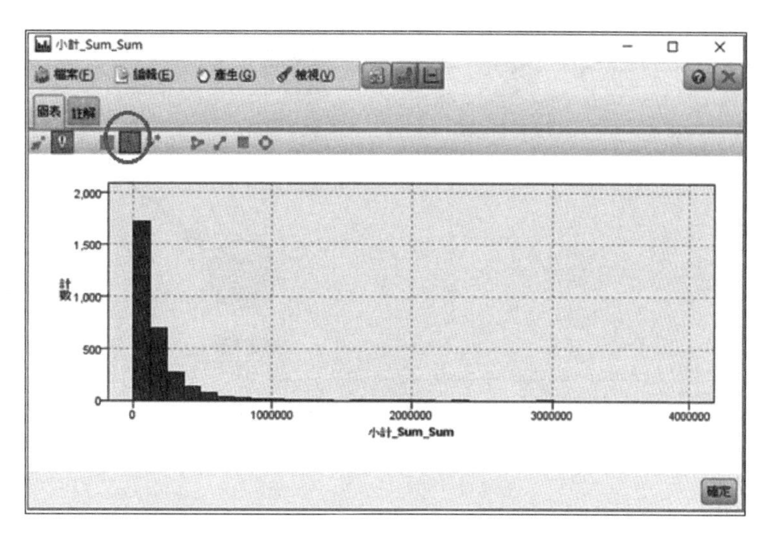

圖 7.23　以級區（band）分割購買金額

在 25 萬與 60 萬附近插立直條的狀態下，從清單的「產生」選擇「爲級區衍生節點」（圖 7.24）。於是，自動的在背後的串流區中作出將購買金額分成 3 個級區（組）的節點。

以 關閉直方圖後，如圖 7.25 將自動做成的節點連接到串流。

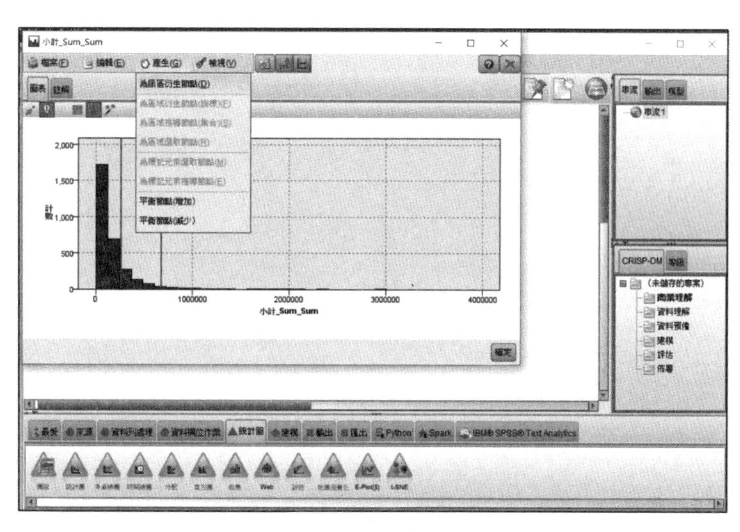

圖 7.24　從圖形的門檻值指定到節點自動產生

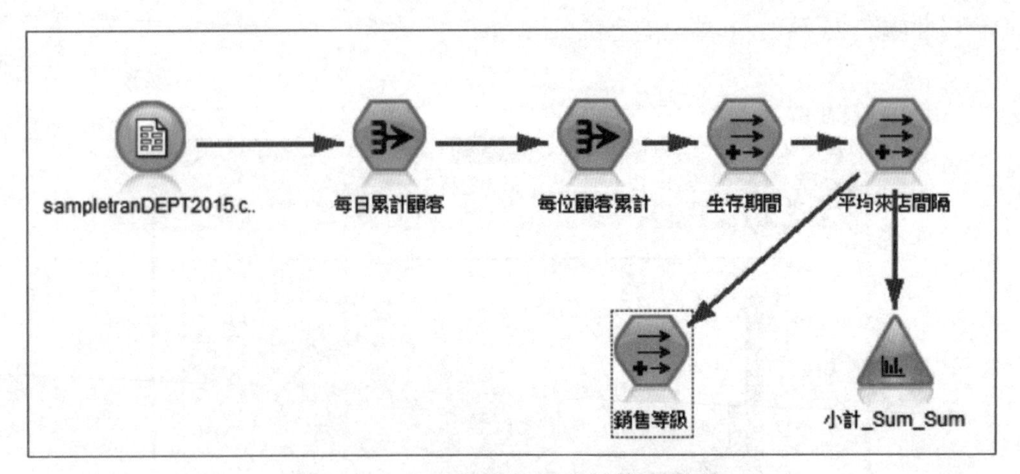

圖 7.25　自動產生的導出節點的連接

■操作步驟 03

爲了群組化而修正導出節點的內部。如圖 7.26 於建立【導出欄位】中輸入【銷售等級】。

其次，【將欄位設爲值】中輸入【C 級】與【B 級】，於「預設值」中輸入「A 級」。「值的設定條件」是從圖形中所得到的暫定值，如以下調整。

等級 C：小計 _Sum_Sum<250000

等級 B：小計 _Sum_Sum>=250000 and 小計 _Sum_Sum<600000

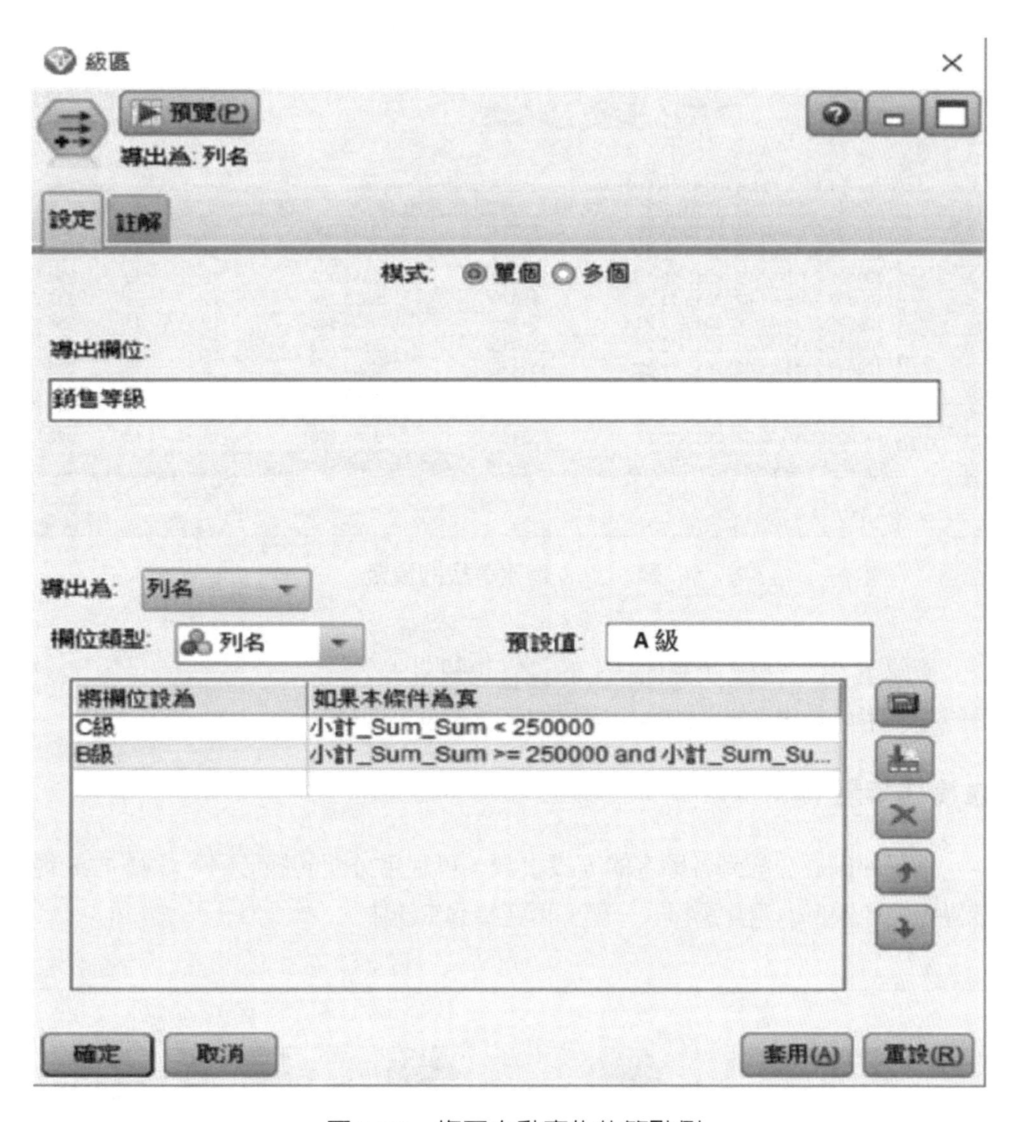

圖 7.26　修正自動產生的節點例

所作成的銷售等級是否適切地作出，可按 預覽 進行確認。在圖 7.27 的最右方做出等級欄位。

自 銷售等級 節點預覽 (10 個欄位、10 個記錄)

檔案(F) 編輯(E) 產生(G)

表格 註解

	CUSTID	DATE_Min	DATE_Max	小計_Sum_Sum	小計_Sum_Mean	交易數_Sum	來店日數	生存期間
1	100001	2015-02-26	2015-12-30	98724	5196.000	30	19	307
2	100004	2015-01-16	2015-12-11	170076	17007.600	36	10	329
3	100005	2015-01-26	2015-10-15	118960	11896.000	12	10	262
4	100006	2015-01-07	2015-11-20	85070	10633.750	12	8	317
5	100008	2015-01-06	2015-12-28	54280	4934.545	19	11	356
6	100012	2015-01-01	2015-12-28	299015	6644.778	83	45	361
7	100016	2015-03-09	2015-12-22	102430	20486.000	5	5	288
8	100017	2015-08-19	2015-12-11	24630	4926.000	7	5	114
9	100019	2015-05-24	2015-12-28	61822	10303.667	13	6	218
10	100020	2015-02-04	2015-12-27	35462	3546.200	13	10	326

確定

圖 7.27　銷售等級的預覽

確認預覽後，按一下畫面右上的 後關閉。

按一下「銷售等級」的導出欄位的確認後設定即結束。

■操作步驟 04

爲了要確認分配到各顧客的等級次數，可利用分配的條形圖。如圖 7.28 從節點板的「圖形」選片選擇「分配」再連接到串流中。

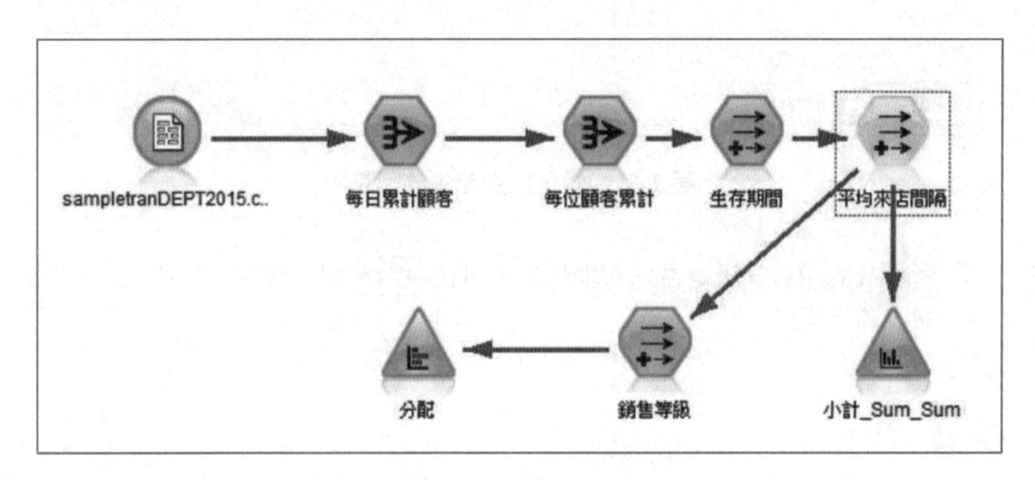

圖 7.28　分配的連接

「分配」節點的設定是將【欄位】當作「銷售等級」（圖 7.29）。

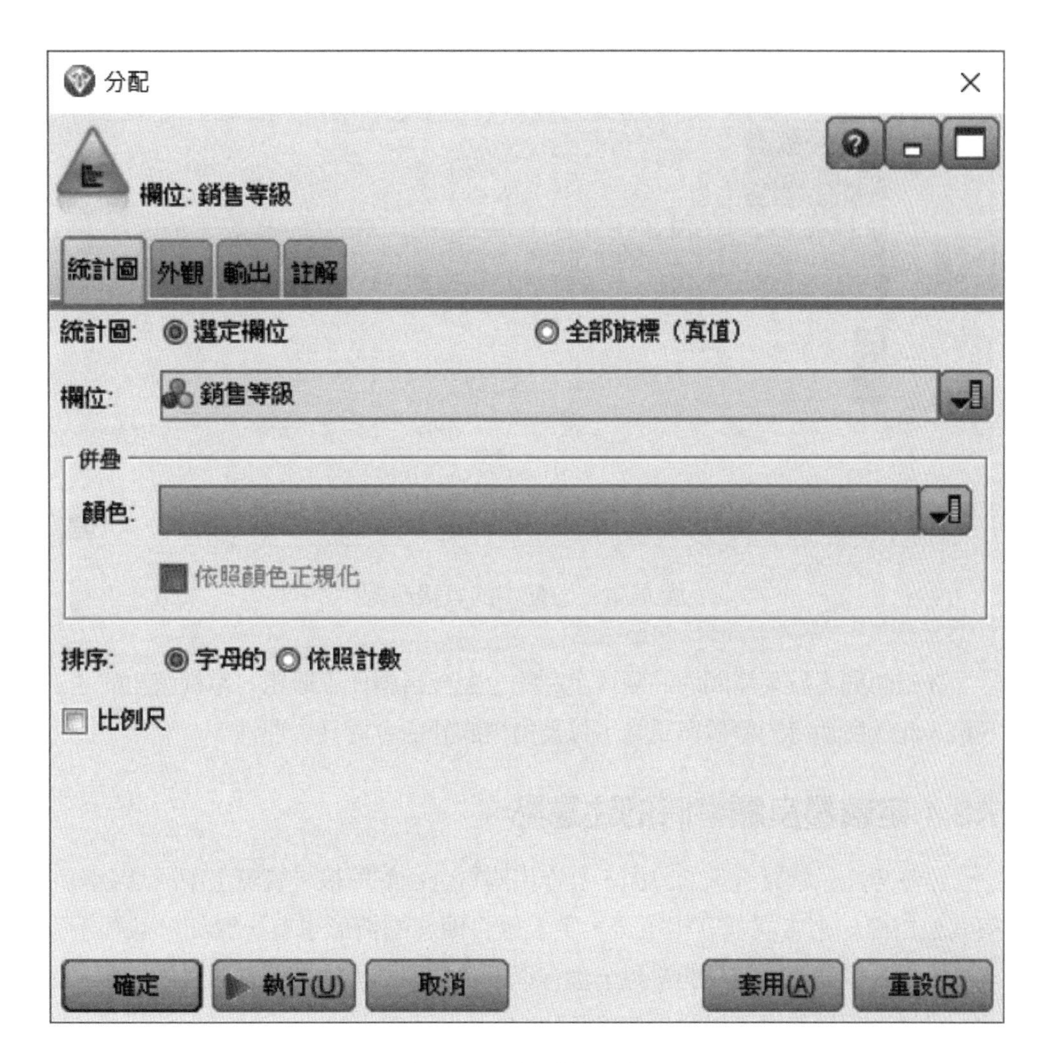

圖 7.29　分配的設定

按一下 執行 後，從所顯示的輸出選擇「圖表」選片（圖 7.30）。

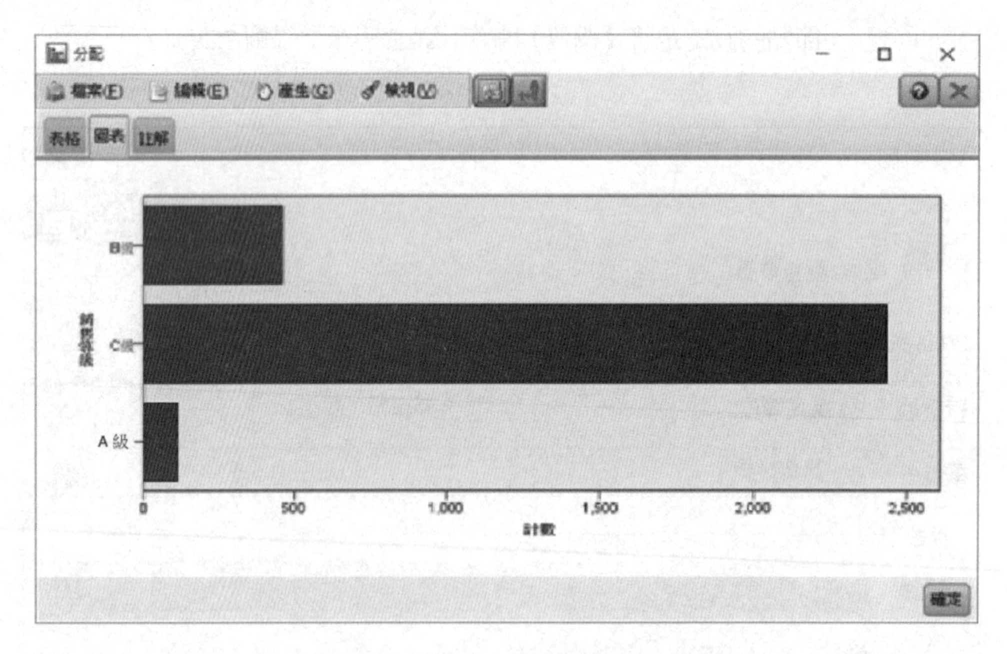

圖 7.30　分配中的等級確認

在確認顧客於某期間內的購買金額的分配後再製作等級組，掌握該組的過去等級，此後所期待的價值與風險，以及對策的評估會更具合理性。

7.2.4 定義優良顧客時的注意點

雖然考慮了購買金額的分配，製作出購買金額的等級。實際上不只是金額，與其他指標如來店次數等相組合，定義優良顧客的情形也有，譬如，像經手家具、家電之類高價值商品的業界，也有以 1 次的購買來判定優良顧客的情形，因此，只以金額爲基礎可以說是無法評估的。

優良顧客的定義，從經營的觀點來看具有認同感，以及超過期間有需要評估時，組織內的共識就容易取得。

7.3 利用 RFM 分數理解顧客

7.3.1 將 RFM 等級化

本章第 1 節介紹了計算 RFM 要素的流程。RFM 的 3 個顧客行爲指標，與其按照原來的數據數值，不如將項目作成等級會變得更容易處理，譬如，將各值分成 5 級，上位 2 成給予「5」，以下所屬各等級的顧客數，使之相等之下來分類看看（圖 7.31）。

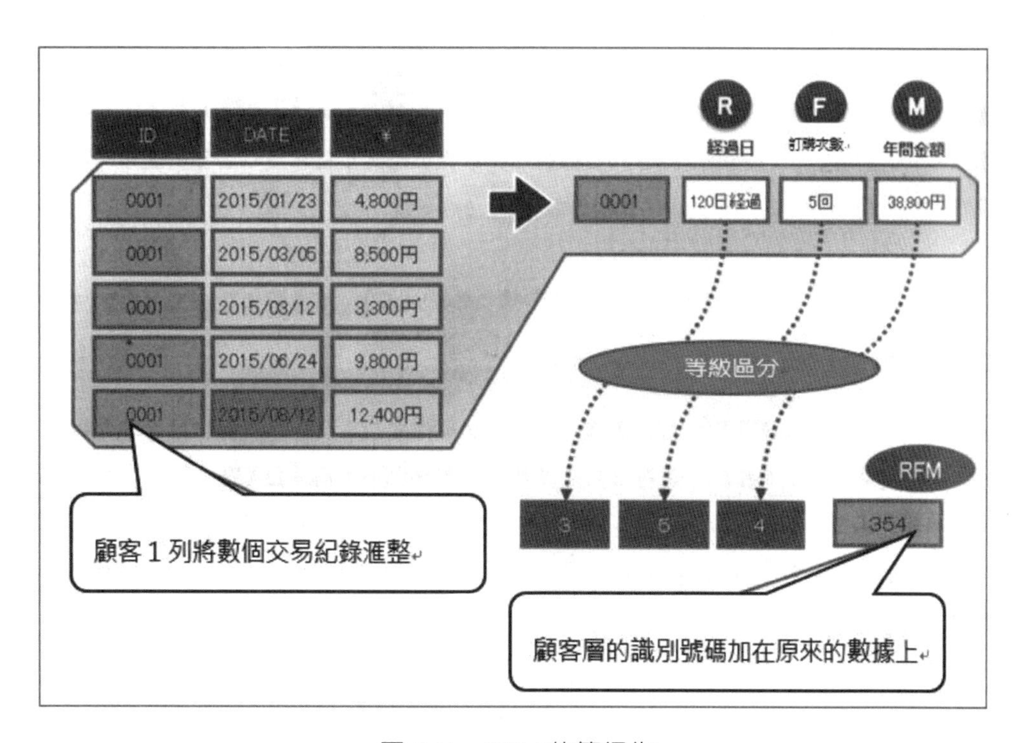

圖 7.31 RFM 的等級化

註：顧客的心是易變的，因此 RFM 分析使用三種消費行為，分析顧客的特性，才可針對不同的特性進行行銷策略。如果公司想推廣一個限量經典奢侈品，可能適合行銷給 Monetary 較高的顧客；如果針對新會員提供免運服務，那 Recency 高、Frequency 低的新顧客會更感興趣。

7.3.2 製作 RFM 等級

從已作成的 RFM 的數值數據，去製作等級。

■操作步驟 01

從【資料欄位設定】選片將【RFM 分析】節點連接到【銷售等級】。接著，爲了顯示結果，先連接【輸出】選片的【表格】節點。

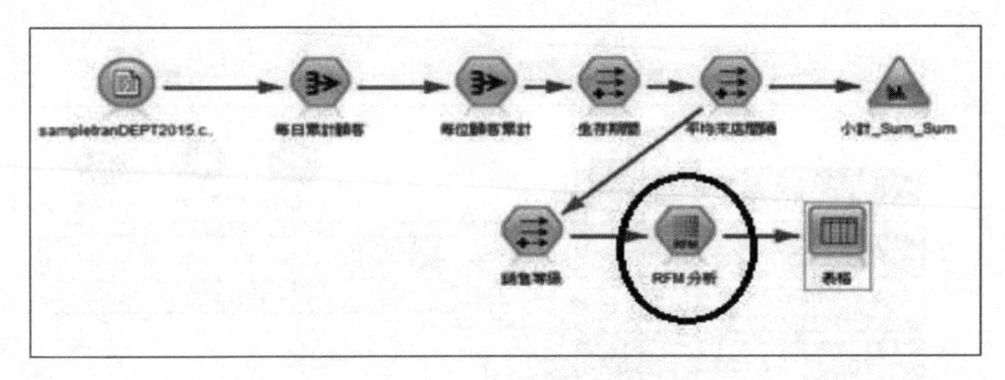

圖 7.32　RFM 分析節點

右鍵點一下【RFM 分析】節點，選擇【編輯】。

【新近程度（Recency）】是選擇計算最後來店日的【DATE_Max】、【頻率（frequency）】是選擇【來店日數】、【貨幣（monetary）】是選擇表示購買金額合計的【小計 _Sum_Sum】。【Bin 數】是表示等級的數目。此處依照初期設定當成「5」（圖 7.33）。

設定結束時，按一下確定，接著，右鍵按一下【表格】節點，選擇【執行】。如圖 7.34，表格最上方將新作出 14 個欄位。

【新近（最近購買日）分數】、【頻率分數】、【貨幣分數】是將顧客分類成 5 個等級。各分數屬於上位 2 成者記成「5」。

在最後欄位所作爲的【RFM 分數】是表示在 5×5×5 的 255 種組合中，符合哪一儲存格。「555.000」是評價最高顧客層，「111.000」是評價最低的顧客層。

確認了【表格】後，按一下畫面的上方的 ✕ 即關閉。

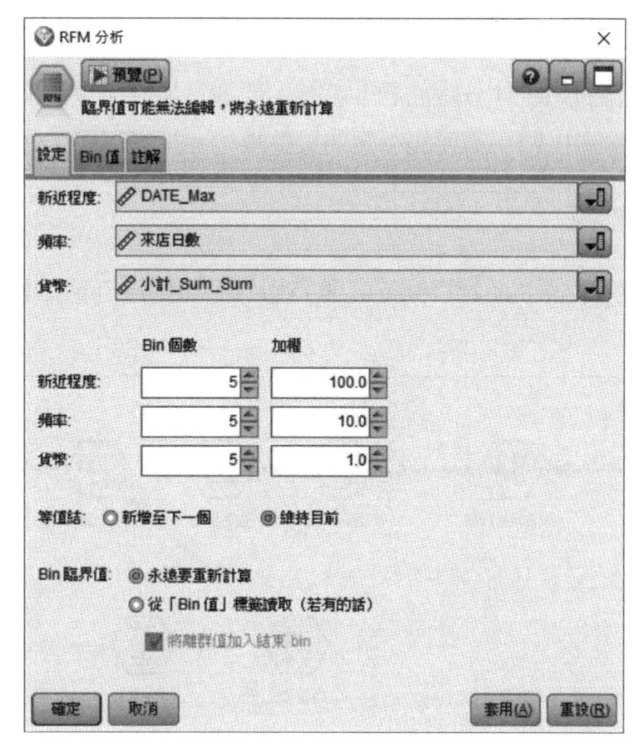

圖 7.33　RFM 分析節點的設定

表格 (14 個欄位、3,000 個記錄)

	an	交易數_Sum	來店日數	生存期間	平均來店間隔	銷售等級	最近購買日分數	頻率分數	貨幣分數	RFM 分數
1	196.000	30	19	307	17.056	C級	5	4	3	543.000
2	007.600	36	10	329	36.556	C級	3	3	4	334.000
3	896.000	12	10	262	29.111	C級	1	3	3	133.000
4	633.750	12	8	317	45.286	C級	2	2	3	223.000
5	934.545	19	11	356	35.600	C級	4	3	2	432.000
6	644.778	83	45	361	8.205	B級	4	5	5	455.000
7	486.000	5	5	288	72.000	C級	4	1	3	413.000
8	926.000	7	5	114	28.500	C級	3	1	1	311.000
9	303.667	13	6	218	43.600	C級	4	1	2	412.000
10	546.200	13	10	326	36.222	C級	4	3	1	431.000
11	712.500	16	8	202	28.857	C級	1	2	1	121.000
12	913.000	16	11	352	35.200	B級	4	3	5	435.000
13	465.400	5	5	249	62.250	C級	1	1	1	111.000
14	794.727	16	11	334	33.400	C級	3	3	2	332.000
15	047.800	17	5	294	73.500	C級	2	1	2	212.000
16	533.750	5	4	139	46.333	C級	1	1	1	111.000
17	707.857	10	7	186	31.000	C級	1	2	2	122.000
18	598.714	24	14	318	24.462	C級	5	4	2	542.000
19	284.000	10	7	343	57.167	C級	4	2	1	421.000
20	460.957	31	23	330	15.000	C級	4	5	3	453.000

圖 7.34　每位顧客的 RFM 分數

7.3.3 以 RFM 確認顧客行為的統計量

爲了理解所屬於 RFM 分數的顧客績效，要進行累計。在之前以「555.000」所表示的 RFM 分數，將不需要的小數加以整數化，試修正成「555」看看。

■操作步驟 02

如圖 7.35 從節點數的「資料欄位處理」選片將「塡入器」節點連接到串流中。

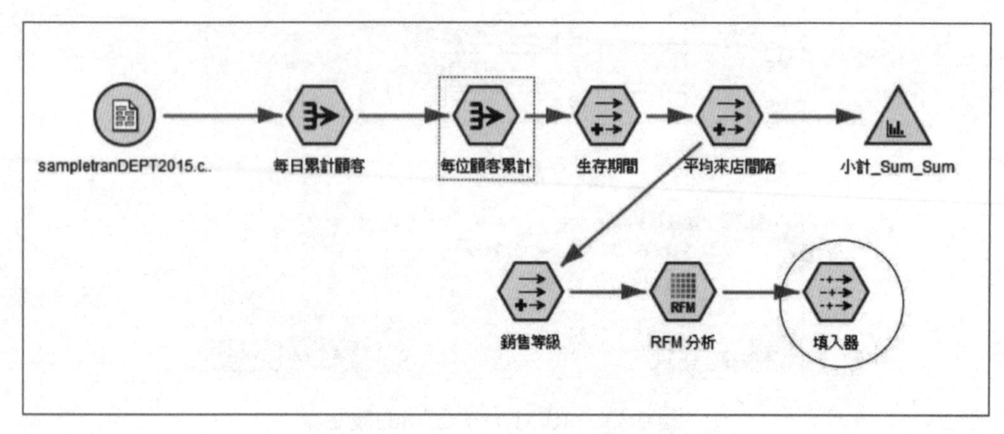

圖 7.35　RFM 分數的整數置換

編輯「塡入器」節點（圖 7.36）。在【塡入欄位】中從的 ▣ 一覽表中選擇「RFM 分數」，將「塡入器」的【換置】變更爲【基於條件】。如此即可無條件地進行置換的處理。

按一下【取代成】右方的 ▣，畫面右方的建立式即啟動（圖 7.36 下）。從建立式的函數一欄中選擇【轉換】。在【轉換】一覽中選擇【to_integer（ITEM）】。ITEM 是置換對象欄位，固之，從右方的欄位一覽表中選擇【RFM 分數】。按一下檢查，文字反轉成黑色時即完成。在建立式中按一下確定，在【導入器】設定畫面中，按一下預覽。

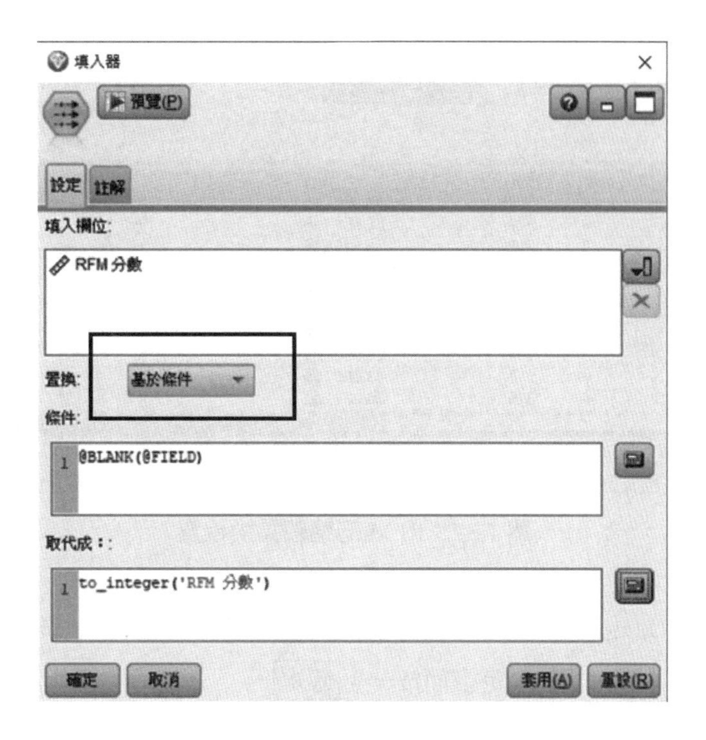

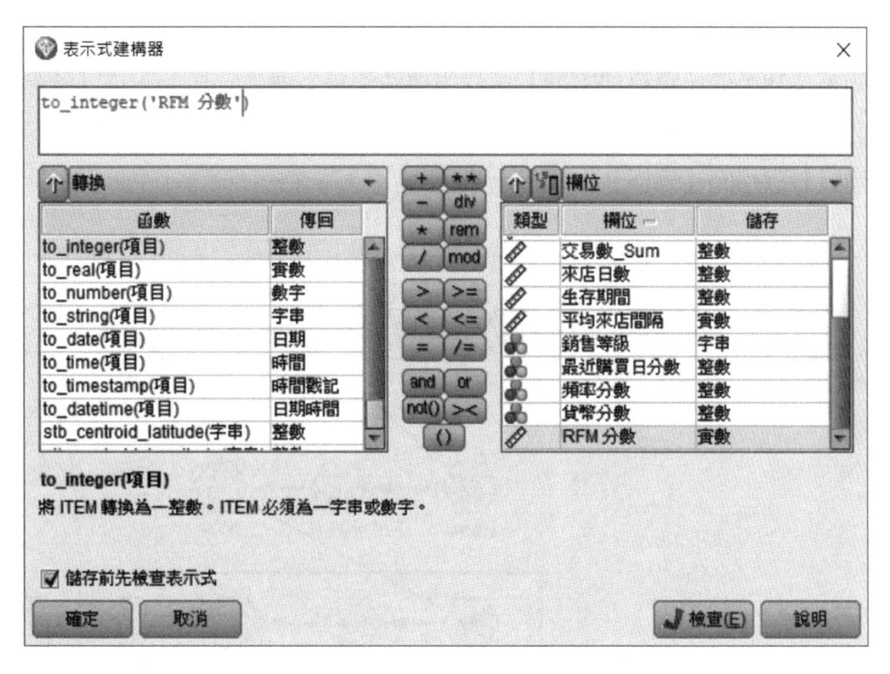

圖 7.36　RFM 分數的整數置換設定

自 填入器 節點預覽 (14 個欄位、10 個記錄)

檔案(F) 編輯(E) 產生(G)

表格 註解

	數_Sum	來店日數	生存期間	平均來店間隔	銷售等級	最近購買日分數	頻率分數	貨幣分數	RFM 分數
1	30	19	307	17.056	C級	5	4	3	543.000
2	36	10	329	36.556	C級	3	3	4	334.000
3	12	10	262	29.111	C級	1	3	3	133.000
4	12	8	317	45.286	C級	2	2	3	223.000
5	19	11	356	35.600	C級	4	3	2	432.000
6	83	45	361	8.205	B級	4	5	5	455.000
7	5	5	288	72.000	C級	4	1	3	413.000
8	7	5	114	28.500	C級	3	1	1	311.000
9	13	6	218	43.600	C級	4	1	2	412.000
10	13	10	326	36.222	C級	4	3	1	431.000

確定

圖 7.37 RFM 的整數置換預覽

RFM 分數雖選取小數，卻可化成整數（圖 7.37）。按一下畫面右上的 ✕ 即可關閉，在【導入器】設定畫面按一下確定。

■操作步驟 03

如圖 7.38，從【資料列處理】選片選擇【聚集】與【排序】，從【資料欄位作業】選擇【欄位重新排列】與【過濾器】，配置之後再連接。爲了顯示結果，將【輸出】選片的【表格】也連接上去。

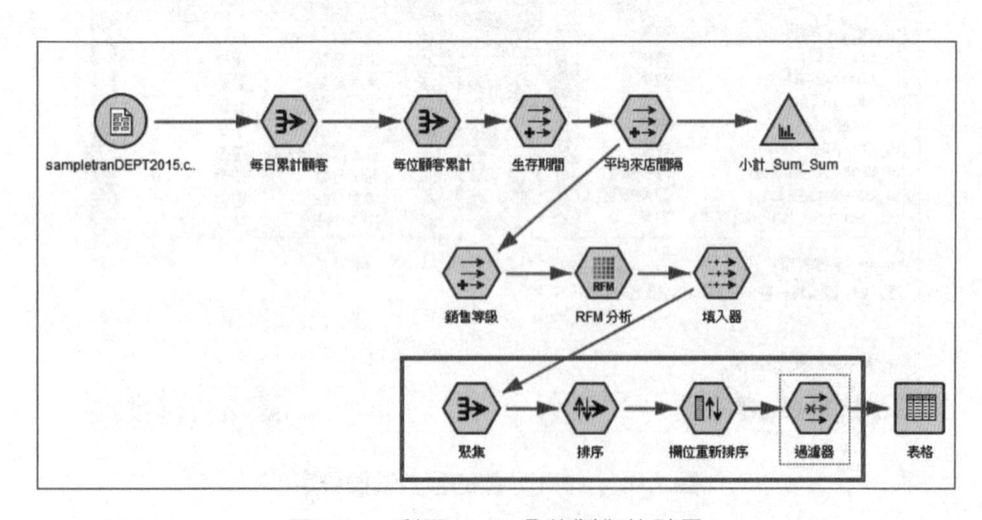

圖 7.38 利用 RFM 分數製作估計量

接著，編輯【聚集】（圖 7.39 上）。於【索引欄位】中從 指定【RFM 分數】。【聚集欄位】中選擇以下 4 個分別爲【來店日數】、【生存期間】、【平均來店間隔】【小計 _Sum_Sum】，且只勾選【平均】。

設定完成後按一下 確定 ，再關閉畫面。

編輯【排序】，將【RFM 分數】的【順序】改成【遞減】後按 確定（圖 7.39 下）。

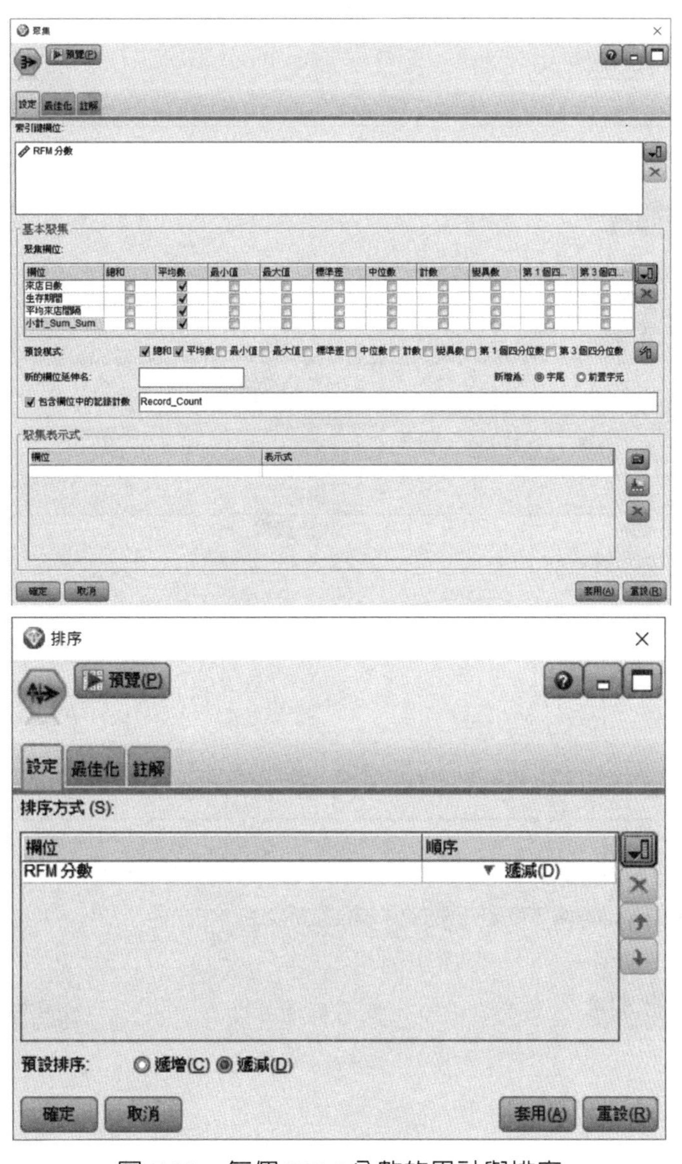

圖 7.39　每個 RFM 分數的累計與排序

接著，編輯【欄位重新排序】。按一下畫面右上方的 從一覽表中選擇【RFM 分數】，再按 確定 。另外，爲了比【其他欄位】的顯示更位於上方，以 移動。如圖 7.40 設定結束後，按 確定 。

爲了容易觀察累計結果，編輯【過濾器】。【過濾器】節點可以變更欄位名稱以及鎖定利用的欄位（圖 7.40 右）。將【平均購買金額】、【平均來店日數】、【平均生存期間】、【平均來店間隔】、【符合人數】適切地輸入到【欄位】，按一下 確定 。

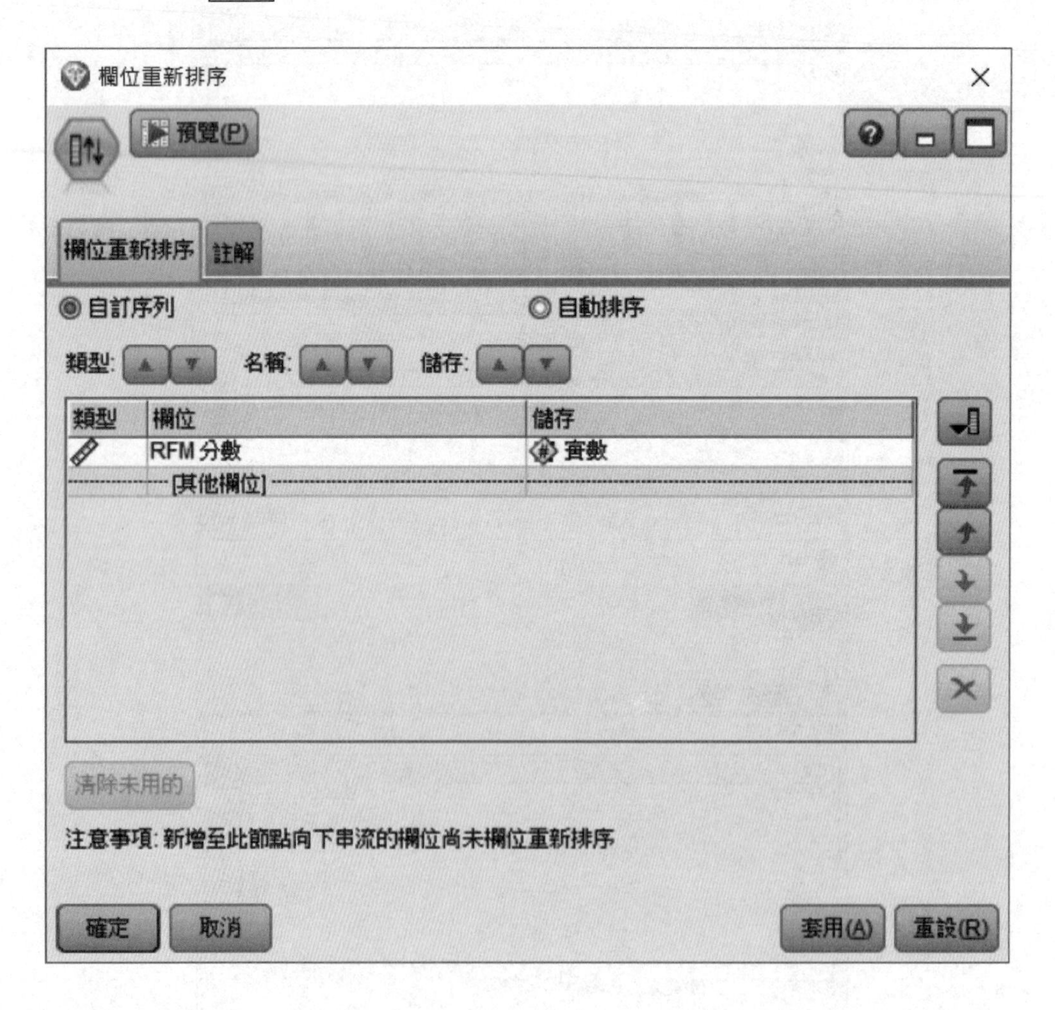

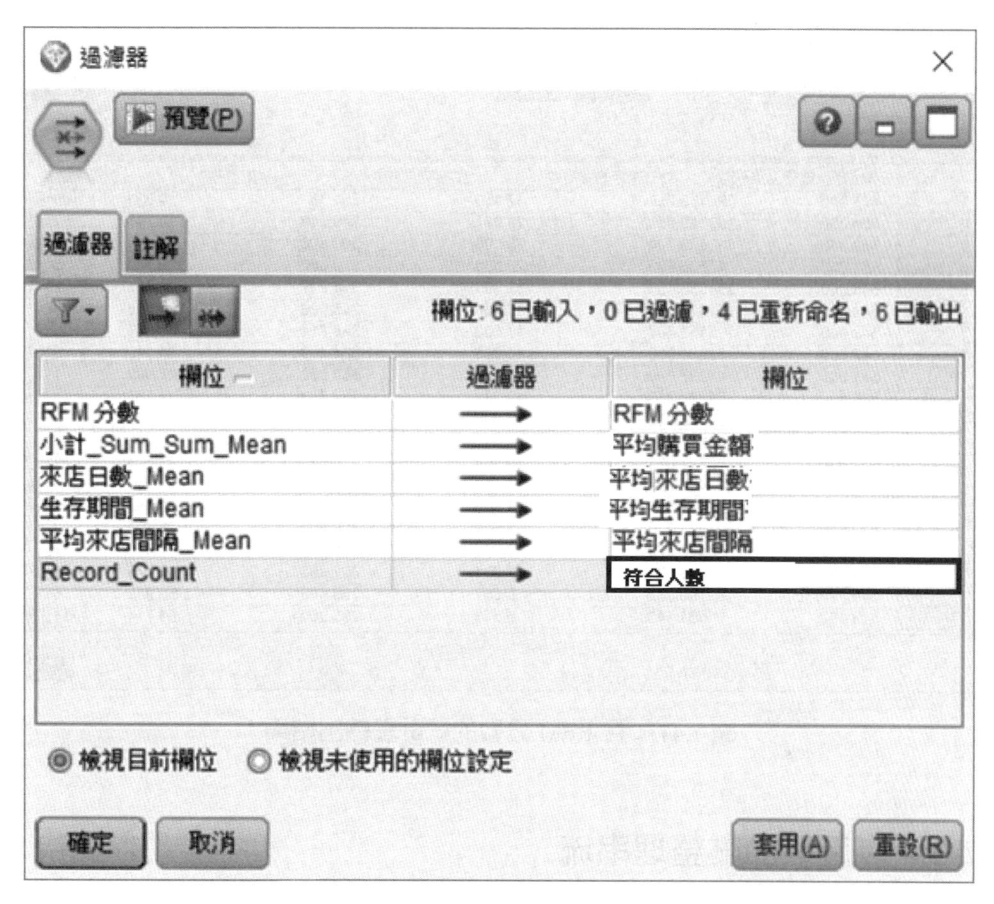

圖 7.40　RFM 分數的欄位重新排序與欄位名稱變更

按每個 RFM 分數輸出所累計的顧客行爲的估計量（圖 7.41）。如觀察表格左上的資料列數顯示，雖然最大可輸出 125 列，但此次存在著不符合的組合，形成 111 的組合。

實際上取決於業界，將實施對策重新改編爲可區分程度的單位。加之，一併確認各組在有關期間經常購買的項目，再用於各組的對策中。確認後按一下 ✕ ，再關閉【表格】。

表格 (6 個欄位、111 個記錄)

檔案(F)　編輯(E)　產生(G)

表格　註解

	RFM 分數	購買金額平均	來店日數平均	生存期間平均	平均來店間隔	該當人數
1	555.000	592189.289	47.450	354.367	9.031	180
2	554.000	193729.058	28.077	349.712	13.293	52
3	553.000	113630.700	28.100	349.400	13.617	10
4	551.000	47505.000	22.000	318.000	15.143	1
5	545.000	356039.455	18.091	344.727	20.404	22
6	544.000	173410.480	17.420	346.000	21.518	50
7	543.000	108159.607	17.500	348.714	21.499	28
8	542.000	67886.000	15.000	334.400	24.015	5
9	541.000	41837.000	14.000	360.000	27.692	1
10	535.000	354336.333	12.333	337.333	29.768	3
11	534.000	166725.955	11.500	324.955	31.185	22
12	533.000	104854.345	11.517	340.414	32.765	29
13	532.000	66317.071	10.964	330.643	33.504	28
14	531.000	43480.500	11.750	308.750	28.715	4
15	524.000	160651.000	7.800	276.400	40.358	5
16	523.000	107991.200	7.800	328.800	49.105	10
17	522.000	64486.970	8.030	309.485	44.470	33
18	521.000	43340.231	8.231	322.385	45.176	13
19	514.000	182790.333	5.667	266.000	56.933	6
20	513.000	96581.143	5.571	295.000	64.714	14

確定

圖 7.41　各 RFM 分數的統計量輸出結果

7.3.4 以超級節點整理串流

爲了整理數個節點，可以將特定的流程封裝化（Capsulation）。

■ 操作步驟 04

以滑鼠指定有關範圍後按右鍵選擇【製作超級節點】（圖 7.42）。

【超級節點】如先設定好名稱，當俯瞰整個串流時將顯得更容易理解。右按一下【超級節點】，選擇【編輯】。開啟【註釋】選片，選擇【自訂】，輸入【RFM- 每個顧客累計】後按確定（圖 7.43）。

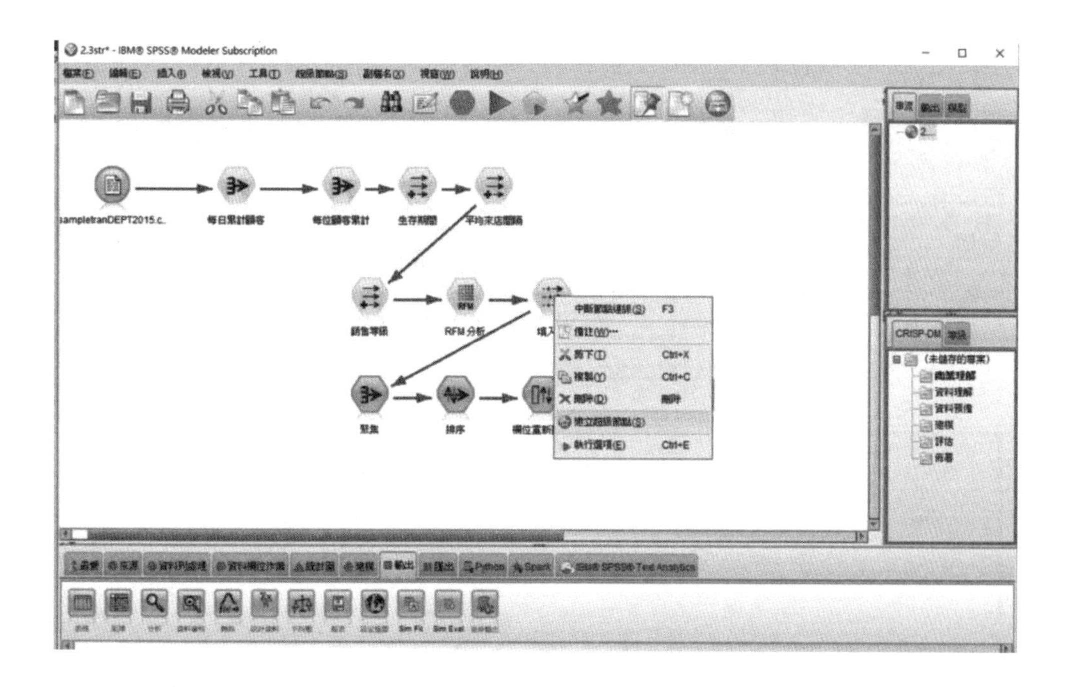

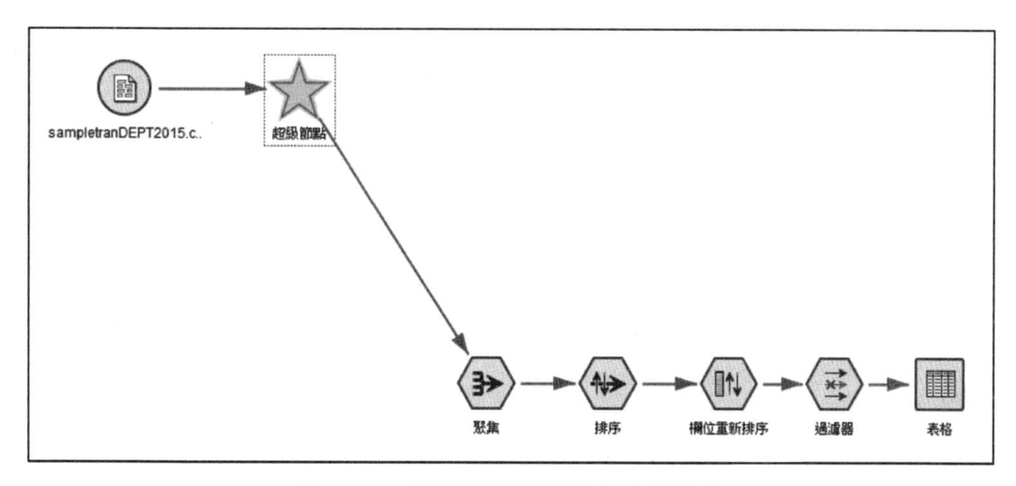

圖 7.42 利用超級節點將串流封裝化

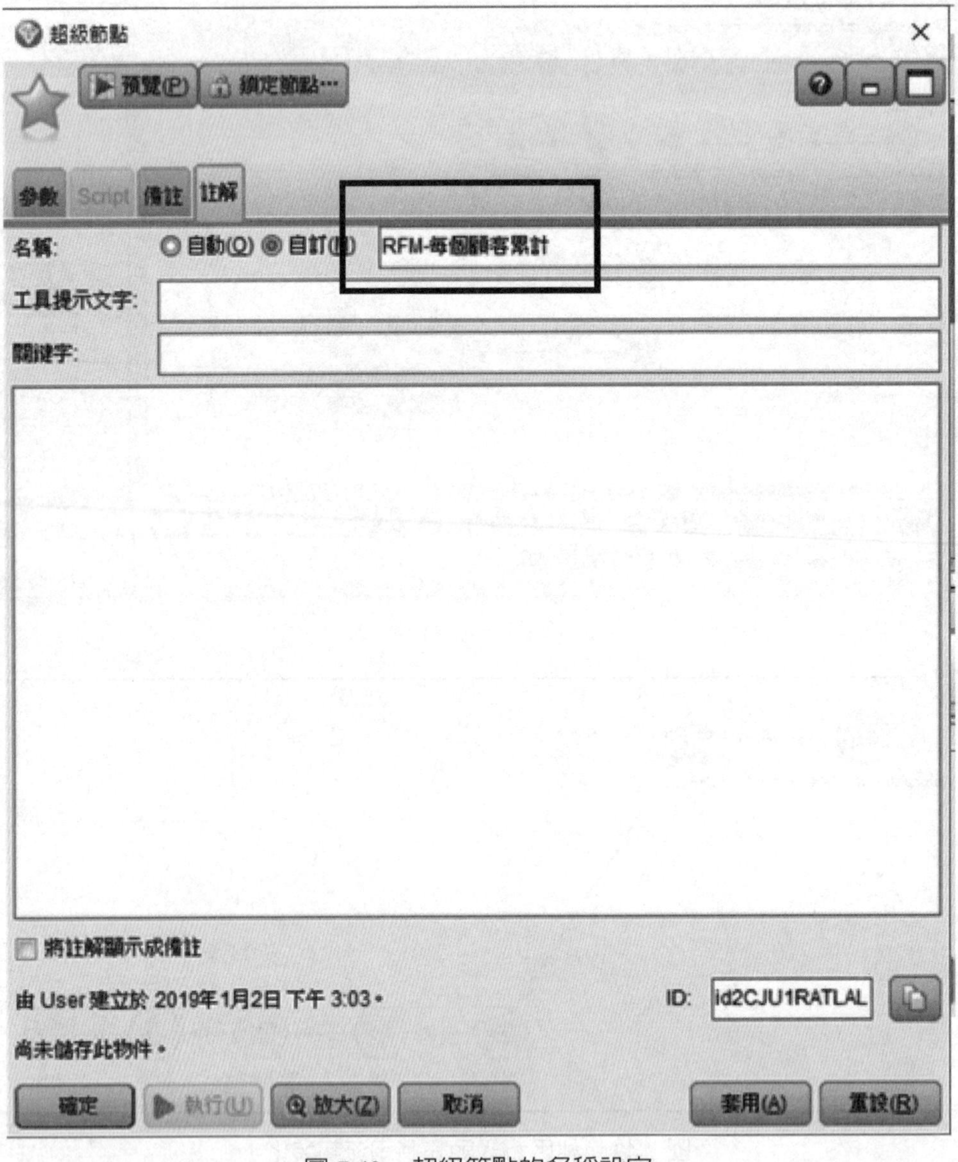

圖 7.43　超級節點的名稱設定

要確認【超級節點】內部所含的節點時，右鍵按一下選擇【縮放】（圖 7.44）。以工具列的 的開與關，即可切換縮與放。

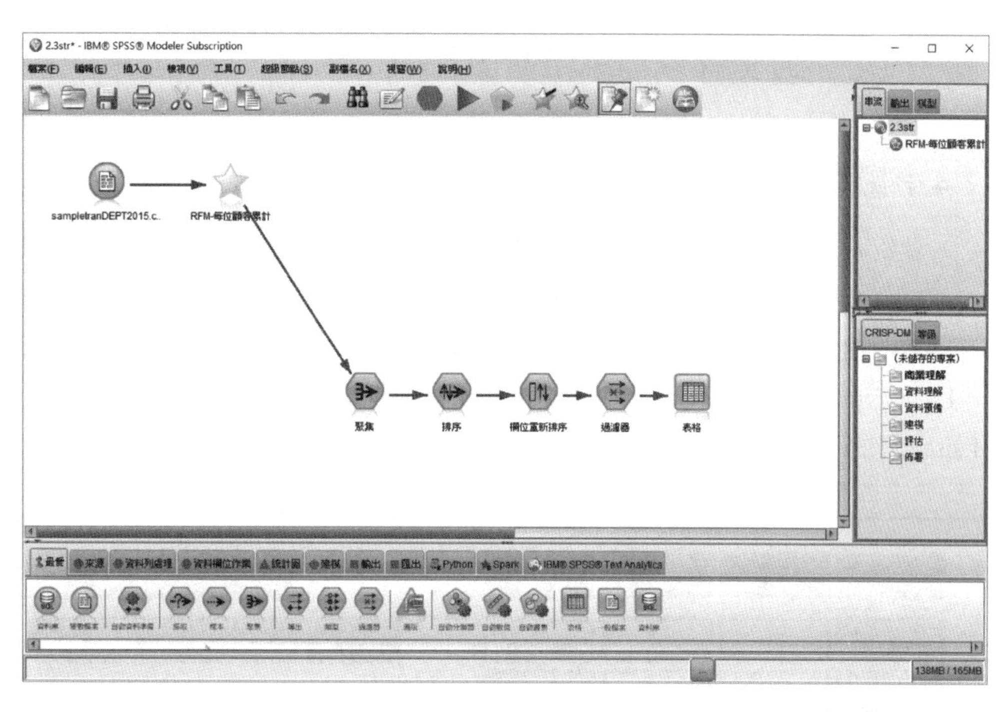

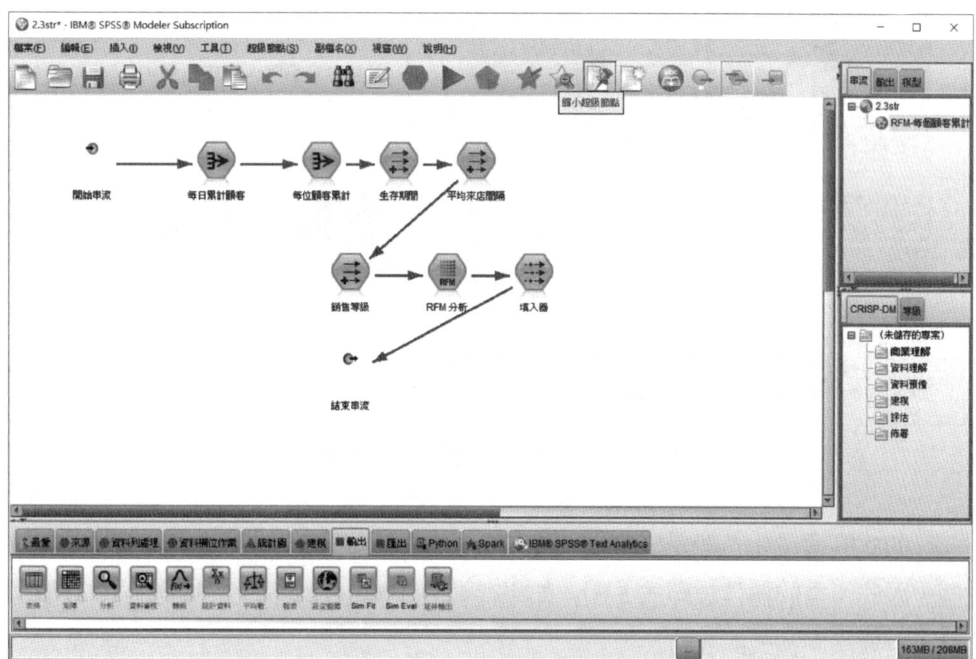

圖 7.44　超級節點內部的縮與放

7.4 掌握顧客行爲的特徵

7.4.1 顧客所購買的商品與類別的欄位化

彙整顧客價値的方法，在 RFM 等級中有過介紹。顧客買了什麼？瀏覽了哪一個網頁？如要彙整如此的質性行爲資訊，有需要進行欄位化。圖 7.45 是說明在購買明細表格中，將縱向所記錄的商品 A 列 E 全部欄位化，顧客購買時作成「1」，未購買時作成「0」之旗標數據的一個例子（旗標是以「眞：True」與「假：False」來區別）。

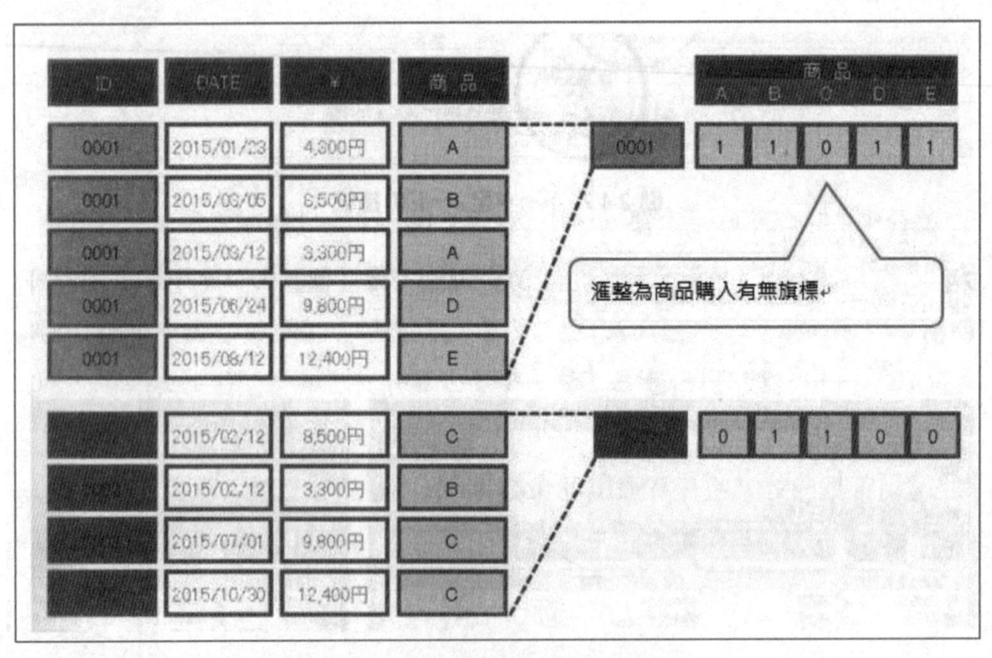

圖 7.45　將購買内容向欄位旗標化

如此的欄位化一般是將數據「從縱向變換爲橫向」之謂。本列中商品數有 5 個，因此所需的欄位數即爲 5 個，如果存在有 1000 種商品時，就變成 1000 個欄位，變成橫向甚長的表格。

7.4.2 將數據作成橫向位置的旗標化節點

■ 操作步驟 01

所謂以 RFM 累計是製作另一個串流。如圖 7.46，將原本的購買明細表格直接連接【類型】節點。【類型】節點是從【資料列處理】選片中選出。

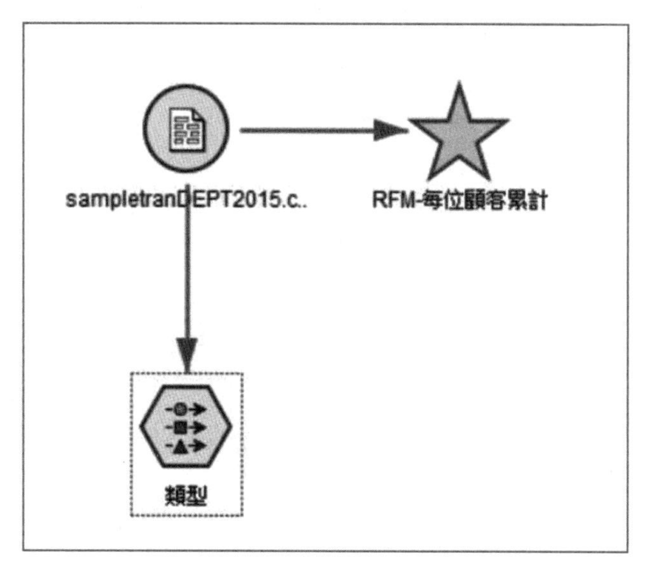

圖 7.46　類型節點的連接

編輯【類型】節點（圖 7.47）。

畫面中【值】的欄位要形成 <讀取>，按一下 讀取值 時，這【值】即被認定。中分類有 61 種名義型類別設定值，即記錄在【類型】節點中。

按一下【確定】，再關閉設定畫面。

其他，將中分類的 61 種類圖形化，並展開成列。從【資料列處理】選片選擇【設成旗標】節點，如圖 7.48 連接到【類型】節點。

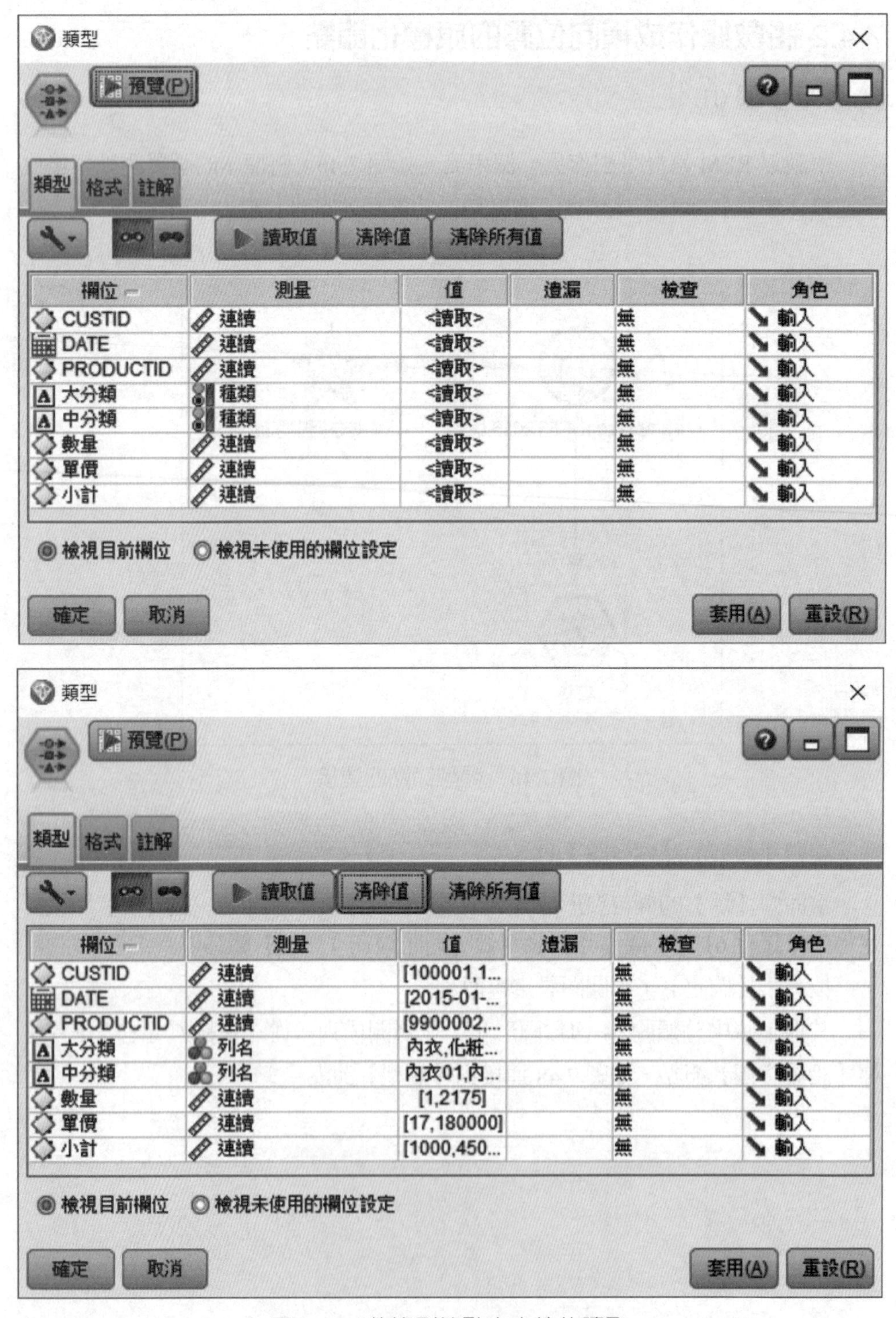

圖 7.47　數據型節點內之值的讀取

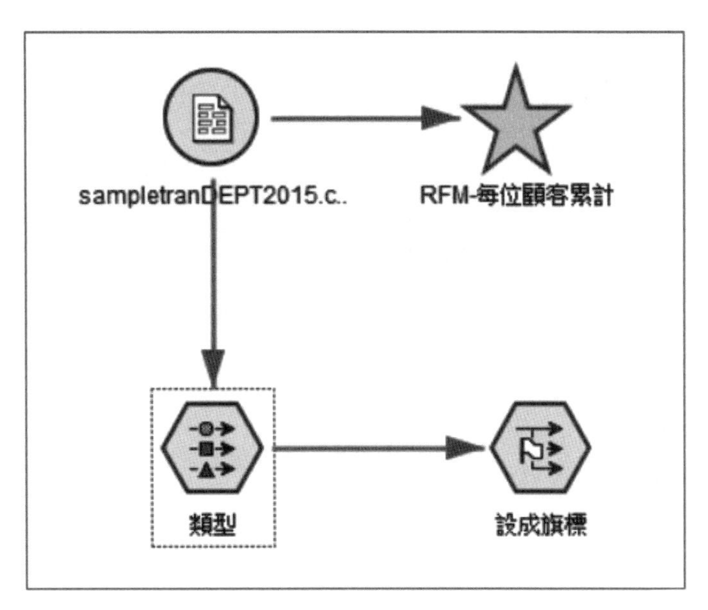

圖 7.48　旗標設定節點的連接

編輯【設成旗標】節點（圖 7.49）。【設定旗標欄位】選擇【中分類】之後，將左側所列舉的【配件 02】以下的全部按 [→] 移動到【建立旗標欄位】的方格中。並且【眞值】與【假值】的初期值是形成「T」與「F」，但爲了往後的容易計算，將「T」輸入爲「1」，「F」輸入爲「0」。

如果此時點，中分類的 61 種類未顯示在【可用的設定值】時，請再次確認【設定旗標】是否正確連接到【類型】，【類型】是否已讀取數值。

勾選【整合鍵值】，按一下畫面右方的 [按鈕]，選取顧客號碼【CUST1D】。如此即使顧客交易數次，每一位顧客可匯集成 1 筆觀察值，且可製作有無購買欄位。

如設定結束時，按一下 預覽（圖 7.50）。

按每一位顧客整理，在有關的某中分類中形成 1 的出現且橫向顯示的表格。以此旗標的類似性分類顧客，或作爲推測特定行爲時的材料，均能利用。

按一下畫面右上的 [×] 再關閉，在【設成旗標】畫面上按 確定。

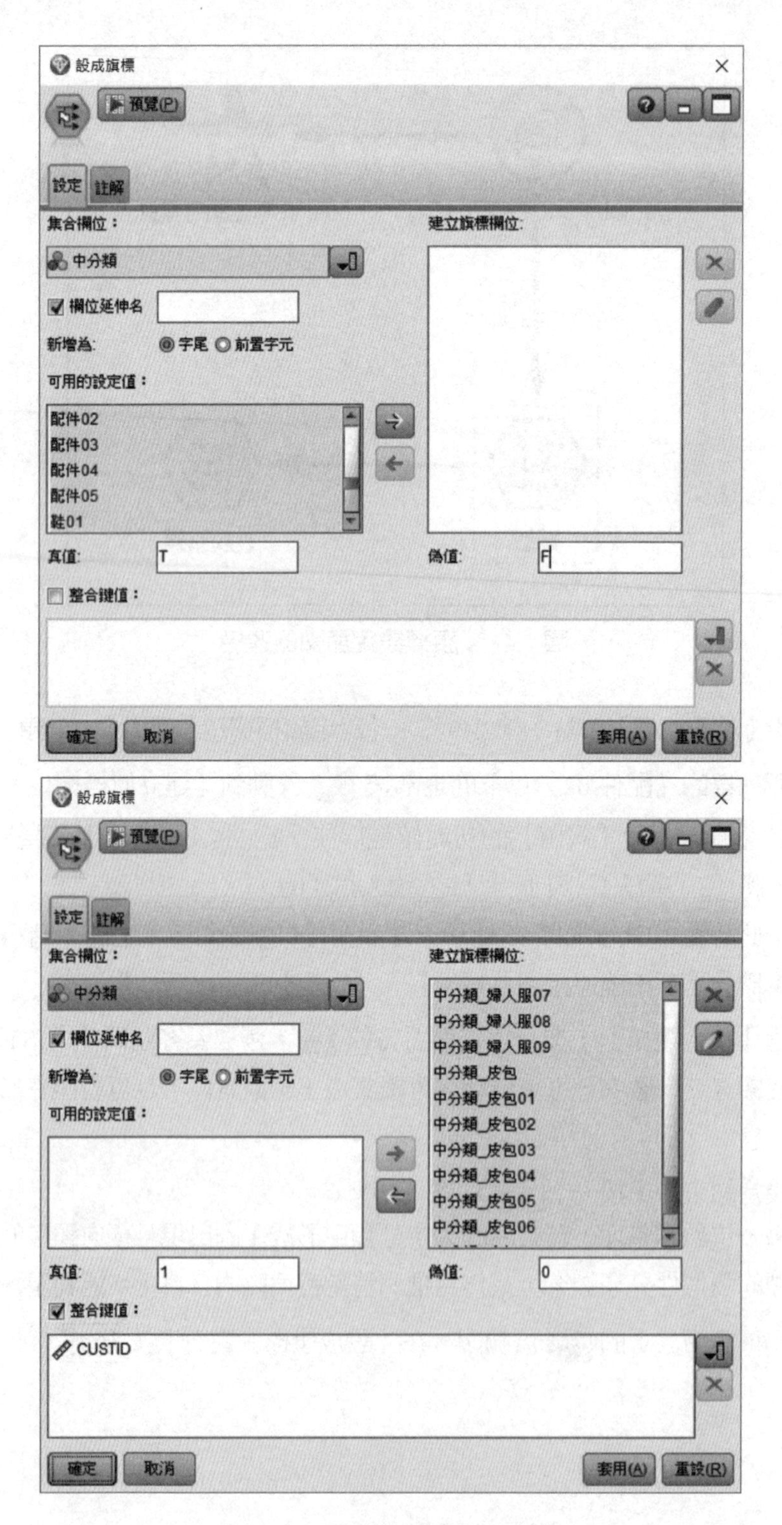

圖 7.49　設成旗標節點的編輯

自 設成旗標 節點預覽 (23 個欄位、10 個記錄)

檔案(F)　編輯(E)　產生(G)

表格　註解

	CUSTID	中分類_配件02	中分類_配件03	中分類_配件04	中分類_配件05	中分類_鞋01	中分類_鞋02	中分類_鞋03
1	100001	0	0	0	1	1	1	0
2	100004	0	0	0	0	0	0	0
3	100005	0	0	1	0	0	0	0
4	100006	0	0	0	0	0	0	0
5	100008	0	0	0	1	0	0	0
6	100012	0	0	0	1	0	0	0
7	100016	0	0	0	0	0	0	0
8	100017	0	0	0	0	0	0	0
9	100019	0	0	1	0	1	0	0
10	100020	0	0	0	0	0	0	0

確定

圖 7.50　設定旗標節點的預覽

7.4.3 旗標表格與每位顧客累計數據的組合

一面連接已經作成的 RFM 加入表格，一面介紹此旗標欄位的利用例。

■操作步驟 02

首先，從【資料列處理】選片選擇【合併】節點，依序與【RFM- 每位顧客累計】節點、【設成旗標】節點相連結（圖 7.51）。此時，先前連接箭線的表格被認爲是主要表格。在此次的例子中，連接後的欄位顯示的順序上出現差異。

編輯【合併】（圖 7.52）。【合併方法】是選擇【鍵值】，以 → 將【可能的索引鍵】的【CUST1D】移動到【合併索引鍵】中。合併方法先選擇【僅納入符合記錄（內部加入）】。

本例有 2 個表格在相同的觀察數中加工著，雖然不會迷惑，但可以想出 1 對 N 或 N 對 N 等各種情形。此時，有需要視目的選取結合方式。

有關資料列的結合方式，以圖 7.53 表示其種類與名稱。

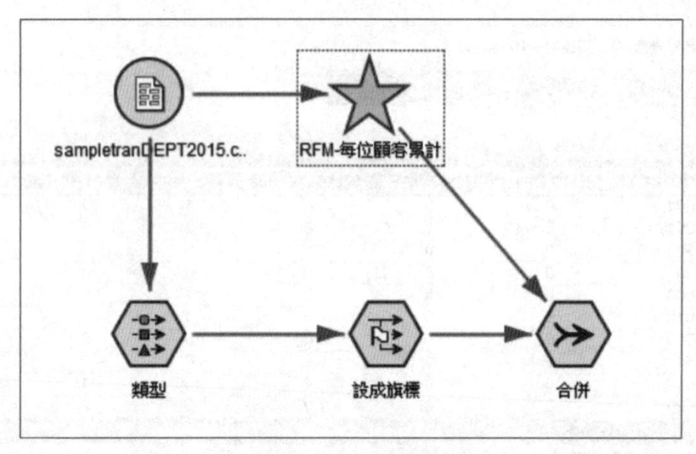

圖 7.51　合併節點

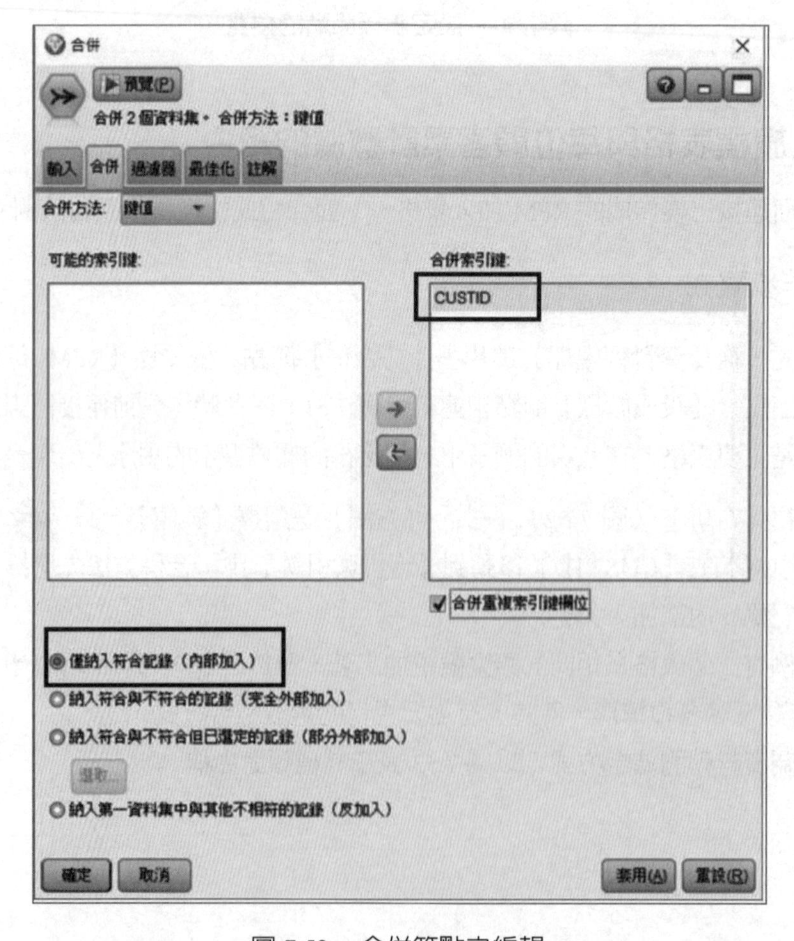

圖 7.52　合併節點之編輯

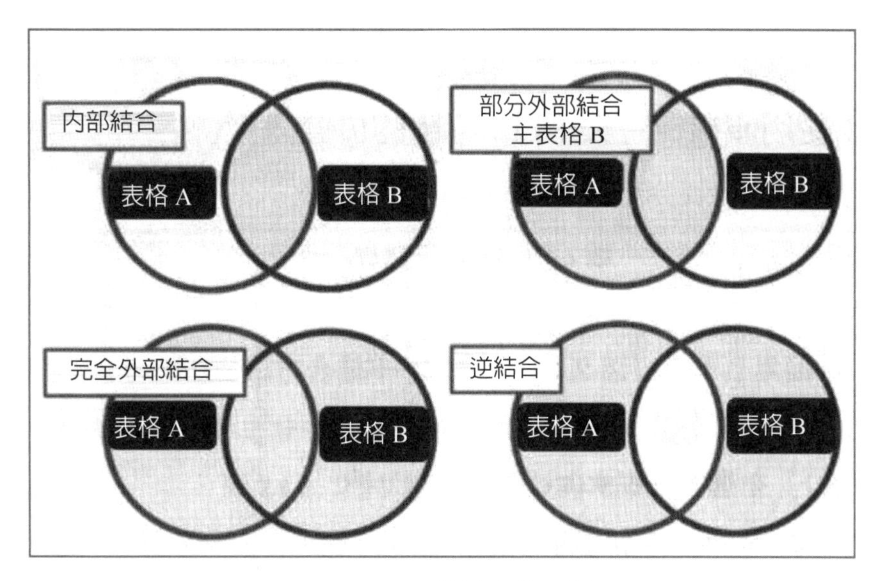

圖 7.53　表格結合的 4 種

在合併的編輯畫面，執行 預覽 。

觀察圖 7.54 時，知欄位的左側排列著以 RFM 累計所得到的統計量，從【RFM 分數】向右側，旗標欄位正確地被結合著。

自 合併 節點預覽 (36 個欄位、10 個記錄)

檔案(F)　編輯(E)　產生(G)

表格　註解

	分數	RFM 分數	中分類_配件02	中分類_配件03	中分類_配件04	中分類_配件05	中分類_鞋01	中分類_鞋02
1	3	543.000	0	0	0	1	1	1
2	4	334.000	0	0	0	0	0	0
3	3	133.000	0	0	1	0	0	0
4	3	223.000	0	0	0	0	0	0
5	2	432.000	0	0	0	1	0	0
6	5	455.000	0	0	0	1	0	0
7	3	413.000	0	0	0	0	0	0
8	1	311.000	0	0	0	0	0	0
9	2	412.000	0	0	1	0	1	0
10	1	431.000	0	0	0	0	0	0

確定

圖 7.54　合併結合後的預覽

按一下畫面右上的 ，再關閉預覽。在【合併】設定上按 確定 。

7.4.4 使用旗標欄位與 RFM 等級的併買分析

將購買旗標數據與顧客等級相組合，使之可視化。

■操作步驟 03

首先從【統計圖】選片將【Web】圖形連接到串流中（圖 7.55）。

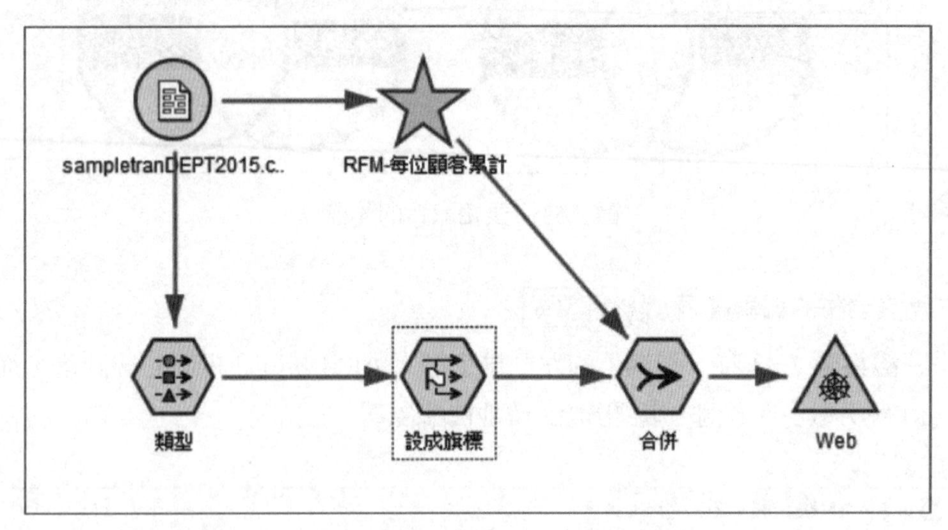

圖 7.55　Web 圖形節點

其次，編輯【Web】圖形節點（圖 7.56）。

爲了選擇【欄位】按一下 之後，在【欄位】的選擇畫面使用 ，選擇全部的旗標欄位，按 確定 。並且，爲了觀察「有購買」之間的關係，勾選【僅顯示眞旗標】。另外，爲了迴避顯示大量的圖例，從【外觀】選片的【顯示圖註】中取消勾選。設定結束後，按一下 確定 ，在【Web】圖形節點上，從右鍵選擇【執行】。

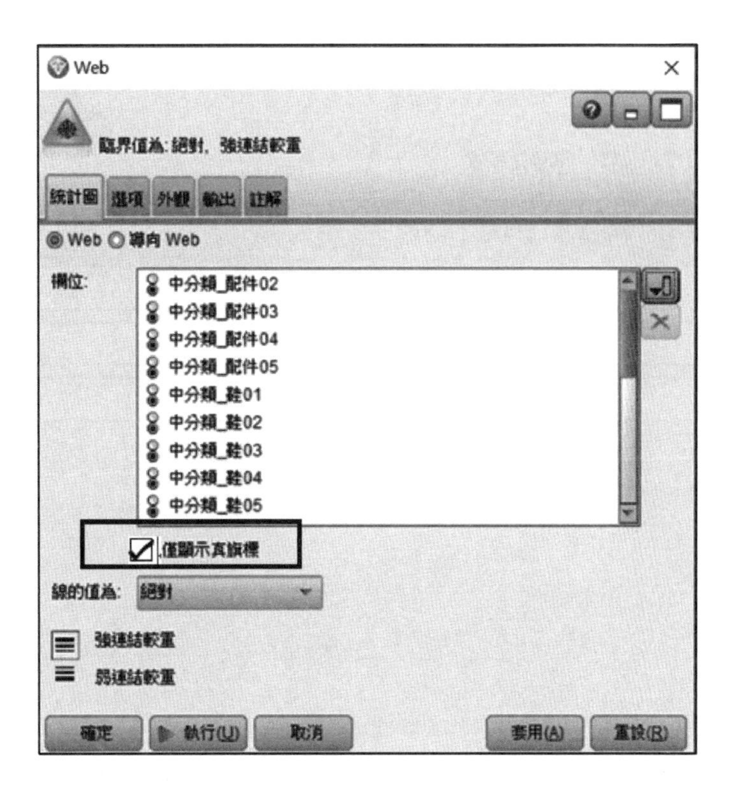
Web
臨界值為: 絕對, 強連結較重
統計圖
選項
外觀
輸出
註解
Web
導向 Web
欄位:
中分類_配件02
中分類_配件03
中分類_配件04
中分類_配件05
中分類_鞋01
中分類_鞋02
中分類_鞋03
中分類_鞋04
中分類_鞋05
僅顯示真旗標
線的值為:
絕對
強連結較重
弱連結較重
確定
執行(U)
取消
套用(A)
重設(R)

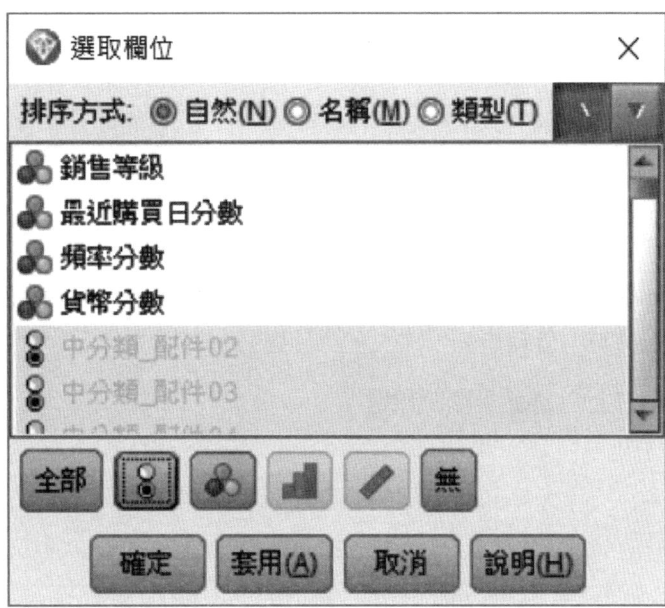
選取欄位
排序方式: 自然(N) 名稱(M) 類型(T)
銷售等級
最近購買日分數
頻率分數
貨幣分數
中分類_配件02
中分類_配件03
全部
無
確定
套用(A)
取消
說明(H)

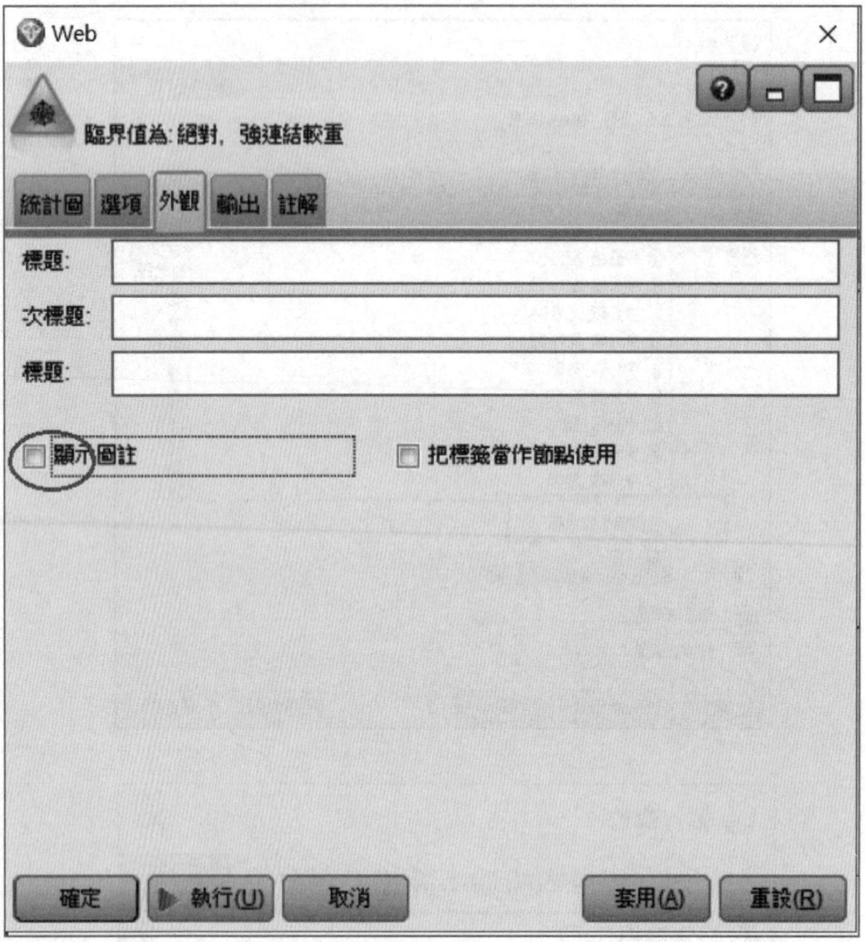

圖 7.56　Web 圖形節點的編輯

輸出結果如圖 7.57。關係性高的中分類以較強的線表示，因此可以掌握那一賣場在期間內是否一併利用。

按一下畫面右上的 ✕ 再關閉預覽。

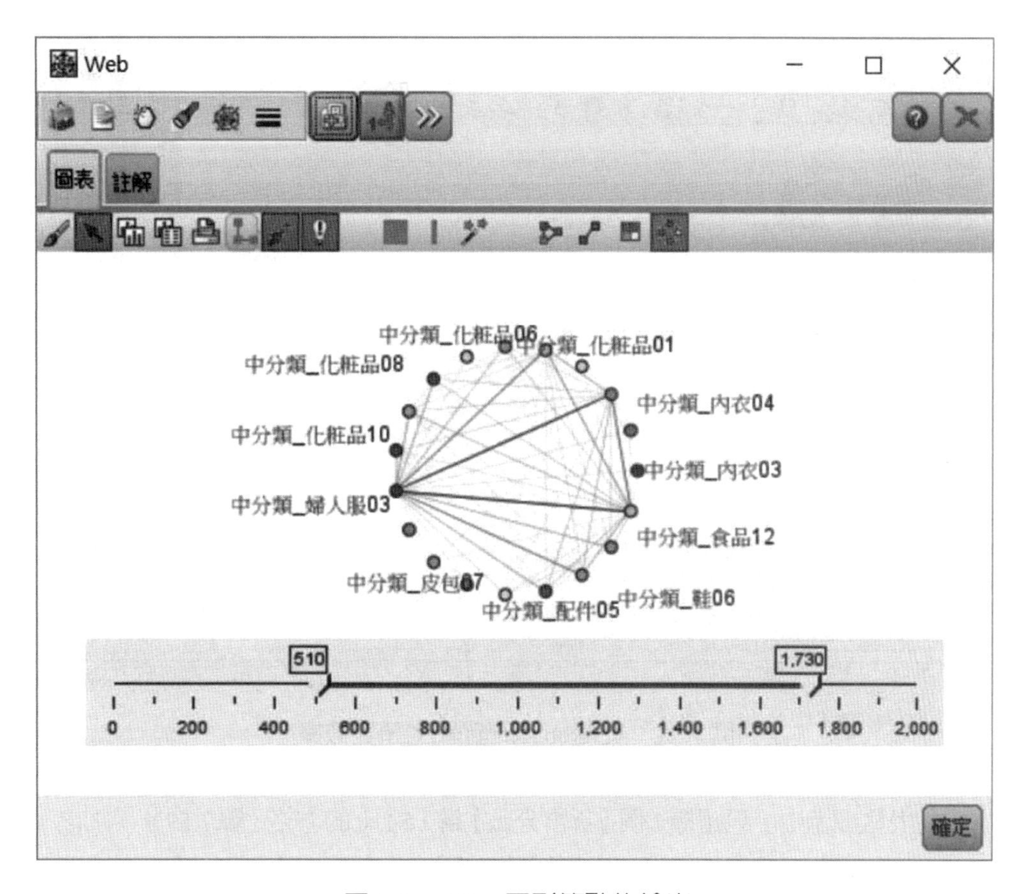

圖 7.57　Web 圖形節點的輸出

■操作步驟 04

此次並非全體顧客只著眼於優良顧客的併買（一起購買）再輸出看看。

首先在【Web】圖形節點上右鍵點一下選擇【預覽】。

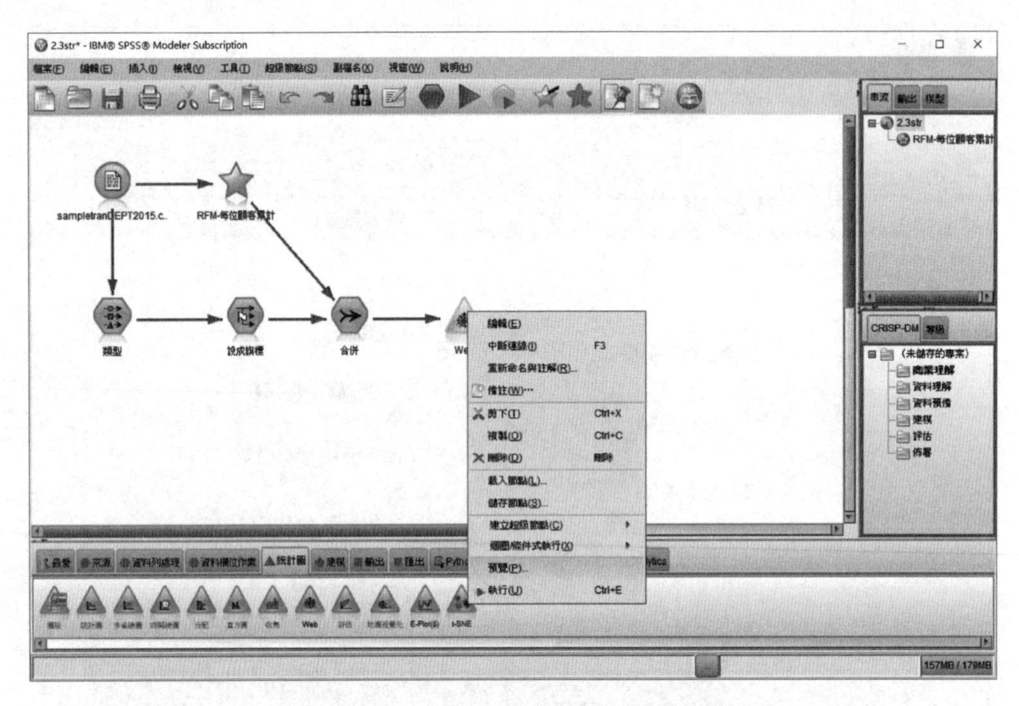

圖 7.58　從 Web 圖形節點上預覽數據

從表格顯示中，只選擇1個【貨幣分數】爲「5」上的方格（圖7.59）。加之，確認方格的顏色反轉了，再從清單選擇【產生】>【選取節點（和）】。

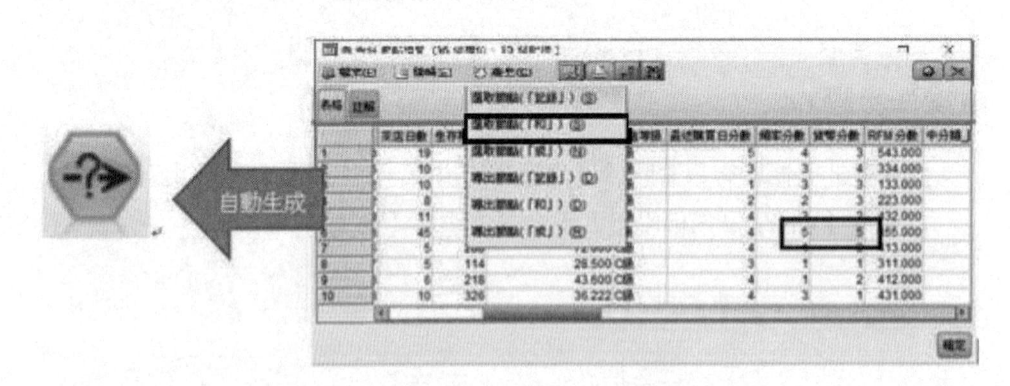

圖 7.59　從數據表自動產生條件抽出節點

確定串流區域左上的自動產生節點，按一下 ![] 關閉預覽。

將所產生的節點放在【合併】節點與【Web】圖形之間（圖 7.60）。

編輯【（選取 _）】時，可以確認抽出條件是「貨幣分數 =5」。如確認完成時，按一下確定。

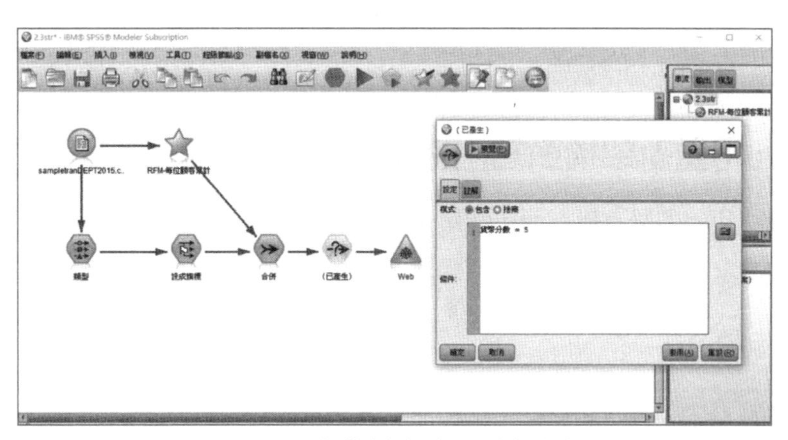

圖 7.60　條件抽出追加到串流中

爲了顯示貨幣分數爲「5」的上位顧客的類別關係，在【Web】圖形節點上按一下右鍵選擇【執行】。

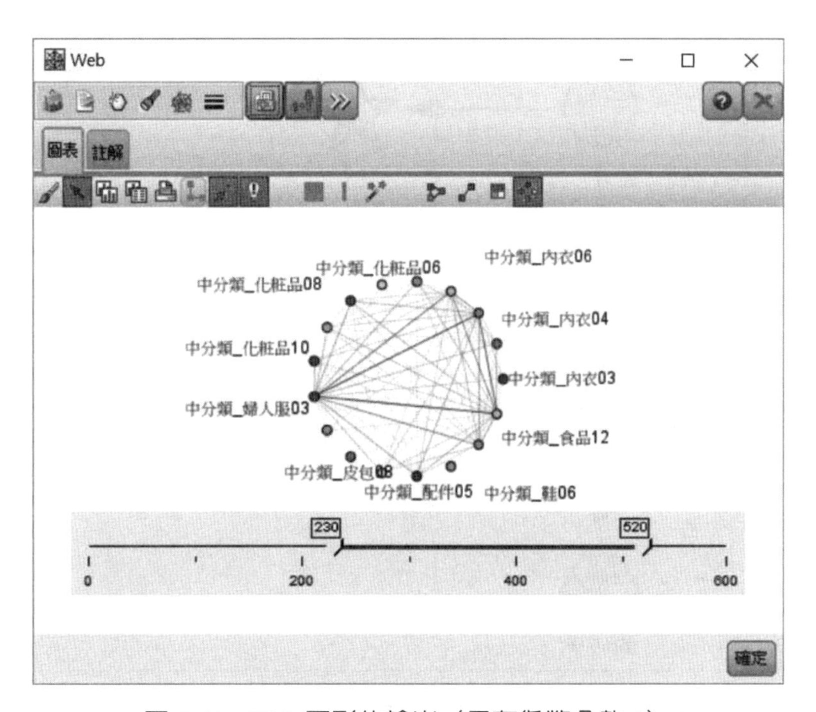

圖 7.61　Web 圖形的輸出（只有貨幣分數 5）

以畫面下的滑尺調節顯示的組合分數上限與下限，顯示就會改變甚為方便，此樣本數據無法得出提示，但有時可以在顧客等級內或店舖之間的 Web 圖形比較上發現有力的假設。

按一下畫面右上的 ✕ 再關閉。

7.4.5 利用重新架構節點向橫向數據變換

在識別商品購買有無方面，利用了旗標設定節點。此處，介紹利用【重新架構】節點，求出商品的購買金額或購買金額內，每位顧客的類別比率的方法。

■操作步驟 05

先前的串流，先取名另存，再製作另一個串流。

以 Delete 鍵從【合併】取消先前的【（已產生）】節點與【Web】圖形。接著，如圖 7.62 從【資料欄位作業】選片選擇【重新架構】節點，再從【類型】連接。

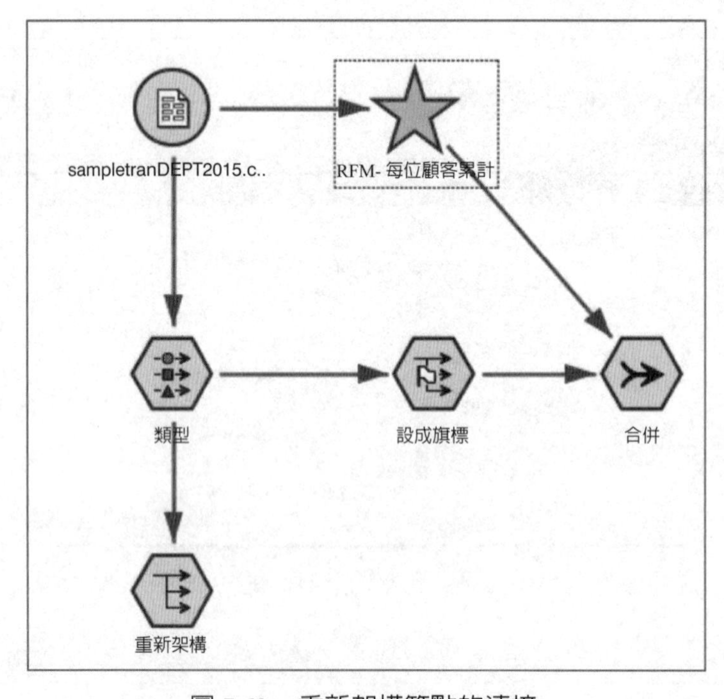

圖 7.62　重新架構節點的連接

【重新架構】節點如圖 7.63 那樣設定。【利用可能欄位】當作【大分類】將 7 個大分類的設定值以 → 全部由左向右移動。此處，因爲想得到大分類的購買金額，找一下畫面下方的【值欄位】的 ，從所顯示的一覽表中選擇【小計】，按 確定 再登入。

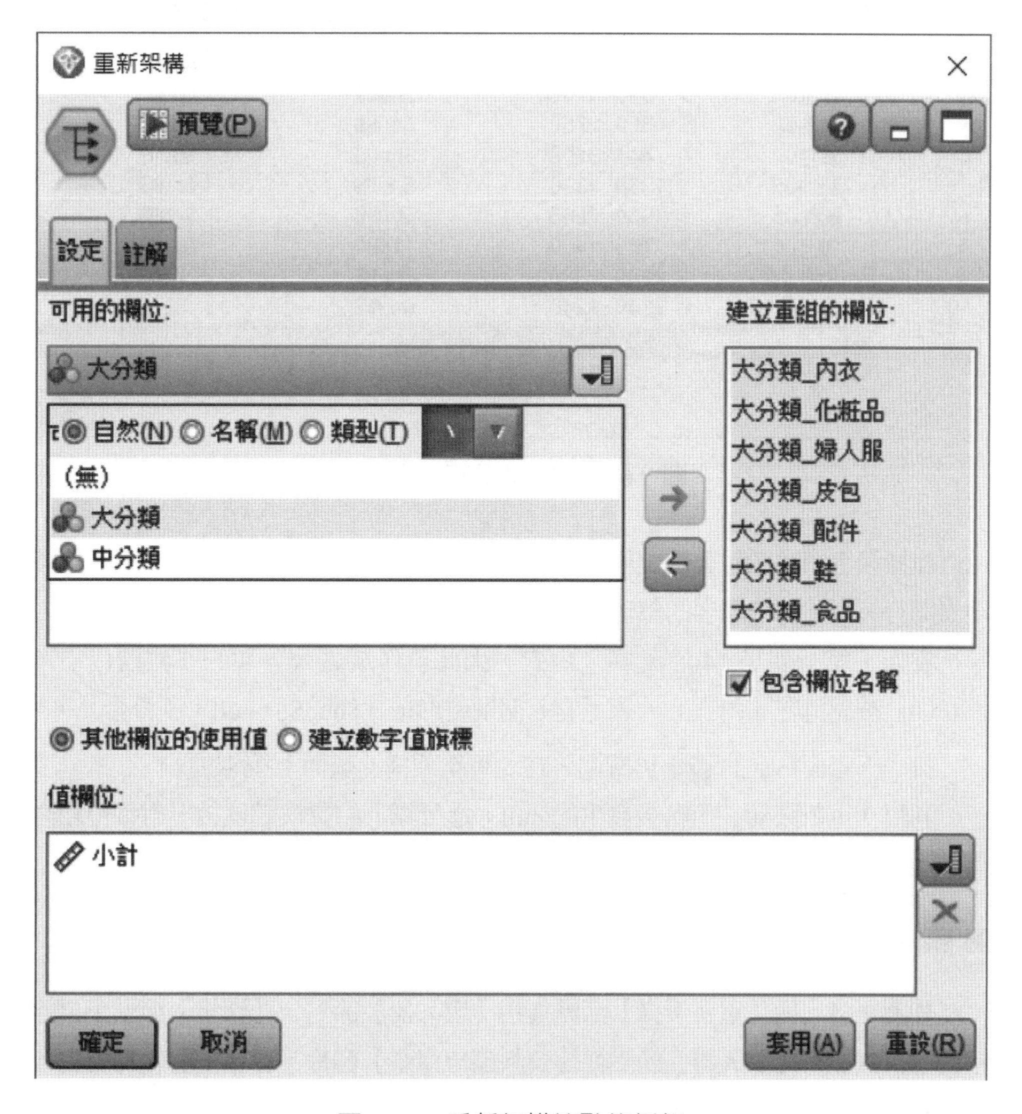

圖 7.63　重新架構節點的編輯

在【重新架構】節點的編輯畫面按一下 預覽，表格即被輸出（圖 7.64）。

自 重新架構 節點預覽 (15 個欄位、10 個記錄)

檔案(F) 編輯(E) 產生(G)

表格 註解

	類	中分類	數量	單價	小計	大分類_內衣_小計	大分類_化粧品_小計	大分類_
1		內衣06	2	700	1400	1400	$null$	
2		食品12	2	840	1680	$null$	$null$	
3		皮包04	5	348	1740	$null$	$null$	
4		食品12	5	550	2750	$null$	$null$	
5		皮包04	7	444	3108	$null$	$null$	
6		配件05	1	1330	1330	$null$	$null$	
7		配件05	1	1960	1960	$null$	$null$	
8		內衣06	2	700	1400	1400	$null$	
9	品	化粧品03	1	2888	2888	$null$	2888	
10	品	化粧品10	1	3240	3240	$null$	3240	

確定

圖 7.64 重新架構的結果預覽

旗標設定節點雖然與欄位展開同時整理每一位顧客，但此重新架構只是單純地展開行，因此每位顧客的整理有需要在後面的累計進行。

譬如，第一列是 1400 元購入內衣，因此新作成之大分類的 7 個欄位中，「1400」被記述在「內衣」，剩下的 6 個欄位形成「$null$」(null：不符合）。

按一下畫面右上的 ✖ 再關閉，在「重新架構」畫面上按確定。

利用「重新架構」節點後發生的 null，進行以下的置換處理後，對每位顧客累計。

■操作步驟 06

如圖 7.65，從【重新架構】節點連接【填入器】節點、【聚集】節點，再連接到【合併】。【填入器】節點從【資料欄位作業】選片，【合併】節點是包含在【資料列處理】選片中。

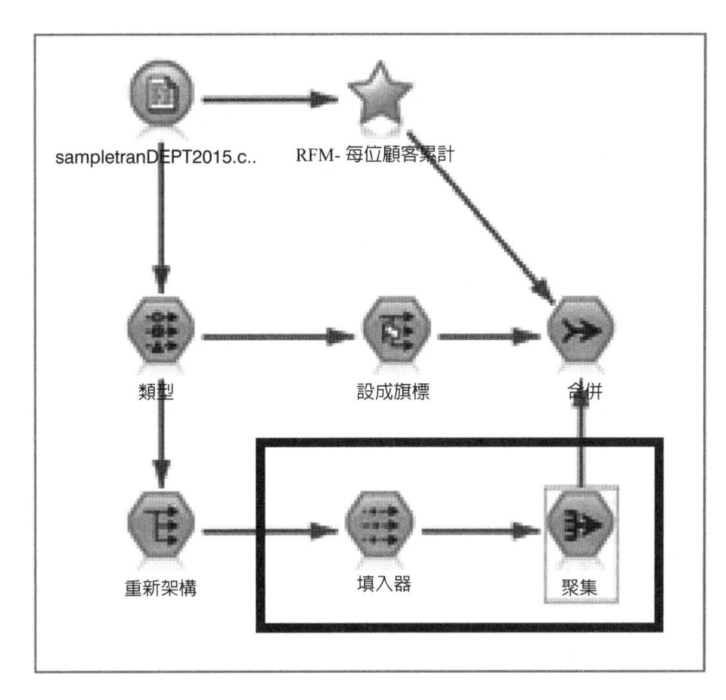

圖 7.65 以重新架構所展開之欄位置欄與累計

編輯【填入器】節點（圖 7.66）。

從 叫出【填入欄位】，選擇包含【大分類 - 配件 - 小計】的 7 個大分類購買金額，按一下 確定。如使用 shift 鍵時，能同時選擇欄位。

【置換】的條件選擇【空値】，【取代值】如初期設定當作【0】。

【填入器】設定完成時，按一下 確定。

此【置換】處理是爲了避免利用 null 計算的不整合所進行的。譬如，在 null 之下計算平均時，包含 null 的觀察值被忽略，分母即無發生不當。顧客對相關的大分類如未購買時爲 null 是適切的，但購買金額 0 元是不變的，且可以迴避計算失誤，因此進行此置換。當然 null 較爲適切的情形也有，因此，有需要取決於分析目的來判斷。

其次，編輯【聚集】節點（圖 7.67）。

【索引鍵欄位】是顧客，因此選擇【CUSTID】。【聚集欄位】則選擇大分類購買金額，並只勾選【總和】。

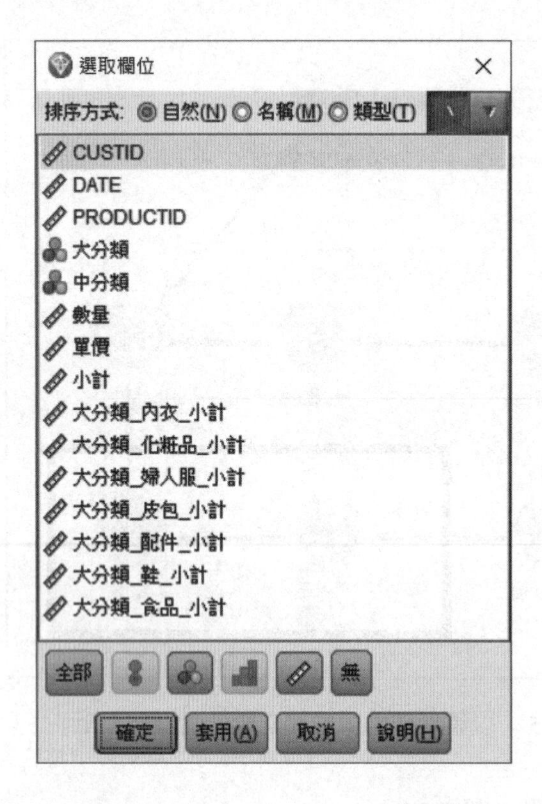

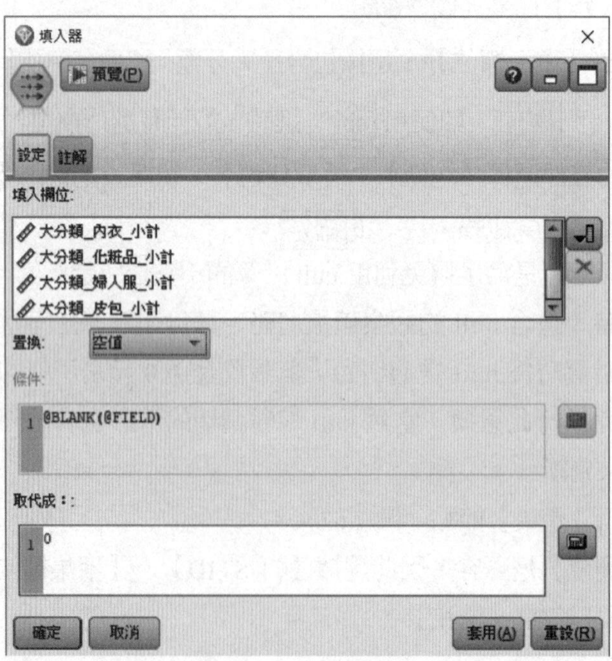

圖 7.66　填入器節點的編輯

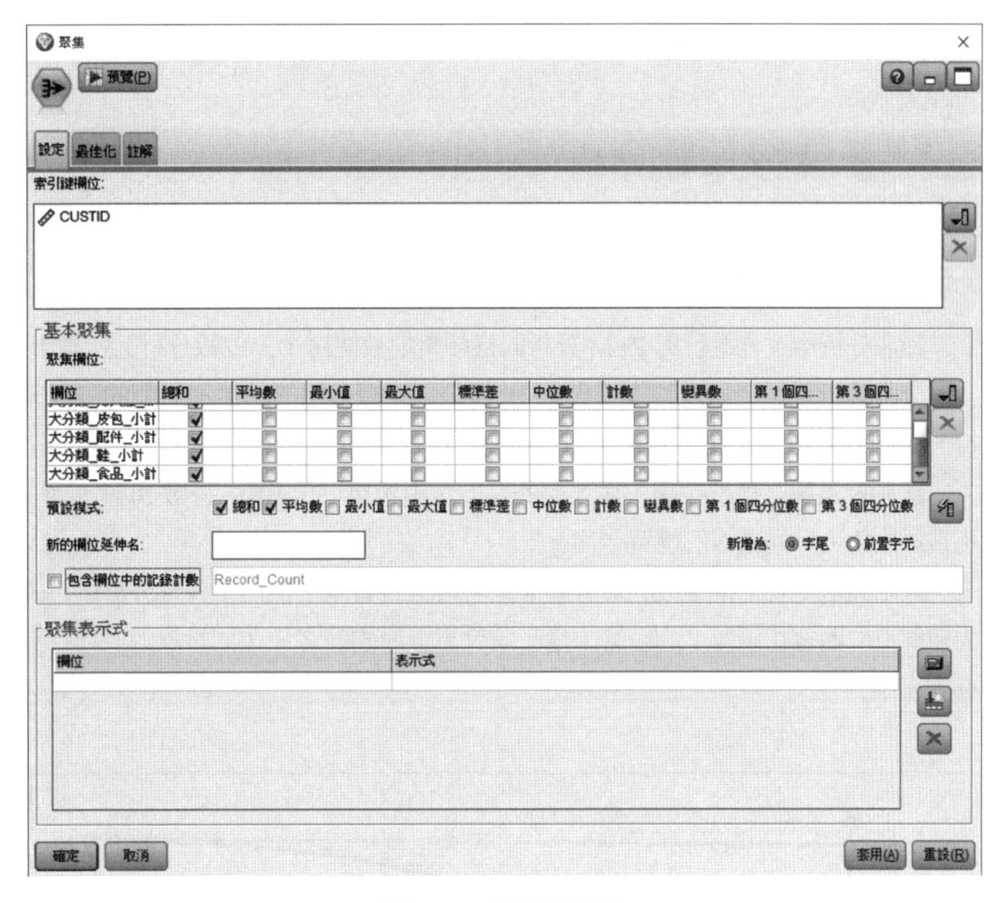

圖 7.67　聚集的編輯

執行預覽時，得出圖 7.68。

自 聚集 節點預覽 (9 個欄位、10 個記錄)

檔案(F)　編輯(E)　產生(G)

表格　註解

	CUSTID	大分類_內衣_小計_Sum	大分類_化粧品_小計_Sum	大分類_婦人服_小計_Sum	大分類_皮包_小計_Sum	大分類_配件_小計_Sum	大分類_鞋_小計_Sum	大分類_食品_小計_Sum
1	100001	7715	26885	6026	7243	8278	26870	15707
2	100004	47262	35251	19631	10342	0	45890	11700
3	100005	0	0	0	0	10500	0	108460
4	100006	26210	33000	11460	14400	0	0	0
5	100008	21755	13441	2950	2800	1017	11123	1194
6	100012	48548	37073	47206	60782	30638	8524	66244
7	100016	0	88430	14000	0	0	0	0
8	100017	0	1298	0	6451	0	1726	15155
9	100019	2586	50724	4427	0	2375	1710	0
10	100020	4560	15621	0	15281	0	0	0

確定

圖 7.68　聚集後的預覽

按一下畫面右上的 ✕ 再關閉，在【聚集】畫面上按一下 確定。

7.5 十分位數分析

7.5.1 何謂十分位數分析

顧客分析中，會進行與 RFM 分析同樣頻繁地被使用十分位數分析。所謂十分位分析是以金額爲基礎將顧客 10 等分，掌握各組的特徵與影響的一種分析。Decile 是 10 分之 1 的意。

圖 7.69 是稱之爲柏拉圖，從 X 組的左方呈現銷售上位 10%（母數 10 萬人時，相當於 1 萬人）的顧客的購買金額。

雖然經常提及上位 2 成的顧客有 8 成對收益有貢獻，然而十分位分析可正確的理解上位顧客在經營上的影響，爲了培育更上層的顧客，在探討線索上具有其意義。

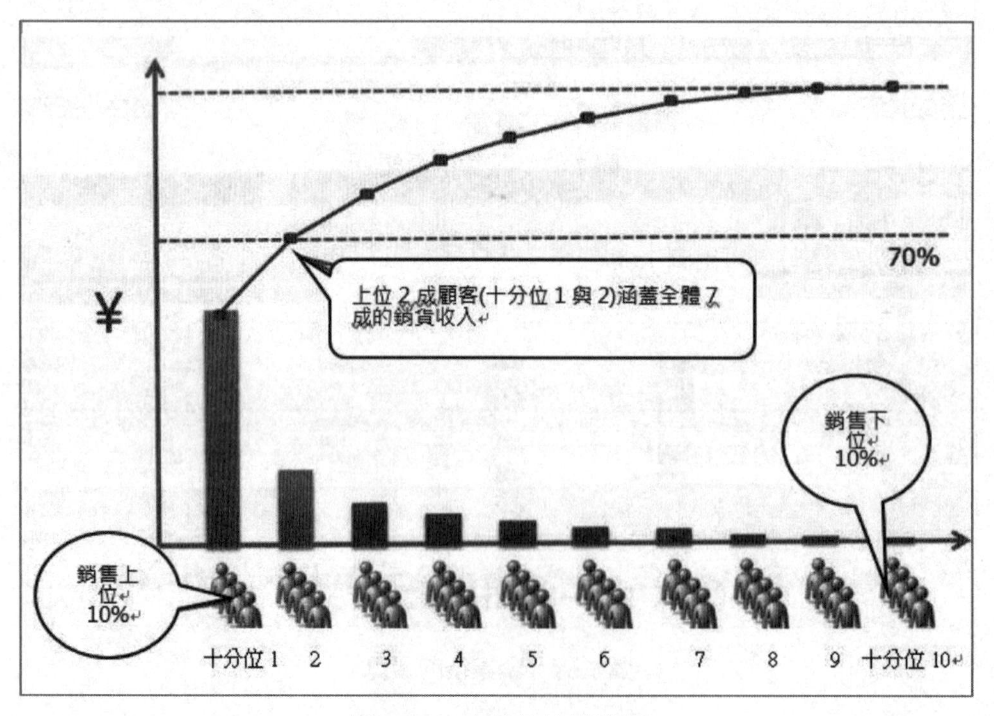

圖 7.69　十分位的柏拉圖

7.5.2 十分位的製作

■操作步驟 01

首先如圖 7.70 連接 3 個節點。【分組】與【導出】是從【資料欄位作業】，【聚集】是從【資料列處理】叫出。

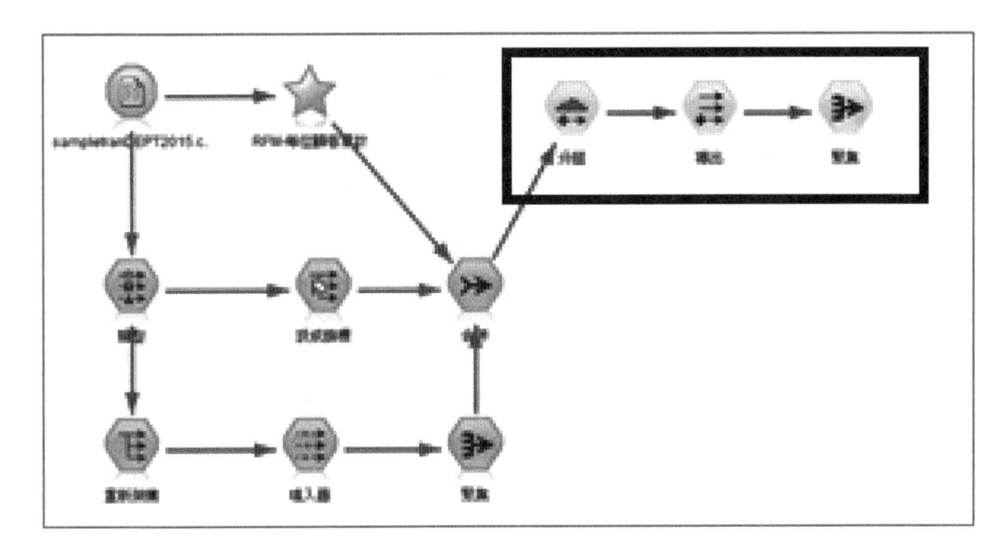

圖 7.70　十分位的製作

接著，從【分組】節點選【編輯】（圖 7.71）。

按一下【Bin 欄位】的 ，從一覽表選擇【小計 _sum_sum】。【Binning 方法】選擇【分位（相同計數）】，勾選【10 分位數】。

照這樣以 10 分位分割時，金額基礎最高的 1 成即被分配爲【10】。數值等級是值愈高，價值即愈高，十分位分析的「Decile 1」是表示頂層的 10%，因此有需要將此排列順序反轉。

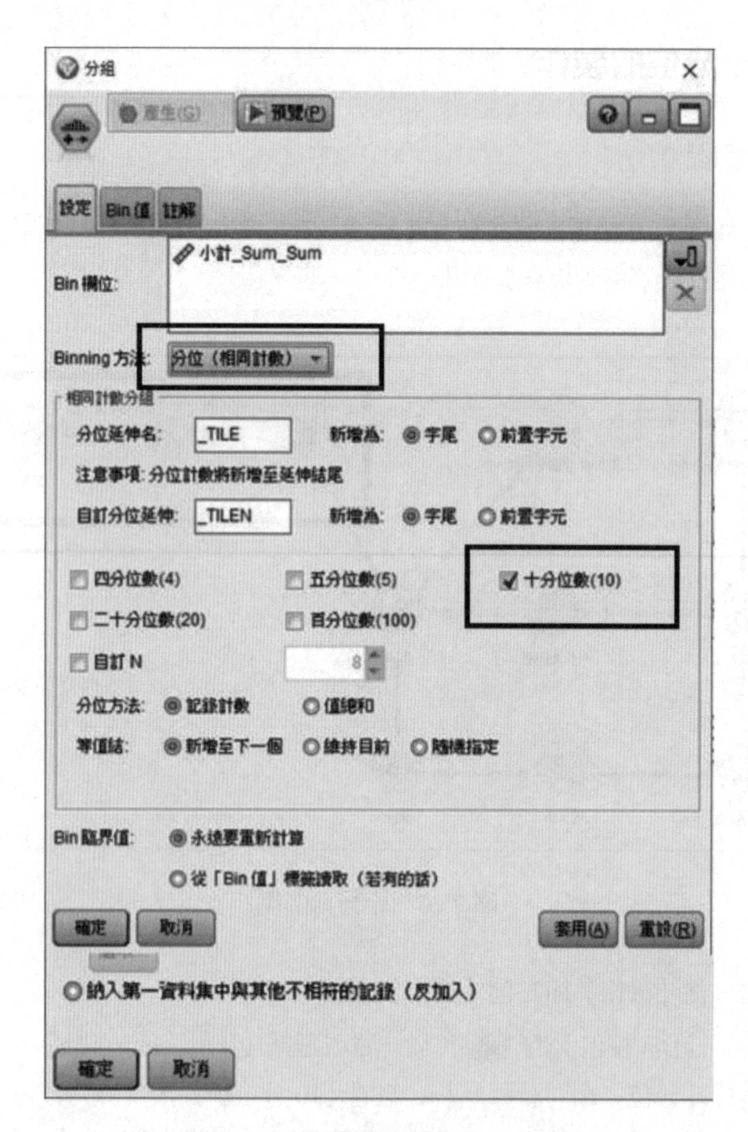

圖 7.71　利用分組節點製作十分位

接著，爲了值的反轉，以【導出】節點製作十分位欄位（圖 7.72）。【導出欄位】中輸入【十分位】。按一下【公式】的 ，在公式中輸入【11- 小計_Sum_Sum_TILE10】，以 檢查 確認，按一下 確定，關閉公式畫面。

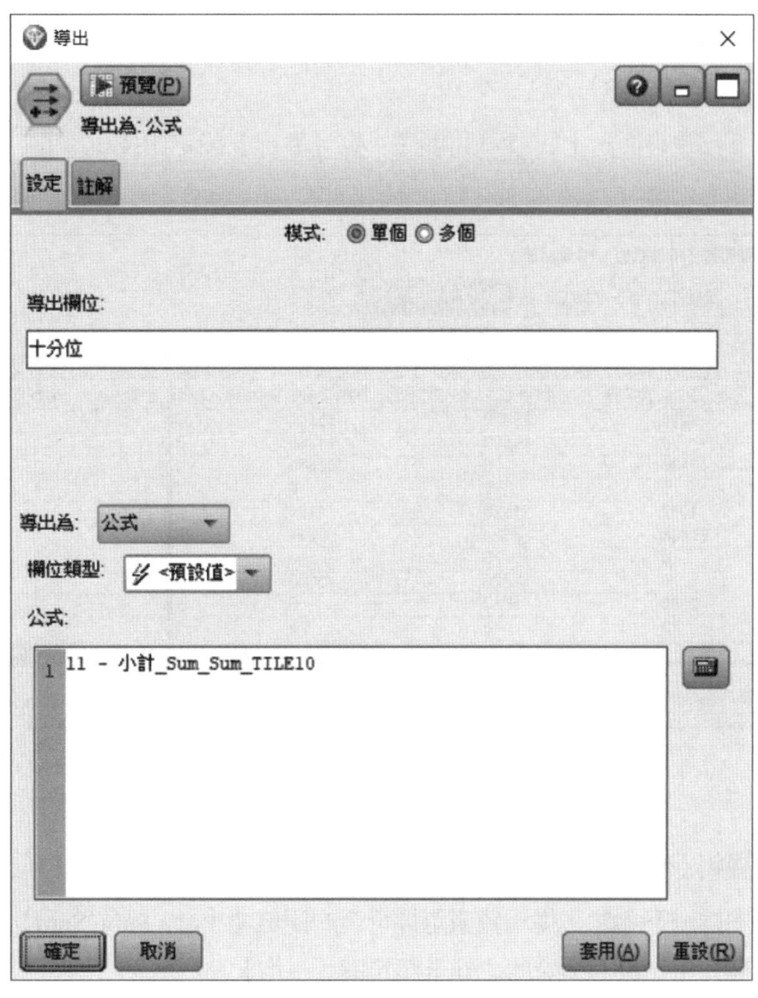
導出
預覽(P)
導出為: 公式
設定
註解
模式: 單個 多個
導出欄位:
十分位
導出為: 公式
欄位類型: <預設值>
公式:
1 11 - 小計_Sum_Sum_TILE10
確定
取消
套用(A)
重設(R)

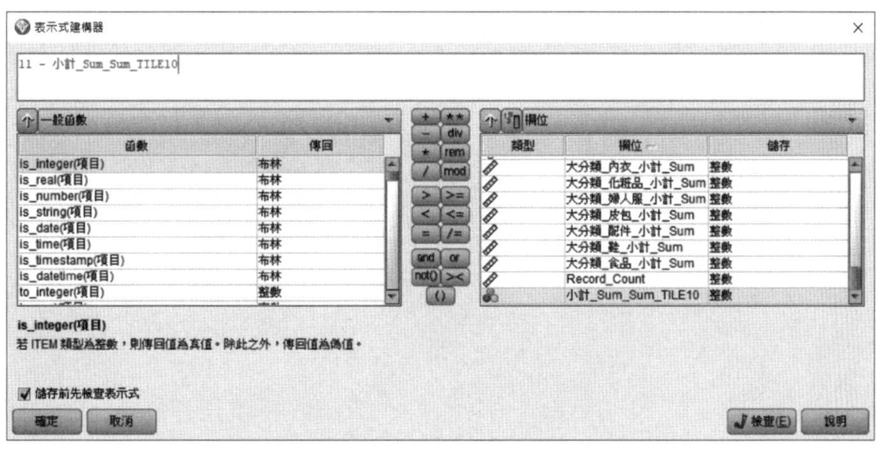
表示式建構器
11 - 小計_Sum_Sum_TILE10
一般函數
函數
傳回
is_integer(項目) 布林
is_real(項目) 布林
is_number(項目) 布林
is_string(項目) 布林
is_date(項目) 布林
is_time(項目) 布林
is_timestamp(項目) 布林
is_datetime(項目) 布林
to_integer(項目) 整數
欄位
類型
儲存
大分類_內衣_小計_Sum 整數
大分類_化粧品_小計_Sum 整數
大分類_婦人服_小計_Sum 整數
大分類_皮包_小計_Sum 整數
大分類_配件_小計_Sum 整數
大分類_鞋_小計_Sum 整數
大分類_食品_小計_Sum 整數
Record_Count 整數
小計_Sum_Sum_TILE10 整數
is_integer(項目)
若 ITEM 類型為整數，則傳回值為真值。除此之外，傳回值為偽值。
儲存前先檢查表示式
確定
取消
檢查(E)
說明

圖 7.72　值的反轉

執行 預覽 時，可以確認以分割所作成的10分位的「5」反轉成「6」、「7」反轉成「4」（圖 7.73）。

按一下預覽畫面右上的 再關閉，在【導出】設定中按一下 確定 。

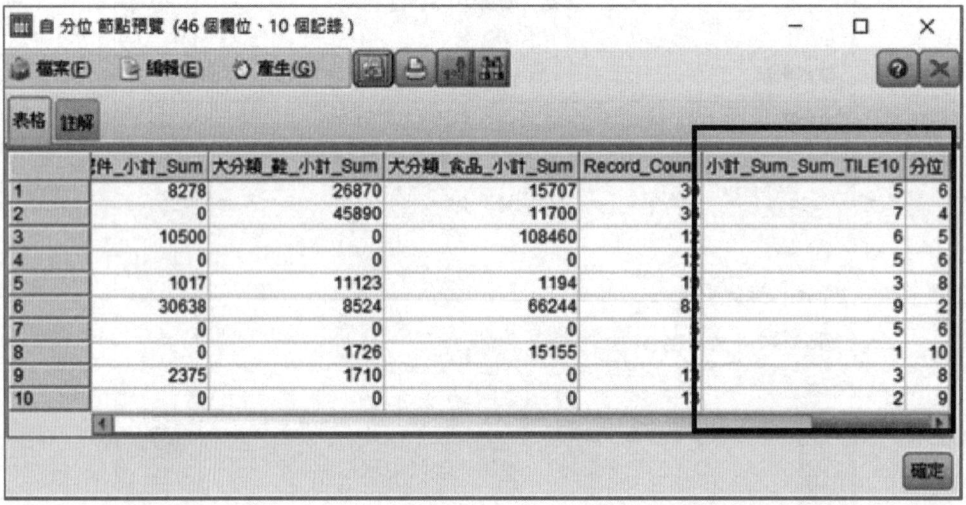

自 分位 節點預覽 (46 個欄位、10 個記錄)

	件_小計_Sum	大分類_鞋_小計_Sum	大分類_食品_小計_Sum	Record_Coun	小計_Sum_Sum_TILE10	分位
1	8278	26870	15707	3	5	6
2	0	45890	11700	3	7	4
3	10500	0	108460	1	6	5
4	0	0	0	1	5	6
5	1017	11123	1194	1	3	8
6	30638	8524	66244	8	9	2
7	0	0	0	[illegible]	5	6
8	0	1726	15155	[illegible]	1	10
9	2375	1710	0	1	3	8
10	0	0	0	1	2	9

圖 7.73　十分位的預覽

最後編輯【聚集】節點（圖 7.74）。【索引鍵欄位】中選擇【十分位】。【聚集欄位】則按一下 ，從一覽表選擇符合的欄位【小計 _Sum_Sum】，只勾選【總和】與【平均數】，除此之外全部勾選【平均】。

於【包含欄位中的記錄計數】勾選後，輸入【人數】。

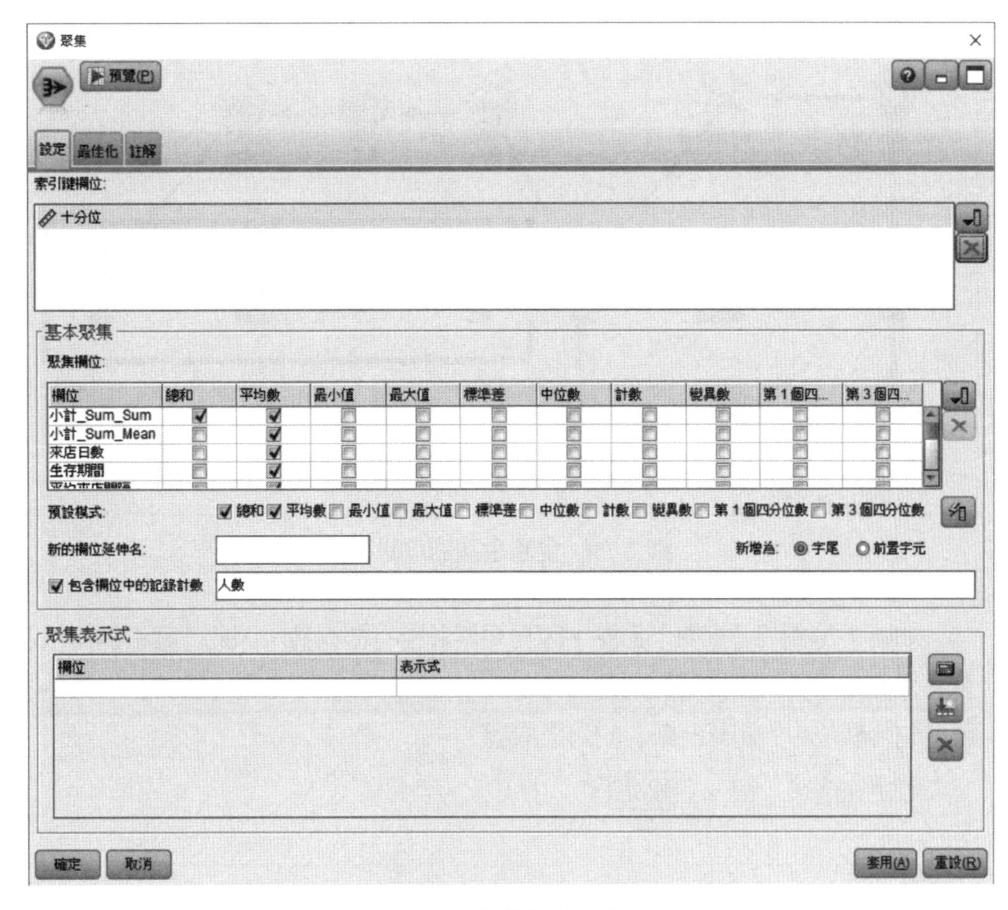

圖 7.74　十分位的累計

設定完成後按一下確定。

7.5.3 所有顧客的購買金額的計算

爲了掌握各十分位的購買金額，在金額之中具有何種程度的影響，先一度求出顧客全體的購買金額。

■ 操作步驟 02

從【資料列處理】選片選出【聚集】來連接，從【資料欄位作業】選片選出【過濾器】來連接，接著將【合併】從【資料列處理】選片予以配置，依照已設定的【聚集】、【過濾器】的順序結合（圖 7.75）。

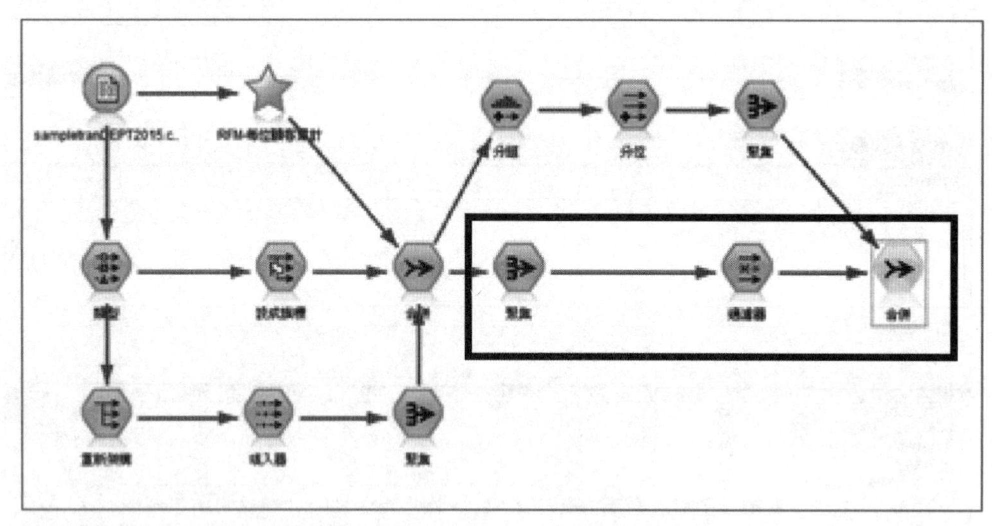

圖 7.75　全體金額的資訊賦與

如圖 7.76 編輯【聚集】節點。因為要累計所有觀察值，因此【索引鍵欄位】就當作空白。【聚集欄位】則選出【小計_Sum_Sum】，勾選【總和】。另外，將【包含欄位中的記錄計數】的勾選取消。

設定完成後，按一下確定。

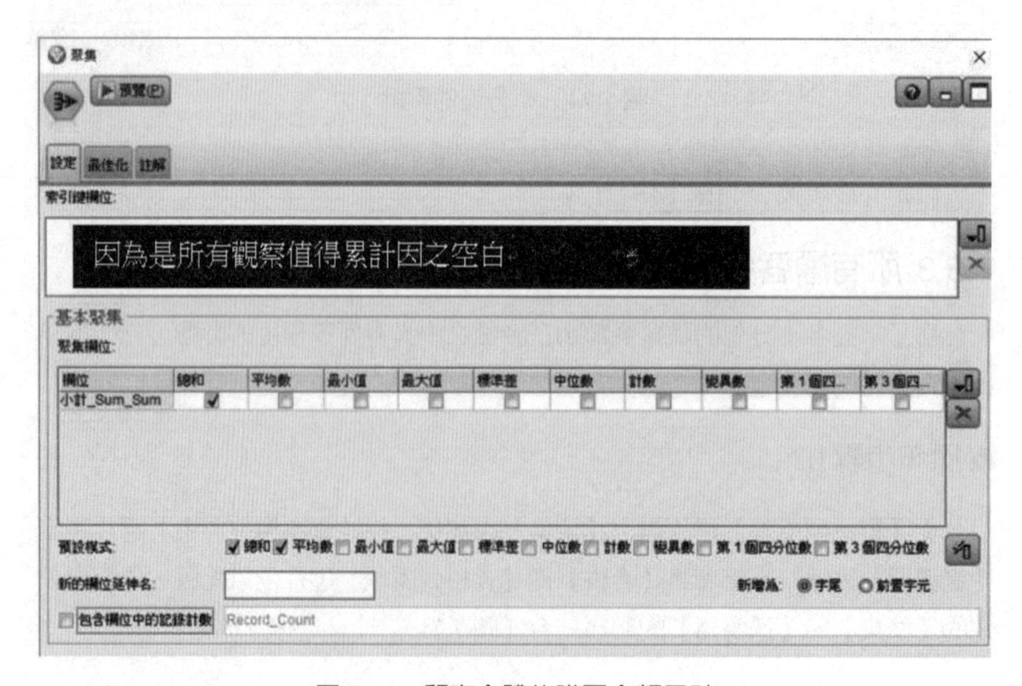

圖 7.76　顧客全體的購買金額累計

導出的欄位名稱出現數個時，容易發生錯誤，因此編輯【過濾器】節點，如圖 7.77 右方輸入【銷售金額合計】，變更名稱。

【過濾器】節點設定結束時，按一下 確定 。

接著，表格中每個十分位所累計的 10 列，全部是進行全體的金額累計，呈現 1 列 1 行的數據。

編輯【合併】節點。如圖 7.77 的下圖，【合併方法】選擇【鍵值】，【合併索引鍵】若是空白時，會無條件地結合（製作 N 列 ×N 行的組合矩陣時，可以利用相同方法）。

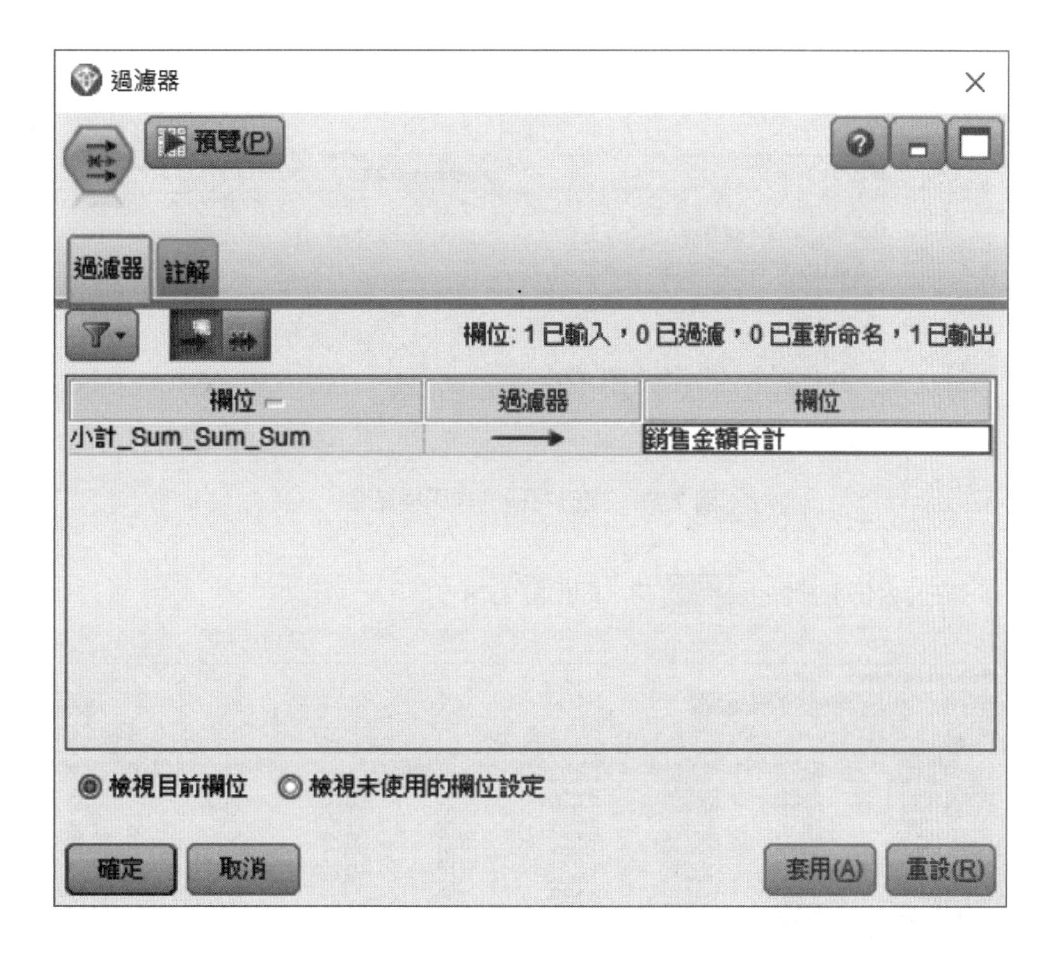

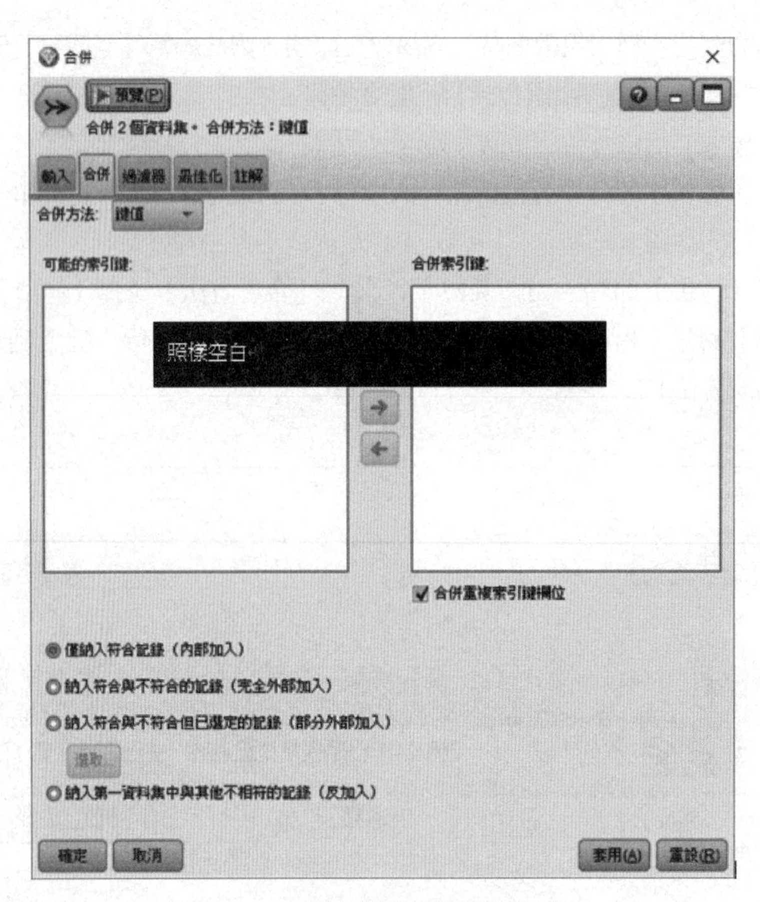

圖 7.77　欄位名稱的編輯與結合

在【合併】節點上 預覽 時，即爲圖 7.78。

自 合併 節點預覽（16 個欄位、10 個記錄）#1

檔案(F)　編輯(E)　產生(G)

表格　註解

	銷售金額...	小計_Sum_Sum_Sum	小計_Sum_Sum_Me...	小計_Sum_Mean_M...	來店日數_Mean	生存期間_Mean	平均來店間隔_Mean	大分類_內衣_小計_Sum_Mean
1	517608936	27865053	92883.510	10480.172	10.503	298.550	36.879	14123.970
2	517608936	45339960	151133.200	12442.803	14.663	312.640	27.437	22696.210
3	517608936	35563970	118546.567	11172.535	12.937	305.277	31.078	18310.690
4	517608936	16868330	56227.767	7856.520	7.983	282.027	45.515	7923.503
5	517608936	89733854	299112.847	15587.048	24.727	327.323	17.735	53006.667
6	517608936	7646196	25487.320	4480.356	5.823	260.813	56.311	4363.880
7	517608936	12376962	41256.540	6375.761	6.953	280.863	51.331	6321.860
8	517608936	21890061	72966.870	8685.135	9.613	293.903	39.189	9521.803
9	517608936	62486287	208287.623	14190.219	18.733	316.847	22.458	31967.387
10	517608936	197838263	659460.877	19190.836	41.943	346.850	11.566	129870.517

確定

圖 7.78　每個十分位統計時全體顧客的購買金額所呈現的表格

按一下預覽畫面上的 [icon] 再關閉，在【合併】設定中按一下 確定 。

7.5.4 十分位的金額構成比率

以圖 7.78 的銷售金額合計爲分母，計算各十分位數的銷售比率，從「十分位 -1」依序排列求出累積比率。

■ 操作步驟 03

從【資料欄位作業】選片選出 2 個【導出】點，以及從【資料列處理】選片選出【排序】節點，如圖 7.79 那樣配置再連接。

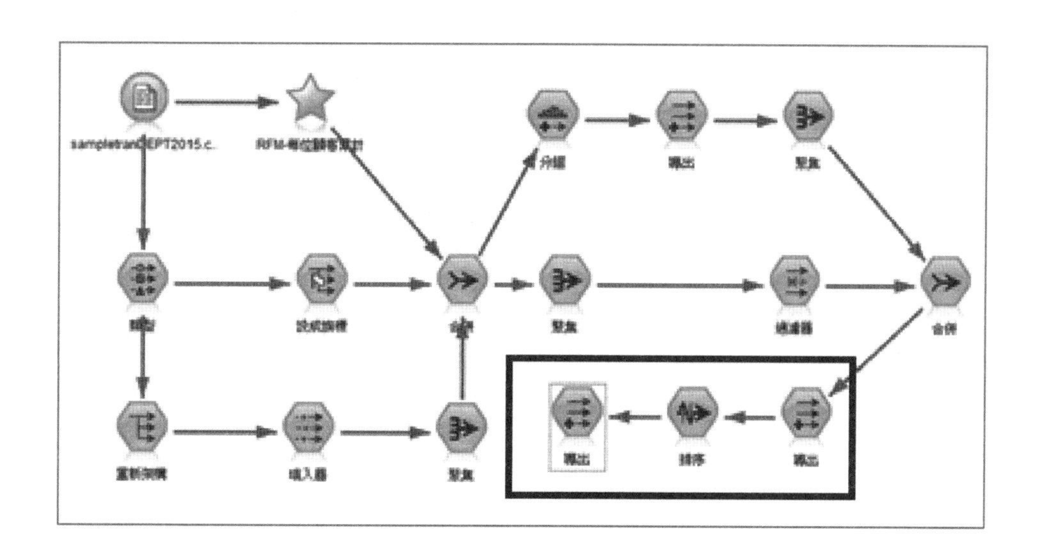

圖 7.79　金額構成比率與累積比率的製作

首先編輯第一個【導出】節點。

【導出欄位】輸入【構成比率】後再設定欄位名稱。【公式】是以 [icon] 叫出建立器，如下記述。

【小計 _Sum_Sum_Sum / 銷售金額合計】

以此式子求出構成比率。以 檢查 確認後按一下 確定 關閉建立式。接著，【導出】節點也按 確定 再關閉。

此處，每當求後續的累積比率時，有需要固定觀察值的順序。

編輯【排序】節（圖 7.80），將【十分位】設定成「遞增」後按 確定 。

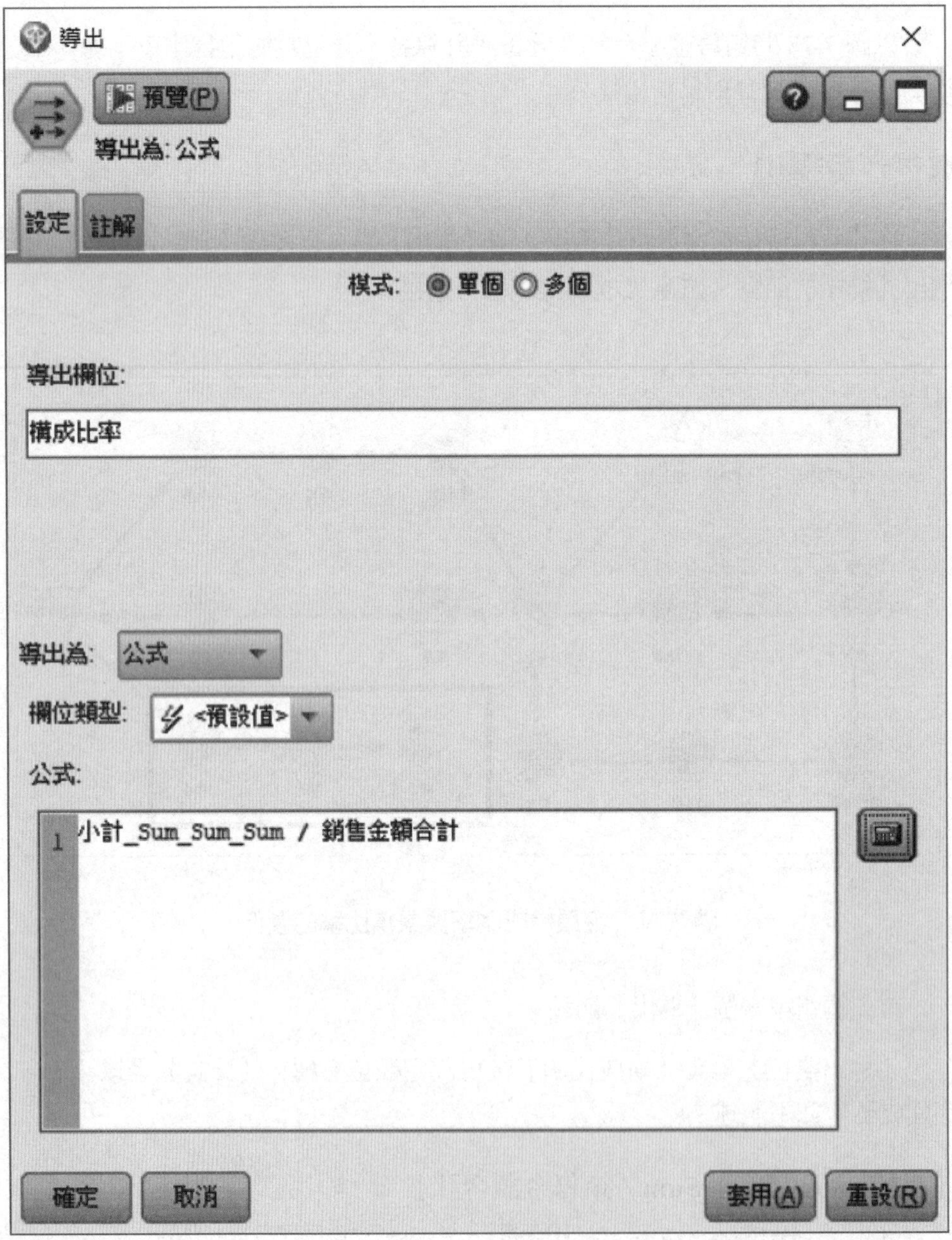

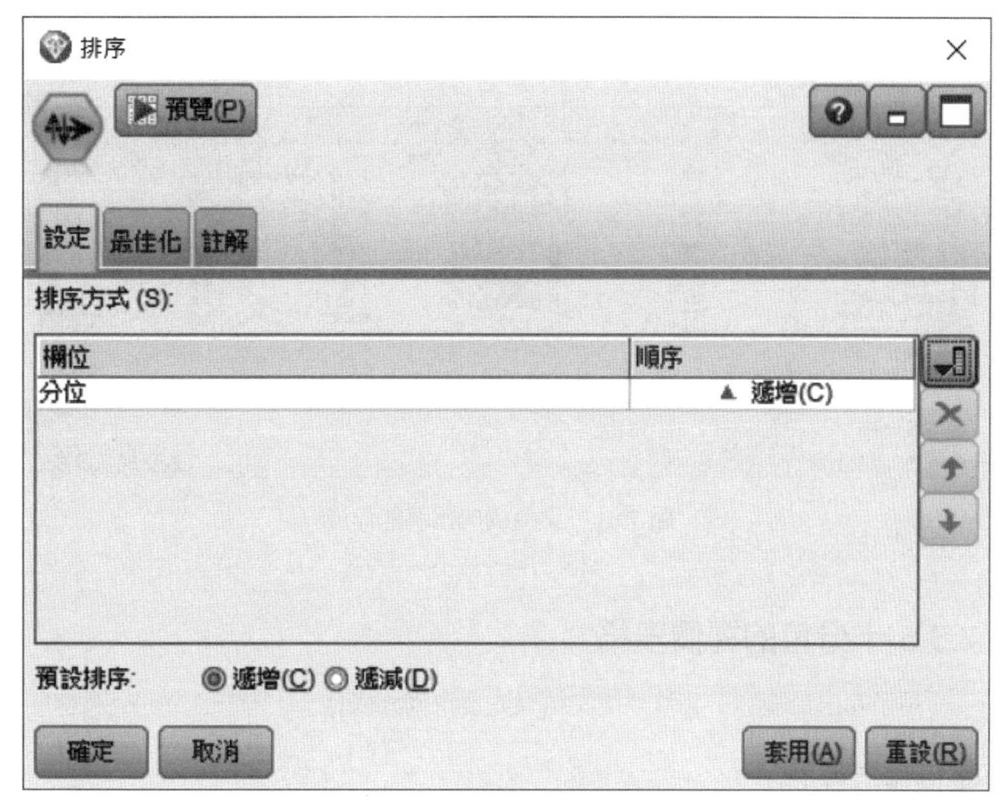

圖 7.80　金額構成比率與排序

編輯第 2 個【導出】節點，製作各個十分位的累積銷售構成比率。

如圖 7.81，【導出欄位】當作【累積構比率】後，按一下 ，叫出建立器。函數一覽表當成【@ 函數】，以 選擇【@SUM(FIELD)】，在 FIELD 的地方從欄位一覽表以 分派【構成比率】。

以 檢查 確認後，按一下 確定 並關閉建立器。接著，設定累積構成比率的【導出】節點也按 確定 並關閉。

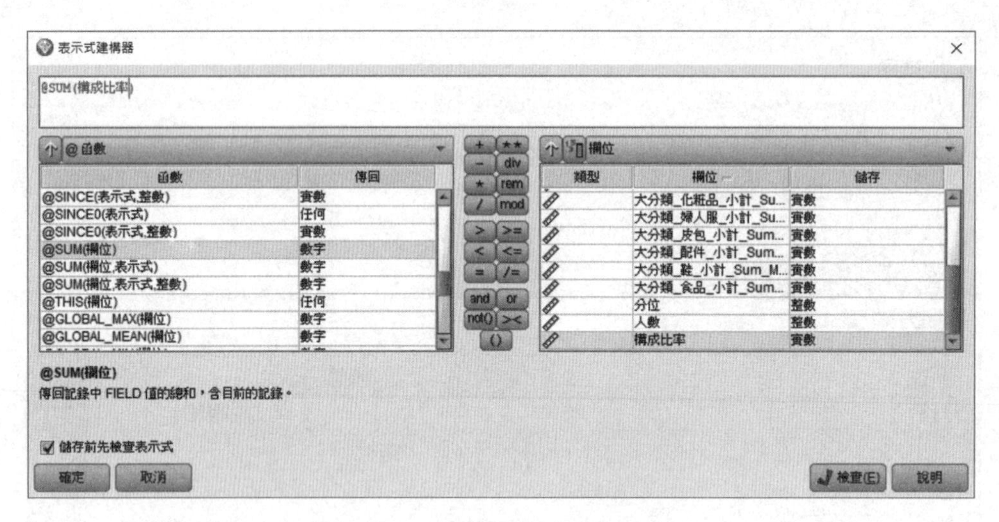

圖 7.81　累積構成比率的作成

7.5.5 十分位的評價表格

為了輸出最後的十分位分析的結果先要準備好表格。

■操作步驟 04

如圖 7.82 從【資料欄位作業】選片，選出【過濾器】節點與【欄位重新排序】節點連接到【表格】節點。

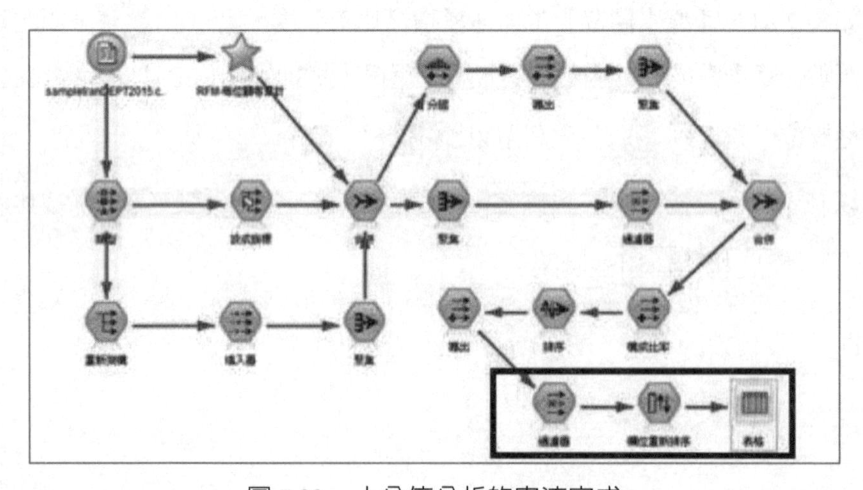

圖 7.82　十分位分析的串流完成

編輯【過濾器】節點，如圖 7.83，將欄位名稱變更爲容易了解的名稱，過濾後續的計算不需要的【銷售金額合計】。

【過濾器】節點設定結束後，按一下 確定 。

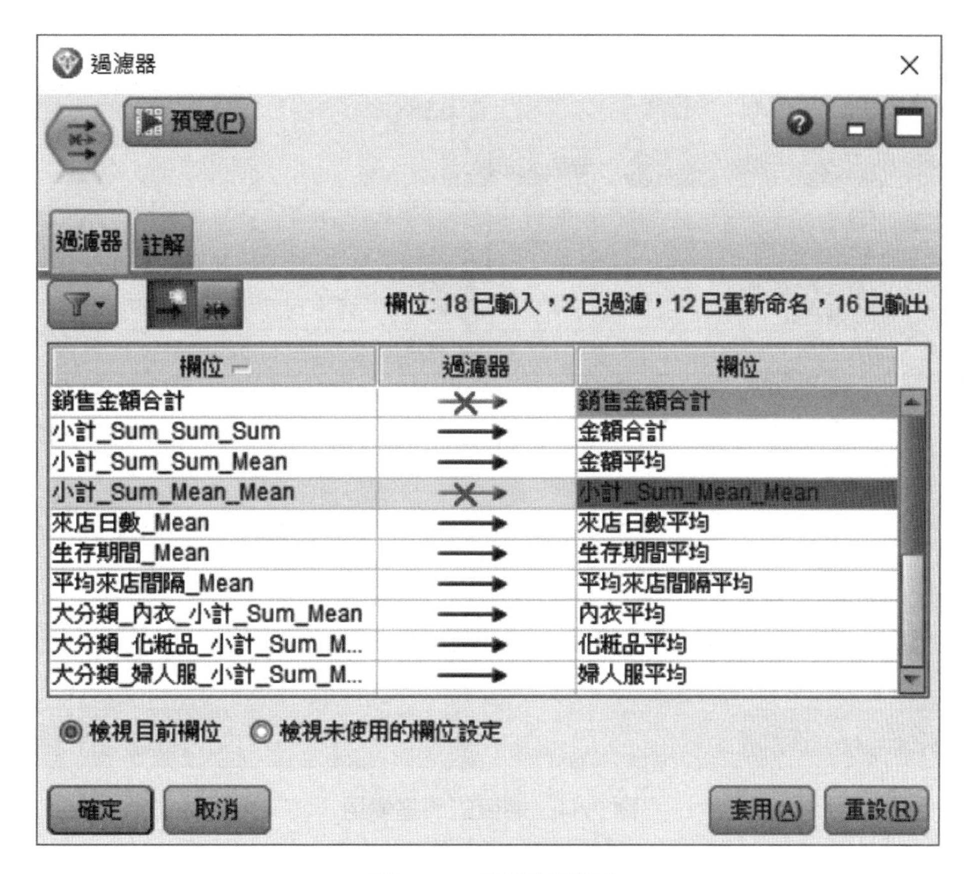

圖 7.83　欄位的整理

爲了容易觀察表，變更欄位的位置。

編輯【欄位重新排序】節點（圖 7.84），按一下 [icon] 顯示欄位一覽表後，選擇【十分位】、【金額合計】、【構成比率】、【累積構成比率】，按一下 確定 ，在【欄位重新排序】節點的設定上，按一下 [icon] 確定順序。

完成後，按一下 確定 關閉設定畫面。

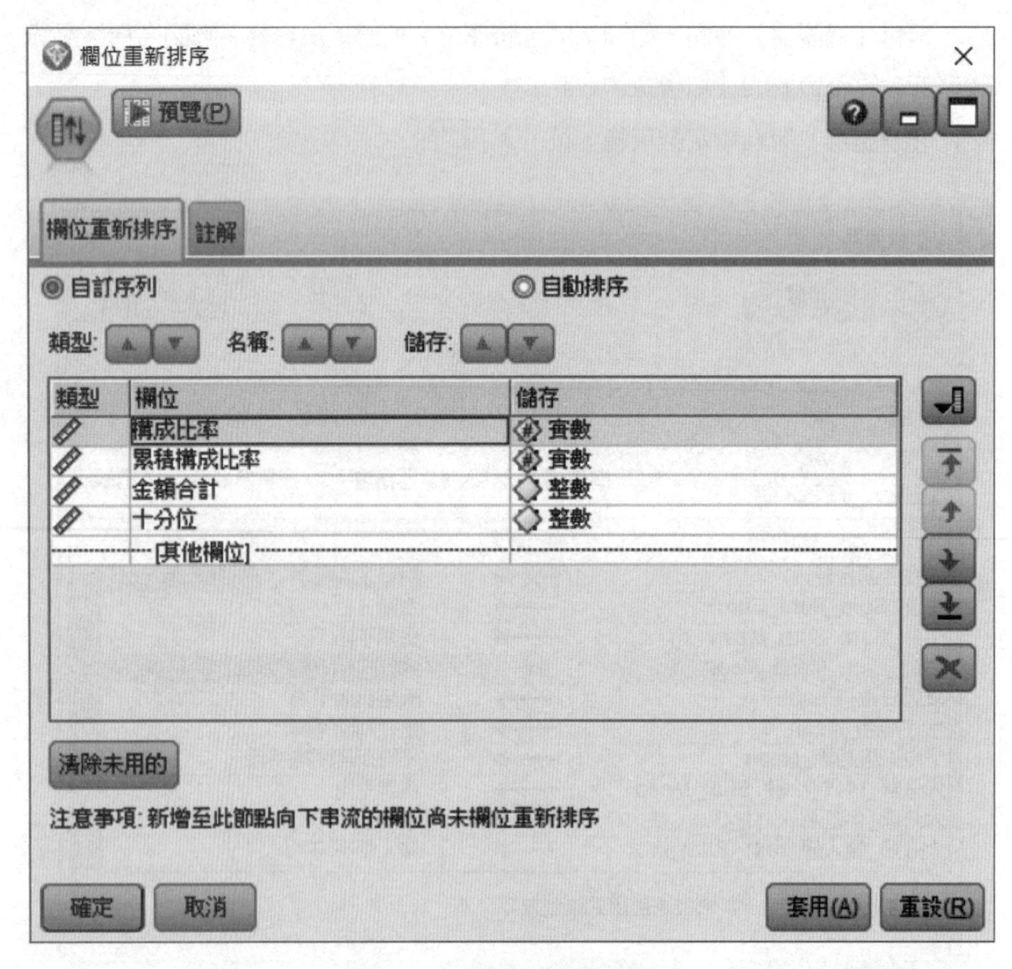

圖 7.84　欄位的順序變更

以表格輸出十分位分析的最終輸出結果，即為圖 7.85。

表格（16 個欄位、10 個記錄）

檔案(F)　編輯(E)　產生(G)

表格　註解

	十分位	構成比率	累積構成比率	金額合計	金額平均	來店日數...	生存期間平均	平均來店間隔...	內衣平均	化粧品平均	婦人服平均
1	1	0.382	0.382	197838263	659460.877	41.943	346.850	11.566	129870.517	138903.153	142121
2	2	0.173	0.556	89733854	299112.847	24.727	327.323	17.735	53006.667	67231.977	64491
3	3	0.121	0.676	62486287	208287.623	18.733	316.847	22.458	31967.387	49826.397	46105
4	4	0.088	0.764	45339960	151133.200	14.663	312.640	27.437	22696.210	35785.287	31735
5	5	0.069	0.833	35563970	118546.567	12.937	305.277	31.078	18310.690	26323.430	26461
6	6	0.054	0.886	27865053	92883.510	10.503	298.550	36.879	14123.970	21183.230	20731
7	7	0.042	0.929	21890061	72966.870	9.613	293.903	39.189	9521.803	17722.917	15961
8	8	0.033	0.961	16868330	56227.767	7.983	282.027	45.515	7923.503	13226.003	13618
9	9	0.024	0.985	12376962	41256.540	6.953	280.863	51.331	6321.860	9641.890	10562
10	10	0.015	1.000	7646196	25487.320	5.823	260.813	56.311	4363.880	6055.800	5964

確定

圖 7.85　十分位分析的最終輸出結果

此樣本【十分位 -1】的銷售構比率是 38.2%，至上位 3 成的「十分位 -3」的累積銷售是 67.6%。

十分位之間比較購買內容時，可以得出建立假設的靈感。

十分位分析的串流因爲格式化表格而去組合幾個節點。將一度作成的流程使之定型處理後，再反覆去理解顧客價値是很重要的。

第8章 發現顧客的行爲模式

8.1 關聯規則

8.1.1 何謂關聯規則

關聯規則（Asociation Rule）像是在連鎖藥局的收據中，發現商品組合的特徵（共生關係）的一種演算法。

共生關係是意指同時發生的事件，如圖 8.1 相同顧客對某期間所購買的商品插上旗標，稱爲「商品 D 與商品 G 處於共生關係」。自動地檢知此關聯的強度，以數字提示根據，即爲關聯規則的好處。

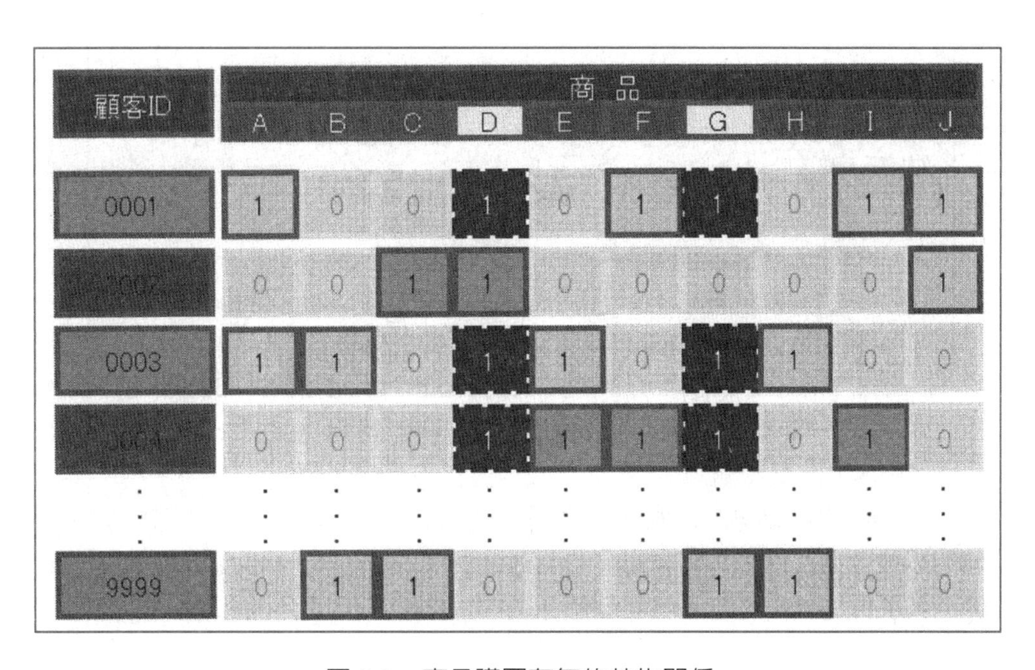

顧客ID	A	B	C	D	E	F	G	H	I	J
0001	1	0	0	1	0	1	1	0	1	1
0002	0	0	1	1	0	0	0	0	0	1
0003	1	1	0	1	1	0	1	1	0	0
0004	0	0	0	1	1	1	1	0	1	0
:	:	:	:	:	:	:	:	:	:	:
9999	0	1	1	0	0	0	1	1	0	0

圖 8.1　商品購買有無的共生關係

此處使用 SPSS Modeler 所提供之關聯規則的 Apriori，具體地介紹併買規則的抽出方法。

8.1.2 關聯規則的製作

■操作步驟 01

首先準備複製第 7 章節 4 節的串流。

其次如圖 8.2，從【資料列處理】標籤選擇【類型】，從【建模】標籤選擇【Apriori】配置後再連接。

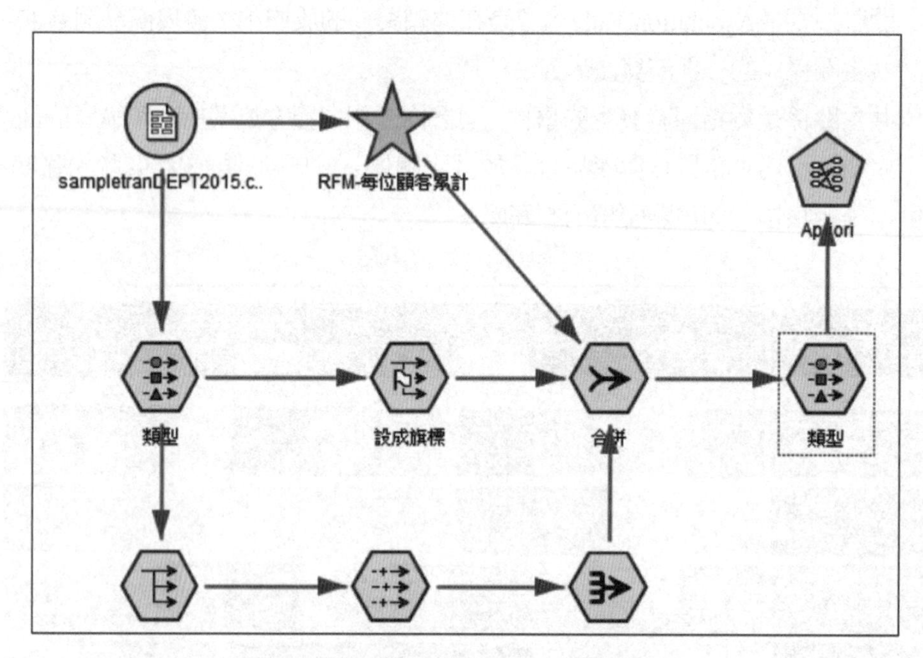

圖 8.2　類型與 Apriori 的連接

接著，編輯【類型】（圖 8.3）。

首先，按一下 讀取值 按鈕。其次，按一下每位顧客的中分類的利用有無的【角色】，指定【兩者】。除此之外的欄位的【角色】以【無】設定。此時如使用【shift】鍵時，可以同時選擇欄位。

【類型】的【角色】是意指欄位的功能。譬如，進行預測時，成爲對象的欄位當作【對象】，成爲預測材料的欄位當作【輸入】。

此次的情形並非進行預測，不管哪一中分類，均有可能是結果也是原因，因此利用【兩者】。

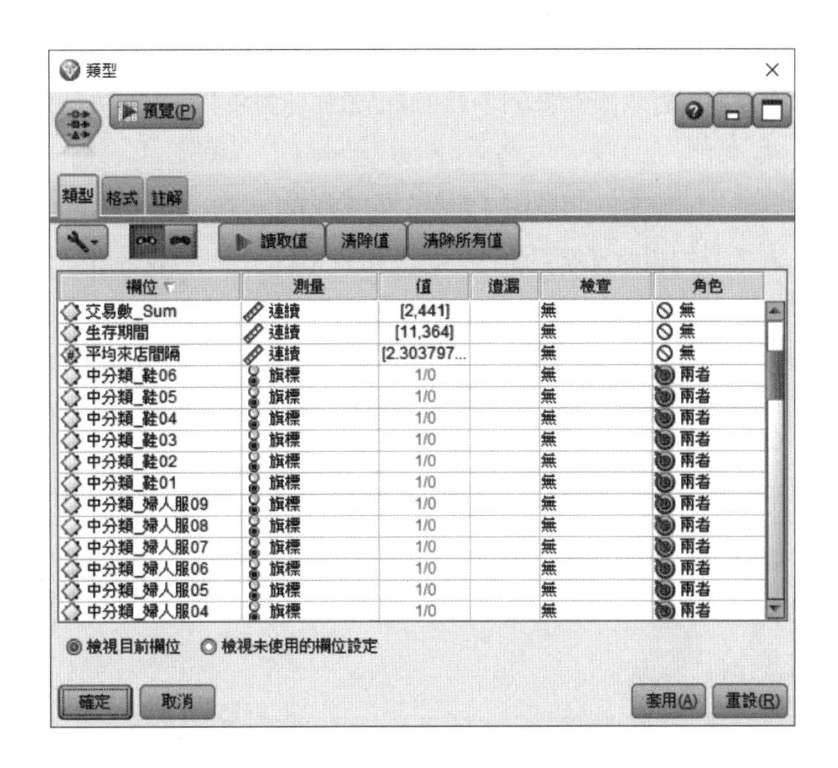

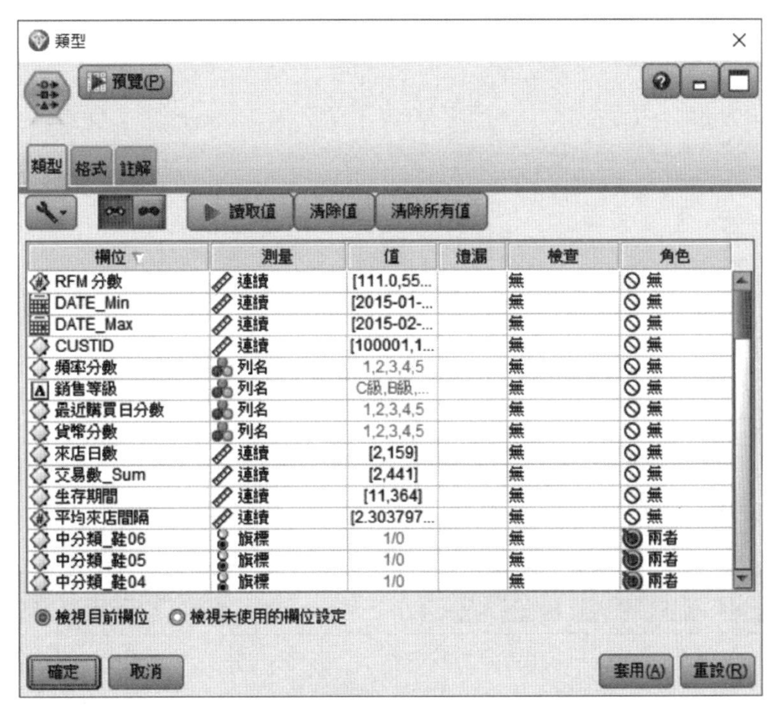

圖 8.3　數據類型的角色設定

假定，購入商品 A 的顧客，其前提是否會購入其他之中的哪一個商品呢？以商品 A 作爲預測對象探索關聯時，將商品當作【對象】，A 以外的商品當作【輸入】。

完成後按一下 確定 ，再關閉【類型】的編輯畫面。

Apropri 節點的編輯實際不執行，雖然如圖 8.4 的初期設定那樣，但仍對主要的設定項目加以說明。

【類型】中的角色定義照樣承接時，點選【使用預先定義的角色】的選鈕。圖 8.4 也可以重新設定【前項】（前提條件）與【後項】（結果）。

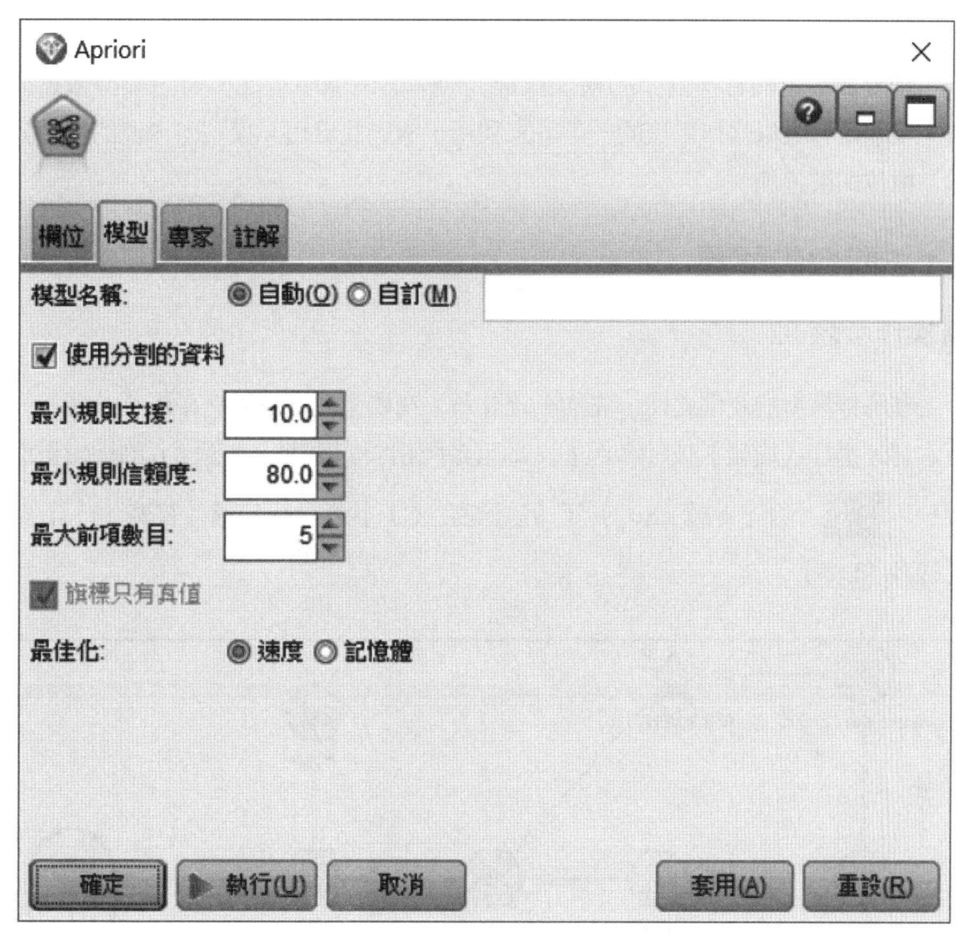

圖 8.4　Aprori 節點的編輯

此次是以每位顧客所整理的橫向數據作爲對象，但 Apriori 即使是像原本的購買明細數據那樣的縱向數據也能利用。此時，如勾選【使用交易條件】時，可以切換到包含 ID（顧客或收據）設定的畫面。關係的資料庫於儲存時有行數的上限，因此維持縱向的處理是比較好的。

【模式】標籤的【最小規則支援】是控制符合的規則對母數所占的比率，具有其前提條件的人是對象觀察值的 10%。此種初期設定之值，爲了防止膨大的規則顯示而設定高些。【最小規則信賴度】是顯示具有前提的人有多少比率是符合該規則，因此這也成爲較高水準的初期設定。【最大前項數目】是最大當作 5 個事件共同發生爲前提。想檢知比此更多的組合時，有需要提高此值。

按一下 Aproiri 模式的 執行 按紐。

在畫面右上的管理器中的模式標籤，與串流區域中有 2 個黃色模型鑽石形成。模型鑽石可以當作串流的一部分來利用，透過此流程，模型所預測的值（分數）欄位即被追加。

8.1.3 關聯的解釋

■操作步驟 02

在解釋模型的規則之前，先加上統計量。在畫面上 2 個鑽石中的任一個按一下右鍵，選擇【編輯】或【參照】，即可參照相同的規則。在圖 8.6 的編輯畫面按一下 ，除【支援（S）】與【信賴度（C）】外，另勾選【實例（I）】與【提升（L）】。

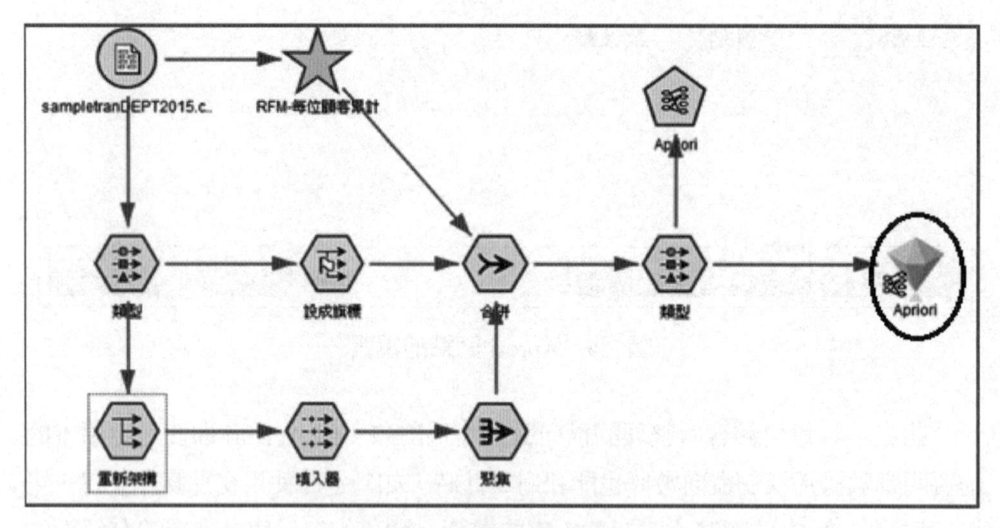

圖 8.5　Apriori 模型鑽石

圖 8.6　Apriori 的輸出編輯

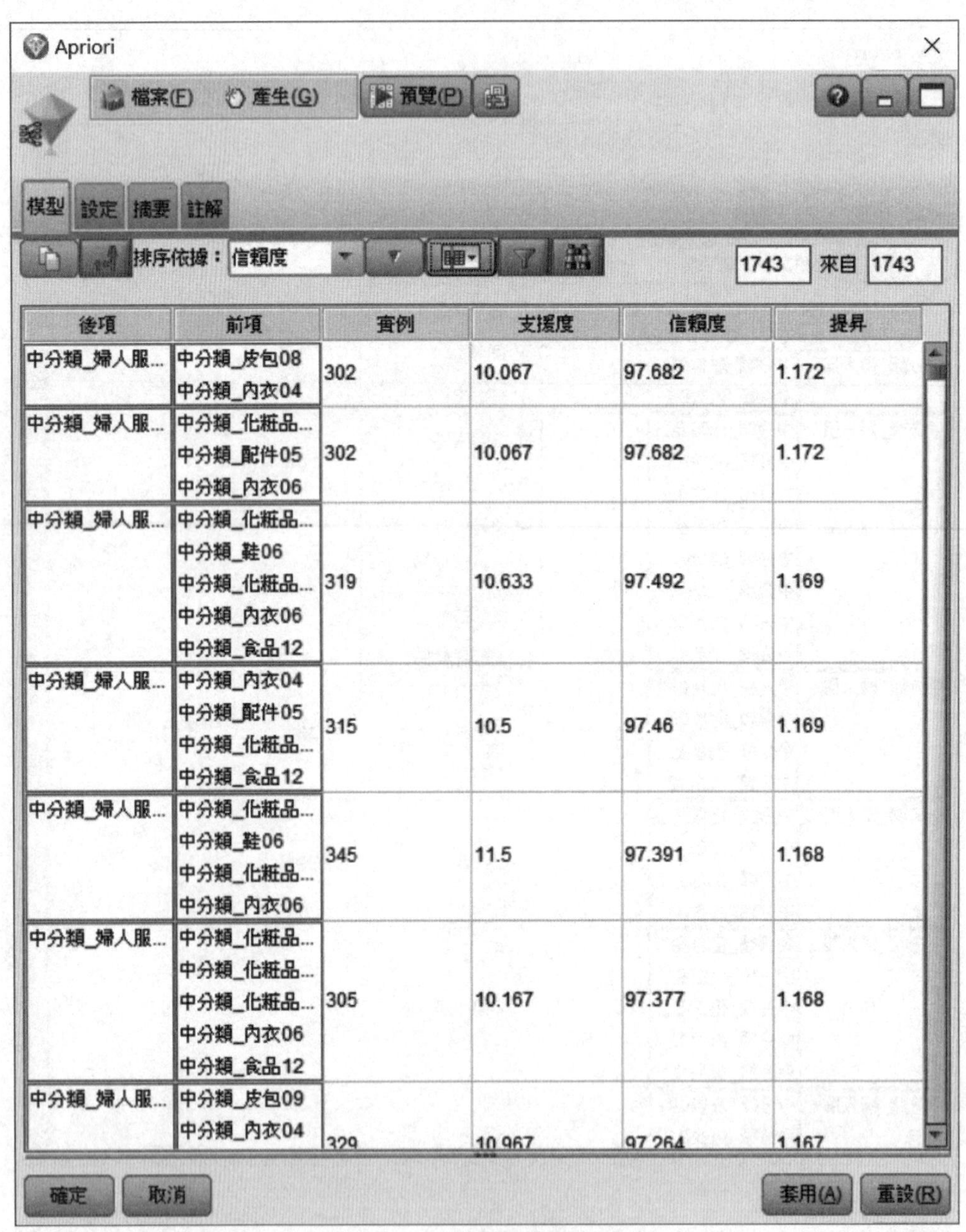

後項	前項	實例	支援度	信賴度	提昇
中分類_婦人服...	中分類_皮包08 中分類_內衣04	302	10.067	97.682	1.172
中分類_婦人服...	中分類_化粧品... 中分類_配件05 中分類_內衣06	302	10.067	97.682	1.172
中分類_婦人服...	中分類_化粧品... 中分類_鞋06 中分類_化粧品... 中分類_內衣06 中分類_食品12	319	10.633	97.492	1.169
中分類_婦人服...	中分類_內衣04 中分類_配件05 中分類_化粧品... 中分類_食品12	315	10.5	97.46	1.169
中分類_婦人服...	中分類_化粧品... 中分類_鞋06 中分類_化粧品... 中分類_內衣06	345	11.5	97.391	1.168
中分類_婦人服...	中分類_化粧品... 中分類_化粧品... 中分類_化粧品... 中分類_內衣06 中分類_食品12	305	10.167	97.377	1.168
中分類_婦人服...	中分類_皮包09 中分類_內衣04	329	10.967	97.264	1.167

圖 8.7　Apriori 的輸出例

最初的列顯示符合【前提條件】購買【皮包 08】與【內衣 04】部門的商品，以【結果】來說，會購買【婦人服 03】部門的商品。

同時符合前提條件購買 2 部門的人有 302 人。此處將此值稱為「實例

（Instance）」。此「實例」是以【支援】顯示對全體的影響，3000 名的顧客中有 302 名的對象，因此是 10.067%。

針對【結果】的規則的準確度是「信賴度」。本例中具有涵蓋對象顧客約 10% 此前提條件的顧客之中，有 97.682% 是購買「婦人服 03」部門的商品。

乍看「確信度」97.6% 覺得非常地高，而它是「婦人服 03」部門的商品有非常多的顧客購買之緣故。因此，觀察「提升」，以另一觀點評估此規則。

與毫無任何前提條件購買「婦人服 03」相比，「提升」是表示購買「皮包 08」與「內衣 04」，它的購買機率上升多少倍。此次是 1.17 倍，知並不太高。譬如，購買了商品 A 再購買商品 B 的機率似乎跳升 2 倍，當它是相當高的機率時，可以將它的規則活用於業務上。

初期設定是【支持】的比率最少值是 10%，【確信度】的下限是 80%，規則數的顯示有所限制，而降低這些之值，顯示的規則數有可能增加。

使用 Apriori 機械式地能從所儲存的數據，抽出顯著的類型想來是可以理解的。在組合之中，有認爲理所當然的、意外的相混雜著。從此來洞察經營，發現眞正有價值的規則可以說才有可能。

8.2 協同過濾

8.2.1 何謂協同過濾

協同就是集合衆人的意見協同合作，進而篩選或推薦商品，掌握購買模式的類似性，推薦未購買商品的方法，即爲協同過濾（Colaborative Filtering）。大型線上購物採行的作法是爲人所知的。協同過濾雖然也有利用購買數的相關方法，但仍可以照樣轉用第 8 章第 1 節所作成的 Apriori 的規則。

具體上，如圖 8.8 對商品 D 與商品 G 來說，要利用容易發生共生的關係性，如發現 2 個同時併買的規則時，對只購買單方的人來說，推薦購買另一方的一種簡單想法。本例商品 D 與商品 G 容易併買，對顧客 0002 推薦商品 G，對顧客 9999 推薦購買 D 是有效的判斷。

購買商品 A 與 B 與 C 三者的顧客，容易購買 D 可以套用在以數個商品作爲前提的規則上，由於顧客行爲的類似性更爲提高，利用商品提示可以增加說服力。

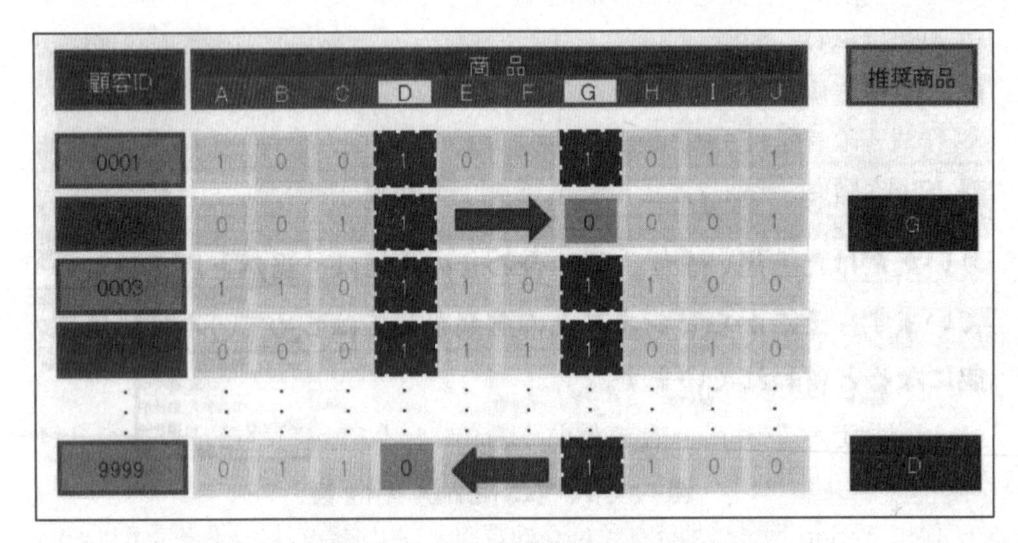

圖 8.8　利用協同過濾推薦商品

【註】顧名思義，協同過濾（Collaborative Filtering）的作法與購物籃分析類似，一樣是以銷售記錄進行分析，不同的是，並不進行商品組合分析，而是將銷售記錄轉成『使用者／商品對應的矩陣』（User-Item Matrix），記錄哪些使用者買過哪些商品，計算顧客間或商品間的相似度，再推薦相似顧客曾買過的商品，或推薦與目前商品最相似的其他商品，進行併買（Cross Selling）。

8.2.2 協同過濾的製作

使用 Apriori 的協同過濾的具體步驟如下。

■操作步驟 01

從【資料欄位作業】標籤將【過濾器】節點如圖 8.9 連接，再連接【表格】。

編輯【過濾器】。只對顧客 ID 以及新生成的最後推薦欄位（從【$A-61 欄位 -1】到【$A-Rule - ID-3】為止 9 個）限制顯示。如圖 8.10 位於中間的欄位，全部將箭線取消。

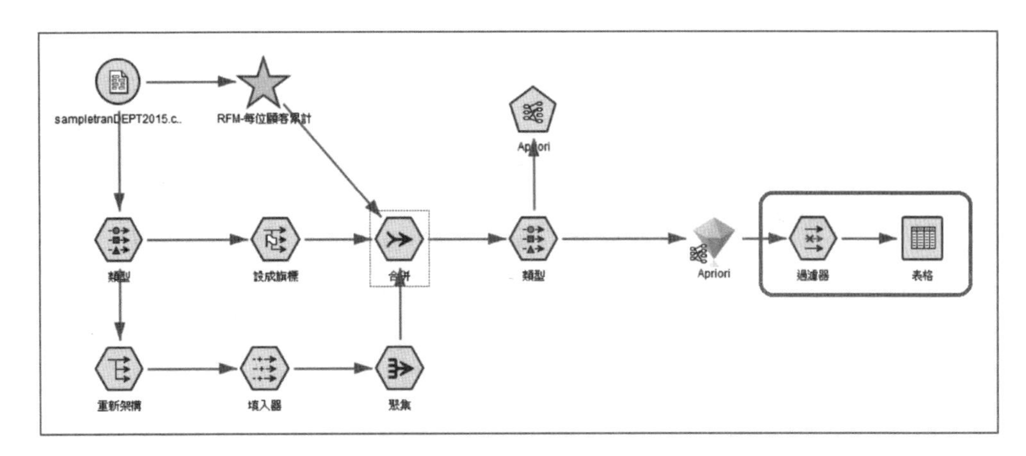

圖 8.9　利用 Apriori 的演算法的協同過濾

完成後按一下 確定，關閉【過濾器】編輯畫面。

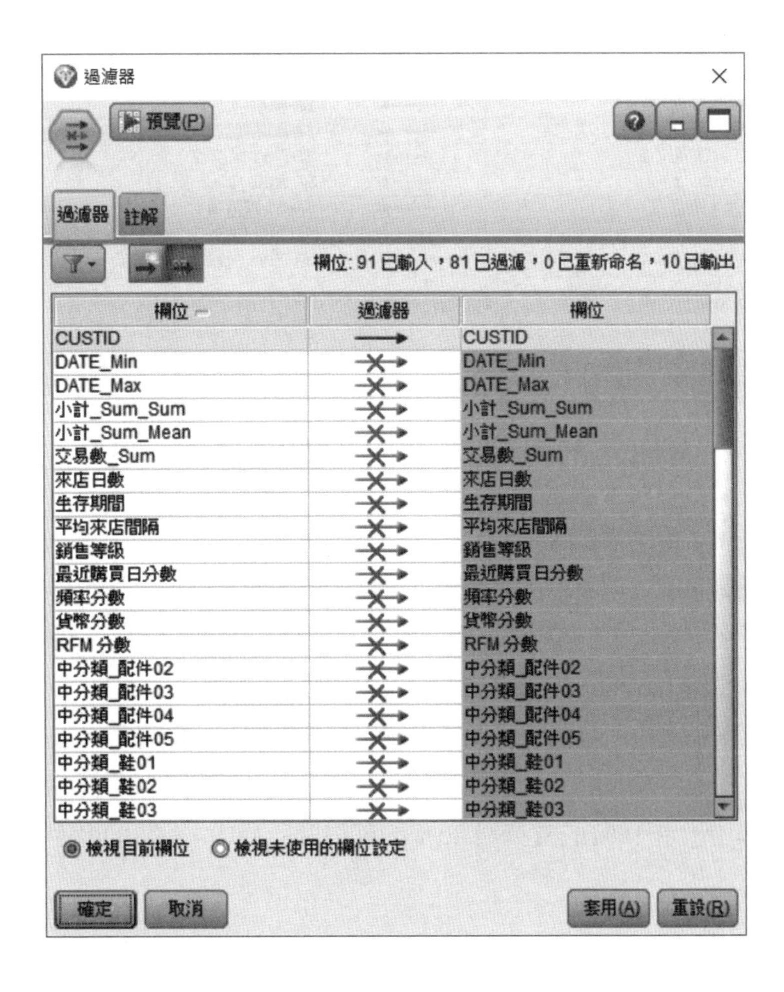

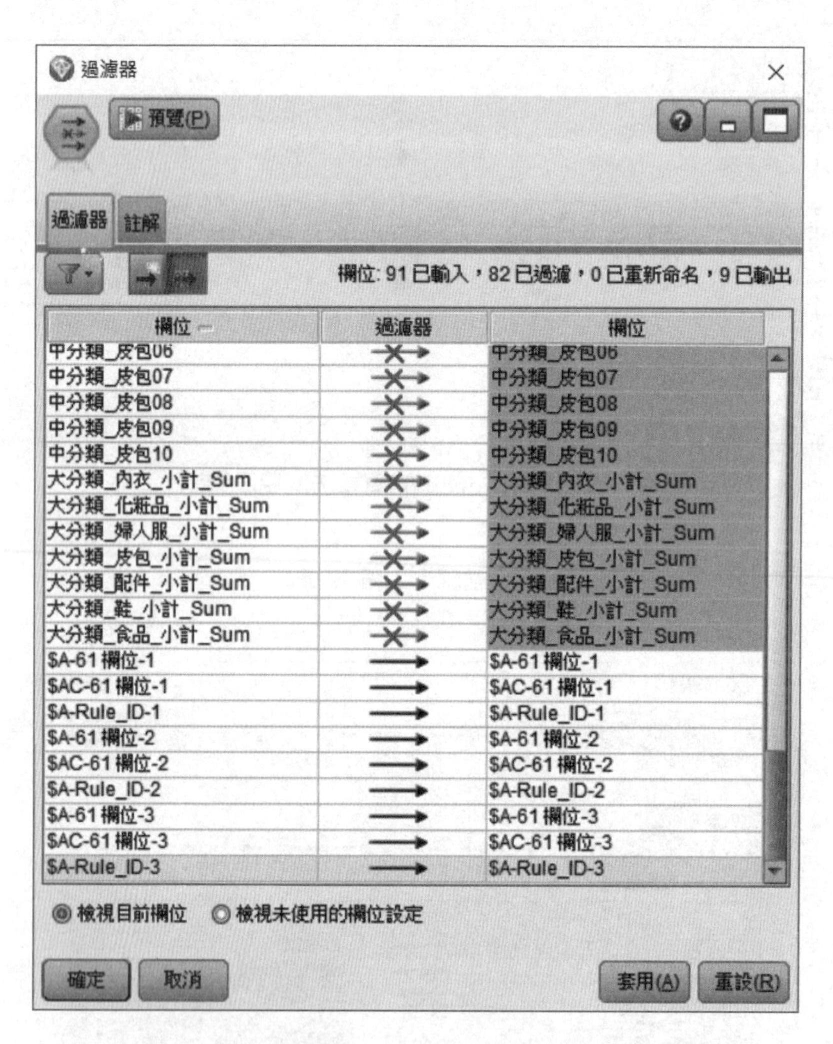

圖 8.10　利用過濾器 Apriori 的輸出欄位的顯示調整

讓【表格】節點輸出時，顯示如圖 8.11。

對各顧客來說，顯示最大 3 個商品。為了對各商品分別追加確信度及規則管理號碼，表格中增加了 9 個欄位。模型鑽石內的設定也輸出 3 個以上的推薦商品。

對第 4 位的 ID10006 的顧客來說，【鞋 06】、【食品 12】、【化粧品 03】是從未購買商品之中所推薦的。此情形雖然是被 3 個商品填滿了，但對其他的顧客來說，未符合（$Null$）的儲存格卻是很明顯的。這是在產生 Apriori 規則時的設定基準中，求 10% 的支持與 80% 的確信度所造成。在 3000 名的對象顧客

表格 (9 個欄位、3,000 個記錄)

檔案(F)　編輯(E)　產生(G)

表格　註解

	$A-61 欄位-1	$AC-61 欄位-1	$A-Rule_ID-1	$A-61 欄位-2	$AC-61 欄位-2	$A-Rule_ID-2	$A-61 欄位-3	$AC-61 欄位-3	$A-Rule_ID-3
1	中分類_皮...	0.815	1659	$null$	$null$	$null$	$null$	$null$	$null$
2	$null$	$null$	$null$	$null$	$null$	$null$	$null$	$null$	$null$
3	中分類_婦...	0.941	38	中分類_內衣06	0.833	35	$null$	$null$	$null$
4	中分類_鞋06	0.946	1216	中分類_食品12	0.927	473	中分類_化粧品03	0.839	1222
5	$null$	$null$	$null$	$null$	$null$	$null$	$null$	$null$	$null$
6	中分類_化...	0.843	1681	$null$	$null$	$null$	$null$	$null$	$null$
7	中分類_食...	0.918	1481	中分類_內衣06	0.868	1479	$null$	$null$	$null$
8	中分類_婦...	0.930	731	中分類_食品12	0.872	729	中分類_內衣06	0.847	727
9	中分類_婦...	0.941	1085	中分類_食品12	0.878	1084	$null$	$null$	$null$
10	中分類_婦...	0.938	213	中分類_鞋06	0.919	210	中分類_食品12	0.853	216
11	$null$	$null$	$null$	$null$	$null$	$null$	$null$	$null$	$null$
12	中分類_食...	0.913	1463	$null$	$null$	$null$	$null$	$null$	$null$
13	中分類_婦...	0.936	248	中分類_食品12	0.869	247	中分類_內衣06	0.841	246
14	中分類_婦...	0.955	139	中分類_食品12	0.942	506	中分類_內衣06	0.883	505
15	中分類_鞋06	0.950	1643	$null$	$null$	$null$	$null$	$null$	$null$
16	中分類_婦...	0.920	99	中分類_食品12	0.842	98	$null$	$null$	$null$
17	中分類_婦...	0.949	512	中分類_內衣06	0.870	492	$null$	$null$	$null$
18	中分類_內...	0.893	1111	$null$	$null$	$null$	$null$	$null$	$null$
19	中分類_婦...	0.897	320	$null$	$null$	$null$	$null$	$null$	$null$
20	中分類_化...	0.835	1699	$null$	$null$	$null$	$null$	$null$	$null$
21	中分類_化...	0.848	1629	$null$	$null$	$null$	$null$	$null$	$null$

確定

圖 8.11　推薦商品的輸出（修正前）

之中，300 名以上是有 8 成的購買實績，如此的確信度實際上是在相當嚴格的規則下所設定的。

按一下 ，關閉表格。

■操作步驟 02

再一次將 Apriori 節點的【61 欄位】按兩下進行編輯。

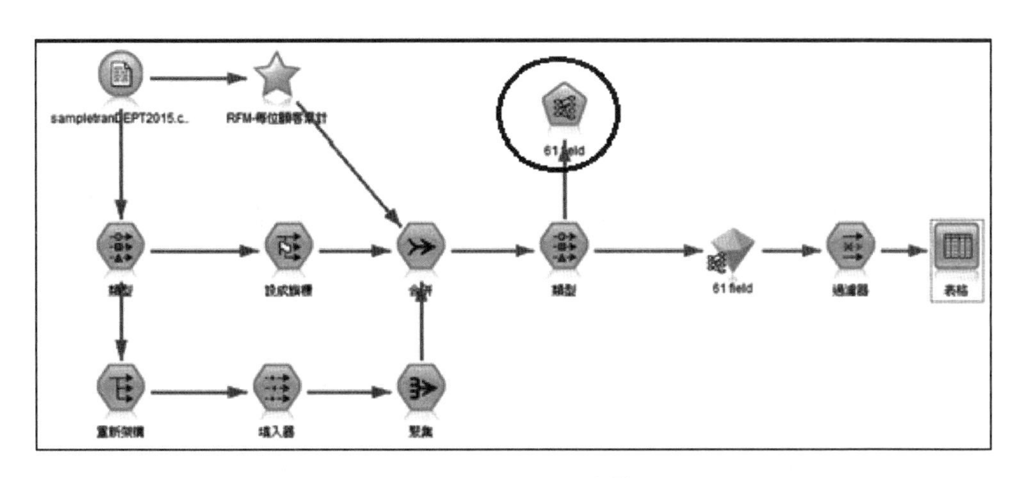

圖 8.12　Apriori 節點

設定畫面如圖 8.13 是以【模型】標籤調整值，將【最小規則支援】的「10.0」降低爲「5.0」，將【最小規則確信度】從「80.0」降低爲【50.0】。如此所產生的規則的範圍即變寬，推薦商品即被分配給許多的顧客。

設定結束後按一下 執行。

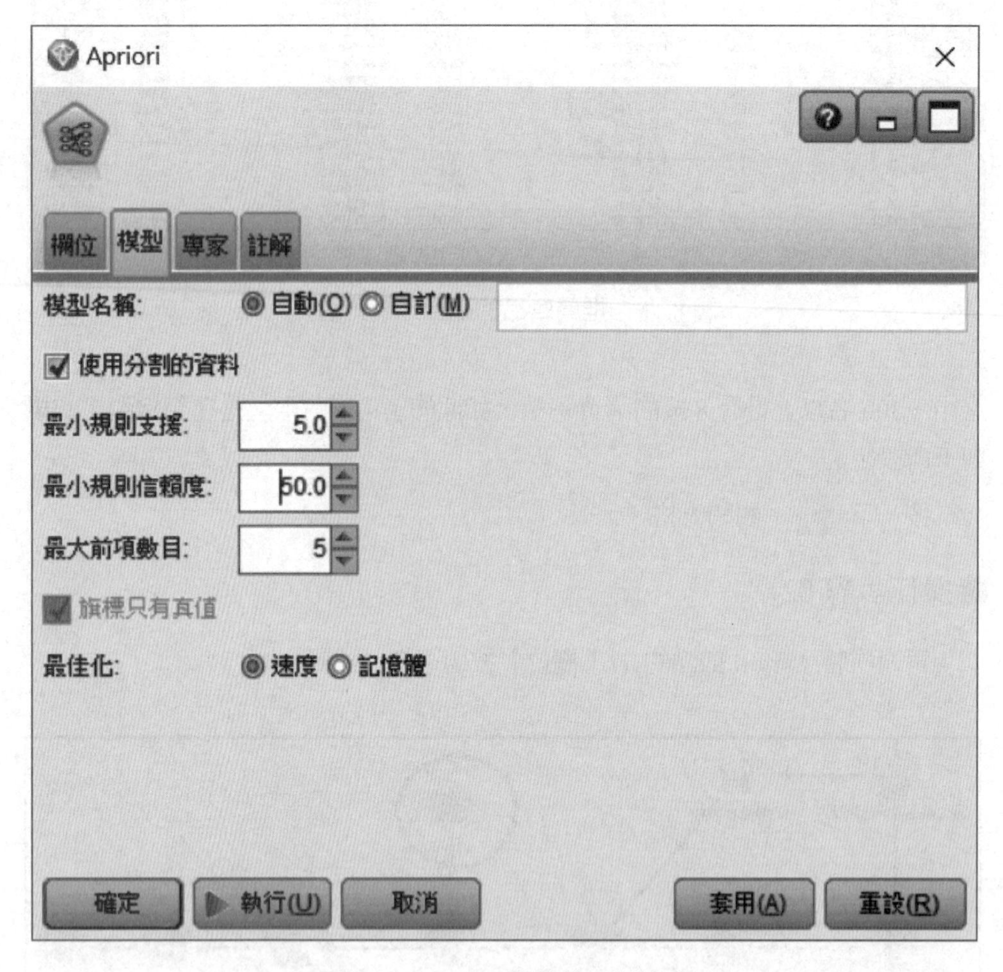

圖 8.13　Apriori 節點的重新設定

「模型鑽石」即自動地在串流區域內被更新。再次在表格中輸出所得結果，如圖 8.14，知 3 種商品分別被推薦給所有的顧客。

其業務上可將顧客的推薦商品反映到資料庫，提供符合商品此種活用是可行的。

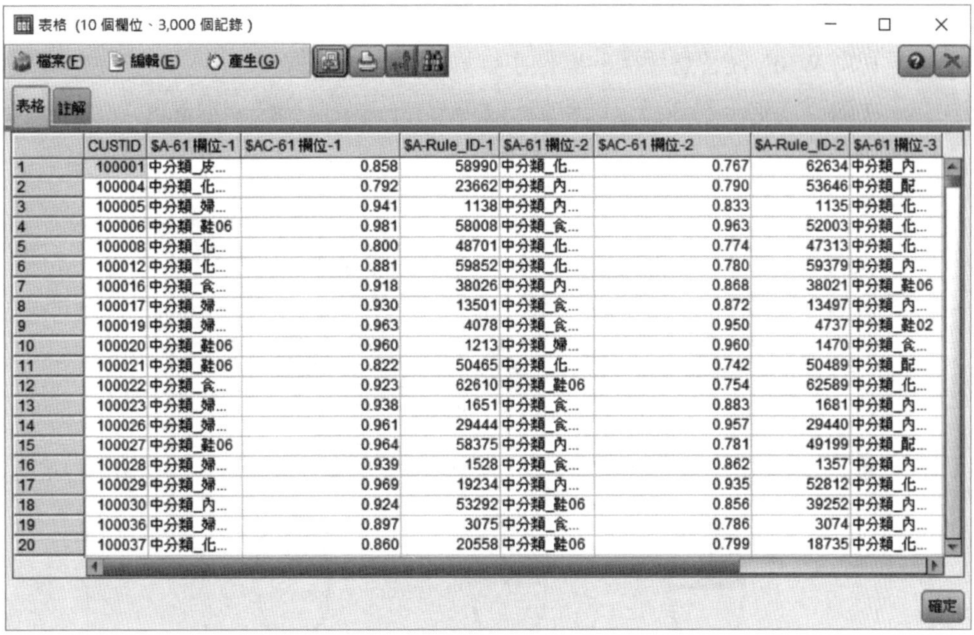

表格 (10 個欄位、3,000 個記錄)

檔案(F)　編輯(E)　產生(G)

表格　註解

	CUSTID	$A-61 欄位-1	$AC-61 欄位-1	$A-Rule_ID-1	$A-61 欄位-2	$AC-61 欄位-2	$A-Rule_ID-2	$A-61 欄位-3
1	100001	中分類_皮...	0.858	58990	中分類_化...	0.767	62634	中分類_內...
2	100004	中分類_化...	0.792	23662	中分類_內...	0.790	53646	中分類_配...
3	100005	中分類_婦...	0.941	1138	中分類_內...	0.833	1135	中分類_化...
4	100006	中分類_鞋06	0.981	58008	中分類_食...	0.963	52003	中分類_化...
5	100008	中分類_化...	0.800	48701	中分類_化...	0.774	47313	中分類_化...
6	100012	中分類_化...	0.881	59852	中分類_化...	0.780	59379	中分類_內...
7	100016	中分類_食...	0.918	38026	中分類_內...	0.868	38021	中分類_鞋06
8	100017	中分類_婦...	0.930	13501	中分類_食...	0.872	13497	中分類_內...
9	100019	中分類_婦...	0.963	4078	中分類_食...	0.950	4737	中分類_鞋02
10	100020	中分類_鞋06	0.960	1213	中分類_婦...	0.960	1470	中分類_食...
11	100021	中分類_鞋06	0.822	50465	中分類_化...	0.742	50489	中分類_配...
12	100022	中分類_食...	0.923	62610	中分類_鞋06	0.754	62589	中分類_化...
13	100023	中分類_婦...	0.938	1651	中分類_食...	0.883	1681	中分類_內...
14	100026	中分類_婦...	0.961	29444	中分類_食...	0.957	29440	中分類_內...
15	100027	中分類_鞋06	0.964	58375	中分類_內...	0.781	49199	中分類_配...
16	100028	中分類_婦...	0.939	1528	中分類_食...	0.862	1357	中分類_內...
17	100029	中分類_婦...	0.969	19234	中分類_內...	0.935	52812	中分類_化...
18	100030	中分類_內...	0.924	53292	中分類_鞋06	0.856	39252	中分類_內...
19	100036	中分類_婦...	0.897	3075	中分類_食...	0.786	3074	中分類_內...
20	100037	中分類_化...	0.860	20558	中分類_鞋06	0.799	18735	中分類_化...

確定

圖 8.14　利用協同過濾推薦給每位顧客的商品表格

8.3 時系列關聯

8.3.1 何謂時系列關聯

並非是同時發生的共生關係，像購買 A 之後再購買 B，考慮時間順序的關聯，有時可成為有效措施的根據。

譬如在電子商務領域中，瀏覽者如何遷移網頁，即為重要的關鍵點（圖 8.15）。

發現被稱為「點擊流」（Click Stream）的網頁順序模式，即為時系列關聯。想誘導顧客到某特定網頁時，之前是如何瀏覽網頁的？以何種關鍵字進入該網頁的？使用此技術即可整理，有助於修改網頁。

【註】點擊流是指用戶瀏覽網路的路徑，包括訪問的網頁和停留的時間等。

時系列關聯除了掌握瀏覽者的網頁行為的特徵外，在以下的場面中也可利用。

・從汽車的點檢或備件購買的顧客行爲，誘發換買車子。
・利用 Wi-Fi 在智慧手機的座標中推測旅行者的路線。
・在購買特定金融商品之前掌握契約者的行爲，適切地誘導顧客。

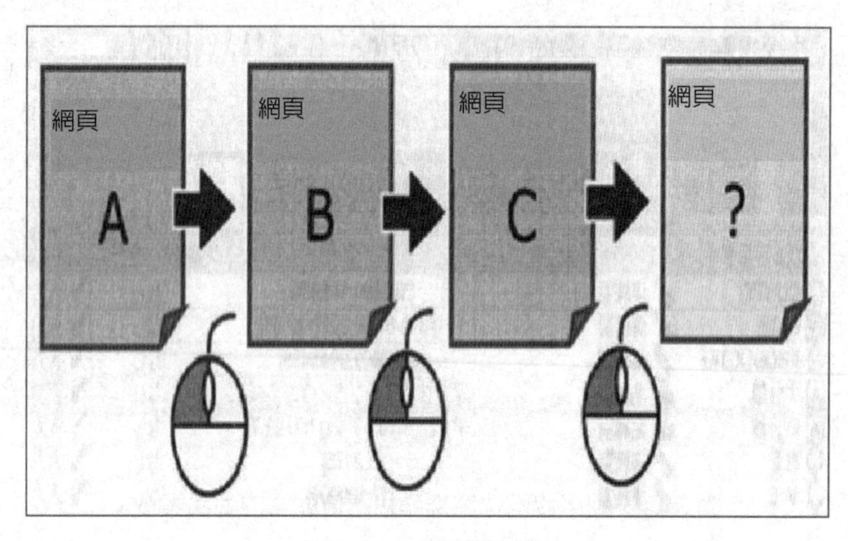

圖 8.15　網頁的遷移

8.3.2 時系列關聯的製作

時系列關聯的情形，並非將商品排列在像以往欄位的橫向位置數據，而是照樣利用縱向位置的交易數據。

■操作步驟 01

從迄今爲止的串流一度離開，重新配置原先數據【sampletranDEPT2015】，從【資料列處理】標籤，選擇【樣本】，從【建模】標籤，選擇【序列】，加以連接（圖 8.16）。

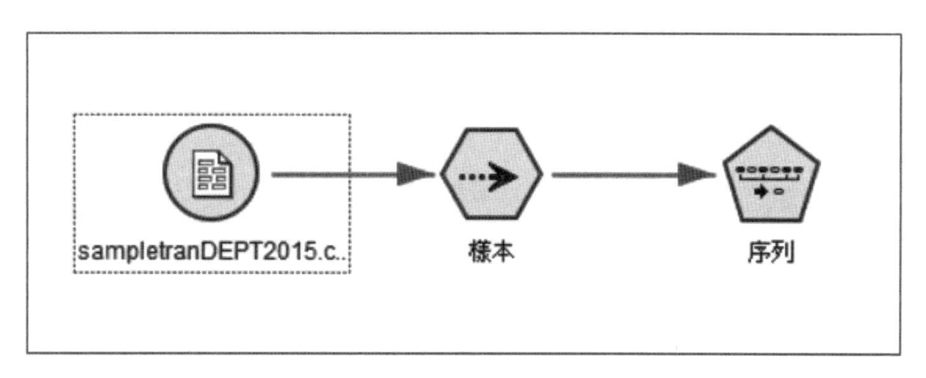

圖 8.16　製作串流的開始

編輯【來源】節點【sampletranDEPT2015】（圖 8.17）。

按一下【類型】標籤的 讀取值 按紐。

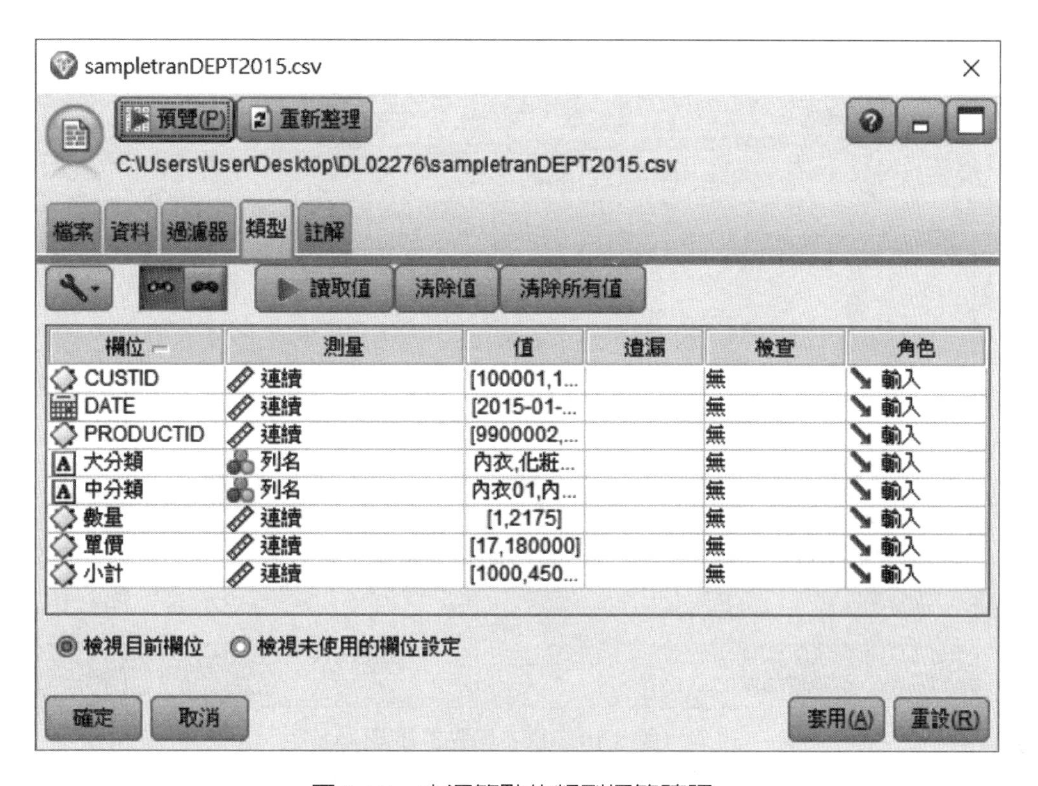

圖 8.17　來源節點的類型標籤確認

讀取值之後，按一下 確定 關閉設定畫面。

接著，開啟【樣本】節點的編輯畫面（圖 8.18）。

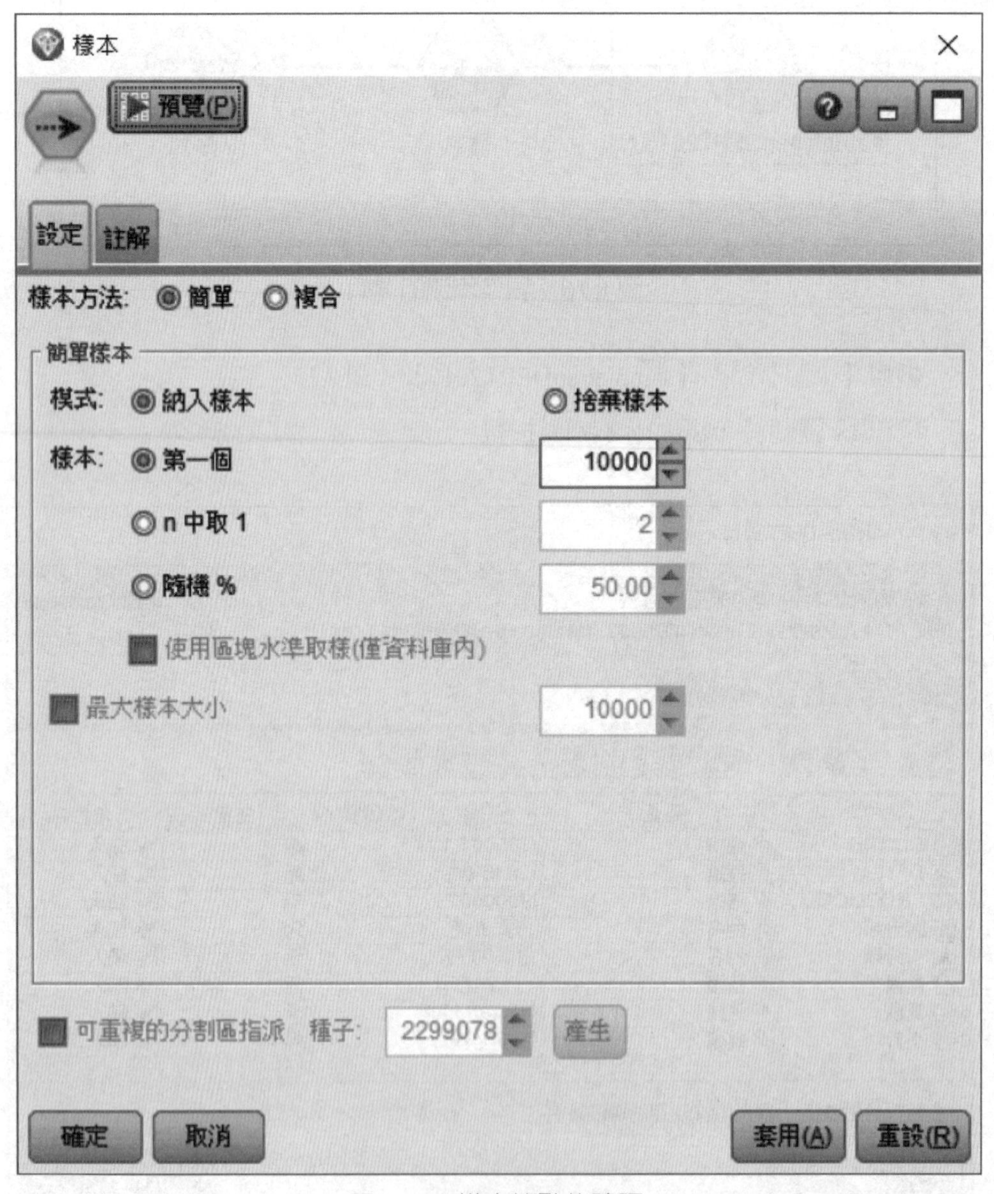

圖 8.18　樣本節點的確認

此次照著初期設定，抽樣 1 萬筆資料列（Record）。按一下確定，關閉設定畫面。雖然以所有的資料列執行也是可以的，但取決於 PC 的規格，計算未結束的情形也有，因此要注意。

並且，當抽樣購買明細數據時，要注意抽樣方法。此次是以顧客分組（sort），因此簡單的以第一個抽出，但取決於數據的形式與抽出方式，交易減少，變得無法正確地掌握排序。

編輯【序列】節點（圖 8.19）。

圖 8.19　序列節點的編輯

首先，【ID 欄位】以 叫出一覽表，選出顧客號碼的【CUSTID】，顧客號碼因爲事先排序，因此勾選【連續 ID】，因而計算處理時間可以縮短。

接著，勾選【使用時間欄位】，按一下 選擇【DATE】。

最後，【內容欄位】則從 選擇【中分類】。

設定完成後，按一下 執行 按紐。

如圖 8.20 產生鑽石模型。

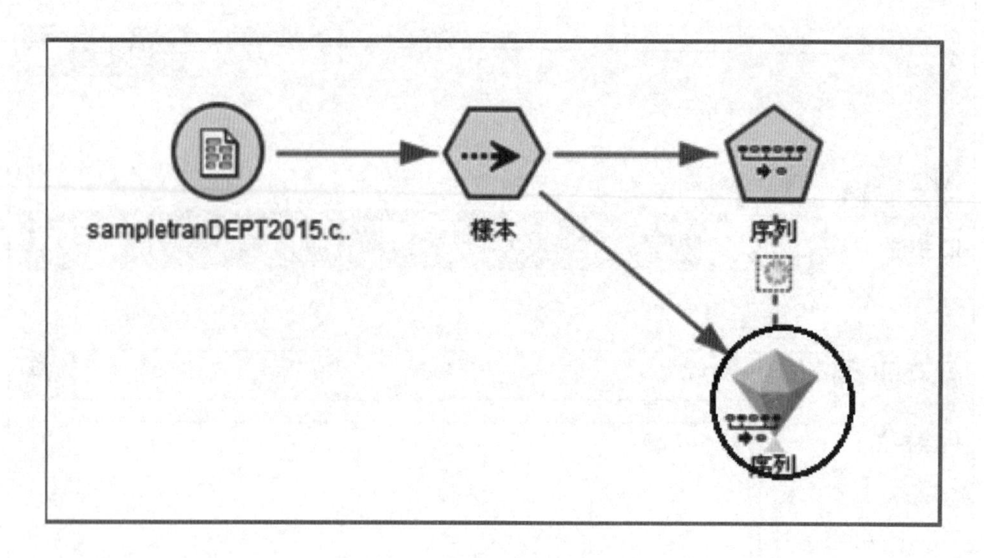

圖 8.20　排序模式的生成

雙擊所產生的模型鑽石再參照（圖 8.21）。

以所強調的觀察值來說明。以【前項】來說，購買【化粧品 03】，之後來店時購買【內衣 06】之顧客，有 71.429% 的信賴度，顯示後來來店時會再購買【內衣 06】。

規則之中前項加入【and】條件，它意指同時購入。

確認規則後按 確定，關閉【序列】規則顯示畫面。

將此次的模式評分後輸出到表格看看。

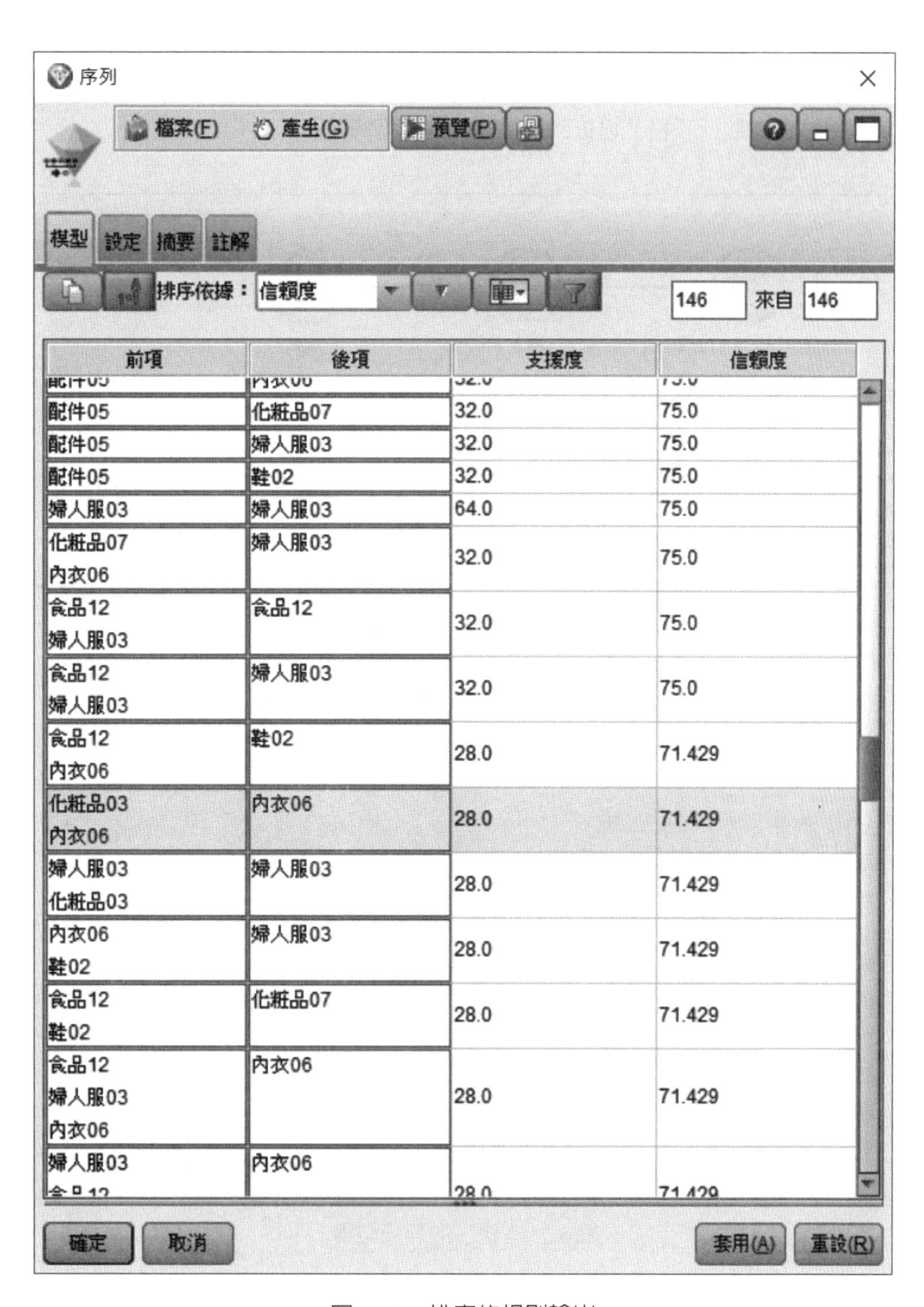

圖 8.21 排序的規則輸出

■ 操作步驟 02

如圖 8.22 將【表格】連接到【排序】的模型鑽石。

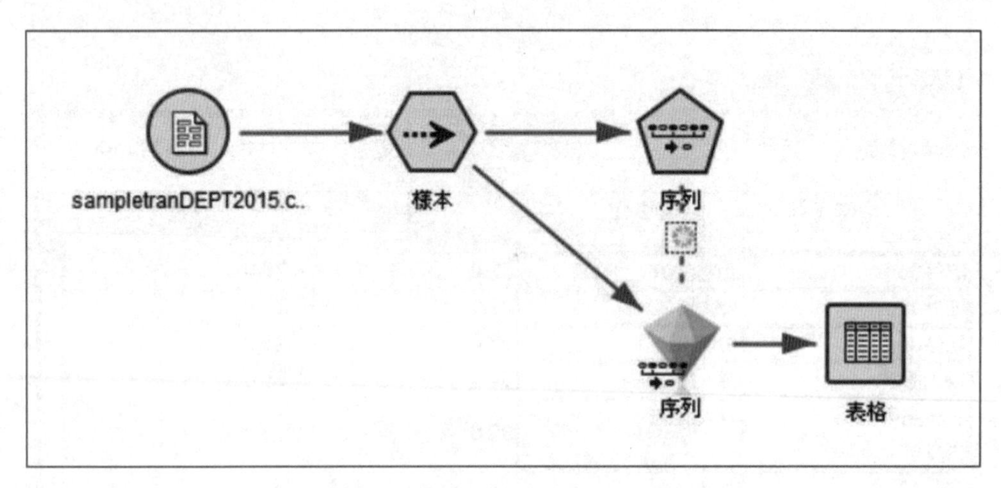

圖 8.22　排序模型的評分顯示

右鍵按一下【表格】中的【執行】時，顯示出如圖 8.23。

表格 (14 個欄位、10,000 個記錄)

檔案(F)　編輯(E)　產生(G)

表格　註解

	CUSTID	DATE	PRODUCTID	大分類	中分類	數量	單價	小計	$S-CUSTID-1	$SC-CUSTID-1	$S-CUSTID-2	$SC-CUSTID-2	$S-CUSTID-3	$SC-CU!
31	100004	2015-01-16	9910070	皮包	皮包08	1	3450	3450	$null$	$null$	$null$	$null$	$null$	
32	100004	2015-01-16	9905063	鞋	鞋06	10	1285	128...	$null$	$null$	$null$	$null$	$null$	
33	100004	2015-01-22	9900189	化粧品	化粧品05	48	298	143...	婦人服03	0.556	化粧品07	0.556	$null$	
34	100004	2015-01-30	9900040	內衣	內衣04	1	3720	3720	婦人服03	0.556	化粧品07	0.556	$null$	
35	100004	2015-01-30	9903609	內衣	內衣04	1	4500	4500	婦人服03	0.556	化粧品07	0.556	$null$	
36	100004	2015-01-30	9901250	內衣	內衣07	1	2387	2387	婦人服03	0.556	化粧品07	0.556	$null$	
37	100004	2015-01-30	9901537	內衣	內衣07	1	3133	3133	婦人服03	0.556	化粧品07	0.556	$null$	
38	100004	2015-01-30	9900643	婦人服	婦人服03	1	1100	1100	婦人服03	0.750	食品12	0.625	內衣06	
39	100004	2015-04-18	9900200	內衣	內衣06	3	665	1995	婦人服03	0.846	食品12	0.692	化粧品07	
40	100004	2015-04-18	9901537	內衣	內衣07	2	2976	5952	婦人服03	0.846	食品12	0.692	化粧品07	
41	100004	2015-05-14	9903627	化粧品	化粧品03	1	4076	4076	婦人服03	0.846	化粧品03	0.833	食品12	
42	100004	2015-05-14	9905277	食品	食品12	30	340	102...	婦人服03	0.846	化粧品03	0.833	食品12	
43	100004	2015-05-14	9902455	婦人服	婦人服03	1	1314	1314	婦人服03	0.846	化粧品03	0.833	食品12	
44	100004	2015-05-14	9901250	內衣	內衣07	1	2387	2387	婦人服03	0.846	化粧品03	0.833	食品12	
45	100004	2015-05-14	9902647	婦人服	婦人服03	1	1980	1980	婦人服03	0.846	化粧品03	0.833	食品12	
46	100004	2015-05-14	9903924	婦人服	婦人服03	2	1230	2460	婦人服03	0.846	化粧品03	0.833	食品12	
47	100004	2015-05-14	9900208	婦人服	婦人服03	1	1980	1980	婦人服03	0.846	化粧品03	0.833	食品12	
48	100004	2015-06-25	9910983	鞋	鞋06	2	115...	230...	婦人服03	0.846	化粧品03	0.833	食品12	
49	100004	2015-06-25	9912251	鞋	鞋06	1	8800	8800	婦人服03	0.846	化粧品03	0.833	食品12	
50	100004	2015-06-25	9901537	內衣	內衣07	2	3133	6266	婦人服03	0.846	化粧品03	0.833	食品12	

確定

圖 8.23　排序的評分結果

對於過去該時點的購買實績來說，以後想購買的商品最多列舉 3 個，分別評分確信度。顯示方法與本章第 2 節的關聯的評分相同。

在措施上利用此表格時，利用最終來店日的觀察值，即可對照下次來店日的推薦商品。

8.4 關聯規則的留意點

8.4.1 取決商品的個數，處理方式會有不同

當以關聯規則發現併買模式時，要處理何種單位（商品、小分類、大分類等的類別）才好呢？感到困擾的人也有。譬如，專門性高的郵購式金融業務，因爲商品數有所限定，因此並非以類別，會以商品單位來解決。商品數少時，即使利用關聯規則，也無法期待驚人的發現。可是，即使此種情形，認識正確的數值與組合購買的比率，也可充分想出能結合適切措施的時候。

另一方面，商品數很多的時候又如何？便利商店有 3000 項目排列在店面，而 SPSS Modeler 的名義型數據的初期設定最大是 250，照這樣無法掌握 250 種以上商品的併買狀況。此時，【串流性質】中有需要將選項內的設定提高至 3000（圖 8.24）。

變更此初期設定，即可讓 3000 種商品當作名義型數據被認知，欄位化即有可能。

也可考慮極端商品數多的時候。像建材超市（Home Center）等，一個店擁有項目超過 10 萬點商品的情形也有，將所有商品的併買放入演算法變得困難。以具體的妥協方法來說，每個大分類事前挑選出暢銷的 20 項合計 140 種，從組合去檢討措施等是可以考慮的。

重要的事項可說是抽出商品的組合，有助於哪一種業務的設計。

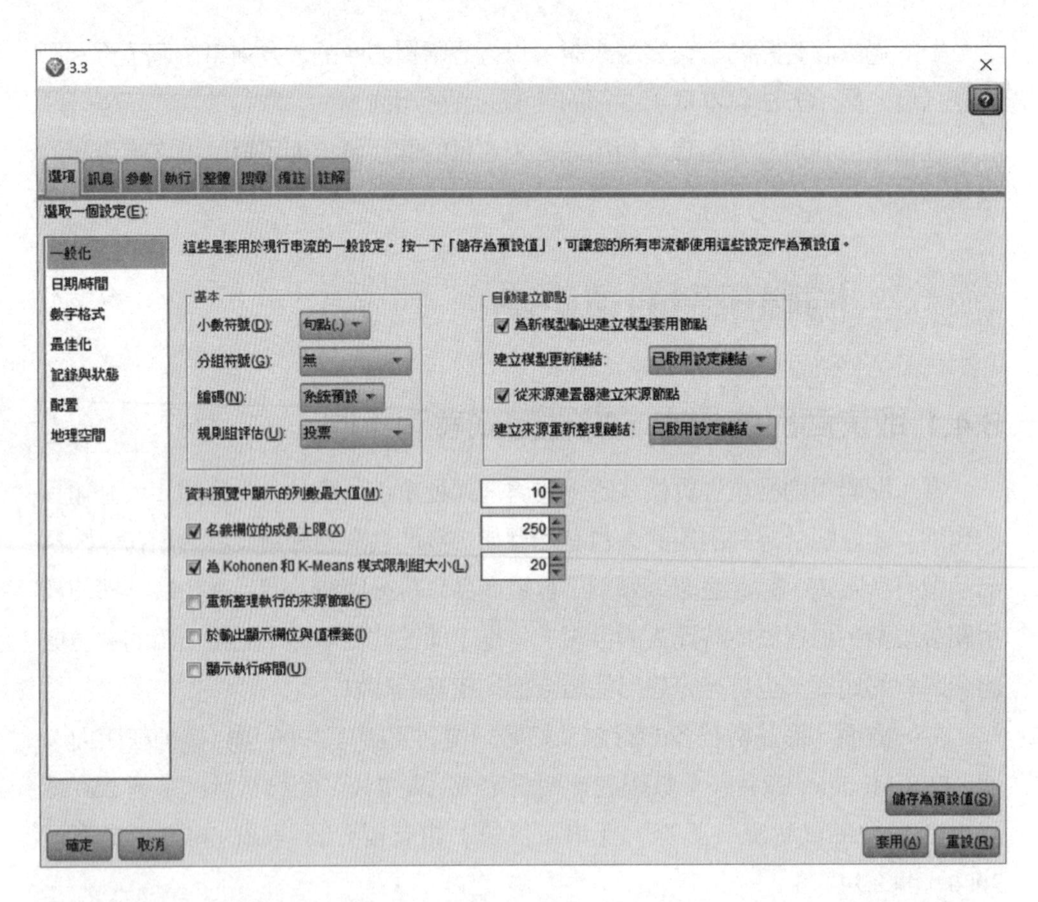

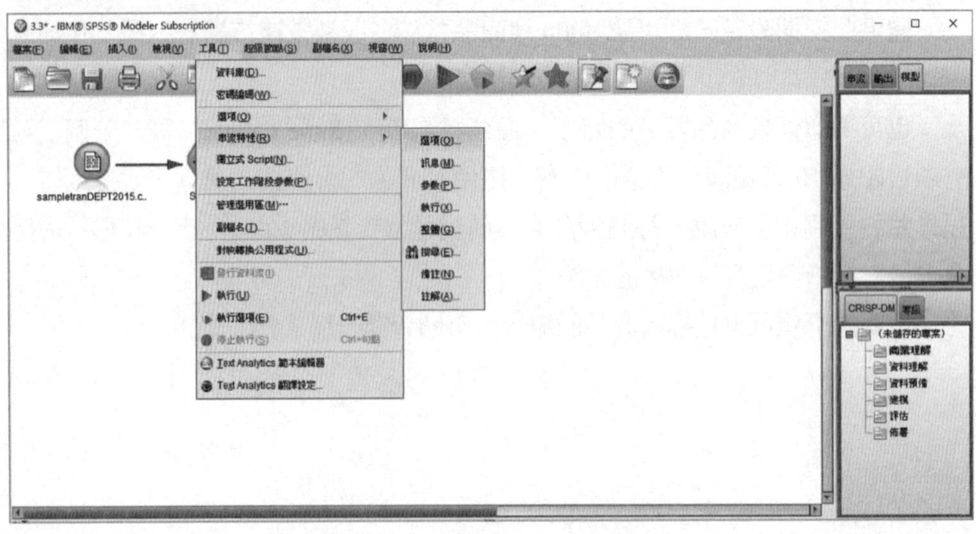

圖 8.24　類別數據的商品數變更

8.4.2 結果的解釋與措施

協同過濾（Filtering）被要求的典型業界是電子商務的書籍銷售。雖然膨大數目的商品可以提供給膨大的顧客，但許多商品是低運轉，形成稱爲長尾的分配。

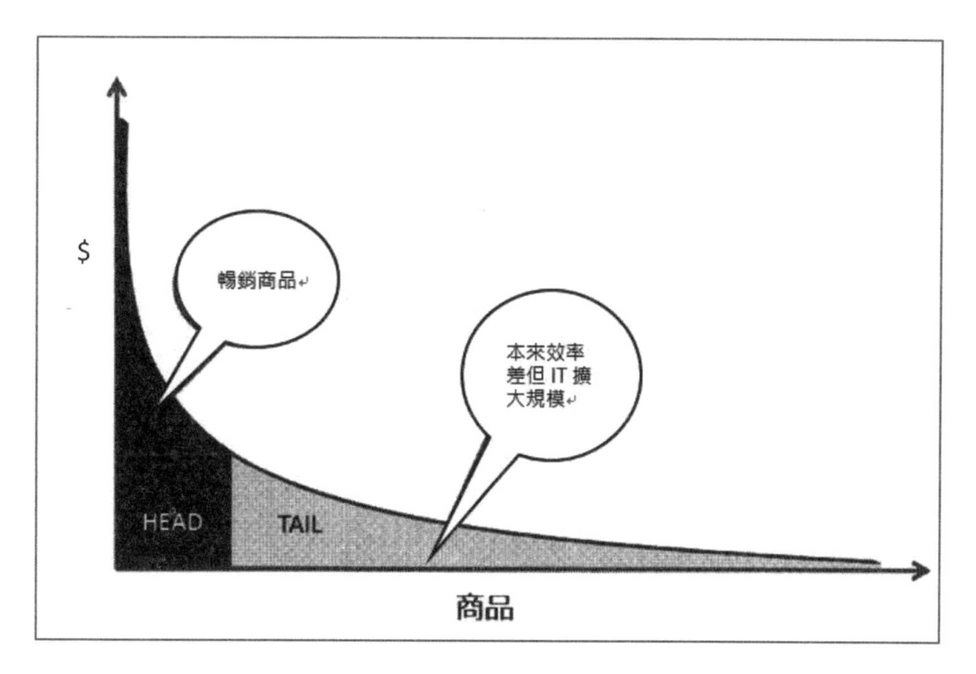

圖 8.25　長尾

與其處理一部分的暢銷商品，不如膨大地處理利基（Niche）商品的業界，如何以 IT 技術有效率地發現潛在顧客是很重要的，因此會使用協同過濾。

然而單純的類似購買推薦，有時也會出現反效果。像是偶爾只購買 1 次當作禮物用的幼兒用畫冊，它的關聯商品經常被持續推薦導致不滿的情形。實體書店的魅力是意外地遇見不打算購買的書。電子商務要實踐它，以顧客爲導向且有腳本的併買措施是最好的。

關聯規則容易發生失敗的例子，其他地方也有。譬如，顧客在某季是併用哪個賣場將此模式化的結果，假定認同化粧品賣場與鞋賣場有強烈的關係。縱然如此，走到化粧品賣場的顧客，即使給與當日有效的鞋子優待券，也不算高明。

因爲即使在某季節內同時發生，買化粧品的女性，於當日購買鞋子的情形比想像的還少。此情形，與其提示當日有效的優待券，不如提示隔日之後有效期間的優待券，促使下次來店可以認爲比較有效。

光是單純地運用關聯規則而能高明地運用是好的，但想要在措施上得到一定的成果，有需要從顧客的觀點著手。

【註】利基產品是指該產品表現出來的許多獨特利益有別於其他產品，同時也能得到消費者的認同。每一種產品被消費者接受都有它的利益所在，利益表現出來是多方面的。

第 9 章 將顧客的行爲分類

9.1 利用集群分析將顧客行爲類型化

百貨店中利用賣場 A 的人容易利用賣場 B，就此觀點來說，將利用相似賣場的人加以分類稱爲集群（Clustering）。如圖 9.1 如有由類型 A 到 E 的購買金額欄位時，將此利用的狀況運用集群分析，即可分類爲所指定個數的集群。

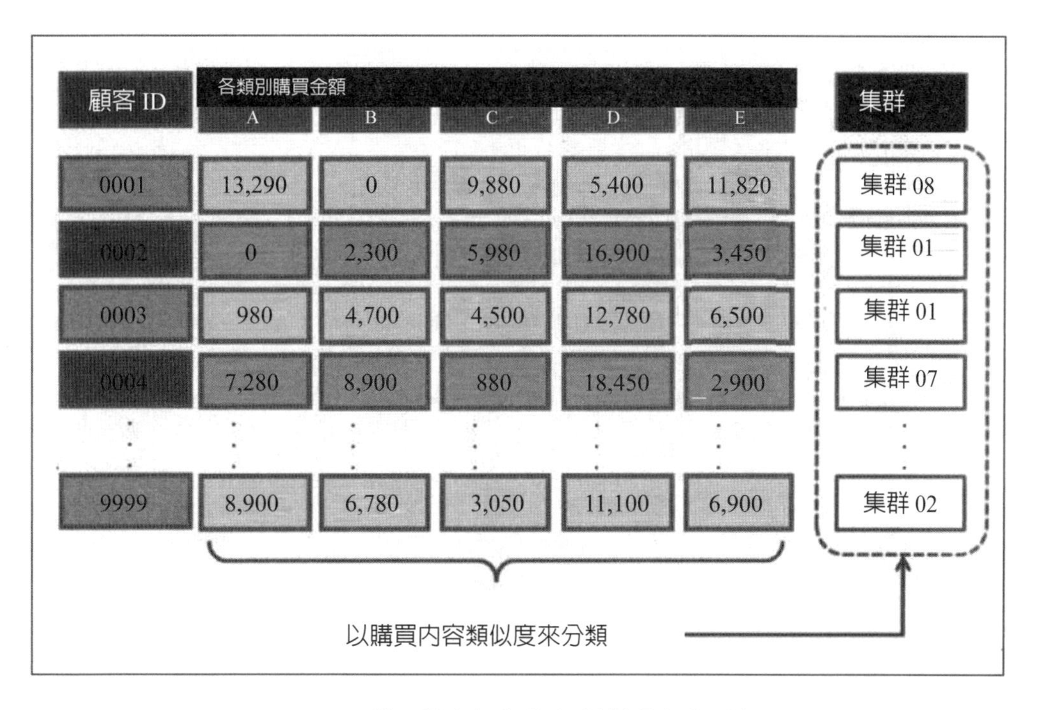

顧客 ID
各類別購買金額
A
B
C
D
E
集群
0001
13,290
0
9,880
5,400
11,820
集群 08
0002
0
2,300
5,980
16,900
3,450
集群 01
0003
980
4,700
4,500
12,780
6,500
集群 01
0004
7,280
8,900
880
18,450
2,900
集群 07
9999
8,900
6,780
3,050
11,100
6,900
集群 02
以購買內容類似度來分類

圖 9.1　利用顧客行為的類似變分類為群組

行爲相似的群組，可認爲生活形態與價值觀是類似的，弄清每個群組的特性再用於措施中。

9.1.1 集群模型的製作

將某種規模的觀察值執行集群分析之際，有常利用的手法。

「非階層集群分析」（K-means）是從很早以前即被利用的多變量分析手法。

另一方面，Kohonen 網路是加上 AI 的要素直到適切分類為止，具有學習的特徵。這些手法非有需要事先決定群組的個數，但本章介紹自動選定組數的「TwoStep」方法。

■操作步驟 01

再次利用第 7 章第 4 節所作成的串流。為了求出大分類的購買金額比率，

從【資料欄位作業】選片找出【過濾器】節點與【導出】節點來連接（圖 9.2）。

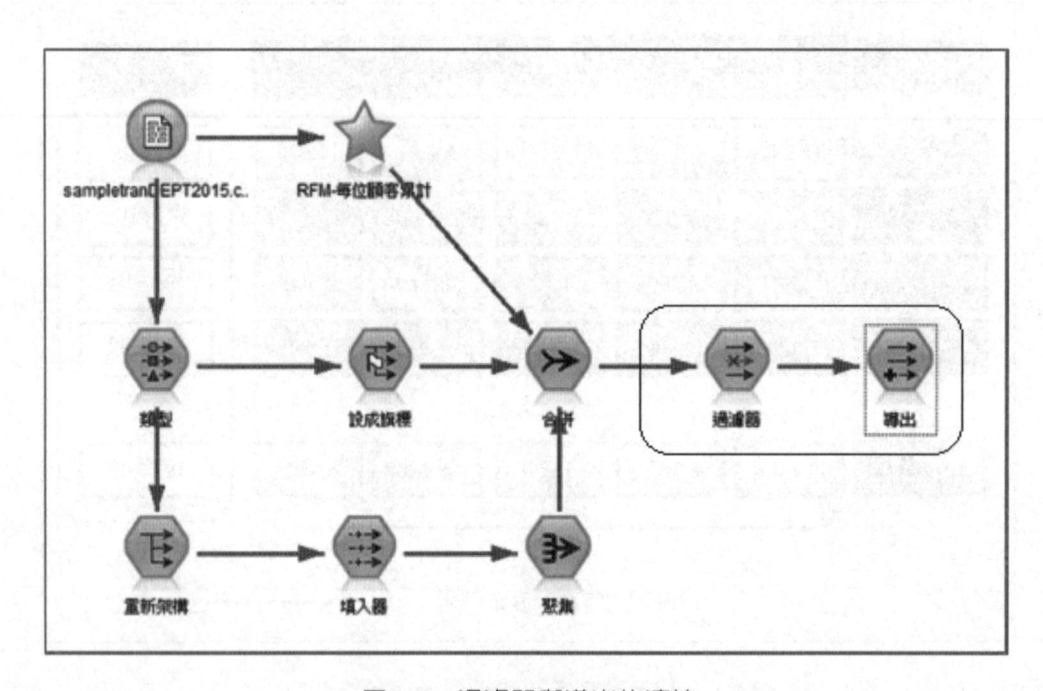

圖 9.2　過濾器與導出的連接

首先如圖 9.3 上方那樣編輯【過濾器】節點，開啟【CUSTID】（顧客 ID）與【小計 _Sum_Sum】（購買金額合計）以及大分類的【購買金額】，其他的欄位則關閉。設定完成後，按一下 確定 再關閉編輯畫面。

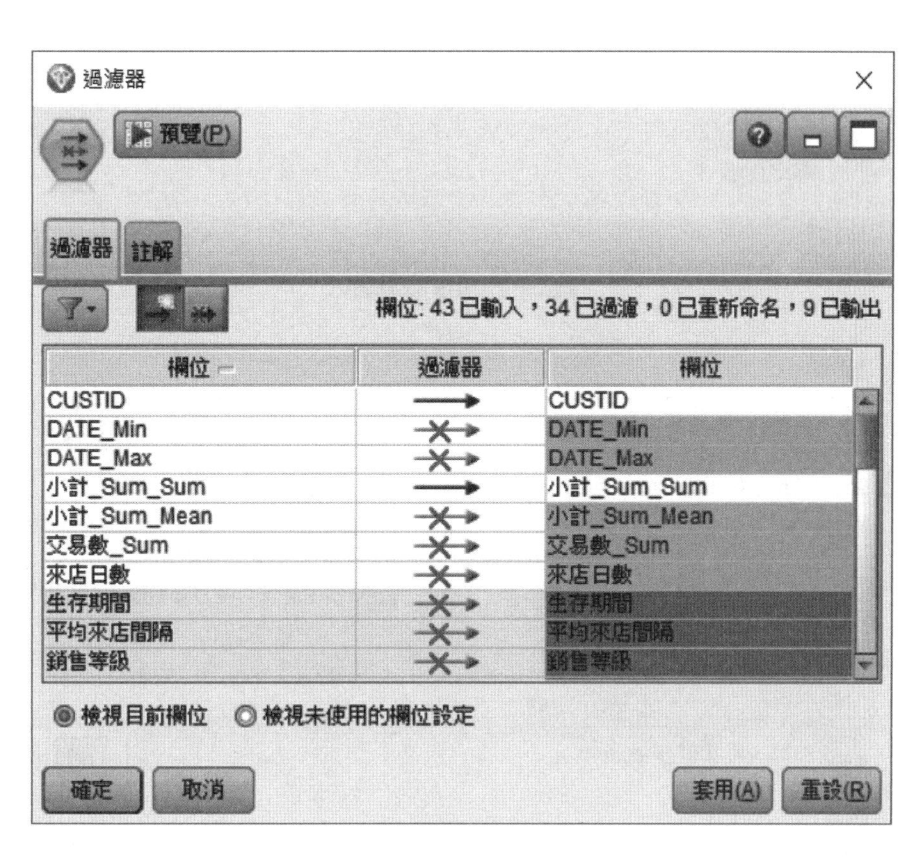
過濾器
預覽(P)
過濾器
註解
欄位: 43 已輸入，34 已過濾，0 已重新命名，9 已輸出
欄位
過濾器
欄位
CUSTID
DATE_Min
DATE_Max
小計_Sum_Sum
小計_Sum_Mean
交易數_Sum
來店日數
生存期間
平均來店間隔
銷售等級
檢視目前欄位
檢視未使用的欄位設定
確定
取消
套用(A)
重設(R)

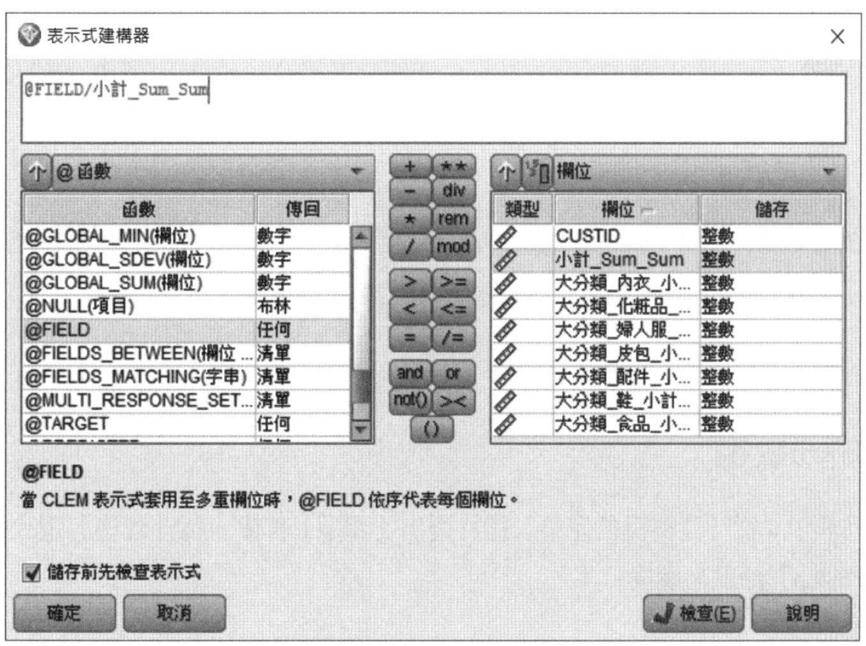
表示式建構器
@FIELD/小計_Sum_Sum
@ 函數
函數
傳回
@GLOBAL_MIN(欄位) 數字
@GLOBAL_SDEV(欄位) 數字
@GLOBAL_SUM(欄位) 數字
@NULL(項目) 布林
@FIELD 任何
@FIELDS_BETWEEN(欄位 ... 清單
@FIELDS_MATCHING(字串) 清單
@MULTI_RESPONSE_SET... 清單
@TARGET 任何
欄位
類型
欄位
儲存
CUSTID 整數
小計_Sum_Sum 整數
大分類_內衣_小... 整數
大分類_化粧品_... 整數
大分類_婦人服_... 整數
大分類_皮包_小... 整數
大分類_配件_小... 整數
大分類_鞋_小計... 整數
大分類_食品_小... 整數
@FIELD
當 CLEM 表示式套用至多重欄位時，@FIELD 依序代表每個欄位。
儲存前先檢查表示式
確定
取消
檢查(E)
說明

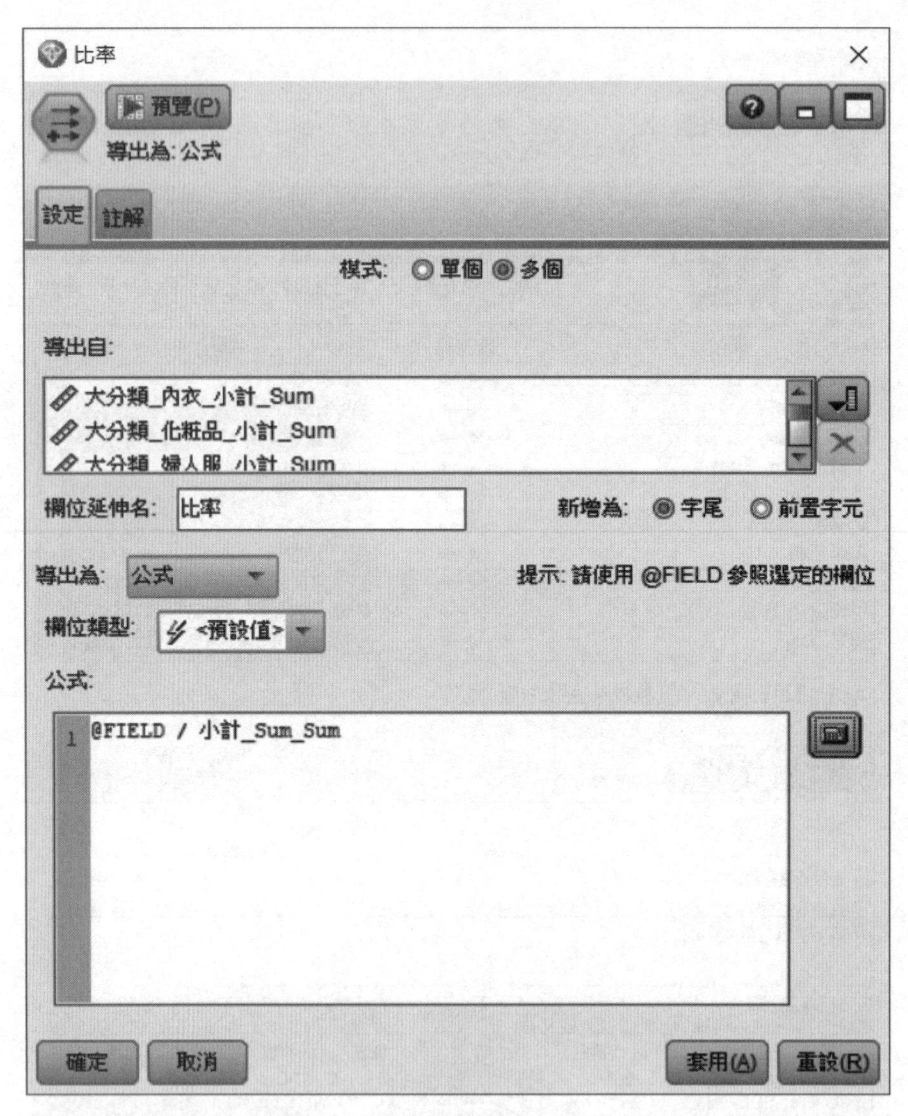

圖 9.3　過濾器與欄位製作的編輯

使用所求出的大分類購買比率，製作顧客集群。

■操作步驟 02

如圖 9.4 從【資料欄位作業】選片選出【類型】節點，從【建模】選片選出【TwoStep】節點來連接。

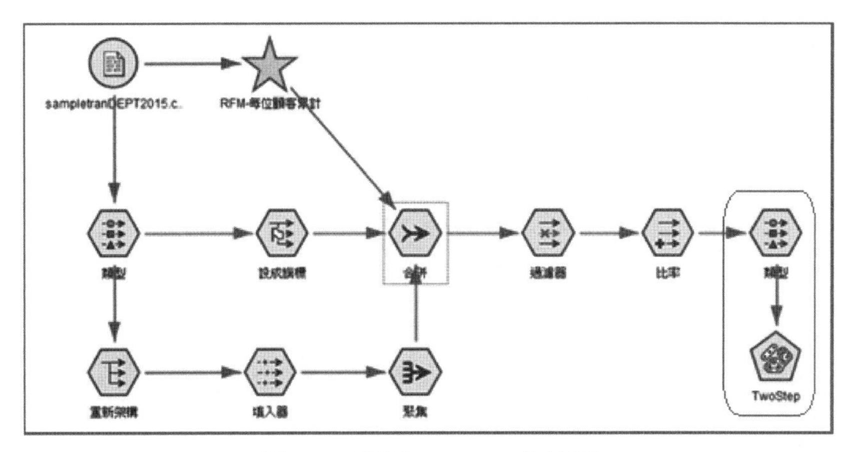

圖 9.4　利用 TwoStep 的集群

首先，編輯【類型】，按一下 讀取值。其次，將【CUSTID 】的【角色】變成【紀錄 ID】，將大分類購買比率欄位全部變成【輸入】，其他欄位則改成【無】。

圖 9.5　類型的編輯

設定完成後 確定 ，關閉編輯畫面。

其次，編輯【TwoStep】。

如圖 9.6，將【自動計算叢集數目】的【最大值】當作【12】、【最小值】當作【9】按 執行 。

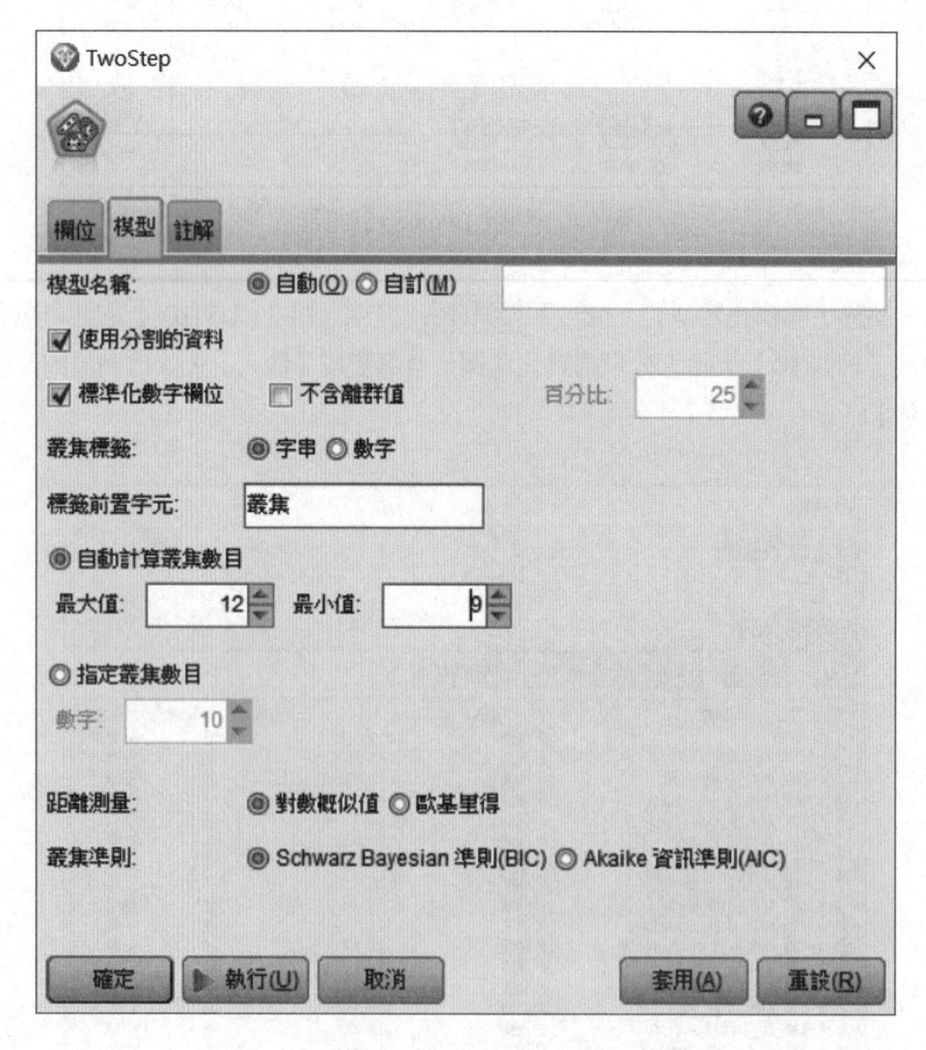

圖 9.6　TwoStep 的編輯

確認所作成的集群模型的內容。

■操作步驟 03

如圖 9.7，將出現黃色模型鑽石與【表格】連接。

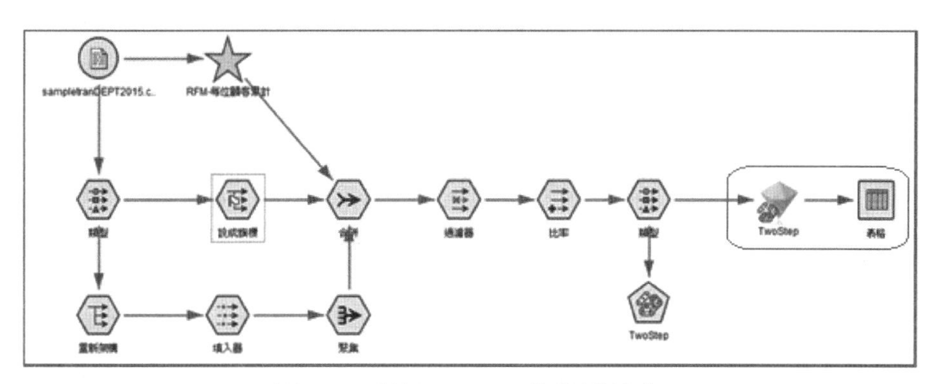

圖 9.7　利用 Twostep 的集群輸出

在模型鑽石上右鍵按一下選擇【編輯】，可確認集群模型的內容。圖 9.8 是模型鑽石的初期顯示畫面。

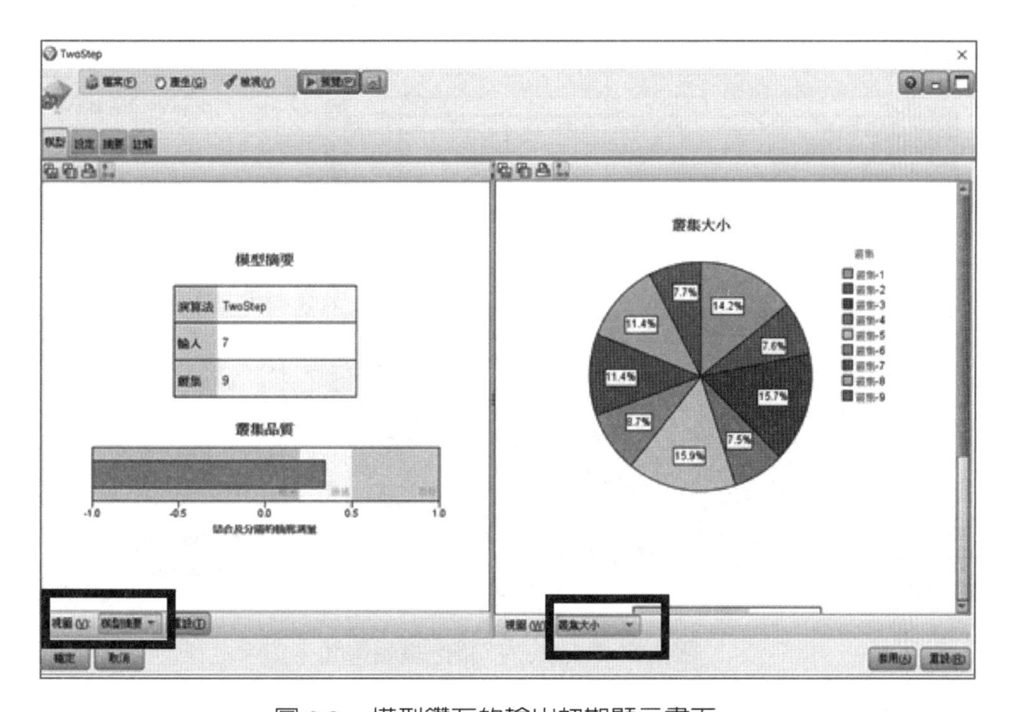

圖 9.8　模型鑽石的輸出初期顯示畫面。

左方提示集群的概要於品質的圖表中，在右方的圓形圖中，哪一集群顧客分布較多即可掌握。

爲了掌握各個集群體的特徵，將左側畫面下方的【視圖】從【模型摘要】變更爲【叢集】，將右側畫面的【視圖】從【叢集大小】變更爲【叢集比較】。雖然右側畫面顯示【沒有可用的資料】，但是利用以下的操作，可以出現比較的圖表。

變更 2 個【視圖】之後，切換圖中 9.9 畫面中央下方的 ，各集群是如何集中購買哪一類，利用已標準化的直方圖就很容易理解。比重集中在長方形右側是該集群的特徵。

將焦點放在幾個集群再比較特徵也是可行的。譬如，想比較「集群 5」、「集群 3」、「集群 1」3 個集群時，在各個名稱上一面按【Shift 鍵】一面指定時，右側視圖中 3 個群組的特徵比較即可顯示。

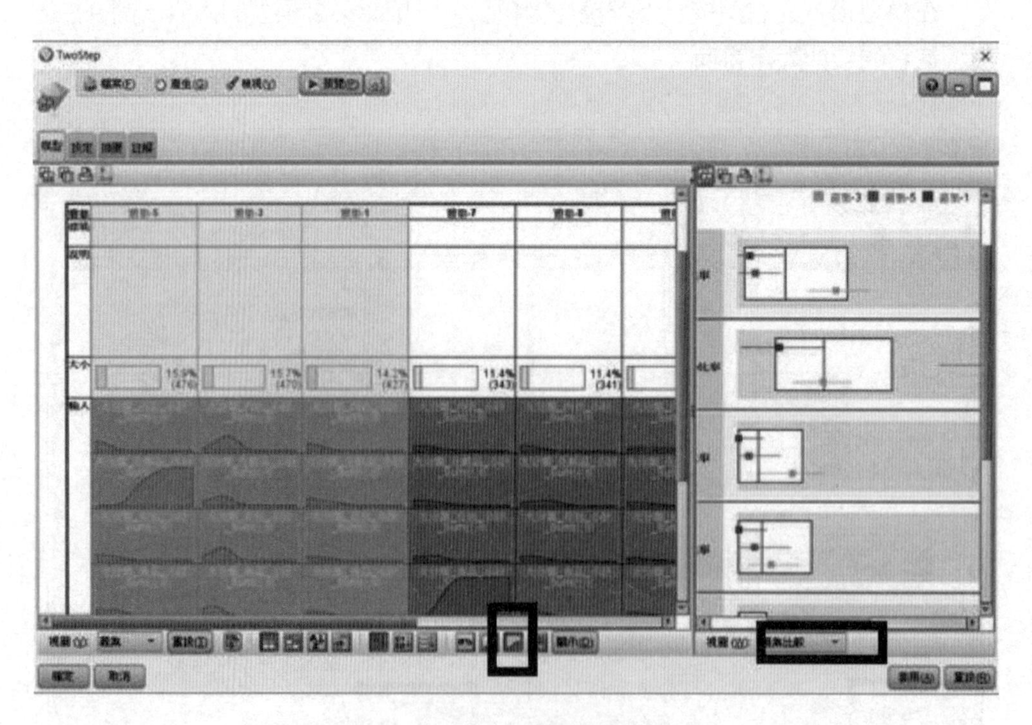

圖 9.9　TwoStep 的輸出編輯畫面

確認後按一下 確定 ，再關閉編輯畫面。

確認各觀察值中加上集群號碼。

右鍵按一下【表格】，從清單點選【執行】（圖 9.10）。

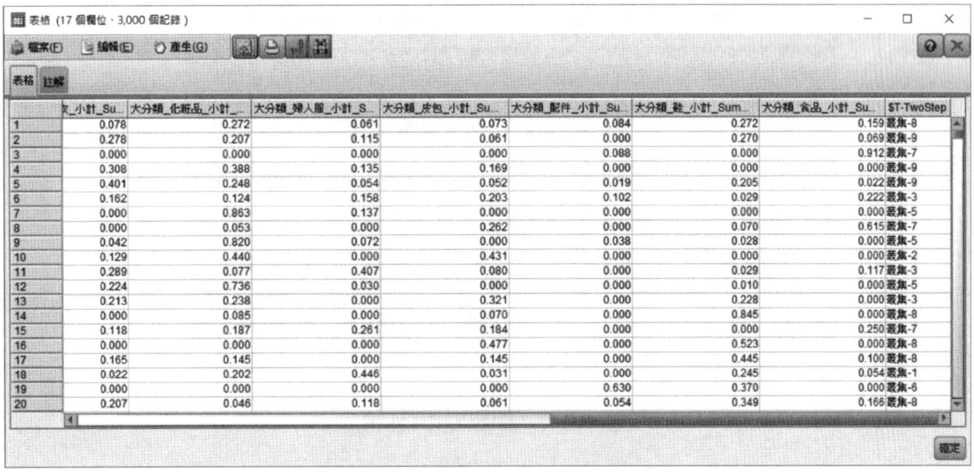

表格 (17 個欄位・3,000 個記錄)

檔案(F) 編輯(E) 產生(G)

表格 註解

	衣_小計_Su...	大分類_化粧品_小計_...	大分類_婦人服_小計_S...	大分類_皮包_小計_Su...	大分類_配件_小計_Su...	大分類_鞋_小計_Sum...	大分類_食品_小計_Su...	$T-TwoStep
1	0.078	0.272	0.061	0.073	0.084	0.272	0.159	叢集-8
2	0.278	0.207	0.115	0.061	0.000	0.270	0.069	叢集-9
3	0.000	0.000	0.000	0.000	0.088	0.000	0.912	叢集-7
4	0.308	0.388	0.135	0.169	0.000	0.000	0.000	叢集-9
5	0.401	0.248	0.054	0.052	0.019	0.205	0.022	叢集-9
6	0.162	0.124	0.158	0.203	0.102	0.029	0.222	叢集-3
7	0.000	0.863	0.137	0.000	0.000	0.000	0.000	叢集-5
8	0.000	0.053	0.000	0.262	0.000	0.070	0.615	叢集-7
9	0.042	0.820	0.072	0.000	0.038	0.028	0.000	叢集-5
10	0.129	0.440	0.000	0.431	0.000	0.000	0.000	叢集-2
11	0.289	0.077	0.407	0.080	0.000	0.029	0.117	叢集-3
12	0.224	0.736	0.030	0.000	0.000	0.010	0.000	叢集-5
13	0.213	0.238	0.000	0.321	0.000	0.228	0.000	叢集-3
14	0.000	0.085	0.000	0.070	0.000	0.845	0.000	叢集-8
15	0.118	0.187	0.261	0.184	0.000	0.000	0.250	叢集-7
16	0.000	0.000	0.000	0.477	0.000	0.523	0.000	叢集-8
17	0.165	0.145	0.000	0.145	0.000	0.445	0.100	叢集-8
18	0.022	0.202	0.446	0.031	0.000	0.245	0.054	叢集-1
19	0.000	0.000	0.000	0.000	0.630	0.370	0.000	叢集-6
20	0.207	0.046	0.118	0.061	0.054	0.349	0.166	叢集-8

確定

圖 9.10　加上群組的表格輸出

9.2 理解集群的特徵

9.2.1 集群的特徵

好好觀察群組的行爲，理解其特徵，可以有效的結合對策。譬如，前節所做成的 9 個群組，利用以下的圖形來說明。

集群 1 可知是以婦人服爲中心從事購買的群組，將此加上年齡與居住地時，顧客輪廓可以更明確的確認，並且如能賦以一個暱稱時，更容易研擬行銷計畫。

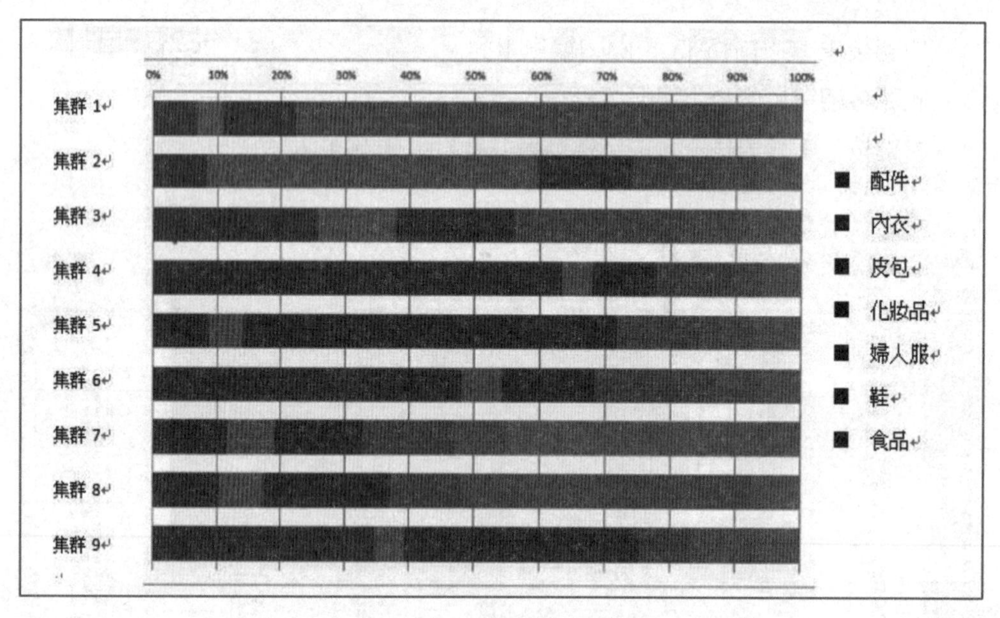

圖 9.11　集群的累計例

9.2.2 理解群組特徵的累計例

製作理解群組特徵的流程。

■操作步驟 01

如圖 9.12，在模型鑽石的後方，選出【聚集】節點與【欄位重新排序】節點來連接。

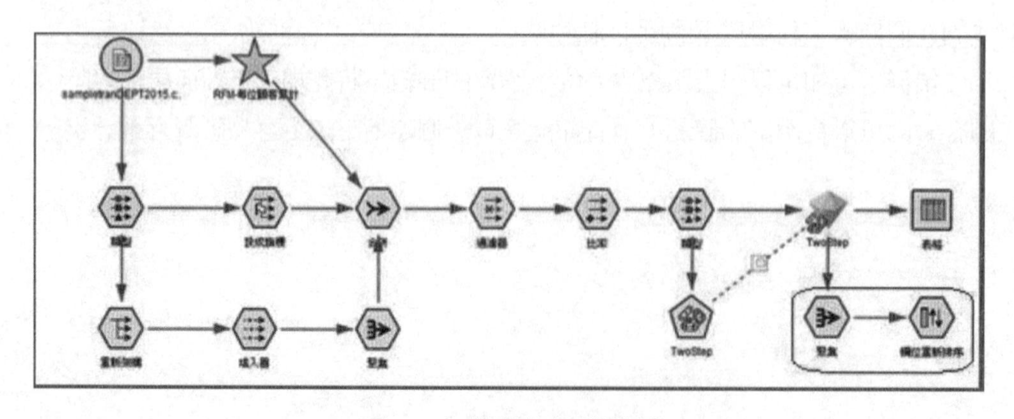

圖 9.12　集群的累計過程

首先，編輯【聚集】節點（圖 9.13）

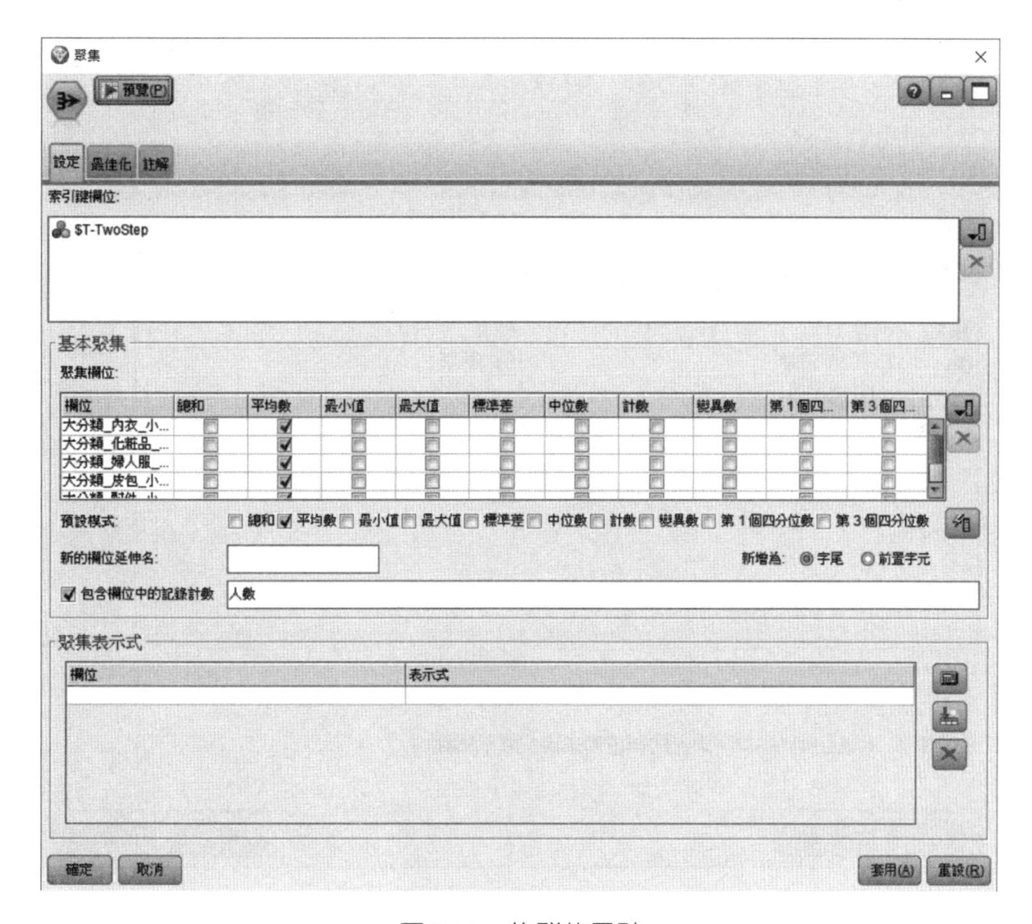

圖 9.13　集群的累計

【索引鍵欄位】以 叫出一覽表，再選出【$T-TwoStep】。【聚集欄位】也一樣以 選擇大分類購買比率的 7 類，但只勾選【平均數】。在勾選【包含欄位中的紀錄計數】之下，爲了將資料列次數變成集群的人數，輸入【人數】。

設定完成後按 確定 ，關閉編輯畫面。

其次.，編輯【欄位重新排序】節點（圖 9.14），集群號碼位於欄位的最下方，因此移動到前面。

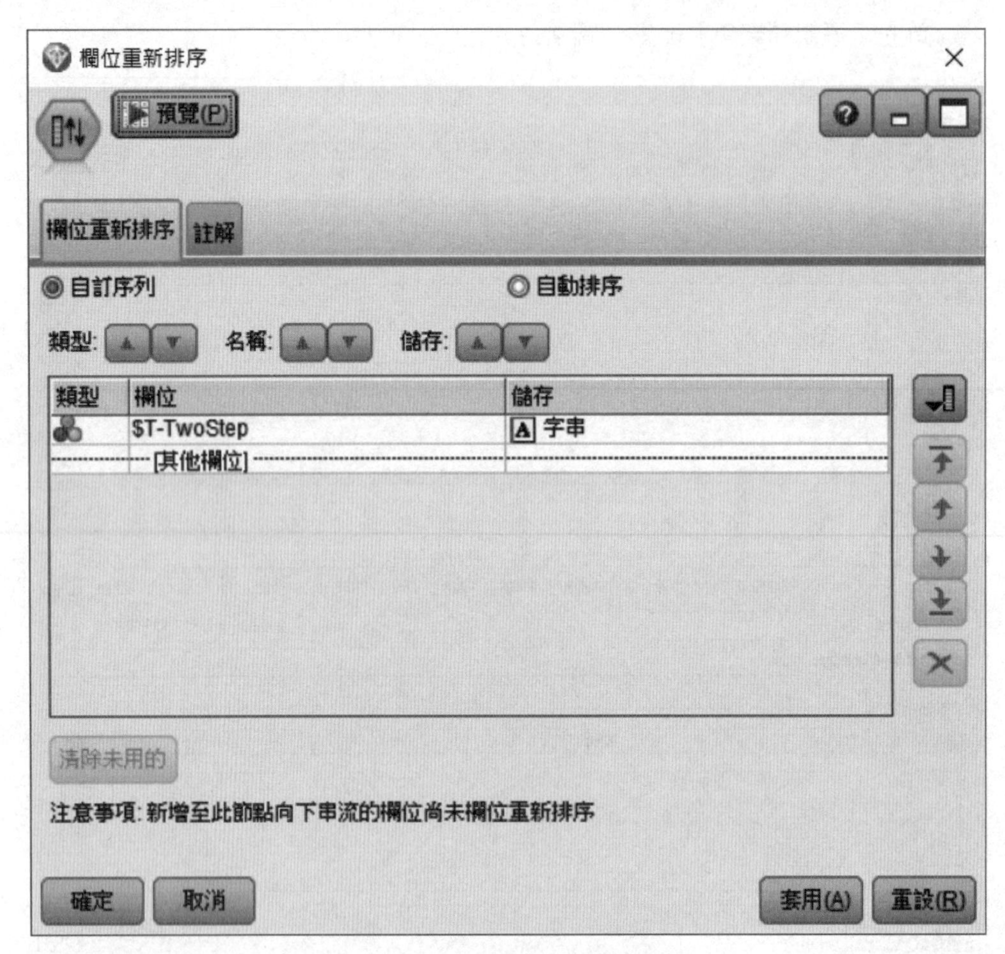

圖 9.14　欄位重新排序的編輯

以 [icon] 叫出一覽表後選出【$T-TwoStep】，接著使用 [icon]，移動到顯示其他欄位的上方。

設定完成後，按 確定 再關閉編輯畫面。

■操作步驟 02

按每一個集群累計資料列，調整欄位順序之後，如圖 9.15 重排之後即準備輸出到 Excel 。

配置【排序】節點與【類型】節點後，從【匯出】選片中選擇【Excel】節點依序連接。

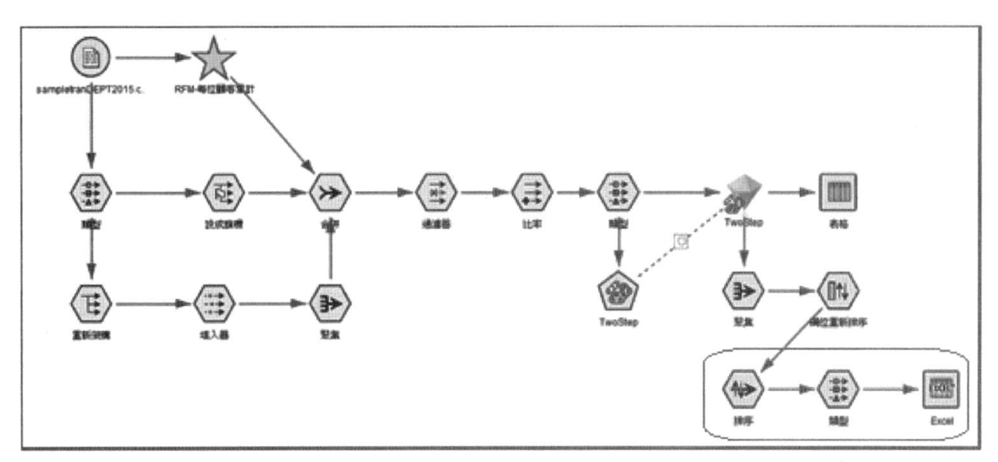

圖 9.15　將集群的整理輸出到 Excel

首先，編輯【排序】節點，重排紀錄（圖 9.16）。

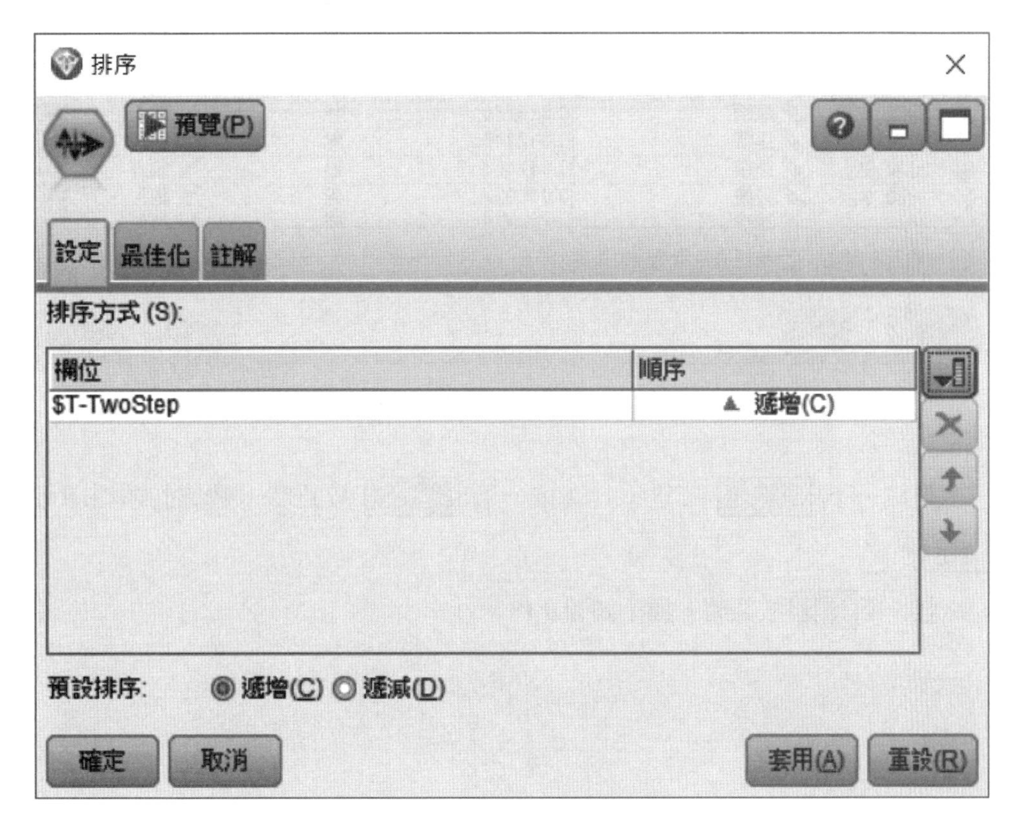

圖 9.16　以集群號碼排序

以 叫出一覽表選出【$T-TwoStep】，將【順序】設成遞增，按【確定】再關閉編輯畫面。

其次編輯【類型】節點（圖 9.17）。後續的 Excel 節點如數據類型，未確定時是不會動作的，因此在 Excel 節點之前輸入【類型】。

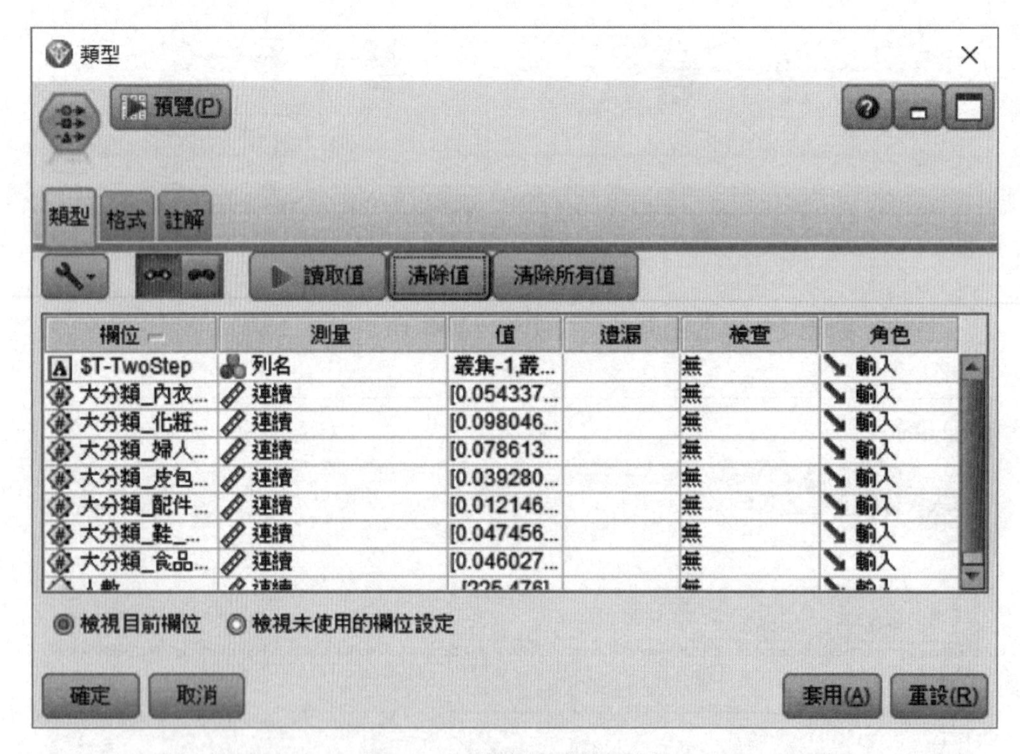

圖 9.17　確定數據的類型

先按一下 清除值 按鈕，其次按一下 讀取值 按鈕時，數據的類型即可確定。

按一下 預覽 按鈕時，顯示如圖 9.18。

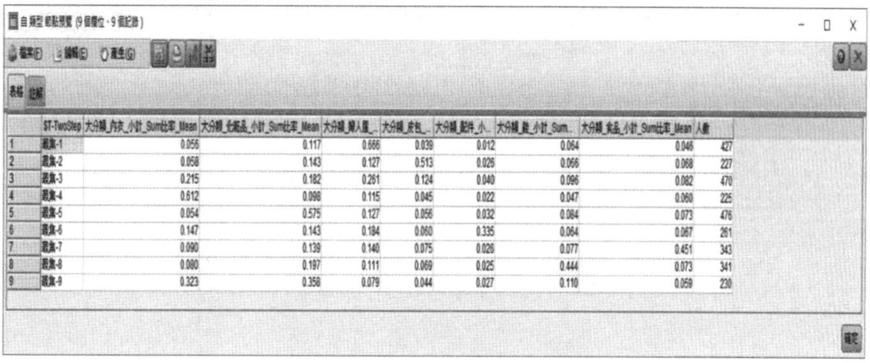

	ST-TwoStep	大分類_內衣_小計_Sum比率_Mean	大分類_化粧品_小計_Sum比率_Mean	大分類_婦人服_...	大分類_皮包_...	大分類_配件_小...	大分類_鞋_小計_Sum...	大分類_食品_小計_Sum比率_Mean	人數
1	叢集-1	0.056	0.117	0.666	0.039	0.012	0.064	0.046	427
2	叢集-2	0.058	0.143	0.127	0.513	0.026	0.066	0.068	227
3	叢集-3	0.215	0.182	0.261	0.124	0.040	0.096	0.082	470
4	叢集-4	0.612	0.098	0.115	0.045	0.022	0.047	0.060	225
5	叢集-5	0.054	0.575	0.127	0.056	0.032	0.084	0.073	476
6	叢集-6	0.147	0.143	0.184	0.060	0.335	0.064	0.067	261
7	叢集-7	0.090	0.139	0.140	0.075	0.026	0.077	0.451	343
8	叢集-8	0.080	0.197	0.111	0.069	0.025	0.444	0.073	341
9	叢集-9	0.323	0.358	0.079	0.044	0.027	0.110	0.059	230

圖 9.18 數據類型的預覽

按每個集群可計算出分類購買比率的平均與人數。

確認後，按一下 ✕ 關閉預覽，然後在【類型】編輯畫面上按 確定 。

最後編輯此流程的【Excel】節點（圖 9.19）。

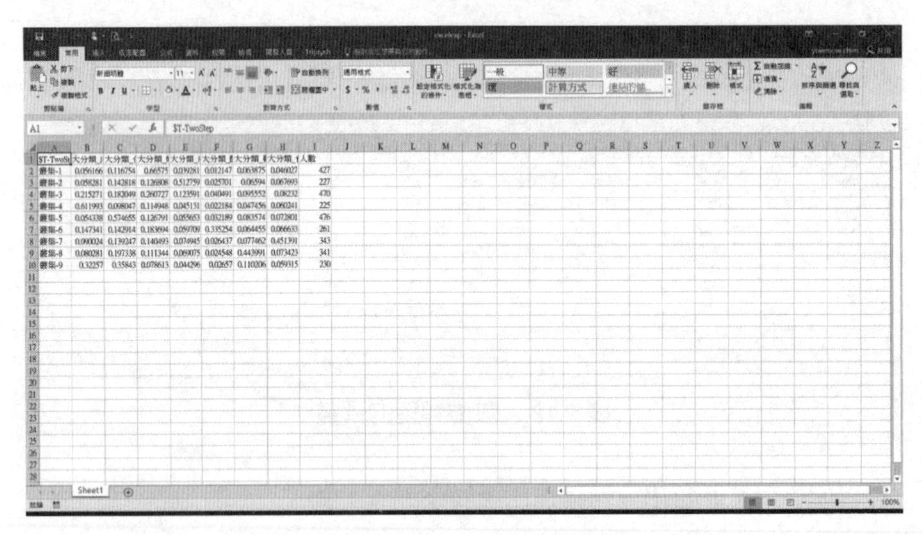

圖 9.19　Excel 輸出節點

按一下檔名的 [...] 時，對任意的資料夾命名後即可儲存Excel檔案。並且在勾選【啟動Excel™】後按 [執行]（*MAC版是能儲存，但啟動機能無法利用）。

利用 Excel 可得出與先前瀏覽相同的矩陣。如此，在熟悉的應用上即可表現圖形。

9.3 依照集群推薦

9.3.1 製作群組的購買商品一覽表

從屬於同一集群的顧客頻繁購買的商品，向尚未有購買經驗的顧客提示，是相當好的方法。

從此處起，依據各個集群的上位顧客購買的商品等級，與各顧客的集群號碼結合，製作提示推薦商品的流程。

■ 操作步驟 01

首先少許變更前面製作集群所使用的串流（圖 9.20）

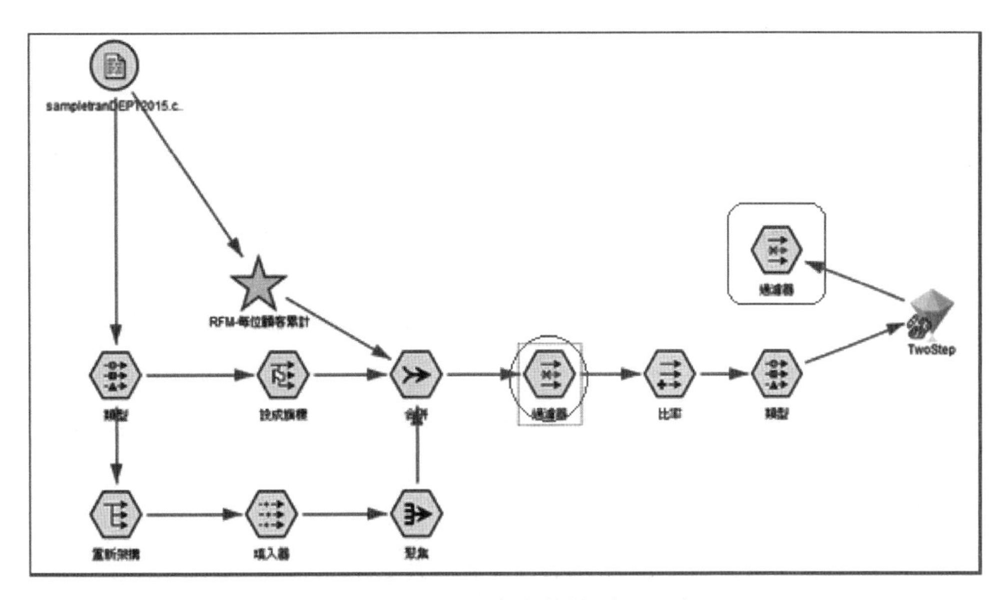

圖 9.20　利用集群推薦例的開始

將來源節點【SampledanDEPT2015.csv】的位置往上挪移使後續的流程能再連接。其次，將新的【過濾器】節點從模型鑽石予以連接。接著，編輯位於中央的【過濾器】（圖 9.21）。解除【貨幣分數】的過濾後，使欄位能作用，按 確定 。

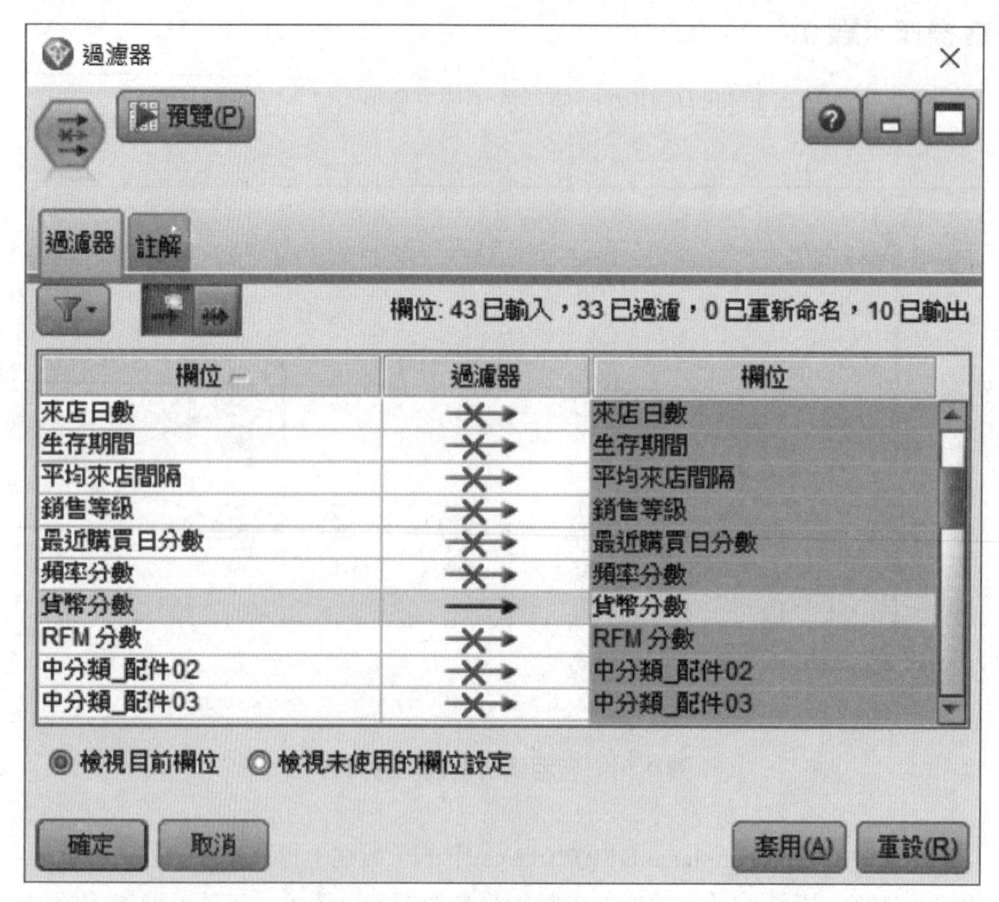

圖 9.21　過濾器的修正

然後，編輯從模型鑽石所連接的【過濾器】節點（圖 9.22）。

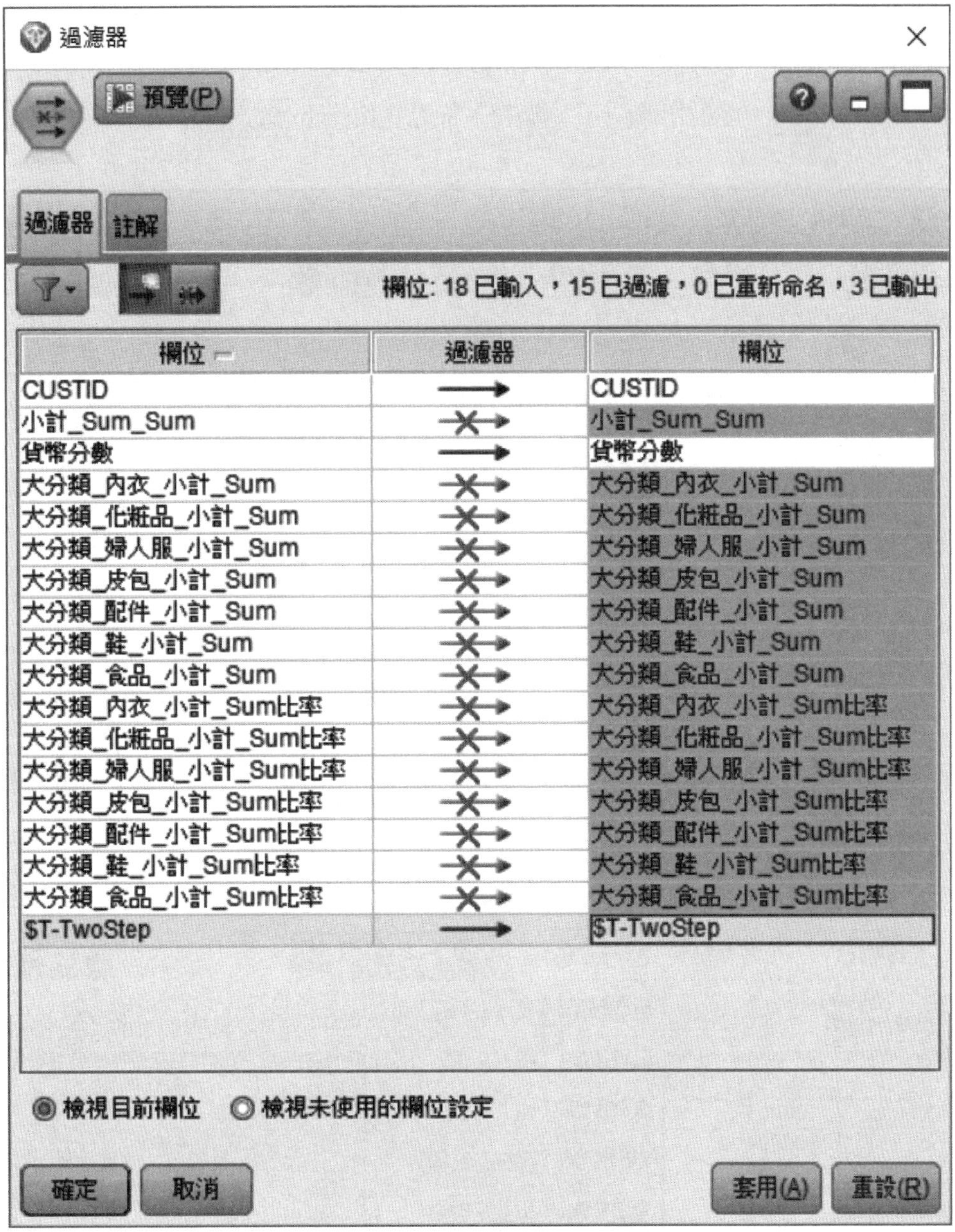

過濾器

預覽(P)

過濾器　註解

欄位: 18 已輸入，15 已過濾，0 已重新命名，3 已輸出

欄位	過濾器	欄位
CUSTID	→	CUSTID
小計_Sum_Sum	✕→	小計_Sum_Sum
貨幣分數	→	貨幣分數
大分類_內衣_小計_Sum	✕→	大分類_內衣_小計_Sum
大分類_化粧品_小計_Sum	✕→	大分類_化粧品_小計_Sum
大分類_婦人服_小計_Sum	✕→	大分類_婦人服_小計_Sum
大分類_皮包_小計_Sum	✕→	大分類_皮包_小計_Sum
大分類_配件_小計_Sum	✕→	大分類_配件_小計_Sum
大分類_鞋_小計_Sum	✕→	大分類_鞋_小計_Sum
大分類_食品_小計_Sum	✕→	大分類_食品_小計_Sum
大分類_內衣_小計_Sum比率	✕→	大分類_內衣_小計_Sum比率
大分類_化粧品_小計_Sum比率	✕→	大分類_化粧品_小計_Sum比率
大分類_婦人服_小計_Sum比率	✕→	大分類_婦人服_小計_Sum比率
大分類_皮包_小計_Sum比率	✕→	大分類_皮包_小計_Sum比率
大分類_配件_小計_Sum比率	✕→	大分類_配件_小計_Sum比率
大分類_鞋_小計_Sum比率	✕→	大分類_鞋_小計_Sum比率
大分類_食品_小計_Sum比率	✕→	大分類_食品_小計_Sum比率
$T-TwoStep	→	$T-TwoStep

◉ 檢視目前欄位　○ 檢視未使用的欄位設定

確定　取消　套用(A)　重設(R)

圖 9.22　新過濾器節點的設定

只讓【CUSTID】、【貨幣分數】、【$T-TwoStep】三個節點通過，設定結束後，按一下畫面上的 預覽 按鈕。

如圖 9.23 只選一個貨幣分數為「5」的一個方格，從清單選擇【產生】>【選取節點（和）】。自動產生只抽出貨幣分數為 5 的選取節點。

按一下 [關閉] 再關閉預覽。【過濾器】節點也按一下 確定 後再關閉。

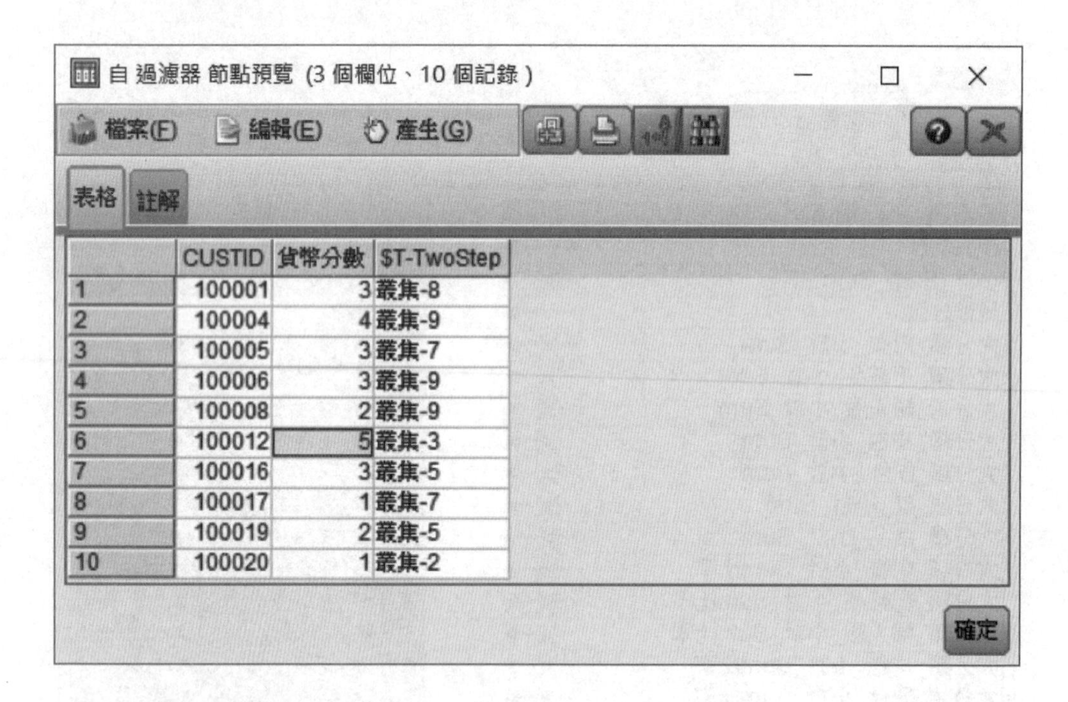

	CUSTID	貨幣分數	$T-TwoStep
1	100001	3	叢集-8
2	100004	4	叢集-9
3	100005	3	叢集-7
4	100006	3	叢集-9
5	100008	2	叢集-9
6	100012	5	叢集-3
7	100016	3	叢集-5
8	100017	1	叢集-7
9	100019	2	叢集-5
10	100020	1	叢集-2

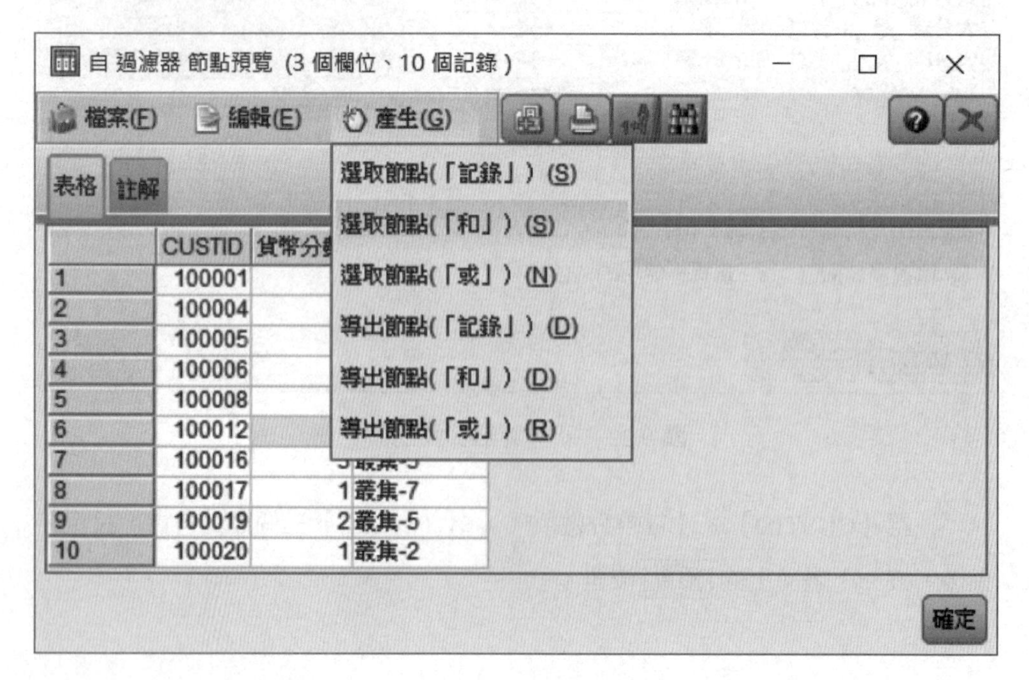

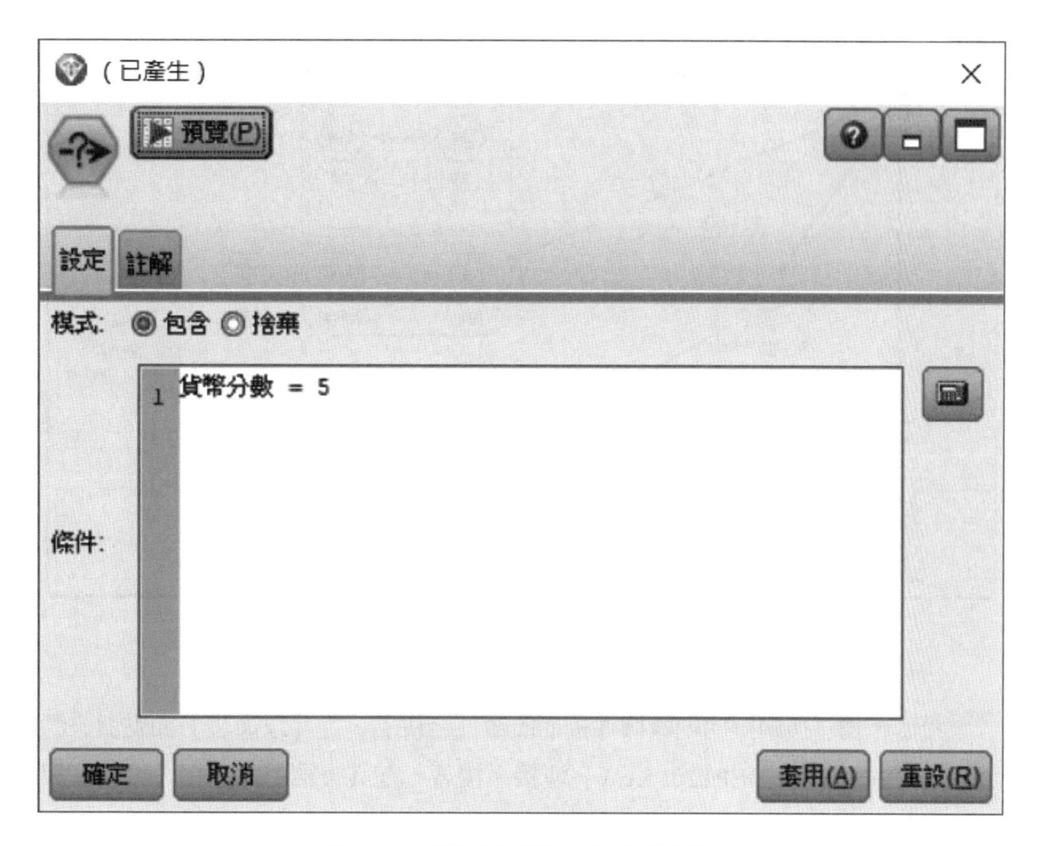

圖 9.23 利用貨幣分數的條件抽出

■操作步驟 02

將所產生的【已產生】節點連接到【過濾器】(圖 9.24)。

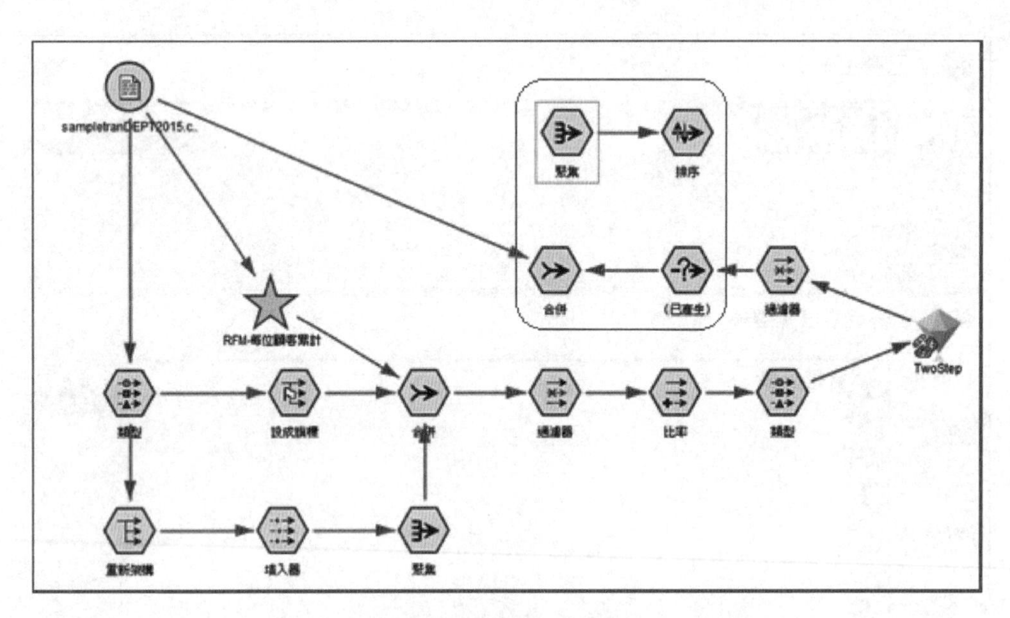

圖 9.24　製作每個集群的推薦商品一覽表

接著，爲了與購買明細數據連接而配置【合併】，從【已產生】節點與來源節點的【SampledanDEPT2015.csv】連接。接著，在其後續依序連接【聚集】與【排序】。

編輯【合併】（圖 9.25）。

【合併方法】選擇【鍵值】，將【可能的索引鍵】的【CUSTID】以 指定到【合併索引鍵】中。此結合是利用已抽出的上位顧客的所有購買商品，所以選擇【僅納入符合紀錄（內部加入）】。設定完成後，按一下 確定 。

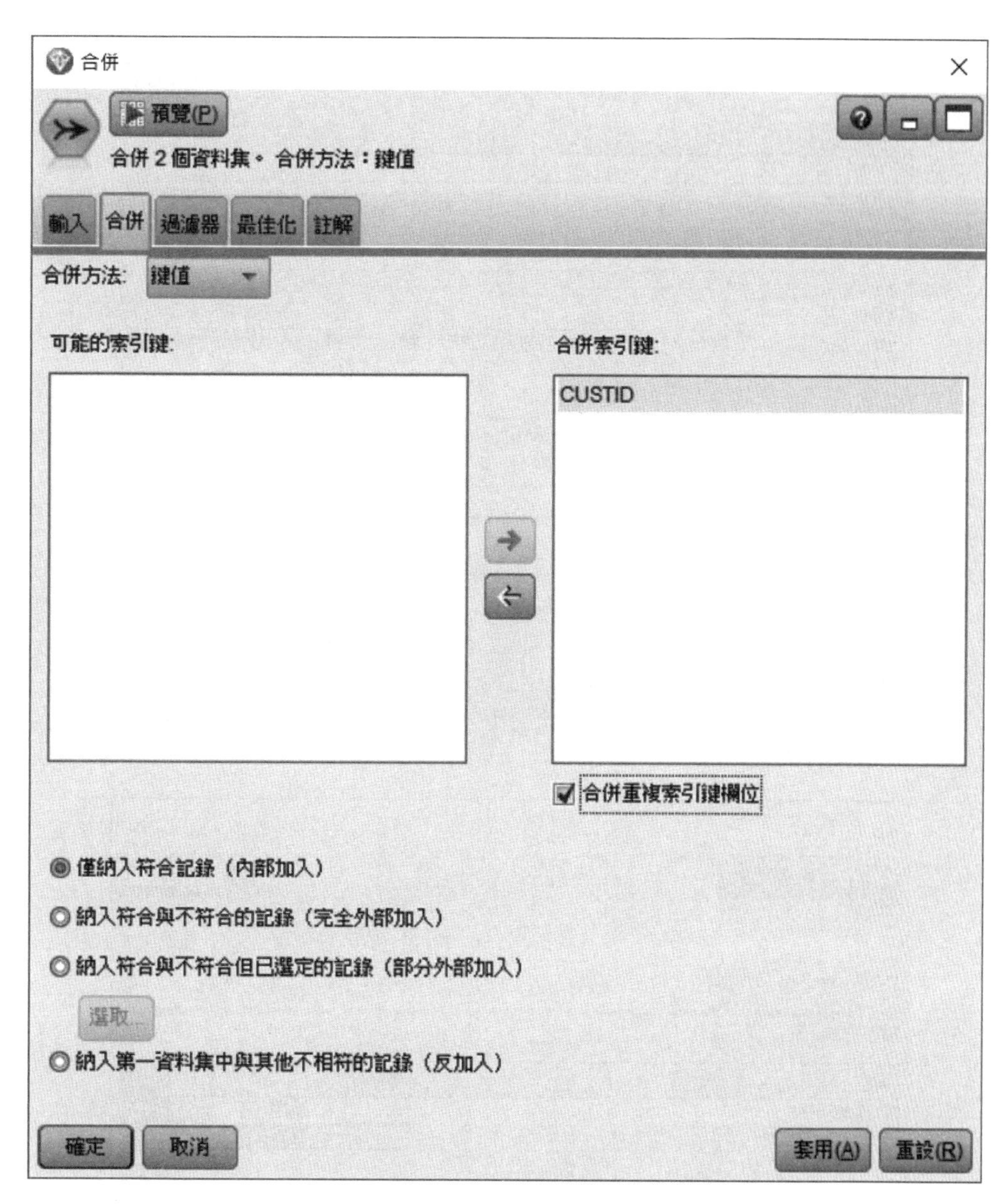

圖 9.25　合併的設定

爲了累計所結合的數據，編輯【聚集】（圖 9.26 上）。

【索引鍵欄位】中按一下 ，選取【$T-TwoStep】與【PRODUCTID】二個，【聚集欄位】爲了只計數次數而保持空白，接著勾選【包含欄位中的紀錄計數】完成後，按一下 確定，關閉編輯畫面。

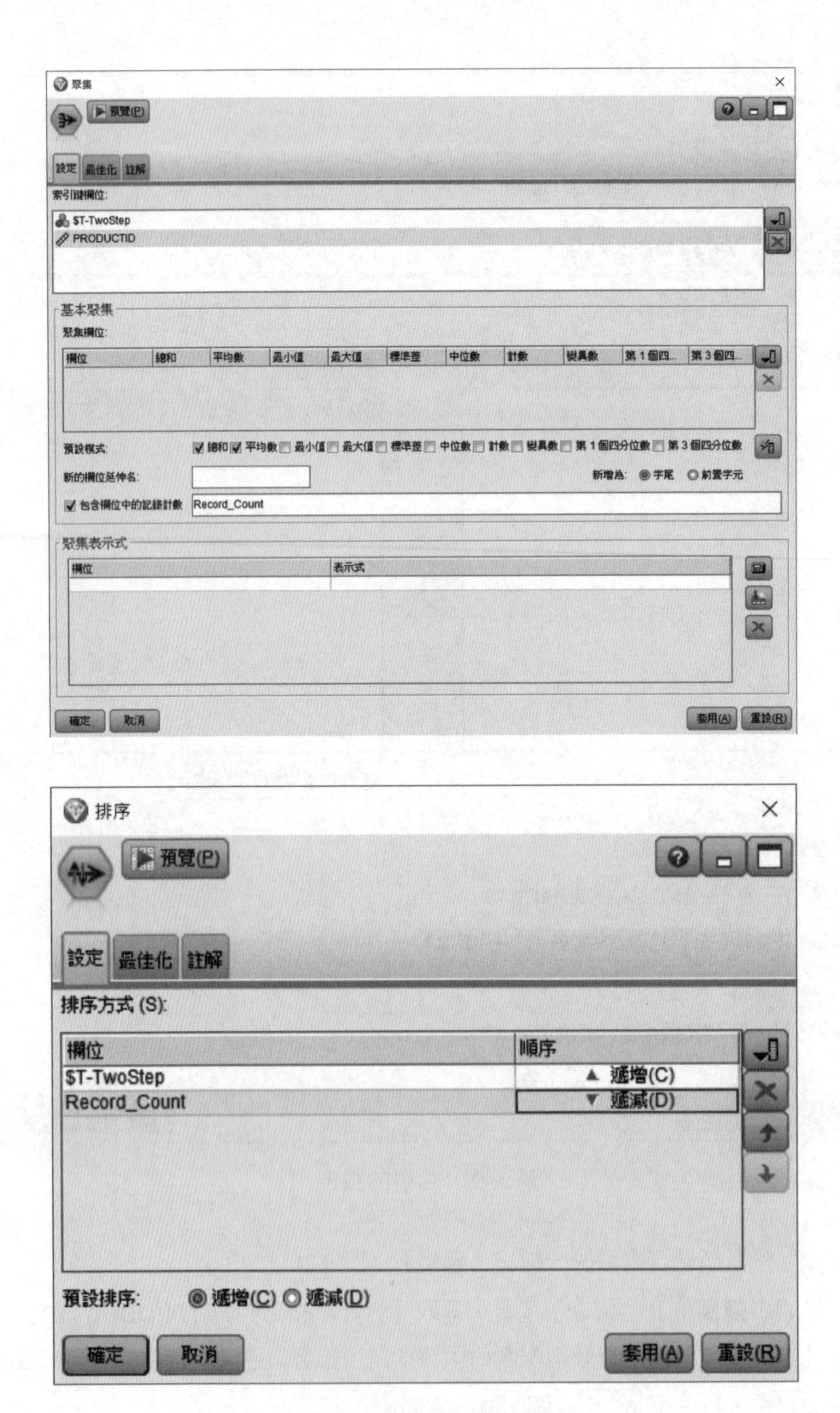

圖 9.26　聚集與排序的設定

接著編輯【排序】（圖有 9.26 下）。欄位是從 選擇【$T-TwoStep】，設定成【遞增】、【Record_Count】設定成【遞減】後，按一下 預覽 。

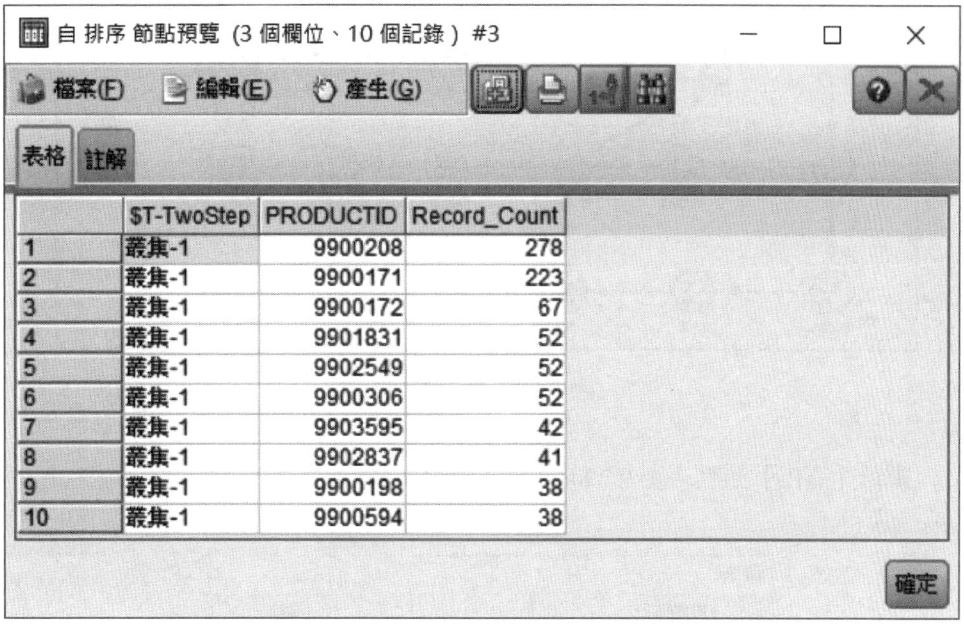

自 排序 節點預覽 (3 個欄位、10 個記錄) #3

檔案(F) 編輯(E) 產生(G)

表格 註解

	$T-TwoStep	PRODUCTID	Record_Count
1	叢集-1	9900208	278
2	叢集-1	9900171	223
3	叢集-1	9900172	67
4	叢集-1	9901831	52
5	叢集-1	9902549	52
6	叢集-1	9900306	52
7	叢集-1	9903595	42
8	叢集-1	9902837	41
9	叢集-1	9900198	38
10	叢集-1	9900594	38

確定

圖 9.27 排序的預覽

按照【叢集 -1】最常購買商品的順次序顯示 10 個資料列。像這樣 10 位以下也持續著，其次的叢集同樣以縱向位置加以計算。

預覽後按 ，【排序】編輯按 確定 後再關閉。

將先前的預覽排好等級，各個叢集試著縮小至上位 10 位爲止。

■操作步驟 03

將【導出】節點連接到【排序】（圖 9.28）

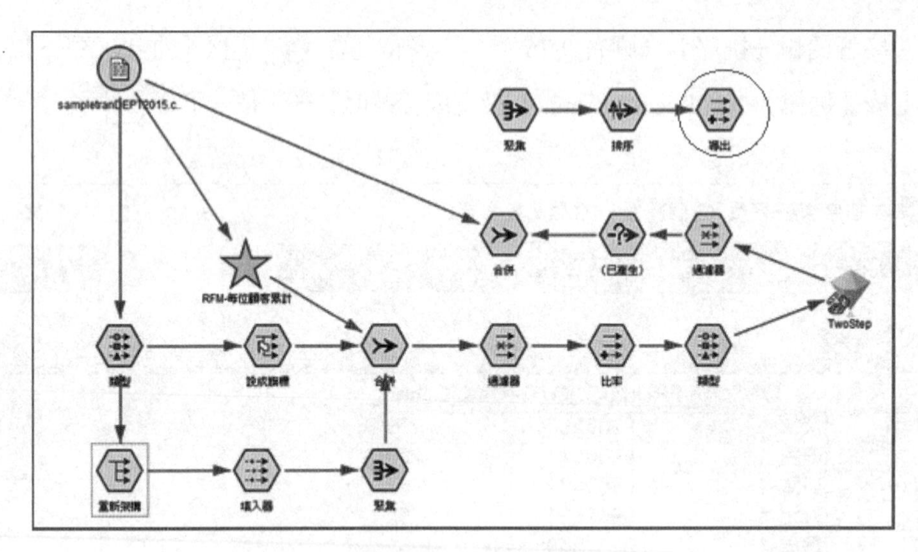

圖 9.28　等級製作

編輯【導出】節點（圖 9.29）。

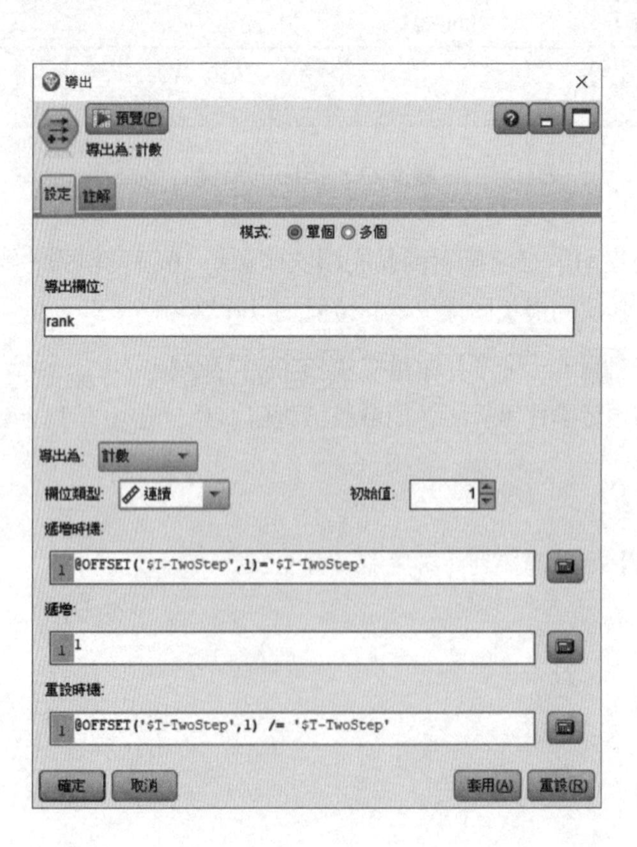

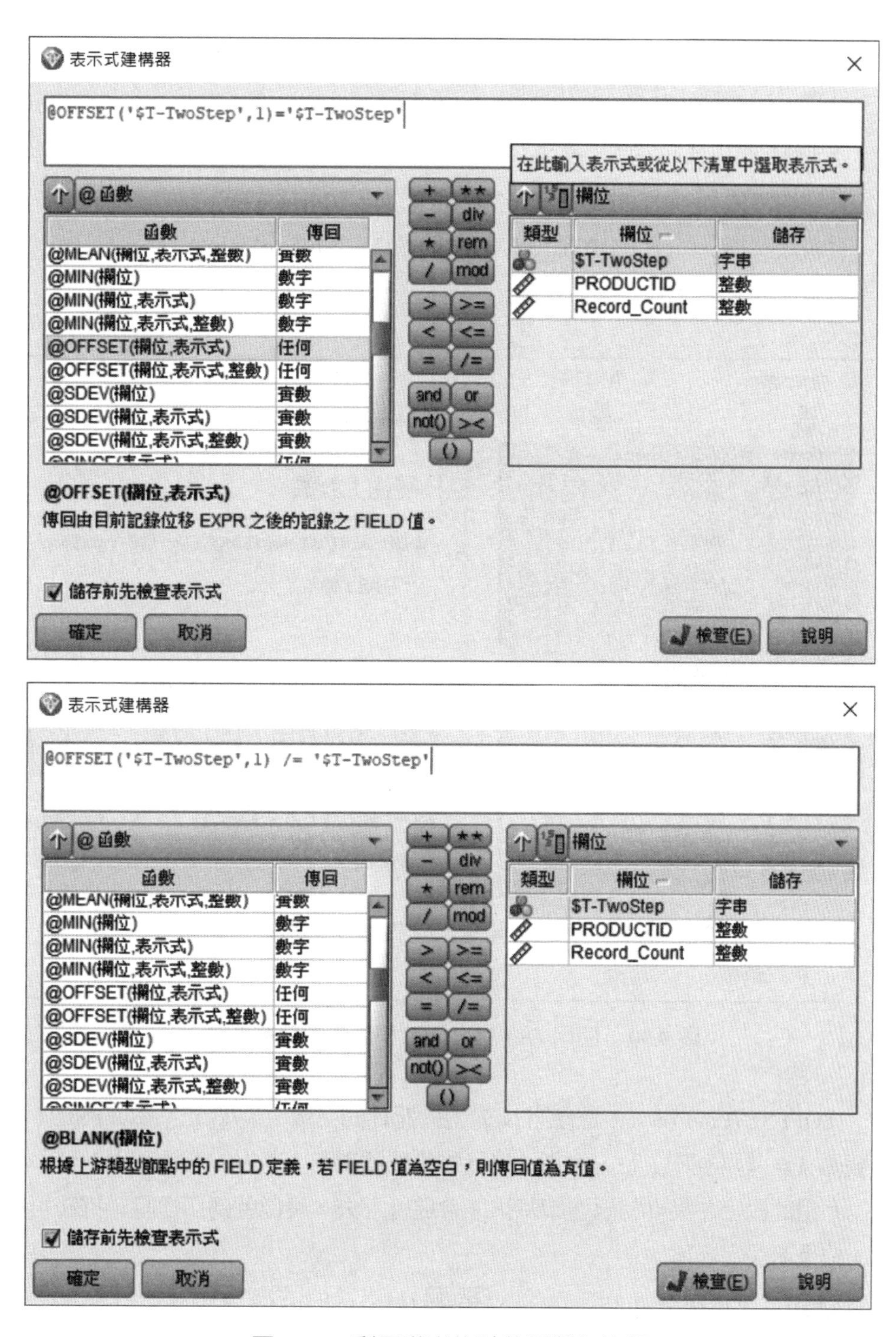

圖 9.29 利用導出的計數型製作等級

於【導出欄位】輸入【rank】。

【導出爲】選【計數】【初期值】設定 1。

以 叫出建立公式，遞增時機與重設時機如下敘述。

【遞增時機】…@OFFSET ('$T-TwoStep', 1)= '$T-TwoStep'

【重設時機】…@OFFSET ('$T-TwoStep', 1)/= '$T-TwoStep'

以圖 9.30　說明以此節點實施。

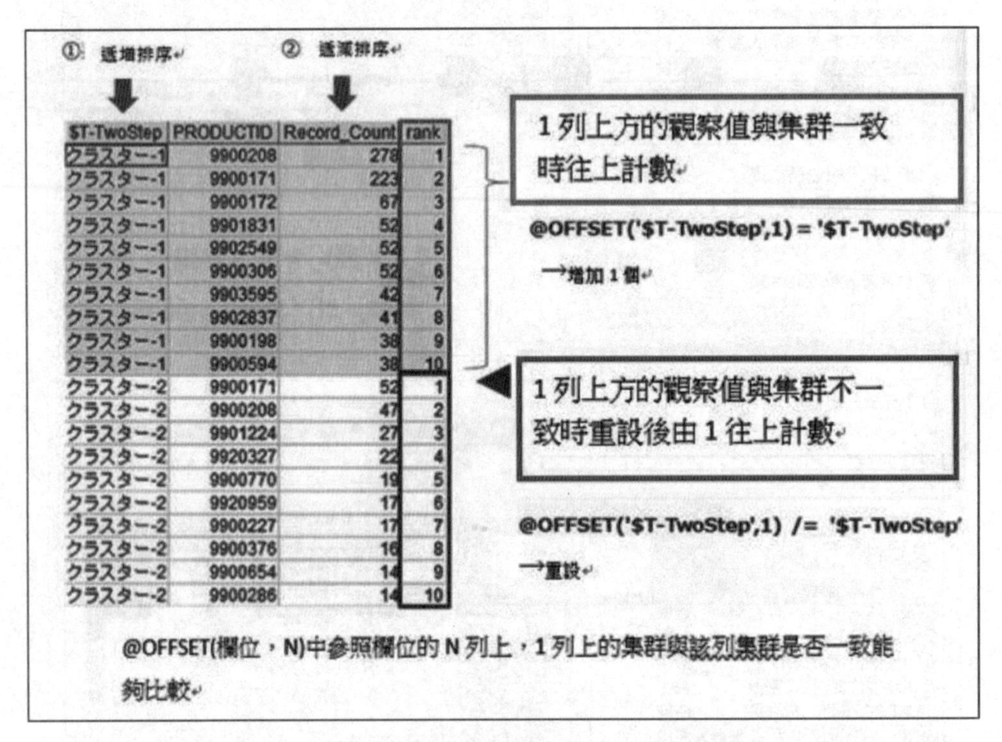

$T-TwoStep	PRODUCTID	Record_Count	rank
クラスター-1	9900208	278	1
クラスター-1	9900171	223	2
クラスター-1	9900172	67	3
クラスター-1	9901831	52	4
クラスター-1	9902549	52	5
クラスター-1	9900306	52	6
クラスター-1	9903595	42	7
クラスター-1	9902837	41	8
クラスター-1	9900198	38	9
クラスター-1	9900594	38	10
クラスター-2	9900171	52	1
クラスター-2	9900208	47	2
クラスター-2	9901224	27	3
クラスター-2	9920327	22	4
クラスター-2	9900770	19	5
クラスター-2	9920959	17	6
クラスター-2	9900227	17	7
クラスター-2	9900376	16	8
クラスター-2	9900654	14	9
クラスター-2	9900286	14	10

圖 9.30　使用 OFFSET 函數與計數的等級製作

@OFFSET(and of set) 是參照 N 列上的記錄的函數，譬如，「@OFFSET(集群號碼 ,1)= 集群號碼」時，意指【自己的集群號碼與上 1 列的等級號碼一致】。

利用此設定，集群號碼連續時排序會進行下去，集群號碼切換時，排序再從第 1 位重新設定。

【導出】的編輯結束時，按一下 預覽 按鈕（圖 9.31）。

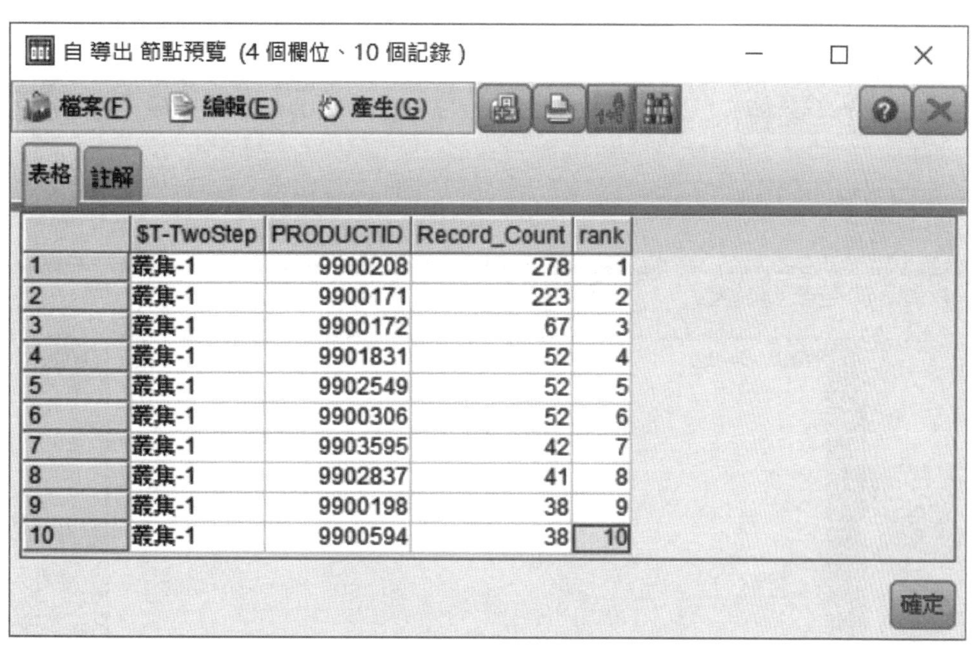

	$T-TwoStep	PRODUCTID	Record_Count	rank
1	叢集-1	9900208	278	1
2	叢集-1	9900171	223	2
3	叢集-1	9900172	67	3
4	叢集-1	9901831	52	4
5	叢集-1	9902549	52	5
6	叢集-1	9900306	52	6
7	叢集-1	9903595	42	7
8	叢集-1	9902837	41	8
9	叢集-1	9900198	38	9
10	叢集-1	9900594	38	10

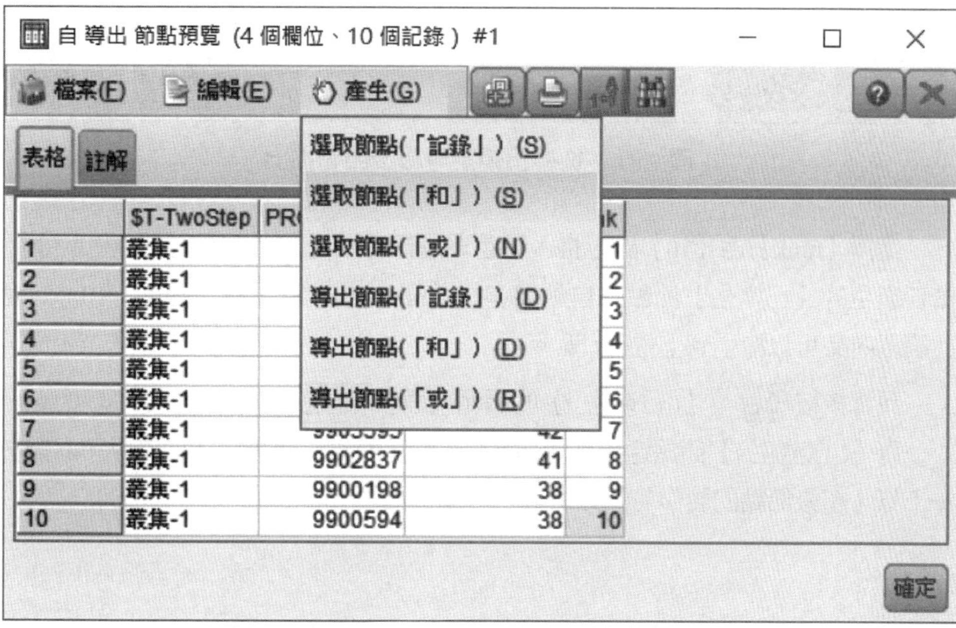

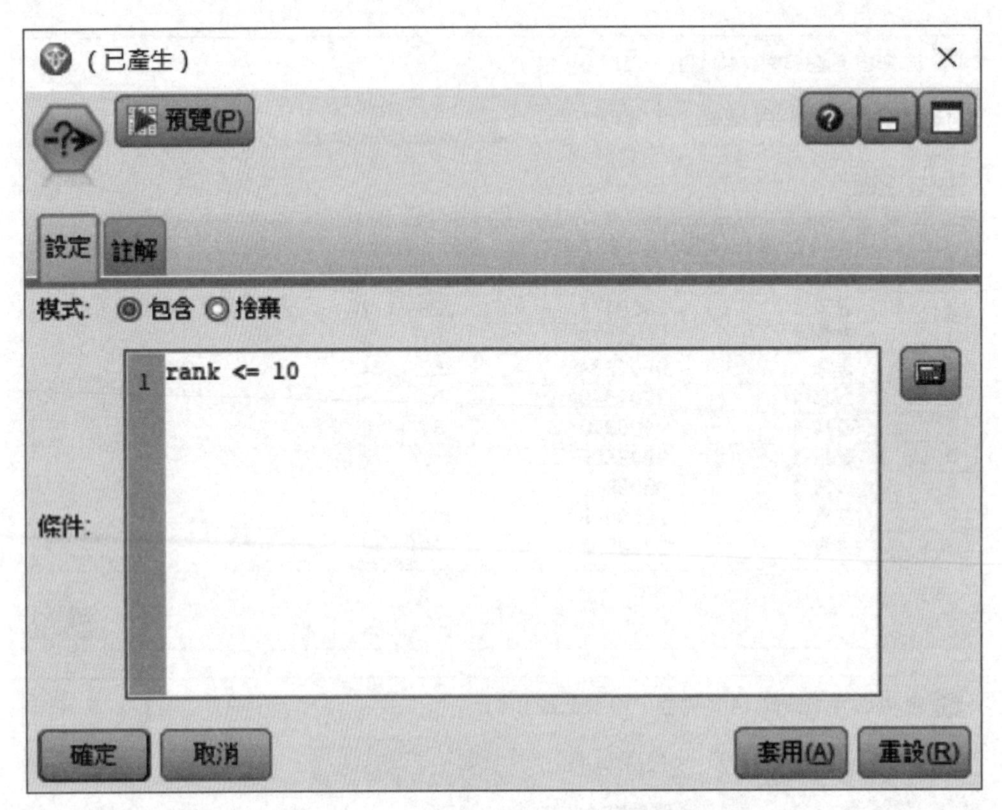

圖 9.31　從導出鎖定等級及自動抽出

選擇【rank】爲【10】的方格，從選單選擇【產生】>【選取節點（和）】。於新產生的【已產生】節點將自動記述的【rank=10】修正爲「rank<=10」。藉此購買商品可以縮小到上位 10 種。

預覽後按 ✕ ，【(已產生)】的編輯畫面按 確定 後關閉。

將【(已產生)】節點連接到【rank】，從【聚集】起指定 4 個節點，右鍵按一下以【超級節點的製作】予以組合化（圖 9.32）。

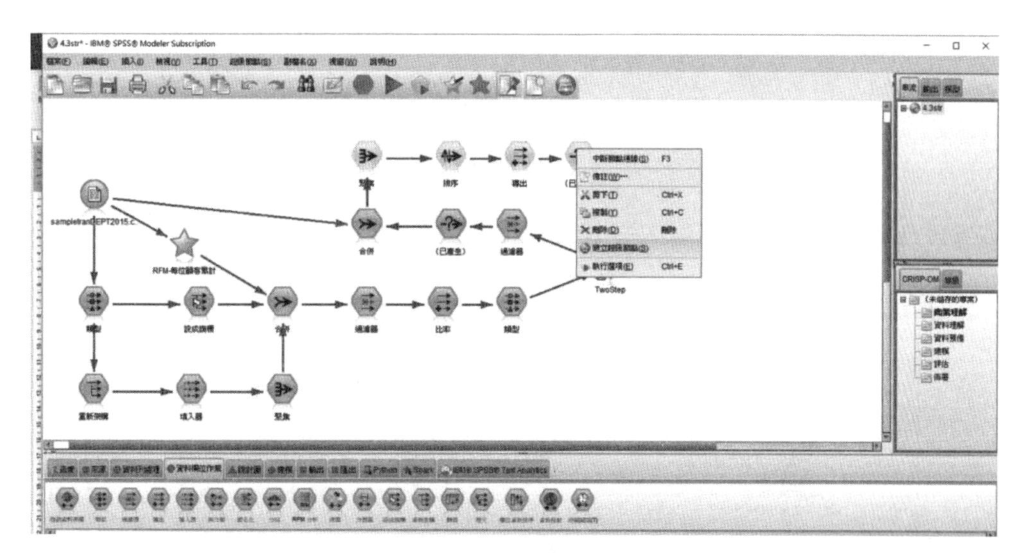

圖 9.32　從聚集到選取予以組合化

9.3.2 製作每位顧客推薦商品一覽表

將每一集群的上位推薦商品以集群號碼對照每位顧客，製作推薦商品一覽表。

■ 操作步驟 04

配置【合併】節點後，從先前的【過濾器】節點連接，接著是【超級節點】的順序連接（圖 9.33）。

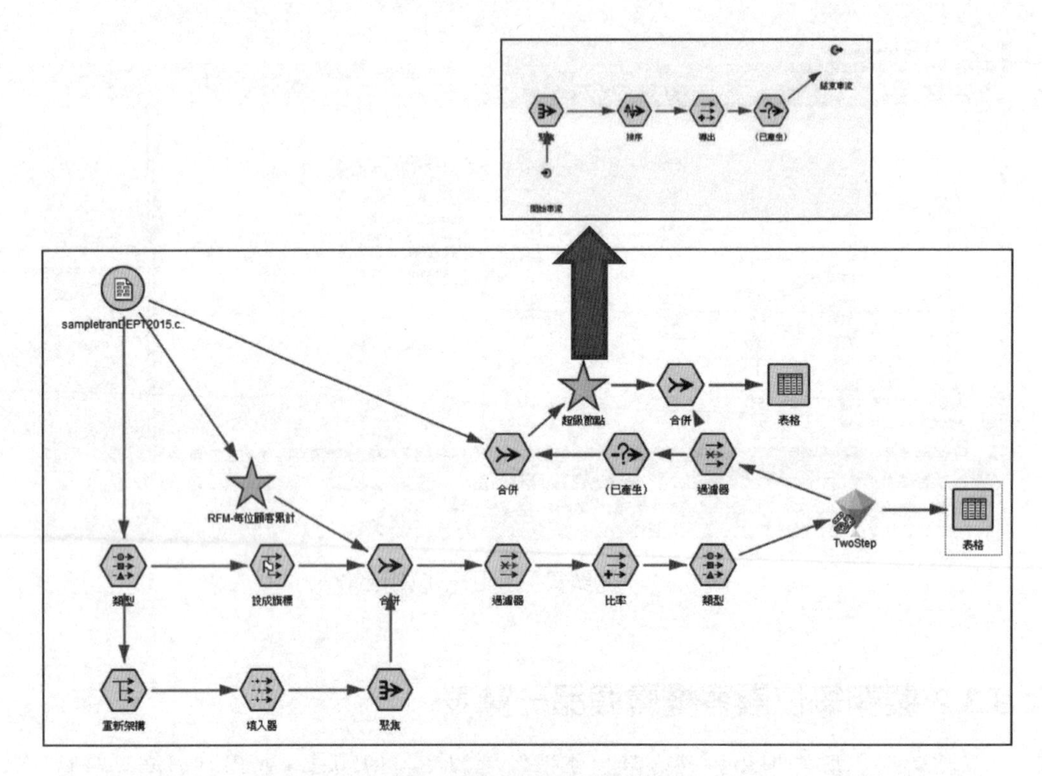

圖 9.33　按每位顧客製作推薦商品一覽表

編輯【合併】節點（圖 9.34）。【合併方法】是選擇【鍵值】，以 [→] 將【$T-TwoStep】指定到【合併索引鍵】中，選擇【僅納入符合紀錄（內部加入）】。

【合併】編輯按 確定 後，再關閉。

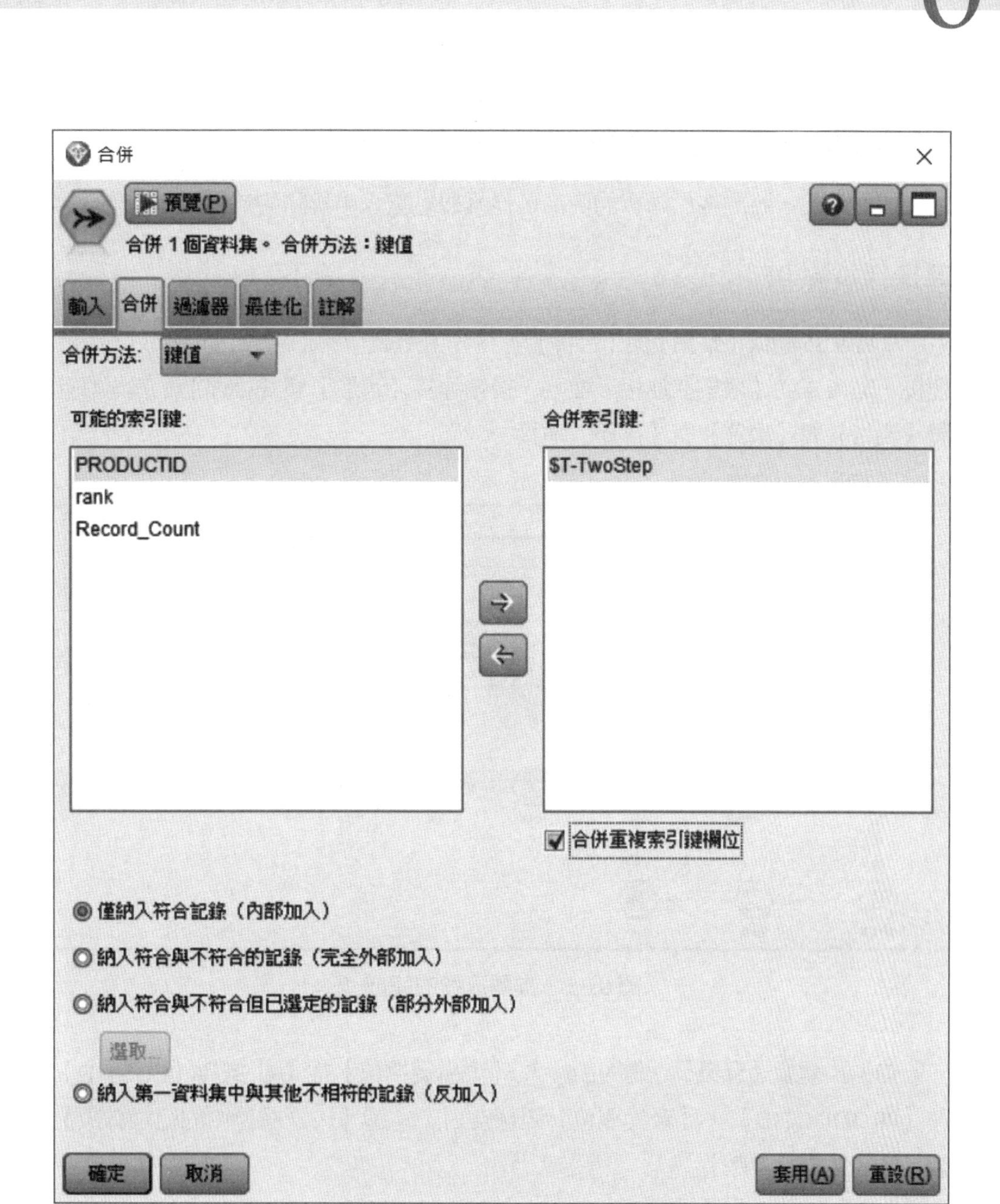

圖 9.34　每位顧客結合商品表格

9.3.3 對顧客的未購買商品修正推薦一覽表

從此處起，將顧客已購買的商品，從推薦一覽表中排除的流程予以製作。

■ 操作步驟 05

如圖 9.35 配置【聚集】與【合併】，從先前所製作的【合併】向新的【合併】連接，之後再從【聚集】連接。並且，後續連接【選取】與【排序】，為了顯示將【表格】與【聚集】與【排序】連接。

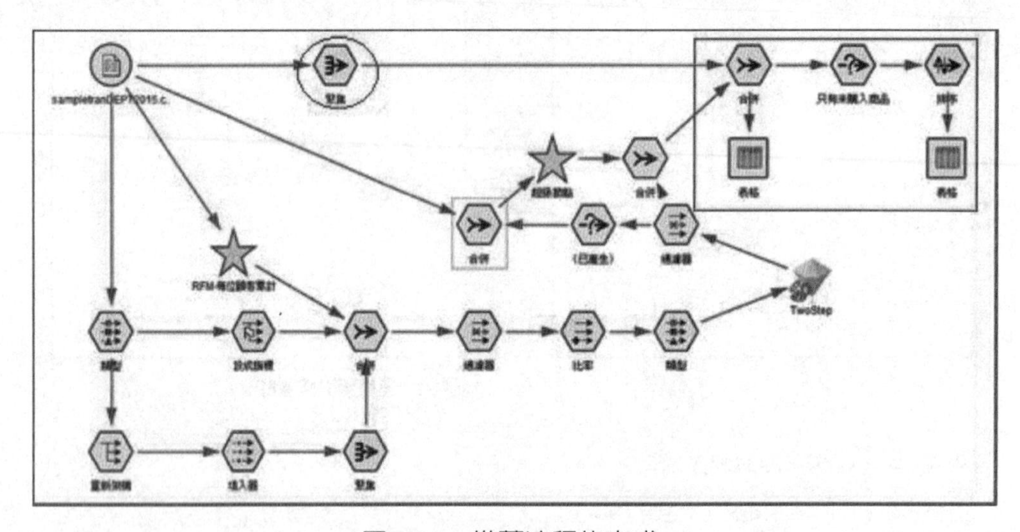

圖 9.35　推薦流程的完成

首先，編輯【聚集】（圖 9.36）。【索引鍵欄位】從 [icon] 選擇【CUSTID】與【PRODUCTID】。【聚集欄位】照樣空白，勾選【包含欄位中的紀錄計數】後，輸入【購買次數】

完成後按一下 確定 ，再關閉編輯畫面。

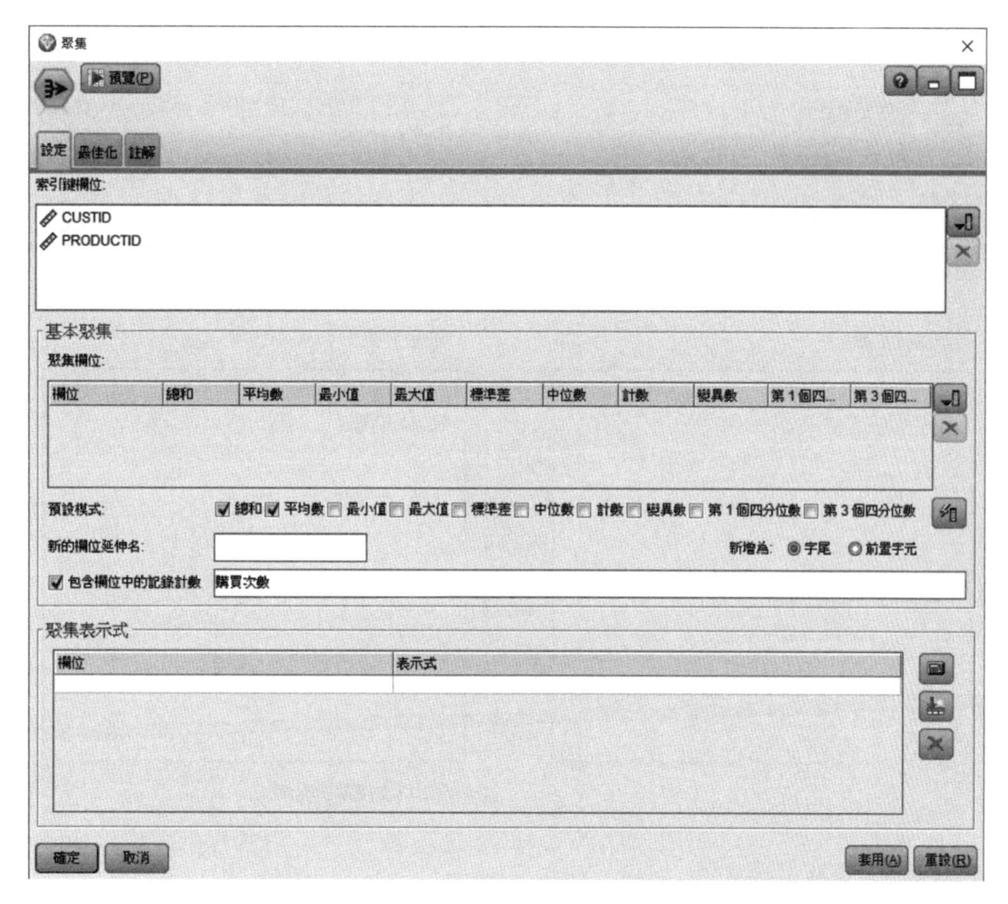

圖 9.36　製作過去每位顧客的購買一覽表

其次，編輯【合併】（圖 9.37）。

【合併方法】選擇【鍵值】，【合併索引鍵】是選擇【CUSTID】與【PRODUCTID】。

選擇【納入符合與不符合但已選定的紀錄（部分外部加入）】，按一下【選取】按鈕，確認外部結合與選片如圖所示。

數據集的 確定 後，按一下確定再關閉畫面，【合併】也是 確定 後再關閉。

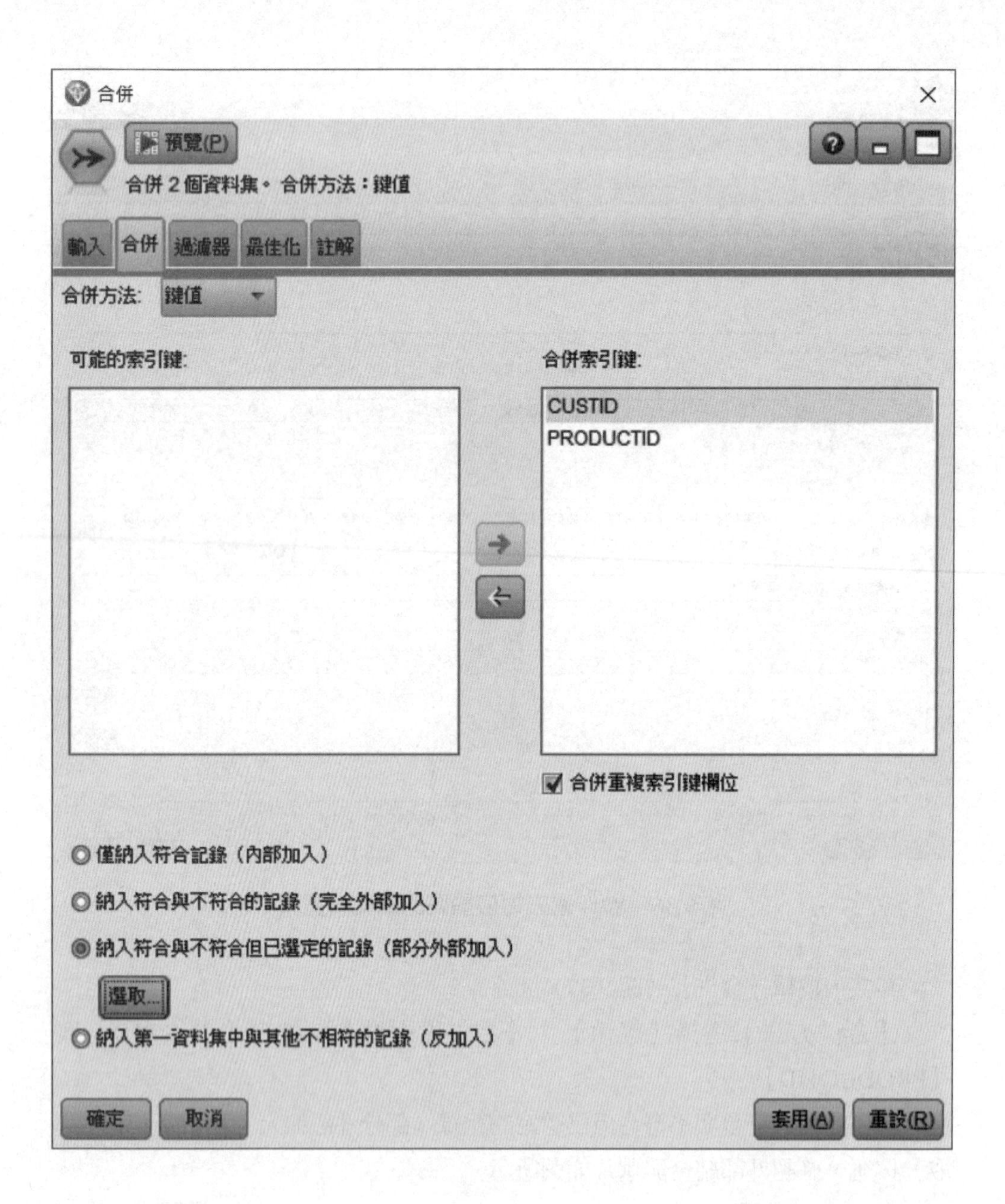
合併
預覽(P)
合併 2 個資料集。合併方法：鍵值
輸入
合併
過濾器
最佳化
註解
合併方法:
鍵值
可能的索引鍵:
合併索引鍵:
CUSTID
PRODUCTID
合併重複索引鍵欄位
僅納入符合記錄（內部加入）
納入符合與不符合的記錄（完全外部加入）
納入符合與不符合但已選定的記錄（部分外部加入）
選取...
納入第一資料集中與其他不相符的記錄（反加入）
確定
取消
套用(A)
重設(R)

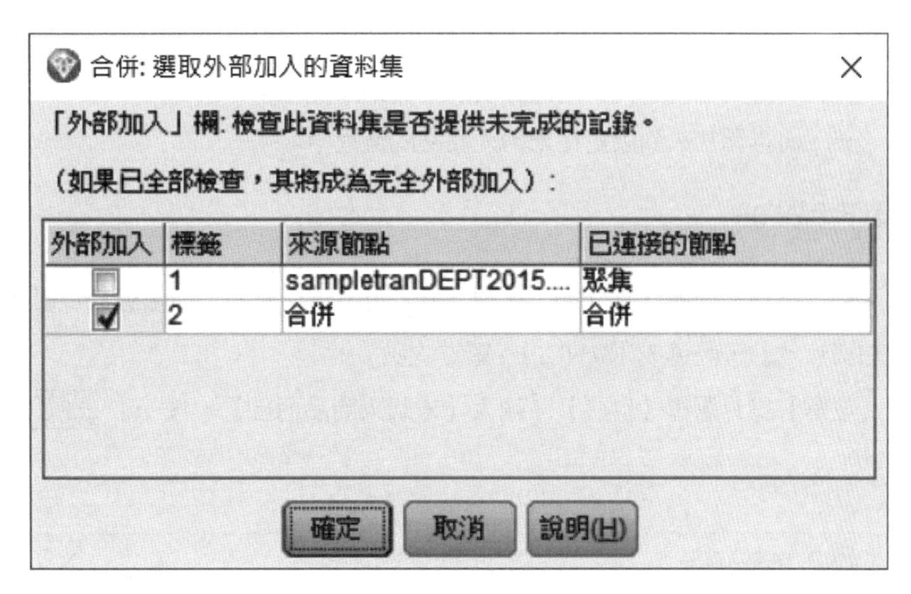

圖 9.37　結合購買一覽表與推薦表格

【合併】節點之後【表格】輸出例如圖 9.38。

表格 (9 個欄位、30,000 個記錄)

檔案(F)　編輯(E)　產生(G)

表格　註解

	PRODUCTID	CUSTID_Sum	CUSTID_Mean	購買次數	$T-TwoStep	Record_Count	rank	貨幣分數
21	9900171	$null$	$null$	$null$	叢集-7	66	2	3
22	9900172	$null$	$null$	$null$	叢集-7	73	1	3
23	9900200	$null$	$null$	$null$	叢集-7	30	10	3
24	9900208	$null$	$null$	$null$	叢集-7	45	4	3
25	9900219	$null$	$null$	$null$	叢集-7	32	7	3
26	9900230	$null$	$null$	$null$	叢集-7	44	5	3
27	9900388	400020	100005.000	4	叢集-7	32	8	3
28	9900742	$null$	$null$	$null$	叢集-7	56	3	3
29	9901779	$null$	$null$	$null$	叢集-7	32	9	3
30	9905179	$null$	$null$	$null$	叢集-7	33	6	3
31	9900171	$null$	$null$	$null$	叢集-9	41	1	3
32	9900227	$null$	$null$	$null$	叢集-9	17	10	3
33	9900307	$null$	$null$	$null$	叢集-9	20	5	3
34	9900607	$null$	$null$	$null$	叢集-9	18	8	3
35	9900650	100006	100006.000	1	叢集-9	17	9	3
36	9901010	$null$	$null$	$null$	叢集-9	36	2	3
37	9901155	$null$	$null$	$null$	叢集-9	21	4	3
38	9901437	$null$	$null$	$null$	叢集-9	20	6	3
39	9903267	$null$	$null$	$null$	叢集-9	21	3	3
40	9905590	$null$	$null$	$null$	叢集-9	18	7	3

確定

圖 9.38　確認被結合的表格

本例中 ID100005 的顧客是集群 7，符合的商品列舉出 10 種。但【rank】的第 8 個商品，顯示已有購買，因此此次的推薦即未提示。

之後，將推薦加入到限定在未購入商品的流程中。

■操作步驟 06

編輯【選取】節點（圖 9.39），以 叫出建立公式，從函數一覽表選出【空白與無效】，記述成「@NULL（購買次數）」。

【注解】選片選擇【自訂】，輸入【未購入商品而已】，按一下 確定 關閉設定。

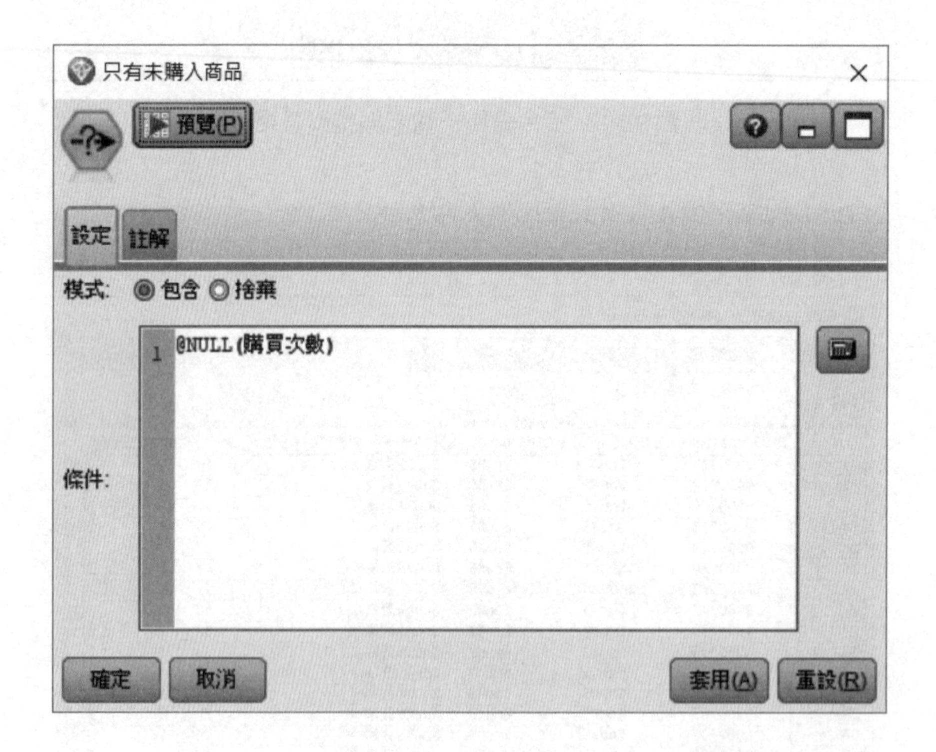

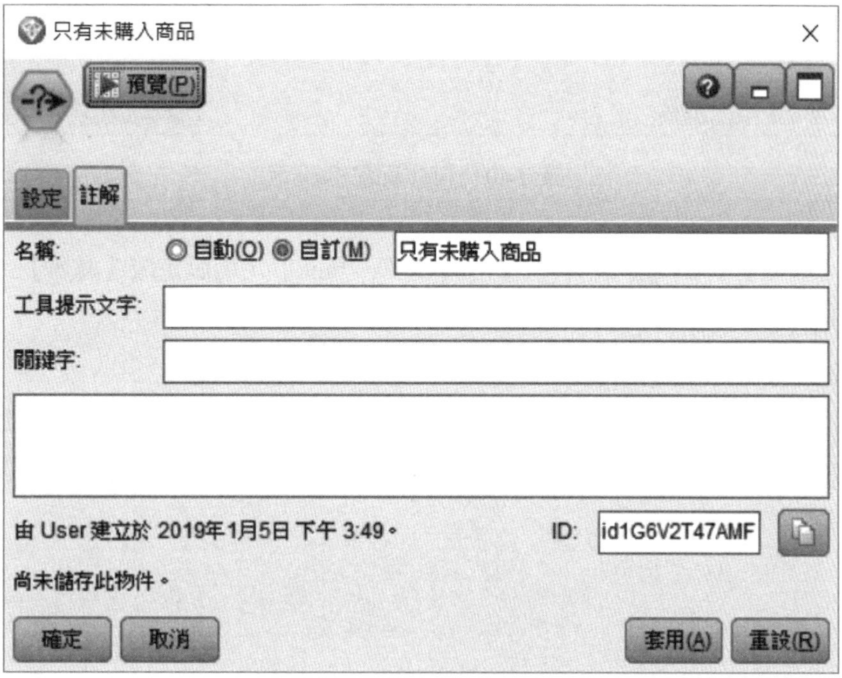

圖 9.39　選取節點的設定

最後，編輯【排序】節點（圖 9.40）。

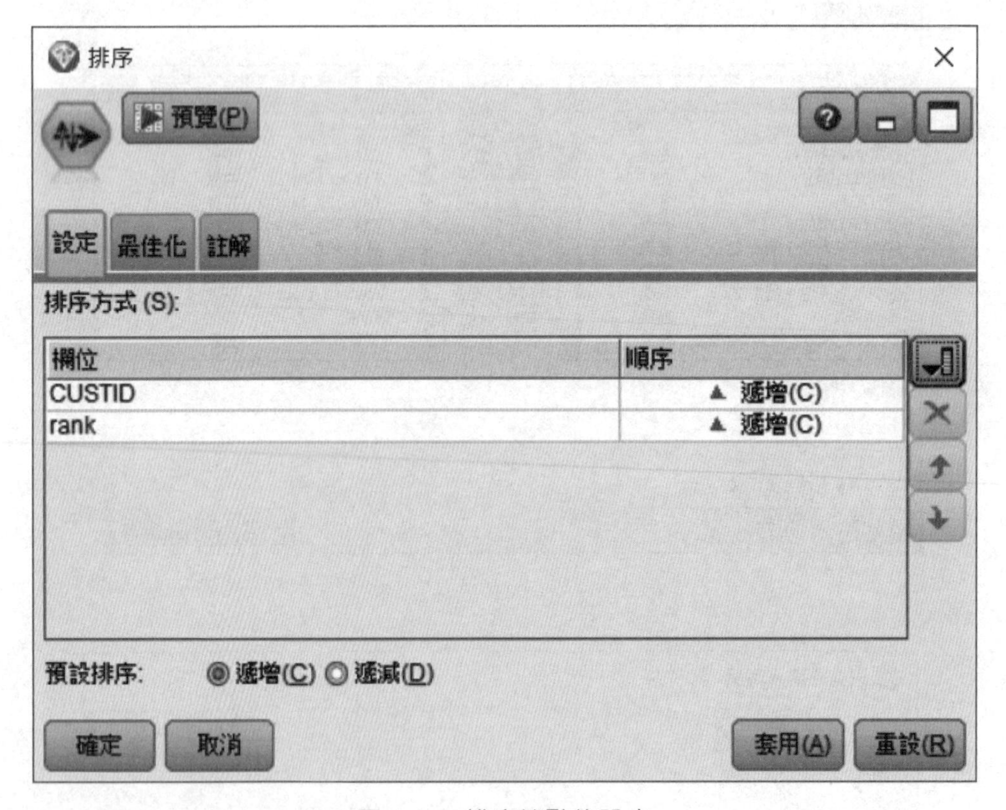

圖 9.40　排序節點的設定

【欄位】是從 選擇【CUSTID】與【rank】，均設定成【遞增】。結束後按 確定 再關閉設定。

最終表格即爲圖 9.41。

取決於顧客將所屬集群喜歡的最多 10 個項目按順序推薦，過去有過購買實績的項目，則除外。雖然形成非常長的縱列，但如考慮資料庫的業務運用，可以說是妥當的構造。

表格 (9 個欄位、27,222 個記錄)

檔案(F) 編輯(E) 產生(G)

表格 註解

	CUSTID	PRODUCTID	CUSTID_Sum	CUSTID_Mean	購買次數	$T-TwoStep	Record_Count	rank
1	100001	9900905	$null$	$null$	$null$	叢集-8	38	1
2	100001	9900171	$null$	$null$	$null$	叢集-8	35	2
3	100001	9900208	$null$	$null$	$null$	叢集-8	27	3
4	100001	9900089	$null$	$null$	$null$	叢集-8	20	4
5	100001	9900172	$null$	$null$	$null$	叢集-8	19	5
6	100001	9900221	$null$	$null$	$null$	叢集-8	19	6
7	100001	9900307	$null$	$null$	$null$	叢集-8	18	7
8	100001	9901010	$null$	$null$	$null$	叢集-8	16	8
9	100001	9900174	$null$	$null$	$null$	叢集-8	16	9
10	100001	9922434	$null$	$null$	$null$	叢集-8	14	10
11	100004	9900171	$null$	$null$	$null$	叢集-9	41	1
12	100004	9901010	$null$	$null$	$null$	叢集-9	36	2
13	100004	9903267	$null$	$null$	$null$	叢集-9	21	3
14	100004	9901155	$null$	$null$	$null$	叢集-9	21	4
15	100004	9900307	$null$	$null$	$null$	叢集-9	20	5
16	100004	9901437	$null$	$null$	$null$	叢集-9	20	6
17	100004	9905590	$null$	$null$	$null$	叢集-9	18	7
18	100004	9900607	$null$	$null$	$null$	叢集-9	18	8
19	100004	9900650	$null$	$null$	$null$	叢集-9	17	9
20	100004	9900227	$null$	$null$	$null$	叢集-9	17	10

確定

圖 9.41　最終每位顧客的商品推薦表格

第 10 章　預測顧客行爲

10.1　行銷活動的反應預測

10.1.1 以判別預測模式製作活動一覽表

以例子說明顧客對某種活動是否有反應。此處，針對直至目前爲止未購買【中分類 _ 皮包 0.9】（特定品牌）的顧客，製作銷售促進一覽表。

如圖 10.1 那樣，①製作特定品牌的購買有、無的判別預測模式。接著，②將未購買卻購買機率高的顧客作爲活動的目標。

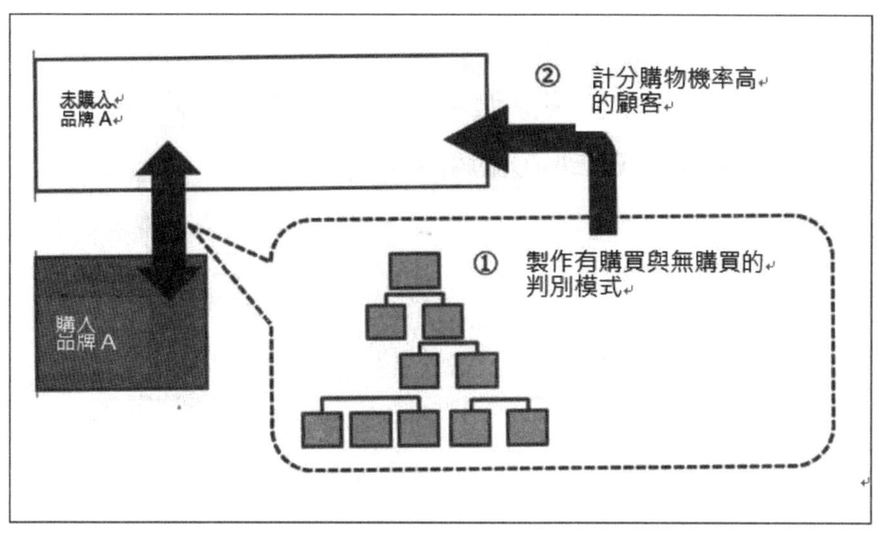

圖 10.1　利用未購買商品的評分方式抽出對象者

10.1.2 確認行銷活動的反應分配

以長條型的分配圖形來確認【中分類 _ 皮包 09】過去的購買實績的分配。

■操作步驟 01

首先，複製第 7 章第 4 節的串流，先行準備好。從製作【統計圖】的選片中選擇【分配】節點，如圖 10.2 連接。

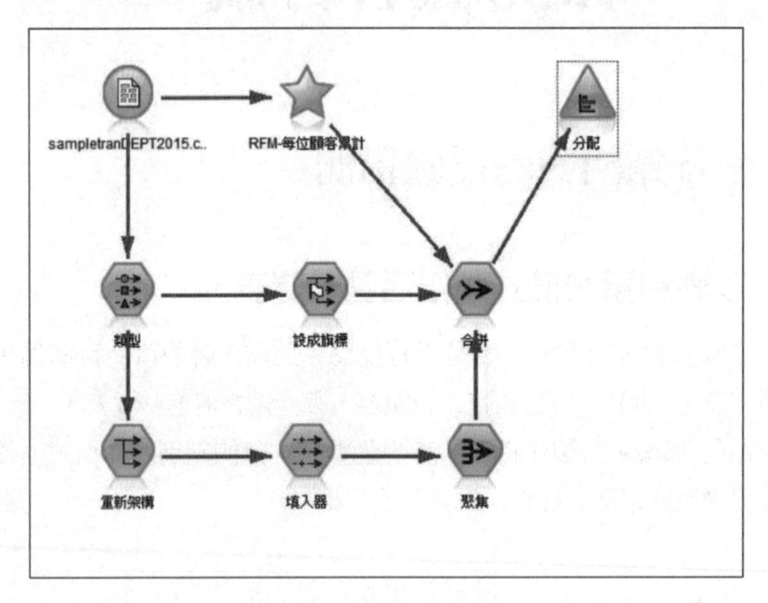

圖 10.2　分配節點的配置

編輯【分配】節點（圖 10.3）。

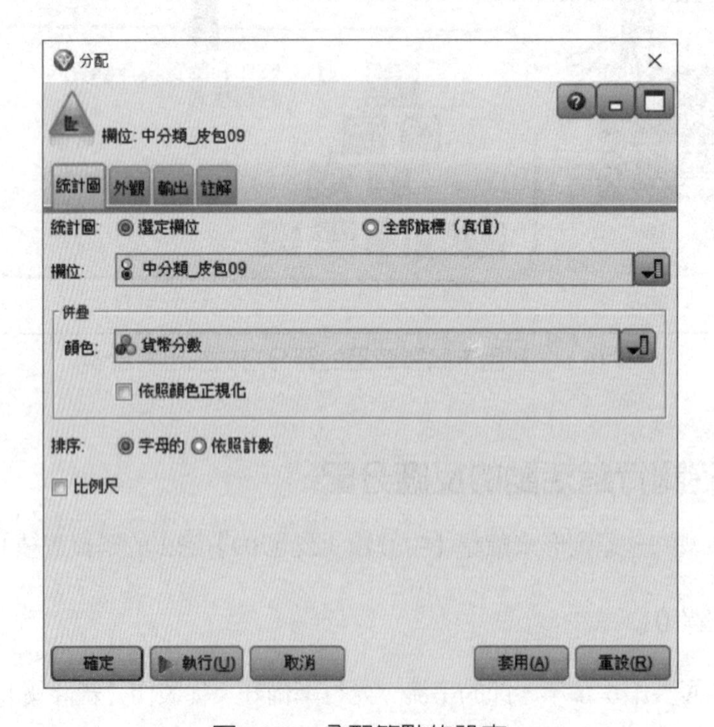

圖 10.3　分配節點的設定

於【欄位】中從 指定【中分類 _ 皮包 09】，【併疊】的【顏色】是從 選擇【貨幣分數】，結束後按一下 執行 。

可知【中分類 _ 皮包 09】的「未購入 =0」居多數，超過 2,000 名以上。事實上，以金額將 2000 名以上排序，對上位 N 名發送活動的簡介，也可以說是務實的方法。可是，它未考量顧客的行爲特性，因此，此次試著利用判別預測模式。將分配按一下 ，即關閉。

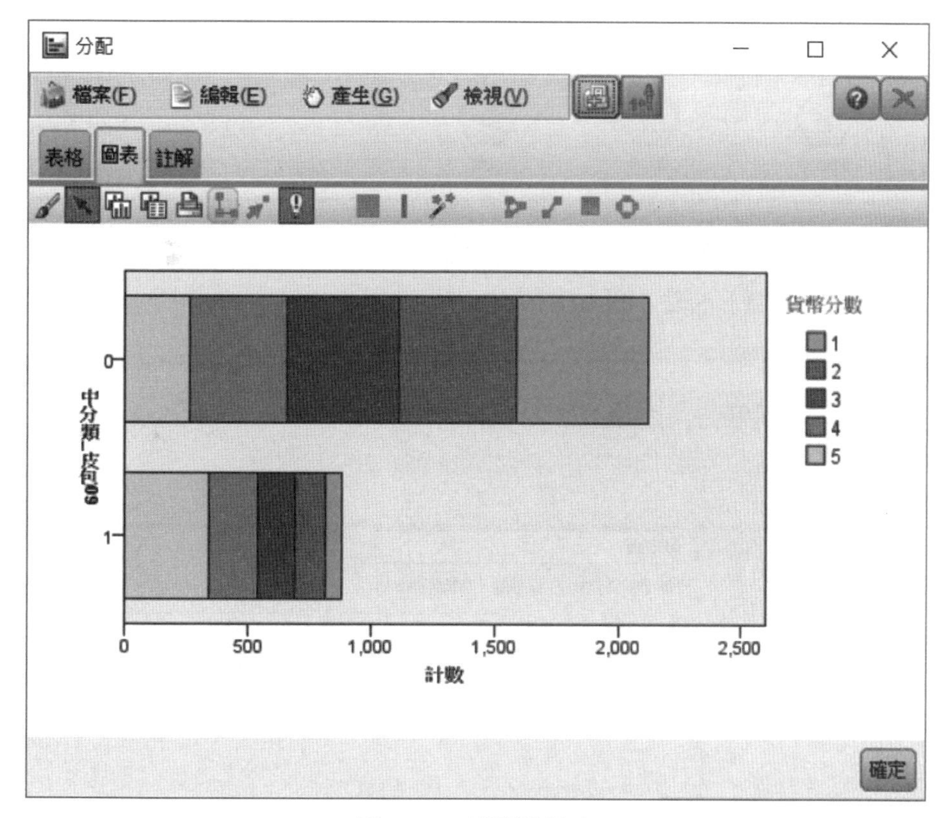

圖 10.4　分配的輸出

10.1.3 製作模式

■操作步驟 02

準備製作判別預測模式。首先如圖 10.5 從【資料欄位作業】選片，配置【分割區】節點與【類型】節點。其次，從【建模】選片選擇決策樹演算的【CHAID】連接到串流中。

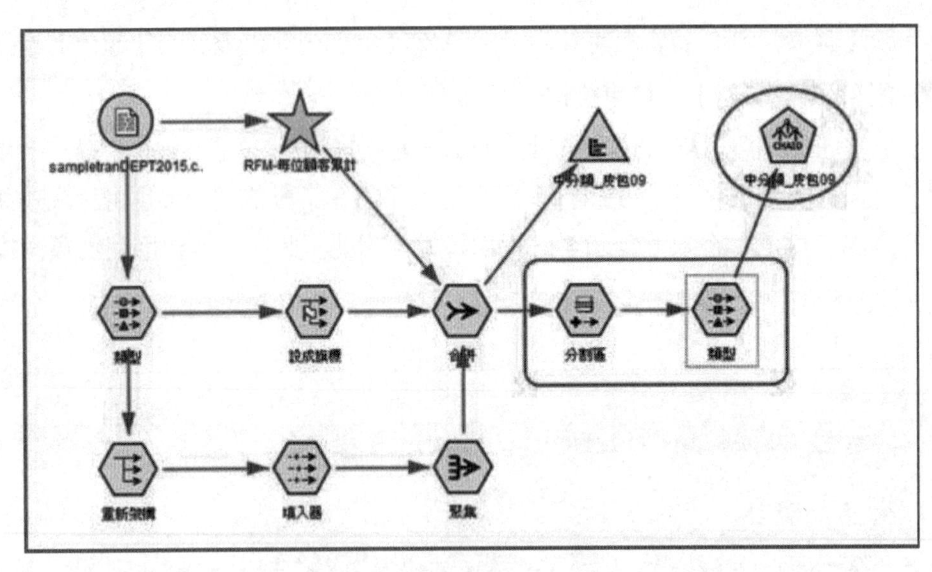

圖 10.5　模式製作的準備

編輯【分割區】節點（圖 10.6）。

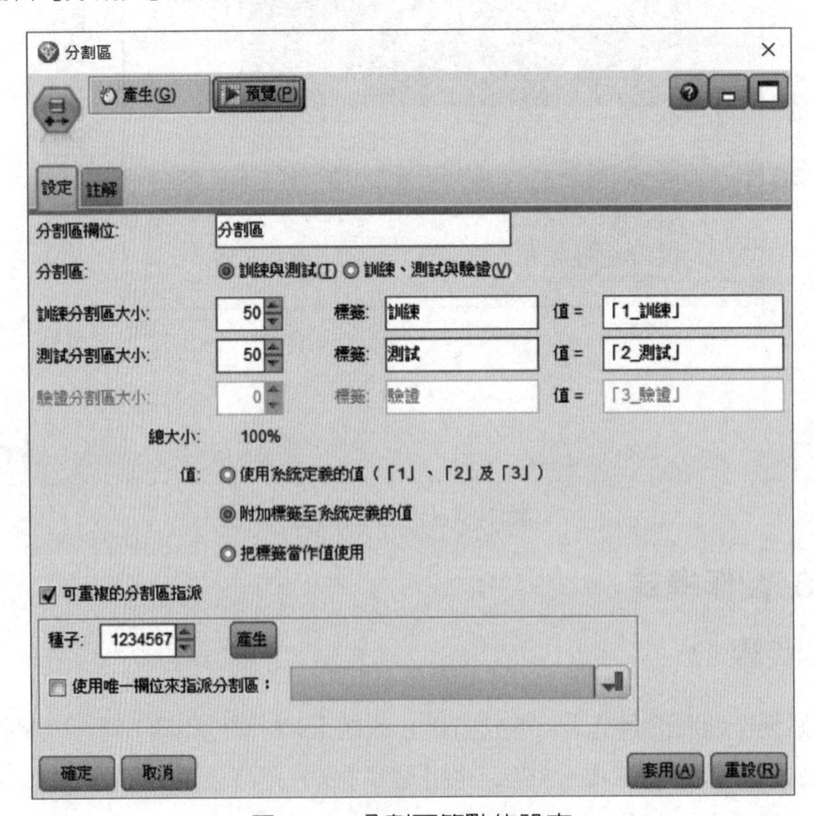

圖 10.6　分割區節點的設定

隨機地將作爲對象的數據分割爲「學習用」與「驗證用」的資料列。製作模式時，只需要利用學習樣本，在評估所出現的模式的精度上，再利用「驗證用」。這樣就可對未學習數據評估業務的實效性與確保精確度的安全性。

並無變更設定，只是畫面確認，按一下 確定 。

接著，編輯【類型】（圖 10.7）。

首先，按一下 讀取值 按鈕，使值得到認定。

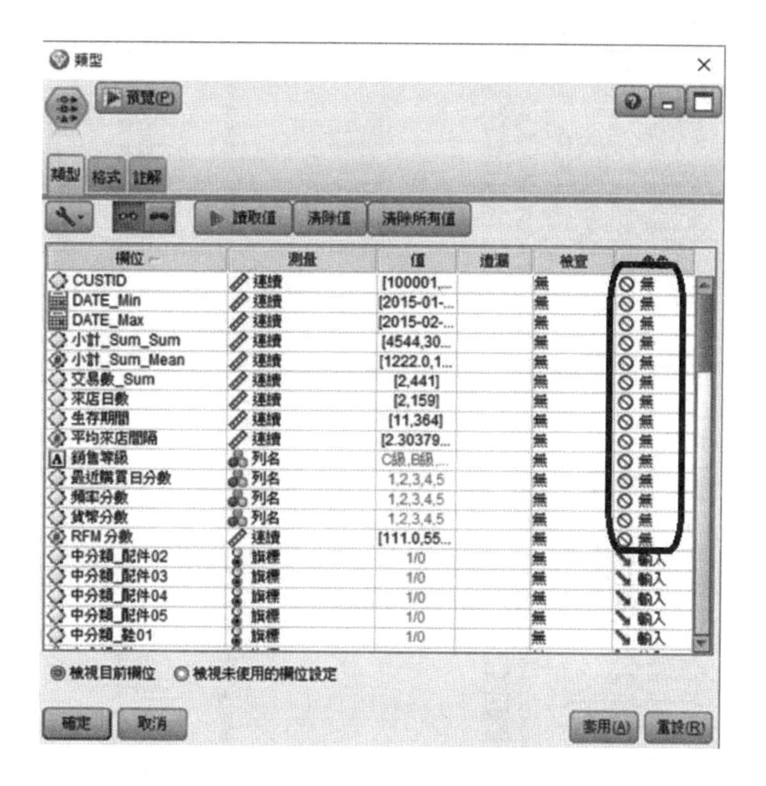

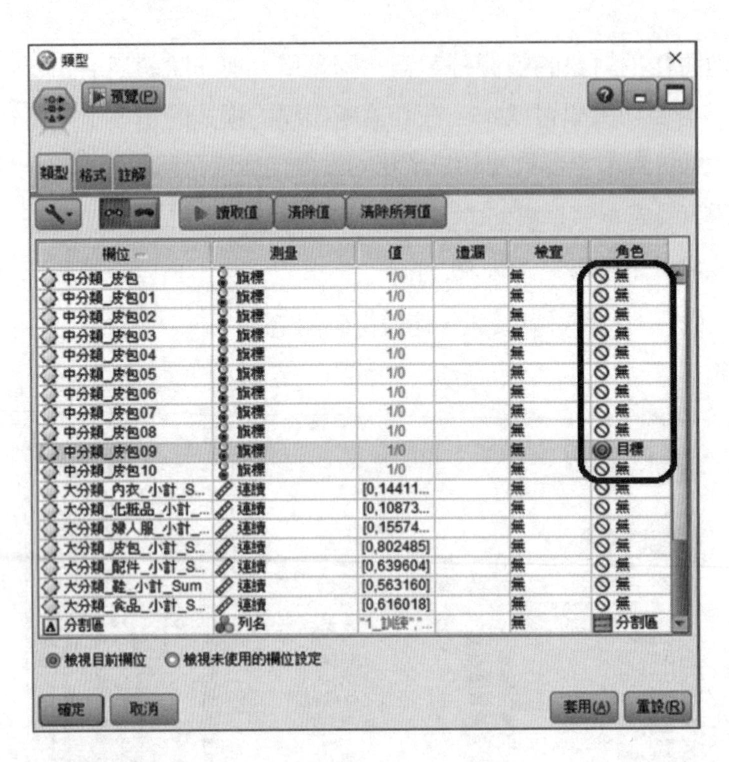
類型
預覽(P)
類型 格式 註解
讀取值 清除值 清除所有值
欄位 測量 值 遺漏 檢查 角色
中分類_皮包 旗標 1/0 無 無
中分類_皮包01 旗標 1/0 無 無
中分類_皮包02 旗標 1/0 無 無
中分類_皮包03 旗標 1/0 無 無
中分類_皮包04 旗標 1/0 無 無
中分類_皮包05 旗標 1/0 無 無
中分類_皮包06 旗標 1/0 無 無
中分類_皮包07 旗標 1/0 無 無
中分類_皮包08 旗標 1/0 無 無
中分類_皮包09 旗標 1/0 無 目標
中分類_皮包10 旗標 1/0 無 無
大分類_內衣_小計_S... 連續 [0,14411... 無 無
大分類_化粧品_小計_... 連續 [0,10873... 無 無
大分類_婦人服_小計_... 連續 [0,15574... 無 無
大分類_皮包_小計_S... 連續 [0,802485] 無 無
大分類_配件_小計_S... 連續 [0,639604] 無 無
大分類_鞋_小計_Sum 連續 [0,563160] 無 無
大分類_食品_小計_S... 連續 [0,616018] 無 無
分割區 列名 "1_訓練","... 無 分割區
檢視目前欄位 檢視未使用的欄位設定
確定 取消 套用(A) 重設(R)

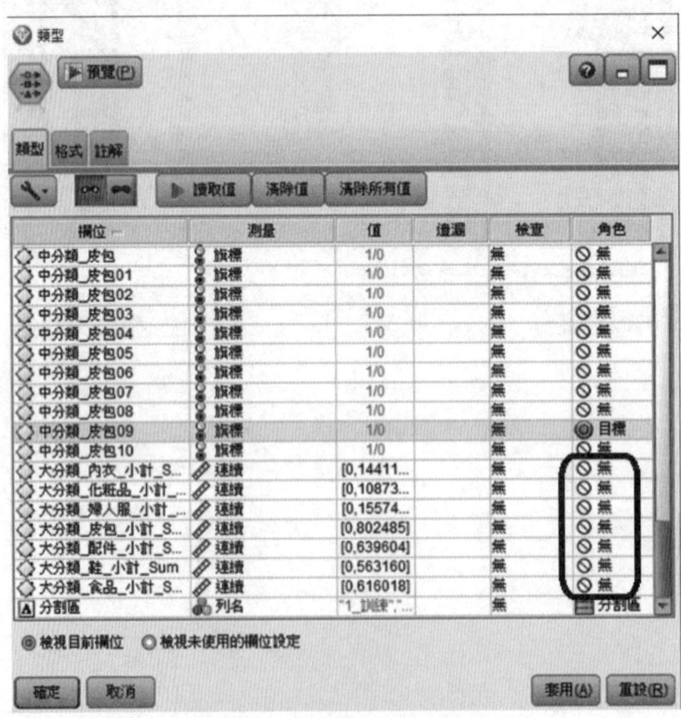
類型
預覽(P)
類型 格式 註解
讀取值 清除值 清除所有值
欄位 測量 值 遺漏 檢查 角色
中分類_皮包 旗標 1/0 無 無
中分類_皮包01 旗標 1/0 無 無
中分類_皮包02 旗標 1/0 無 無
中分類_皮包03 旗標 1/0 無 無
中分類_皮包04 旗標 1/0 無 無
中分類_皮包05 旗標 1/0 無 無
中分類_皮包06 旗標 1/0 無 無
中分類_皮包07 旗標 1/0 無 無
中分類_皮包08 旗標 1/0 無 無
中分類_皮包09 旗標 1/0 無 目標
中分類_皮包10 旗標 1/0 無 無
大分類_內衣_小計_S... 連續 [0,14411... 無 無
大分類_化粧品_小計_... 連續 [0,10873... 無 無
大分類_婦人服_小計_... 連續 [0,15574... 無 無
大分類_皮包_小計_S... 連續 [0,802485] 無 無
大分類_配件_小計_S... 連續 [0,639604] 無 無
大分類_鞋_小計_Sum 連續 [0,563160] 無 無
大分類_食品_小計_S... 連續 [0,616018] 無 無
分割區 列名 "1_訓練","... 無 分割區
檢視目前欄位 檢視未使用的欄位設定
確定 取消 套用(A) 重設(R)

圖 10.7　類型的設定

此處設定【角色】，定義預測對象（也稱爲目的變數或從屬變數），以及成爲其材料的輸入變數（也稱爲說明變數或獨立變數）。

除中分類 61 種的購入有無的旗標變數以外均未利用，因此將【角色】當作【無】，並且【中分類 _ 皮包 09】是此次的預測對象，當成【對象】，其他的皮包中分類爲了使模式明確，當作【無】。另外，皮包以外的中分類當作輸入變數，因此全部設成【輸入】，大分類也設成【無】，完成之後，按 確定 。

【CHAID】節點是反映【類型】上的設定，形成【中分類 _ 皮包 09】。右鍵按一下再 執行 時，即產生圖 10.8 的模式。

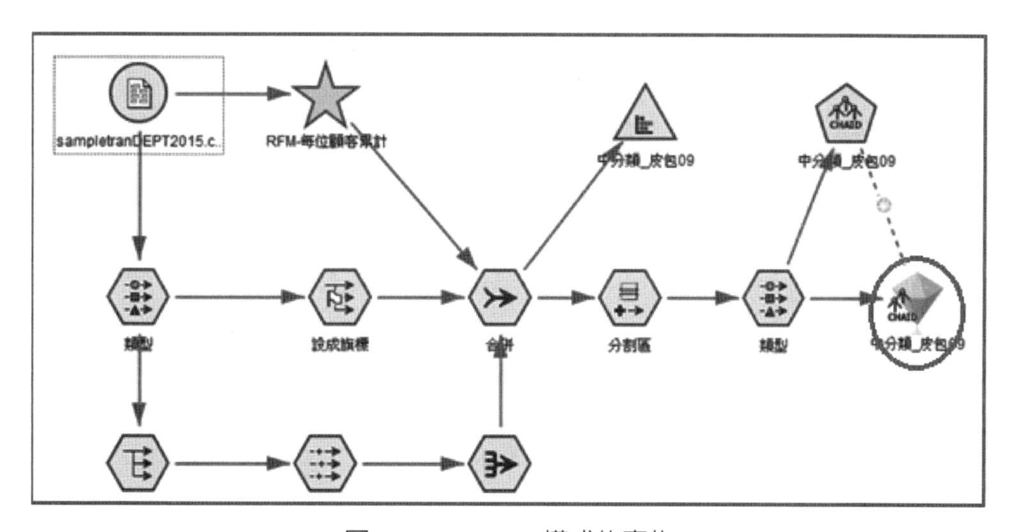

圖 10.8　CHAID 模式的產生

此次雖未設定，仍對【CHAID】節點的設定予以說明（圖 10.9）。

在【建置選項】選片的選取項目中選擇【目標】，從中選取【強化模型的準確度（boosting）】，是想確保準確度時可嘗試的選擇。爲了追求準確度，演算會花些時間。【強化模型的穩定性（bagging）】也稱爲 bootstrap，是利用資料列的重抽樣，提高模式的穩健性之手法。避免只有對象數據極端套用的過度學習，即使給與其他數據也能安定且可以確保準確度有此優點。

另外，【基本】與【停止規則】可以確定決策樹的樹木構造的深度與分節的數量。調節模式時視需要設定。

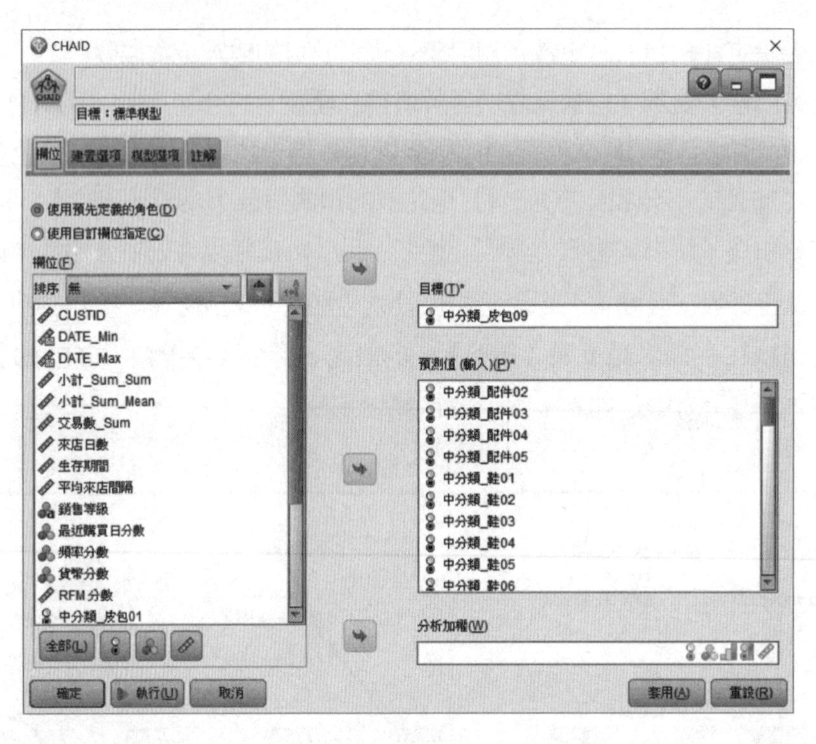

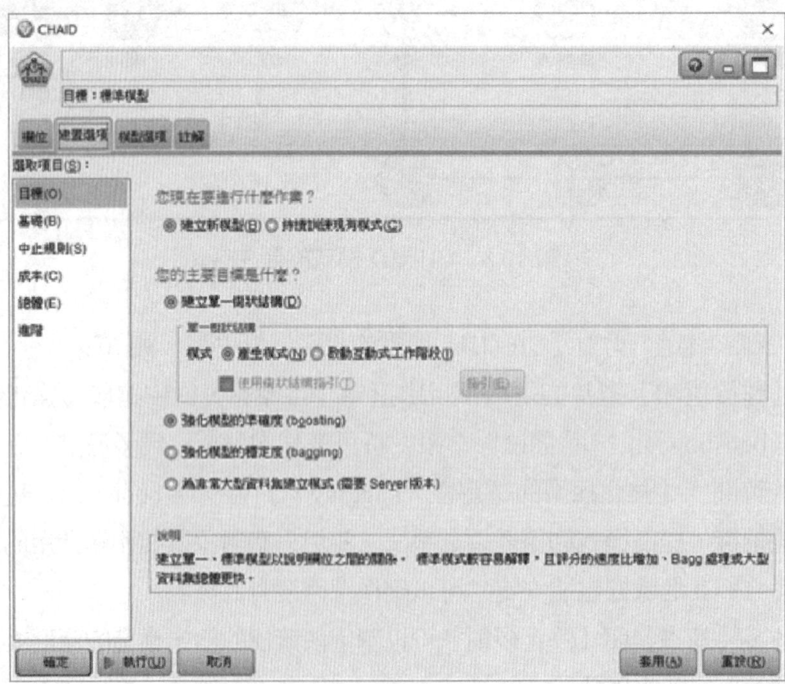

圖 10.9　CHAID 的設定

10.1.4 確認模式的內容

■操作步驟 03

編輯【模型鑽石】節點。圖 10.10 顯示其視圖。

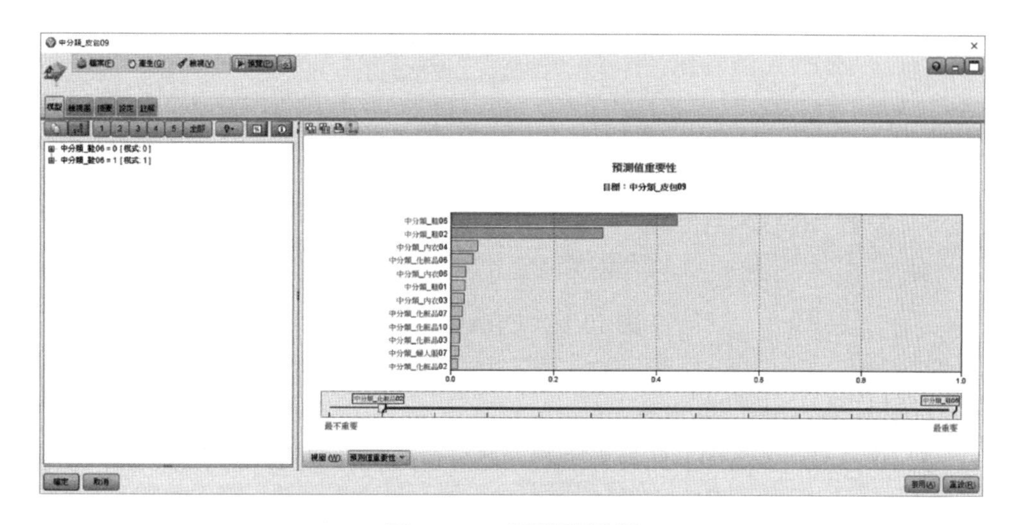

圖 10.10　重要度分析

在判別預測是否購買皮包 09 時，可以確認被視爲重要的欄位與相對重要度。此情形顯示 CHAID 最重視鞋子 06 的購買有無，只是此欄位具有幾乎 4 成的說明力。

重要度分析是將 10 種以上的 SPSS Modeler 演算法的評估以 1 個基準進行，因此重新計算已出現的模型後再求出。

之後要說明的決策樹與顯示欄位的分歧順序不同，起因於重要度分析是獨立的評價用演算法。

【檢視圖】選片顯示樹形圖（圖 10.11）。包含 CHAID 的決策樹（Deciscon Tree）演算被稱爲樹之理由，在於此模型構造。選擇工具列的 ▦，在數字的顯示中加上棒形圖，變得更容易理解。

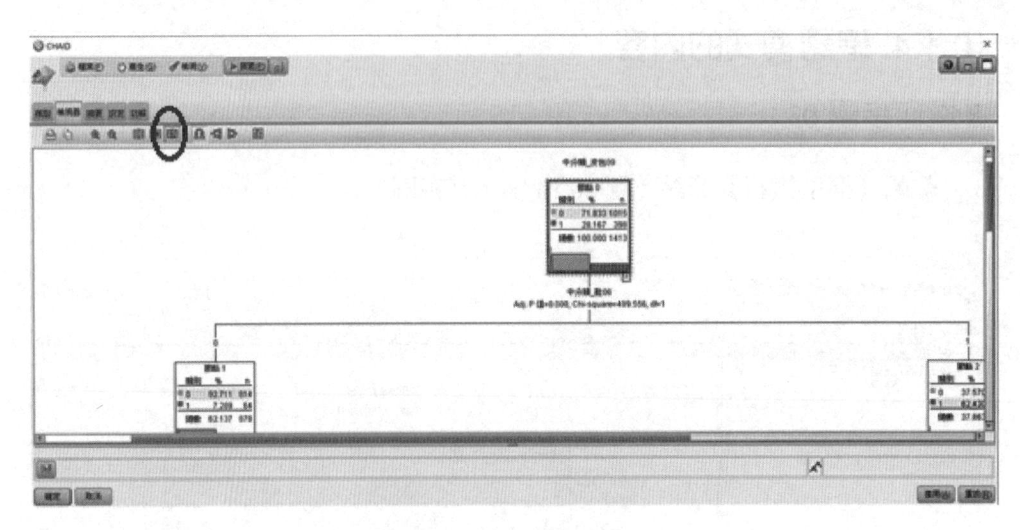

圖 10.11　CHAID 視圖

以樹形圖說明模式的內容。

圖 10.12 的【節點 0】此最上段的方框，是此次的整個對象學習數據。顧客的分配是 71.8% 未購買，28.1% 是已購買。

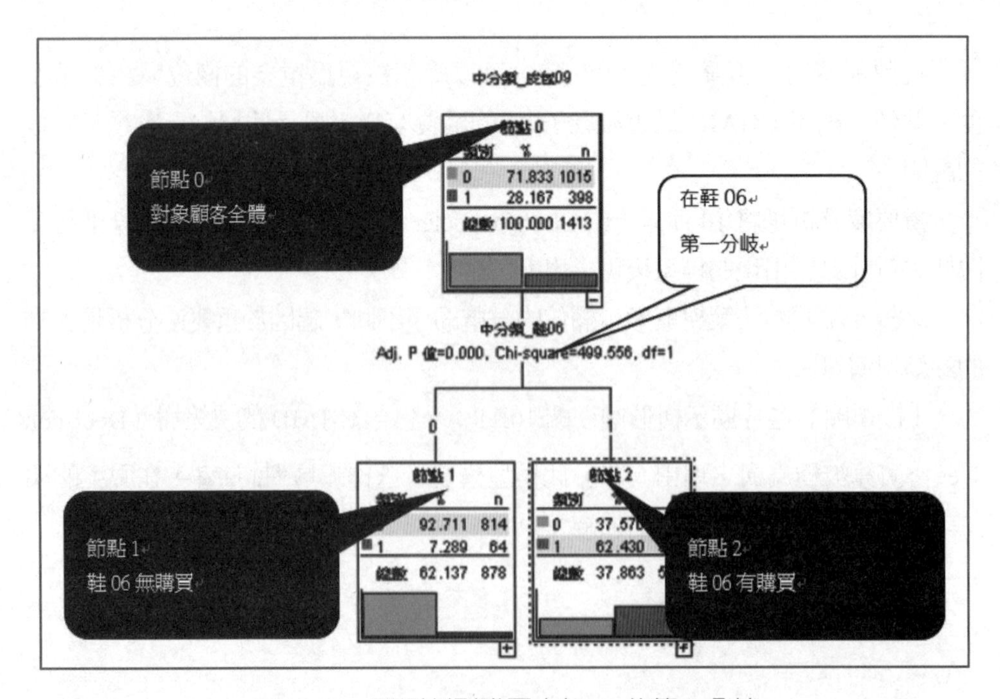

圖 10.12　預測判別購買皮包 09 的第 1 分岐

對此購買有無最具影響的欄位，CHAID 是判斷【中分類_鞋 06】，形成最初的分類。CHAID 是內部性地以所有的輸入欄位執行交叉累計，根據卡方檢定選擇視為最重要的欄位。

購買鞋 06 的顧客被分類在【節點 2】，購買率由全體 28.1% 上升到 62.4%。另一方面，未購買鞋 06 的顧客被分類在【節點 1】，購買率掉落到 7.2%。

購買皮包 09 此品牌的與否，是否會購買鞋 06，可以某種程度的判斷，在此時點是可以理解的。

第 2 分岐以後所展開的圖形，即為圖 10.13 。必定在某處的末端節點互斥地將所有的學習資料列分類著。

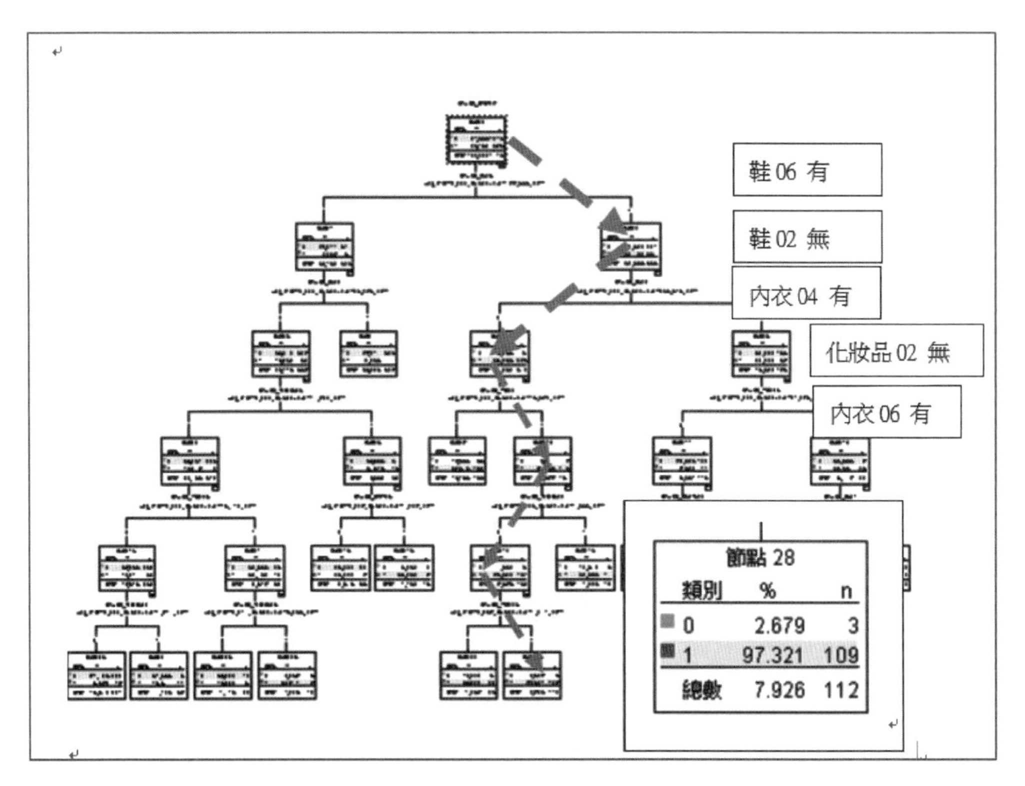

圖 10.13 所展開的決策樹

譬如，最下段的【節點 28】是被 5 個條件所分岐，被鎖定的符合數有 112 名，97.321% 是購買皮包 09。如果是以新數據檢知與【節點 28】相同條件時，CHAID 模式是以購買皮包 09 的顧客來預測，它的確信度達 97.321%。稱此為計分（scoring）。

【節點 28】是極爲有希望的顧客層，但 112 中有 3 名，實際上模式是當作預測誤差處理。同時該 2 名判斷爲容易購買皮包 09 的顧客，在後續的流程中是要注意的焦點。

決策樹分析具有的特徵是，重要的要因在構造上能明確了解，分岐階段如有需要，會以適切的門檻值分割數據，規則是以 AND 條件明示。

按一下 確定 關閉視圖。

10.1.5 評估模式的精度

■操作步驟 04

所建立的模式其實用度有多少，要評估預測精度，如圖 10.14 從【輸出】選片選擇【分析】節點，從【統計圖】選片選擇【評估】節點加以連結。

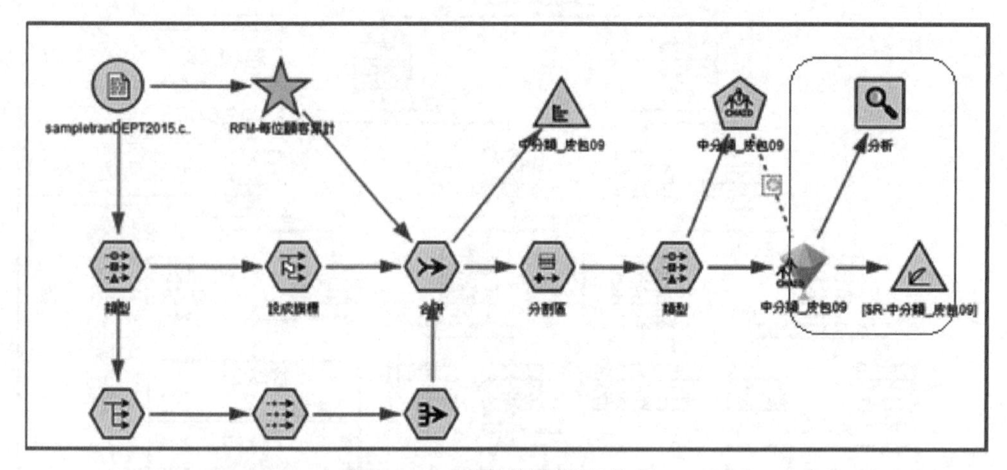

圖 10.14　模式的精度分析

編輯【分析】節點（圖 10.15）。勾選【符合矩陣（用於符號目標）】，按一下 執行 。

確認圖 10.15 下方的的測試矩陣。行表示預測，列表示實績。此時，模式預測「購買」皮包 09，實際購買的顧客是 389 名，另一方面預測「未購買」，實際未購買的顧客有 1031 名。此 2 個值的合計即爲驗證數據中的【正解】，正答率爲 89.48%。

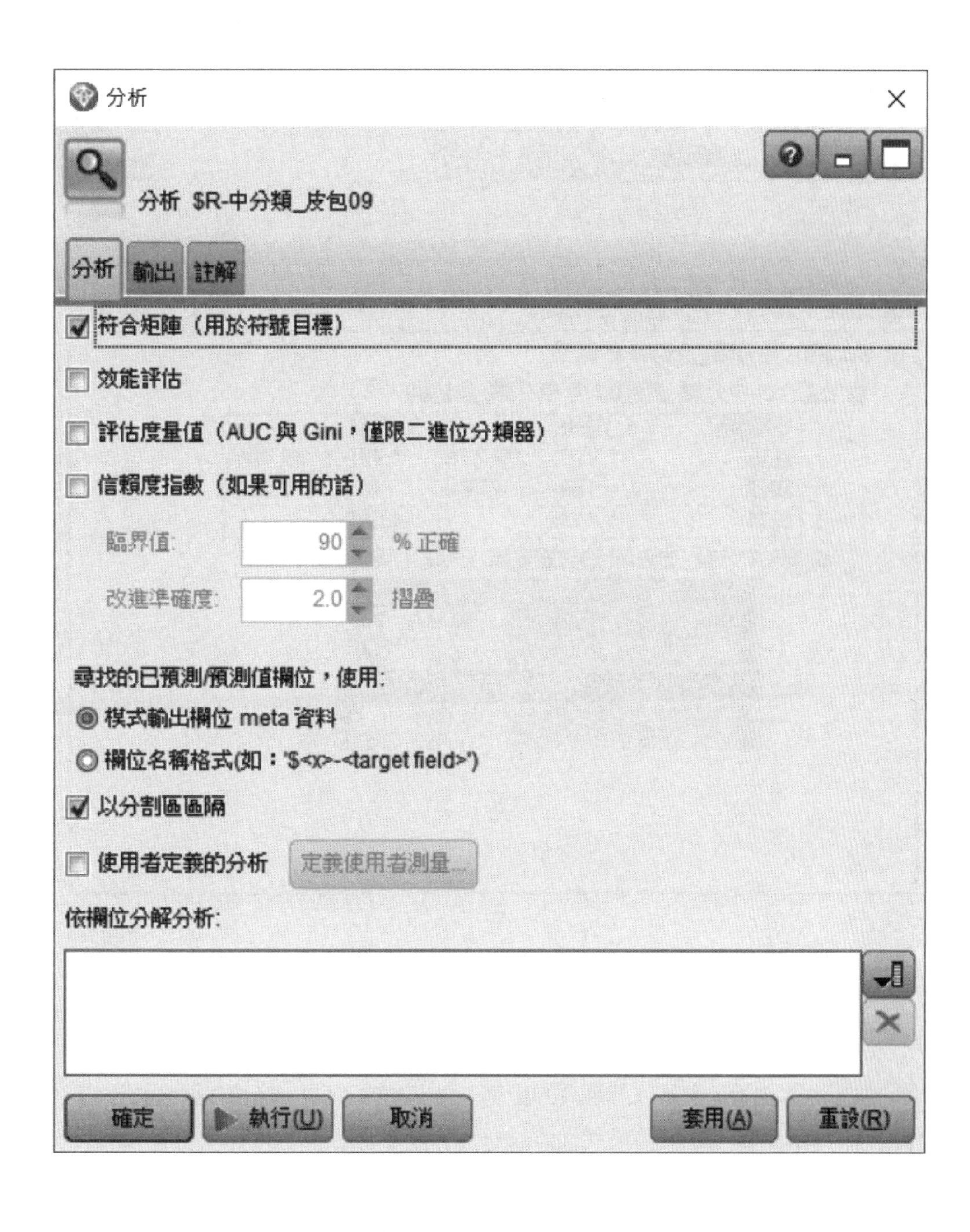
分析
分析 $R-中分類_皮包09
分析
輸出
註解
符合矩陣（用於符號目標）
效能評估
評估度量值（AUC 與 Gini，僅限二進位分類器）
信賴度指數（如果可用的話）
臨界值:
90
% 正確
改進準確度:
2.0
摺疊
尋找的已預測/預測值欄位，使用:
模式輸出欄位 meta 資料
欄位名稱格式(如：'$<x>-<target field>')
以分割區區隔
使用者定義的分析
定義使用者測量...
依欄位分解分析:
確定
執行(U)
取消
套用(A)
重設(R)

圖 10.15　分析的設定與顯示

並非矩陣全體，而是估計購買的顧客（70 + 389）之中，命中 389 名的比率，作爲命中率來判斷等，評估模式性能的方法有很多。

確認後按一下 確定 關閉視圖。

其次右鍵按一下【評估】節點，選擇 執行 （圖 10.16）。

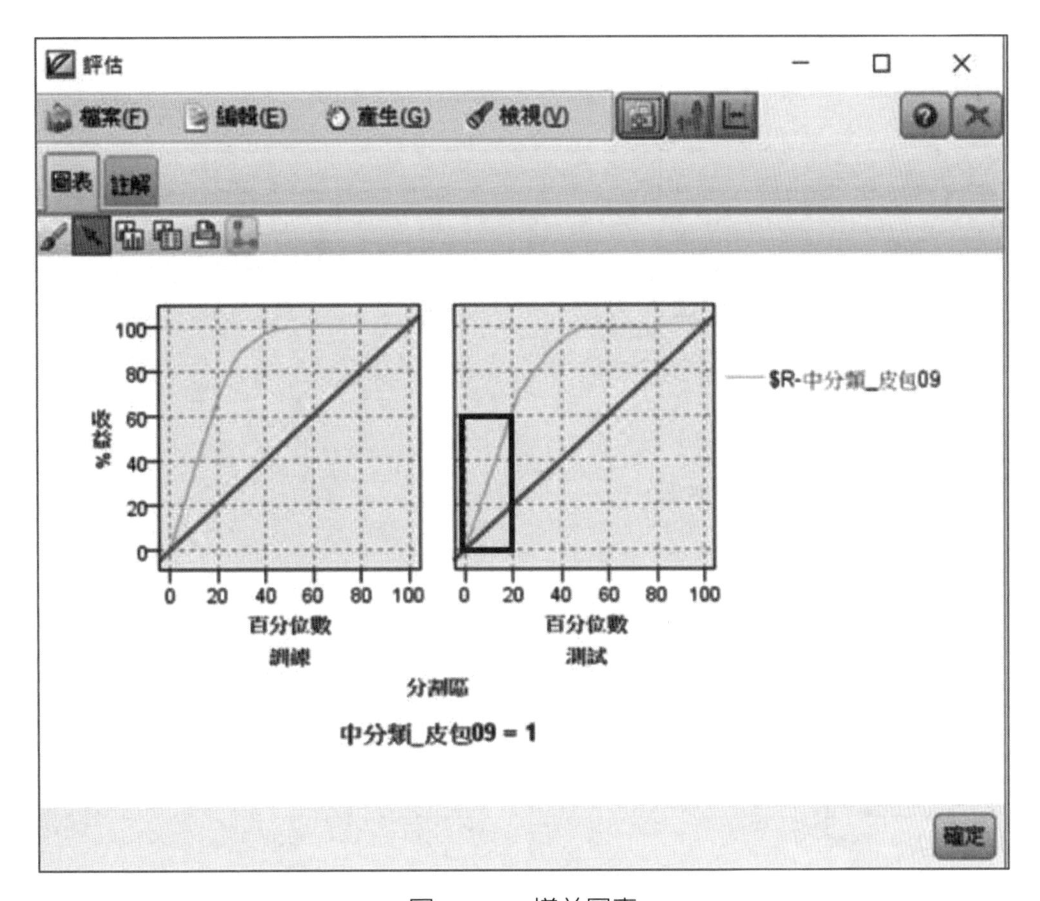

圖 10.16 增益圖表

增益圖表（判別效率圖形）是依據確信度高的順序，從 X 軸左方排列顧客，以上位多少的百分比可以掌握正解的顧客。以測試數據來評估的右方圖形來看，預估購買皮包 09 的準確度最高 2 成之中，實際上有 6 成購買皮包。曲線下方的面積（AUC：Area% under curve）可以顯示判別效率的好壞，金融業常用於判斷精確度。按一下 ，關閉圖形。

從活動的每 1 件成本與期待利益，可以推估利益。如圖 10.17，在【評估】節點的設定上，將【圖表類別】從【增益】變更爲【利潤】，【成本】設爲「500.0」，【營收】設爲「1500.0」，按 執行 。

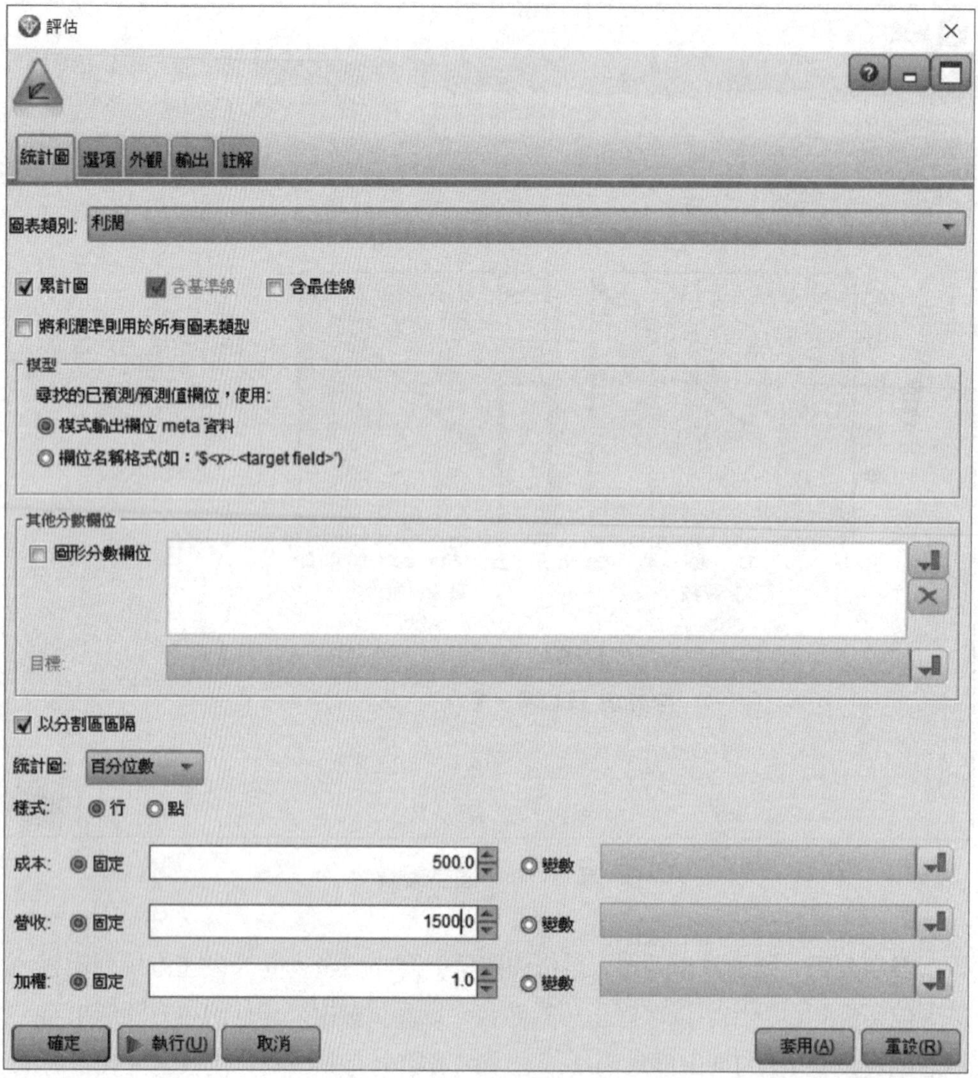

評估

統計圖 選項 外觀 輸出 註解

圖表類別: 利潤

累計圖 含基準線 含最佳線

將利潤準則用於所有圖表類型

模型

尋找的已預測/預測值欄位，使用:

模式輸出欄位 meta 資料

欄位名稱格式(如：'$<x>-<target field>')

其他分數欄位

圖形分數欄位

目標:

以分割區區隔

統計圖: 百分位數

樣式: 行 點

成本: 固定 500.0 變數

營收: 固定 1500.0 變數

加權: 固定 1.0 變數

確定 執行(U) 取消 套用(A) 重設(R)

圖 10.17　利潤圖表的設定

圖 10.18 是所輸出的利潤圖表例。

愈往 X 軸的左方是反應預估高的顧客，在達到一定的點以前如擴大目標時，利益即可提高，選出預估最高的顧客 3 成時，利益即達到頂點，超出時，愈增加目標利益愈衰減，以 8 成作為對象的時點利益即變為 0，將顧客全體作為活動對象時會成為紅字。

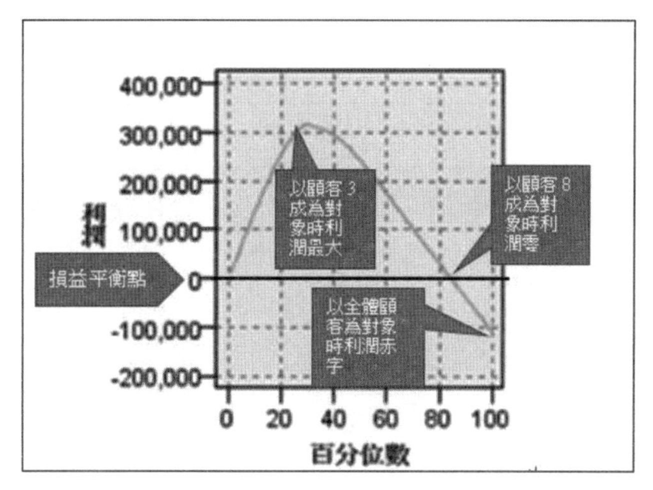

圖 10.18　利潤圖表

10.1.6 製作活動的對象一覽表

在還未購買相關商品的顧客之中，將預估高的顧客當作活動的對象。

■ 操作步驟 05

如圖 10.19 從【資料欄位作業】選片選出【過濾器】，從【資料列處理】選片中選出【選取】、【排序】、【樣本】，最後，從【輸出】選片中選擇【表格】進行連結。

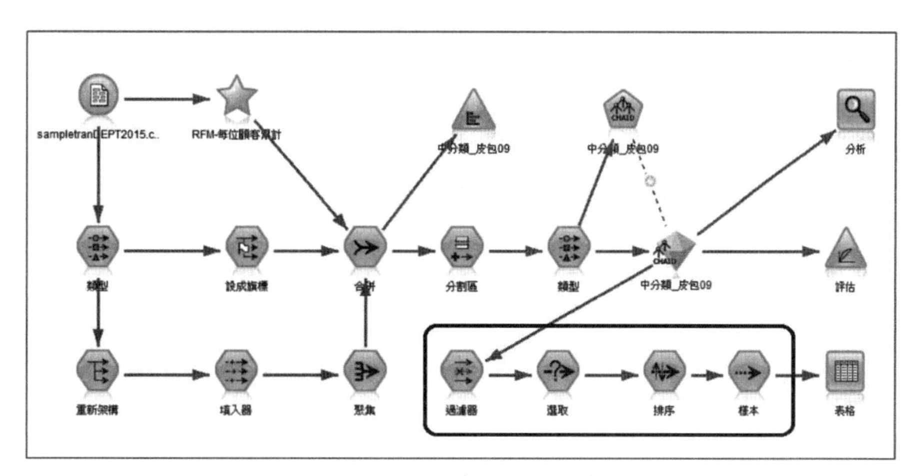

圖 10.19　活動反應預測串流

編輯鑽石模型【中分類_皮包 09】，並追加欄位（圖 10.20）。

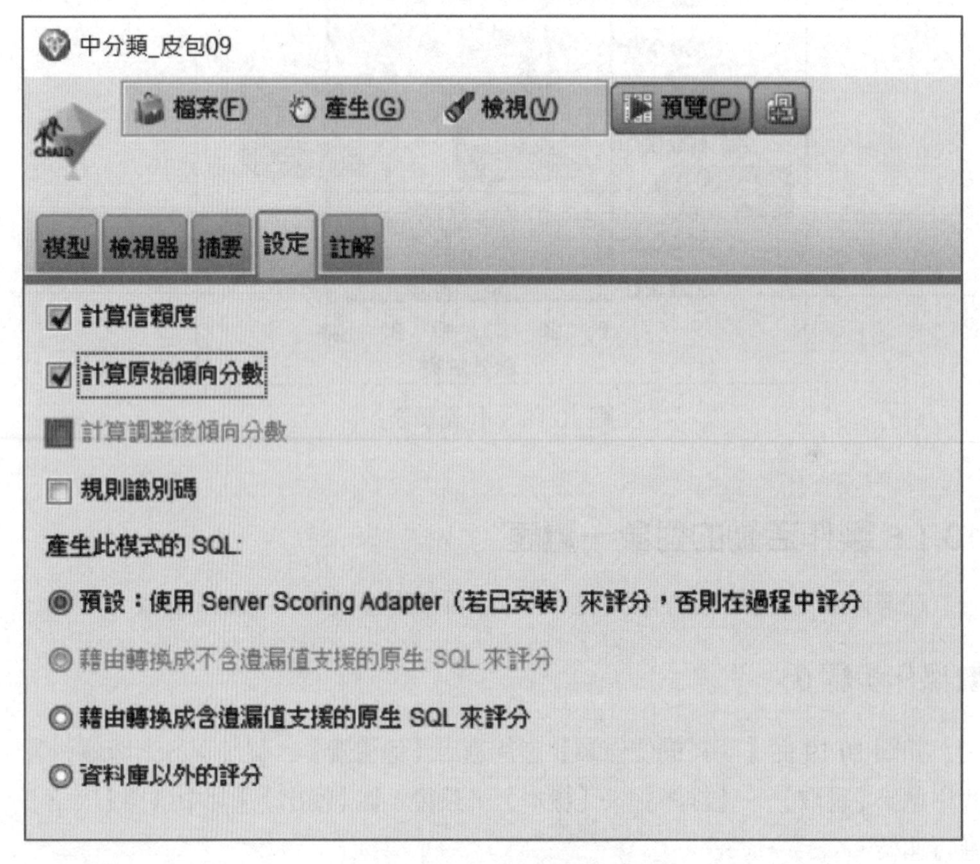

圖 10.20　計算傾向分數

在鑽石模型內的【設定】選片勾選【計算原始傾向分數】，按 確定 後關閉編輯畫面。

編輯【過濾器】節點與【選取】節點（圖 10.21）。

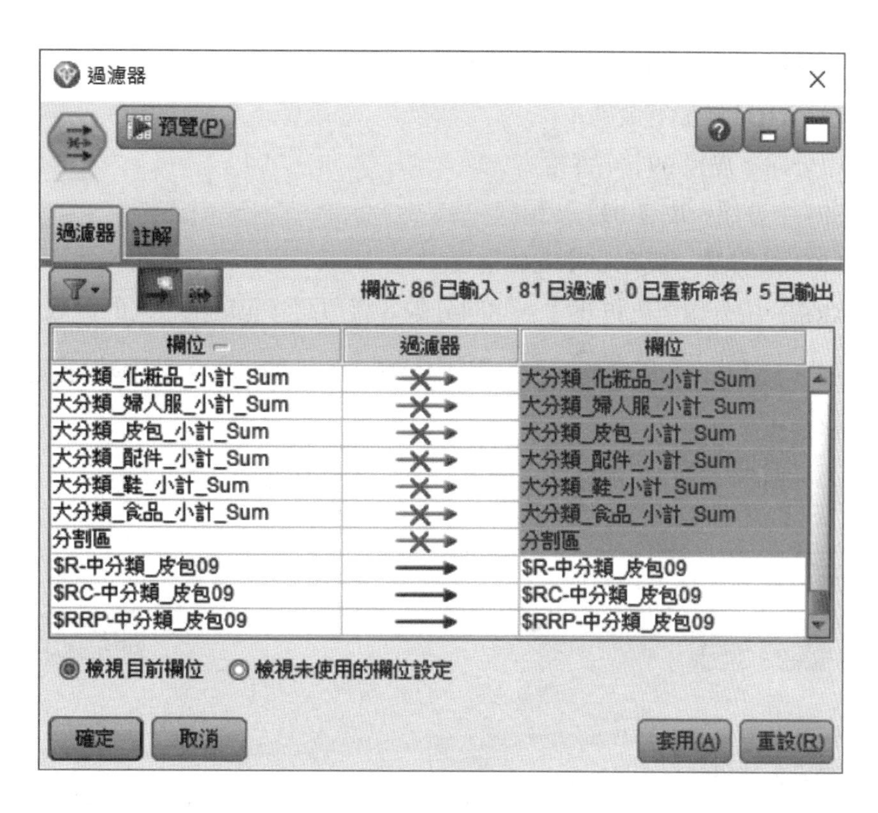

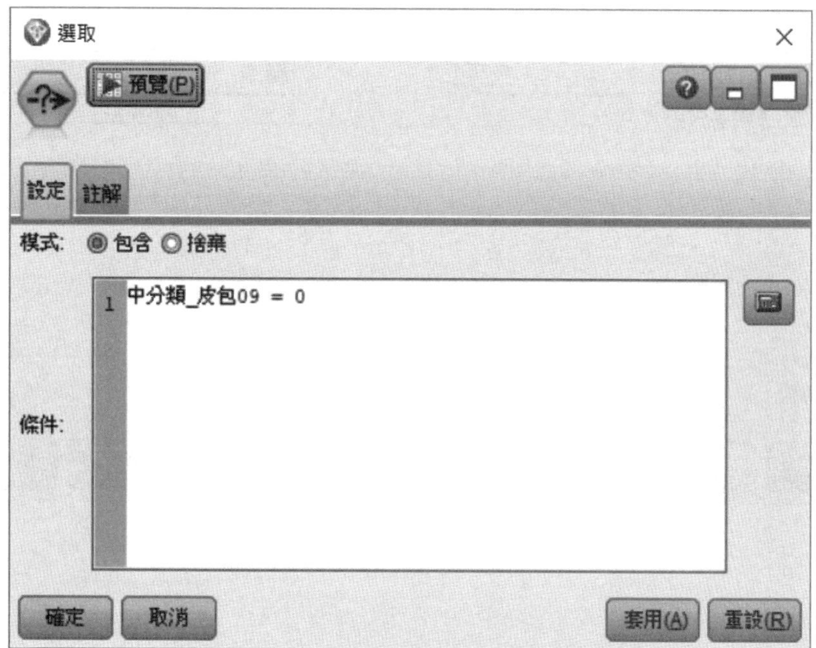

圖 10.21　過濾器節點與選取節點的設定

【過濾器】是只讓以下 5 個欄位通過。

【CUSTID】= 顧客號碼

【中分類 _ 皮包 09】= 實績

【$R- 中分類 _ 皮包 09】= 預測

【$RC- 中分類 _ 皮包 09】= 確信度

【$RRP- 中分類 _ 皮包 09】= 傾向分數（將預測修正成 1 方向的分數）

【選取】節點，是用 記述成【中分類 _ 皮包 09=0】，分別按 確定 後，關閉編輯畫面。

接著，編輯【排序】節點與【樣本】節點（圖 10.22）。

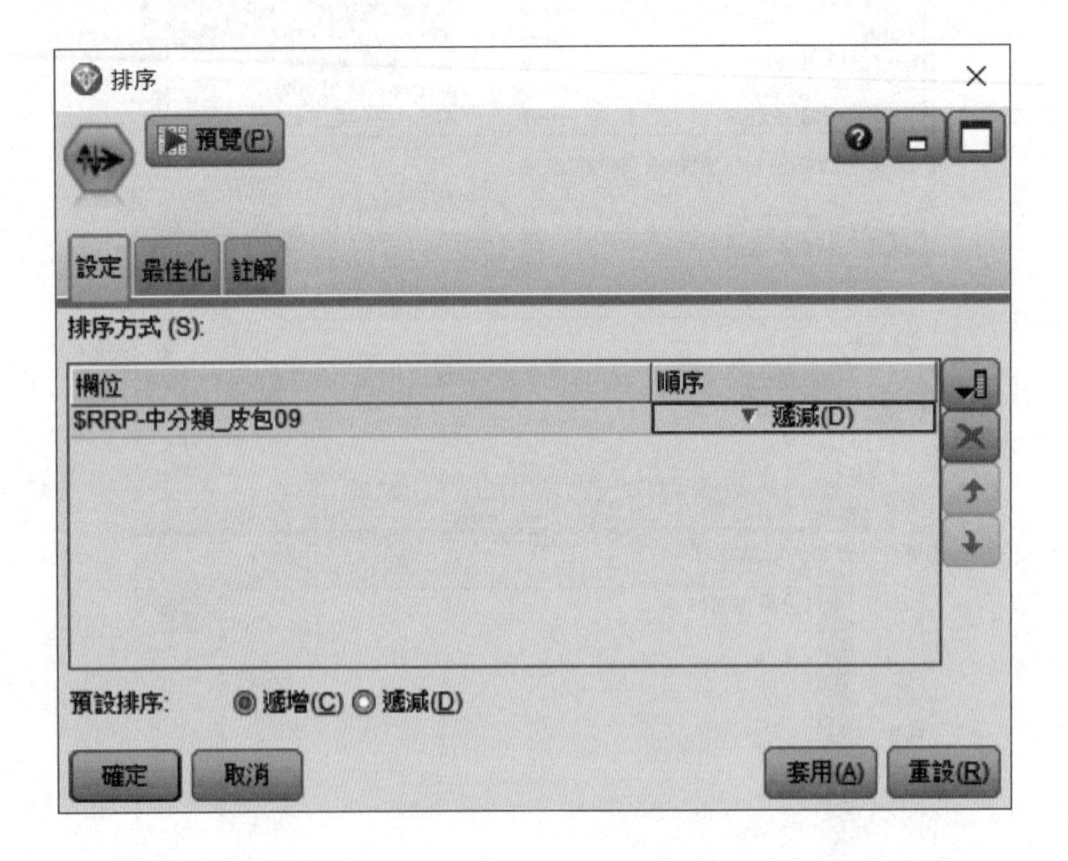

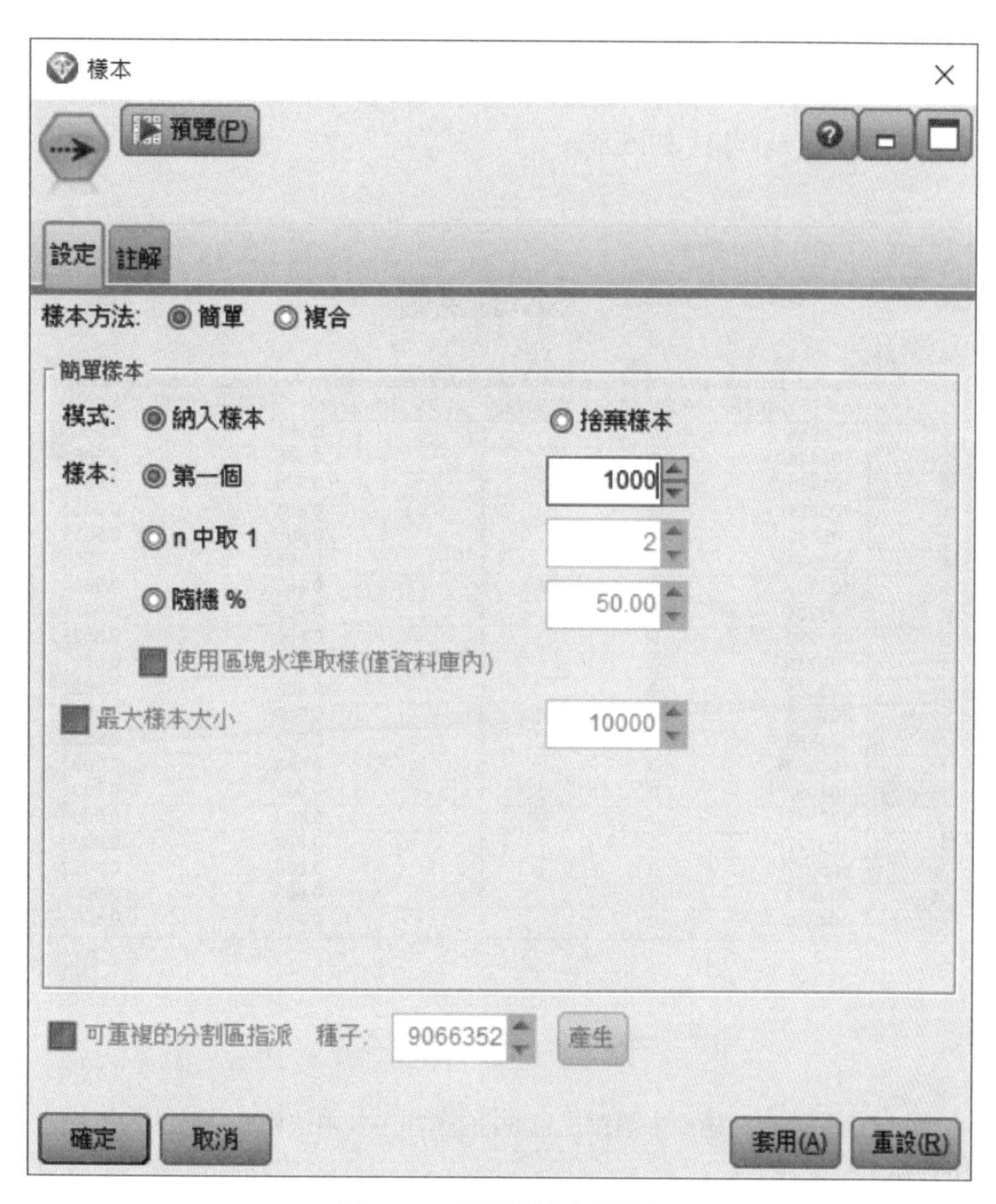

圖 10.22　排序與樣本的設定

【排序】以 選擇【$RRP- 中分類 _ 皮包 09】，依【遞減】設定。

【樣本】是假定製作 1000 名的一覽表來設想，【第一個】設定爲「1000」。

分別按 確定 再關閉編輯畫面。

此【樣本】節點，如善加利用可提高效率，譬如，在串流的前頭，暫時地放置樣本，流程設計以一部分的數據迅速進行，驗證時再解除樣本，右鍵按一下【表格】選擇【執行】（圖 10.23）。

表格 (5 個欄位、1,000 個記錄)

檔案(F) 編輯(E) 產生(G)

表格 註解

	CUSTID	中分類_皮包09	$R-中分類_皮包09	$RC-中分類_皮包09	$RRP-中分類_皮包09
1	100996	0	1	0.965	0.965
2	104128	0	1	0.965	0.965
3	101471	0	1	0.965	0.965
4	100426	0	1	0.965	0.965
5	105440	0	1	0.965	0.965
6	103360	0	1	0.965	0.965
7	101803	0	1	0.965	0.965
8	103264	0	1	0.965	0.965
9	102239	0	1	0.852	0.852
10	102715	0	1	0.852	0.852
11	105063	0	1	0.852	0.852
12	102038	0	1	0.852	0.852
13	100883	0	1	0.852	0.852
14	104153	0	1	0.803	0.803
15	104407	0	1	0.803	0.803
16	102117	0	1	0.803	0.803
17	103177	0	1	0.803	0.803
18	105077	0	1	0.803	0.803
19	102172	0	1	0.803	0.803
20	104360	0	1	0.803	0.803

確定

圖 10.23　目標一覽表例

一覽表是限定在過去未購買皮包 09 的顧客，其中依傾向分數的高低顯示 1000 件。

傾向分數是預測爲 1 時指定確信度之値，預測爲 0 時指定「1- 確定度」之値。

譬如，被預測爲「未購買」，確信度爲 0.87 的顧客，傾向分數是反轉成「有購買」的 0.13 來表現。

確認後，按 ✕ 關閉【表格】。

10.2 休眠的判別預測

10.2.1 休眠的定義

出現固定購買的顧客，從某時點的開始突然不來的情形也有，掌握此類顧客在休眠前所呈現的共同特徵，以例示說明將風險定量化時的過程。

此處，將休眠的如圖 10.24 那樣定義。像 A 先生 4 個四半期一直在購買的顧客判定爲「持續客」，像 B 先生只有第 4 個四半期並無購買的顧客判定爲【休眠客】。可從至基準日爲止的 RFM 分數及行爲變更資訊，來判別及預測事後的休眠。

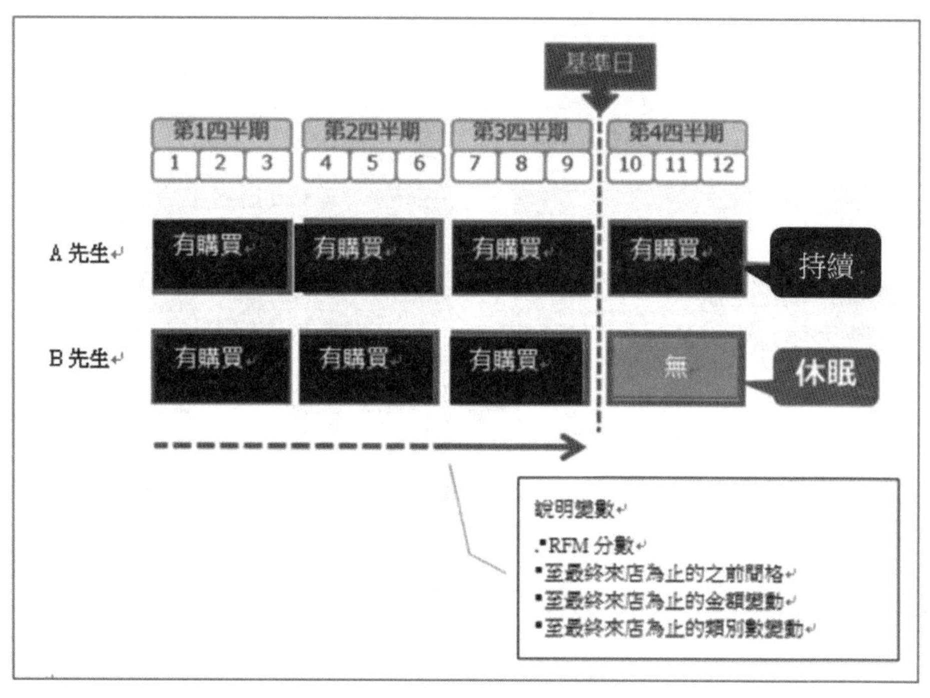

圖 10.24 休眠顧客的定義例

10.2.2 休眠的旗標製作

■操作步驟 01

如圖 10.25 那樣製作串流。

將前面所利用的來源節點【sampletran DEPT2015.csv】連接到【導出】節點。

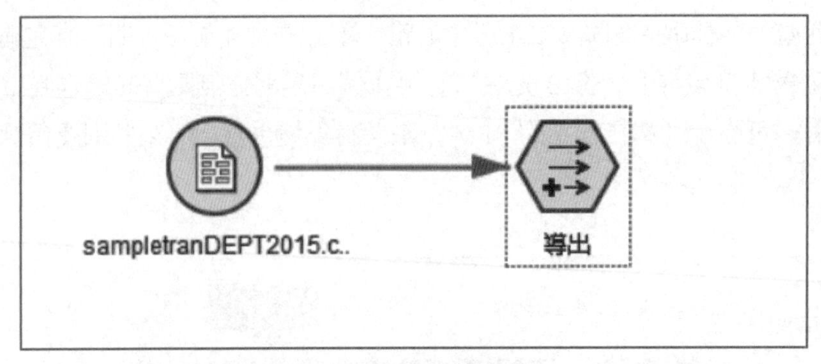

圖 10.25　串流製作的開始

首先，編輯【sampletran DEPT2015.csv】（圖 10.26）。開啟【類型】選片。

按一下 讀取值 按鈕，更新尺度，再讀取值。後續流程中會利用的【設成旗標】節點因爲需要當作名義型的數值，因此在此點先設定好。

設定結束後，按 確定。

接著，製作四半期欄位。

編輯【導出】節點（圖 10.27），【導出欄位】當作【QF】。將【導出爲】當作【列名】時，【欄位類型】也自動地設定成【名義型】。【預設值】當作【4Q】，【將欄位設爲】是以 ▣ 叫出建立式，如以下完成。

（註）SPSS 將名義型稱作列名。

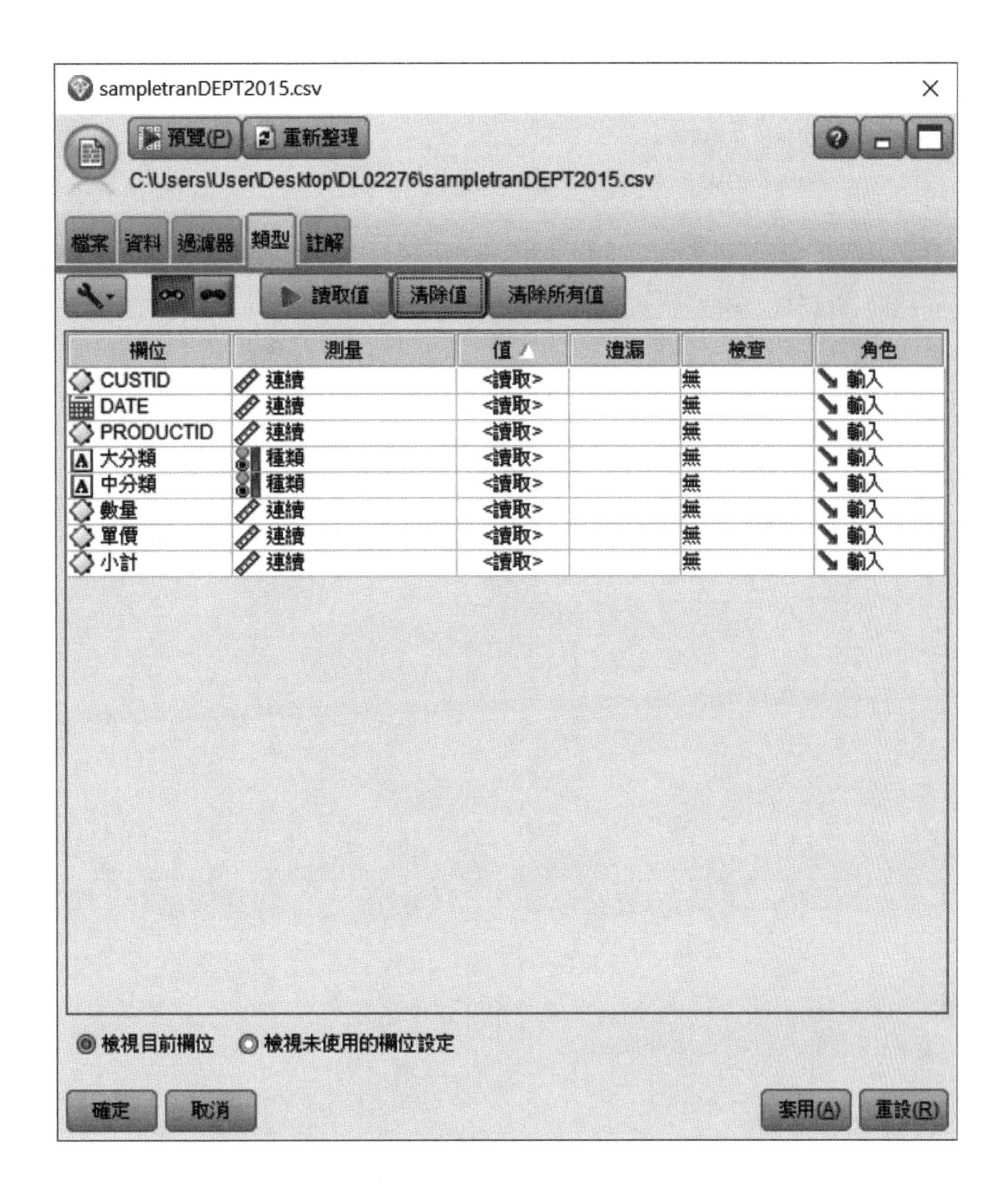
sampletranDEPT2015.csv
預覽(P)
重新整理
C:\Users\User\Desktop\DL02276\sampletranDEPT2015.csv
檔案
資料
過濾器
類型
註解
讀取值
清除值
清除所有值
欄位
測量
值
遺漏
檢查
角色
CUSTID
DATE
PRODUCTID
大分類
中分類
數量
單價
小計
連續
種類
<讀取>
無
輸入
檢視目前欄位
檢視未使用的欄位設定
確定
取消
套用(A)
重設(R)

圖 10.26　變數檔案輸入節點中的數據類型確定

1Q → DATE<="2015-03-31"

2Q → DATE<="2015-04-01"and DATE<="2015-06-30"

3Q → DATE<="2015-07-1" "and DATE<="2015-09-30"

【注解】選【自訂】，輸入【QF 的定義】。

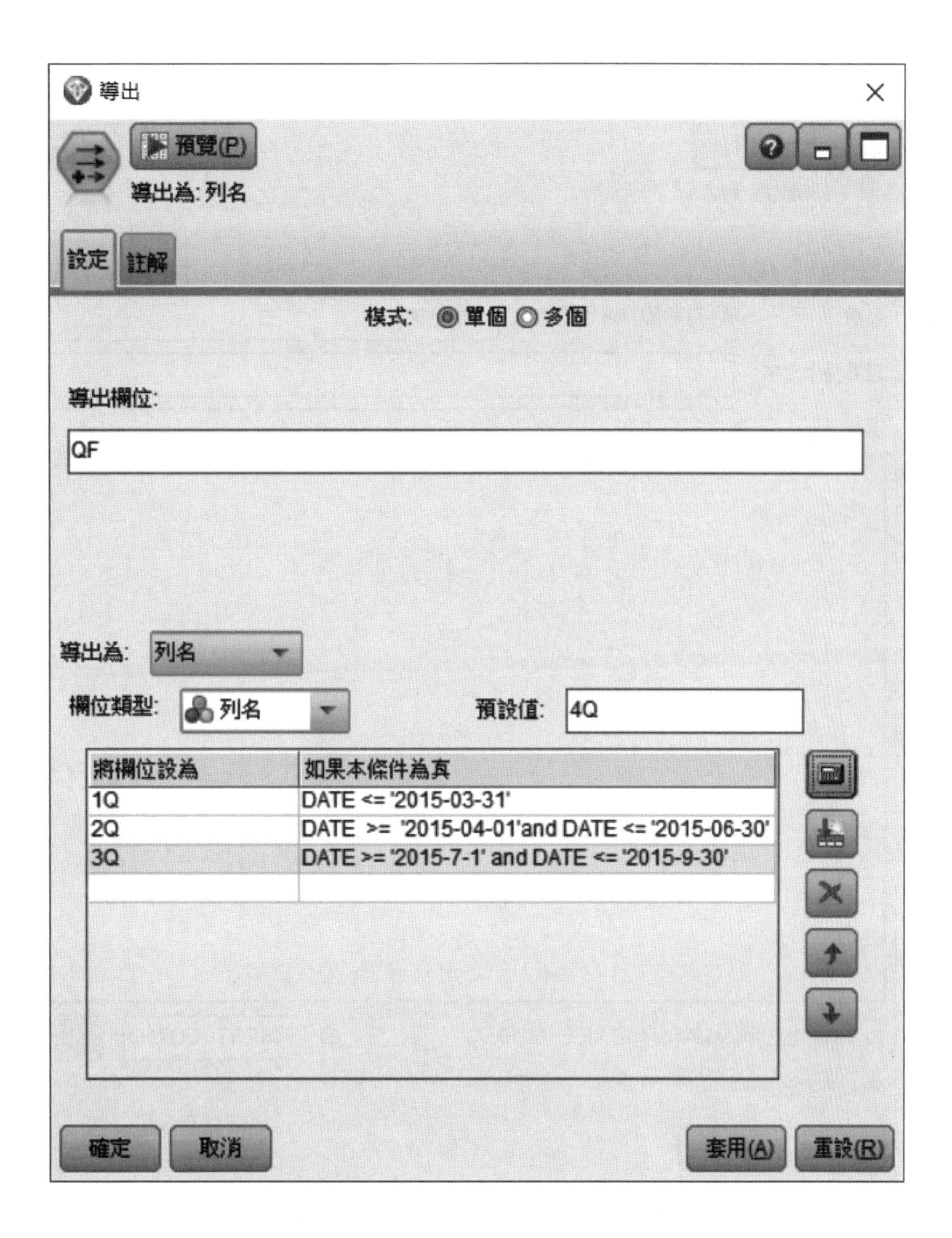
導出
預覽(P)
導出為: 列名
設定
註解
模式: 單個 多個
導出欄位:
QF
導出為: 列名
欄位類型: 列名
預設值: 4Q
將欄位設為
如果本條件為真
1Q
DATE <= '2015-03-31'
2Q
DATE >= '2015-04-01'and DATE <= '2015-06-30'
3Q
DATE >= '2015-7-1' and DATE <= '2015-9-30'
確定
取消
套用(A)
重設(R)

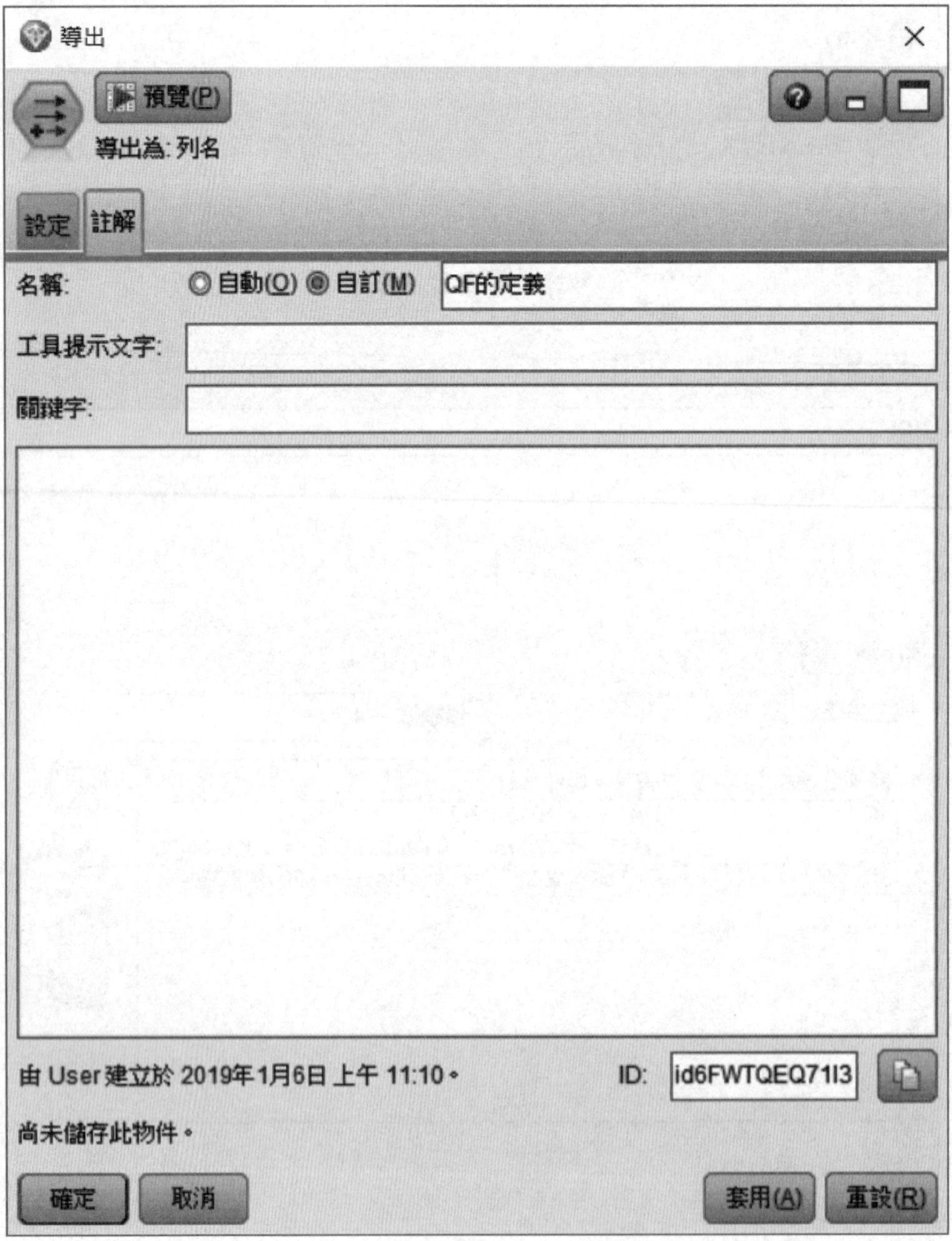

圖 10.27　利用【導出】設定四半期

按 確定 關閉設定畫面。

其次，將所追加的四半期欄位旗標化，進行持續或休眠的識別。

■操作步驟 02

如圖 10.28 選擇【設成旗標】節點與【聚集】節點。

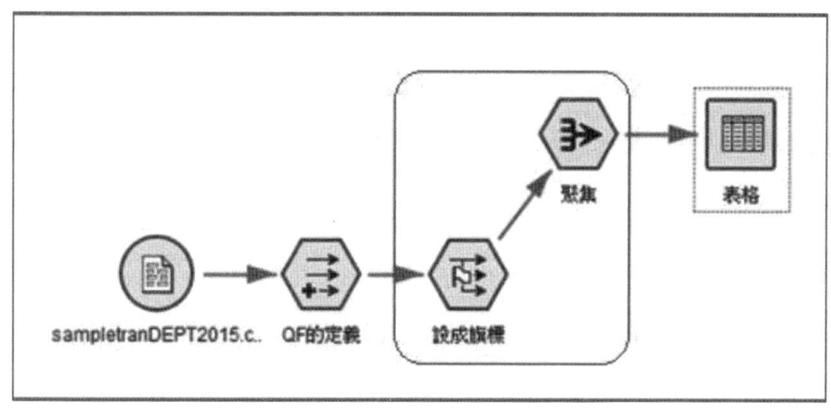

圖 10.28　四半期旗標化的製作

編輯【設成旗標】節點（圖 10.29）。

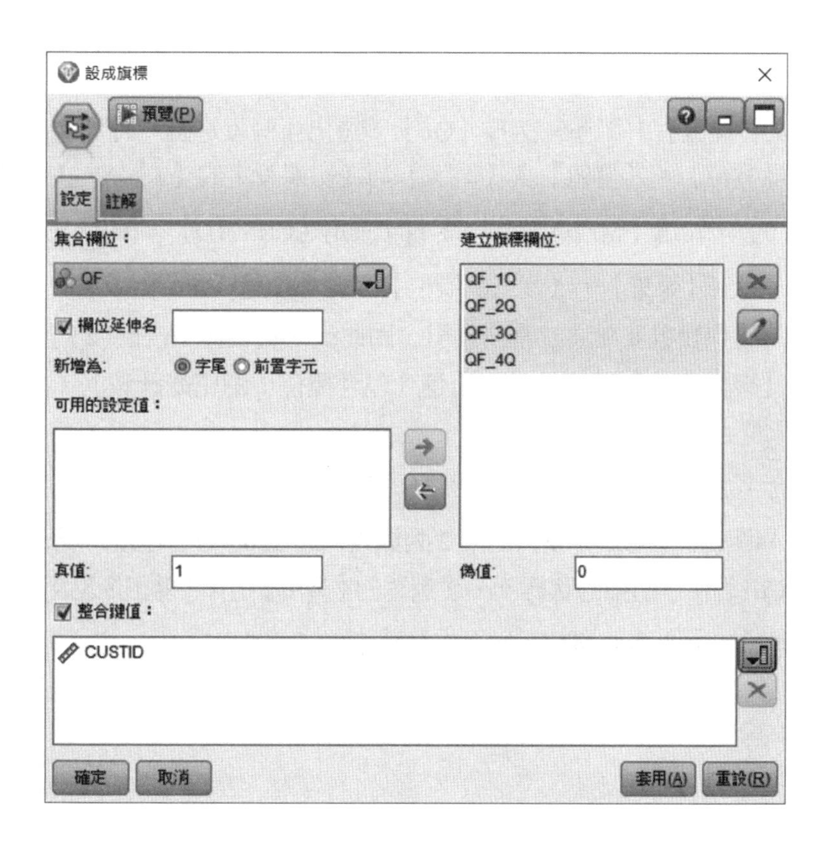

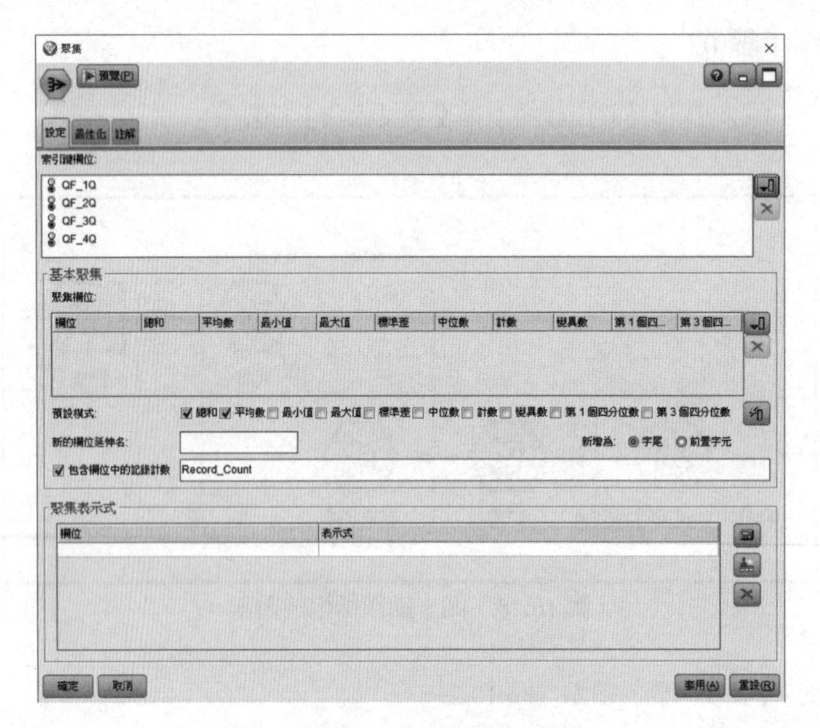

圖 10.29　設成旗標與聚集的設定

在【集合欄位】中從 選擇【QF】，選出 4 個設定值，利用 移動到【建立旗標欄位】。【真值】與【偽值】則從初期設定的【T】、【F】變更成【1】、【0】。勾選【整合鍵值】，從 設定【CUSTID】，按 確定 。

接著，設定【聚集】。【索引鍵欄位】則從 選擇先前所做成的 4 個四半期旗標，將旗標變數 4 種同時當成索引，因此最大可製作 16 種（2 的 4 次方）的組合，【聚集欄位】保持空白，勾選【包含欄位中的紀錄計數】。設定完成後，按 確定 。

右鍵按一下【表格】節點，點選【執行】。

注意 4 個四半期全部有旗標的第 2 列觀察值的 2268 名。連續出現「1」的 4 個方格以 Ctrl 鍵使之凸顯的狀態下，從選單的【產生】選擇【導出節點（和）】。串流區域中自動產生新的節點，按一下 關閉【表格】。

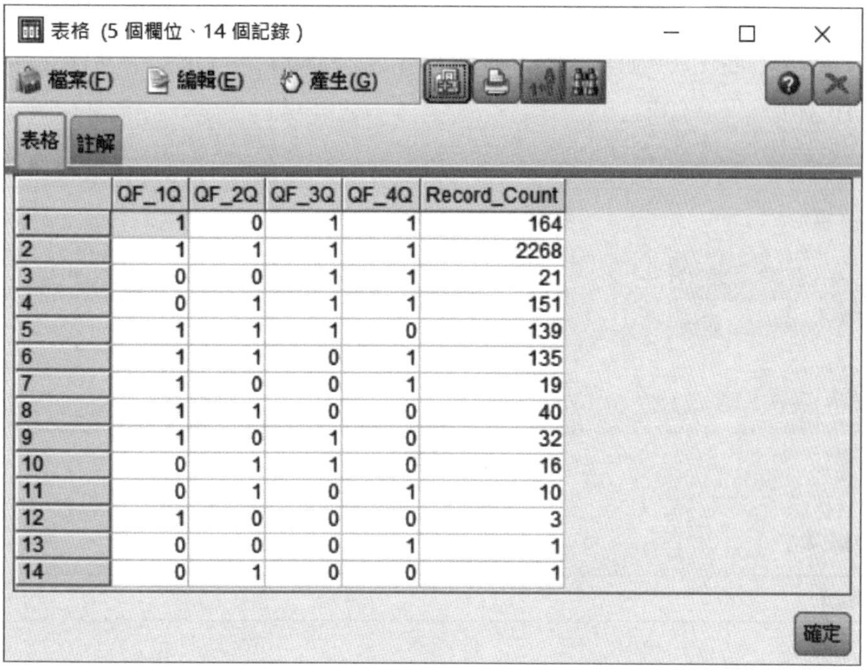

表格 (5 個欄位、14 個記錄)

檔案(F)　編輯(E)　產生(G)

表格　註解

	QF_1Q	QF_2Q	QF_3Q	QF_4Q	Record_Count
1	1	0	1	1	164
2	1	1	1	1	2268
3	0	0	1	1	21
4	0	1	1	1	151
5	1	1	1	0	139
6	1	1	0	1	135
7	1	0	0	1	19
8	1	1	0	0	40
9	1	0	1	0	32
10	0	1	1	0	16
11	0	1	0	1	10
12	1	0	0	0	3
13	0	0	0	1	1
14	0	1	0	0	1

確定

表格 (5 個欄位、14 個記錄) #5

檔案(F)　編輯(E)　產生(G)

選取節點(「記錄」)(S)
選取節點(「和」)(S)
選取節點(「或」)(N)
導出節點(「記錄」)(D)
導出節點(「和」)(D)
導出節點(「或」)(R)

表格　註解

	QF_1Q	QF_2Q			nt
1	1	0			64
2	1	1			68
3	0	0			21
4	0	1			51
5	1	1			39
6	1	1			35
7	1	0			19
8	1	1	0	0	40
9	1	0	1	0	32
10	0	1	1	0	16
11	0	1	0	1	10
12	1	0	0	0	3
13	0	0	0	1	1
14	0	1	0	0	1

確定

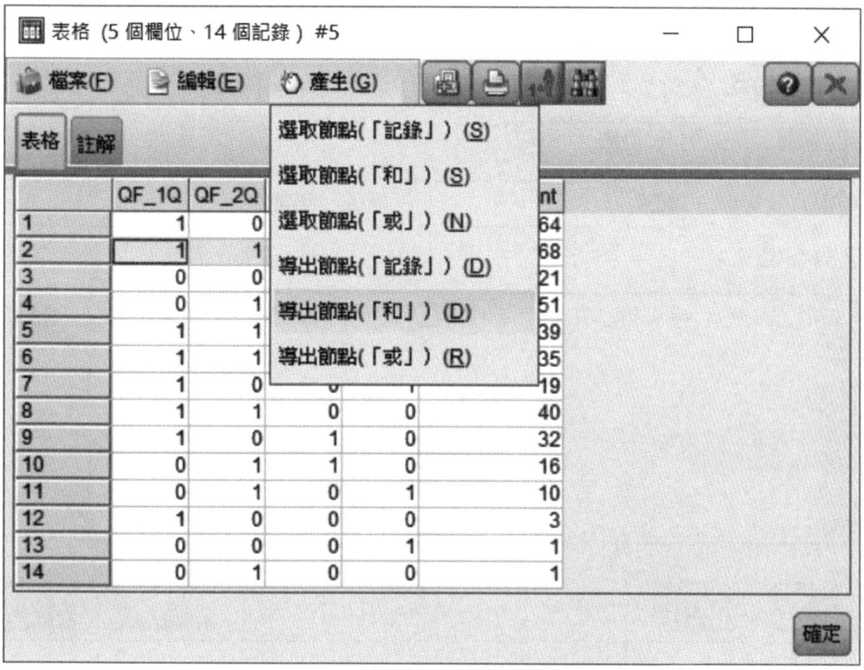

圖 10.30　組合的次數確認與導出

自動產生的【選定】節點是全部四半期均有標籤直立的持續客，因此【導出欄位】當作【繼續】。並且，將【眞值】當作【繼續】，【僞值】當作【其他】（圖 10.31）。

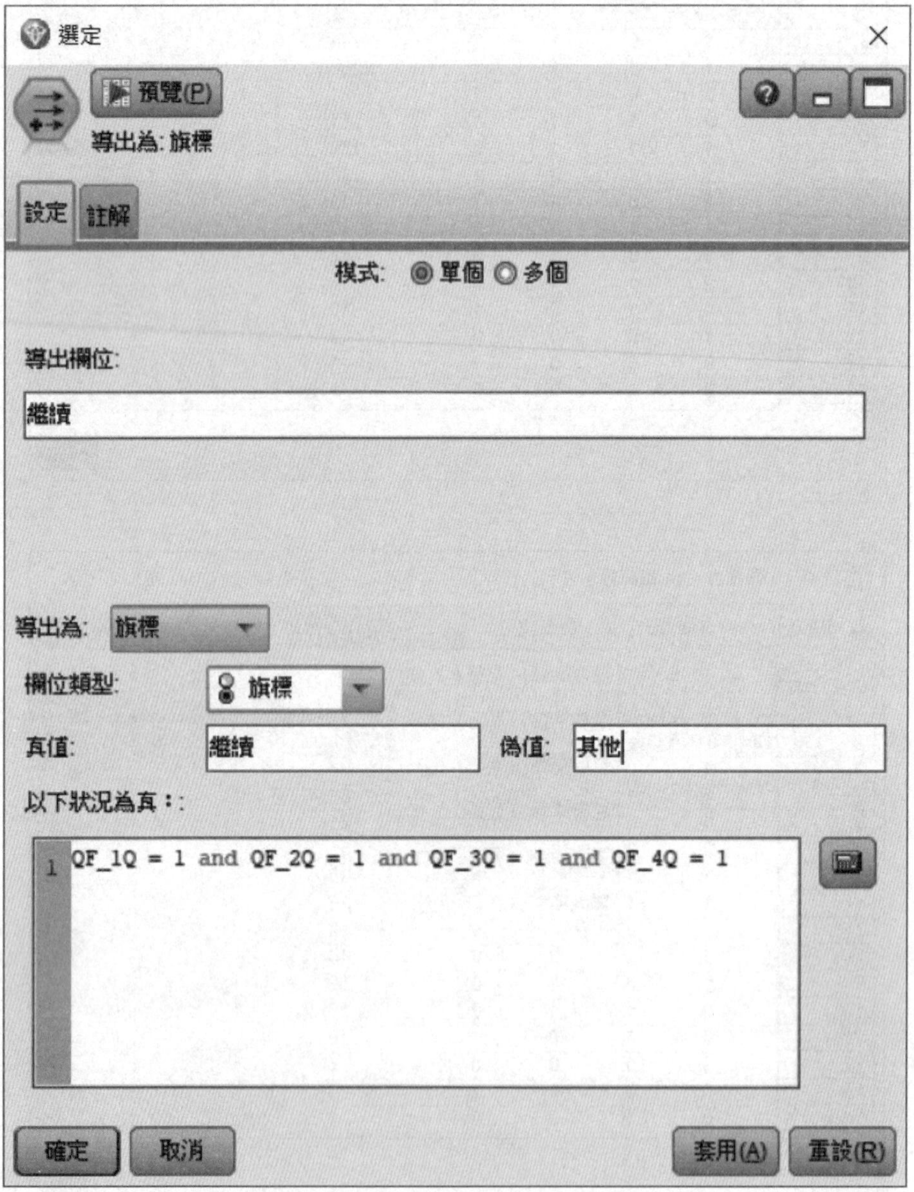

圖 10.31　自動產生導出的設定

■操作步驟 03

從繼續旗標的【其他】之中，嚴格來說是定義最終四半期沒有購買的休眠客。將【繼續】如圖 10.32 連接到【設成旗標】節點，再連接【填入器】節點與【選取】節點。

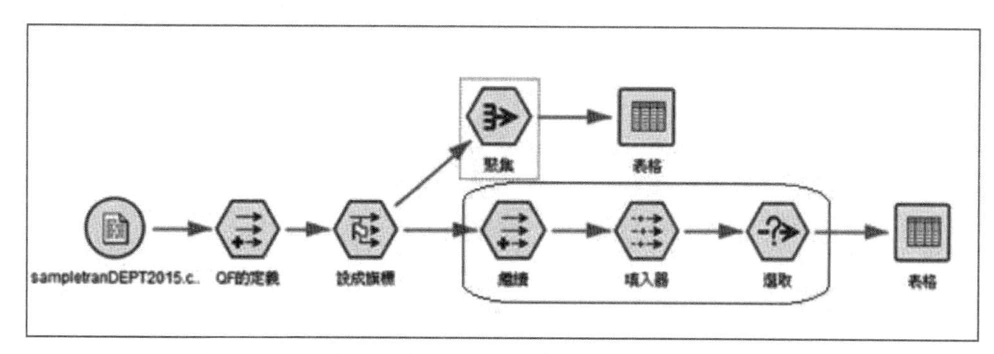

圖 10.32　休眠旗標的的定義與分析對象數據的抽取

編輯【填入器】節點（圖 10.33 左）。

【填入欄位】是從 選出先前所產生的【繼續】，此處爲了定義休眠客，對最後的 4Q 設定成無旗標的置換條件。

【條件】記述爲【QF_1Q=1 and QF_2Q=1 and QF_3Q=1 and QF_4Q=0】，【取代成】記述爲【" 休眠 "】。

設定結束時按 確定 。

其次，編輯【選取】節點。

【模式】點選【捨棄】，【條件】記述爲【繼續 =" 其他 "】。

設定完成後按 確定 。

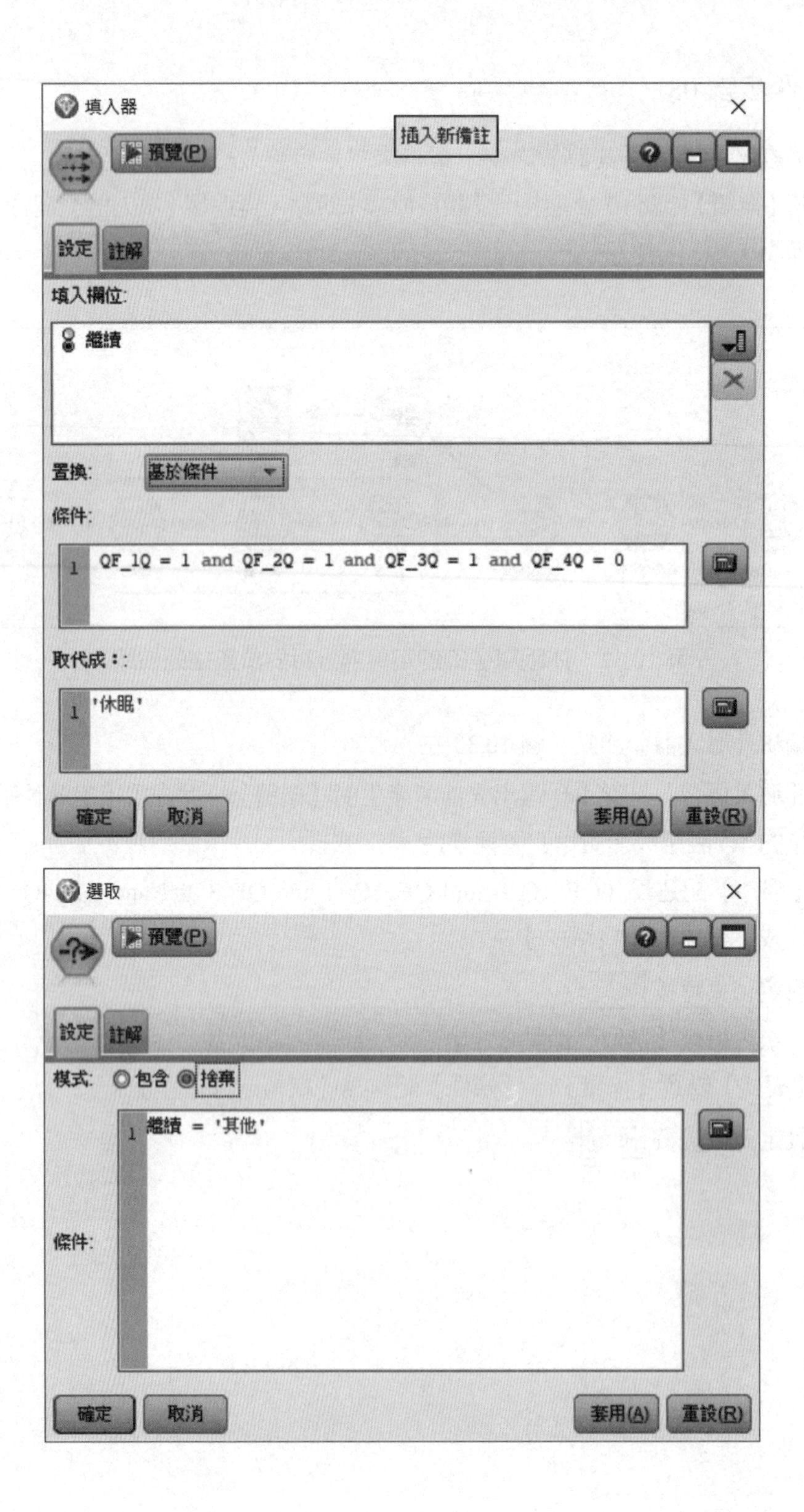
填入器
插入新備註
預覽(P)
設定
註解
填入欄位:
繼續
置換:
基於條件
條件:
QF_1Q = 1 and QF_2Q = 1 and QF_3Q = 1 and QF_4Q = 0
取代成::
'休眠'
確定
取消
套用(A)
重設(R)
選取
預覽(P)
設定
註解
模式:
包含
捨棄
繼續 = '其他'
條件:
確定
取消
套用(A)
重設(R)

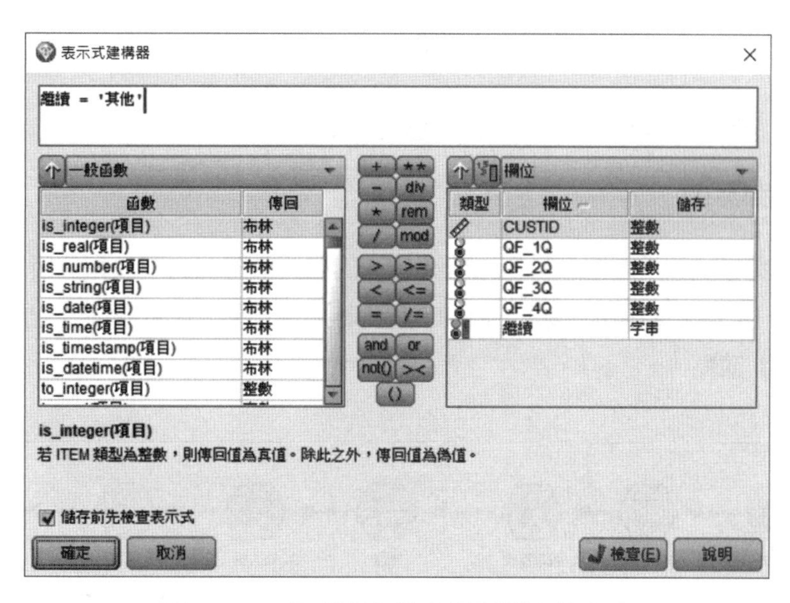

圖 10.33　休眠顧客的定義與選取的設定

右按一下【表格】節點按【執行】時，顯示如圖 10.34。

表格 (6 個欄位、2,407 個記錄)

檔案(F)　編輯(E)　產生(G)

表格　註解

	CUSTID	QF_1Q	QF_2Q	QF_3Q	QF_4Q	繼續
1	100004	1	1	1	1	繼續
2	100005	1	1	1	1	繼續
3	100008	1	1	1	1	繼續
4	100012	1	1	1	1	繼續
5	100016	1	1	1	1	繼續
6	100021	1	1	1	0	休眠
7	100026	1	1	1	1	繼續
8	100029	1	1	1	0	休眠
9	100030	1	1	1	1	繼續
10	100036	1	1	1	1	繼續
11	100037	1	1	1	1	繼續
12	100038	1	1	1	1	繼續
13	100040	1	1	1	1	繼續
14	100042	1	1	1	1	繼續
15	100045	1	1	1	1	繼續
16	100046	1	1	1	1	繼續
17	100048	1	1	1	1	繼續
18	100049	1	1	1	1	繼續
19	100051	1	1	1	1	繼續
20	100054	1	1	1	1	繼續

確定

圖 10.34　成為分析對象的顧客一覽表

確認後按一下 [icon] ，再關閉【表格】。

10.2.3 製作至基準日為止的基礎資訊

■操作步驟 04

從此處起，利用至基準日爲止即 9 月底的購買數據，去製作預測所需要的欄位。如圖 10.35，從串流刪除已存在的【聚集】的分歧，重新連接【選取】節點與【聚集】節點。

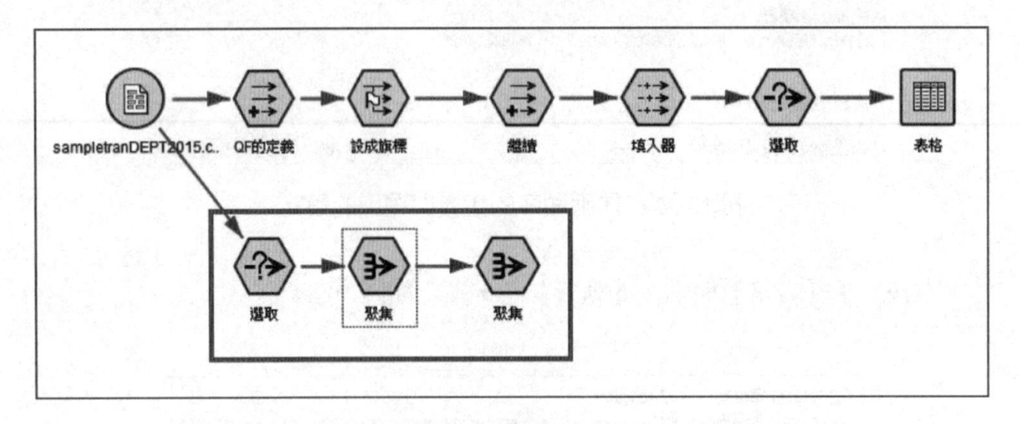

圖 10.35　至基準日為止用於購買行為的紀要

編輯【選取】節點（圖 10.36）以 [icon] 記述下式

DATE<="2015-09-30"

之後，按 確定 。

於是，只有基準日以前的交易成爲預測的對象數據。

接著，將第 2 個【聚集】節點如圖 10.37 那樣編輯。

進行 2 階段的累計是爲了理解顧客每日以何種程度在利用大分類。最終每位顧客形成 1 筆資料列，首先，按每日累計顧客。

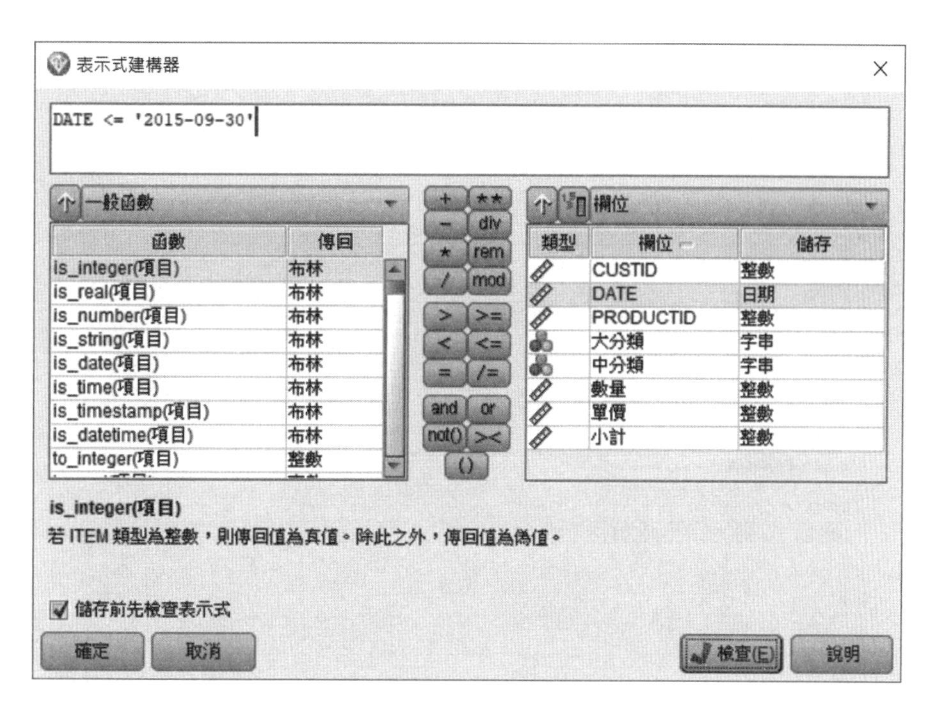

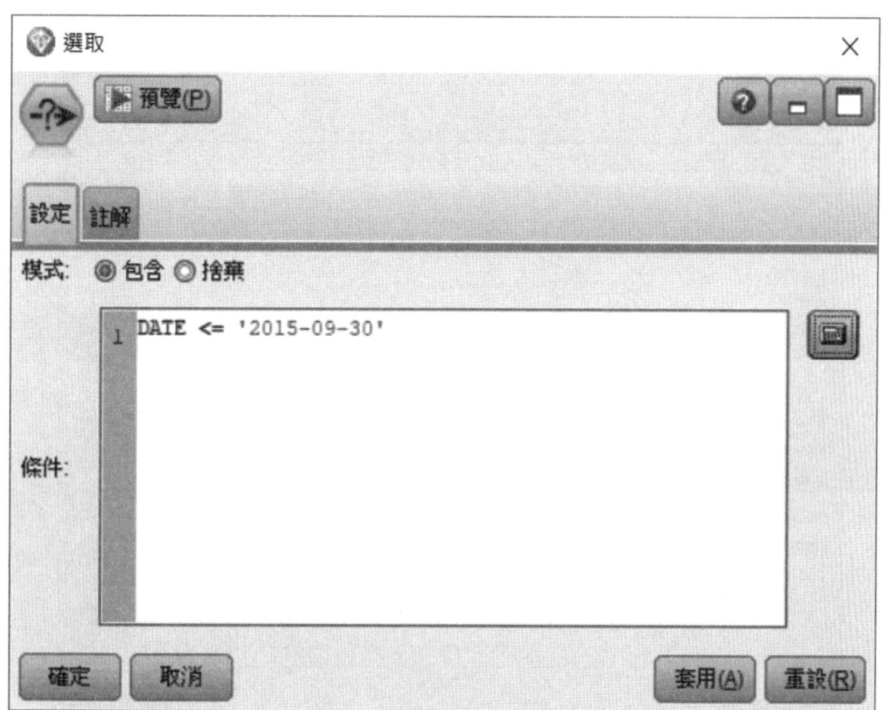

圖 10.36　基準日以前的選取

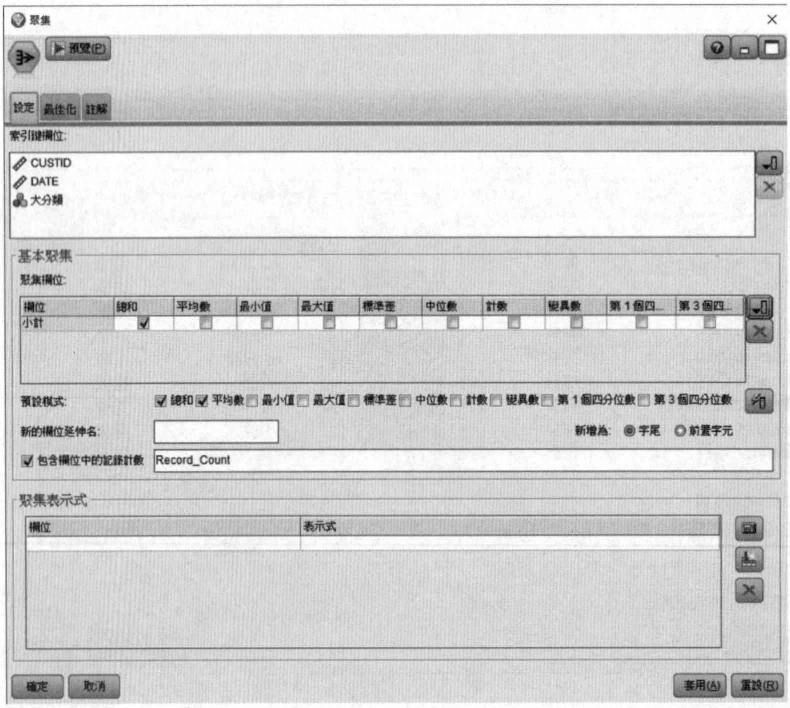

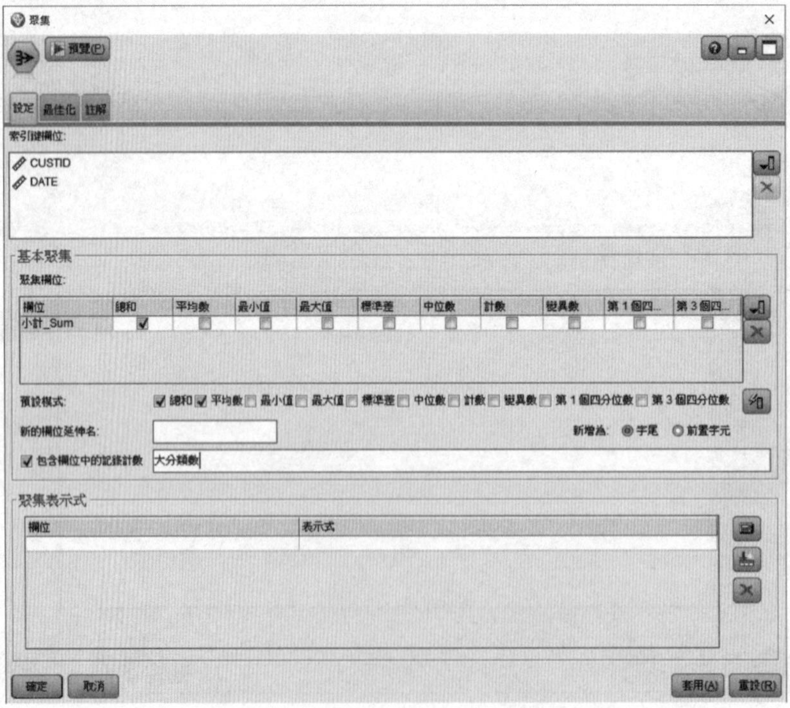

聚集

預覽(P)

設定　最佳化　註解

索引鍵欄位:

CUSTID
DATE
大分類

基本聚集

聚集欄位:

欄位	總和	平均數	最小值	最大值	標準差	中位數	計數	變異數	第 1 個四...	第 3 個四...
小計	☑	☐	☐	☐	☐	☐	☐	☐	☐	☐

預設模式:　☑ 總和 ☑ 平均數 ☐ 最小值 ☐ 最大值 ☐ 標準差 ☐ 中位數 ☐ 計數 ☐ 變異數 ☐ 第 1 個四分位數 ☐ 第 3 個四分位數

新的欄位延伸名:　　　新增為: ◉ 字尾 ○ 前置字元

☑ 包含欄位中的記錄計數　Record_Count

聚集表示式

欄位	表示式

確定　取消　　　套用(A)　重設(R)

聚集

預覽(P)

設定　最佳化　註解

索引鍵欄位:

CUSTID
DATE

基本聚集

聚集欄位:

欄位	總和	平均數	最小值	最大值	標準差	中位數	計數	變異數	第 1 個四...	第 3 個四...
小計_Sum	☑	☐	☐	☐	☐	☐	☐	☐	☐	☐

預設模式:　☑ 總和 ☑ 平均數 ☐ 最小值 ☐ 最大值 ☐ 標準差 ☐ 中位數 ☐ 計數 ☐ 變異數 ☐ 第 1 個四分位數 ☐ 第 3 個四分位數

新的欄位延伸名:　　　新增為: ◉ 字尾 ○ 前置字元

☑ 包含欄位中的記錄計數　大分類數

聚集表示式

欄位	表示式

確定　取消　　　套用(A)　重設(R)

圖 10.37　顧客行為的兩段累計

編輯第 1 個階段的【聚集】。

於【索引鍵欄位】以 選擇【CUSTID】、【DATE】、【大分類】三者。

於【聚集欄位】以 選擇【小計】，只勾選【總和】。

取消【包含欄位中的紀錄計數】，設定完成後 確定 。

編輯第 2 階段的【聚集】。

於【索引鍵欄位】以 選擇【CUSTID】、【DATE】兩者。

於【聚集欄位】以 選擇【小計 _Sum】，只勾選【總和】。

取消【包含欄位中的紀錄計數】，輸入【大分類數】，設定結束後按 確定 。

■操作步驟 05

從顧客的最後來店日逆推，計測最終來店日的 N 日前，且附加來店間隔當作資訊。串流之中連接 2 對的【排序】節點與【導出】節點。【表格】節點分別連接到【導出】節點的後方（圖 10.38）。

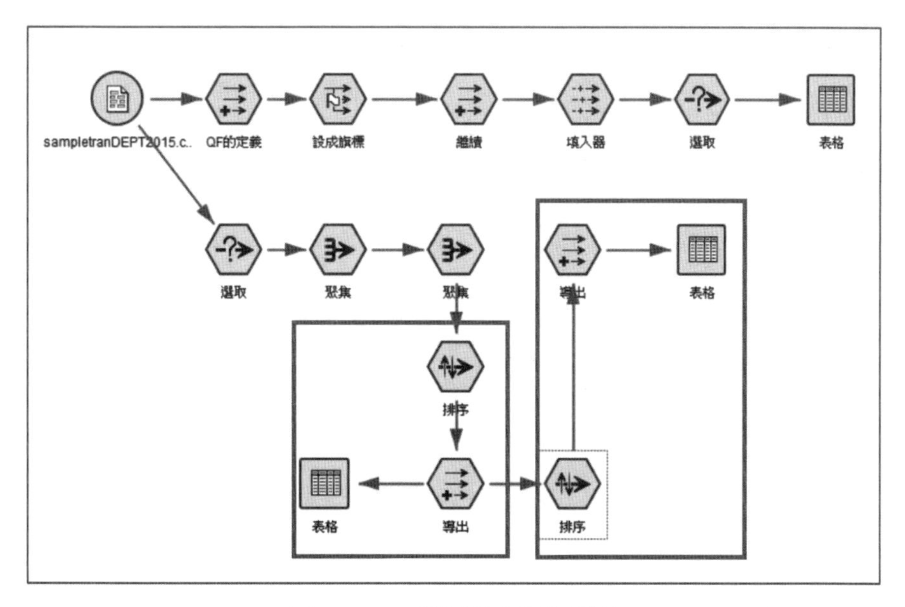

圖 10.38　利用排序製作欄位

先編輯最初的一對【排序】與【導出】（圖 10.39）

【排序方式】以 選出【CUSTID】形成【遞增】，同樣選出【DATE】形成【遞減】之後，按 確定 。

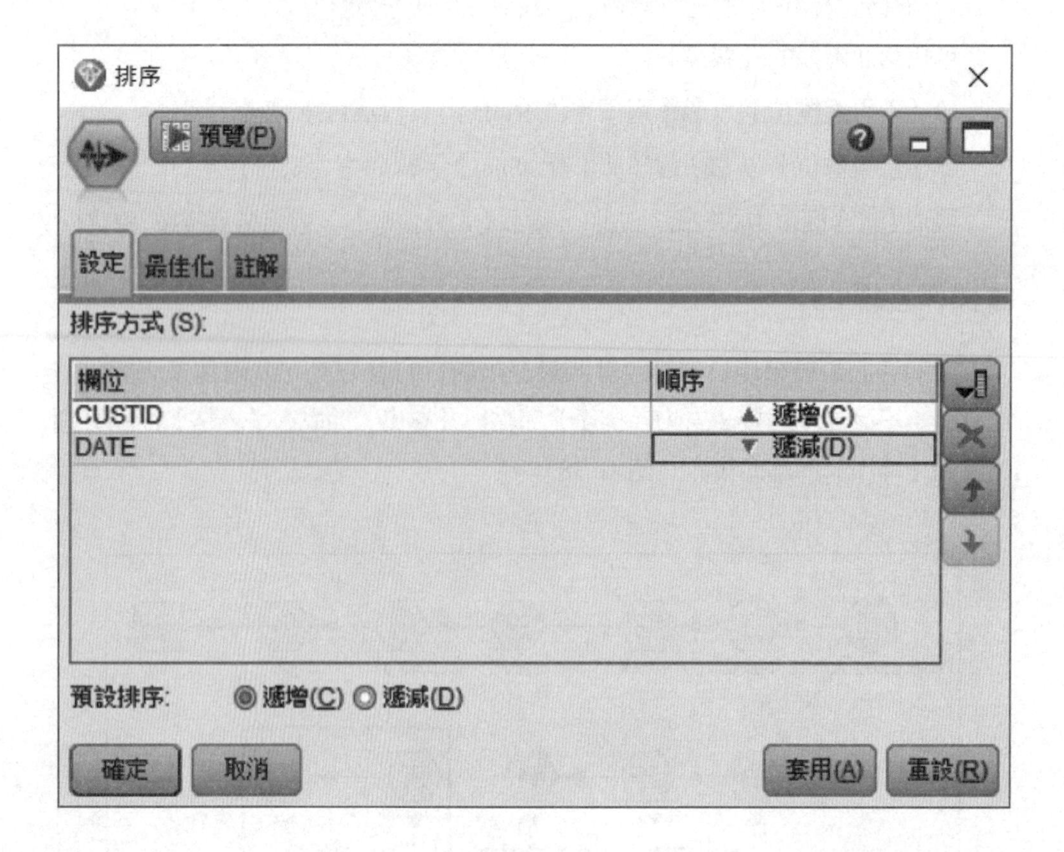

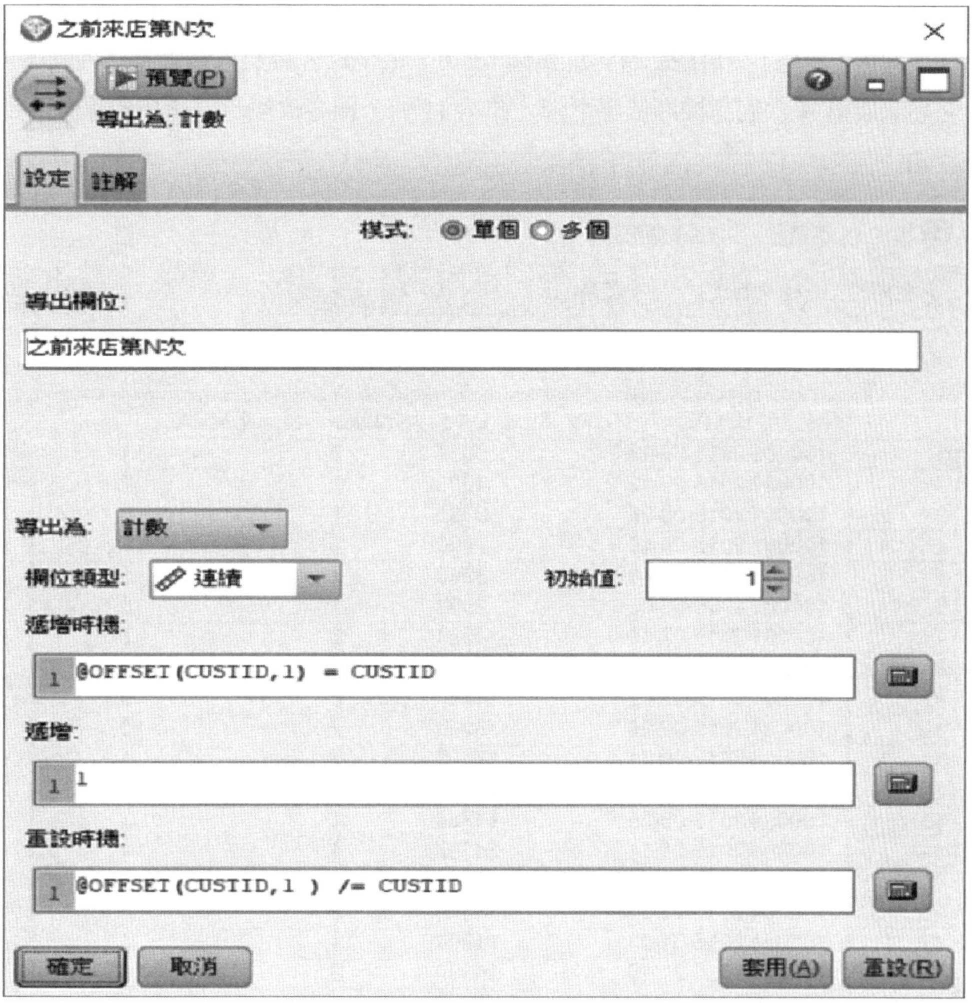

圖 10.39　設定之前來店第 N 次

此時點中，每一位顧客，日期均與原來的時間系列相反排列。

【導出】的設定如下（與第 9 章 3.1 節相同使用 offset 的計數）。

【導出欄位】則輸入【之前來店第 N 次】

【導出爲】則選擇【計數】。

【遞增時機】，利用  ，記入「@OFFSET(CUSTID, 1)=CUSTID」。

【重設時機】，利用  ，記入「@OFFSET(CUSTID, 1)/=CUSTID」。

設定結束後按確定。

連接【表格】後再確認時，即爲圖 10.40。每位顧客按照遞減將時序列排序，之前來店第 N 次的指標即依序下降。像第 11 列，顧客改變時，指標即重設回到「1」。

表格 (5 個欄位、34,603 個記錄) #1

檔案(F) 編輯(E) 產生(G)

表格 註解

	CUSTID	DATE	小計_Sum_Sum	大分類數	之前來店第N次
1	100001	2015-09-19	6034	2	1
2	100001	2015-09-12	4093	1	2
3	100001	2015-08-26	3385	1	3
4	100001	2015-08-18	7680	2	4
5	100001	2015-08-11	3240	1	5
6	100001	2015-08-08	2888	1	6
7	100001	2015-07-16	4690	2	7
8	100001	2015-07-09	3108	1	8
9	100001	2015-07-02	4490	2	9
10	100001	2015-02-26	3080	2	10
11	100004	2015-09-11	17526	2	1
12	100004	2015-07-03	11573	5	2
13	100004	2015-06-25	44764	4	3
14	100004	2015-05-14	24397	4	4
15	100004	2015-04-18	7947	1	5
16	100004	2015-01-30	14840	2	6
17	100004	2015-01-22	14304	1	7
18	100004	2015-01-16	16300	2	8
19	100005	2015-09-14	5200	1	1
20	100005	2015-08-26	10500	1	2

確定

圖 10.40　按日期遞減製作之前來店第 N 次

確認後，按一下 ，關閉【表格】。

為了得出來店間隔，回到原來的時序列的遞增順序。

編輯第 2 個【排序】（圖 10.41），以 選出【CUSTID】依照【遞增】，同樣的，將【DATE】回到【遞增】後，按 確定。

接著，編輯【導出】（圖 10.41 下）。

【導出欄位】輸入【來店間隔】。

【導出為】選擇【附有條件的】。

【如果】利用 ，記入「@OFFSET（CUSTID, D=CUSTID」

【則】利用 ，記入「date_days_difference(@OFFSET(DATE,1),DATE)」，「否則」利用 ，當作「undef」，結束後按 確定。

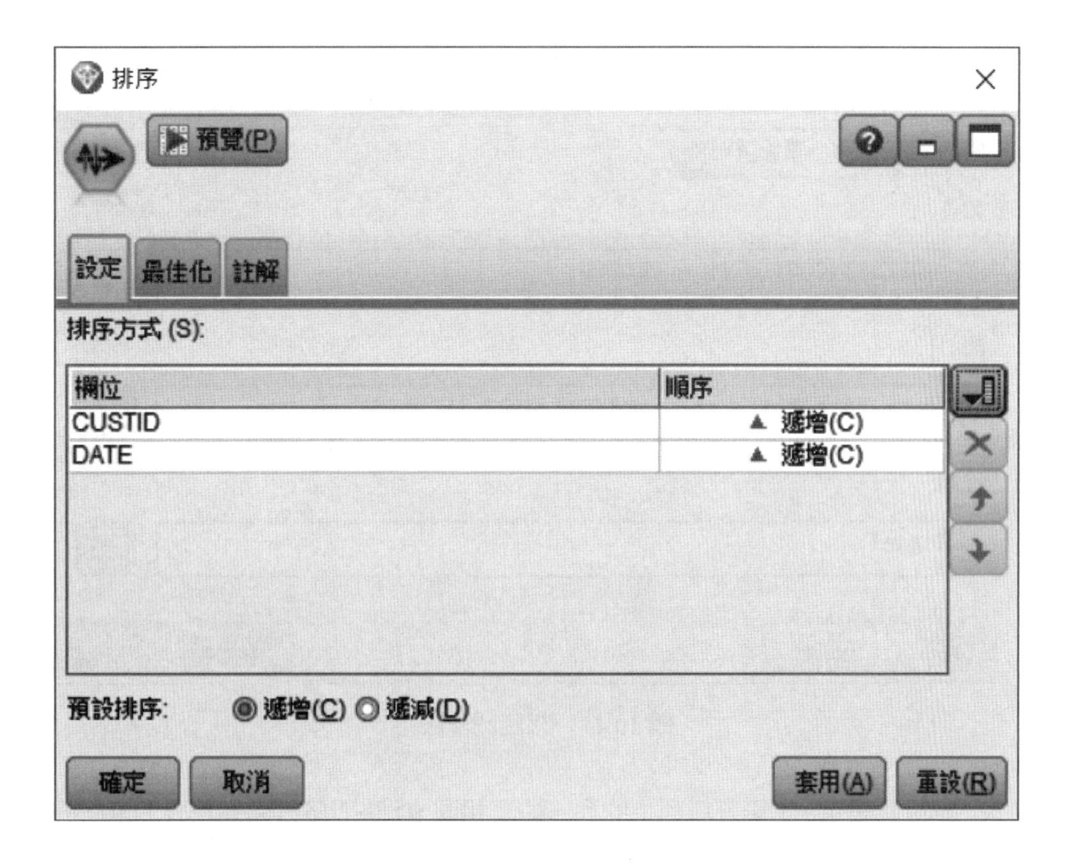

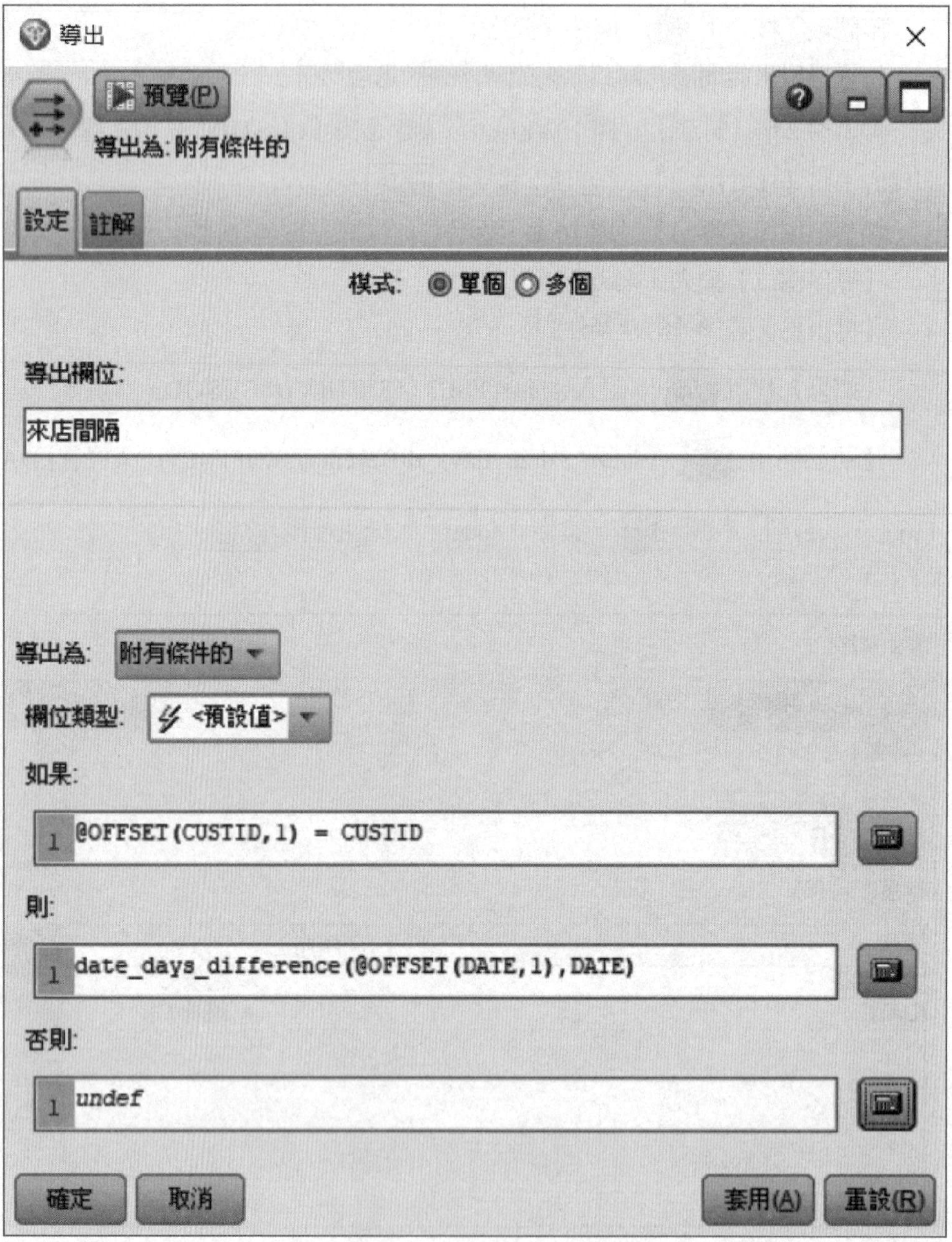

導出

預覽(P)

導出為: 附有條件的

設定 註解

模式: 單個 多個

導出欄位:

來店間隔

導出為: 附有條件的

欄位類型: <預設值>

如果:

```
1 @OFFSET(CUSTID,1) = CUSTID
```

則:

```
1 date_days_difference(@OFFSET(DATE,1),DATE)
```

否則:

```
1 undef
```

確定 取消 套用(A) 重設(R)

圖 10.41　來店間隔設定

利用此設定，1 筆資料列上的列，如是相同 ID 時即為日期的差分，不同的 ID 時即為 null（undef）。日期的差分函數在第 7 章 1.2 項中有被利用。

確認【表格】時，即爲圖 10.42。確認後，按 ✕ 關閉【表格】。

表格 (6 個欄位、34,603 個記錄)

檔案(F)　編輯(E)　產生(G)

表格　註解

	CUSTID	DATE	小計_Sum_Sum	大分類數	之前來店第N次	來店間隔
1	100001	2015-02-26	3080	2	10	$null$
2	100001	2015-07-02	4490	2	9	126
3	100001	2015-07-09	3108	1	8	7
4	100001	2015-07-16	4690	2	7	7
5	100001	2015-08-08	2888	1	6	23
6	100001	2015-08-11	3240	1	5	3
7	100001	2015-08-18	7680	2	4	7
8	100001	2015-08-26	3385	1	3	8
9	100001	2015-09-12	4093	1	2	17
10	100001	2015-09-19	6034	2	1	7
11	100004	2015-01-16	16300	2	8	$null$
12	100004	2015-01-22	14304	1	7	6
13	100004	2015-01-30	14840	2	6	8
14	100004	2015-04-18	7947	1	5	78
15	100004	2015-05-14	24397	4	4	26
16	100004	2015-06-25	44764	4	3	42
17	100004	2015-07-03	11573	5	2	8
18	100004	2015-09-11	17526	2	1	70
19	100005	2015-01-26	14560	1	9	$null$
20	100005	2015-03-09	14560	1	8	42

確定

圖 10.42　來店間隔的確認

10.2.4 最終來店之前的行為紀要

爲了掌握休眠的徵兆，注意休眠之前第 3 次的購買特徵（圖 10.43）。

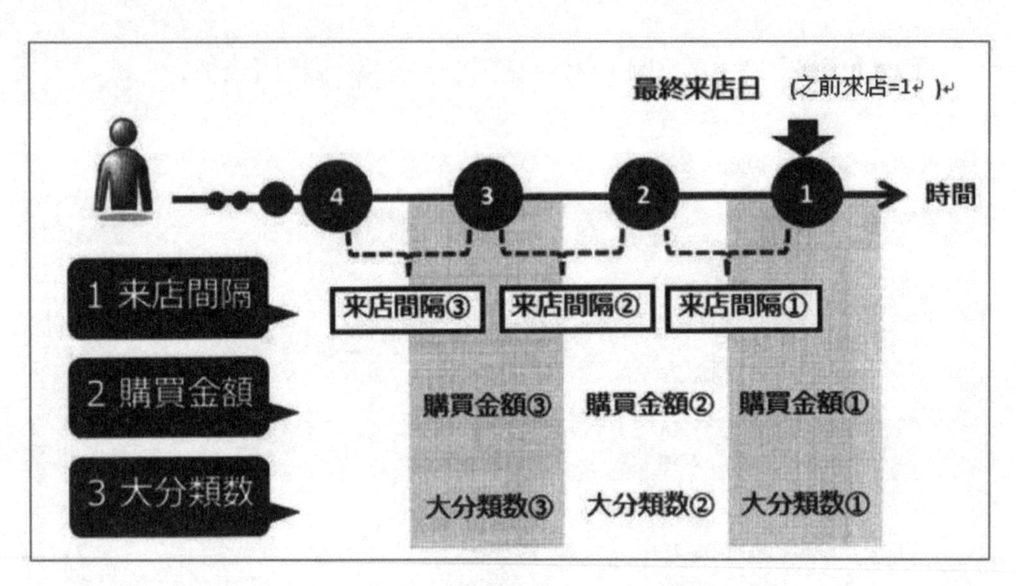

圖 10.43　最終來店之前的行為

■操作步驟 06

從最終來店到之前 3 次的時間點，製作來店間隔與購買金額、大分類數。【導出】節點連續 9 個排列連接（圖 10.44）。

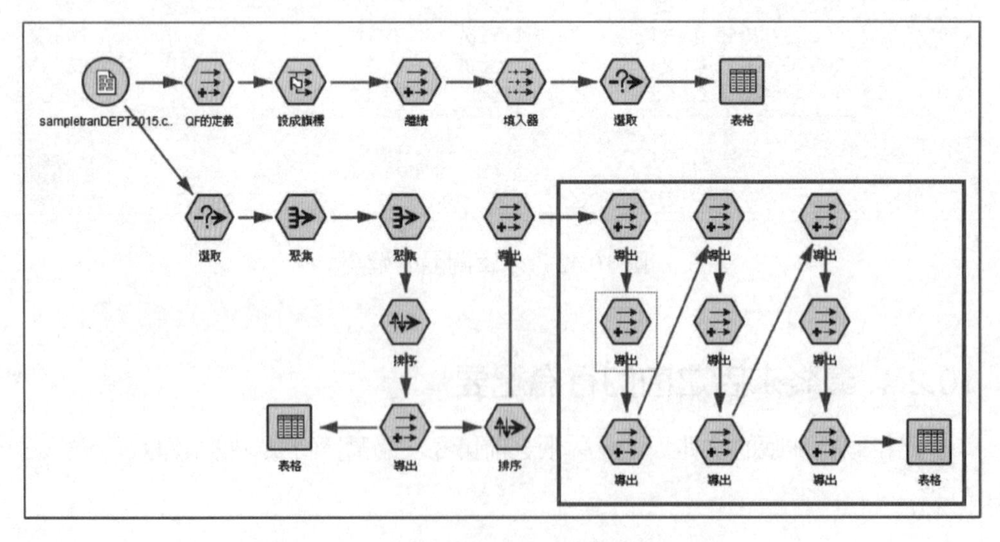

圖 10.44　基準日之前 3 次的購買行為紀要

首先，編輯第 1 個【導出】節點（圖 10.45-1），觀察來店間隔。

【導出欄位】是輸入【之前來店 2 到 1 的日數】，
【導出爲】則選擇【附有條件的】。
【如果】利用 ，記入「之前來店第 N 次 =1」，
【則】利用 ，記入「來店間隔」，
「否則」利用 ，當作「undef」。
設定結束後按 確定 。
編輯第 2 個【導出】節點（圖 10.45-2 中）。
【導出欄位】記入「之前來店 3 到 2 的日數」，
【如果】利用 ，記入「之前來店第 N 次 =2」。
設定結束後按 確定 。
編輯第 3 個【導出】節點（圖 10.45-3 右）。
【導出欄位】記入「之前來店 4 到 3 的日數」，
【如果】利用 ，記入「之前來店第 N 次 =3」。
設定完成後，按一下 預覽 。

在第 3 個【導出】出現的時間點中，來店間隔的預覽如圖 10.46。針對顧客 ID0000 的 10 次來店的最後 3 次製作欄位。

確認後按一下 關閉預覽。
關於購買金額也同樣去製作欄位（圖 10.47）。

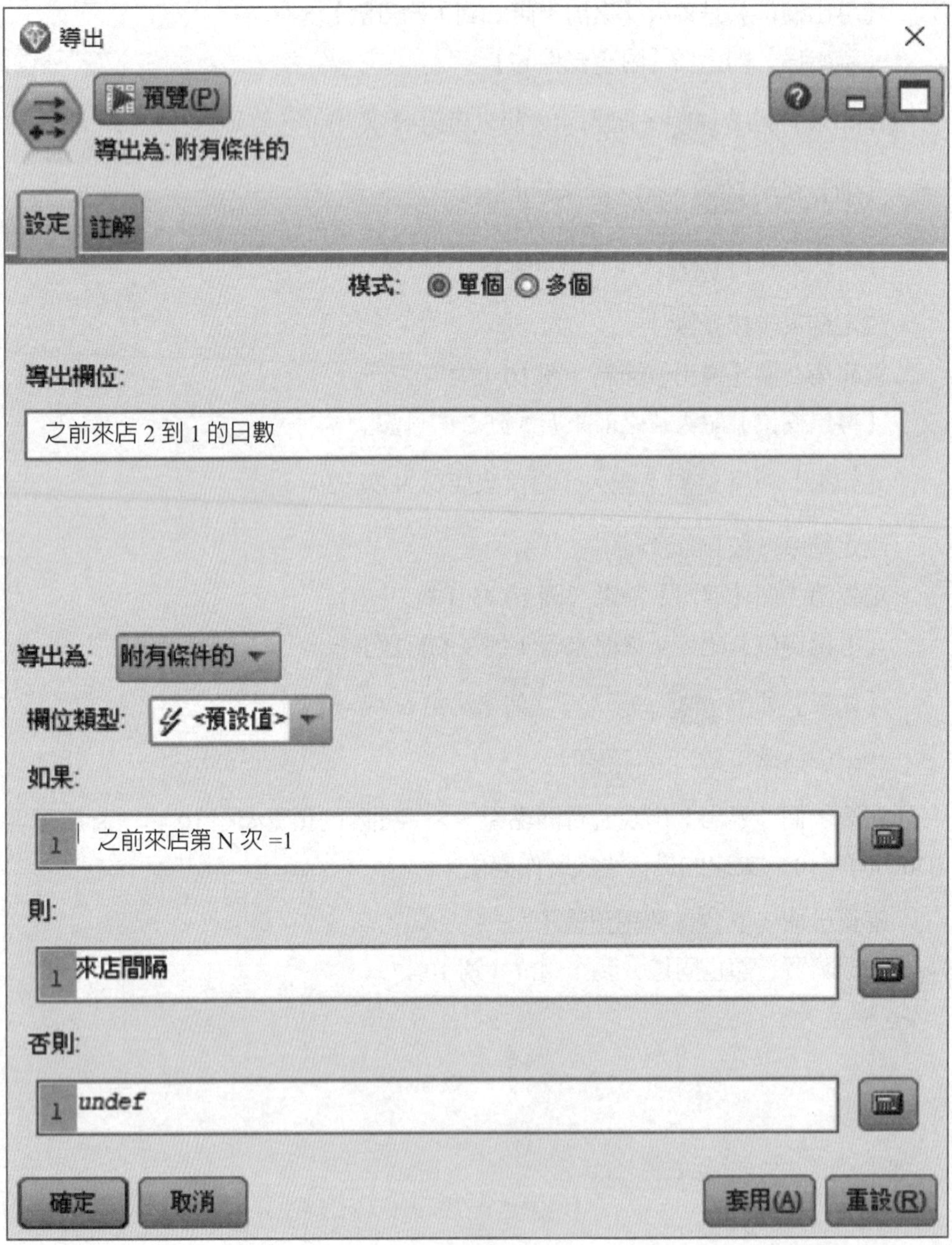

導出

預覽(P)

導出為: 附有條件的

設定 註解

模式: 單個 多個

導出欄位:

之前來店 2 到 1 的日數

導出為: 附有條件的

欄位類型: <預設值>

如果:

1 之前來店第 N 次 =1

則:

1 來店間隔

否則:

1 undef

確定 取消 套用(A) 重設(R)

圖 10.45-1

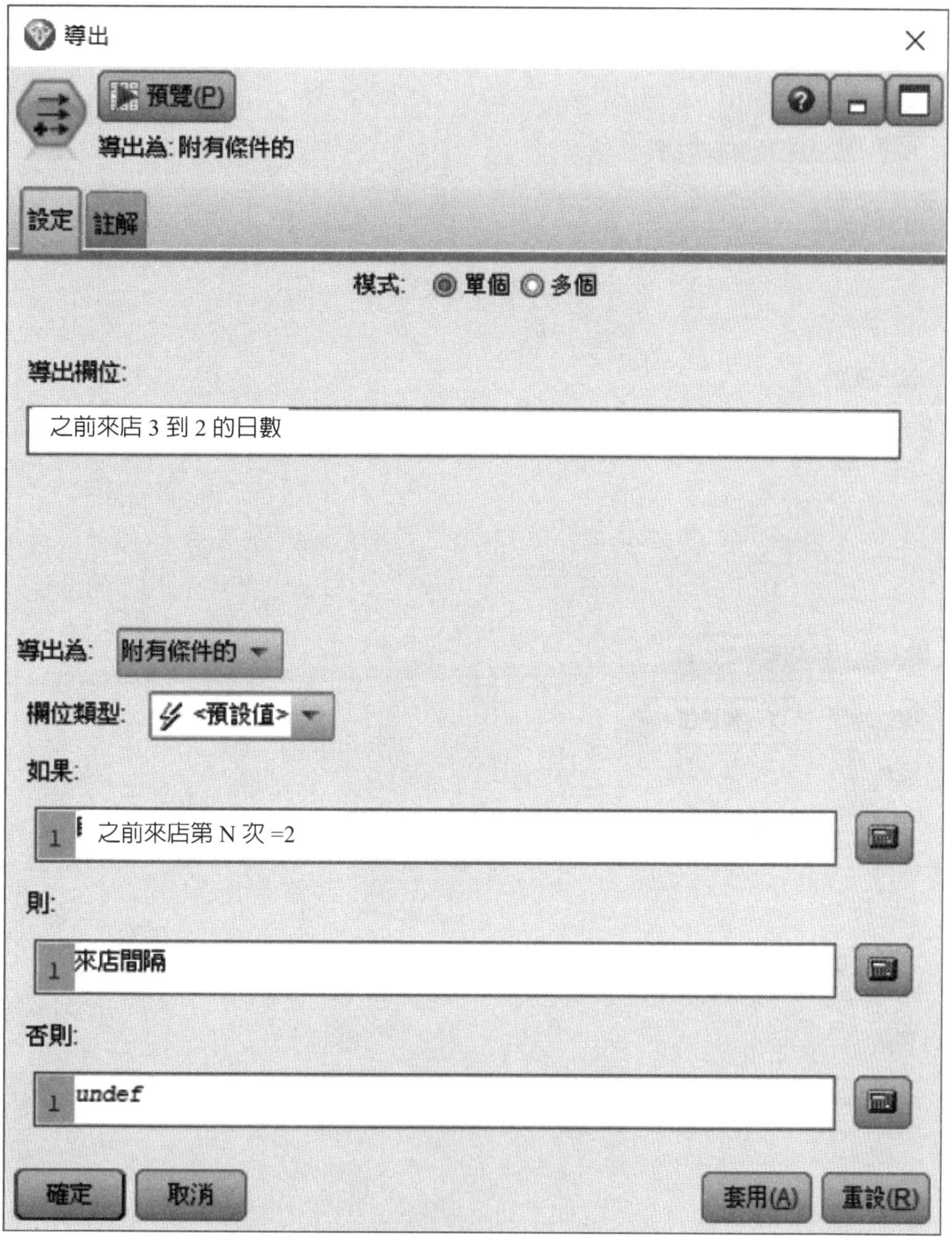

導出

預覽(P)

導出為: 附有條件的

設定 註解

模式: 單個 多個

導出欄位:

之前來店 3 到 2 的日數

導出為: 附有條件的

欄位類型: <預設值>

如果:

1 之前來店第 N 次 =2

則:

1 來店間隔

否則:

1 undef

確定 取消 套用(A) 重設(R)

圖 10.45-2

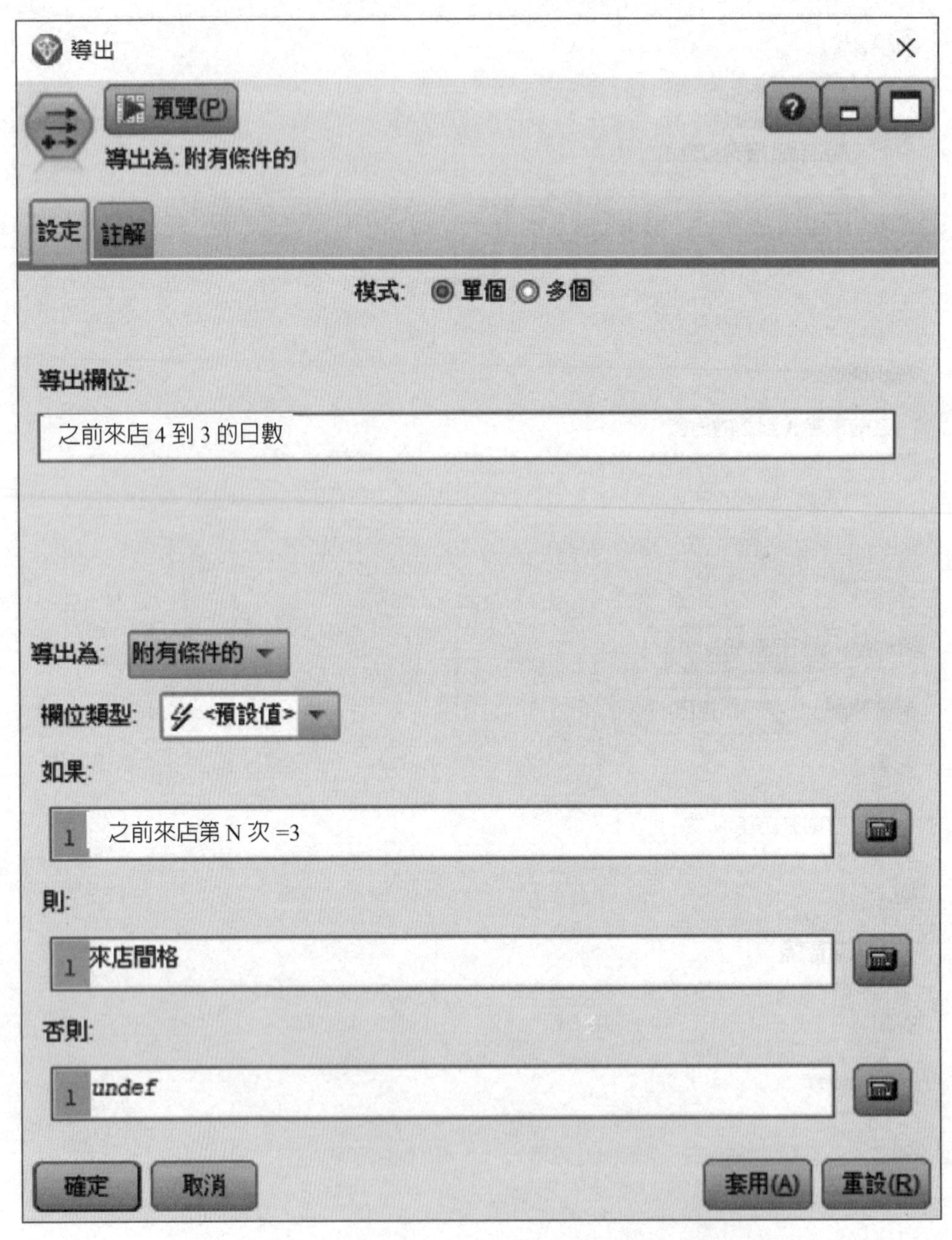

圖 10.45-3　基準日之前 3 次的來店間隔欄位製作

自 導出 節點預覽 (9 個欄位、10 個記錄)

檔案(F) 編輯(E) 產生(G)

表格 註解

	CUSTID	DATE	小計_Sum_Sum	大分類數	即將來店第N次之前	來店間隔	即將來店2到1的日數	即將來店3到2的日數	即將來店4到3的日數
1	100001	2015-02-26	3080	2	10	$null$	$null$	$null$	$null$
2	100001	2015-07-02	4490	2	9	126	$null$	$null$	$null$
3	100001	2015-07-09	3108	1	8	7	$null$	$null$	$null$
4	100001	2015-07-16	4690	2	7	7	$null$	$null$	$null$
5	100001	2015-08-08	2888	1	6	23	$null$	$null$	$null$
6	100001	2015-08-11	3240	1	5	3	$null$	$null$	$null$
7	100001	2015-08-18	7680	2	4	7	$null$	$null$	$null$
8	100001	2015-08-26	3385	1	3	8	$null$	$null$	8
9	100001	2015-09-12	4093	1	2	17	$null$	17	$null$
10	100001	2015-09-19	6034	2	1	7	7	$null$	$null$

確定

圖 10.46 之前來店間隔欄位的預覽

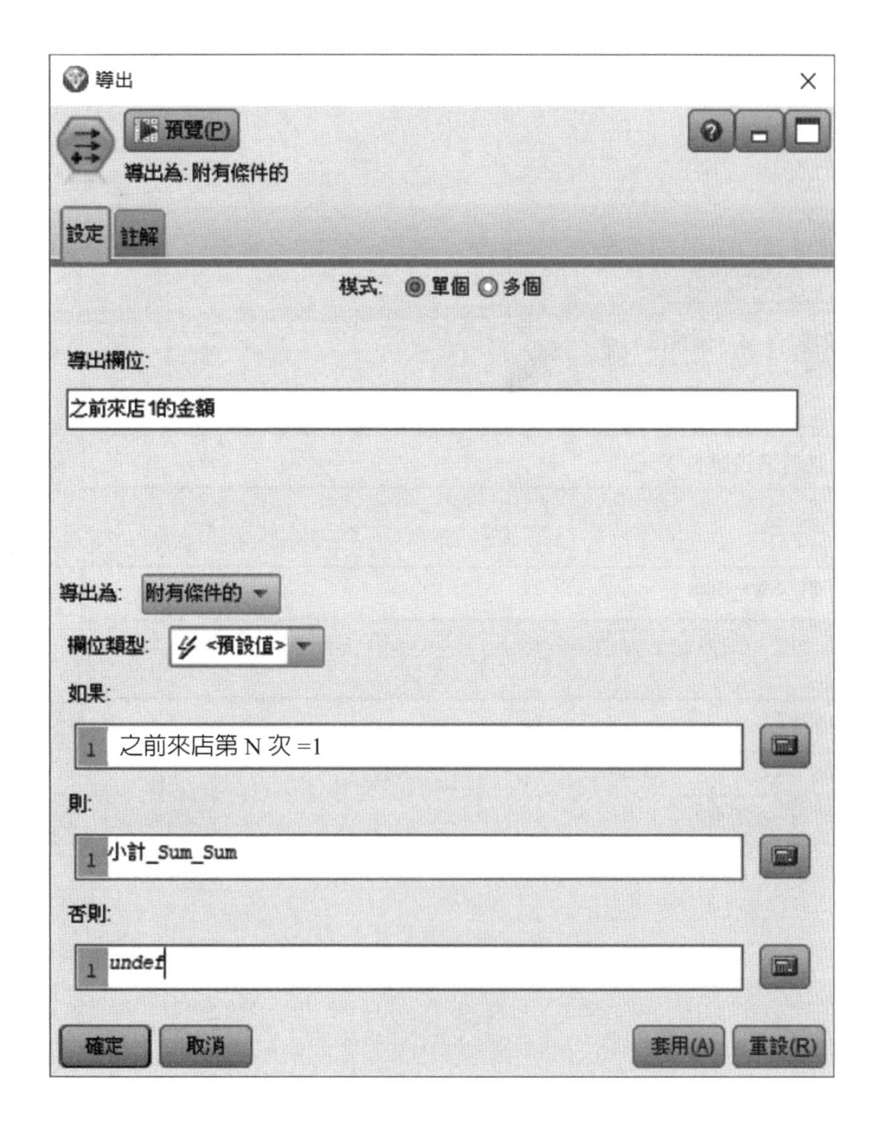

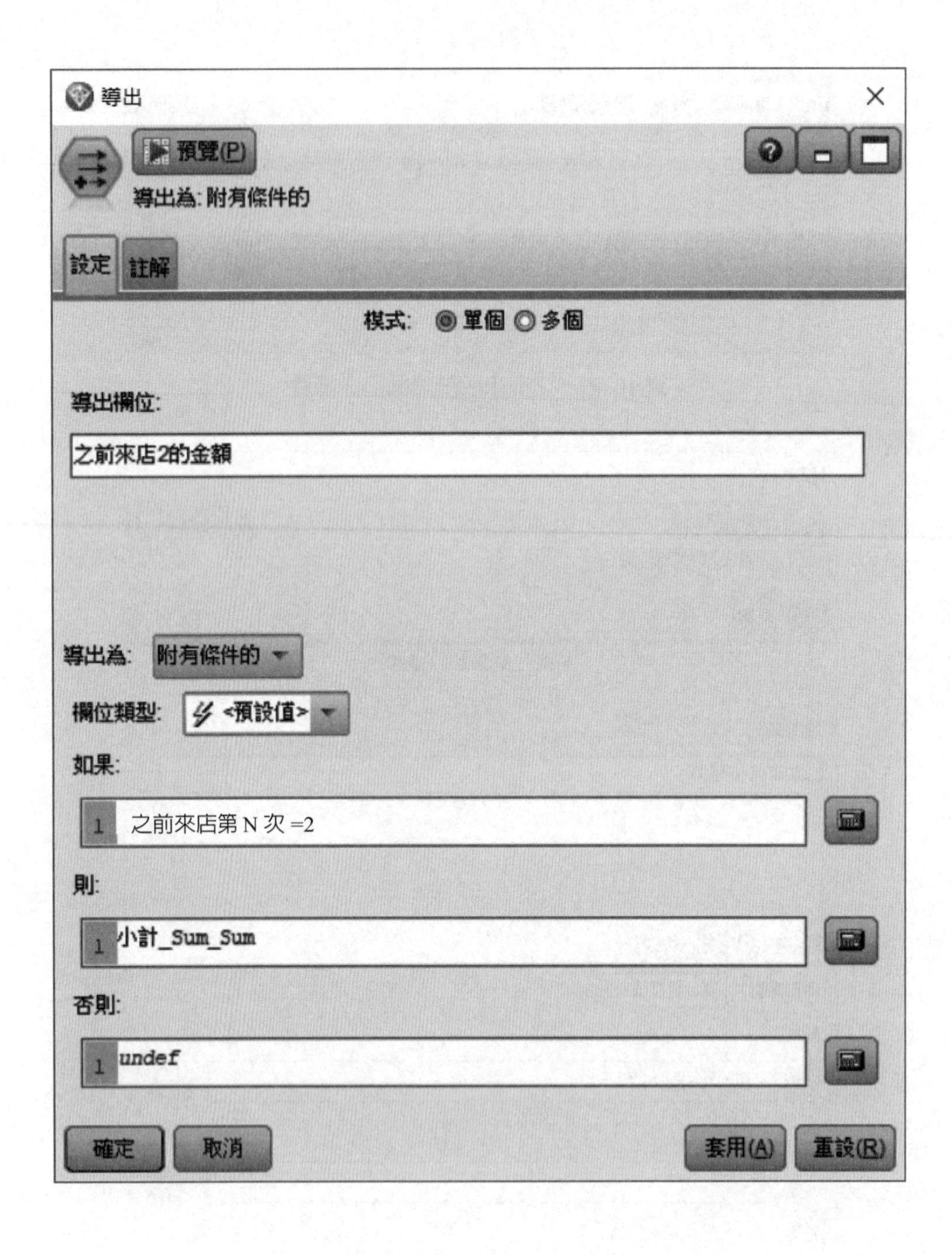
導出
預覽(P)
導出為: 附有條件的
設定
註解
模式: 單個 多個
導出欄位:
之前來店2的金額
導出為: 附有條件的
欄位類型: <預設值>
如果:
之前來店第 N 次 =2
則:
小計_Sum_Sum
否則:
undef
確定
取消
套用(A)
重設(R)

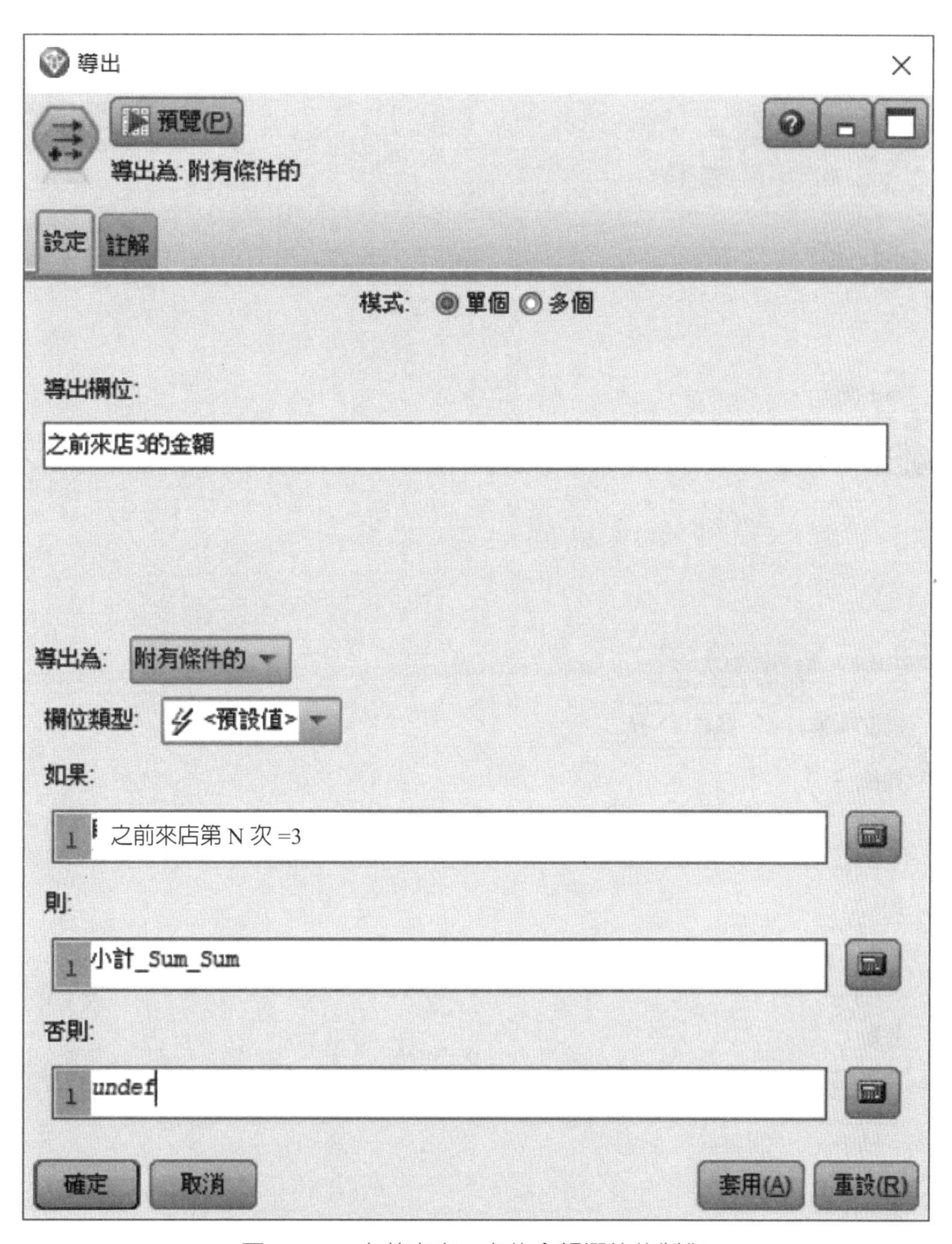

圖 10.47　之前來店 3 次的金額欄位的製作

設定完成後按 確定 。

與購買金額同樣，也對大分類去設定（圖 10.48）。

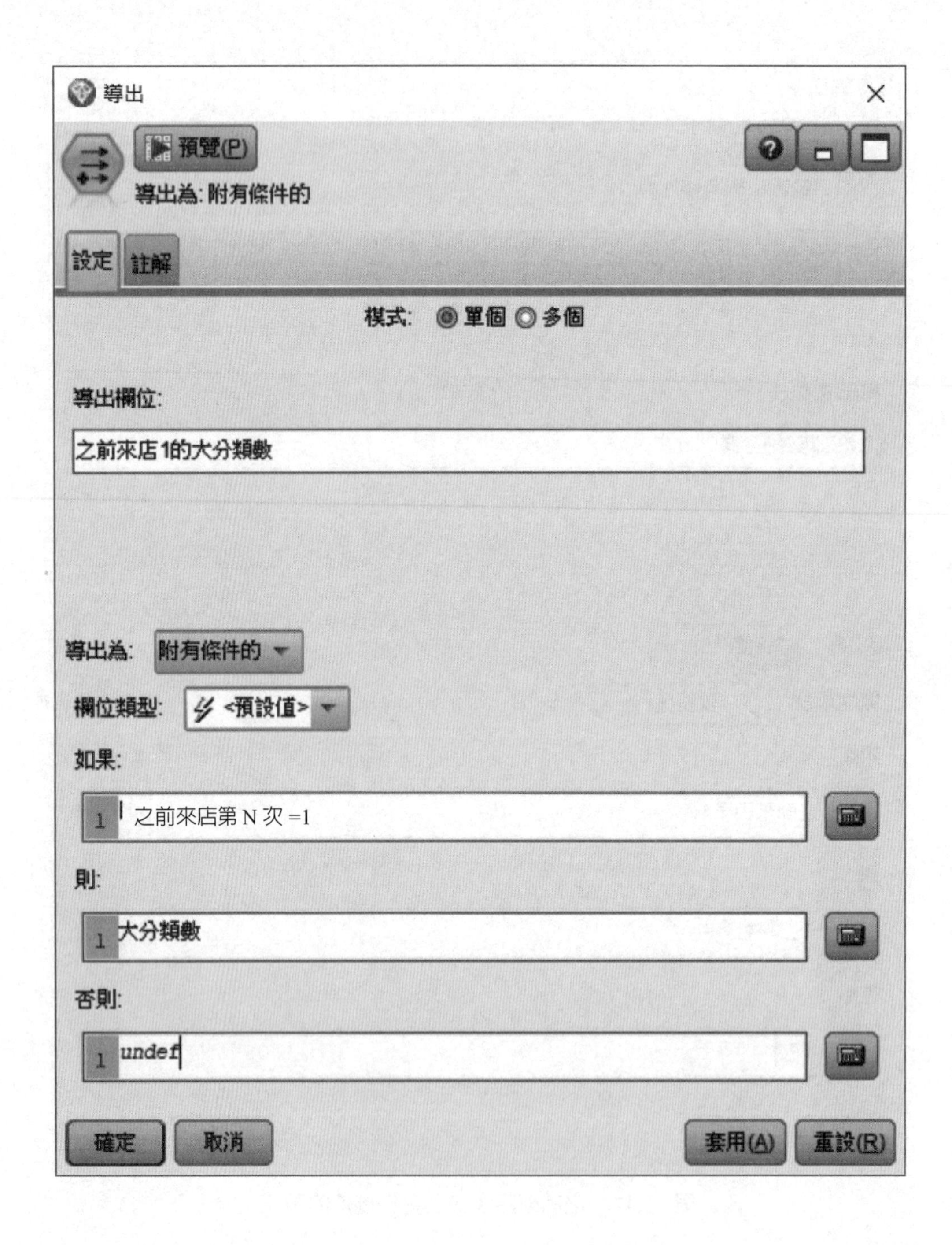
導出
預覽(P)
導出為: 附有條件的
設定
註解
模式: 單個 多個
導出欄位:
之前來店 1的大分類數
導出為: 附有條件的
欄位類型: <預設值>
如果:
之前來店第 N 次 =1
則:
大分類數
否則:
undef
確定
取消
套用(A)
重設(R)

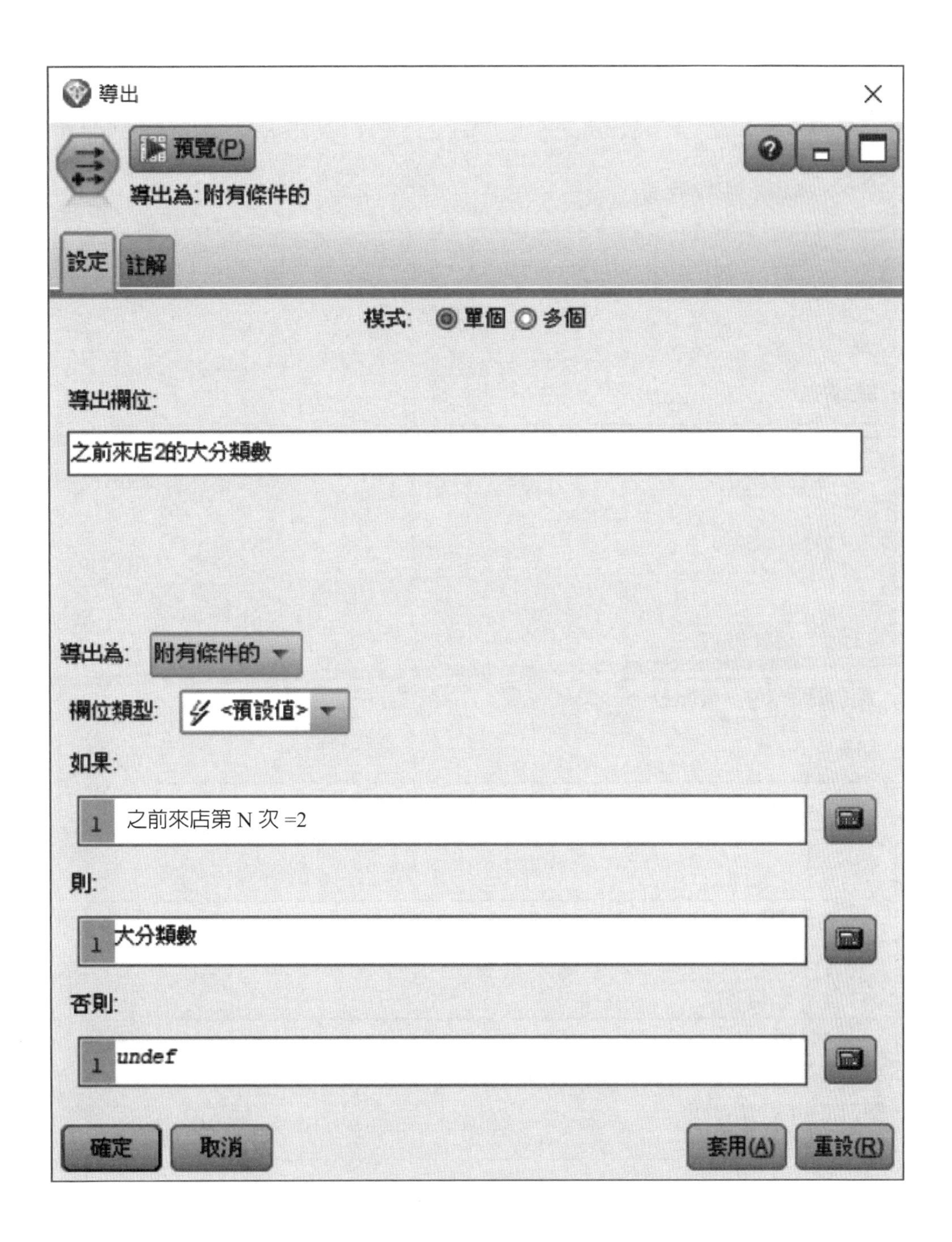
導出
預覽(P)
導出為: 附有條件的
設定
註解
模式: 單個 多個
導出欄位:
之前來店2的大分類數
導出為: 附有條件的
欄位類型: <預設值>
如果:
1 之前來店第 N 次 =2
則:
1 大分類數
否則:
1 undef
確定
取消
套用(A)
重設(R)

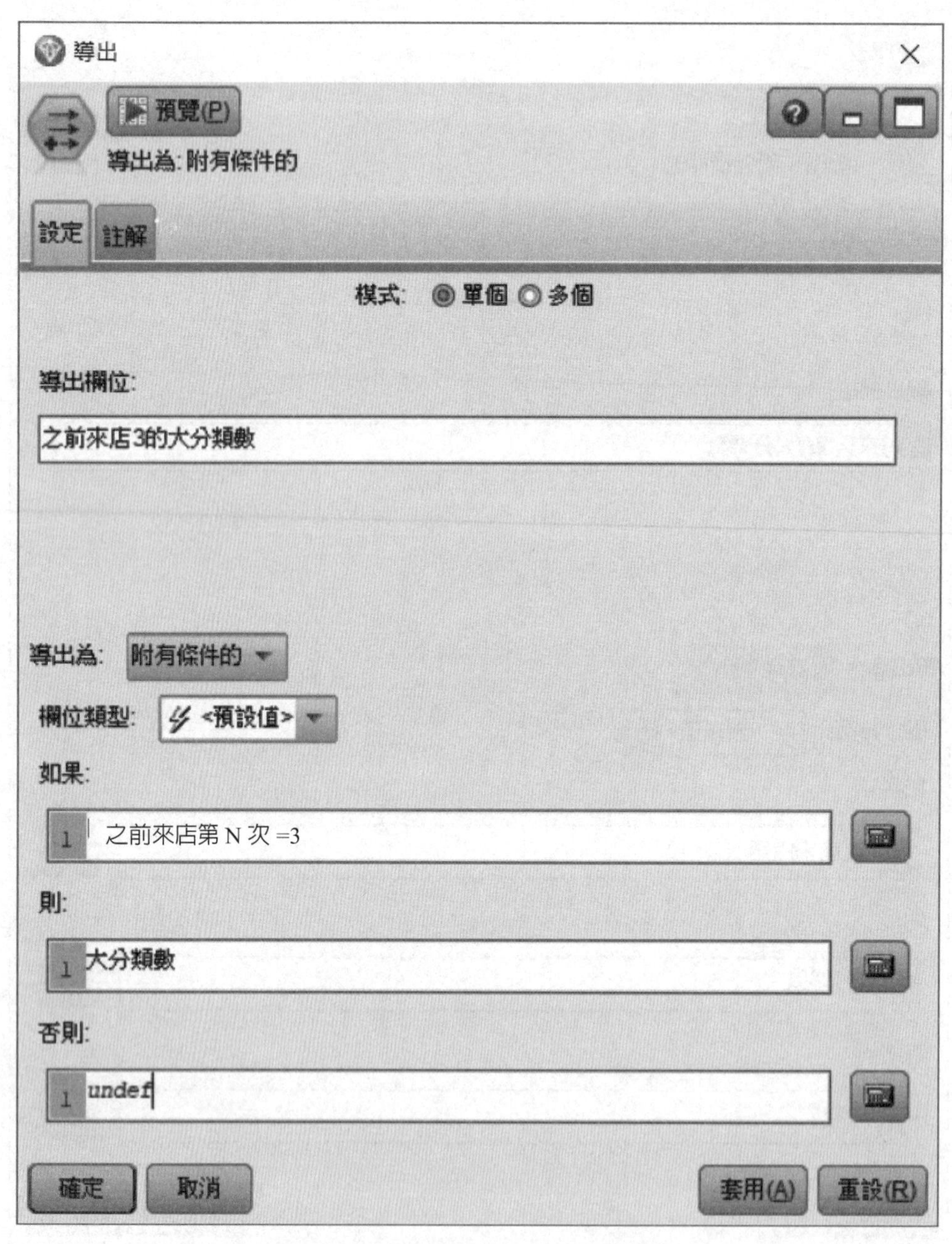

圖 10.48　之前 3 次的大分類數欄位製作

最後的欄位製作結束時，按一下 預覽（圖 10.49）。

來店3的大分類數 節點預覽 (15 個欄位，10 個記錄)

CUSTID	DATE	小計_Sum_Sum	大分類數	距將來店第N次之前	來店間隔	距將來店2到1的日數	距將來店3到2的日數	距將來店4到3的日數	之前來店1的金額	之前來店2的金額	之前來店3的金額	之前來店1的大分類數	之前來店2的大分類數	之前來店3的大分類數
100001	2015-02-26	3080	2	10	$null$	$null$	$null$	$null$	$null$	$null$	$null$	$null$	$null$	$null$
100001	2015-07-02	4490	2	9	126	$null$	$null$	$null$	$null$	$null$	$null$	$null$	$null$	$null$
100001	2015-07-09	3108	1	8	7	$null$	$null$	$null$	$null$	$null$	$null$	$null$	$null$	$null$
100001	2015-07-16	4690	2	7	7	$null$	$null$	$null$	$null$	$null$	$null$	$null$	$null$	$null$
100001	2015-08-08	2888	1	6	23	$null$	$null$	$null$	$null$	$null$	$null$	$null$	$null$	$null$
100001	2015-08-11	3240	1	5	3	$null$	$null$	$null$	$null$	$null$	$null$	$null$	$null$	$null$
100001	2015-08-18	7680	2	4	7	$null$	$null$	$null$	$null$	$null$	$null$	$null$	$null$	$null$
100001	2015-08-26	3385	1	3	8	$null$	$null$	8	$null$	$null$	3385	$null$	$null$	1
100001	2015-09-12	4093	1	2	17	$null$	17	$null$	$null$	4093	$null$	$null$	1	$null$
100001	2015-09-19	6034	2	1	7	7	$null$	$null$	6034	$null$	$null$	2	$null$	$null$

圖 10.49　9 個欄位被追加時的預覽

來店間隔、購買金額、大分類數分別對顧客只記述 1 次，在後續的流程中，如按每位顧客分析加以紀要時，只有該值會殘留著。

確認後按一下 ✕ ，關閉預覽。

10.2.5 休眠定義與購買紀要的彙整

■操作步驟 07

將目前的流程以超級節點彙整。

如圖 10.50 分別指定範圍之後，按右鍵選擇【超級節點製作】，

在【注釋】選片中先取名【休眠定義】、【購買紀要】。

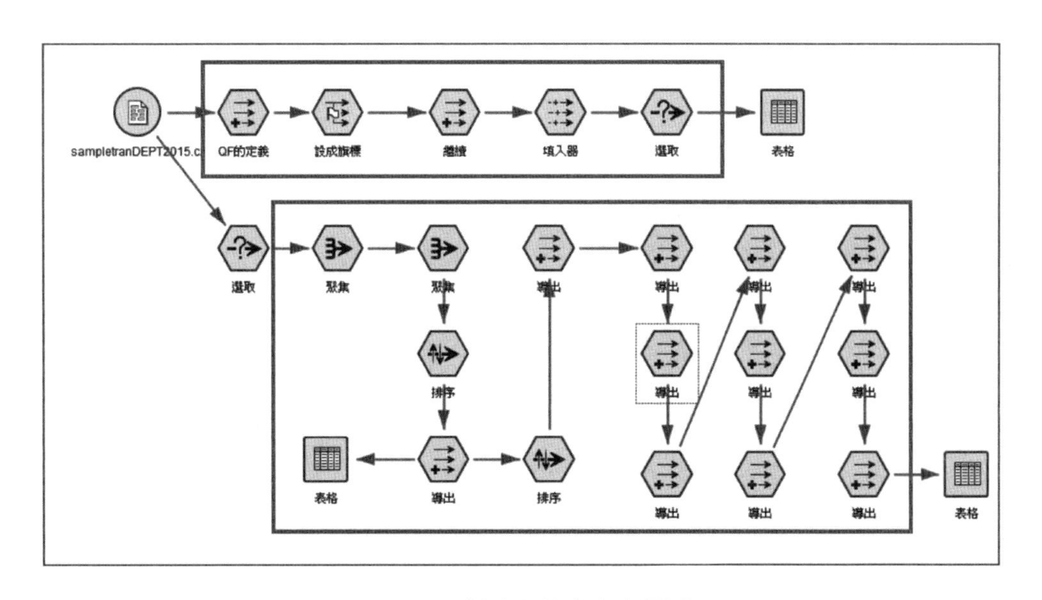

圖 10.50　對流程的超級節點化

接著，如圖 10.51 連接【聚集】節點與【填入器】節點，上方連接【RFM 分析】。另外，對【導出】節點也在【注釋】選片中取名【9 月末時點】。

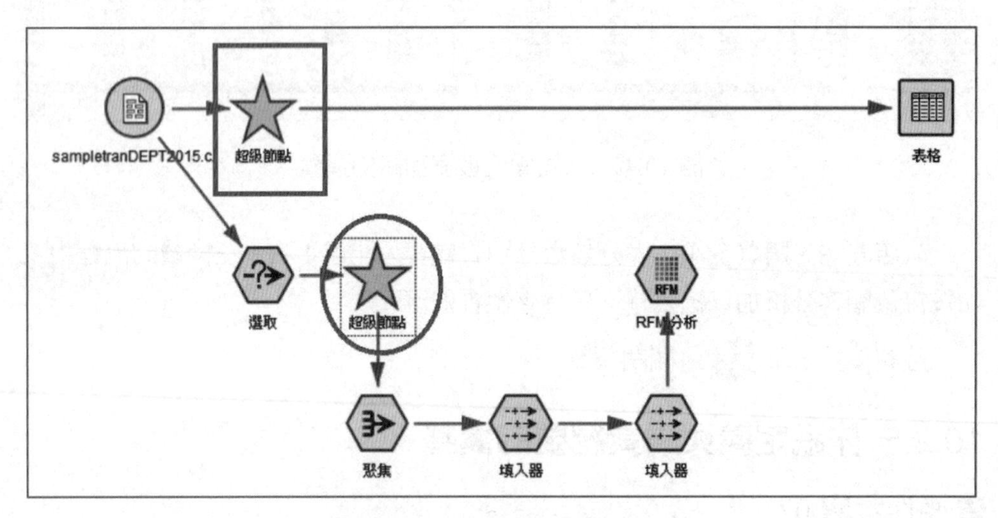

圖 10.51　購買行為紀要的完成

首先，編輯【聚集】節點（圖 10.52）。

【索引鍵欄位】從 中選出【CUSTID】，其他設定如下。

【DATE：最大值】

【小計 Sum_Sum：總和】與【平均數】

【大分類數：平均數】

【來店間隔：平均數】

之前來店各統計量 9 種：【最大】

勾選【包含欄位中的紀錄計數】，輸入【購買次數】。

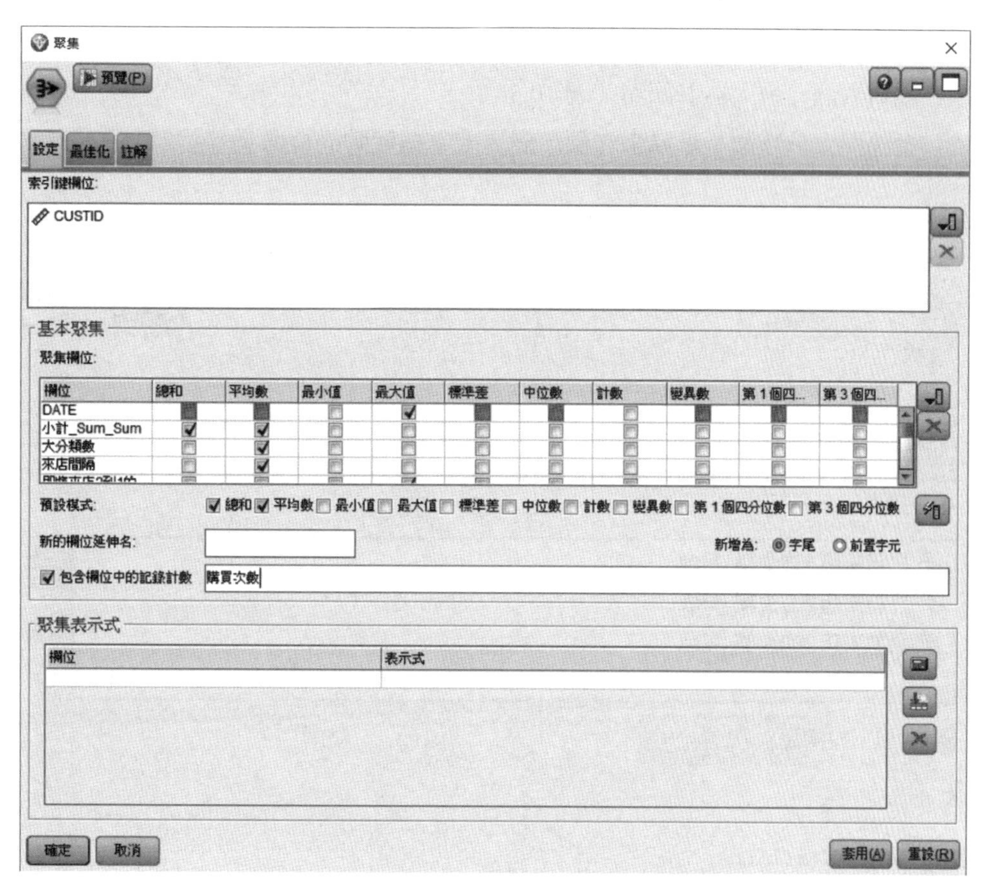

圖 10.52　以資料列處理按每位顧客的紀要

按一下 預覽 變成如圖 10.53。每位顧客至基準日為止的行為已加以整理。

自 聚集 節點預覽 (16 個欄位、10 個記錄)

檔案(F)　編輯(E)　產生(G)

表格　註解

	CUSTID	DATE_Max	小計_Sum_Sum_Sum	小計_Sum_Sum_Me...	大分類數_Mean	來店間隔_Mean	即將來店2到1的日數_Max	即將來店3到2的日數_Max
1	100001	2015-09-19	42688	4268.800	1.500	22.778	7	17
2	100004	2015-09-11	151651	18956.375	2.625	34.000	70	8
3	100005	2015-09-14	113460	12606.667	1.000	28.875	19	36
4	100006	2015-09-18	81470	11638.571	1.429	42.333	78	106
5	100008	2015-09-02	42521	5315.125	1.500	34.143	15	71
6	100012	2015-09-29	186508	5651.758	1.606	8.469	3	15
7	100016	2015-08-28	95430	23857.500	1.000	57.333	72	20
8	100017	2015-08-19	4455	4455.000	1.000	$null$	$null$	$null$
9	100019	2015-08-02	57364	11472.800	2.000	17.500	22	7
10	100020	2015-09-23	31557	3944.625	1.250	33.000	63	3

確定

圖 10.53　設定聚集時的預覽

確認後按一下 ✕ ，關閉預覽。

編輯兩個【填入器】節點（圖 10.54）。

金額與大分類數不是原來之值，變更成掌握變動的特徵量。

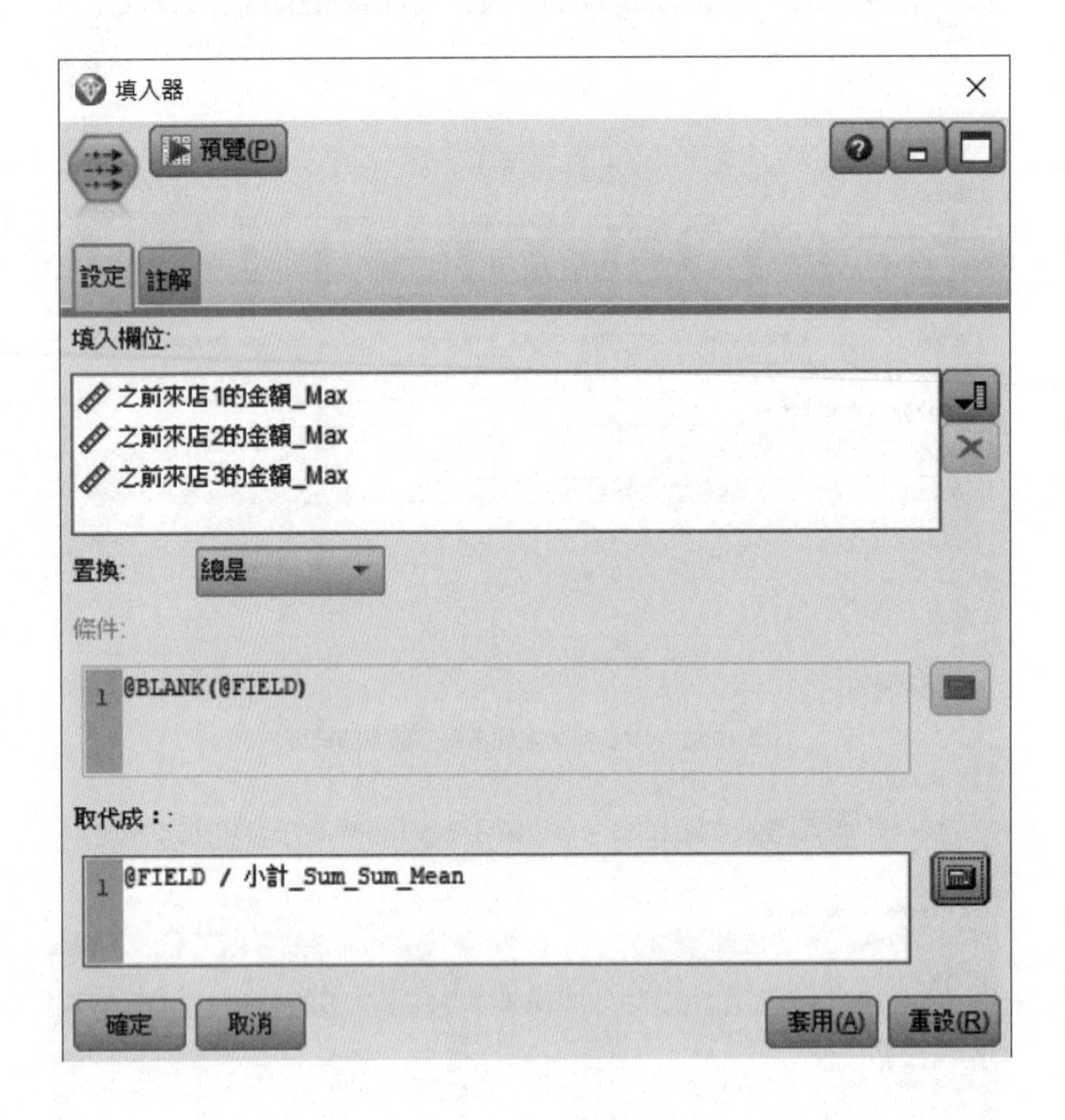

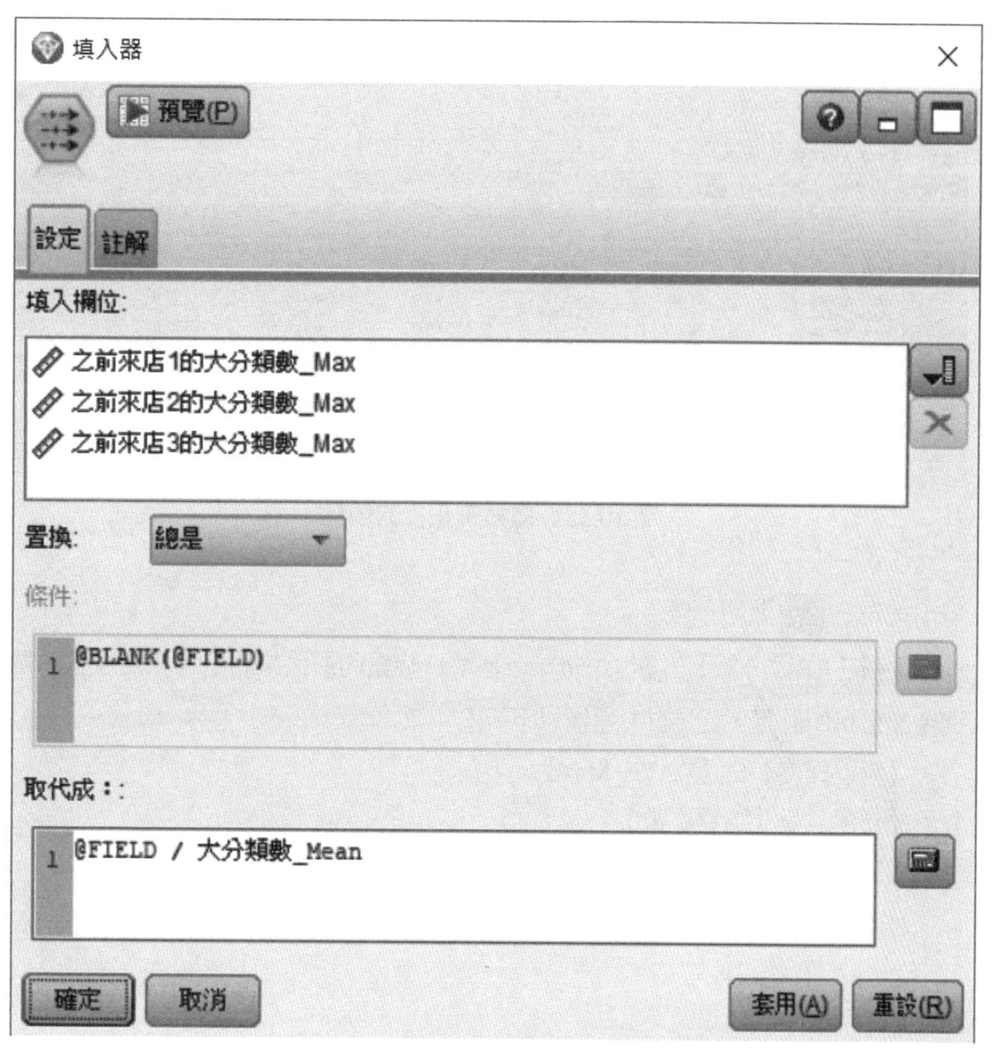

圖 10.54　金額與大分類數之值的補正

【填入欄位】從 選出金額與大分類數的之前來店 3 次的最大值。

【置換】型態指定【總是】，【取代成】則以 叫出建立公式，如下記述。

金額是「@FIELD/ 小計 _Sum_Sum_Mean」

大分數是「@FIELD/ 大分類數 _Mean」

設定結束後，按一下 預覽 （圖 10.55）。

之前來店 3 次時的金額與大分類數並非實數，而是對顧客的平均以比率表示。

自填入器 節點預覽（16 個欄位、10 個記錄）

檔案(F)　編輯(E)　產生(G)

表格　註解

	CUSTID	DATE_Max	小計_Sum_Sum_Sum	小計_Sum_Sum_Me...	大分類數_Mean	來店間隔_Mean	即將來店2到1的日數_Max	即將來店3到2的日數_Max
1	100001	2015-09-19	42688	4268.800	1.500	22.778	7	17
2	100004	2015-09-11	151651	18956.375	2.625	34.000	70	8
3	100005	2015-09-14	113460	12606.667	1.000	28.875	19	36
4	100006	2015-09-18	81470	11638.571	1.429	42.333	78	106
5	100008	2015-09-02	42521	5315.125	1.500	34.143	15	71
6	100012	2015-09-29	186508	5651.758	1.606	8.469	3	15
7	100016	2015-08-28	95430	23857.500	1.000	57.333	72	20
8	100017	2015-08-19	4455	4455.000	1.000	$null$	$null$	$null$
9	100019	2015-08-02	57364	11472.800	2.000	17.500	22	7
10	100020	2015-09-23	31557	3944.625	1.250	33.000	63	3

確定

圖 10.55　置換補正後的預覽

按一下 [X] 關閉預覽。

編輯【RFM 分析】（圖 10.56）。基準日時點的最終來店日、來店次數、購買金額已有所計算，從 [選擇] 中選擇以下：

【新近程度】是【DATE_Max】

【頻率】是【購買次數】

【貨幣】是【小計 _Sum_Sum_Sum】

設定結束後，按一下 [X] 關閉預覽。

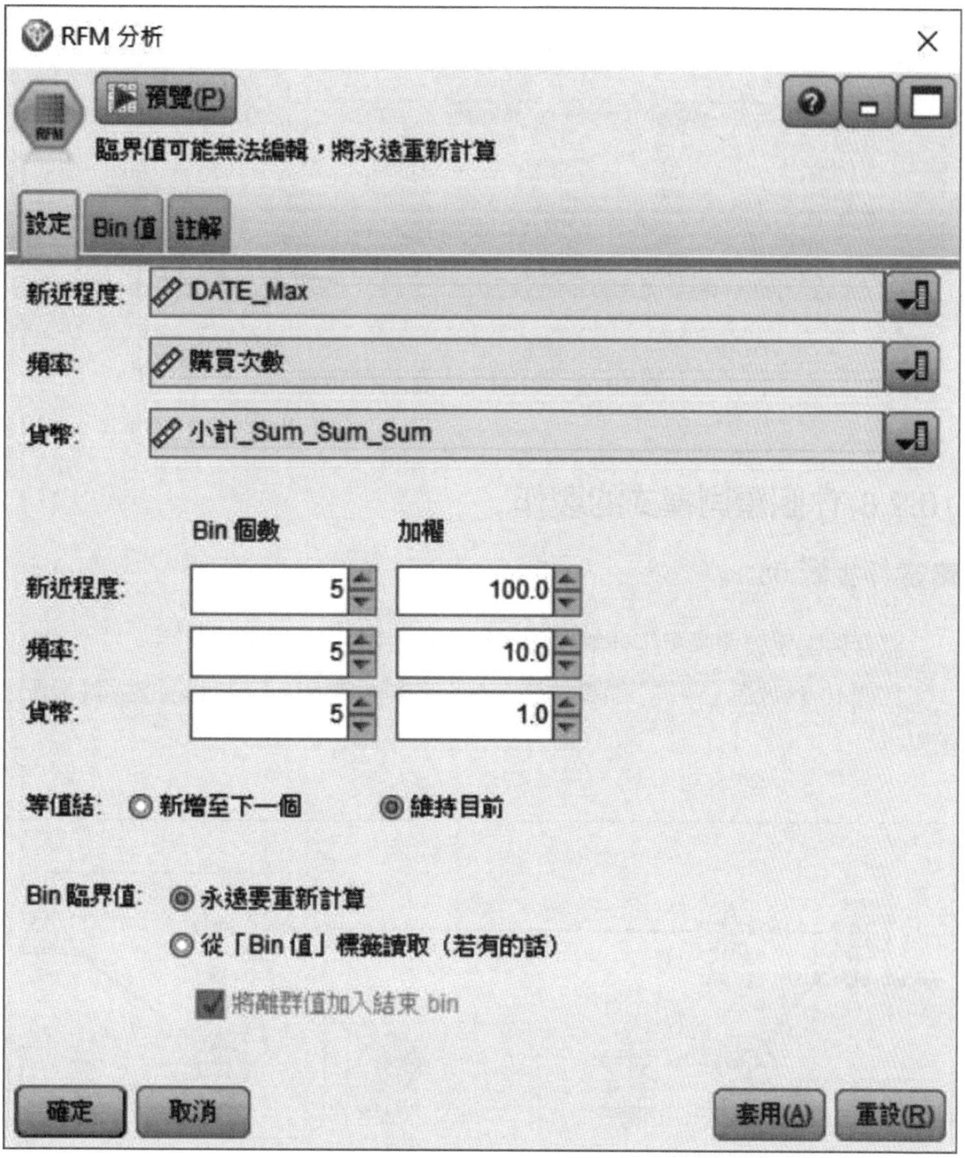

RFM 分析

預覽(P)

臨界值可能無法編輯，將永遠重新計算

設定 Bin 值 註解

新近程度: DATE_Max

頻率: 購買次數

貨幣: 小計_Sum_Sum_Sum

	Bin 個數	加權
新近程度:	5	100.0
頻率:	5	10.0
貨幣:	5	1.0

等值結: 新增至下一個 維持目前

Bin 臨界值: 永遠要重新計算

從「Bin 值」標籤讀取（若有的話）

將離群值加入結束 bin

確定 取消 套用(A) 重設(R)

圖 10.56　RFM 分析節點

自 RFM 分析 節點預覽 (20 個欄位、10 個記錄)

檔案(F) 編輯(E) 產生(G)

表格 註解

	CUSTID	DATE_Max	小計_Sum_Sum_Sum	小計_Sum_Sum_Me...	大分類數_Mean	來店間隔_Mean	即將來店2到1的日數_Max	即將來店3到2的日數_Max
1	100001	2015-09-19	42688	4268.800	1.500	22.778	7	17
2	100004	2015-09-11	151651	18956.375	2.625	34.000	70	8
3	100005	2015-09-14	113460	12606.667	1.000	28.875	19	36
4	100006	2015-09-18	81470	11638.571	1.429	42.333	78	106
5	100008	2015-09-02	42521	5315.125	1.500	34.143	15	71
6	100012	2015-09-29	186508	5651.758	1.606	8.469	3	15
7	100016	2015-08-28	95430	23857.500	1.000	57.333	72	20
8	100017	2015-08-19	4455	4455.000	1.000	$null$	$null$	$null$
9	100019	2015-08-02	57364	11472.800	2.000	17.500	22	7
10	100020	2015-09-23	31557	3944.625	1.250	33.000	63	3

確定

圖 10.57　RFM 分析節點的預覽

10.2.6 休眠預測模式的製作

■ 操作步驟 08

整合休眠定義與購買紀要的過程，製作休眠模式。

如圖 10.58 放置【合併】節點，結合 2 個流程，並連接【類型】節點與【分配】節點。

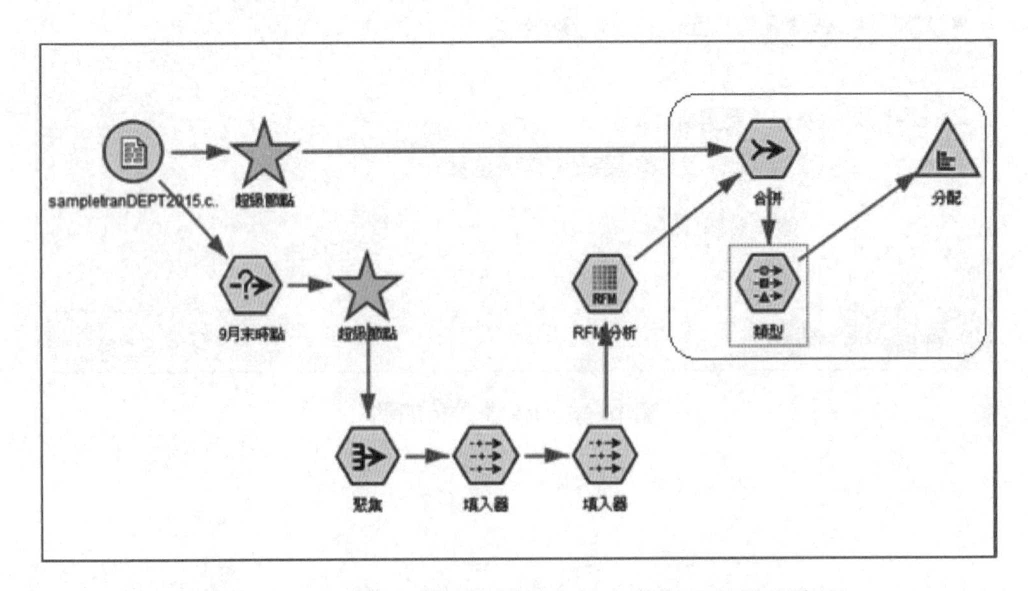

圖 10.58　預測對象與輸入變數之結合與休眠分配的確認

編輯【合併】（圖 10.59）。任一表格也是按每一顧客以 1 筆資料列加以整理。

【合併方法】當作【鍵值】，將【CUSTID】作爲【合併索引鍵】進行內部結合。

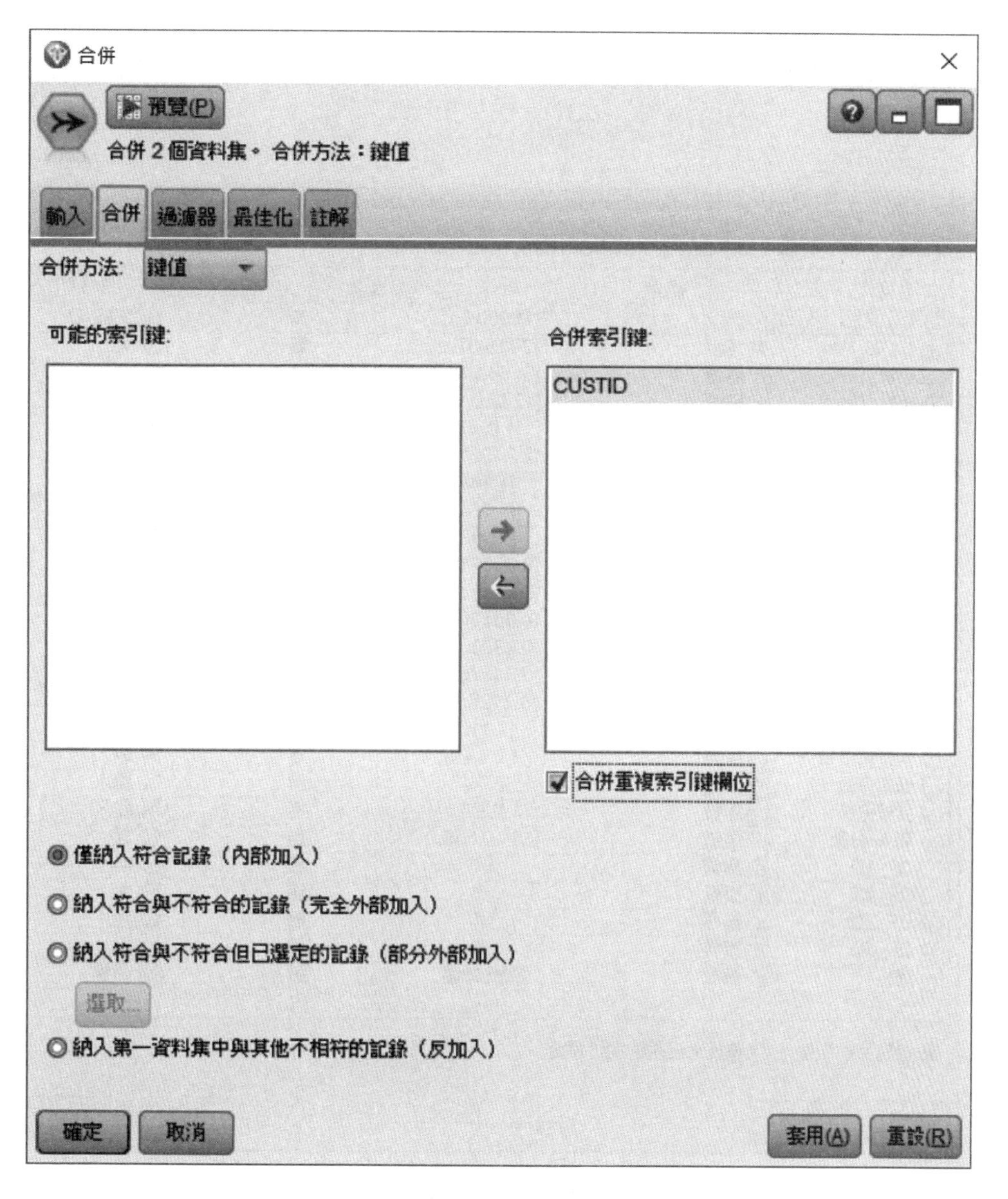

圖 10.59　合併

接著，編輯【類型】（圖 10.60）。

RFM 的 3 個分數是自動被認可爲名義型，但因爲是 5 級，所以變更爲【序數】型。

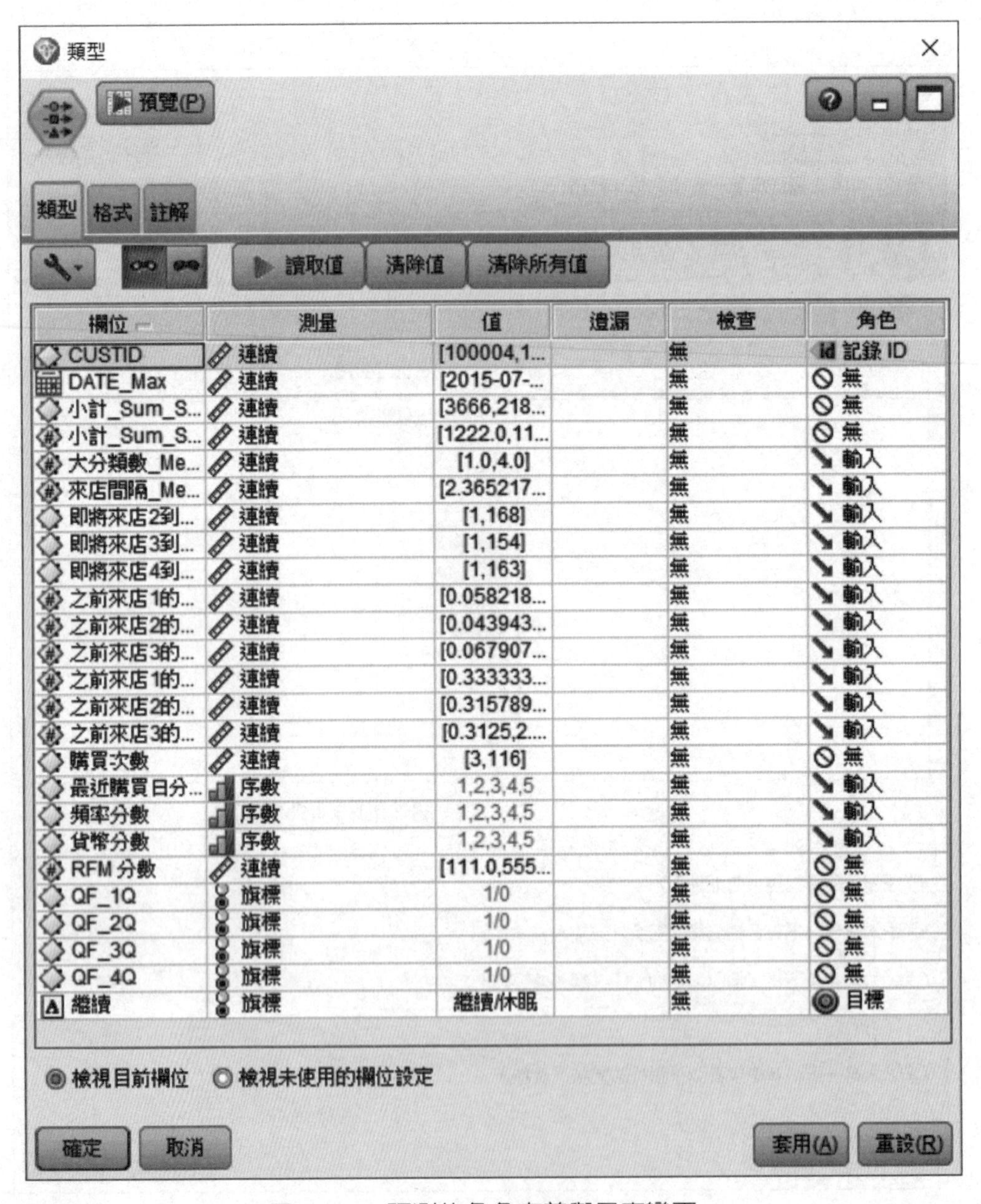

圖 10.60　預測的角色定義與尺度變更

按一下 讀取值 ，更新數値。

並且，【角色】的欄位也如圖 10.60 那樣設定。

設定結束後，按一下 確定 。

原本如下製作預測模式也行，但在預測對象不均衡，精確度不易確保時，爲此的設法予以說明。

編輯【分配】（圖 10.61）。【欄位】是從 選擇【繼續】，按【執行】。

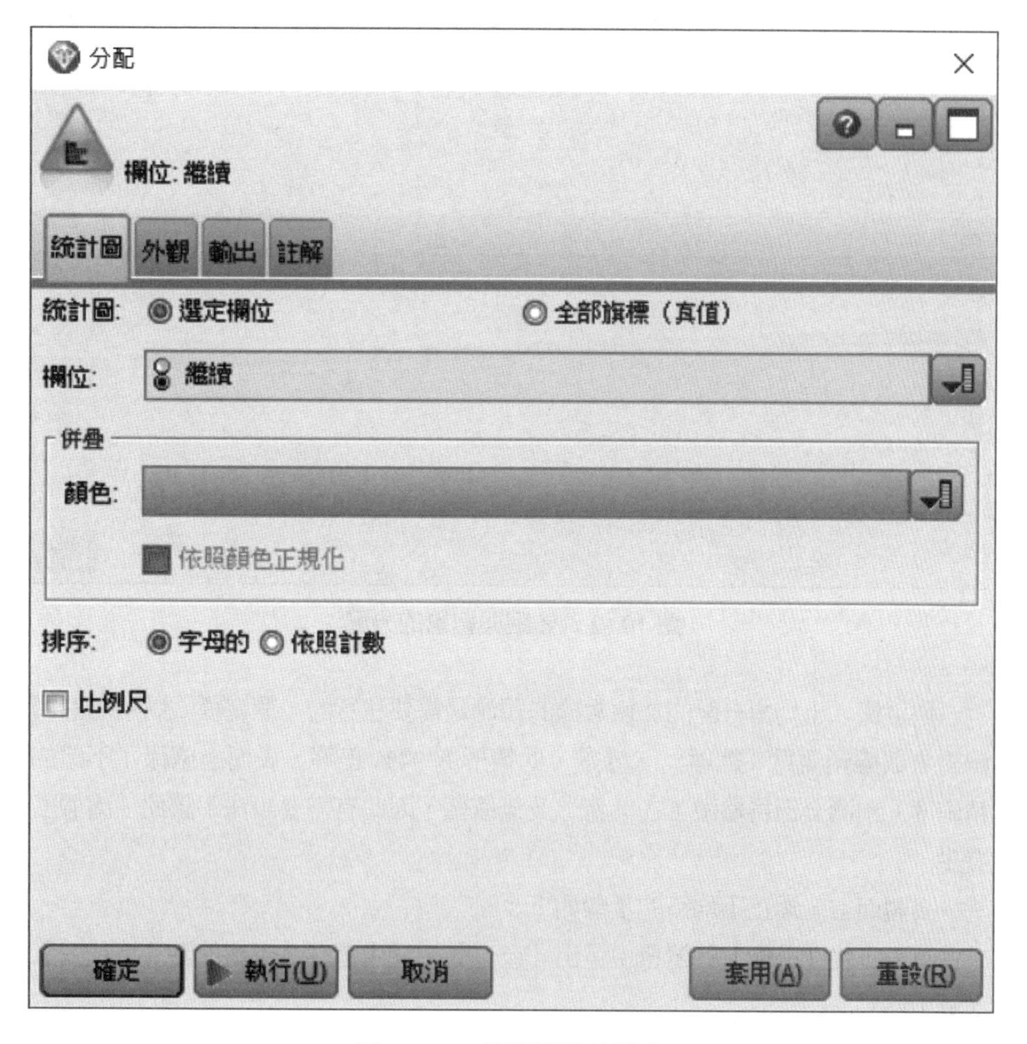

圖 10.61　分配節點的設定

輸出如圖 10.62。知休眠比率是 5.77%。

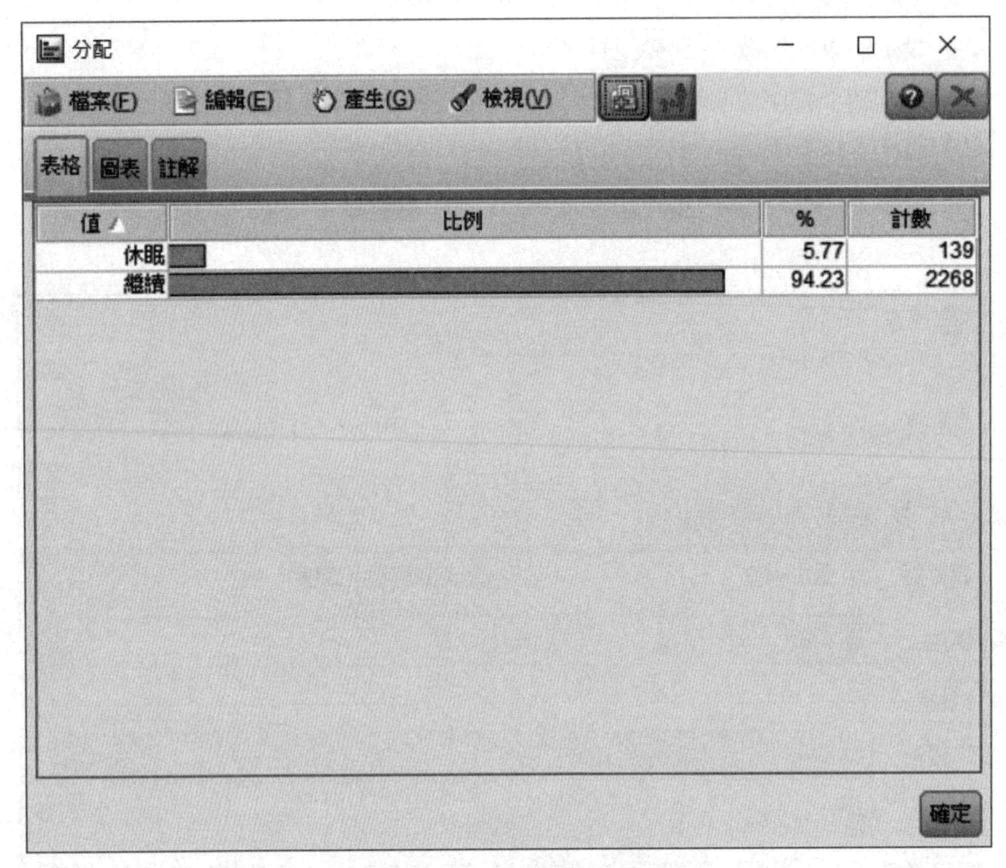

圖 10.62　休眠與繼續的分配

像這樣，不均衡分配的 2 值數據的預測是需要注意的，假定模式將所有的預測對象數據預測爲「繼續」。於是，此情形約 94% 正解，表面上確保了不錯的精確度，預測全部爲繼續，在業務上並無價值，因此有需要設法不讓此「虛假」發生。

具體而言，矯正不均衡的步驟如下：

首先，從【分配】的清單中選出【產生】，從中選擇【平衡節點（增加）】（圖 10.63）。

串流區域中即自動產生平衡節點（圖 10.64）。

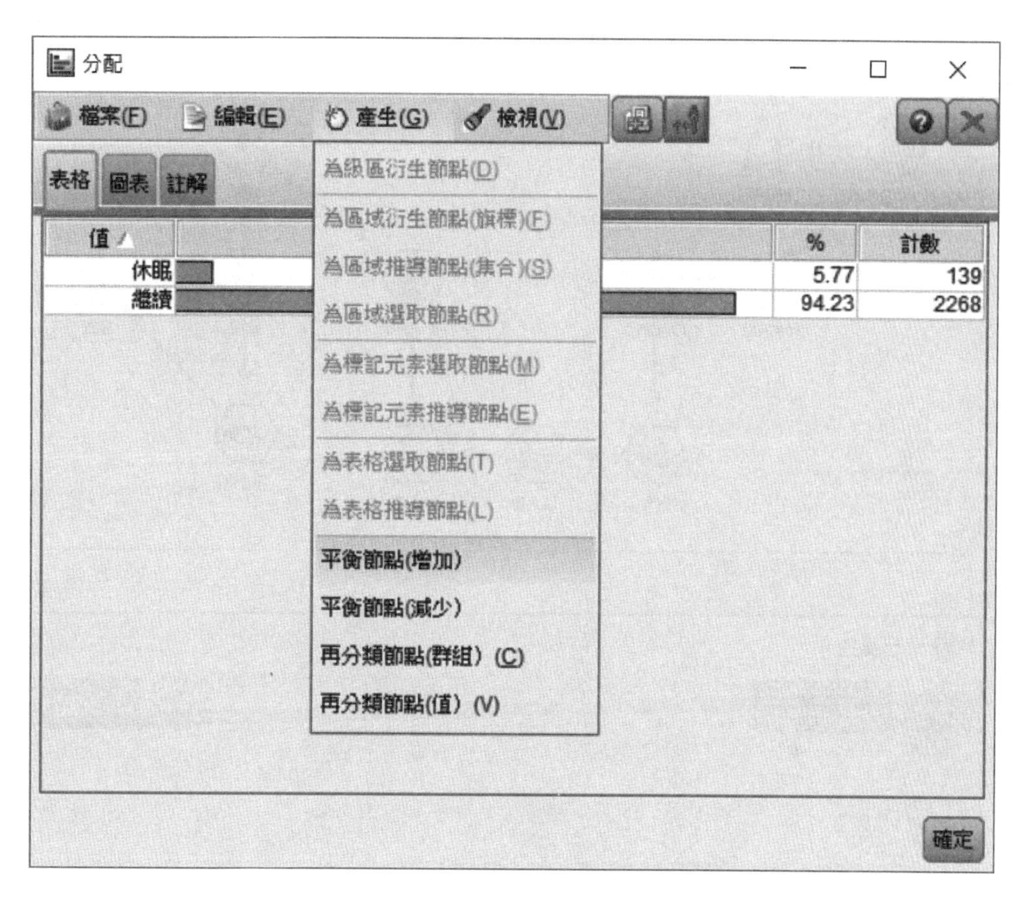

圖 10.63　平衡節點的自動產生與連接到串流

編輯已形成的平衡節點，確認內容（圖 10.64 上）。

【平衡比率】會自動地加權休眠與繼續使之同數。確認設定之後按 確定 。

如圖 10.64 的第 1 圖，將【已產生】節點連接【類型】，以【分配】確認，即成為圖 10.64 的第 3 圖。而且因為利用是隨機函數，休眠與繼續不被調整成同數是很自然的。

以【分配】確認分佈後，以 關閉。

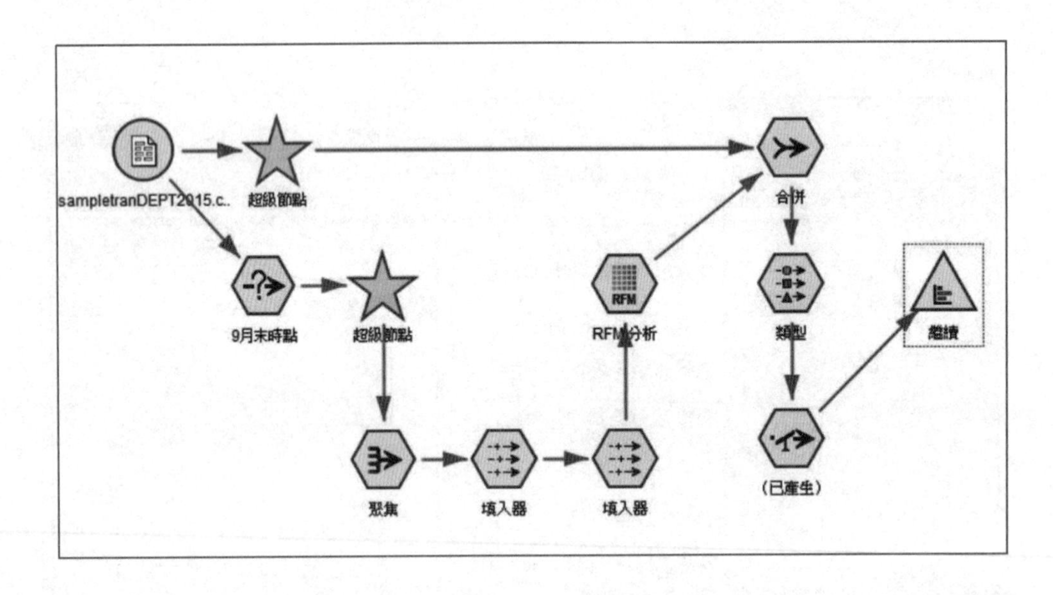
sampletranDEPT2015.c..
超級節點
合併
9月末時點
超級節點
RFM
RFM分析
類型
繼續
聚集
填入器
填入器
(已產生)

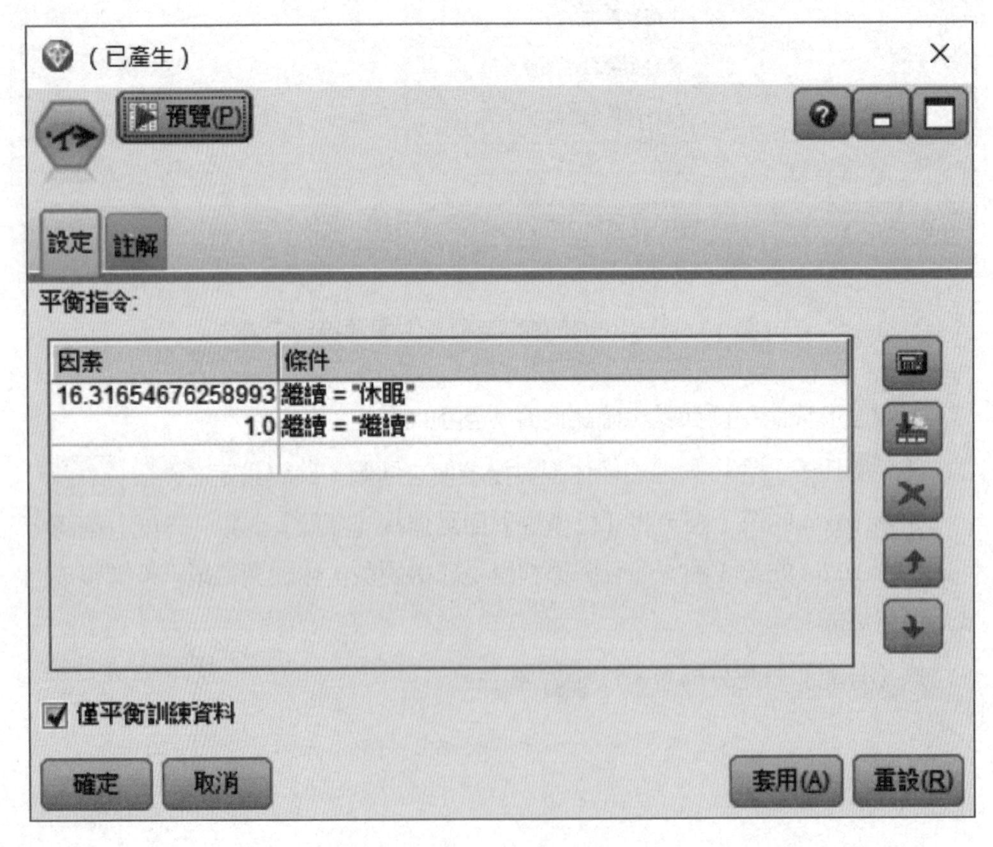
(已產生)
預覽(P)
設定
註解
平衡指令:
因素
條件
16.31654676258993
繼續 = "休眠"
1.0
繼續 = "繼續"
僅平衡訓練資料
確定
取消
套用(A)
重設(R)

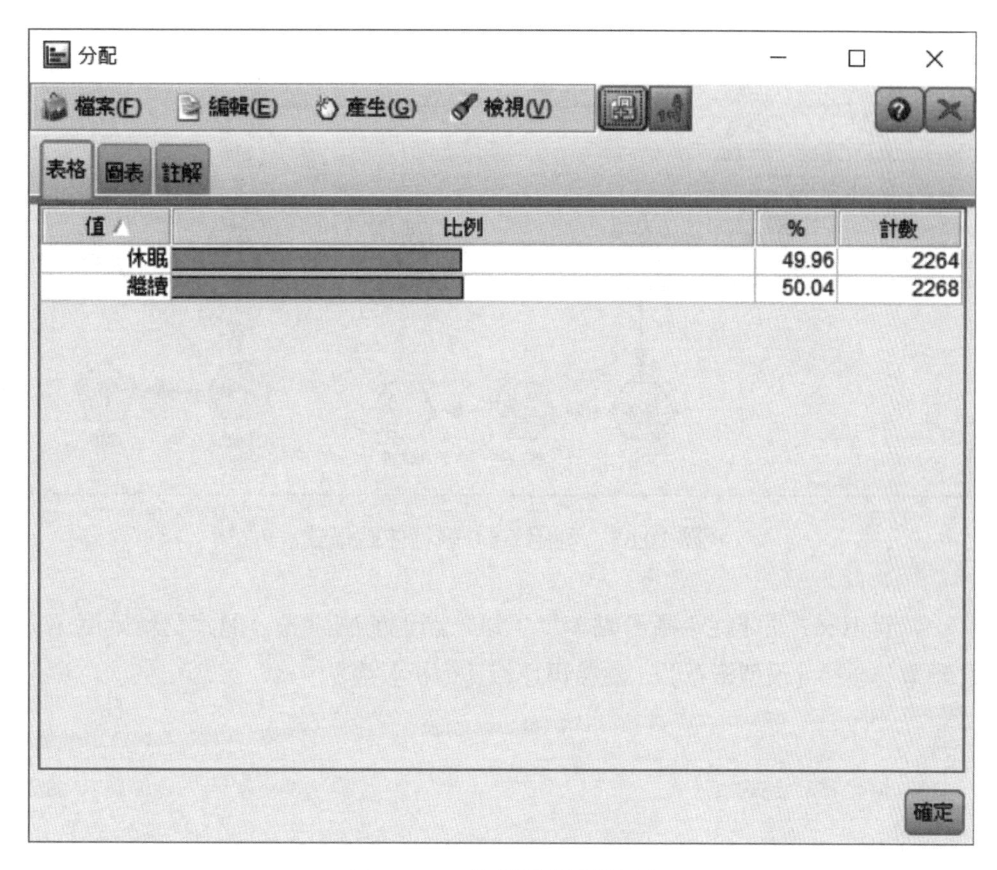

圖 10.64　平衡節點與結果

■操作步驟 09

從【建模】選片將決策樹演算法的【C5.0】連接到平衡節點的【（選取）】（圖 10.65）。

在【C5.0】的【模型鑽石】上按兩下確定內容。

在圖 10.66 的選單中按一下【全部】與 [%]，即可以 IF THEN 形式確認樹。

各規則的最後，顯示有「→休眠（52；0.96）」。由此處可以觀測出符合的顧客層有 52 名，可以判斷 52 名之中有 96.2（即 50 名）已休眠。

確認模式後按 確定 。

最後，確認此模式的精度。

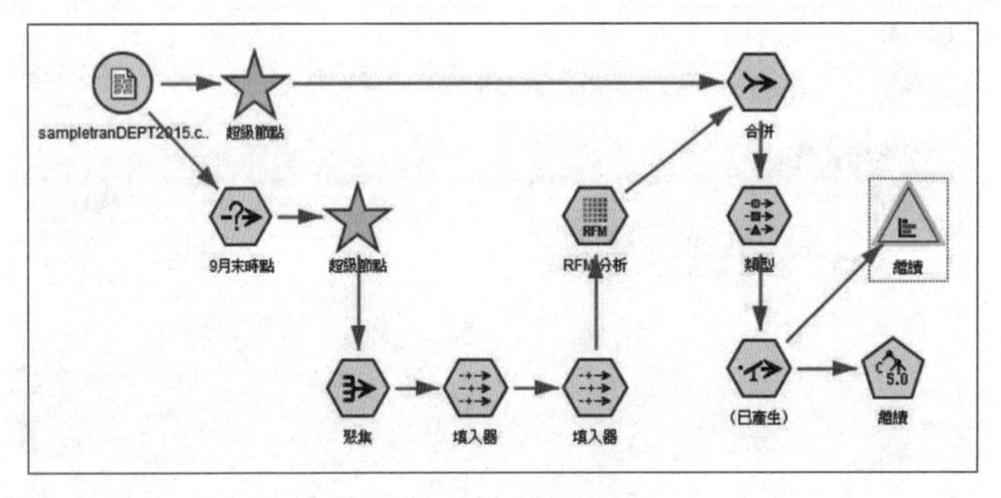

圖 10.65　利用 C5.0 執行休眠模式

如圖 10.67 並非從平衡節點，爲了以未調整前的原先分配確認精確度，從【類型】連接【模型鑽石】，之後再連接【分析】節點。

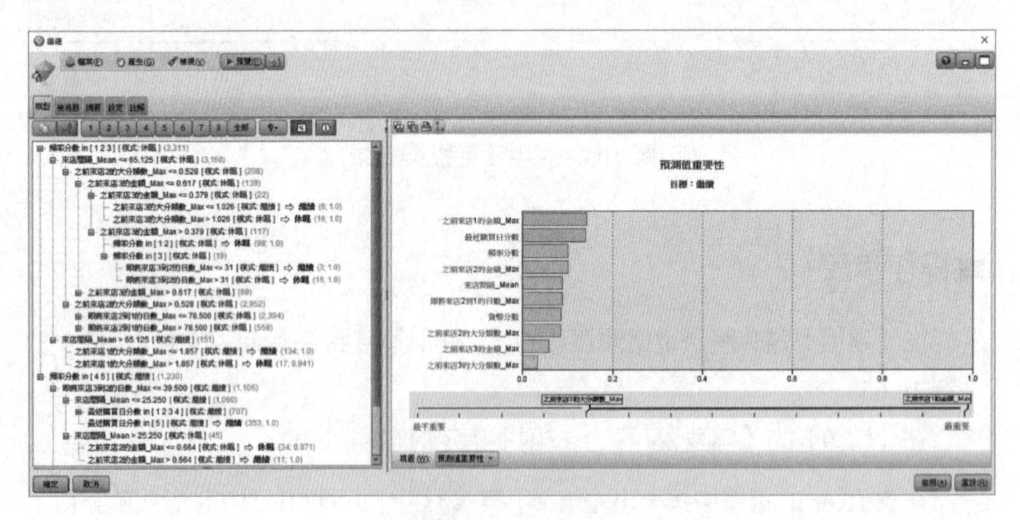

圖 10.66　規則顯示

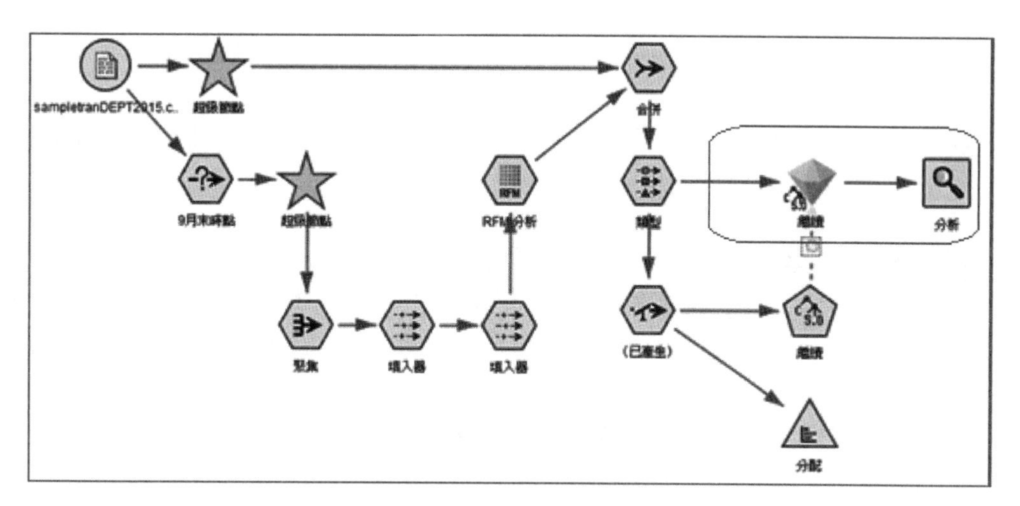

圖 10.67　串流的完成

編輯【分析】節點（圖 10.68）。勾選【符合矩陣（用於符號目標）】，按執行。

可以確認精度分析結果（圖 10.69）。

取決於取得平衡時的隨機函數，結果會有少許差異，但並無問題。

此串流至模式製作爲止雖然一度使之完成，但本來的業務流程是設想新數據被投入到模式中。

另外，此串流是固定日期來處理的，但原本是有需要利用識別相對日期的流程，適切地處理時序列數據。

以基準日作爲最新的資訊，經常求出先前的四半期的顧客休眠分數，收藏於資料庫，檢討如此的業務設計即可與對策相結合。

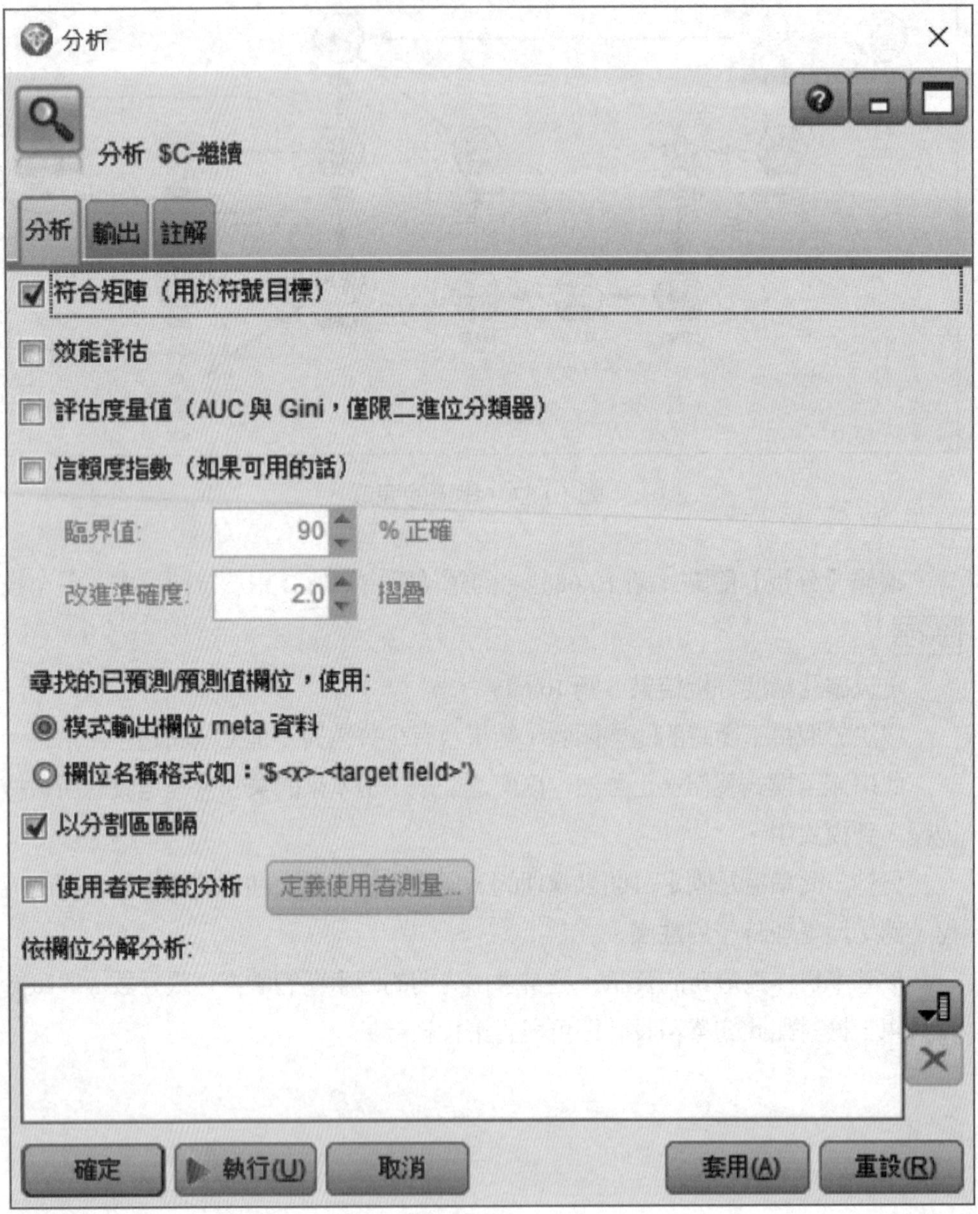

分析

分析 $C-繼續

分析 輸出 註解

符合矩陣（用於符號目標）

效能評估

評估度量值（AUC 與 Gini，僅限二進位分類器）

信賴度指數（如果可用的話）

臨界值: 90 % 正確

改進準確度: 2.0 摺疊

尋找的已預測/預測值欄位，使用:

模式輸出欄位 meta 資料

欄位名稱格式(如：'$<x>-<target field>')

以分割區區隔

使用者定義的分析 定義使用者測量...

依欄位分解分析:

確定 執行(U) 取消 套用(A) 重設(R)

圖 10.68 分析節點的設定

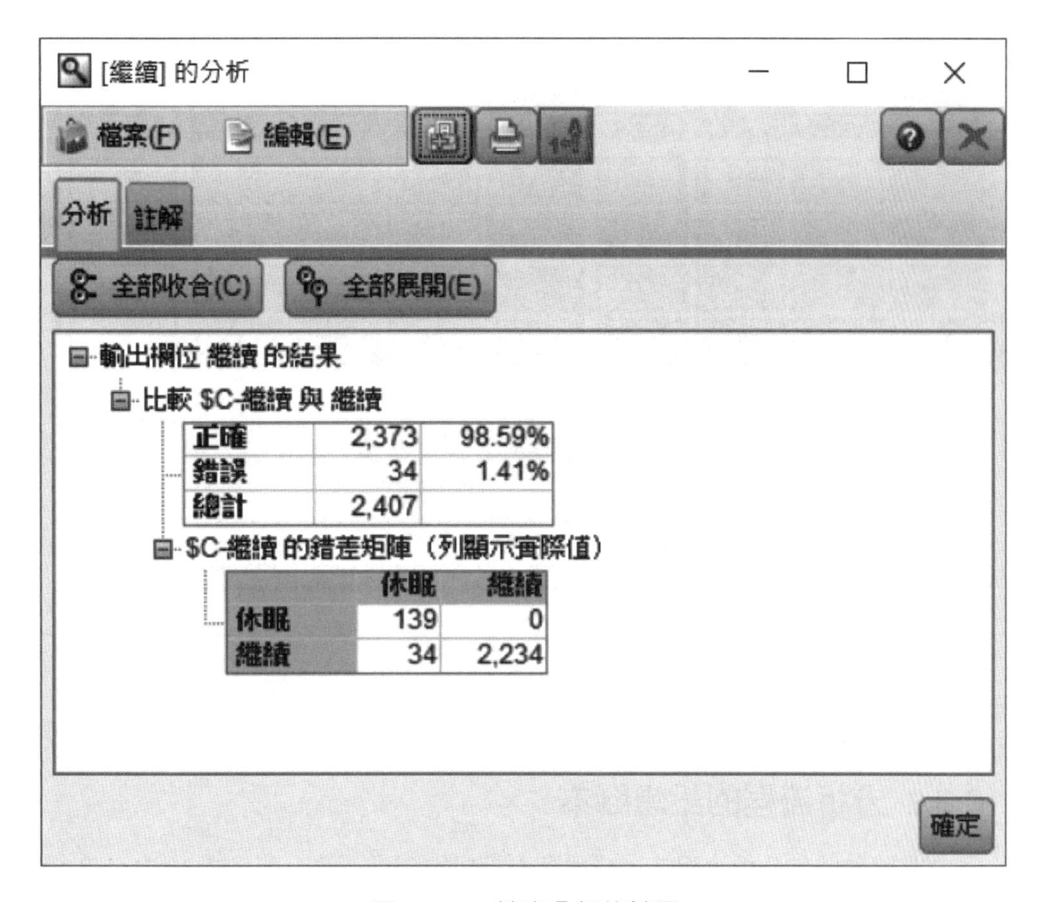

圖 10.69　精度分析的結果

10.3 顧客與商品的匹配

10.3.1 何謂匹配

商品數多，顧客數也多時，其組合就變得很膨大。今提出有助於顧客從膨大的選項，尋找所需要商品的匹配（Matching）技術。

如圖 10.70 將顧客一方的特性與商品一方的特性當成一個觀察值（Case），是否達到購買呢？將此結果圖形作成數據構造，判別模式的分數化即有可能。

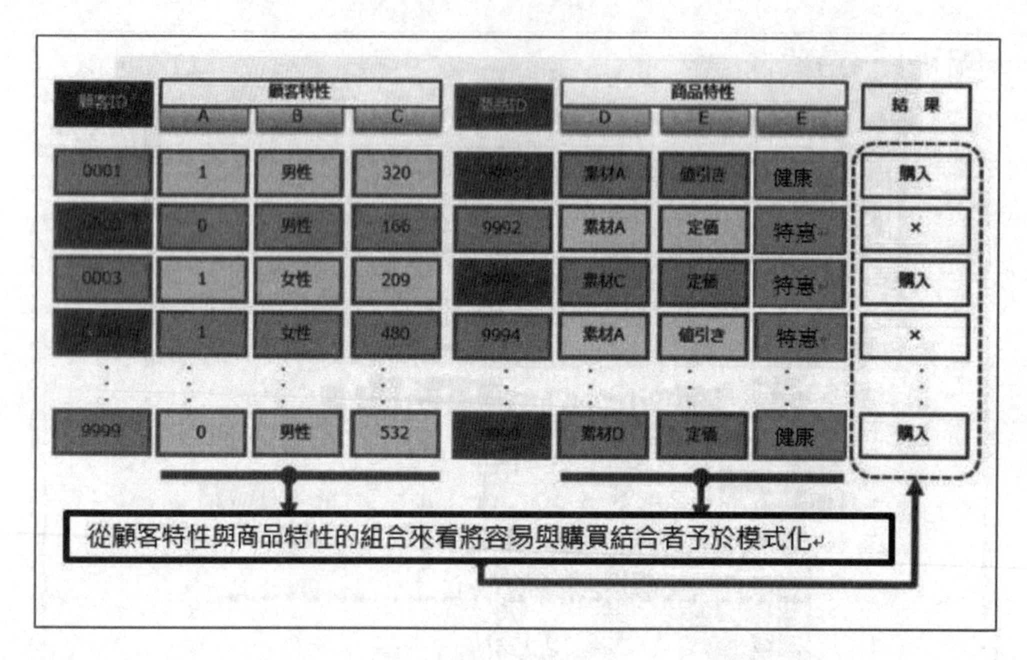

圖 10.70　將顧客與商品的特性分解後再匹配

10.3.2 分析流程的設想腳本

當具體地製作分析流程時，成爲腳本設想的網頁圖像，即爲圖 10.71。在網頁尋找玩具的顧客，如在問卷上回答自己的用途時，會被推薦「最有可能購買的商品」以如此的設想去進行說明。

對尋找玩具的網頁瀏覽者，詢問如下：

- 使用玩具的小孩年齡
- 玩具的購買次數與預算
- 與小孩的關係（雙親 / 祖父母 / 父母 / 其他）
- 購買者的年齡、性別、居住地址

圖 10.71　玩具的網頁網站的匹配輸入

10.3.3 匹配模式的製作

■操作步驟 01

顯示讀取想要利用數據的表格。如圖 10.72 選擇【變數檔案】節點，連接【表格】。

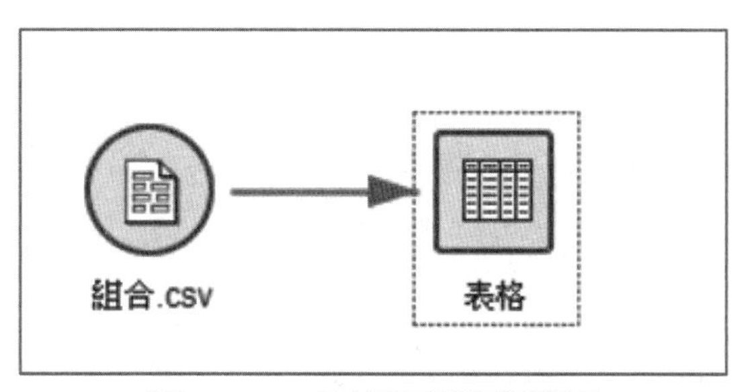

圖 10.72　數據的讀取與顯示

編輯【變數檔案】（圖 10.73）。以 ⋯ 從數據儲存處選擇【組合】。

設定結束後按一下 確定，右鍵按一下【表格】再按【執行】。

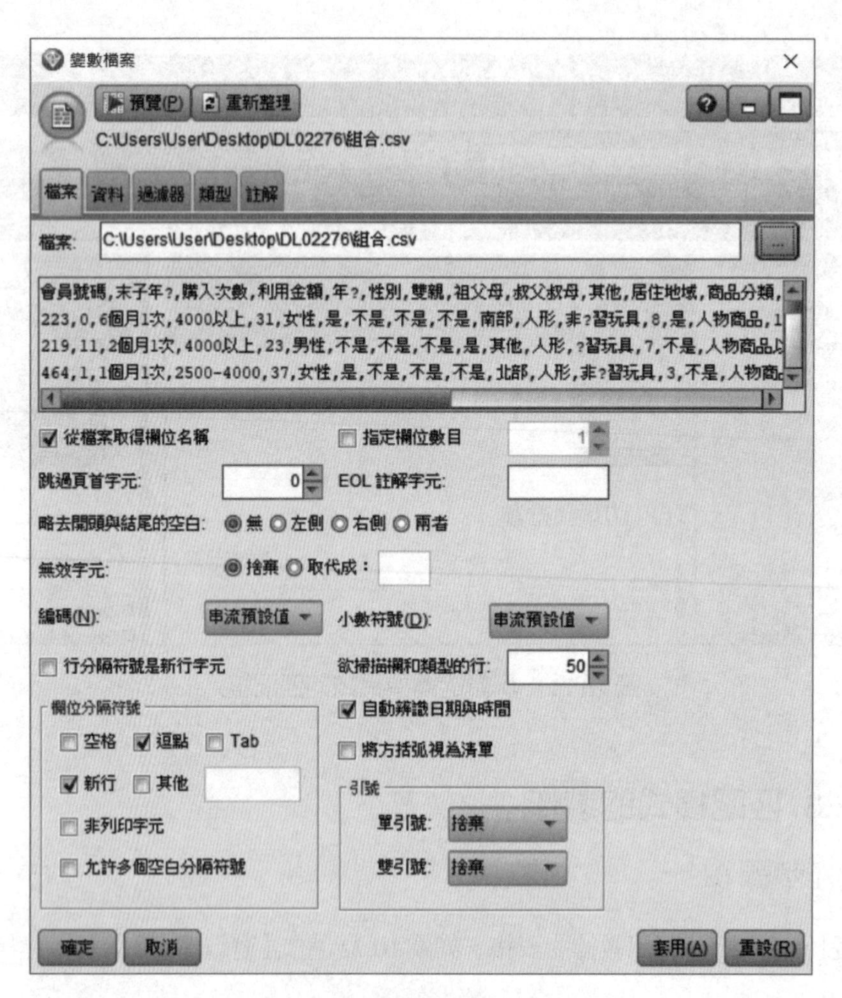

圖 10.73　變數檔案的設定

表格（19 個欄位，31,906 個紀錄）

檔案(F)　編輯(E)　產生(G)

表格　註解

	會員號碼	末子年?	購入次數	利用金額	年?	性別	雙親	祖父母	叔父叔母	其他	居住地域	商品分類	?習玩具	?象年?	對性別的依存性商品	人物商品
1	223	0	6個月1次	4000以上	31	女性	是	不是	不是	不是	南部	人形	非?習玩具	8	是	人物商品
2	219	11	2個月1次	4000以上	23	男性	不是	不是	不是	是	其他	人形	?習玩具	7	不是	人物商品以外
3	464	1	1個月1次	2500-4000	37	女性	是	不是	不是	不是	北部	人形	非?習玩具	3	不是	人物商品
4	355	1	2個月1次	2500-4000	25	男性	不是	不是	不是	是	其他	藝術/工藝品	非?習玩具	11	是	人物商品以外
5	307	5	1年1次	1500-2500	24	女性	是	不是	不是	是	北部	藝術/工藝品	非?習玩具	8	不是	人物商品以外
6	327	1	1個月1次	1500-2500	23	女性	是	不是	不是	不是	北部	運動用品	非?習玩具	10	是	人物商品以外
7	377	0	1個月1次	1500-2500	53	女性	不是	是	不是	不是	南部	書籍	非?習玩具	8	不是	人物商品
8	415	3	1個月1次	2500-4000	66	男性	不是	是	不是	不是	南部	電?製品	非?習玩具	8	不是	人物商品
9	571	1	6個月1次	4000以上	60	男性	不是	是	不是	不是	北部	電?製品	非?習玩具	8	不是	人物商品以外
10	553	1	3個月1次	1500-2500	55	女性	是	不是	不是	不是	南部	藝術/工藝品	?習玩具	10	不是	人物商品以外
11	525	3	2個月1次	1500-2500	66	女性	不是	是	不是	不是	南部	人形	非?習玩具	8	是	人物商品
12	287	9	3個月1次	1500-2500	28	男性	不是	不是	是	不是	其他	書籍	?習玩具	3	不是	人物商品以外
13	225	2	1個月1次	1500未?	26	女性	是	不是	不是	不是	南部	藝術/工藝品	非?習玩具	11	是	人物商品以外
14	465	2	每週1次...	1500-2500	34	女性	不是	不是	是	不是	北部	人形	非?習玩具	6	不是	人物商品以外
15	261	1	3個月1次	4000以上	42	女性	不是	是	是	不是	北部	電?製品	?習玩具	12	不是	人物商品以外
16	82	9	3個月1次	4000以上	40	女性	不是	不是	是	不是	北部	人形	?習玩具	7	不是	人物商品以外
17	338	9	6個月1次	1500-2500	24	女性	不是	不是	是	不是	南部	電?製品	非?習玩具	8	不是	人物商品
18	56	2	2個月1次	1500-2500	47	女性	不是	不是	是	不是	南部	藝術/工藝品	非?習玩具	8	不是	人物商品以外
19	555	4	2個月1次	4000以上	26	男性	不是	不是	是	不是	其他	書籍	?習玩具	11	不是	人物商品以外
20	348	4	1年1次	2500-4000	64	男性	不是	是	不是	不是	北部	書籍	?習玩具	8	不是	人物商品以外

確定

圖 10.74　組合紀錄表的表格顯示

將1位顧客過去在網頁上瀏覽的特定玩具的組合當作1筆資料列（Record）。

顧客被設想爲重複，玩具也重複出現，此成對的紀錄表只有一次爲前提。

左側一方是記述顧客的屬性（性別、年齡）與用途（小孩的年齡與預算），右側一方是記述玩具的屬性。

最終欄位是顧客與玩具的組合，顯示是否已購入或未購入的標示。

此欄位即爲預測對象。

確認後按一下 ✕ 關閉【表格】。

■操作步驟 02

對讀取的數據進行2個欄位的追加（圖 10.75）。選出2個【導出】節點從【組合】連接。

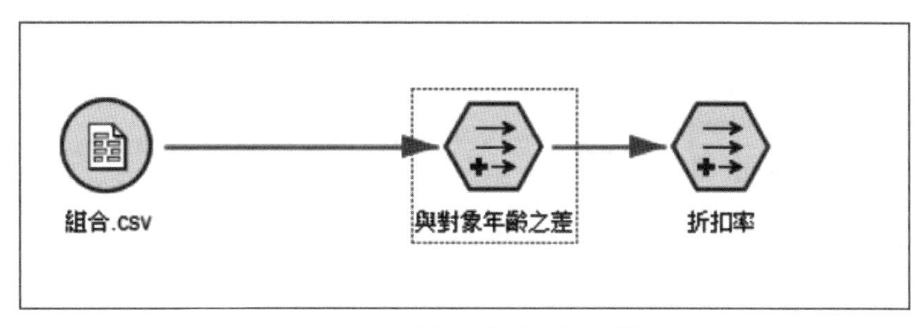

圖 10.75　追加【導出】節點

編輯各自的「導出」節點（圖 10.76）。【導出欄位】輸入相符欄位名稱，再從 ▣ 叫出建立式，如以下建立式子。

第 1 個與對象年齡之差→「對象年齡 – 幼子年齡」

第 2 個折扣率→「（標準價格 – 提供價格）/ 標準價格」

設定結束後按 確定 。

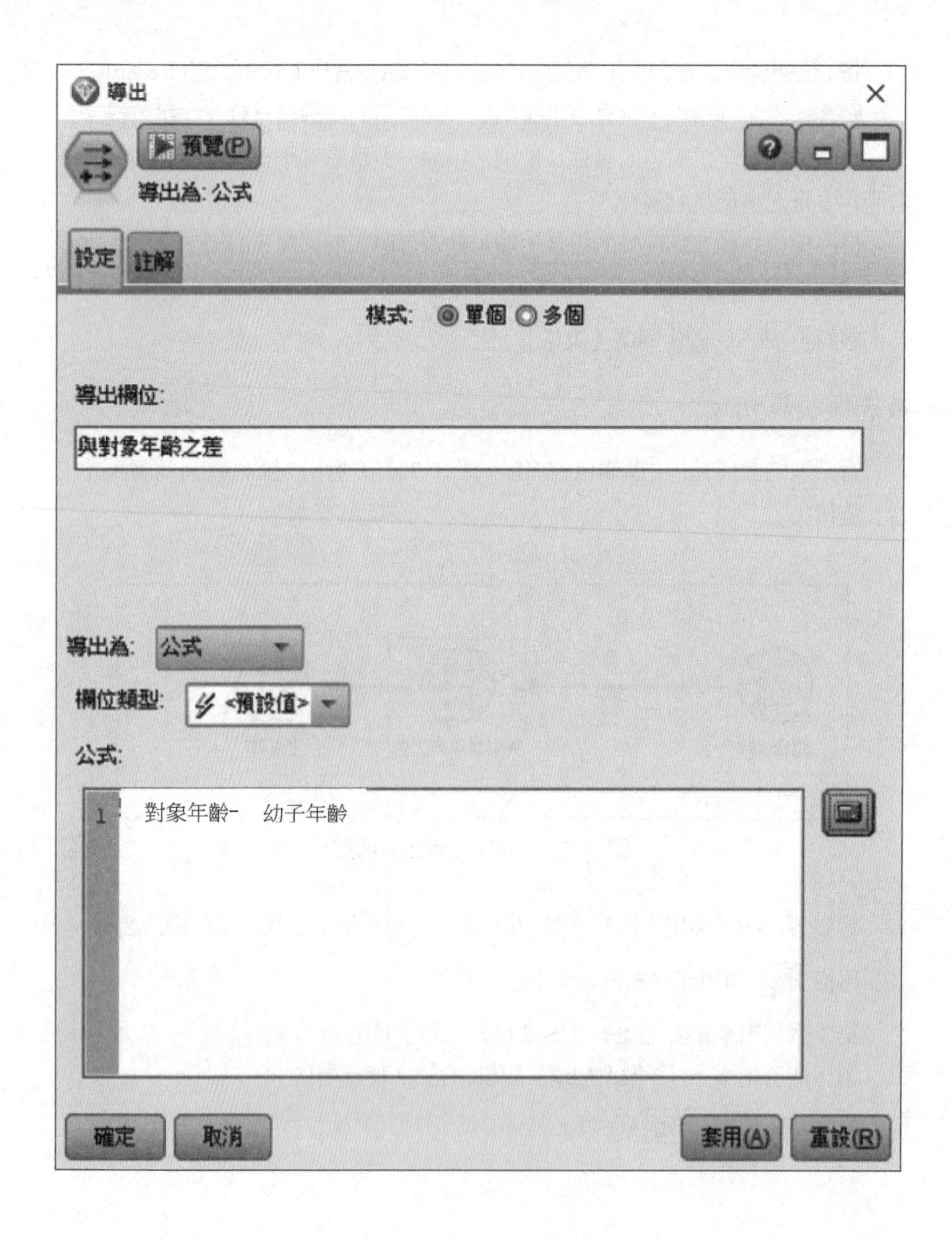
導出
預覽(P)
導出為: 公式
設定
註解
模式: 單個 多個
導出欄位:
與對象年齡之差
導出為: 公式
欄位類型: <預設值>
公式:
1 對象年齡- 幼子年齡
確定
取消
套用(A)
重設(R)

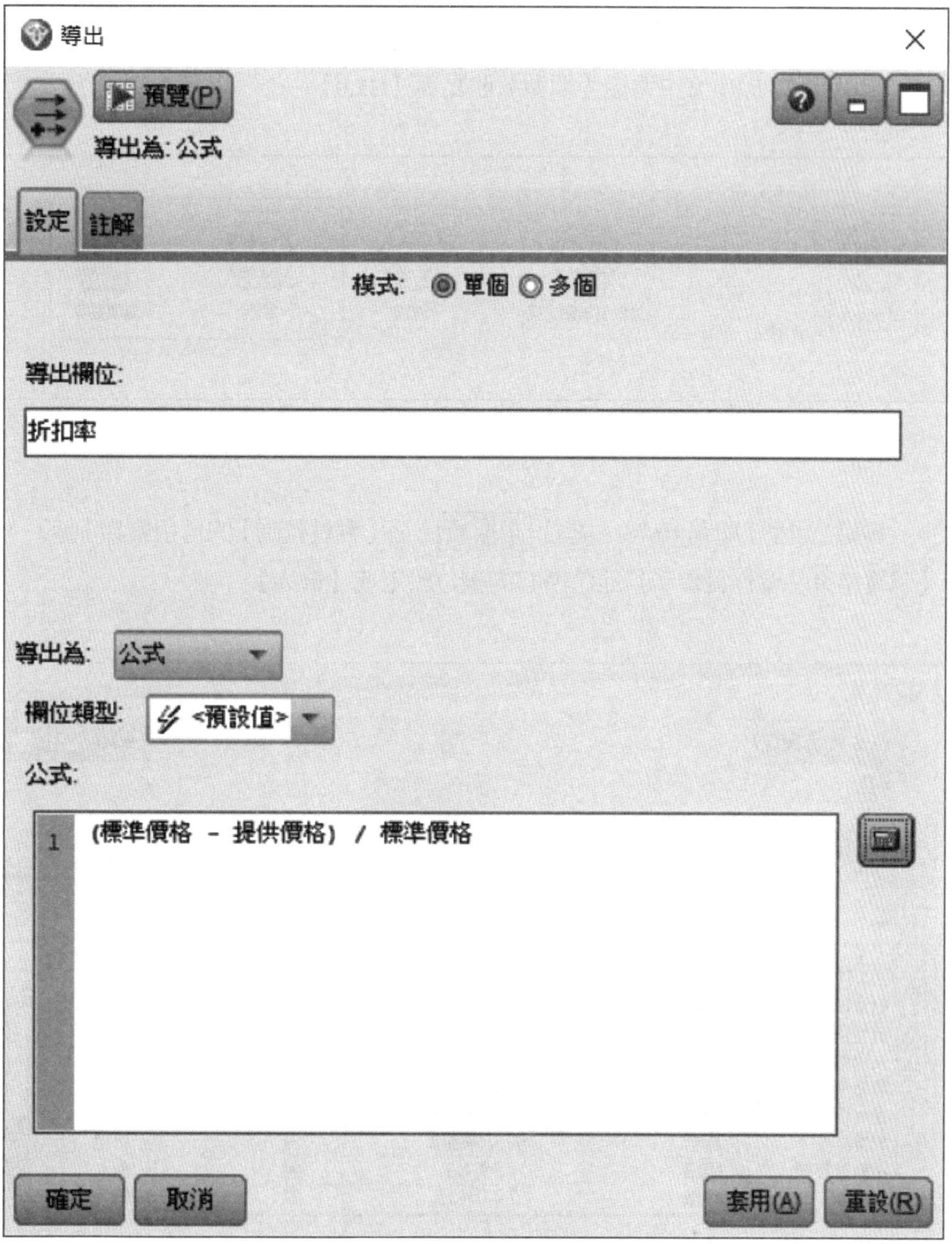

圖 10.76　導出節點的設定

■操作步驟 03

如圖 10.77 於串流中連接【類型】節點與【C5.0】。

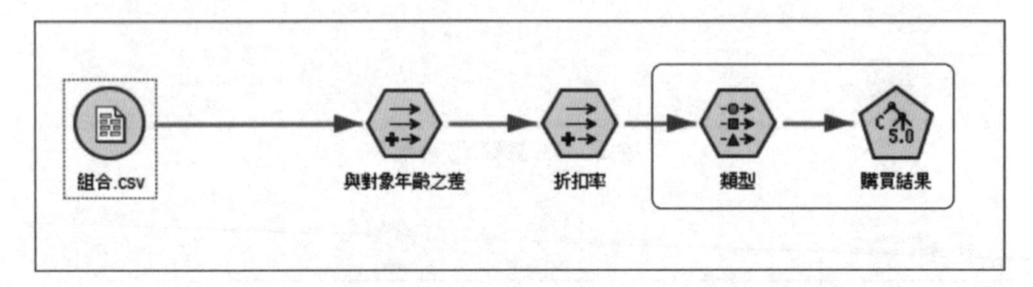

圖 10.77　C5.0 模式的製作

編輯【類型】如圖 10.78。進行 讀取值 ，將【會員號碼】的角色當作「無」，【購買結果】當作目標，其他將所有的欄位設定成【輸入】。

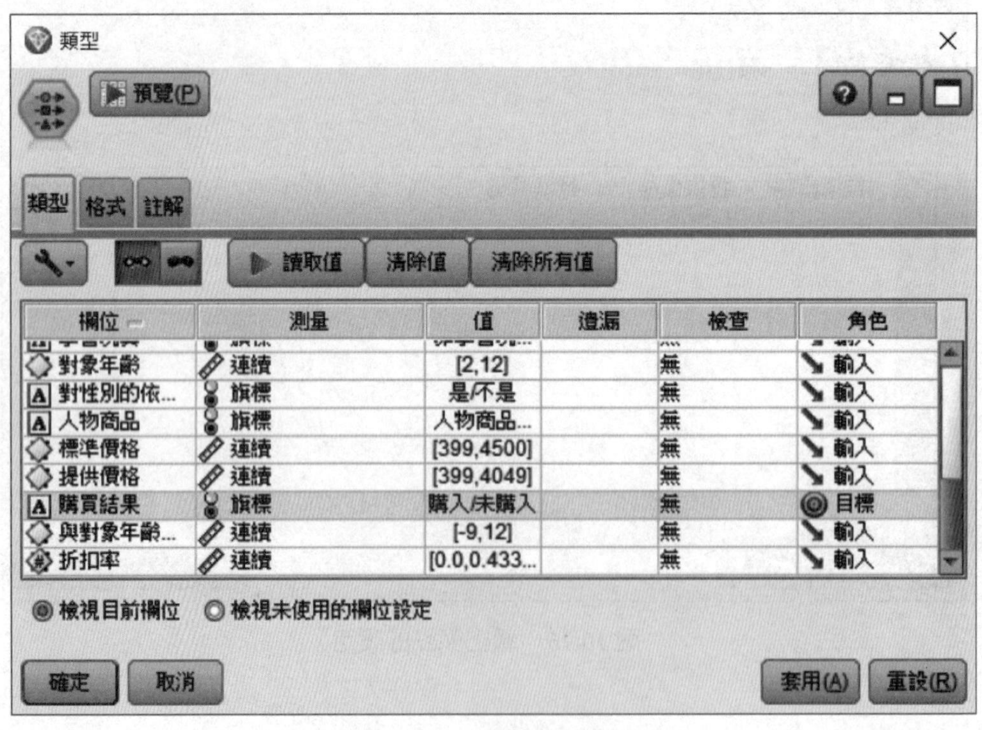

圖 10.78　類型的設定

接著，編輯【C5.0】（圖 10.79）。

【輸出類型】選擇【規則組集】、【模式】選【專家】、【每個子分支的最小紀錄】當作「100」。

設定結束後，按一下 執行 。

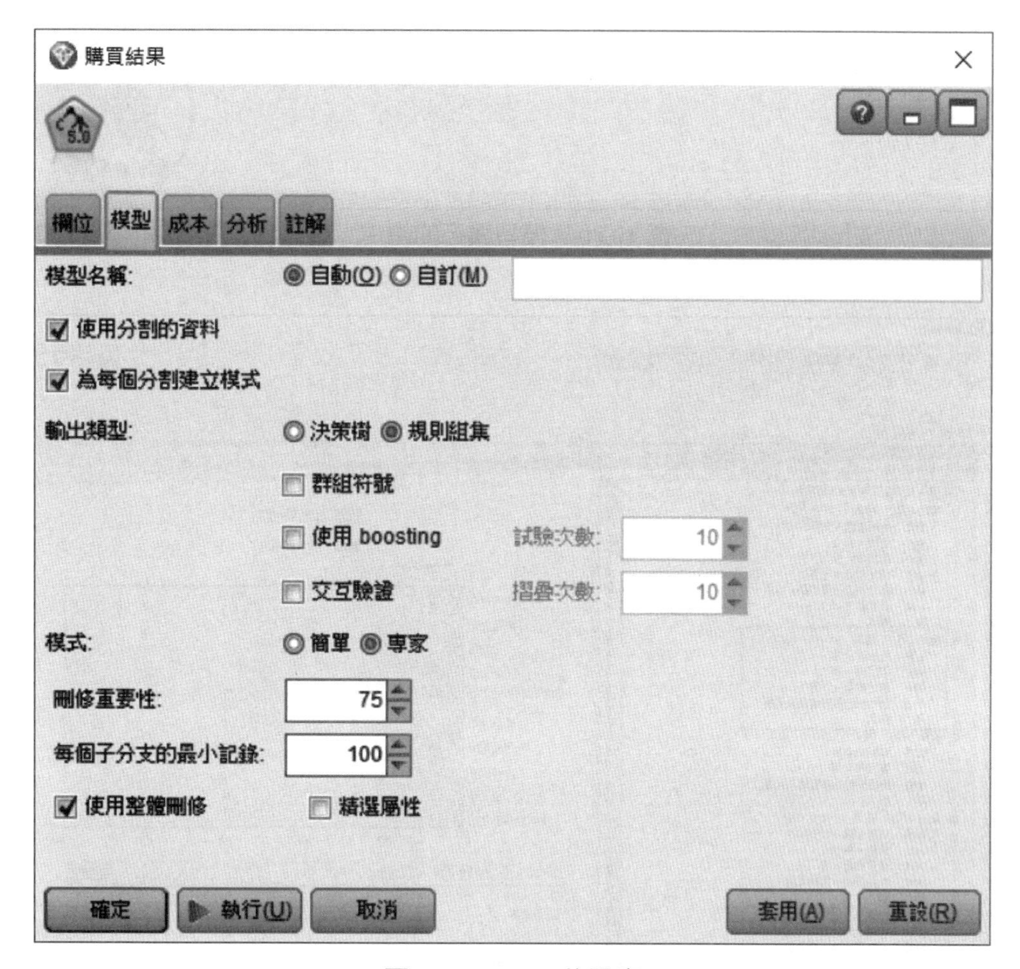

圖 10.79　C5.0 的設定

【模型鑽石】如圖 10.80 產生，被追加至串流中，右鍵按一下【模型鑽石】，點選【編輯】，確認內容。

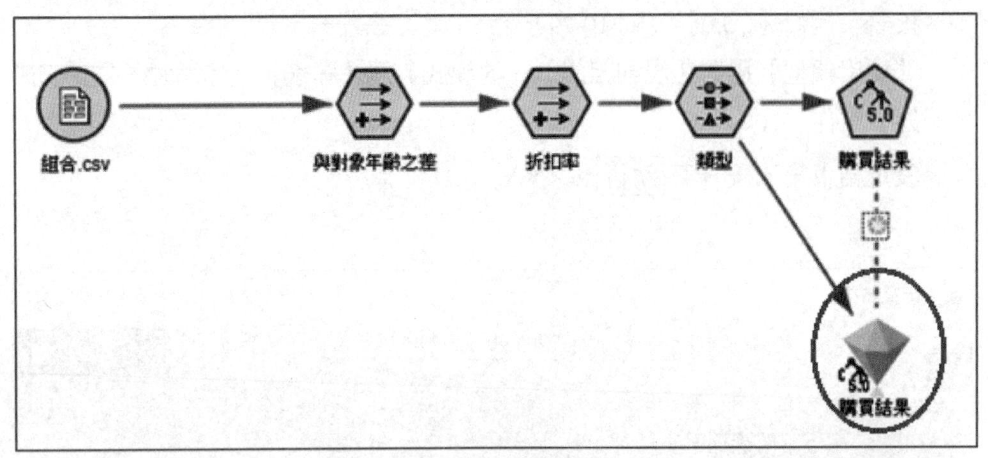

圖 10.80　模型鑽石的產生

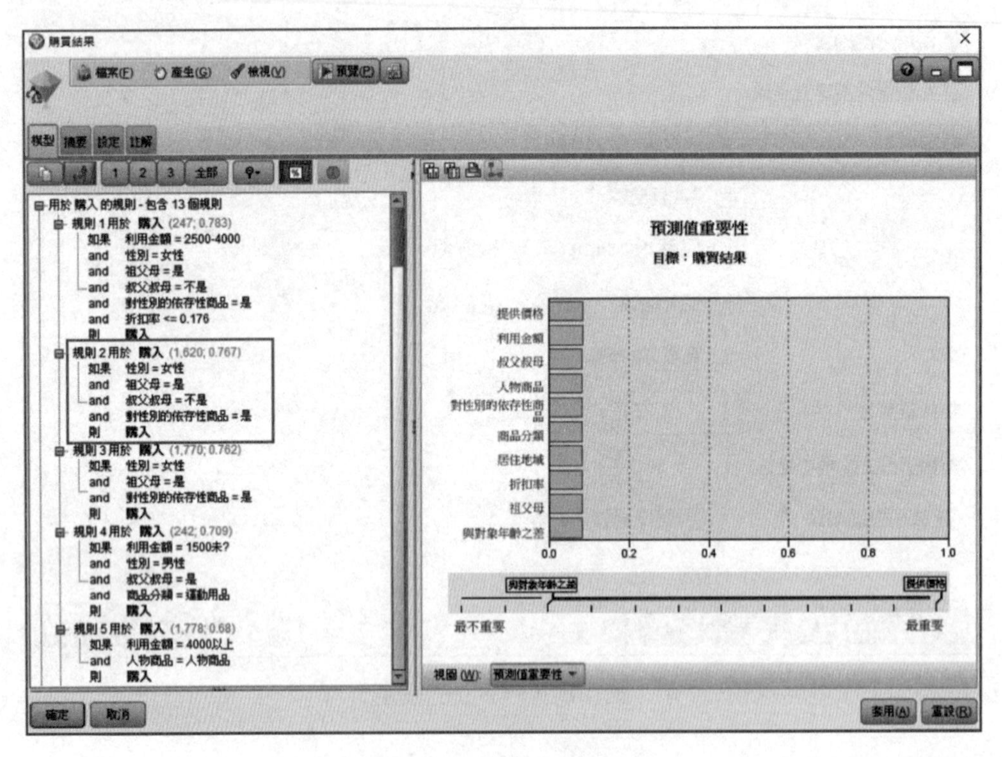

圖 10.81　規則的顯示

圖 10.81 是瀏覽【模型鑽石】的畫面。

按一下畫面左上的【全部】與 [%] 時，規則全部展開，可以確認詳細的值。

此次從顧客與商品的對組中抽出12種的購買規則。譬如【規則2】即爲如下：

規則 2；購買（1.620；0.767）

如果性別 = 女性

AND 祖父母 = 是

AND 叔父母 = 不是

AND 對性別的依存性 = 是

則購入

這是【性別】爲「女性」，【祖父母】爲「有」的回答情形。雖然是祖父母對小孩的性別依存性高的玩具瀏覽網頁，而顯示過去 1620 次被觀察，其中 76.7% 達到購買。模式確認後，按 確定 。

■操作步驟 04

已出現的模型鑽石，如圖 10.82 那樣與【表格】及【分析】連接。

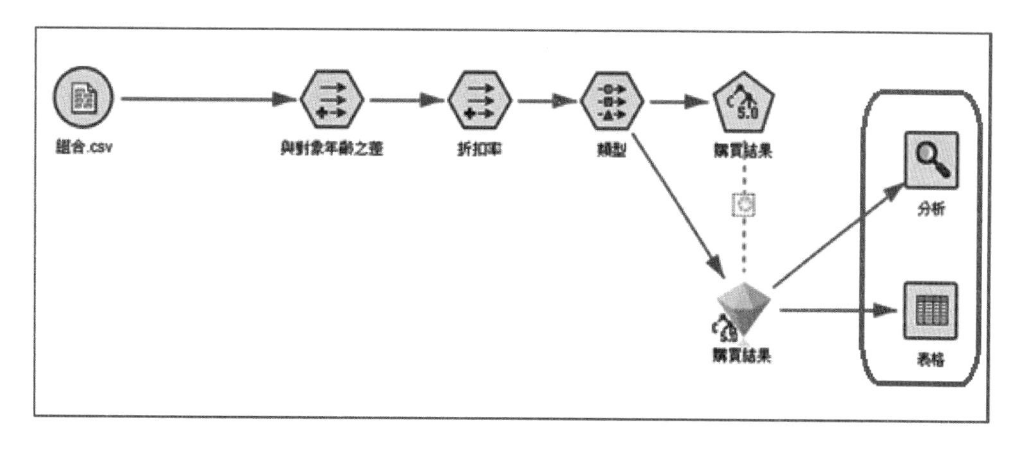

圖 10.82　表格節點與精度分析節點之連接

於【表格】按右鍵點選【執行】時，即如圖 10.83 那樣輸出。右端的 2 行是購買結果的預測與確信度。

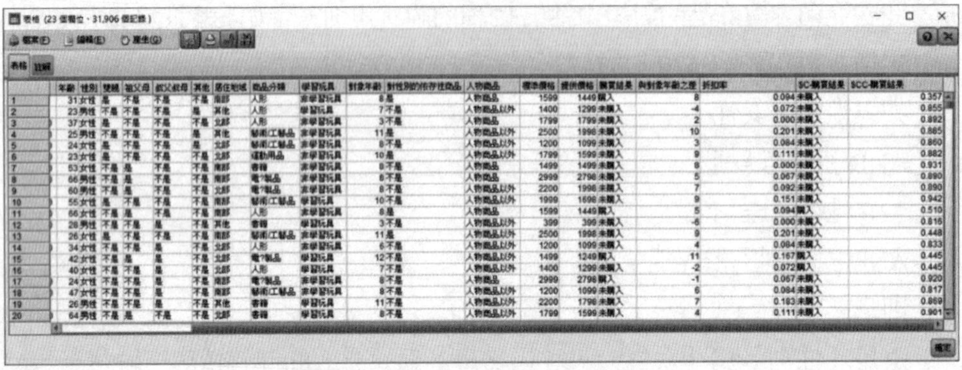

表格 (23 個欄位，31,906 個記錄)

檔案(F)　編輯(E)　產生(G)

表格　註解

	年齡	性別	雙親	祖父母	叔父叔母	其他	居住地域	商品分類	學習玩具	對象年齡	對性別的依存性商品	人物商品	標準價格	提供價格	購買結果	與對象年齡之差	折扣率	$C-購買結果	$CC-購買結果
1	31	女性	是	不是	不是	不是	南部	人形	非學習玩具	8	是	人物商品	1599	1449	購入	8	0.094	未購入	0.357
2	23	男性	不是	不是	不是	是	其他	人形	學習玩具	7	不是	人物商品以外	1400	1299	未購入	-4	0.072	未購入	0.855
3	37	女性	是	不是	不是	不是	北部	人形	非學習玩具	3	不是	人物商品	1799	1799	未購入	2	0.000	未購入	0.892
4	25	男性	不是	不是	不是	是	其他	藝術/工藝品	非學習玩具	11	是	人物商品以外	2500	1998	未購入	10	0.201	未購入	0.865
5	24	女性	是	不是	不是	是	北部	藝術/工藝品	非學習玩具	8	不是	人物商品以外	1200	1099	未購入	3	0.084	未購入	0.860
6	23	女性	是	不是	不是	不是	北部	運動用品	非學習玩具	10	是	人物商品以外	1799	1599	未購入	9	0.111	未購入	0.882
7	53	女性	不是	是	不是	不是	南部	書籍	非學習玩具	8	不是	人物商品	1499	1499	未購入	8	0.000	未購入	0.931
8	66	男性	不是	是	不是	不是	南部	電?製品	非學習玩具	6	不是	人物商品	2999	2798	未購入	5	0.067	未購入	0.890
9	60	男性	不是	是	不是	不是	北部	電?製品	非學習玩具	8	不是	人物商品以外	2200	1998	未購入	7	0.092	未購入	0.890
10	55	女性	是	不是	不是	不是	南部	藝術/工藝品	學習玩具	10	不是	人物商品以外	1999	1698	未購入	9	0.151	未購入	0.942
11	66	女性	不是	是	不是	不是	南部	人形	非學習玩具	6	是	人物商品	1599	1449	購入	5	0.094	購入	0.510
12	28	男性	不是	不是	是	不是	其他	書籍	學習玩具	3	不是	人物商品以外	399	399	未購入	-6	0.000	未購入	0.816
13	26	女性	是	不是	不是	不是	南部	藝術/工藝品	非學習玩具	11	是	人物商品以外	2500	1998	未購入	9	0.201	未購入	0.448
14	34	女性	不是	不是	是	不是	北部	人形	非學習玩具	6	不是	人物商品以外	1200	1099	未購入	4	0.084	未購入	0.833
15	42	女性	不是	是	是	不是	北部	電?製品	學習玩具	12	不是	人物商品以外	1499	1249	購入	11	0.167	購入	0.445
16	40	女性	不是	不是	是	不是	北部	人形	學習玩具	7	不是	人物商品以外	1400	1299	未購入	-2	0.072	購入	0.445
17	24	女性	不是	不是	是	不是	南部	電?製品	非學習玩具	8	不是	人物商品	2999	2798	購入	-1	0.067	未購入	0.920
18	47	女性	不是	不是	是	不是	南部	藝術/工藝品	非學習玩具	8	不是	人物商品以外	1200	1099	未購入	6	0.084	未購入	0.817
19	26	男性	不是	不是	是	不是	其他	書籍	學習玩具	11	不是	人物商品以外	2200	1798	未購入	7	0.183	未購入	0.869
20	64	男性	不是	是	不是	不是	北部	書籍	學習玩具	8	不是	人物商品以外	1799	1599	未購入	4	0.111	未購入	0.901

確定

圖 10.83　預測結果與表格輸出

最上方的第二資料列在預測上有 85.5% 的確信度，被預測爲「未購買」，實際上購買的結果也是「未購買」，預測與實際一致。此預測也某種程度的正確性，以類格檢查節點確認。按一下 關閉【表格】。

編輯【分析】（圖 10.84 上）。

勾選【符合矩陣（用於符合目標）】，按 執行。

如圖 10.84 顯示出結果，正解率爲 81.5%，也顯示其內容的正確矩陣。按一下 ，關閉精度分析。

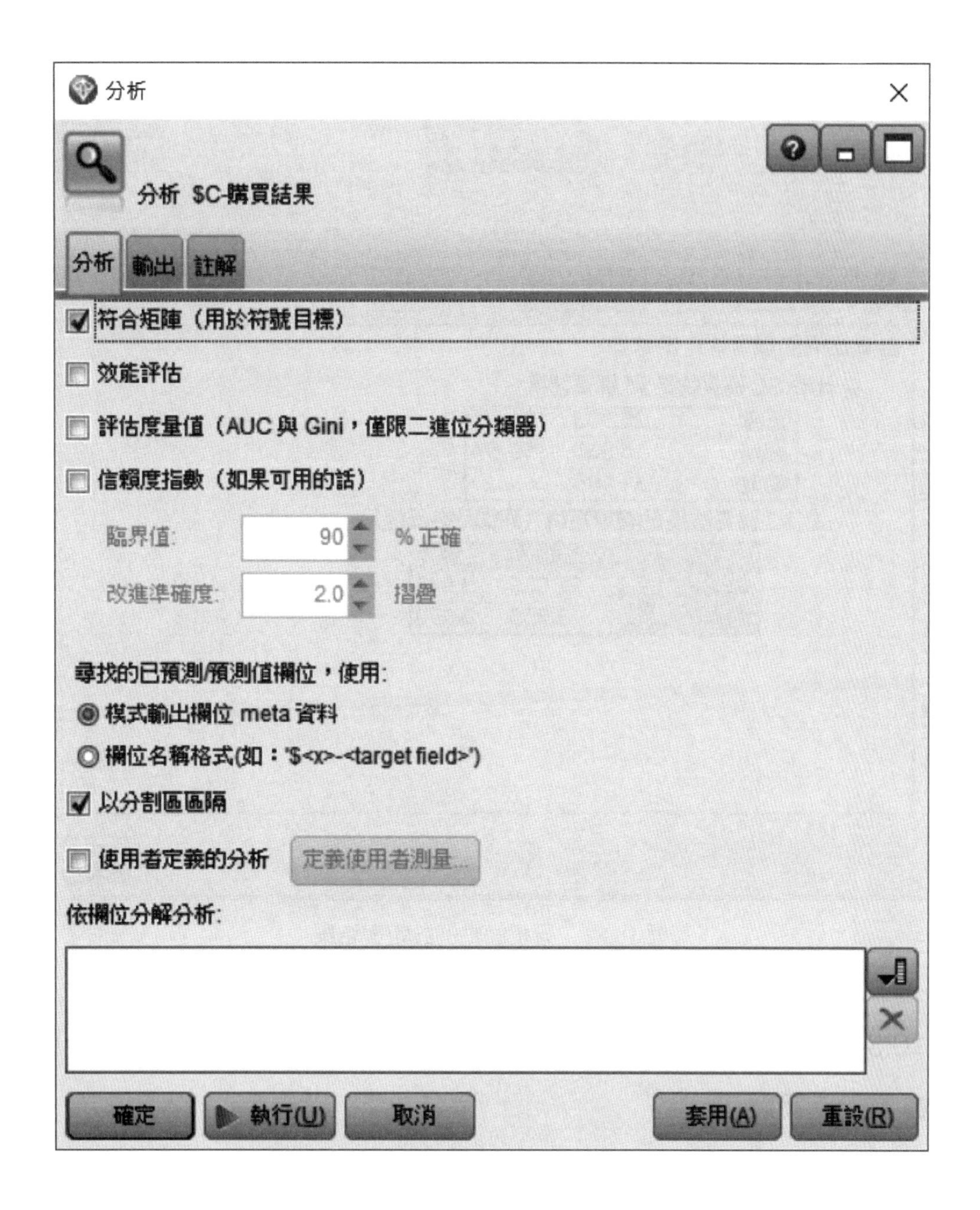
分析
分析 $C-購買結果
分析
輸出
註解
符合矩陣（用於符號目標）
效能評估
評估度量值（AUC 與 Gini，僅限二進位分類器）
信賴度指數（如果可用的話）
臨界值:
90
% 正確
改進準確度:
2.0
摺疊
尋找的已預測/預測值欄位，使用:
模式輸出欄位 meta 資料
欄位名稱格式(如：'$<x>-<target field>')
以分割區區隔
使用者定義的分析
定義使用者測量...
依欄位分解分析:
確定
執行(U)
取消
套用(A)
重設(R)

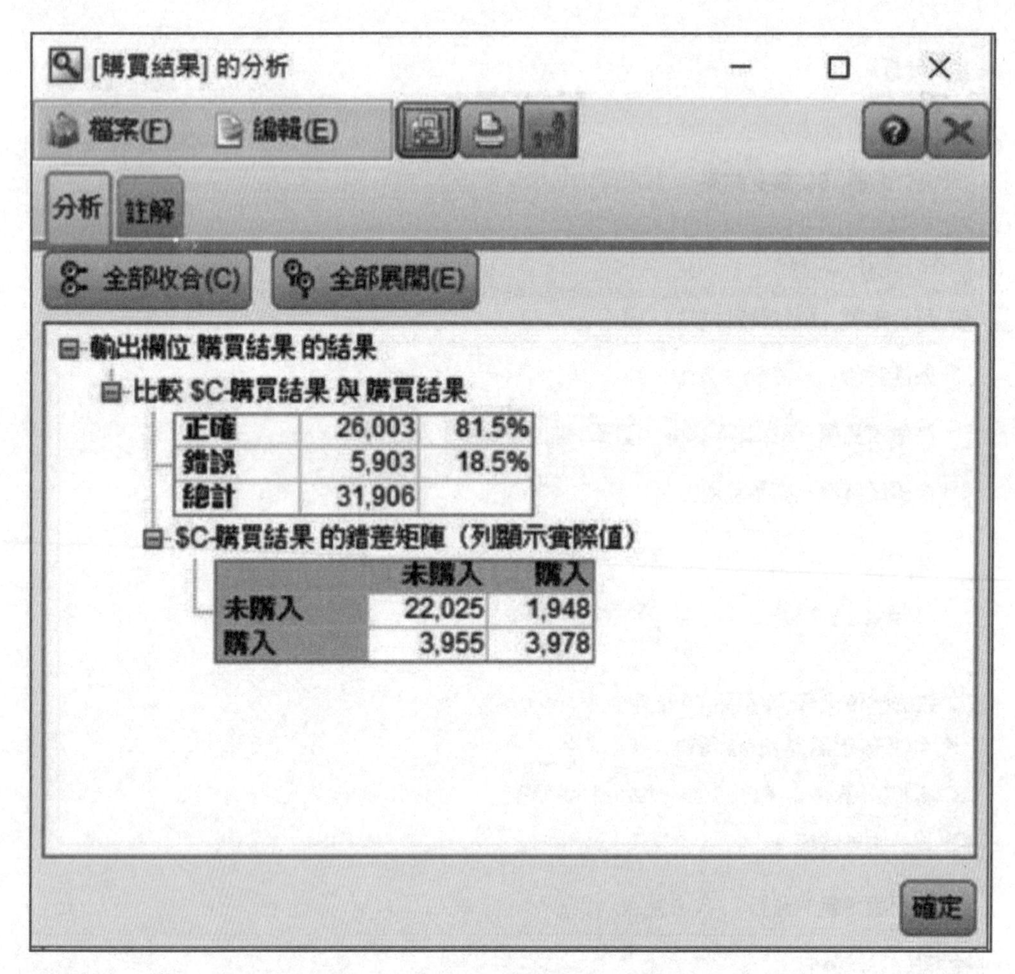

圖 10.84　分析節點的設定與結果

10.3.4 匹配模式的評分

■操作步驟 05

其次，將產生的模式套用在新的數據上，使之匹配。如圖 10.85 解除【類型】與【模型鑽石】的連接。

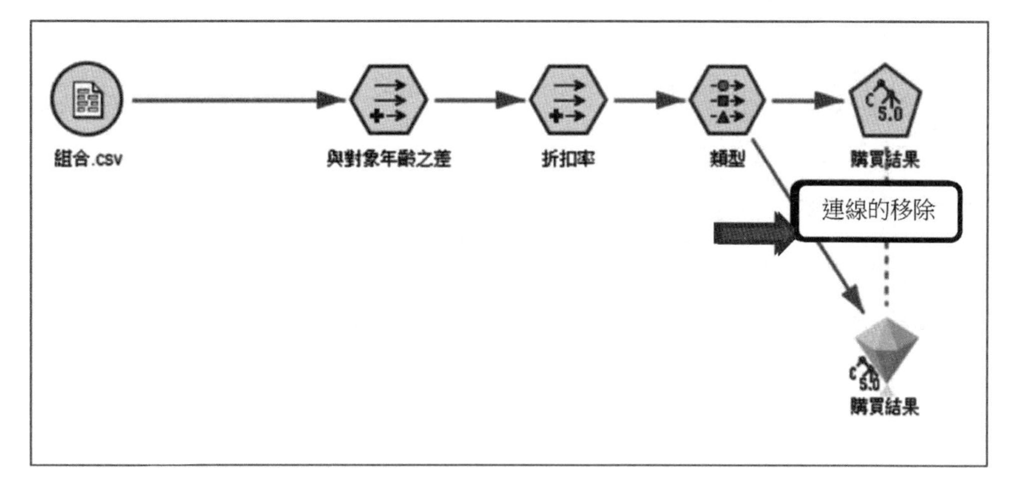

圖 10.85　解除模型鑽石的連接

接著，選擇 3 個【類型檔案】節點予以配置（圖 10.86）。

之後，編輯【類型檔案】（圖 10.87）。

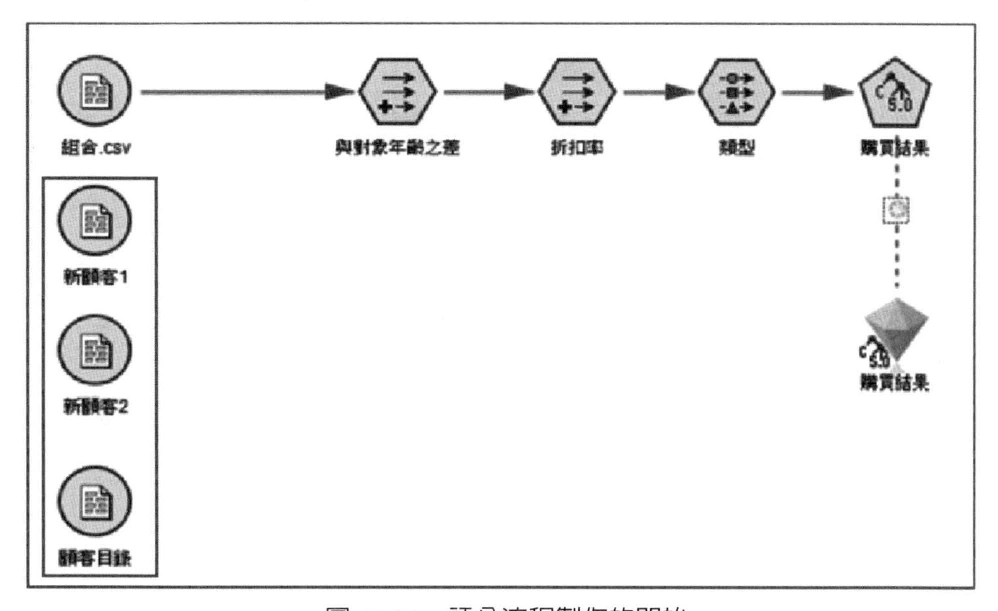

圖 10.86　評分流程製作的開始

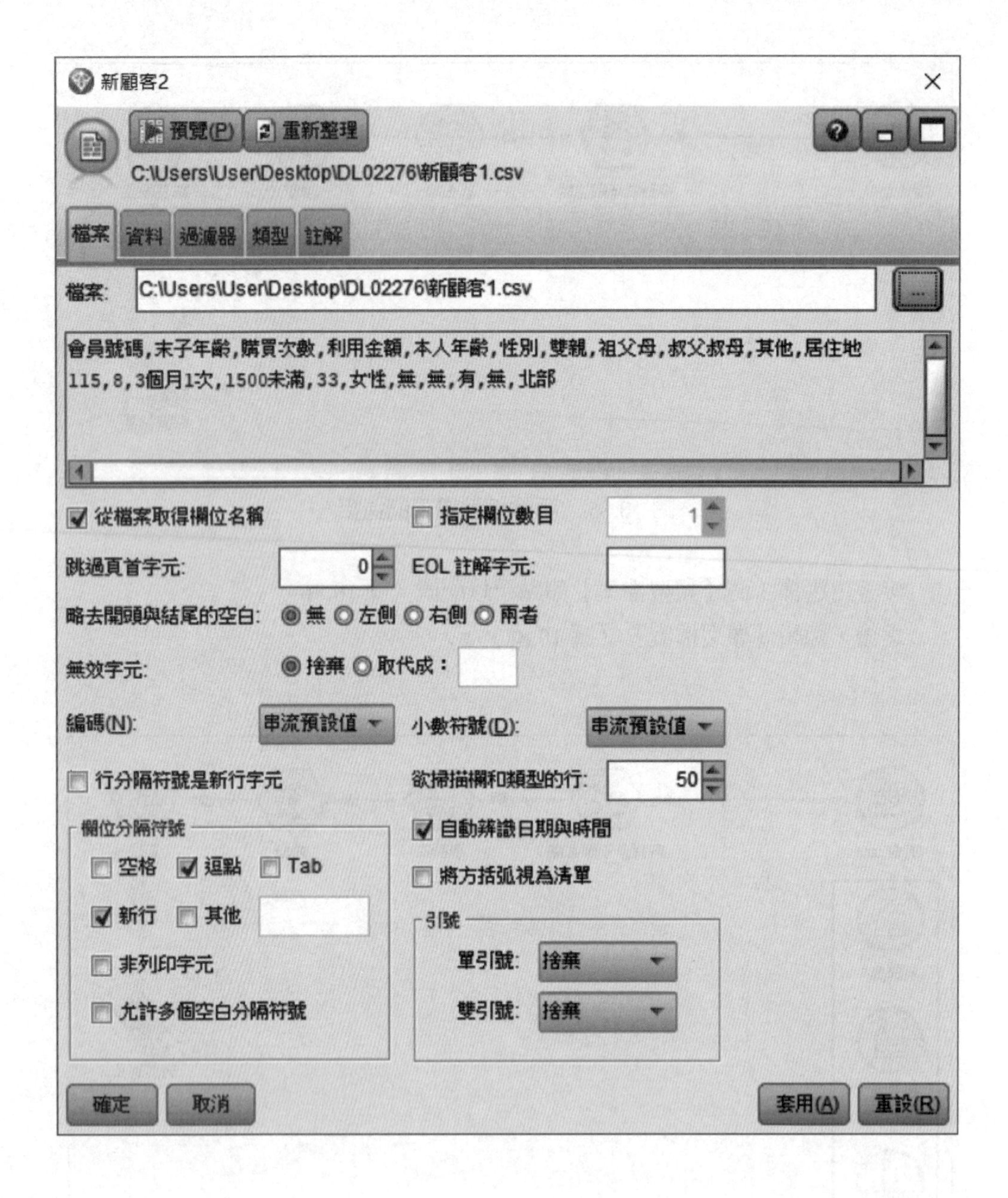
新顧客2
預覽(P)
重新整理
C:\Users\User\Desktop\DL02276\新顧客1.csv
檔案
資料
過濾器
類型
註解
檔案:
C:\Users\User\Desktop\DL02276\新顧客1.csv
會員號碼,末子年齡,購買次數,利用金額,本人年齡,性別,雙親,祖父母,叔父叔母,其他,居住地
115,8,3個月1次,1500未滿,33,女性,無,無,有,無,北部
從檔案取得欄位名稱
指定欄位數目
1
跳過頁首字元:
0
EOL 註解字元:
略去開頭與結尾的空白:
無
左側
右側
兩者
無效字元:
捨棄
取代成：
編碼(N):
串流預設值
小數符號(D):
串流預設值
行分隔符號是新行字元
欲掃描欄和類型的行:
50
欄位分隔符號
空格
逗點
Tab
新行
其他
非列印字元
允許多個空白分隔符號
自動辨識日期與時間
將方括弧視為清單
引號
單引號:
捨棄
雙引號:
捨棄
確定
取消
套用(A)
重設(R)

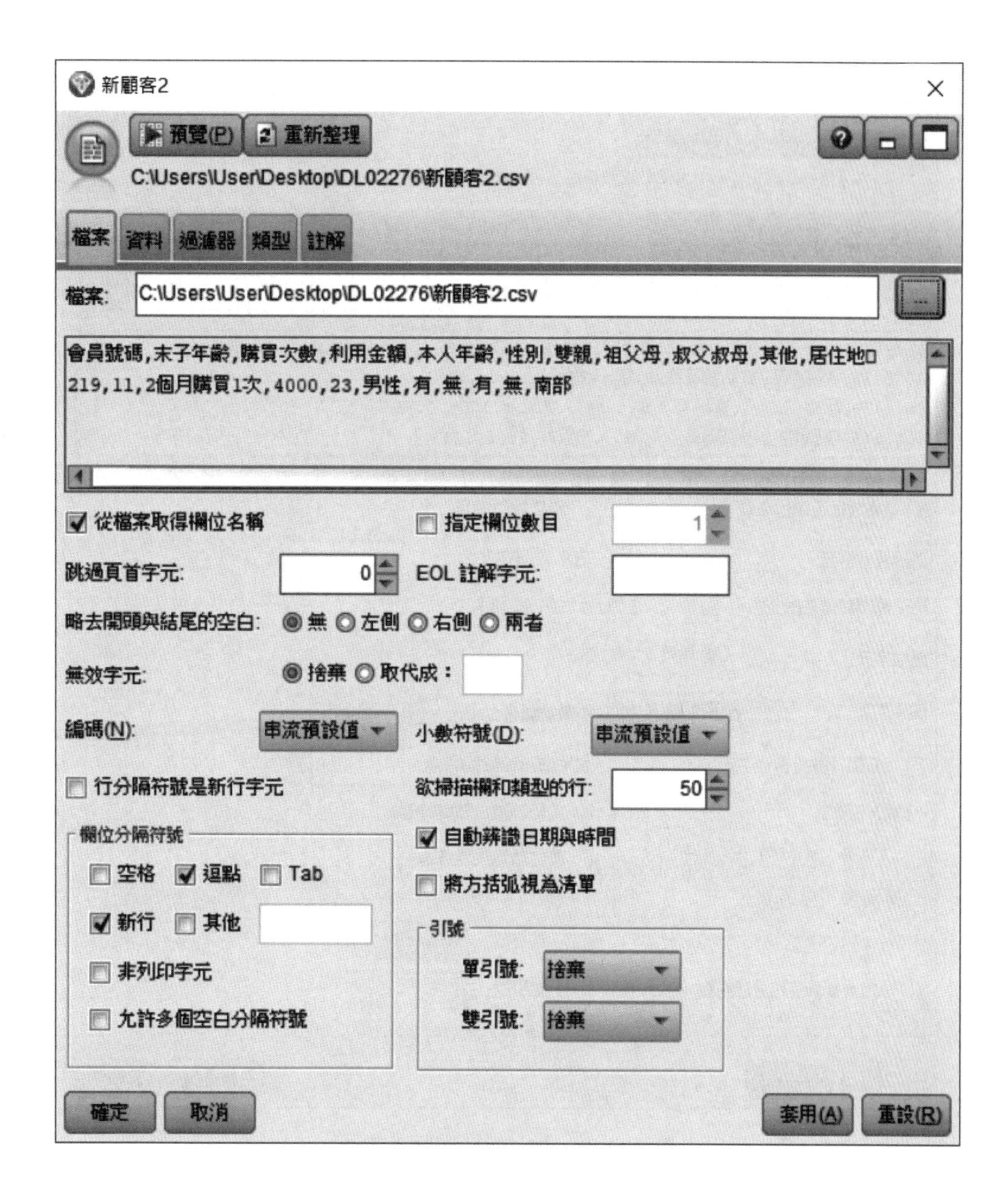
新顧客2
預覽(P)
重新整理
C:\Users\User\Desktop\DL02276\新顧客2.csv
檔案
資料
過濾器
類型
註解
檔案:
C:\Users\User\Desktop\DL02276\新顧客2.csv
會員號碼,末子年齡,購買次數,利用金額,本人年齡,性別,雙親,祖父母,叔父叔母,其他,居住地
219,11,2個月購買1次,4000,23,男性,有,無,有,無,南部
從檔案取得欄位名稱
指定欄位數目
跳過頁首字元:
EOL 註解字元:
略去開頭與結尾的空白:
無
左側
右側
兩者
無效字元:
捨棄
取代成:
編碼(N):
串流預設值
小數符號(D):
串流預設值
行分隔符號是新行字元
欲掃描欄和類型的行:
50
欄位分隔符號
空格
逗點
Tab
新行
其他
非列印字元
允許多個空白分隔符號
自動辨識日期與時間
將方括弧視為清單
引號
單引號:
捨棄
雙引號:
捨棄
確定
取消
套用(A)
重設(R)

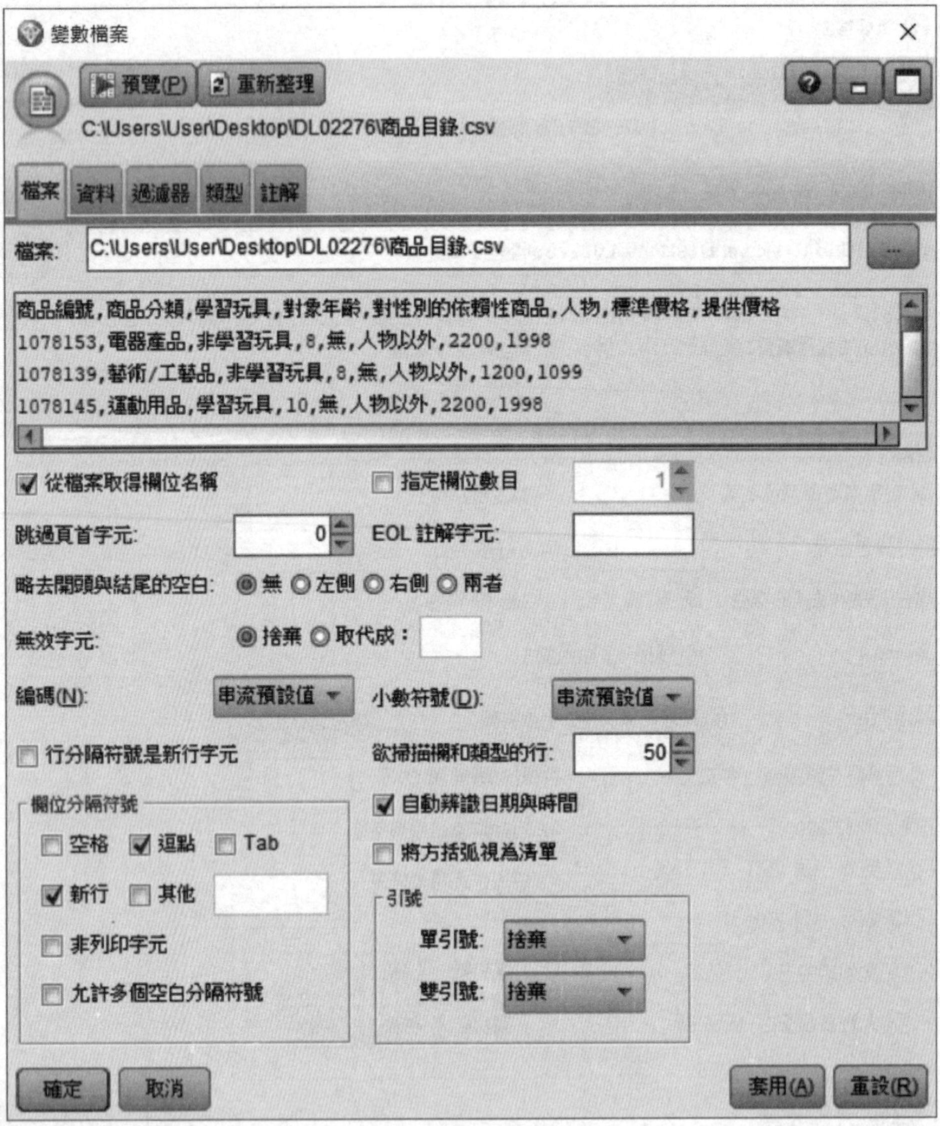

圖 10.87　3 個 CSV 檔案的讀取

利用 [...] 從資料的儲存位置讀取以下的表格。

「新顧客 1.csv」、「新顧客 2.csv」、「商品目錄 .csv」

在「新顧客 1.csv」節點上按右鍵點選【預覽】（圖 10.88）。

排列著與製作模式時所利用的分析表格的顧客屬性有相同的欄位名稱。此會員號碼 115 的顧客是位在北部的 33 歲女性，對 8 歲的小孩尋找玩具。

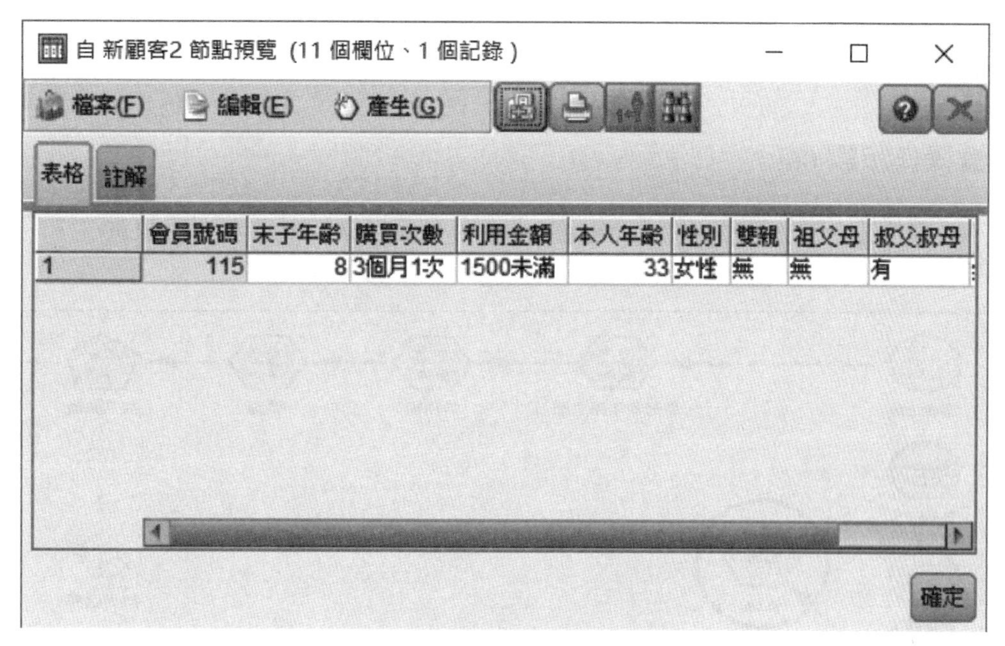

	會員號碼	末子年齡	購買次數	利用金額	本人年齡	性別	雙親	祖父母	叔父叔母
1	115	8	3個月1次	1500未滿	33	女性	無	無	有

圖 10.88　新顧客 1 的表格

由此即可對訪問網站的這位女性提供所有玩具的商品一覽表。

按一下 ✕ 關閉預覽。

在【商品目錄】節點上按右鍵按一下進行【預覽】（圖 10.89）。

自 顧客目錄 節點預覽 (8 個欄位、10 個記錄)

檔案(F)　編輯(E)　產生(G)

表格　註解

	商品編號	商品分類	學習玩具	對象年齡	對性別的依賴性商品	人物	標準價格	提供價格
1	1078153	電器產品	非學習玩具	8	無	人物以外	2200	1998
2	1078139	藝術/工藝品	非學習玩具	8	無	人物以外	1200	1099
3	1078145	運動用品	學習玩具	10	無	人物以外	2200	1998
4	1078114	書籍	非學習玩具	8	有	人物	1200	1099
5	1078150	運動用品	非學習玩具	7	有	人物	1999	1898
6	1078152	運動用品	非學習玩具	4	無	人物	1300	1149
7	1078143	運動用品	非學習玩具	9	無	人物以外	2800	2598
8	1078128	玩偶	非學習玩具	10	無	人物	1499	1449
9	1078148	運動用品	非學習玩具	8	無	人物以外	2300	2048
10	1078129	玩偶	非學習玩具	9	有	人物以外	1899	1499

確定

圖 10.89　商品目錄的預覽

商品目錄也是與製作模式所利用的由相關欄位所構成。按一下 ✕ 關閉預覽。

■操作步驟 06

選擇【合併】節點，從【新顧客 1】與【商品目錄】去連接（圖 10.90）。

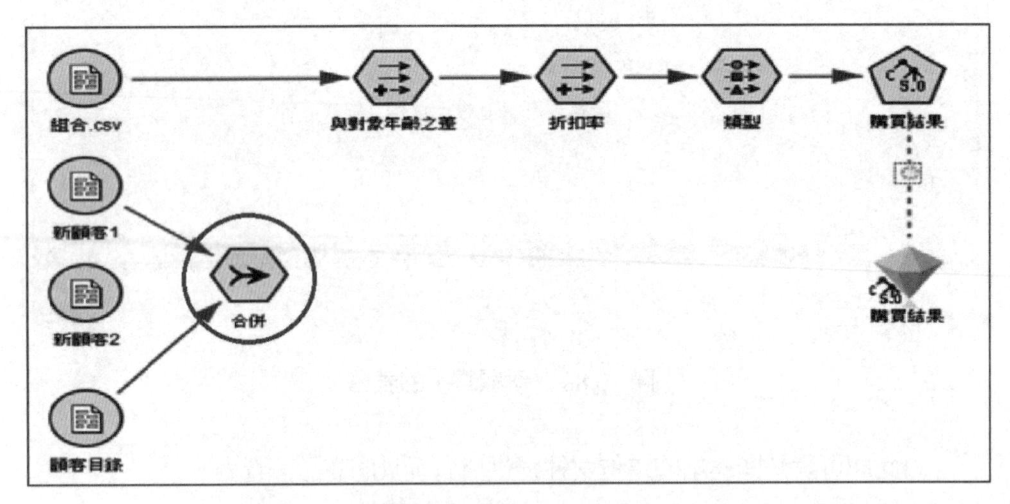

圖 10.90　新顧客 1 與商品目錄的一對多結合

編輯【合併】節點（圖 10.91）。【合併方法】選擇【鍵值】，【合併索引鍵】照樣空白，勾選【僅納入符合紀錄（內部加入）】，按 確定。此時，未選取【合併索引鍵】，產生所有資料列的組合。

按一下 預覽，顯示如圖 10.92。

對新顧客 1 的女性屬性來說，出現了與所有的玩具屬性相組合的表格。因此，檢討 1 位顧客對所有玩具時可以進行模擬。按一下 ✕ 關閉預覽。

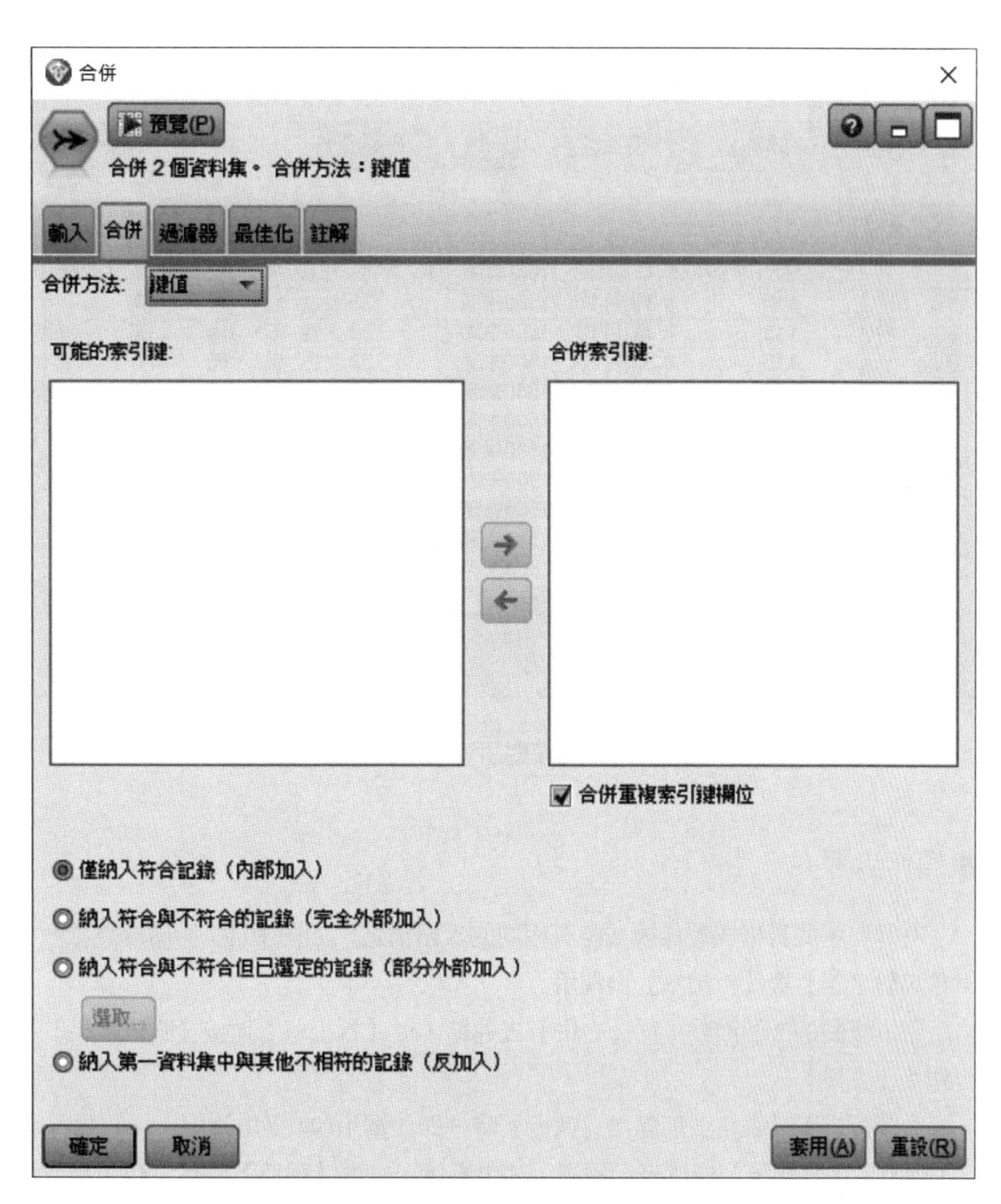

圖 10.91　使鍵空白的多對多結合

自 合併 節點預覽 (19 個欄位、10 個記錄)

檔案(F) 編輯(E) 產生(G)

表格 註解

	會員號碼	末子年齡	購買次數	利用金額	本人年齡	性別	雙親	祖父母	叔父叔母
1	115	8	3個月1次	1500未滿	33	女性	無	無	有
2	115	8	3個月1次	1500未滿	33	女性	無	無	有
3	115	8	3個月1次	1500未滿	33	女性	無	無	有
4	115	8	3個月1次	1500未滿	33	女性	無	無	有
5	115	8	3個月1次	1500未滿	33	女性	無	無	有
6	115	8	3個月1次	1500未滿	33	女性	無	無	有
7	115	8	3個月1次	1500未滿	33	女性	無	無	有
8	115	8	3個月1次	1500未滿	33	女性	無	無	有
9	115	8	3個月1次	1500未滿	33	女性	無	無	有
10	115	8	3個月1次	1500未滿	33	女性	無	無	有

確定

圖 10.92　顧客對所有商品的一覽

■操作步驟 07

有需要將此表格與製作模式時有相同的表格構造，如圖 10.93 那樣複製【與對象年齡之差】與【折扣率】再利用。

將所複製的 2 個節點，從【合併】去連結，從【折扣率】連接【購買結果】再連接【表格】。

右鍵按一下【表格】節點按【執行】時，即如圖 10.94 得出輸出。

【$C- 購買結果】欄位表示預測。其中點選出一個【購買】方格，顏色呈反轉狀態，從選單的【產出】選擇【選取節點（和）】。

按一下 ✕ 關閉【表格】。

在串流區域所形成的【（已產生）】，從【模型鑽石】去連接（圖 10.95）。

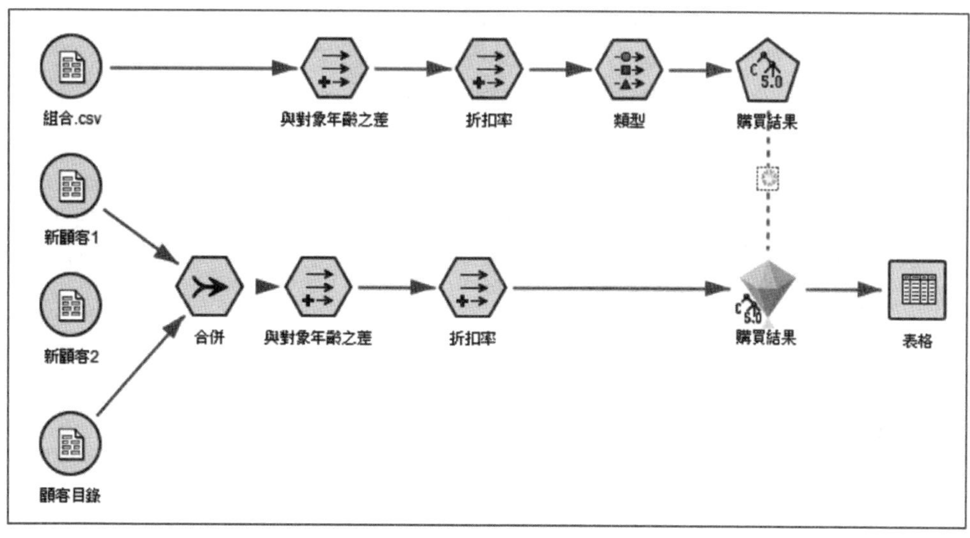

圖 10.93　導出節點的複製與貼上

表格 (23 個欄位、53 個記錄) #2

檔案(F)　編輯(E)　產生(G)

選取節點(「記錄」) (S)
選取節點(「和」) (S)
選取節點(「或」) (N)
導出節點(「記錄」) (D)
導出節點(「和」) (D)
導出節點(「或」) (R)

表格　註解

	用金額	本人年齡						居住地域	商品編號	商品分類	學習玩具	對象年齡	...	...	...	...	與對象年齡之差	折扣率	$C-購買結果	$CC-購買結果
1	00未滿	33						北部	1078153	電器產品	非學習玩具	8	無	...	...	...	0	0.092	未購入	0.500
2	00未滿	33						北部	1078139	藝術/工藝品	非學習玩具	8	無	...	...	...	0	0.084	未購入	0.714
3	00未滿	33						北部	1078145	運動用品	學習玩具	10	無	...	...	...	2	0.092	購入	0.666
4	00未滿	33						北部	1078114	書籍	非學習玩具	8	有	...	...	...	0	0.084	未購入	0.714
5	00未滿	33						北部	1078150	運動用品	非學習玩具	7	有	...	...	...	-1	0.051	未購入	0.500
6	00未滿	33						北部	1078152	運動用品	非學習玩具	4	無	...	...	...	-4	0.116	未購入	0.714
7	00未滿	33						北部	1078143	運動用品	非學習玩具	9	無	...	...	...	1	0.072	未購入	0.500
8	00未滿	33	女性	無	無	有	無	北部	1078128	玩偶	非學習玩具	10	無	...	...	...	2	0.033	未購入	0.714
9	00未滿	33	女性	無	無	有	無	北部	1078148	運動用品	非學習玩具	8	無	...	...	...	0	0.110	未購入	0.500
10	00未滿	33	女性	無	無	有	無	北部	1078129	玩偶	非學習玩具	9	有	...	...	...	1	0.211	未購入	0.500
11	00未滿	33	女性	無	無	有	無	北部	1078130	玩偶	非學習玩具	7	無	...	...	...	-1	0.125	未購入	0.500
12	00未滿	33	女性	無	無	有	無	北部	1078111	書籍	非學習玩具	12	無	...	...	...	4	0.084	未購入	0.714
13	00未滿	33	女性	無	無	有	無	北部	1078116	書籍	非學習玩具	10	有	...	...	...	2	0.067	未購入	0.714
14	00未滿	33	女性	無	無	有	無	北部	1078138	藝術/工藝品	學習玩具	10	無	...	...	...	2	0.151	購入	0.666
15	00未滿	33	女性	無	無	有	無	北部	1078163	電器產品	學習玩具	12	無	...	...	...	4	0.167	未購入	0.357
16	00未滿	33	女性	無	無	有	無	北部	1078137	藝術/工藝品	非學習玩具	11	有	...	...	...	3	0.201	未購入	0.500
17	00未滿	33	女性	無	無	有	無	北部	1078159	電器產品	非學習玩具	10	有	...	...	...	2	0.108	未購入	0.500
18	00未滿	33	女性	無	無	有	無	北部	1078158	電器產品	非學習玩具	9	有	...	...	...	1	0.108	未購入	0.500
19	00未滿	33	女性	無	無	有	無	北部	1078122	玩偶	非學習玩具	8	有	...	...	...	0	0.094	未購入	0.714
20	00未滿	33	女性	無	無	有	無	北部	1078118	書籍	學習玩具	11	無	...	...	...	3	0.183	購入	0.666

確定

圖 10.94　表格輸出與選取節點的產生

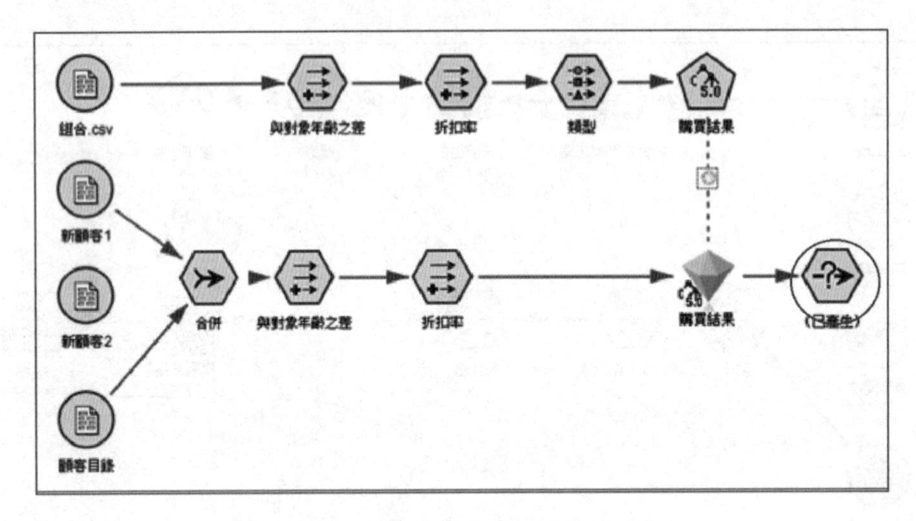

圖 10.95　自動產生的抽出節點的連接

編輯【（已產生）】節點，確認其中所含的式子是否正確（圖 10.96）。

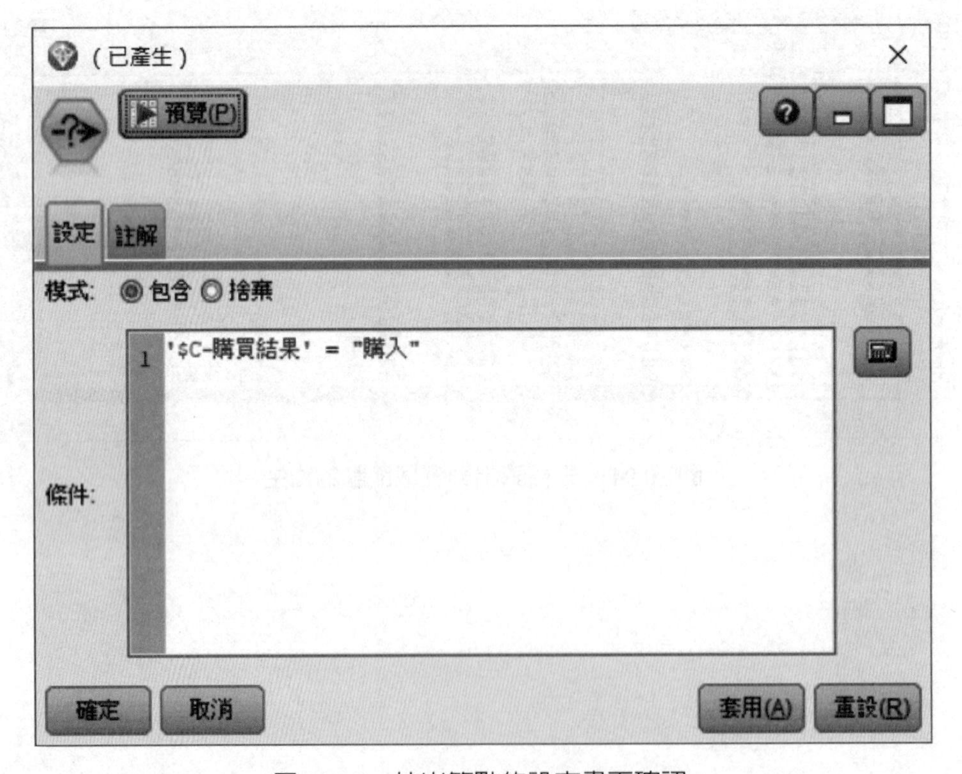

圖 10.96　抽出節點的設定畫面確認

記入「"$C- 購買結果 "=" 購入 "」時，按一下 確定 。

■操作步驟 08

玩具的對象年齡與使用小孩的年齡有差異時，是否作爲備選或除外進行調整。將新的【選取】節點連接到串流之中（圖 10.97）。

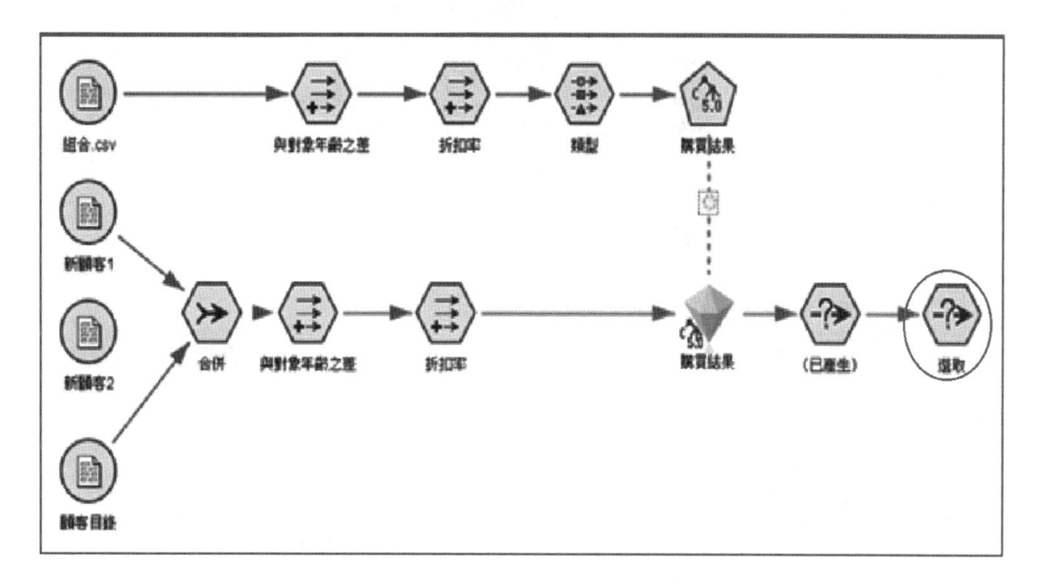

圖 10.97　年齡差異的調整

編輯【選取】(圖 10.98）。

按一下【條件】中的 ，開啟建立公式。從函數清單選取【一般表格】，點一下函數以遞增排序時【abs(NUM)】出現在最上方，以 插入到函數對話框中。

式子如以下記述：

「abs(與對象年齡之差)<=3」

此時，記號的輸入也是利用 <= 。避免鍵盤輸入，可以防止打字失誤。

按一下檢查，結束邏輯 確認 。如無問題按 確定 。

在【選取】畫面上再次按 確定 關閉設定畫面。

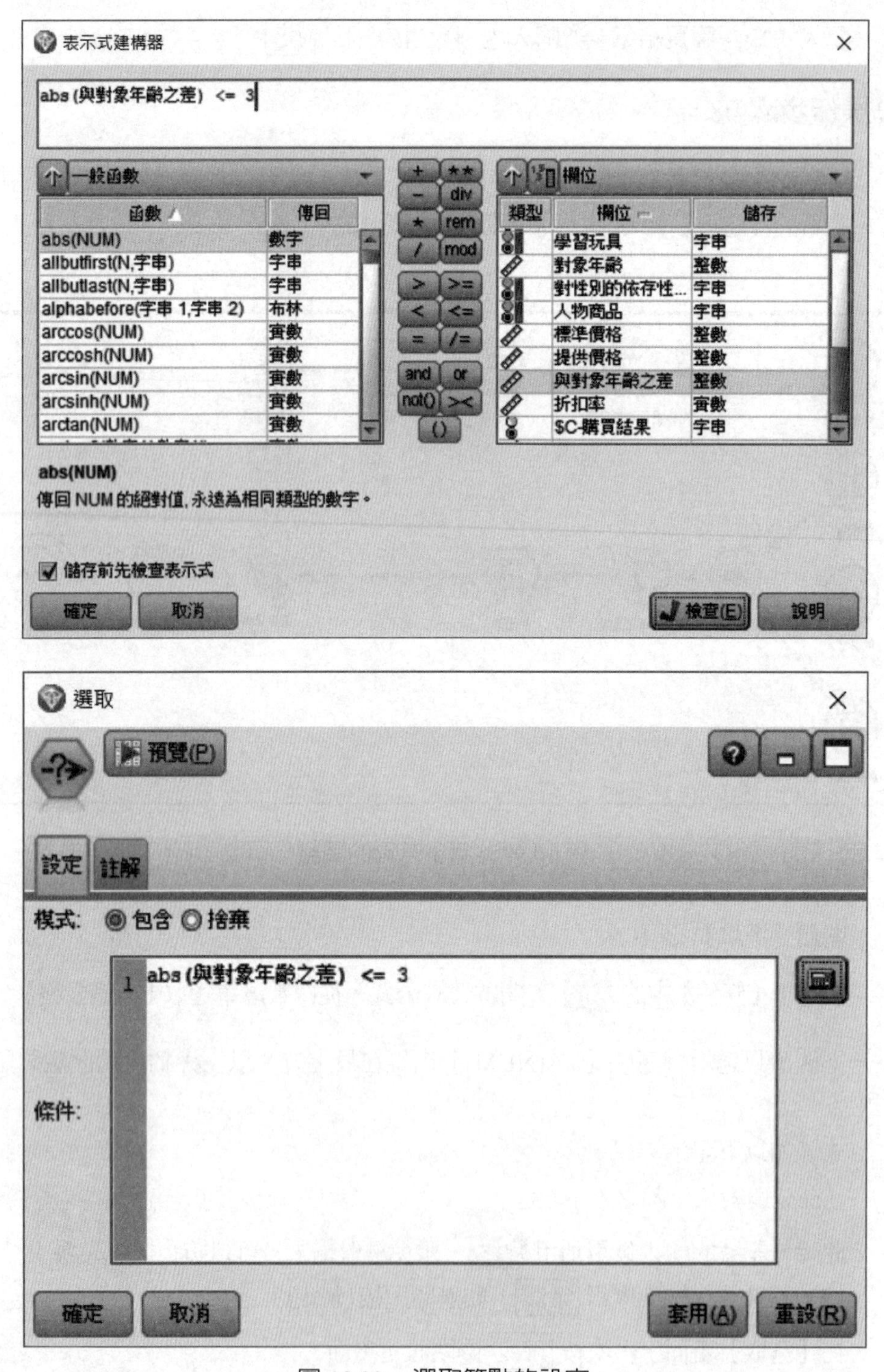

圖 10.98　選取節點的設定

■操作步驟 09

選擇【排序】與【過濾器】連接。最後再與【表格】連接，串流即完成（圖 10.99）。

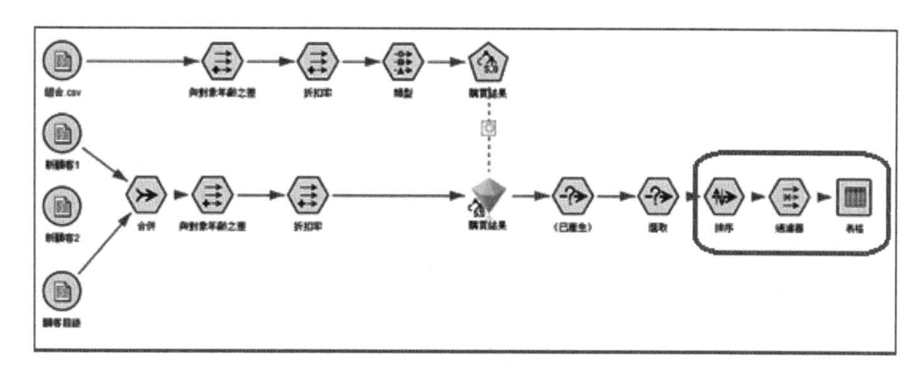

圖 10.99　串流的完成

編輯【排序】(圖 10.100）。

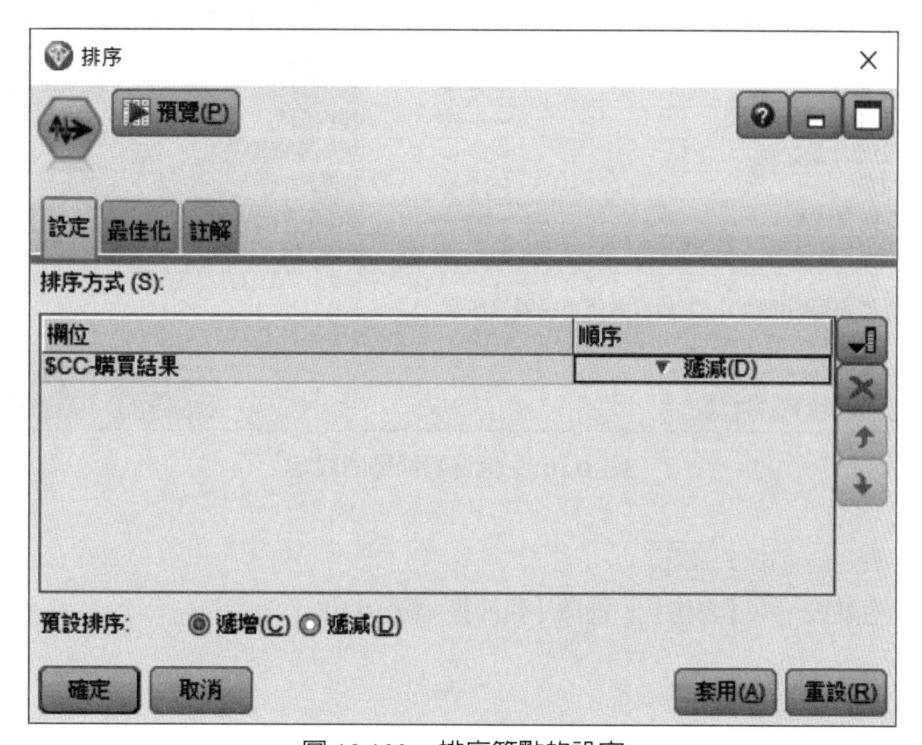

圖 10.100　排序節點的設定

按一下 ，從欄位中的一覽表選出【$CC- 購買結果】，依遞減設定。

設定結束後按 確定 。

接著，編輯【過濾器】（圖 10.101）。

只通過 3 個欄位，其他的欄位別則取消。

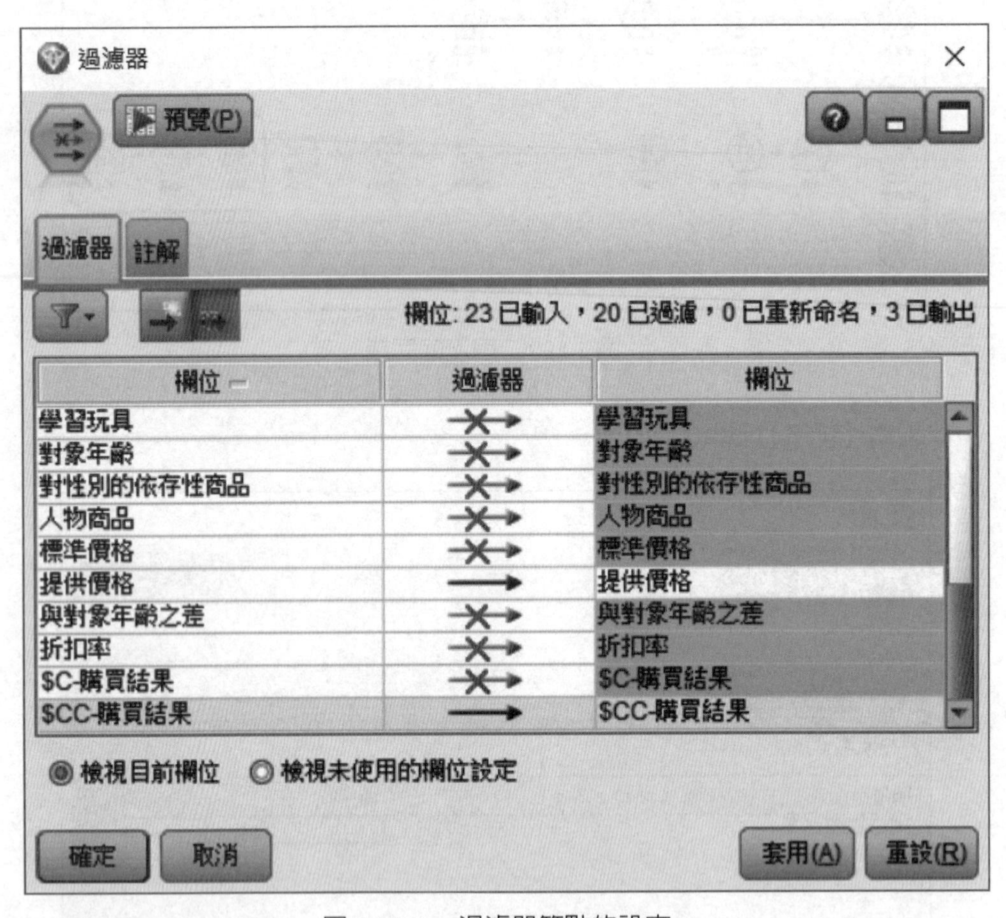

圖 10.101　過濾器節點的設定

設定結束後按 確定 。

右鍵按一下【表格】，選擇【執行】（圖 10.102）。

表格 (3 個欄位、10 個記錄)

檔案(F)　編輯(E)　產生(G)

表格　註解

	商品編號	提供價格	$CC-購買結果
1	1078141	2098	0.666
2	1078154	3399	0.666
3	1078119	1599	0.666
4	1078151	1599	0.666
5	1078133	2398	0.666
6	1078160	3148	0.666
7	1078127	1698	0.666
8	1078118	1798	0.666
9	1078138	1698	0.666
10	1078145	1998	0.666

確定

圖 10.102　向新的顧客 1 所提示的商品一覽表

接著，對【新顧客 2】提示其他商品也試著確認看看。

■操作步驟 10

如圖 10.103，從【新顧客 1】變更為【新顧客 2】再連接，右鍵點一下【表格】，選擇【執行】，如圖 10.104 出現不同於【新顧客 1】的商品推薦。

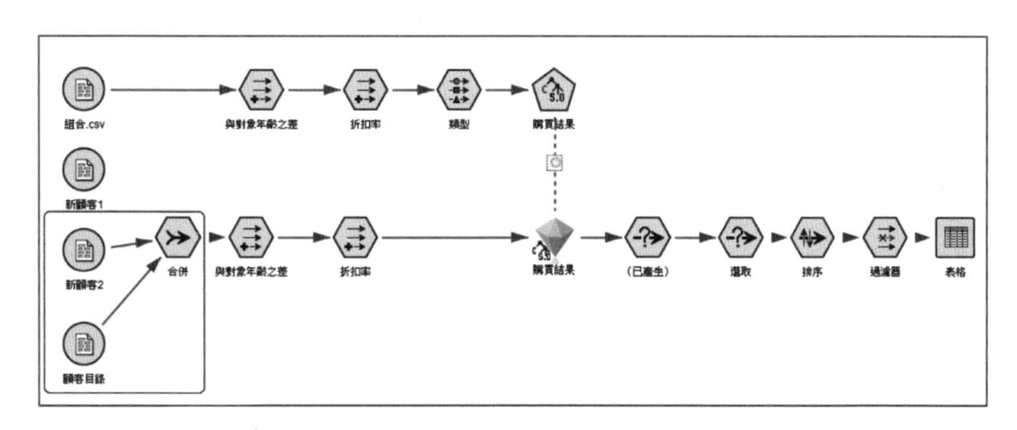

圖 10.103　向新顧客 2 的連結改變

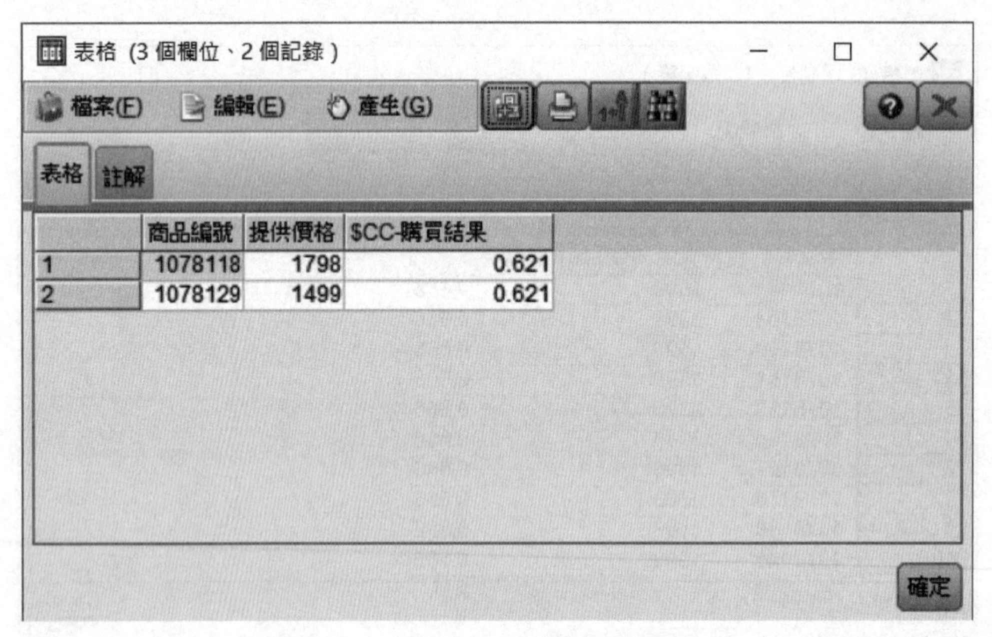

	商品編號	提供價格	$CC-購買結果
1	1078118	1798	0.621
2	1078129	1499	0.621

圖 10.104　向新顧客所提示的商品一覽

爲了能個別進行管理，並在網頁上能即時回答原來的業務，將此評分流程化，展開成如此的體系後，再進行推薦。

第 11 章 確立顧客分析的基礎

11.1 處理大數據

11.1.1 在著手大數據時

本書所處理的購買明細數據的樣本，大約是 10 萬筆的資料列（Record）。以一般數據爲對象的 PC，不知能否足夠處理。可是，最近像行動手機的紀錄表、網頁紀錄表、電話服務中心的往來紀錄表等，以大規模的數據作爲對象的案例逐日俱增。以數千萬件或以億爲單位的數據作爲分析對象的產業，也不在少數。

此處，如何處理大數據，能否利用在業務的基礎上，配合著範例加以介紹說明。

11.1.2 有效利用樣本節點

將數據可視化的商業智能（Business Intelligence, BI）工具，是重視如何快速地處理對象數據的效率。

另一方面，資料採勘工具是由統計衍生的，因此高明地使用抽樣技術，即可與限制條件相折衷。譬如，即使以 100 萬人的顧客爲全體製作預測模式，適切地抽樣 5 萬人製作預測模式，均能製作相同品質的模式。如重複專案時，覺得不需要全部處理數據的感覺是有的，但取決於不當檢知等的業務課題，它有時是不行的。

像此種情形，如圖 11.1 採購明細或紀錄表的縱列數據，在一度抽樣的狀態下設計串流之後，使抽樣停止再整體處理時，作業整體的速度即可提升。

（註）商業智能（BI）是用來幫助企業更好地利用資料，提高決策品質的技術集合，是從大量的資料中擷取資訊與知識的過程。簡單講就是業務、資料、資料價值應用的過程。

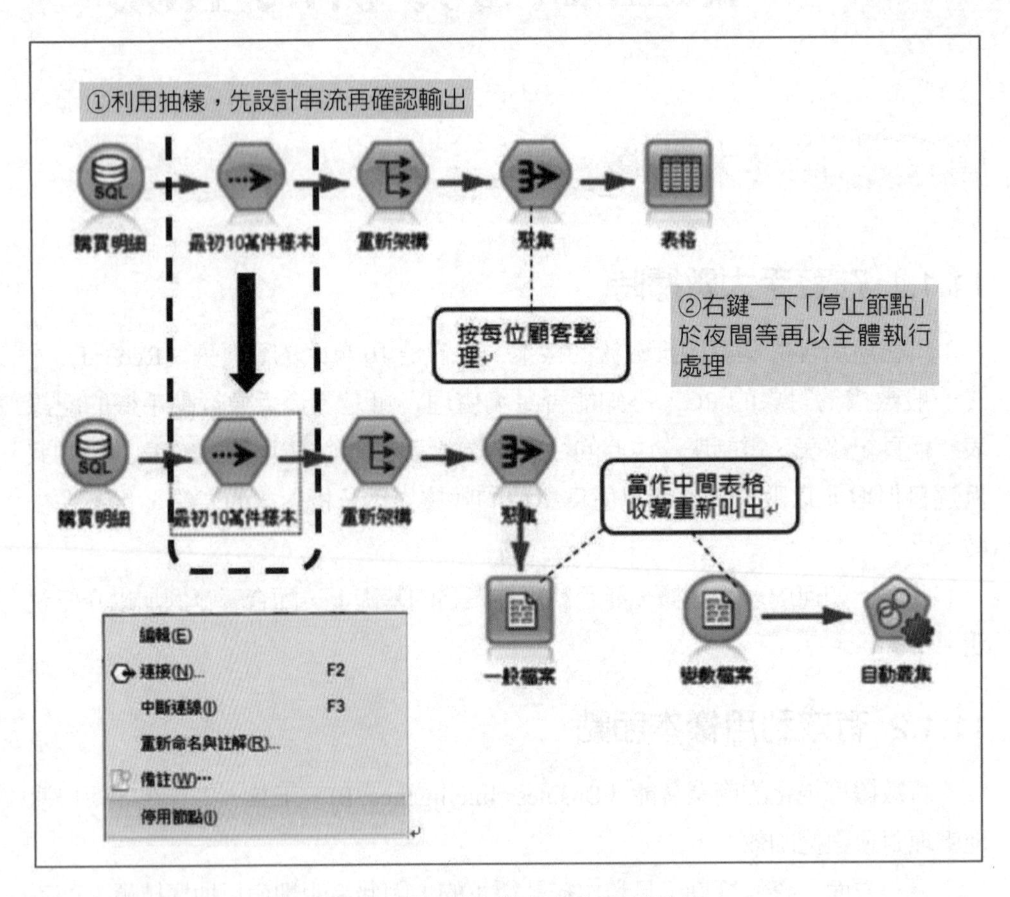

圖 11.1　利用抽樣處理大規模數據

11.1.3 有效地利用快取

在試行錯誤的過程，每次從前面讀取數據，有時浪費時間。此時，如何使用快取（Cache）機能，每次不需要讀取數據，於某時點在記憶上可以併合（圖 11.2）。利用此機能，將【快取】節點作爲起點開始處理，因而後續流程的處理即可有效率地處理。

但快取雖然方便，因大量使用記憶，在不必要的地方設定多次，效率反而下降，出現反效果。如利用快取時，確認串流的上流有無不需要的快取，如有快取時，建議每次解除；以及像【聚集】節點等，整理資料列之後，再使用是非常有效的。

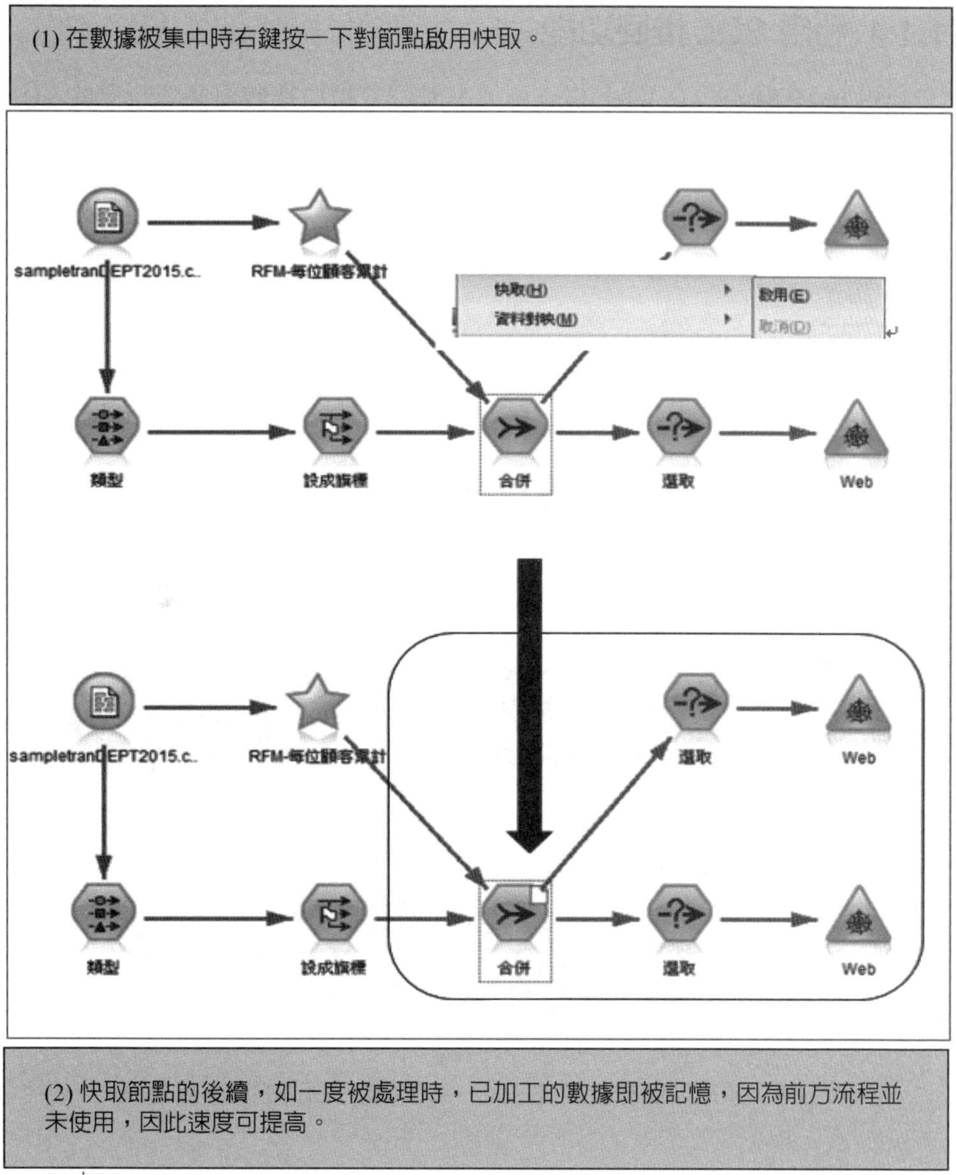

(1) 在數據被集中時右鍵按一下對節點啟用快取。

sampletranDEPT2015.c..
RFM-每位顧客累計
快取(H)
資料對映(M)
啟用(E)
取消(D)
類型
設成旗標
合併
選取
Web

(2) 快取節點的後續，如一度被處理時，已加工的數據即被記憶，因為前方流程並未使用，因此速度可提高。

圖 11.2　利用快取提高試行錯誤的速度

在試行錯誤的過程中是有助益的機能，串流確定時，基本上快取的機能全部刪除。在批量處理之後，如殘留快取時，會引起記憶的浪費效用。

11.1.4 利用 SQL 推回功能

利用 IBM SPSS Modeler Server，串流可自動地被變換成資料庫的 SQL（Structured Query Language），即可將花時間的加工處理委交資料庫（Data Base），此稱爲 SQL pushback（圖 11.3）。

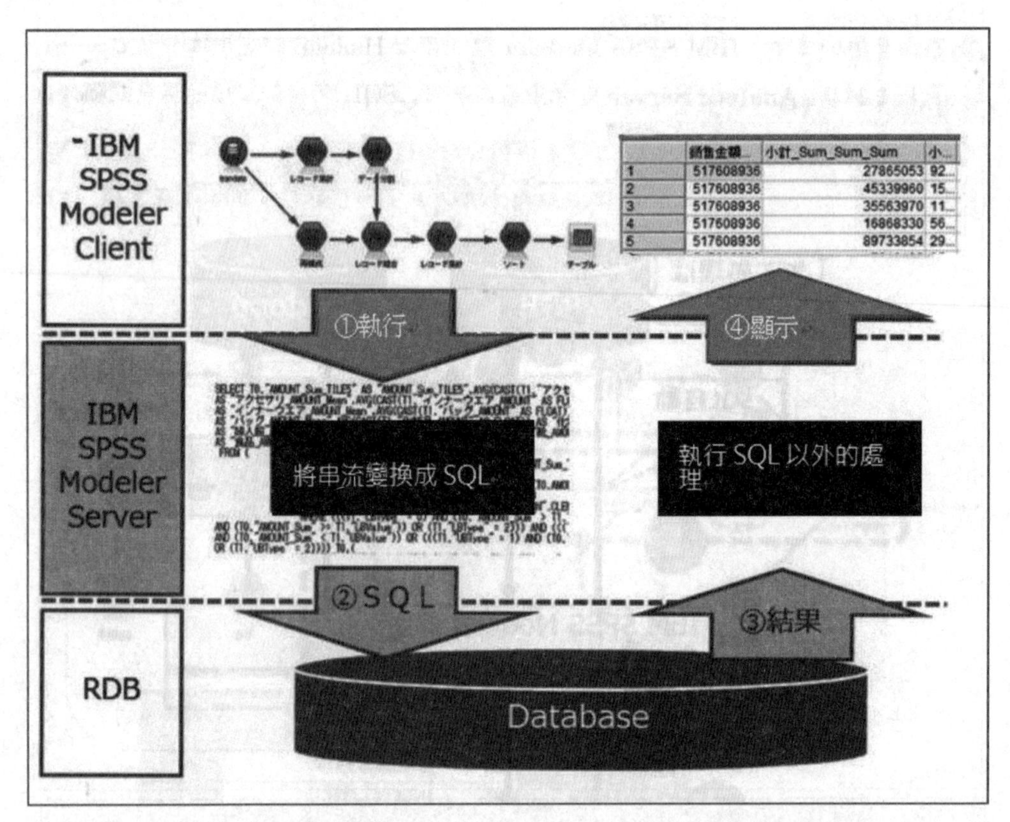

圖 11.3　將串流自動變換成 SQL、RDD 執行高速的加工處理例

本書所處理的 CSV 等的文檔資料之情形，總是在記憶區中處理，因此取決資料大小速度會有影響。SPSS Modeler 因爲支援多數的商用資料庫，即可直接經手關聯式資料庫（Relational Database, RDB）的數據，此收藏有大規模的數據。

另外，資料庫擅長處理（選取、匯集、合併、欄位化等）能在資料庫內執行，IBM SPSS Modeler Server 是將 SQL 最適化，推向能夠分攤處理。利用此，縱然億單位的資料列，許多的處理能以 SQL 進行時，只要數秒即可完成處理。

另外，像地理空間或非構造化的數據時，收納在 Hadoop 而非 RDB 的情形也有。IBM SPSS Modeler 是支援主要的 Hadoop 的資源分配，以 Analytic Server 爲媒介，即可執行與 SQL pushback 同樣的分析。

（註）SQL 是從資料庫讀取與儲存資料的電腦語言。Hadoop 就是存儲海量數據和分析海量數據的工具。

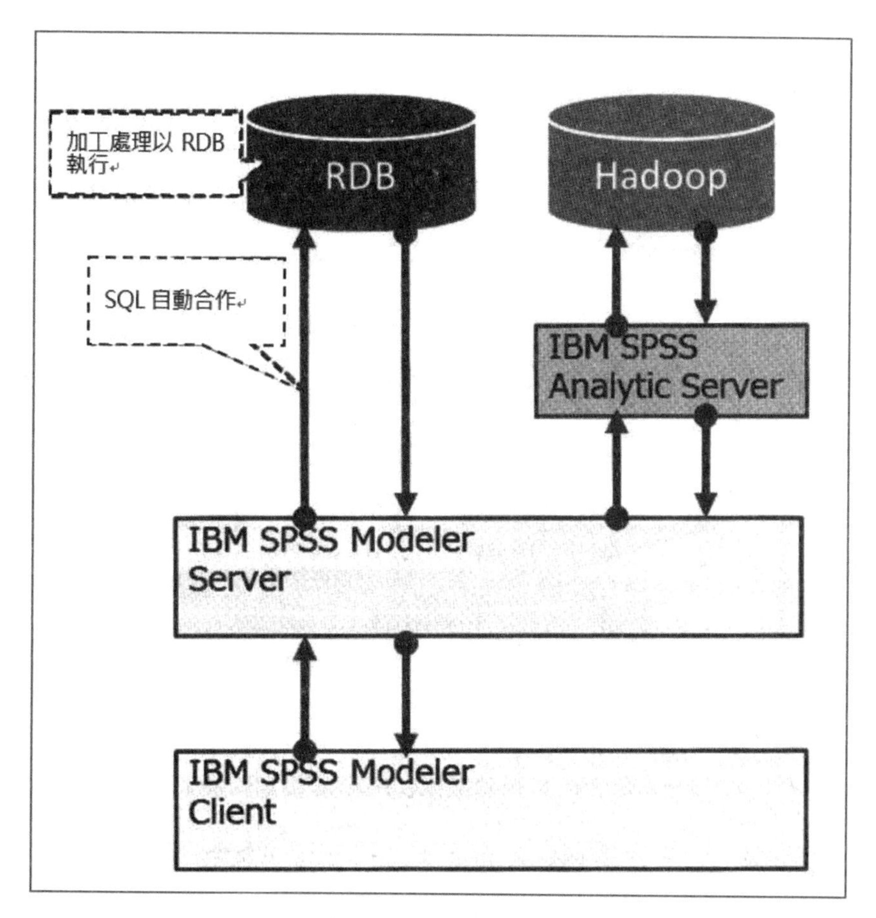

圖 11.4　處理大規模數據的系統構成例

（註）Hadoop 是一個能夠儲存在管理大量資料的雲端平台，為 Apache 軟體基金會下的一個開放原始碼、社群基礎，而且完全免費的軟體，被 3 種組織和產業廣為採用，非常受歡迎。

11.2 將分析流程效率化

11.2.1 利用 Grobal 選取

前節雖快取了數據，如使用【Grobal】節點時，將摘要的統計量合併到記憶體中，即可在串流中叫出利用。

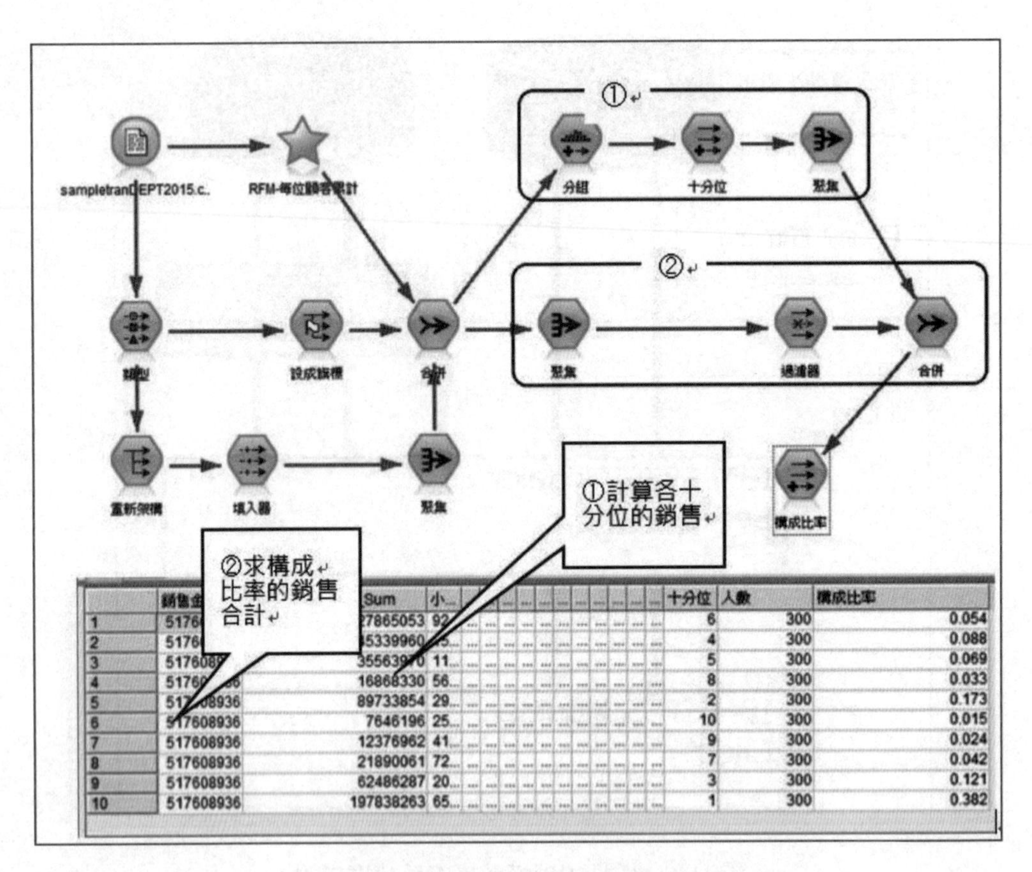

圖 11.5　個別求出累計值結合成數據

此處，回顧第 7 章 5.4 節所進行的製作分位數的銷售構成比率（圖 11.6）。在表格計算軟體中，在銷售金額行的末端製作合計儲存格，在構成比的行中參照其值。利用如此已計算的儲存格要領，在記憶體中再利用所作成的統計量即爲 Grobal 節點。

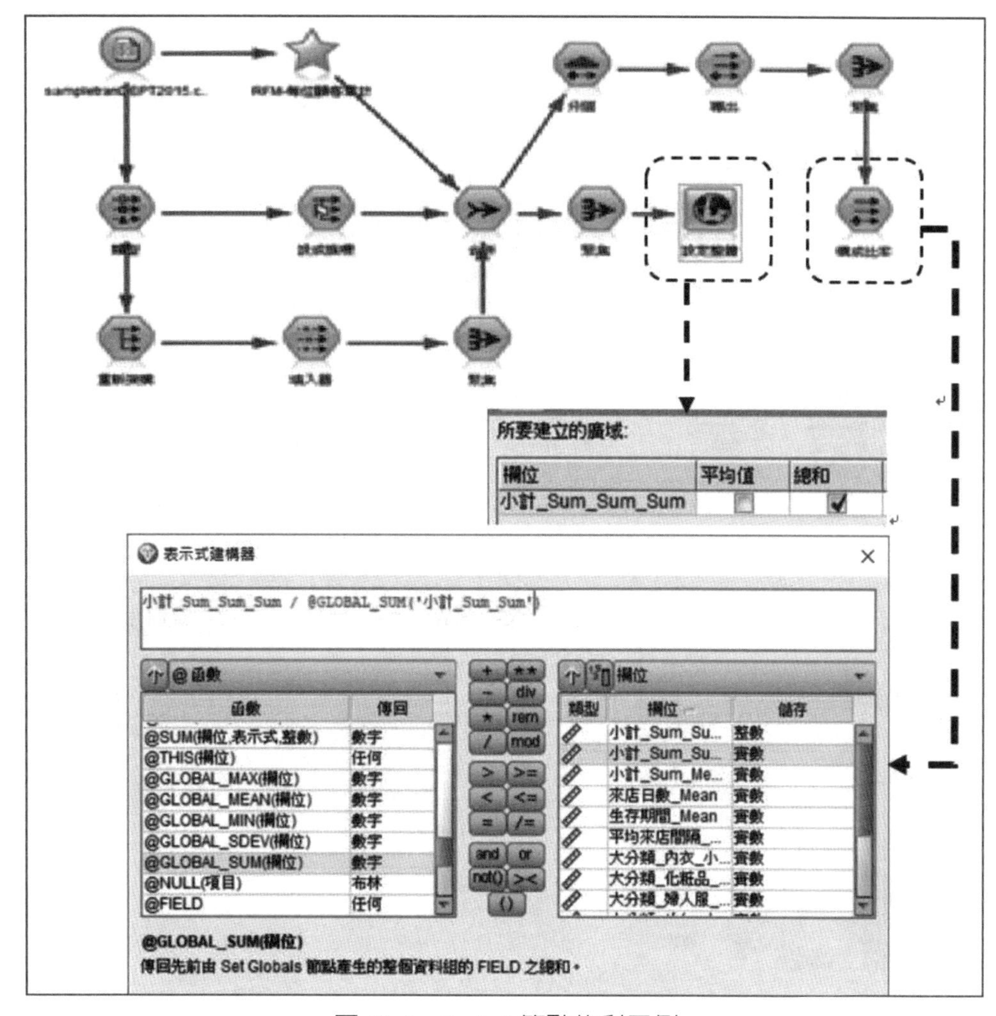

圖 11.6　Grobal 節點的利用例

11.2.2 利用模式的環圈處理

將預測模式按營業據點別有需要製作 47 份時，將串流複製 47 次甚花時間。進行模式的重複之機能即爲「模式分割」。在類型中將類別欄位的【角色】改爲【分割】時，預測模式即進行環圈（Loop）處理，分別作出 47 種（圖 11.7）。串流則是利用與第 10 章 3.3 節相同的串流。

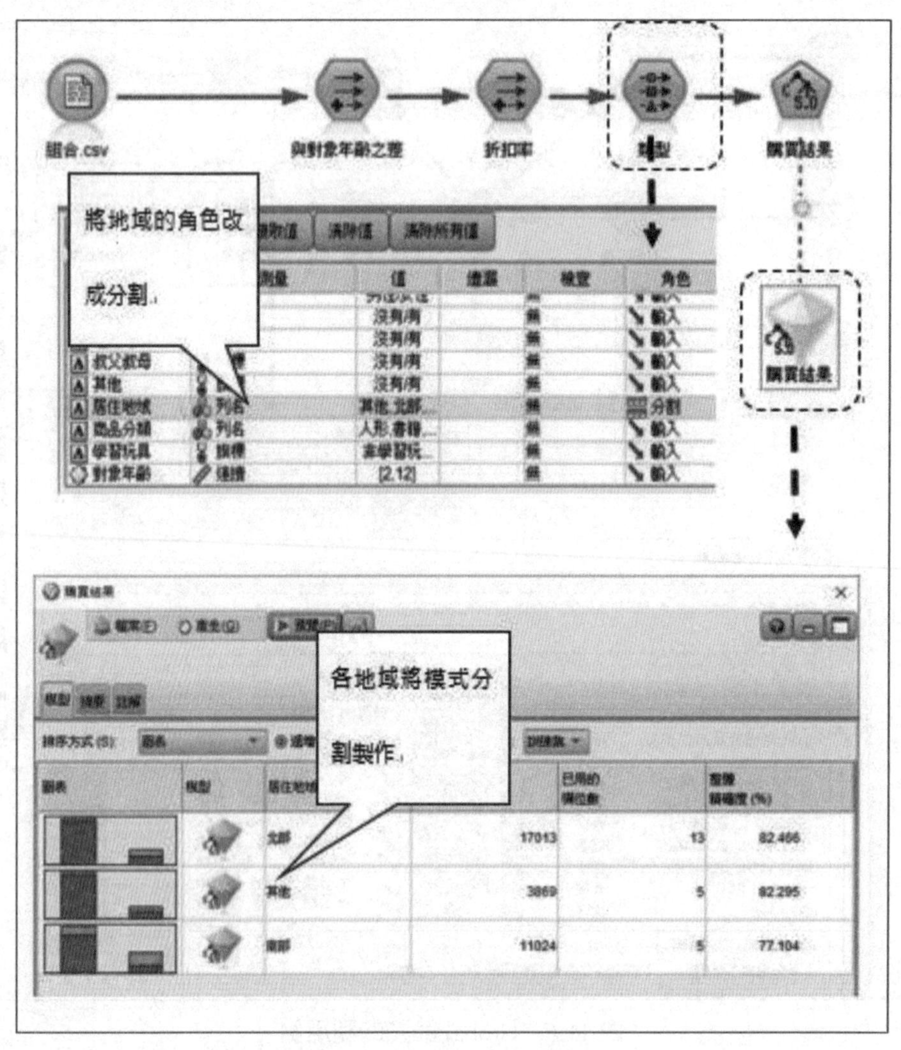

圖 11.7　模式的環圈例

以角色分割時，可以同時選取複製欄位。譬如，性別與血型時，即可以在一度作成的模式中分別作出 2×4＝8 種模式。

11.2.3 利用腳本

SPSS Modeler 不使用節點，全部可以利用「腳本」（Script）來控制。原本，利用串流流程可視化是最大的優點，因此，僅當腳本語言提高效率時，才考慮正確利用它。

實際利用腳本語言，試著從購買明細數據按每個大分類儲存成 7 個檔案。

■操作步驟 01

首先，製作一個空白資料夾。

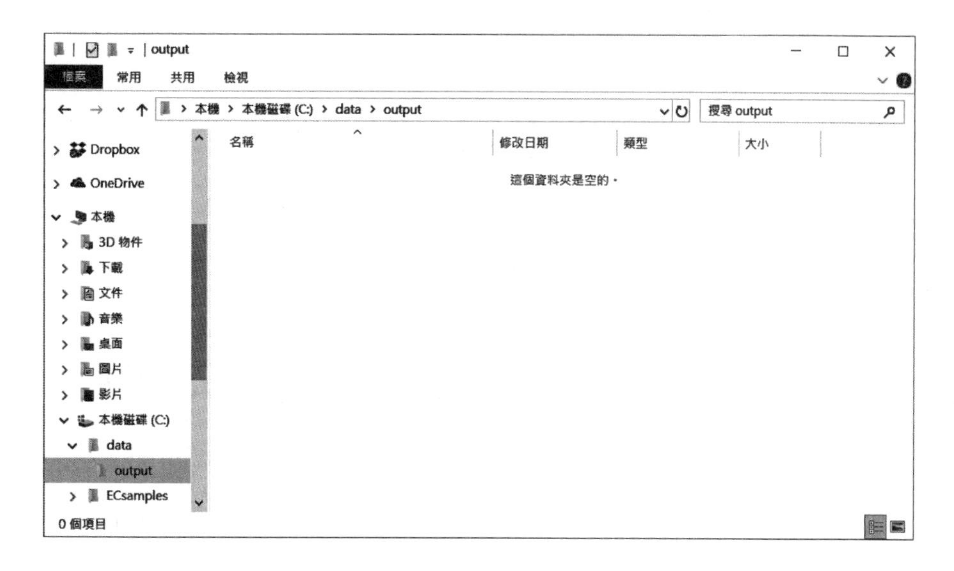

圖 11.8　準備空白的資料夾

本例是製作「C:\data\output」的空白資料夾。

其次，製作基本的串流。按照【變數檔案】節點、點選【選取】節點、【一般檔案】節點的順序配置再連結。

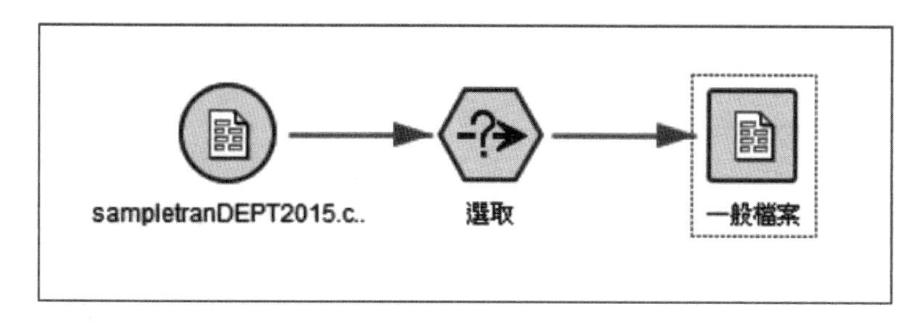

圖 11.9　製作基本的串流

編輯【變數檔案】節點，讀取【sampletranDEPT2015.csv】。

在【類型】選片中按一下 讀取值 ，確認「大分類」的【值】被更新。

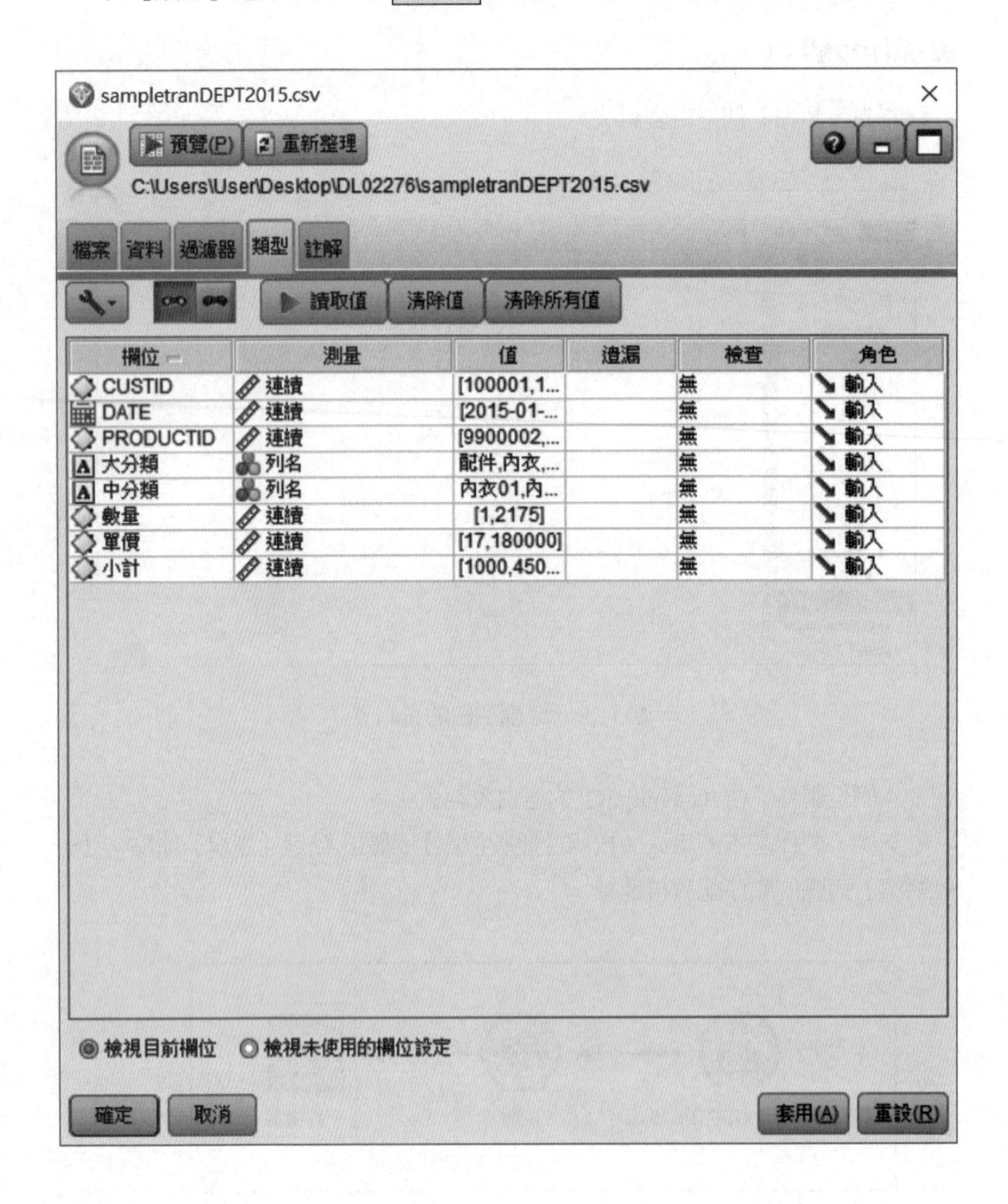

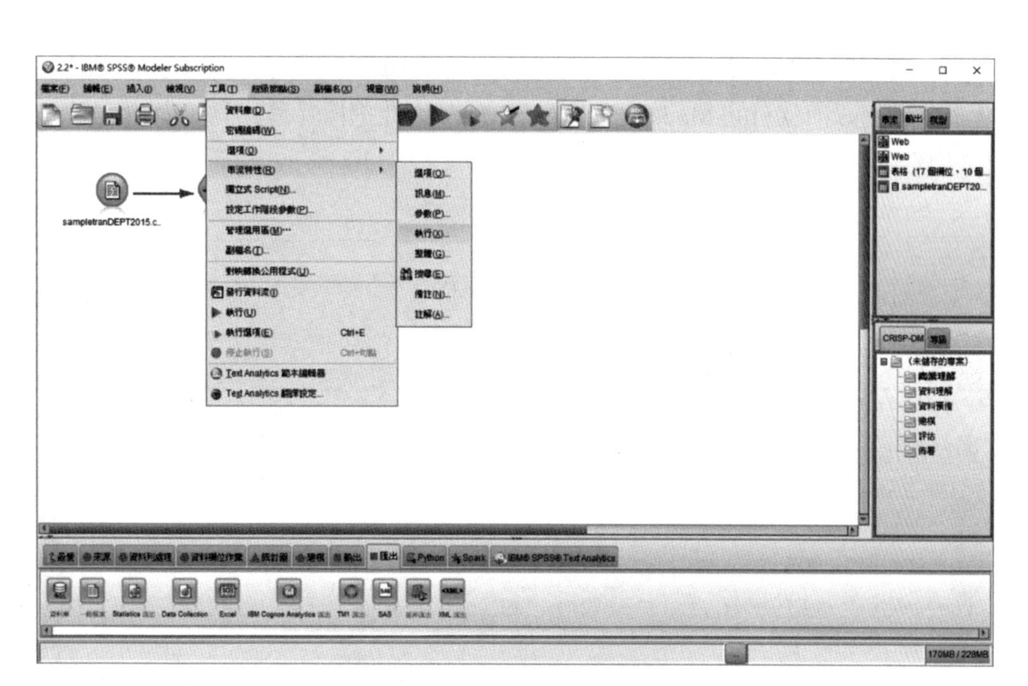

圖 11.10　大數據之值的確定

按 確定 ，關閉編輯畫面。

開啟執行視窗，記述腳本。從清單的【工具】選取【串流性質】>【執行】，即開啟【執行】選片（圖 11.11）。

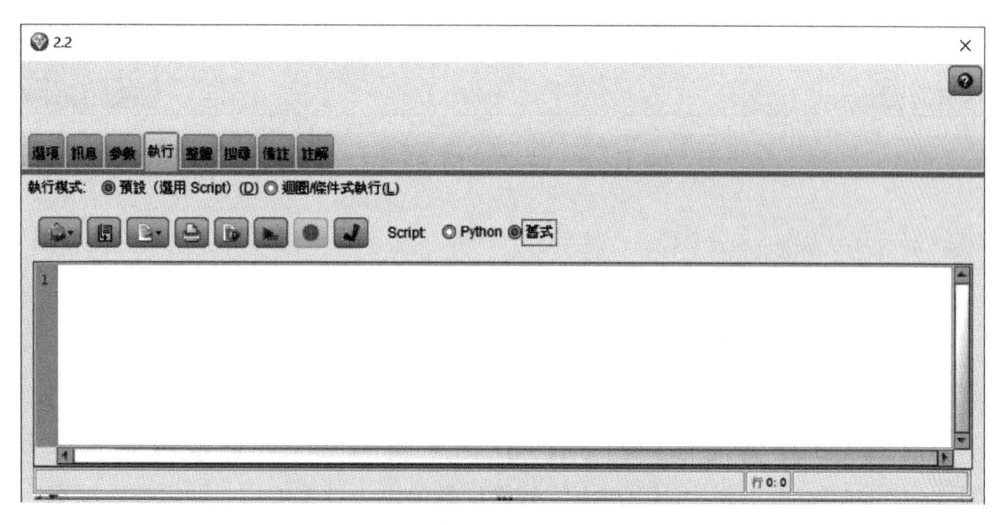

圖 11.11　串流性質執行選片

此處選擇【Script】的種類。SPSS Modeler 從 16 版以後均能利用【Python】，但此次使用以前就有的 Modeler Legacy Script，因此選擇【舊式】（圖 11.12）。

腳本如以下記述。

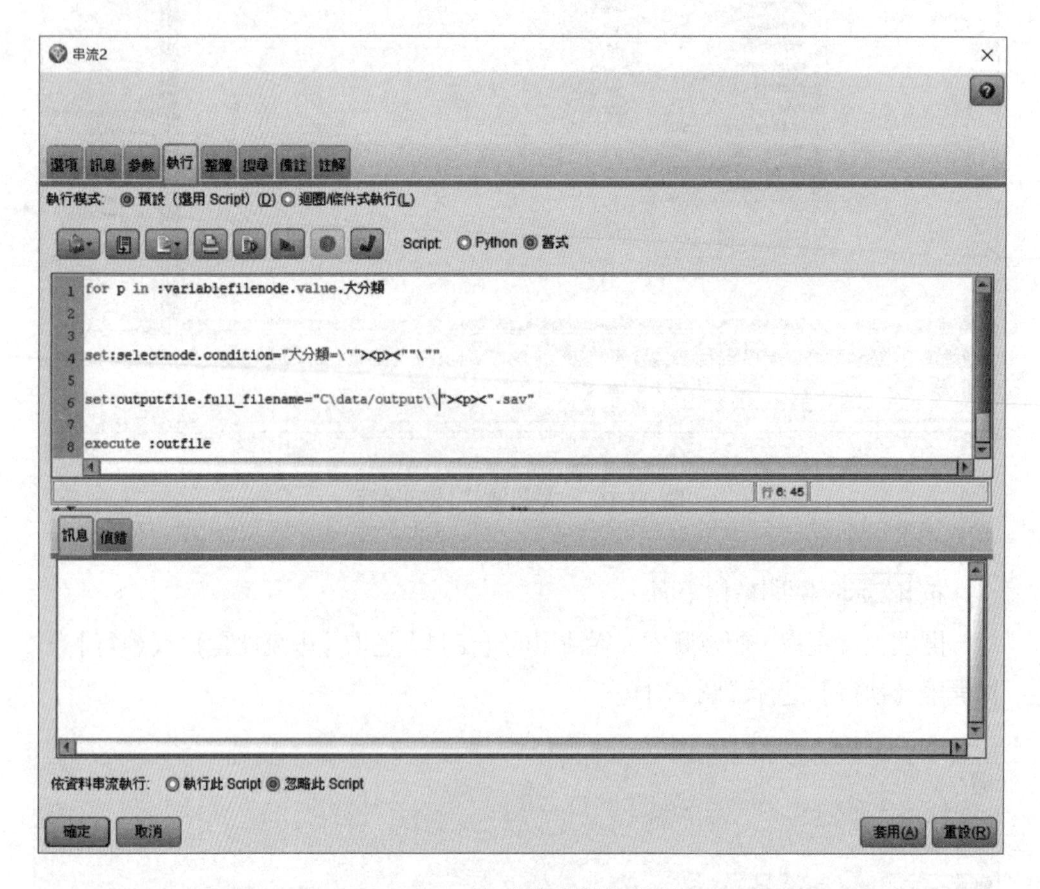

圖 11.12　串流性質執行選片

此腳本的重點如下：

```
For p in : variable.filenode.values. 大分類
```

箭頭的 for 與最終列的 endfor 所包含的區間即爲環圈構成文。「:variablefilenode」是說明串流上的變數種類節點。「.values」即爲變數檔案的性質之值，參照後續欄位的數據類型之值。此處將大分類之值的 7 種當作 P，一面取代一面進行處理。

```
Set:selectnode.Condition=" 大分類 =\" " ><p><" \"
```

以此列定義 selectnode（條件抽出）的條件文（圖 11.13）

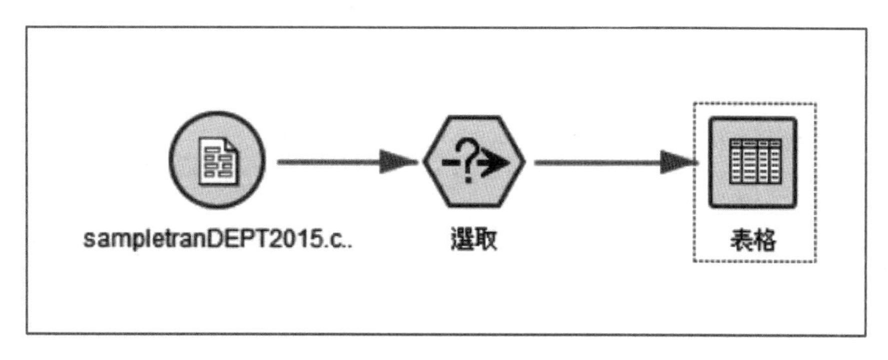

圖 11.13　使用參數的條件抽出的文字列

譬如，重複 7 次環圈之中，第 1 次的條件抽出即爲「大分類 = 配件」。此配件的部分最好是可以變更的，因此想當作「大分類 =p」，在腳本的性質上，有需要當作「" 大分類 =\""><p><"\"」。

參數 P 兩側部分，當作文字列使用雙重引號，爲了與式子有區別，以「\」記號跳出。

另外，將 3 個部分結合文字列的函數，可利用「><」。

```
Set:outpotfile.full.filename="c:\dats\output\\><p><".csv"
```

輸出到檔案時的路徑寫法，與條件抽出是相同的要領。

■操作步驟 02

將記述部分圈選按 ▶（圖 11.14）。

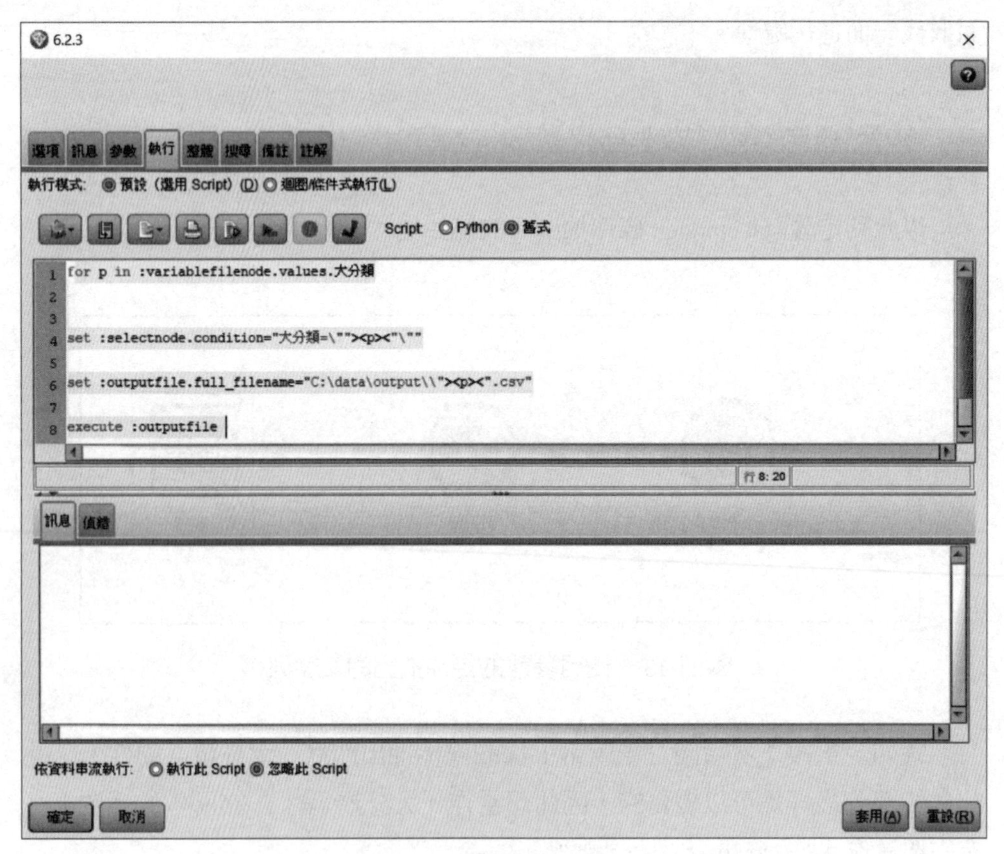

圖 11.14　腳本的執行

腳本被執行時，原來的數據按每個大分類分割，以該檔名製作並收錄在所指定的資料夾中（圖 11.15）。

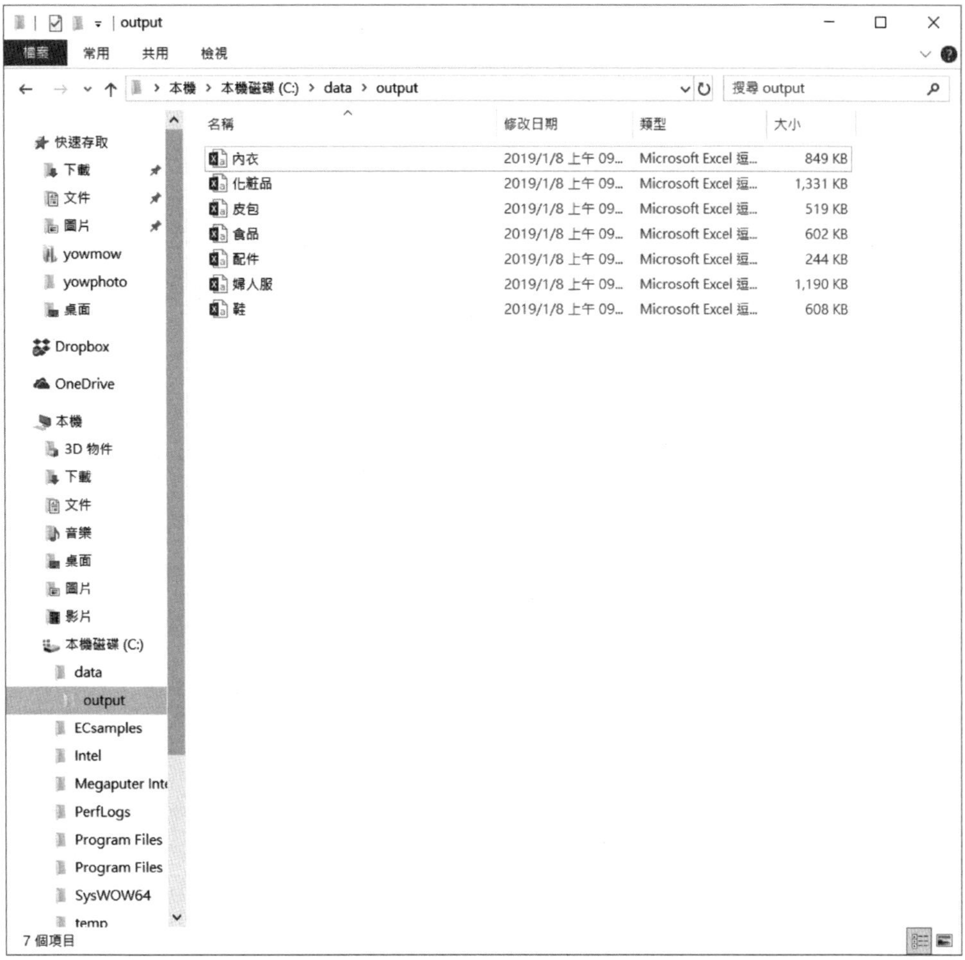

圖 11.15　腳本的執行結果

參考文獻

1. 應用程式範例：https://www.ibm.com/support/knowledgecenter/zh-tw/SS3RA7_sub/modeler_tutorial_ddita/clementine/entities/examples_intro.html
2. CRISP-DM:10 Step by step data mining guide, CRISP-DM Consortium, SPSS Inc, 2000
3. 西牧洋一郎，《實踐 IBM SPSS Modeler》，東京圖書，2017
4. 豐田秀樹，《資料探勘入門》，東京圖書出版公司，2008
5. 若狹直道，《圖解入門資料探勘的基礎與架構》，秀和系統，2019
6. 大滝原、堀江宥治，《應用 2 進樹解析法—CART》，日科技連出版社，1998
7. 豐田秀樹，《挖掘金礦的統計學—Data mining》，講談社，2001
8. 內田治，《利用 SPSS 意見調查的對應分析》，東京圖書出版公司，2006
9. 內田治，《例解資料探勘》，日本經濟新聞社，2002

國家圖書館出版品預行編目資料

資料探勘與顧客分析：Modeler應用／陳耀茂編著. 一一初版. 一一臺北市：五南圖書出版股份有限公司, 2021.10
面； 公分
ISBN 978-626-317-231-9(平裝)

1.資料探勘 2.統計套裝軟體 3.消費者行為

312.74 110015670

5R36

資料探勘與顧客分析—Modeler應用

作　　者 — 陳耀茂（270）
發 行 人 — 楊榮川
總 經 理 — 楊士清
總 編 輯 — 楊秀麗
副總編輯 — 王正華
責任編輯 — 金明芬
封面設計 — 姚孝慈
出 版 者 — 五南圖書出版股份有限公司
地　　址：106台北市大安區和平東路二段339號4樓
電　　話：(02)2705-5066　傳　　真：(02)2706-6100
網　　址：https://www.wunan.com.tw
電子郵件：wunan@wunan.com.tw
劃撥帳號：01068953
戶　　名：五南圖書出版股份有限公司
法律顧問　林勝安律師事務所　林勝安律師
出版日期　2021年10月初版一刷
定　　價　新臺幣600元